U0299949

照明设计手册

（第三版）

北京照明学会照明设计专业委员会　编

内 容 提 要

随着电气技术的不断发展，有关建筑照明技术标准已做修订，本手册根据新设计标准进行了修改，并引入了新技术、新光源和新灯具的内容。

本手册系统地介绍了照明设计的内容及设计方法，主要内容包括照明设计基本概念，照明光源、附件，照明灯具，照明配电与控制，照度计算，居住建筑照明，教育建筑照明，办公照明，医院照明，商店照明，旅馆照明，观演建筑照明，小型电视演播室照明，体育场馆照明，会展中心照明，美术馆和博物馆照明，交通建筑照明，道路照明，夜景照明，工厂照明，应急照明，照明测量，照明节能，照明设计软件，灯具光度参数。同时扫描手册中的二维码，即时观看配套软件操作指导视频。

本手册是工业与民用建筑电气专业设计人员从事照明设计工作的实用工具书，也可作为注册电气工程师执业资格考试（专业考试）参考书，还可供照明施工、安装、运行维护人员和大专院校有关专业师生参考。

图书在版编目（CIP）数据

照明设计手册 / 北京照明学会照明设计专业委员会编. —3 版. —北京：中国电力出版社，2016.12
（2022.2 重印）

ISBN 978-7-5198-0127-4

Ⅰ．①照…　Ⅱ．①北…　Ⅲ．①照明设计－手册　Ⅳ．① TU113.6-62

中国版本图书馆 CIP 数据核字（2016）第 299621 号

出版发行：中国电力出版社

地　　址：北京市东城区北京站西街 19 号（邮政编码 100005）

网　　址：http://www.cepp.sgcc.com.cn

责任编辑：翟巧珍　（806636769@qq.com）　马玲科　刘　宇　李文娟　孙世通

责任校对：李　楠

装帧设计：郝晓燕　左　铭

责任印制：石　雷

印　　刷：北京盛通印刷股份有限公司

版　　次：1998 年 9 月第一版　2016 年 12 月第三版

印　　次：2022 年 2 月北京第十九次印刷

开　　本：787 毫米 ×1092 毫米　16 开本

印　　张：40.75

字　　数：1000 千字

印　　数：70001—73000 册

定　　价：268.00 元

《照明设计手册(第三版)》编写分工

第一章	照明设计基本概念	编 者	詹庆旋 任元会
		校审者	任元会 徐 华
第二章	照明光源、附件	编 者	闫惠军 张 琪 韩 丽 任元会
		校审者	任元会
第三章	照明灯具	编 者	袁 颖 任元会
		校审者	任元会
第四章	照明配电与控制	编 者	徐 华 尹亚军
		校审者	任元会 郗树奎
第五章	照度计算	编 者	姚家祎 王 劲 徐 华
		校审者	徐 华 张耀根
第六章	居住建筑照明	编 者	徐 华 薛世勇
		校审者	姚家祎
第七章	教育建筑照明	编 者	徐 华 郗赫亮
		校审者	徐长生
第八章	办公照明	编 者	杨 莉 薛世勇
		校审者	徐 华
第九章	医院照明	编 者	郗树奎 郝洛西 李春东
		校审者	徐 华
第十章	商店照明	编 者	李炳华
		校审者	任元会
第十一章	旅馆照明	编 者	李炳华
		校审者	姚家祎
第十二章	观演建筑照明	编 者	郗树奎 高 杰 王云峰
		校审者	徐 华

第十三章　小型电视演播室照明　　编　者　施克孝

校审者　王京池

第十四章　体育场馆照明　　编　者　李炳华

校审者　徐　华

第十五章　会展中心照明　　编　者　张　青　王　磊

校审者　徐　华

第十六章　美术馆和博物馆照明　　编　者　张　昕

校审者　徐　华

第十七章　交通建筑照明　　编　者　汪　猛

校审者　任元会

第十八章　道路照明　　编　者　李铁楠

校审者　徐　华　姚家祎

第十九章　夜景照明　　编　者　邴树奎　孙桂林　杨　博

校审者　徐　华　李铁楠

第二十章　工厂照明　　编　者　闫惠军

校审者　任元会

第二十一章　应急照明　　编　者　徐　华

校审者　任元会

第二十二章　照明测量　　编　者　张耀根

校审者　姚家祎

第二十三章　照明节能　　编　者　张　琪　任元会

校审者　徐　华

第二十四章　照明设计软件　　编　者　徐　华　李　明

校审者　林　飞

第二十五章　灯具光度参数　　编　者　王　磊　杨　莉　刘力红

校审者　任元会　徐　华

# 第三版前言

本手册由北京照明学会照明设计专业委员会组织编写。1998 年出版第一版，2006 年出版第二版。本手册自发行以来，深受全国广大照明设计师、电气及照明工程设计人员、施工安装及运行维护人员以及大专院校相关专业师生的欢迎，得到了广泛应用，成为照明设计必备的工具书之一，并得到同行们在专业论文、著作及计算机软件中广泛引用，于 2007 年被指定为注册电气工程师（供配电）执业资格考试的参考书之一（照明专业唯一参考书），2007 年获得中照照明奖首届"教育与学术贡献"一等奖。

随着我国经济的发展、技术的进步、建筑照明设计标准的修订，以及 LED 光源、灯具用于室内外照明的日臻成熟，第二版已不能适应当今的需要，亟需修订。为此，北京照明学会照明设计专业委员会重新组织委员会委员、清华大学、中国建筑科学研究院等单位富有经验的照明工作者，推出本手册第三版，奉献给广大读者。在第三版的编写过程中，中国照明学会、北京照明学会领导和多位知名专家参与并给予指导，在此一并表示感谢。

第三版在保留原有体系与特色的基础上推陈出新，更新和扩展的内容主要如下：

（1）取消了第二版第二章照明标准，将各种场所的照明标准分列于后续相应章节，并按最新的国家标准进行了修订。

（2）将原"办公楼和住宅照明"拆分为"居住建筑照明""办公照明"两章，内容更为丰富。

（3）增加了第二十五章"灯具光度参数"，更新了常用灯具，尤其是增加了 LED 灯光度参数。

（4）照度计算根据光源、灯具的发展，更新了计算参数，增加了导光管的照度计算。

（5）各章节增加了目前国内外新的研究成果、LED 灯的应用。

（6）扫描手册中二维码，即时观看配套软件操作指导视频。同时手册还提供了下载专业的照明工程设计软件网址，供大家学习试用。

本版编委会对为本手册第一版、第二版做出贡献的全体参编者表示感谢！对我国多位资深照明专家给予的指导和帮助表示敬意！对清华大学建筑设计研究院有限公司的大力支持表示感谢。

向为手册积极提供产品技术资料，并支持、协助出版工作的以下企业表示衷心感谢（排名不分先后）：

飞利浦照明（中国）投资有限公司　　　　欧司朗（中国）照明有限公司
索恩照明（广州）有限公司　　　　　　　欧普照明股份有限公司
上海亚明照明有限公司　　　　　　　　　玛斯柯照明设备（上海）有限公司
松下电器（中国）有限公司　　　　　　　北京和竑炅源照明技术有限公司

广东德洛斯照明工业有限公司

广东河东电子有限公司

北京市崇正华盛应急设备系统有限公司

深圳市东方风光新能源技术有限公司

山西光宇半导体照明股份有限公司

上海光联照明有限公司

乐雷光电技术（上海）有限公司

北京信能阳光新能源科技有限公司

晶谷科技（香港）有限公司

杭州亿达时灯光设备有限公司

银河兰晶照明电器有限公司

烟台太明灯饰有限公司

长沙星联电力自动化技术有限公司

北京星光影视设备科技股份有限公司

杭州戴利德稻照明科技有限公司

北京隆华时代文化发展有限公司

上海科锐光电发展有限公司

锐高照明电子（上海）有限公司

广州世荣电子股份有限公司（爱瑟菲
智能定制专家）

常州帕尔菱科智能升降照明设备有限公司

湖南耐普恩科技有限公司

本手册在使用过程中如有意见和建议，请发邮件至 xuh@thad.com.cn，以便再版时修正。

编　者

2016 年 10 月

第一版前言

北京照明学会曾组织编写和出版的《民用建筑照明设计指南》、《舞台灯光常用术语及图例符号》、《照明计算指南》等书，深受广大设计人员欢迎，取得了较好的社会效益。为进一步满足广大设计人员能有一本实用的设计工具书的要求，北京照明学会照明设计专业委员会组织编写了本手册。

本手册在编写过程中力求做到内容齐全、实用，技术数据和资料完善，在表达方式上尽量多用图表，力争简单明了，便于使用。关于照度计，1983年北京照明学会组织编写的《照明计算指南》（高履泰主编、詹庆旋副主编）一书内容经少量修改后编入本手册中第五章，以便设计使用。

手册内容反映了现行标准、规范的有关规定，以利于标准规范的正确执行和设计工作的顺利开展。若与新修订的标准、规范有不一致处，应以国家公布的新标准、规范为准。

本手册各章节由下列单位和人员参加编写。

清华大学詹庆旋编写第一章第一节，第二章第一节。

航空工业规划设计研究院任元会编写第一章第二节、第六章第三节、第二十章。

建筑科学研究院物理所彭明元编写第二章第二节、第四章、第二十二章。

中国电子工程设计院韩树强编写第三章。

核工业第二研究设计院姚家祎编写第五章。

北京钢铁设计研究院陆锡荣编写第六章第一节。

中国兵器工业第五设计研究院郑庆振编写第六章第二节。

建筑科学研究院物理所张建平编写第六章第三节。

中国科学院建筑设计院徐长生编写第七章。

建设部建筑设计研究院薛世勇编写第八章、第十六章、第十九章。

总后营房建筑设计院邴树奎编写第九章、第十二章。

建筑科学研究院物理所庞蕴凡编写第十章。

建设部建筑设计研究院王振声编写第十一章。

广播电视部设计研究院施克孝编写第十三章。

建设部建筑设计研究院胥正祥编写第十四章第一节。

中国电子工程设计院王兵编写第十四章第二节。

中国航天建筑设计研究院庞能权编写第十五章。

铁道部专业设计研究院桂庆年编写第十七章。

航空工业规划设计研究院赵振民编写第十八章第一节至第六节、第二十三章第二至第八节。

北京供电局路灯队胡培生编写第十八章第七节。

中国电子工程设计研究院杜堃林编写第二十一章。

建筑科学研究院物理所张绍纲编写第二十三章第一节。

北京工业设计研究院胡冬丽编写第二十四章。

本手册由姚家祎任主编,任元会任副主编。

本手册由上海照明学会江予新高工、俞丽华教授主审,并提出了许多宝贵的修改意见。本手册在筹备、组织和编写过程中还得到领导肖辉乾、宁培泽等同志的关怀、支持和指导。周溶川、宋培翘、赵雨峰等同志为手册有关章节提供了资料,给予了指导,帮助。谨此致以诚挚的感谢。

手册内容和形式有谬误、错漏之处,尚请读者批评指正,以便再版时修正。

编　者

1997 年 12 月

# 第二版前言

本手册由北京照明学会照明设计专业委员会（现室内照明专业委员会）组织编写。1998 年第一版出版发行以来，受到全国广大电气及照明工程设计人员、施工安装、运行维护人员以及大专院校相关专业师生的欢迎和广泛应用，成为照明设计必备的工具书之一，并得到同行们在专业论文、著作及计算机软件中广泛引用。

本手册于 2003 年被指定为注册电气工程师（供配电）执业资格考试的参考书之一（照明专业唯一参考书）。

手册出版 9 年来，正值我国经济迅速发展时期，技术进步显著，建筑照明设计标准重新修订，光源、灯具等照明器材发展较快，第一版的内容已不能适应当今的需要，亟需修订。一些单位和读者也多次提出更新版本的希望。为此，我委员会重新组织北京各大建筑设计院、清华大学、中国建筑科学研究院等单位有经验的照明工作者，在中国照明学会、北京照明学会领导和多位知名专家的参与或指导下，共同努力，推出手册第二版，奉献给广大读者。

按照标准的变更和产品的发展，第二版内容做了大量的更新和扩展：

1. 本版遵循新的 GB 50034—2004《建筑照明设计标准》和 CJJ 45—200X《城市道路照明设计标准》（报批稿）的内容；

2. 增加了近年来新型高效光源（如三基色荧光灯、陶瓷金卤灯等）、新型镇流器（如电子式、节能电感式等）及其他技术内容，编入了最新的常用灯具的技术参数和图表；

3. 突出了照明节能的有关标准、措施和产品；

4. 充实了当前广泛应用的夜景照明、体育照明等新技术资料；

5. 为方便设计应用，新增加了与手册计算的相关软件，随书奉送给读者。

本版在编写中，认真听取各方专家意见，归纳总结经验教训，努力做到符合我国设计标准，吸取和应用国际先进技术，理论和实践结合，力求具有先进性、实用性和可操作性，并提供可靠的技术数据。

本版编委会对为本手册第一版做出贡献的全体参编者表示敬意。对我国多位资深照明专家给予的指导和帮助表示敬意。对中国照明学会咨询工作委员会、北京照明学会青年工作委员会的大力协助表示感谢。

编委会对提供了宝贵资料和对编写、出版工作给予支持、协助的国际铜业协会（中国）表示衷心的感谢。

本手册编写人员的分工如下：

第一章　照明设计基本概念　编者　詹庆旋　任元会

第二章　照明标准　编者　詹庆旋　张绍纲

第三章　照明光源、附件　编者　任元会　阎慧军　张　琪　韩　丽

第四章　照明灯具　编者　任元会　袁　颖　杨　莉

第五章　照度计算　编者　姚家祎　王　劲

第六章　工厂照明　编者　王根有

第七章　学校照明　编者　徐　华　徐长生

第八章　办公楼及住宅照明　编者　薛世勇

第九章　医院照明　编者　邴树奎　郭利平

第十章　商店照明　编者　李炳华

第十一章　旅馆照明　编者　郭玉欣　李炳华

第十二章　礼堂、影剧院照明　编者　邴树奎

第十三章　小型电视演播室照明　编者　施克孝

第十四章　体育场馆照明　编者　胥正祥　李炳华

第十五章　会展中心照明　编者　张　青

第十六章　美术馆和博物馆照明　编者　张　昕

第十七章　交通建筑照明　编者　汪　猛

第十八章　道路照明　编者　李铁楠

第十九章　夜景照明　编者　邴树奎

第二十章　应急照明　编者　徐　华

第二十一章　照明配电与控制　编者　徐　华　尹亚军

第二十二章　照明测量　编者　彭明元

第二十三章　照明节能　编者　张绍纲

第二十四章　照明计算软件　编者　林　飞

参考文献　姚家祎

同时向为本版积极提供产品技术资料，并支持、协助出版工作的以下企业表示衷心感谢（排名不分先后）。

飞利浦（中国）投资有限公司　　　　　　深圳市格林莱电子技术有限公司

松下电工（中国）有限公司　　　　　　　北京动力源科技股份有限公司

索恩照明（广州）有限公司　　　　　　　广东东松三雄电器有限公司

欧司朗（中国）照明有限公司　　　　　　环球迈特照明电子有限公司

深圳市海洋王投资发展有限公司　　　　　上海东升电子股份有限公司

哈工大青岛新同人电子科技有限公司　　　江苏史福特照明电器有限公司

玛斯珂照明设备（上海）有限公司　　　　上海必金灯具有限公司

福建源光亚明电器有限公司　　　　广州斯全德灯光有限公司

上海宝星灯饰电器有限公司　　　　广州方达舞台设备有限公司

北京崇正华盛应急照明系统有限公司　　佛山市飞达影视器材有限公司

北京星光影视设备科技股份有限公司　　广东河东电子有限公司

河南金博电缆有限公司　　　　珠海泰立灯光音响设计安装有限公司

北京隆华时代文化发展有限公司

手册第二版内容和形式有谬误、错漏之处，尚请读者批评指正，以便再版时修正。

编　者

2006 年 9 月

目　录
CONTENTS

第一章
照明设计基本概念

编者：詹庆旋　　任元会　　　校审者：任元会　　徐　华

第一节　基　本　术　语

辐射　radiation　能量以电磁波或粒子形式发射或传播的过程，这些电磁波或粒子形式也称辐射。

光　light　任何能够直接引起视觉的辐射，也称可见辐射。它的光谱范围没有明确的界限，一般在波长 λ 为 380～780nm（10^{-9}m）之间。

辐（射）通量　radiant flux　以辐射的形式发射、传播或接收的功率，符号为（Φ、Φ_e 或 P），其计算式为

$$\Phi = \frac{\mathrm{d}Q}{\mathrm{d}t} \tag{1-1}$$

式中　Q——辐射能，J；

　　t——时间，s。

辐（射）通量的单位为瓦，符号为 W，1W = 1J/s。

光通量　luminous flux　按照国际标准人眼视觉特性评价的辐（射）通量的导出量，符号为 Φ 或 Φ_v，其公式为

$$\Phi = K_{\mathrm{m}}\int V(\lambda)\Phi_{\mathrm{e}\cdot\lambda}\mathrm{d}\lambda \tag{1-2}$$

式中　K_{m}——光谱光视效能 $K(\lambda)$ 的最大值，为一常数 683lm/W；

　　$V(\lambda)$——光谱光视效率；

　　$\Phi_{\mathrm{e}\cdot\lambda}$——光谱分布的辐（射）通量，W。

光通量的单位为流明（lumen），符号为 lm。1lm 等于均匀分布 1cd 发光强度的一个点光源在一球面度（sr）立体角内发射的光通量。

光谱光（视）效率　spectral luminous efficiency　CIE[1]标准光度观测者对不同波长单色辐射的相对灵敏度。在明视觉条件下（适应亮度为几个坎德拉每平方米以上），用符号 $V(\lambda)$ 表示，最大值在 $\lambda = 555$nm 处，此时 $V(\lambda) = 1$。在暗视觉条件下（适应亮度小于 10^{-3}cd/m²），用 $V'(\lambda)$ 表示，当 $\lambda = 510$nm 时，$V'(\lambda) = 1$，如图 1-1 所示。

---

[1]　CIE 是国际照明委员会的法文缩写。

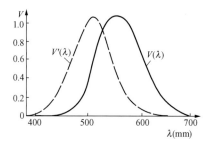

图 1-1 CIE 光谱光视效率曲线

照度 illuminance 表面上一点的照度等于入射到包含该点的面元上的光通量与面元的面积之商。照度的符号以 E（或 E_v）表示，其公式为

$$E = \frac{\mathrm{d}\Phi}{\mathrm{d}A} \qquad (1-3)$$

式中　E——照度，lx；

　　　　Φ——光通量，lm；

　　　　A——面积，m^2。

照度的单位为勒克斯（lux），符号为 lx。1lm 光通量均匀分布在 $1\mathrm{m}^2$ 面积上所产生的照度为 1lx，即 $1\mathrm{lx} = 1\mathrm{lm/m}^2$。

照度的英制单位是英尺烛光，符号为 fc，$1\mathrm{fc} = 10.764\ \mathrm{lx}$。

［光］亮度的单位为坎德拉每平方米（candela per square meter），符号为 $\mathrm{cd/m}^2$。

［光］亮度的其他单位尚有：

$1\mathrm{sb}$（熙提）$= 10^4 \mathrm{cd/m}^2$；

$1\mathrm{asb}$（阿熙提）$= (1/\pi)\ \mathrm{cd/m}^2 = 0.3183\mathrm{cd/m}^2$；

$1\mathrm{L}$（朗伯）$= (10^4/\pi)\ \mathrm{cd/m}^2 = 3.183 \times 10^3 \mathrm{cd/m}^2$；

$1\mathrm{fL}$（英尺朗伯）$= (1/\pi)\ \mathrm{cd/ft}^2 = 3.426\mathrm{cd/m}^2$。

发光强度 luminous intensity 一个光源在给定方向上立体角元内发射的光通量与该立体角元之商，以符号 I（或 I_v）表示，其公式为

$$I = \frac{\mathrm{d}\Phi}{\mathrm{d}\Omega} \qquad (1-4)$$

式中　I——发光强度，cd；

　　　　Φ——光通量，lm；

　　　　Ω——立体角，sr。

发光强度的单位为坎德拉（candela），符号为 cd。它是国际单位制七个基本量值单位之一。1979 年 10 月第十届国际计量大会通过的新定义是：坎德拉是一光源在给定方向上的发光强度，该光源发出频率为 $540 \times 10^{12}\ \mathrm{Hz}$ 的单色辐射，且在此方向上的辐射强度为 $1/683\mathrm{W}$ 每球面度。

［光］亮度 luminance 表面上一点在给定方向上的亮度，是包含这点的面元在该方向上的发光强度 $\mathrm{d}I$ 与面元在垂直于给定方向上的正投影面积 $\mathrm{d}A\cos\theta$ 之商，以符号 L（或 L_v）表示，如图 1-2 所示。

$$L = \frac{\mathrm{d}I}{\mathrm{d}A\cos\theta} \qquad (1-5)$$

式中　L——［光］亮度，$\mathrm{cd/m}^2$；

　　　　I——发光强度，cd；

　　　　A——面积，m^2；

　　　　θ——表面法线与给定方向之间的夹角，（°）。

对于均匀漫反射表面，其表面亮度 L 与表面照度 E 有以下关系

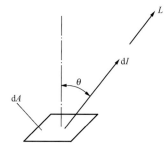

图 1-2 亮度定义图示

$$L = \frac{\rho E}{\pi} \qquad (1-6)$$

对于均匀漫透射表面，其表面亮度 L 与表面照度 E 则有

$$L = \frac{\tau E}{\pi} \qquad (1-7)$$

以上式中 L——表面亮度，cd/m^2；

         ρ——表面反射比；

         τ——表面透射比；

         E——表面的照度，lx；

         π——常数，$\pi = 3.1416$。

反射比 reflectance 也称反射系数。反射光通与入射光通之比，以百分数或小数表示，符号为 ρ，其数值取决于材料或介质的特性，也与光的入射方向和测量方法有关。

透射比 transmittance 也称透射系数。透过材料或介质的光通量与入射光通量之比，以百分数或小数表示，符号为 τ，其数值取决于材料或介质的特性，也与光的入射方向和测量方法有关。

规则反射 regular reflection 遵守光学镜面反射定律而无漫射的反射，其特点是：

（1）入射光线与反射光线以及反射面的法线同处一个平面内；

（2）入射光线与反射光线分居法线两侧，且入射角等于反射角。

漫反射 diffuse reflection 由于反射而使入射光扩散，在宏观上没有规则反射。

均匀漫反射 uniform diffuse reflection 反射光的分布使所有反射方向的光亮度均相等的漫反射。

混合反射 compound reflection 规则反射与漫反射兼有的反射。

亮度因数 luminance factor 在规定的照明和观察条件下，表面上某一点在给定方向的亮度因数等于该方向的亮度与同一照明条件下，全反射或全透射的漫射体的亮度之比。

视觉 vision 由进入眼睛的辐射所产生的光感觉而获得对于外界的认识。这包括人脑将进入眼睛的光刺激转化为整体经验的过程，如察觉某些物体的存在，鉴别它，确定它在空间中的位置，阐明它与其他事物的关系，辨认它的运动、颜色、明亮程度或形状。

视野 visual field 当头和眼睛不动时，人眼能察觉到的空间范围。

视觉作业 visual task 在工作和活动中，必须观察的呈现在背景前的细节或目标。

视觉环境 visual environment 视野中除视觉作业以外的所有部分。

视角 visual angle 被识别的物体或细节对观察点所形成的张角，通常以弧分来度量。

视觉敏锐度 visual acuity 人眼区分物体细节的能力，以眼睛刚好可以分辨的两个相邻物体（点或线）的视角的倒数定量表示。

亮度对比 luminance contrast 观看目标和背景的亮度差绝对值与背景亮度之比，以符号 C 表示，其计算式为

$$C = \frac{|L_t - L_b|}{L_b} = \frac{|\Delta L|}{L_b} \qquad (1-8)$$

式中 L_t——目标亮度，cd/m^2；

       L_b——背景亮度，cd/m^2。

一般情况下，以面积较大的部分为背景，以面积较小的部分为目标。当目标亮度大于背景亮度时称正对比，反之称负对比。

对比感受性 contrast sensitivity 在给定的眼睛适应状态下，可知觉的最大对比（阈限对比）的倒数，也称对比敏感度。

视觉速度 visual speed 要观察的对象从出现到它被看见所需曝光时间的倒数。

视亮度 brightness 人眼对物体的明亮程度的主观感觉。它受适应亮度水平和视觉敏锐度的影响，没有量纲。

视觉适应 visual adaptation 视觉器官的感觉随着接收的亮度和颜色的刺激而变化的过程或它的最终状态。

明适应 light adaptation 视觉系统适应高于 $3.4cd/m^2$ 亮度的变化过程及最终状态。

暗适应 dark adaptation 视觉系统适应低于 $0.034cd/m^2$ 亮度的变化过程及最终状态。

可见度（能见度） visibility 人眼辨认物体存在或物体形状的难易程度。在室内应用时，以标准条件下刚好可感知的标准视标的对比或大小定义，称可见度。在室外应用时，以人眼刚好可看到标准目标的距离定义，称能见度。

视觉功效 visual performance 人的视觉器官完成给定视觉作业能力的定量评价。视觉作业一般用完成作业的速度和精度表示，它既取决于作业固有的特性（大小、形状、作业细节与背景的对比等），又与照明条件有关。

眩光 glare 在视野内由于亮度的分布或范围不适宜，或者在空间上或时间上存在着极端的亮度对比，以致引起不舒适和降低目标可见度的视觉状况。

直接眩光 direct glare 由视野内未曾充分遮蔽的高亮度光源所产生的眩光。

反射眩光 reflect glare 由视野中的光泽表面反射所产生的眩光。

失能眩光 disability glare 降低视觉功效和可见度，但不一定产生不舒适感的眩光。

不舒适眩光 discomfort glare 引起不舒适感，但不一定降低视觉功效或可见度的眩光。

统一眩光值 unified glare rating（UGR） 度量室内视觉环境中的照明装置发出的光对人眼造成不舒适感主观反应的心理参量，其量值可按规定计算条件用 CIE 统一眩光值公式计算。

眩光值 glare rating（GR） 度量室外体育场和其他室外场地照明设备发出的光对人眼造成不舒适感主观反应的心理参量，其量值可按规定计算条件用 CIE 眩光值公式计算。

光幕反射 veiling reflection 在视觉作业上镜面反射与漫反射重叠出现的现象。光幕反射降低作业固有的亮度对比，致使部分地或全部地看不清作业的细节。

对比显现因数 contrast rendering factor（CRF） 评价照明装置所产生的光幕反射对作业可见度影响的一个因数，定义为一个作业在给定的照明条件下的可见度与该作业在参照条件下的可见度之比。

频闪效应 stroboscopic effect 在以一定频率变化的光线照射下，观察到的物体运动呈现出静止或不同于其实际运动状态的现象。

光谱能量分布 spectral energy distribution 用某些辐射量的相对光谱分布描述辐射的光谱特性。光源的光谱能量分布通常是指作为波长的函数的光源光度量（光通量、发光强度等）的光谱密集度。

显色性 colour rendering 与参考标准光源相比较时，光源显现物体颜色的特性。

显色指数　colour rendering index　光源显色性的度量。以被测光源下物体颜色和参考标准光源下物体颜色的相符合程度来表示。

一般显色指数　general colour rendering index　光源对 CIE 规定的第 1~8 种标准颜色样品显色指数的平均值。通称显色指数，符号是 Ra。

特殊显色指数　special colour rendering index　光源对 CIE 选定的第 9~15 种标准颜色样品的显色指数，符号是 Ri。

色温　colour temperature　当光源的色品与某一温度下黑体的色品相同时，该黑体的绝对温度为此光源的色温。也称"色度"，单位为开（K）。

相关色温　correlated colour temperature　当光源的色品点不在黑体轨迹上，且光源的色品与某一温度下的黑体的色品最接近时，该黑体的绝对温度为此光源的相关色温，符号为 T_{cp}，单位为 K。

色品　chromaticity　用 CIE 标准色度系统所表示的颜色性质。由色品坐标定义的色刺激性质。

色品图　chromaticity diagram　表示颜色色品坐标的平面图。

色品坐标　chromaticity coordinates　每三个刺激值与其总和之比。在 X、Y、Z 色度系统中，由三个刺激值可算出色品坐标 x、y、z。

色容差　chromaticity tolerances　表征一批光源中各光源与光源额定色品的偏离，用颜色匹配标准偏差 SDCM 表示。

色表　color appearance　与色刺激和材料质地有关的颜色的主观表现。

同色异谱　metamerism　具有同样颜色而光谱分布不同的两个色刺激。

白炽灯　incandescent lamp　用通电的方法将灯丝加热到白炽状态而发光，如钨丝灯、卤钨灯等。

气体放电灯　discharge lamp　灯发出的光是由气体、金属蒸气或几种气体和金属蒸气混合放电直接产生的，如高压钠灯；或者通过放电激发荧光粉而发光，如荧光灯。

高强度气体放电灯　high intensity discharge lamp　发光管的管壁负荷大于 $3W/cm^2$ 的气体放电灯，简称 HID 灯。高压汞灯、金属卤化物灯和高压钠灯属于 HID 灯。

发光二极管　light‑emitting diode（LED）　一个 P‑N 结半导体二极管，能发出可见光或红外辐射，其辐射输出是它的物理结构、使用材料和触发电流的函数。

镇流器　ballast　气体放电灯为稳定放电电流用的器件。镇流器的种类有电阻式、电感式、电容式或电子式，也可以是综合式的。

镇流器流明系数　ballast lumen factor（BLF）　荧光灯在某一镇流器上运行时的光通量输出与该灯在额定光通的基准镇流器上运行时的光通量输出之比。

镇流器能效因数　ballast efficacy factor（BEF）　镇流器流明系数与光源加镇流器的输入功率之比。

启动器　starter　启动放电灯用的附件。它使电极得到必需的预热，并与串联的镇流器一起产生脉冲电压使灯启动。有时单有产生脉冲电压的功能，这种启动器也称触发器。

调光器　dimmer　能改变照明装置中光源的光通量，并调节照度水平的装置。

灯具　luminaire　将一个或多个光源发射的光线重新分布，或改变其光色的装置，包括固定和保护光源以及将光源与电源连接所必需的所有部件，但不包括光源本身。

光强分布 luminous intensity distribution 用曲线或表格表示光源或照明灯具在空间各个方向的发光强度值，也称配光。其主要用途是：

（1）提供灯具光分布特性的大体概念；

（2）计算灯具在某一点产生的照度；

（3）计算灯具的亮度分布。

灯具效率 luminaire efficiency 在规定的使用条件下，灯具发出的总光通量与灯具内所有光源发出的总光通量之比，也称灯具光输出比。

遮光角 shielding angle 光源发光体最边沿一点和灯具出光口的连线与通过光源光中心的水平线之间的夹角，也称保护角。

截光角 cut - off angle 遮光角的余角，即光源发光体最外沿一点和灯具出光口的连线与通过光源光中心的竖直线之间的夹角。

等照度曲线 isolux contours 在一个表面上有相同照度值的各点的轨迹。

照明方式 lighting system 照明设备按其安装部位或使用功能构成的基本制式。

一般照明 general lighting 不考虑特殊部位的需要，为照亮整个场地而设置的照明。

分区一般照明 localized lighting 根据需要，提高或降低特定区域照度的一般照明。

局部照明 local lighting 为满足某些部位（通常限定在很小范围，如工作台面）的特殊需要而设置的照明。

混合照明 mixed lighting 一般照明与局部照明组成的照明。

直接照明 direct lighting 将灯具发射的光通量的90%～100%部分直接投射到假定工作面上的照明。

半直接照明 semi - direct lighting 将灯具发射的光通量的60%～90%部分直接投射到假定工作面上的照明。

均匀漫射照明 general diffuse lighting 将灯具发射的光通量的40%～60%部分直接投射到假定工作面上的照明。

半间接照明 semi - indirect lighting 将灯具发射的光通量的10%～40%部分直接投射到假定工作面上的照明。

间接照明 indirect lighting 将灯具发射的光通量的小于10%部分直接投射到假定工作面上的照明。

定向照明 directional lighting 光线主要从某一特定方向投射到工作面或物体上的照明。

重点照明 accent lighting 为突出特定的目标或引起对视野中某一部分的注意而设的定向照明。

漫射照明 diffused lighting 投射在工作面或物体上的光线在任何方向上均无明显差别的照明。

正常照明 normal lighting 永久性安装的、正常情况下使用的照明。

应急照明 emergency lighting 在正常照明电源因故障失效的情况下，供人员疏散、保障安全或继续工作用的照明。

疏散照明 escape lighting 应急照明的组成部分，用以确保安全出口和疏散通道能被有效地辨认和应用，使人们安全撤离建筑物的照明。

安全照明 safety lighting 应急照明的组成部分，用以确保处于潜在危险中的人员安全的照明。

备用照明 stand – by lighting　应急照明的组成部分，用以确保在正常照明失效时能继续工作或暂时继续进行正常活动的照明。

工作面 working plane　在其表面上进行工作的参考平面，也是规定和测量照度的平面。

水平面照度 horizontal illuminance　水平面上一点的照度。

垂直面照度 vertical illuminance　垂直面上一点的照度。

平均柱面照度 average cylindrical illuminance　位于一点的一个很小的圆柱体曲面上的平均照度（假定圆柱体的轴线垂直地面）。

半柱面照度 semicylindrical illuminance　位于一点的一个很小的半圆柱体曲面上的平均照度，假定半圆柱体是竖直的。半柱面照度以符号 E_{sc} 表示。

初始照度 initial illuminance　照明装置新装时在规定表面上的平均照度。通常它也是设计照度值。

维持平均照度 maintained average illuminance　在维护周期末，必须换灯或清洗灯具和房间表面，或者同时进行上述维护工作时规定表面上的平均照度。它不应低于规定的照度标准值。

照度均匀度 uniformity ratio of illuminance　表示给定平面上照度变化的量。通常用最小照度与平均照度之比表示；有时指最小照度与最大照度之比。

照度比 illuminance ratio　给定表面的照度与工作面上一般照明的照度之比。

维护系数 maintenance factor　照明设备使用一定周期后，在工作面上产生的平均照度与该装置在相同条件下新安装时产生的平均照度之比。

距高比 spacing height ratio　照明装置中两个相邻灯具中心之间的距离与灯具至工作面的悬挂高度之比。

利用系数 utilization factor　投射到参考平面上的光通量与照明装置中的光源的光通量之比。

室形指数 room index　照明计算中表示房间几何形状的数值，以符号 RI（或 K_r）表示。其计算式为

$$RI = \frac{LW}{H(L+W)} = \frac{2S}{Hl} \qquad (1-9)$$

式中　L——房间长度，m；

$\quad\quad W$——房间宽度，m；

$\quad\quad H$——灯具在工作面以上的高度，m；

$\quad\quad S$——房间面积，m²；

$\quad\quad l$——房间周长，m。

室空间比 room cavity ratio　北美采用的表征房间几何形状的数值，以符号 RCR 表示。其计算式为

$$RCR = \frac{5H(L+W)}{LW} = \frac{2.5Hl}{S} \qquad (1-10)$$

照明功率密度 lighting power density（LPD）　单位面积上的照明安装功率（包括光源、镇流器或变压器），单位为 W/m²。

城市照明 urban lighting 城市户外公共用地内（体育场、工地除外）的永久性固定照明设施与建筑红线内旨在形成夜间景观的室外或室内照明系统所提供的照明的总称，包括城市功能照明与城市景观照明。

城市功能照明 urban function lighting 为城市夜间活动安全与信息获取等功能所提供的照明，主要包括城市道路及附属交通设施的照明与指引标识照明。

城市景观照明 urban landscape lighting 对城市中夜间可引起良好视觉感受的某种景象所施加的照明。

光污染 light pollution 人工光对人体健康和人类生存环境造成的不利影响的总称，通常是指城市天空辉光。

干扰光 obtrusive light 由于光的强度、方向或光谱不适当，在特定场合引起人们烦恼、分心或视觉能力下降的溢散光。

光侵扰 light trespass 设在建筑红线外的照明灯具将光投射到不需要或不该照的地方，对居民、司机、行人、自然环境和天文观测产生有害影响。

道路照明 road lighting 将灯具安装在高度通常为 15m 以下的灯杆上，按一定间距有规律地连续设置在道路的一侧、两侧或中央分车带上的照明。

高杆照明 high-mast lighting 一组灯具以固定方向安装在高度等于或大于 20m 的灯杆顶部进行大面积照明的一种照明方式。

阈值增量 threshold increment 对道路照明灯具产生的失能眩光的一种度量。它是指在出现失能眩光的情况下，道路照明灯具射入驾驶员眼睛内的直射光形成的光幕亮度降低了前方路面上目标与路面原有的亮度对比，提高了目标的可见度阈，以致看不清目标；为了补偿这种失能眩光效应，在对比度上所需的百分比增量，符号为 TI。

环境比 surround ratio 机动车车行道外侧 5m 宽带状区域内的路面平均照度与相邻的 5m 宽车行道路面上的平均照度之比，符号为 SR。

泛光照明 floodlighting 用投光灯照明一个面积较大的景物或场地，使被照面亮度明显高于周围环境亮度的照明。

采光系数（昼光因数） daylight factor 在室内给定平面的一点上，由直接或间接地接受来自天空漫射光产生的照度与同一时刻该天空半球在室外无遮拦水平面上产生的天空漫射光照度之比。

窗地面积比 ratio of glazing to floor area 窗洞面积与地面面积之比。

色修正 color correction 用颜色滤光器对物理光度计的探测器进行的修正，使其光谱灵敏度符合 $V(\lambda)$ 函数或其他特定要求。

余弦修正 cosine correction 根据余弦法则对物理探测器的角度响应进行的修正。

第二节 照 明 质 量

优良的室内照明质量由以下五个要素构成：

（1）适当的照度水平；

（2）舒适的亮度分布；

（3）优良的灯光颜色品质；

（4）没有眩光干扰；

（5）正确的投光方向与完美的造型立体感。

不同的应用场合对质量要求的重点可能不同，现分别说明如下。

一、照度水平

1. 照度

为特定的用途选择适当的照度时，要考虑的主要因素是：

（1）视觉功效；

（2）视觉满意程度；

（3）经济水平和能源的有效利用。

视觉功效是人借助视觉器官完成作业的效能，通常用工作的速度和精度来表示。增加作业照度（或亮度），视觉功效随之提高，但达到一定的照度水平以后，视觉功效的改善就不明显了。图1-3说明标准作业的视觉功效 ρ（相对单位）与照度 E 和作业的实际亮度对比 C 的关系曲线。

对于非工作区，如交通区和休息空间，不宜用视觉功效来确定照度水平，而应考虑定向和视觉舒适的要求。为选择最佳照度水平进行的大量现场评价和调研表明，照明所创造的舒适和愉悦的视觉满意程度，是各类室内环境（包括工作环境）在选择适宜照度时必须考虑的重要附加因素。

在实际应用中，无论是根据视觉功效还是从视觉满意角度选择照度，都要受经济条件和能源供应的制约。所以，综合上述三方面因素确定的照度标准往往不是理想的，而只能是适当的、折中的标准。

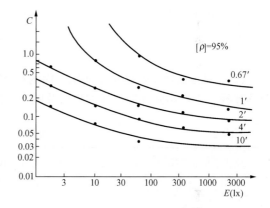

图1-3 视觉功效与照度和作业的
实际亮度对比的关系曲线

北美照明学会（IESNA）2000年将推荐照度值分为三类，七级。第Ⅰ类是简单的视觉作业和定向要求，主要是指公共空间；第Ⅱ类是普通视觉作业，包括商业、办公、工业和住宅等大多数场所；第Ⅲ类是特殊视觉作业，包括尺寸很小、对比很低，而视觉效能又极其重要的作业对象。表1-1列出了IESNA推荐的各级照度值，这种简单明了的照度级别规定可供照明设计人员估算设计照度时参考。

表1-1　　　　　　　　　　　　IESNA 推荐照度分级

类别	级别	项　　　目	照度（lx）
Ⅰ	A	公共空间	30
	B	短暂访问和简单定向	50
	C	进行简单视觉作业的工作空间	100
Ⅱ	D	高对比、大尺寸的视觉作业	300
	E	高对比、小尺寸或低对比、大尺寸的作业	500
	F	低对比、小尺寸的作业	1000
Ⅲ	G	进行接近阈限的视觉作业	3000～10000

GB 50034—2013《建筑照明设计标准》中详细规定了我国居住建筑及各类公共建筑、工业建筑不同房间或场所的照度标准值，比以前的标准大幅度提高了照度水平，基本上与国际接轨。

2. 照度均匀度

（1）室内照明并非越均匀越好，适当的照度变化能形成比较活跃的气氛，但是工作岗位密集的房间也应保持一定的照度均匀度。

（2）室内照明的照度均匀度通常以一般照明系统在工作面上产生的最小照度与平均照度之比表示，不同的场所要求不同，一般作业不应小于0.6。

（3）工作房间中非工作区的平均照度不应低于工作区临近周围平均照度的1/3。

（4）直接连通的两个相邻的工作房间的平均照度差别也不应大于5:1。

二、亮度分布

室内的亮度分布是由照度分布和表面反射比决定的。视野内的亮度分布不适当会损害视觉功效，过大的亮度差别会产生不舒适眩光。

（1）作业区内的亮度比。与作业贴邻的环境亮度可以低于作业亮度，但不应小于作业亮度的2/3。此外，为作业区提供良好的颜色对比也有助于改善视觉功效，但应避免作业区的反射眩光。

（2）统筹策划反射比和照度比。因为亮度与两者的乘积成正比，所以它们的数值可以调整互补。工作房间环境亮度的控制范围参见表1-2。

表1-2　　　　　　　　　　　工作房间的表面反射比与照度比

工作房间的表面	反射比	照度比[1]
顶棚	0.60~0.90	0.20~0.90
墙	0.30~0.80	0.40~0.80
地面	0.10~0.50	0.70~1.00
工作面	0.20~0.60	1.00

[1]　给定表面照度与工作面照度之比。

非工作房间，特别是装修标准高的公共建筑厅堂的亮度分布，往往根据室内环境创意决定，其目的是突出空间或结构的形象特征，渲染环境气氛或是强调某种装饰效果。这类光环境亮度水平的选择和亮度图式的设计也要考虑视觉舒适感，但不受上述亮度比的约束。

三、灯光的颜色品质

灯光的颜色品质包含光源的表观颜色、光源的显色性能、灯光颜色一致性及稳定性等几个方面。

（1）光源的表观颜色。即色表，可以用色温或相关色温描述。光源色表的选择取决于光环境所要形成的氛围，例如，含红光成分多的"暖"色灯光（低色温）接近日暮黄昏的情调，能在室内形成亲切轻松的气氛，适用于休息和娱乐场所的照明。而需要紧张地、精神振奋地进行工作的房间则采用较高色温的灯光为好。

我国照明设计标准按照 CIE 的建议将光源的色表分为三类，并提出典型的应用场所，见表1-3。

表 1 – 3   光源的色表类别

类别	色表	相关色温	应用场所举例
Ⅰ	暖	<3300	客房、卧室、病房、酒吧、餐厅
Ⅱ	中间	3300～5300	办公室、阅览室、教室、诊室、机加工车间、仪表装配
Ⅲ	冷	>5300	高照度场所、热加工车间，或白天需补充自然光的房间

人对光色的爱好还与照度水平有相应的关系，表 1 – 4 给出了各种照度水平下不同色表的荧光灯照明所产生的一般印象。

表 1 – 4   各种照度下灯光色表给人的不同印象

照度（lx）	灯光色表		
	暖	中间	冷
<500	舒适	中性	冷
500～1000	↑	↑	↑
1000～2000	刺激	舒适	中性
2000～3000	↑	↑	↑
>3000	不自然	刺激	舒适

（2）光源的显色性能。取决于光源的光谱能量分布，对有色物体的颜色外貌有显著影响。CIE 用一般显色指数 Ra 作为表示光源显色性能的指标，它是根据规定的 8 种不同色调的标准色样，在被测光源和参照光源照明下的色位移平均值确定的。Ra 的理论最大值是 100。

CIE 将灯的显色性能分为 4 类，其中第 Ⅰ 类又细分为 A、B 两组，并提出每类灯的适用场所，作为评估室内照明质量的指标，见表 1 – 5。GB 50034—2013《建筑照明设计标准》对各类建筑的不同房间和场所都规定了 Ra 值。

表 1 – 5   光源显色性分类

显色性能类别	显色指数范围	色表	应用示例	
			优先采用	容许采用
Ⅰ	$Ra \geqslant 90$	暖	颜色匹配	
		中间	医疗诊断、画廊	
		冷		
	$90 > Ra \geqslant 80$	暖	住宅、旅馆、餐馆	
		中间	商店、办公室、学校、医院、印刷、油漆和纺织工业	
		冷	视觉费力的工业生产	
Ⅱ	$80 > Ra \geqslant 60$	暖 中间 冷	高大的工业生产场所	
Ⅲ	$60 > Ra \geqslant 40$		粗加工工业	工业生产
Ⅳ	$40 > Ra \geqslant 20$			粗加工工业，显色性要求低的工业生产、库房

随着 LED 灯的普及应用，人们对 LED 灯的颜色品质也日益重视。因为当前普遍使用的白色 LED 灯大多是蓝光激发黄色荧光粉发出白光，其红色光谱成分薄弱，显色性不好，所以 GB 50034—2013《建筑照明设计标准》规定室内工作场所应用 LED 灯的 Ra 不应小于 80，并且 R_9（特殊显色指数，饱和的红色）应大于零。从视觉舒适感和生物安全性考虑，LED

灯的色温也不宜高于4000K。

（3）灯光颜色一致性及稳定性。LED灯的颜色一致性和颜色漂移是应用LED灯照明需要特别注意的问题。GB 50034—2013《建筑照明设计标准》规定：选用同类光源的色容差不应大于5SDCM。在寿命期内，LED灯的色品坐标与初始值的偏差在GB/T 7921—2008《均匀色空间和色差公式》规定的CIE 1976均匀色度标尺图中，不应超过0.007。此外，LED灯具在不同方向上的色品坐标与其加权平均值偏差在CIE 1976均匀色度标尺图中，不应超过0.004。

四、眩光

如果灯、灯具、窗子或者其他区域的亮度比室内一般环境的亮度高得多，人们就会感受到眩光。眩光产生不舒适感，严重的还会损害视觉功效，所以工作房间必须避免眩光干扰。

1. 直接眩光

它是由灯或灯具过高的亮度直接进入视野造成的。眩光效应的严重程度取决于光源的亮度和大小、光源在视野内的位置、观察者的实现方向、照度水平和房间表面的反射比等诸多因素，其中光源（灯或窗子）的亮度是最主要的。

（1）灯具亮度限制曲线。CIE曾推荐灯具亮度限制曲线（见图1-4），作为评价一般室内照明灯具直接眩光的标准和方法。CIE按照限制直接眩光的不同要求分为5个质量等级，即A—很高质量；B—高质量；C—中等质量；D—低质量；E—很低质量。

根据确定的质量等级、照度水平、灯具类型和布灯方式可以在图1-4的（a）或（b）两组灯具亮度曲线中选出一条合适的限制曲线。将此曲线与拟在设计中采用的灯具的平均亮度曲线进行对照检验，只要在最远端灯具下垂线以上45°角至临界角γ（见图1-5）的范围内，灯具各个方上的平均亮度均小于限制曲线规定的亮度极限值，则限制直接眩光的要求即可满足。γ是灯具与眩光评价视点连线与灯具下垂线之间的夹角。

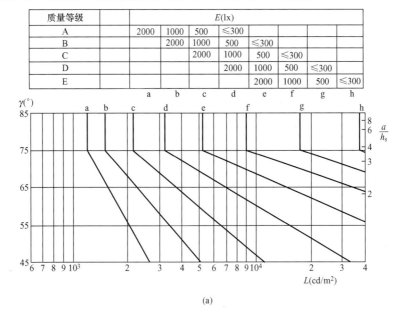

图1-4　灯具亮度限制曲线（一）

（a）限制曲线Ⅰ

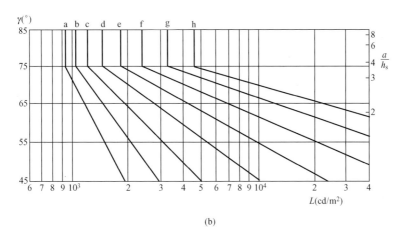

(b)

图1-4 灯具亮度限制曲线（二）

（b）限制曲线Ⅱ

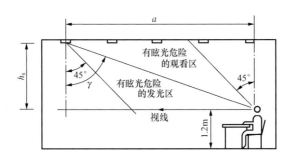

图1-5 限制灯具亮度的眩光区

如果灯具平均亮度曲线与图1-4中所选的那条灯具亮度限制曲线有交叉，则自交点向右引平行线可找到对应的 a/h_s 值，只要长度 a 与灯具至眼睛的高度 h_s 之比小于该值，则在此范围内的灯具亮度低于限制亮度值，选用这种灯具不会产生超出相应质量等级允许的直接眩光。

图1-4（a）中的曲线适用于评价无发光侧面的所有灯具以及从纵向观看有发光侧面的长条形灯具的眩光，即图1-6中视线平行于 $C_{90°}-C_{270°}$ 平面的情况。图1-4（b）曲线则适用于评价有发光侧面的所有非长条形灯具，以及从横向观看有发光侧面的长条形灯具的眩光，即图1-6中视线平行于 $C_{0°}-C_{180°}$ 平面的情况。长条形灯具是指它的发光面长宽比大于2：1的灯具。

上述评价室内直接不舒适眩光的方法仅适用于工作房间，并有以下限定条件：

1）房间形状为矩形平行六面体；

2）灯具规则地排列在房间顶部，且主轴与墙平行；

3）眩光评价的视点在地面以上1.2m高度（坐姿），并贴近后墙居中；

4）视线主要是水平的和向下的，其方向与墙平行；

5）顶棚反射比不小于0.50，墙和家具设备的反射比不小0.25。

此外，发光顶棚或间接照明的顶棚表面在 $\gamma \geqslant 45°$ 方向上不宜超过 $500\text{cd}/\text{m}^2$。

除限制灯具亮度外，对底面敞口和下部装透明灯罩的灯具还应检验其遮光角是否符合表1-6规定的要求。遮光角 α 是光源发光体边沿一点和灯具出光口的连线延长线与水平线之间的夹角，如图1-7所示。

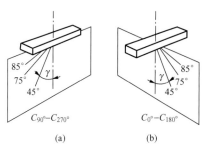

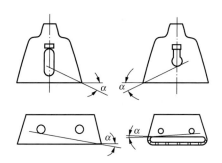

图 1-6 长条形灯具由纵向和由横向观看　　　图 1-7 各种灯具的遮光角
（a）从纵向看；（b）从横向看

表 1-6 **灯 具 最 小 遮 光 角**

光源的亮度（kcd/m²）	最小遮光角（°）
1~20	10
20~50	15
50~500	20
≥500	30

（2）统一眩光值（*UGR*）。CIE 1995 年提出用 *UGR* 作为评定不舒适眩光的定量指标。*UGR* 方法综合了 CIE 和许多国家提出的眩光计算公式并加以简化，同时，其数值对应的不舒适眩光的主观感受与英国的眩光指数对应的不舒适眩光的主观感受一致，见表 1-7，因此这一方法得到世界各国的认同。

表 1-7 **＊UGR＊ 值对应的不舒适眩光的主观感受**

UGR	不舒适眩光的主观感受
28	严重眩光，不能忍受
25	有眩光，有不舒适感
22	有眩光，刚好有不舒适感
19	轻微眩光，可忍受
16	轻微眩光，可忽略
13	极轻微眩光，无不舒适感
10	无眩光

1）*UGR* 计算公式。照明场所统一眩光值的计算式如下

$$UGR = 8\lg \frac{0.25}{L_b} \sum \frac{L_a^2 \omega}{P^2} \qquad (1-11)$$

式中　L_b——背景亮度，cd/m²；

　　　L_a——每个灯具的发光部分在观察者眼睛方向上的亮度，cd/m²；

　　　ω——每个灯具的发光部分对观察者眼睛形成的立体角，sr；

　　　P——每个单独的灯具偏离视线的位置指数（Guth 位置指数）。

计算一个场所照明的 *UGR*，涉及每个灯具的多项参数，计算过程非常繁复，通常都是用计算机进行计算。欧美通用的照明计算软件 DALux 和 AGI 以及飞利浦等品牌照明厂商的专用照明设计软件都有 *UGR* 的计算程序。

UGR 不舒适眩光评价方法的应用有以下限制条件：

a. *UGR* 适用于简单的立方体房间一般照明设计，不适用于间接型照明和发光顶棚的不舒适眩光评价；

b. 灯具发光部分对眼睛形成的立体角在 0.1sr > ω > 0.0003sr 的范围以内；

c. 灯具为双对称配光或全对称配光，规则布置；

d. 观测位置通常在纵向、横向两面墙的中点，视线水平，朝前看。

2）*UGR* 曲线。为了便于设计人员理解和使用，CIE 还提供了 *UGR* 数表和 *UGR* 曲线。前者由公式计算生成，仅适用于有限的简化计算条件；曲线则忽略了房间特性对背景亮度的影响和灯具位置不同所产生的眩光差异，因此会造成一些误差。但是，*UGR* 曲线的形式与用法与灯具亮度限制曲线非常相似，容易掌握。

UGR 曲线方法也包含两张图表，如图 1-8 所示，都适用于比较明亮的房间，例如顶棚、墙面、地板空间，反射比相应地为 0.7、0.5、0.2。

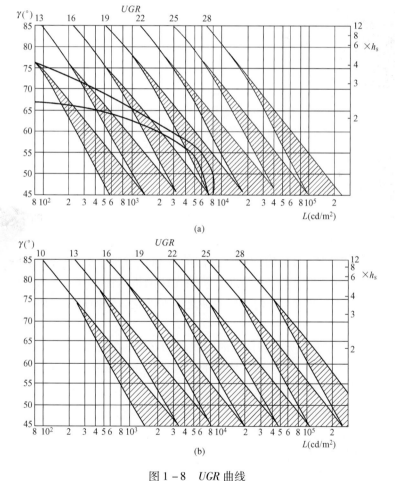

图 1-8 *UGR* 曲线

（a）图表Ⅰ；（b）图表Ⅱ

注：图（a）为一个非对称镜面格栅荧光灯灯具亮度评价示例。粗线为从其横向观看的亮度，细线为从纵向观看。正常情况下，预计平均 *UGR* 在 19 以下；因为横向观看的灯具亮度曲线在 $\gamma < 60°$ 时进入了阴影区，所以在此范围内最大 *UGR* 值有可能超过 19。

图表Ⅰ用于对顶棚和墙只有少量照明或没有照明的灯具，如某些镜面格栅灯具和下照式灯具，有大到中等的遮光角。

图表Ⅱ用于宽光束灯具或有一些上射光照亮墙和顶棚的灯具，如漫射材料的格栅灯、乳白灯罩或其他形式的灯具。

图表Ⅰ和Ⅱ都标明了 UGR 值分别为 13、16、19、22、25、28 的曲线，这些曲线指的是平均 UGR 值。如果要求 UGR 最大值不大于上述某一限值，则应避免灯具亮度曲线进入相应 UGR 曲线的阴影区。阴影区是由曲线上 75°的一点与低于该 UGR 值 3 个单位的相邻曲线上 45°的一点连线封闭而成的。

两张图表的 UGR 曲线用以下公式表示：

图表Ⅰ

$$\lg L = (29 + UGR - 0.308\gamma)/8$$

图表Ⅱ

$$\lg L = (32 + UGR - 0.308\gamma)/8$$

式中　L——灯具亮度，cd/m^2；

　　　γ——视线与灯具下垂线的夹角，（°）。

2. 反射眩光和光幕反射

避免反射眩光和光幕反射的有效措施是：

（1）正确安排照明光源和工作人员的相对位置，使视觉作业的每一部分都不处于、也不靠近任何光源与眼睛形成的镜面反射角内；

（2）加强从侧面投射到视觉作业上的光线；

（3）选用发光面大、亮度低、宽配光，但在临界方向亮度锐减的灯具（如蝠翼型配光的灯具）；

（4）顶棚、墙和工作面尽量选用无光泽的浅色饰面，以减小反射的影响。

五、阴影和造型立体感

一个房间的照明能使它的结构特征及室内的人和物清晰，而且令人赏心悦目地呈现出来，这个房间的整体面貌就能美化。为此，照明光线的指向性不宜太强，以免阴影浓重，造型生硬；灯光也不能过于漫射和均匀，以免缺乏亮度变化，致使造型立体感平淡无奇，室内显得索然无味。

"造型立体感"用来说明三维物体被照明表现的状态，它主要是由光的主投射方向及直射光与漫射光的比例决定的。对造型立体感的主观评价主要依靠心理因素，不过以下两种物理指标可供照明设计人员预测造型效果。

（1）垂直照度与水平照度之比（E_v/E_h）：在主视线方向上 E_v/E_h 至少要达到 0.25，获得满意的效果则需要达到 0.40~0.50。

（2）平均柱面照度与水平面照度之比（E_c/E_h）：假定圆柱体的轴线是竖直的，其高度与直径均趋于无穷小。平均柱面照度实际上是空间一点在各方向的垂直照度的平均量值。

当只有自上而下的直射光线时，$E_c = 0$，$E_c/E_h = 0$；而当光线仅来自水平方向时，则 $E_h = 0$，$E_c/E_h \rightarrow \infty$；唯有 $0.3 \leqslant E_c/E_h \leqslant 3$ 的条件下，可获得较好的造型立体感。上述分析表明，E_c/E_h 这一指标已包含光线方向性的因素。

第三节 照明设计程序

一、概述

照明设计包括室内照明（建筑照明）设计、室外照明设计。室外照明设计又包括城市道路照明设计、城市夜景照明（统称城市照明）设计及露天作业场地照明设计等，其范围列于图1-9。

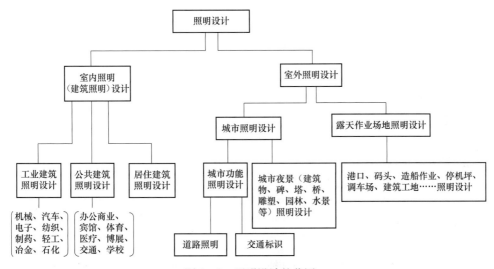

图1-9 照明设计的范围

工程设计通常包括初步设计和施工图设计两个阶段，有的还增加技术设计阶段。

照明设计程序主要包括以下三方面内容：

（1）收集照明设计所必要的资料和技术条件，包括工艺性质和生产、使用要求，建筑和结构状况，建筑装饰状况，建筑设备和管道布置情况；

（2）提出照明设计方案，进行各项计算，确定各项光学和电气参数，编写设计说明书；

（3）绘制施工图，编制材料明细表和工程概算，必要时按建设单位委托编制工程预算。

下面以建筑照明为主进行具体叙述。

二、收集资料，了解工艺生产、使用要求和建筑、结构情况

收集资料的主要内容列于表1-8。

表1-8　　　　　　　　　　收集资料的主要内容

专业	收集资料主要内容	用途
工艺生产使用要求	生产、工作性质，视觉作业精细程度，作业和背景亮度，连续作业状况，作业面分布，工种分布情况，通道位置	确定一般照明或分区一般照明，确定照度标准值，是否要局部照明
	特殊作业或被照面的视觉要求	是否要重点照明（如商场）
	作业性质及对颜色分辨要求	定显色指数（Ra）、特殊显色指数（R_9）、光源色温
	作业性质及对限制眩光的要求	定眩光指数（UGR 或 GR）标准、灯具遮光角
	作业对视觉的其他要求	如空间亮度、立体感等

续表

专业	收集资料主要内容	用途
工艺生产使用要求	作业的重要性和不间断要求，作业对人的可能危险，建筑类型、使用性质、规模大小对灾害时疏散人员的要求	确定是否要应急照明（分别定疏散照明、备用照明、安全照明），定电源要求
	场所环境污染特征	确定维护系数
	场所环境条件：包括是否有多尘、潮湿、腐蚀性气体、高温、振动、火灾危险、爆炸危险等	灯具等的防护等级（IP××）及防爆类型，防火、防腐蚀要求
	其他特殊要求，如体育场馆的彩电转播、博美馆的展示品、商场的模特，演播室、舞台等	确定特殊照明要求，如垂直照度、立体感、阴影等
建筑结构状况	建筑平面、剖面、建筑分隔、尺寸，主体结构、柱网、跨度、屋架、梁、柱布置，高度，屋面及吊顶情况	安排灯具布置方案，布灯形式及间距，灯具安装方式和高度
	室内通道状况，楼梯、电梯位置，避难层状况	设计通道照明、疏散照明（含疏散标志位置）
	墙、柱、窗、门、通道布置，门的开向	照明开关、配电箱布置
	建筑内装饰情况，顶、墙、地、窗帘颜色及反射比	按各表面反射比求利用系数
	吊顶、屋面、墙的材质和燃烧性能，防火分区状况	灯具及配线的防火要求
	建筑装饰特殊要求（高档次公共建筑），如对灯具的美观、装设方式、协调配合、光的颜色等	协调确定间接照明方式，或灯具造型、光色等
	高耸建筑的总高度及建筑周围建、构筑物状况	障碍照明要求
	建筑立面状况及建筑周围状况（需要建筑夜景照明时）	确定夜景照明方式及安装
建筑设备状况	建筑设备及管道状况，包括空调设施、通风、暖气、消防设施，热水蒸气和其他气体设施及其管道布置、尺寸、高度等	协调顶部灯的位置、高度，防止挡光，协调顶、墙等的灯具、开关和配线的位置

三、设计方案的提出、优化和确定

设计方案主要在初步设计阶段进行，下面分照明光学部分和电气部分叙述。

1. 照明光学部分设计步骤

（1）确定照明标准。包括照度标准值、照度均匀度和眩光值（UGR 或 GR）、光源色温和显色指数（Ra）。依据作业精细程度、识别对象和背景亮度的对比，以及识别速度、连续紧张工作程度等因素，按相关标准确定照度。

（2）确定照明方式。室内应设一般照明或分区一般照明；对于精细作业场所，按需要增设局部照明；对于商场、博物馆等场所，确定增加重点照明的部位。

（3）确定照明种类。除正常照明外，应确定是否设应急照明：按建筑楼层、规模、性质及防灾要求设疏散照明；按正常照明熄灭后是否要继续工作设置备用照明；个别情况还要考虑安全照明。此外，还按建筑高度确定是否设障碍照明，大面积作业场所应设值班照明。

（4）选择光源的原则。

1）为了节能，选用高光效光源，如稀土三基色荧光灯（低矮房间），金卤灯、高压钠灯（高大场所），以及 LED 灯。

2）符合使用场所对显色性的要求，长时作业场所应选 $Ra \geq 80$ 的光源，对 LED 灯，还要求 $R_9 > 0$；同时应选取与照度高低和环境相宜的色温。

3）考虑启动点燃条件、开关频繁程度和长寿命等因素。

4）按节能要求，或功能需要，或舒适性要求，选择可调光的光源和控制。

5）性能价格比优。

（5）选择镇流器。应按照安全、可靠、系统能效高的原则选取，同时应考虑谐波含量低、功率因数高、性能价格比优等因素，还应与光源配套；对 LED 灯则包括配套的驱动电源，必要的调光控制。

（6）选择灯具类型的原则。

1）安全，与光源配套；不得选择已禁止使用的 0 类灯具。

2）灯具效率高，无特殊要求的场所，应选用直接型灯具。

3）按房间的室形指数（灯具安装高度和房间大小）选择配光适宜的灯具。

4）考虑限制眩光的要求，无漫射罩的灯具，遮光角应符合规定。

5）按环境条件选用相适应的防护等级的灯具。

6）对于高等级的公共建筑的公共场所，按建筑装饰要求选用相适应的灯具。

（7）灯具布置方案。应按下列原则设计布灯方案。

1）一个场所或一定区域内应相对均匀对称，按一定规律布灯。

2）在满足眩光限制和照度均匀度条件下，单灯功率宜选得大些（如直管荧光灯应选用 4ft 长灯管），以提高照明能效，降低谐波含量，有利于控制投资。

3）布灯间距（L）与安装离地高度（H）合理协调，使 L/H 值不大于该灯具允许的 L/H 值。

4）工业建筑的布灯应与建筑结构（如柱网、屋架、梁、屋面等）相协调，并与吊车、各种管道和高大设备位置相协调，避免碰撞和遮挡。

5）多层建筑、公共建筑应注意整体美观，与建筑装饰协调。

6）装灯位置和高度应便于安装和维修，高大空间应设置维修通道。

（8）照度计算。按照选择的光源、灯具及布置方案，进行作业面的平均维持照度计算。通常是计算工作面或地面的水平面照度，按不同使用条件，还要计算垂直面照度或倾斜面照度；将计算结果与选取的照度标准值对比，偏差不应超过标准值的 ±10%，如偏差过大，应重新调整布灯方案，再做计算，直到符合要求。

（9）眩光计算。对于标准规定有 UGR 或 GR 值要求的场所，应进行 UGR 值计算，通常是用计算软件进行，计算结果不应超过 GB 50034—2013《建筑照明设计标准》规定的标准值。

（10）校验节能指标。按确定的照明方案，计算实际的照明功率密度（LPD），该值不超过标准规定的 LPD 限值为合格，如超过，应重新调整方案，重做计算，直到符合标准。

（11）优化方案。对于重要项目，应做两个或多个设计方案，按第（4）~（10）项步骤进行，并进行技术经济（包括运行费）综合比较后选定最优方案。

2. 电气部分设计步骤

（1）确定供电电源。包括配电变压器是合用（与电力）还是照明专用，配电电压，线制（如三相四线制或单相两线制等）；需要疏散照明、备用照明等场所，还要确定应急电源方式（如独立电网电源、应急发电机或蓄电池组等），通常应与该项目的电力用电统一考虑确定，以满足使用要求，安全、可靠、经济、合理。

（2）确定配电系统。包括配电分区划分（注意不同用户、不同核算单位、不同防火分区、不同楼层的分区），配电箱设置，灯光开关、控制要求，配电线路连接。

（3）配电系统接地方式。应与该建筑的电力用电统一确定，室内照明通常用 TN-S 或

TN – C – S 系统，户外照明宜用 TT 系统；采用 I 类灯具时，其外露导电部分应接地（接 PE 线）。

（4）功率统计和负荷计算。按各级干线、分支线统计照明安装功率（注意包括镇流器和变压器功耗），计算出需求功率、功率因数和计算电流，同时确定无功补偿的方式和设置方案。

（5）配电线路设计。包括各级配电线路导线（或电缆）的选型以及截面的确定。根据场所环境条件和防火、防爆要求，选择电线（电缆）的类型、敷设，并按照允许载流量和机械强度初步选择导体截面积。

（6）计算电压损失。按初选的导线和截面积计算各段线路的电压损失，求出末端灯的电压损失值，要求不超过标准规定；如超过，应加大截面积，再进行计算。

（7）配电线路保护电器的选型和参数的确定。应计算短路电流和接地故障电流，按短路保护、过负荷保护和接地故障保护的要求，选择各级线路首端的保护电器类型（熔断器或断路器）及其额定电流和整定电流值，并应使上下级保护电器间有选择性动作。如达不到规范的要求，应调整整定电流值，或加大导线截面积，甚至改变保护电器类型。

（8）开关和控制方式。一般工作房间，按要求设置集中的或分散的手动开关；对于大面积场所、公共场所，要考虑集中的控制方式，包括各种节能的、利用天然光或无人时自动关灯调光等控制方式。

（9）确定电能计量方式。考虑付费和节能的需要，分用户、分单位装设电能表。

（10）确定灯具和配电箱、开关、控制装置的安装方式，线路敷设方案。

四、绘制施工图，编制材料表和工程概预算

1. 绘制平面图

平面施工图至少应包括以下内容：

（1）灯具类型及位置。绘制灯具的位置，标注必要的尺寸，注明灯具类型或符号、代号（应采用形象的图形、符号表示），标注灯具的安装形式（吸顶式、嵌入式、管吊式），灯具离地高度；非垂直下射的灯具，应注明仰角或俯角、倾斜角等。

（2）注明光源的类型、额定功率、数量（包括单个灯具内的光源数）。

（3）各房间、场所的照度标准值。

（4）局部照明、重点照明的装设要求，包括光源、灯具及位置等。

（5）应急照明装设。分别标明疏散照明灯、疏散用出口标志灯、指向指志灯的类型（含光源、功率）及装设位置等；还有备用照明、安全照明的光源、灯具类型、功率及装设位置等要求。

（6）移动照明、检修照明用的插座和其他插座，应注明形式（极数、孔数）、额定电流值、安装位置、高度和安装方式。

（7）配电箱的型号、编号、出线回路、安装方式（嵌墙或悬挂）和安装位置。

（8）开关形式、位置、安装高度和安装方式（嵌入式或明装）；控制装置的类型、设置位置和控制范围。

（9）配电干线和分支线路的导线型号、根数、截面，如为套管，应注明管材、管径、敷设方式、安装部位和高度等。

2. 绘制剖面图和立面图

对于较复杂的建筑，或生产设备、平台、栈道、操作或维护通道复杂，或生产管道、动力管道，需要增加剖面图，以表明灯具与这些设备、平台、管道的位置关系，避免灯光被遮挡；高层建筑的走廊，各专业管线密集的，应绘制综合管线布置剖面图。

对于高等级公共建筑，装设有夜景照明的，应增加立面图。

3. 绘制场所照度分布图或（和）等照度曲线

对于照度和照度均匀度要求很高的场所，如体育场馆等，可绘制照度分布图或（和）等照度曲线，以考核其各点照度值和照度变化梯度。此图宜在初步设计阶段完成。

4. 绘制配电系统图

对于较大项目，有多台配电箱时，应绘制配电系统图，其内容包括：

（1）照明配电系统、干线和配电箱的接线方式。

（2）干线的导线型号、根数（包括必要的 N 线、PE 线）、截面、安装功率、计算功率、功率因数、计算电流。

（3）分支线的导线型号、根数、截面及安装功率。

（4）干线末端及代表性分支线末端的电压损失值。

（5）配电箱及开关箱的型号、出线回路数及安装功率。

（6）配电箱、开关箱内保护电器的类型，熔断器及其熔断体的额定电流，或断路器的反时限（长延时）脱扣器和瞬时脱扣器的整定电流。

对于较小项目，可不绘制配电系统图，但以上各项参数应标注在平面图上。

5. 绘制必要的安装图和线路敷设图

通常选用国家或省市编制的通用图，特殊安装需要的，应补充必要的安装大样图。

6. 编制材料明细表

材料明细表应有明确的型号、技术规格和参数，能满足订货、采购或招标的需要，内容应包括灯具、光源和镇流器、触发器、补偿电容器、配电箱、控制装置、开关、插座及其他附件，还有导线、套管等材料的名称、型号、技术规格、技术参数及单位、数量。

以直管荧光灯及其镇流器为例，材料明细表示例见表 1-9。

表 1-9　　　　　　　　　　　直管荧光灯及其镇流器材料明细表示例

序号	名称	型号	技术规格	单位	数量	备注
1	单管格栅荧光灯具配 T8 三基色直管荧光灯		220V，36W，$Ra \geqslant 80$，$T_{cp} \approx 4000K$，$\Phi \geqslant 3350lm$	套	1000	电子镇流器 总谐波≤30%
2	单管格栅荧光灯具配 T8 三基色直管荧光灯		220V，36W，$Ra \geqslant 80$，$T_{cp} \approx 4000K$，$\Phi \geqslant 3350lm$	套	700	节能电感镇流器 $\cos\varphi \geqslant 0.9$

注　灯具防电击类别为 I 类。

7. 编制概算、预算

初步设计阶段应同时编制概算，作为控制建设投资的依据。施工图完成后，根据建设单位要求和委托，编制工程预算，应包括设备、材料购置费，施工安装辅助材料费，施工工时人工费，以及税收及附加费等；预算应力求准确，作为工程招标和取费的重要依据。

第二章
照明光源、附件

编者：闫惠军　张　琪　韩　丽　任元会　　校审者：任元会

第一节　电光源分类及型号命名

一、电光源分类

电光源按照其发光物质分类，可分为热辐射光源、固态光源和气体放电光源 3 类，详细分类见表 2 – 1。

表 2 – 1 　　　　　　　　　　　电 光 源 分 类 表

电光源	热辐射光源			白炽灯
				卤钨灯
	固态光源			场致发光灯（EL）
				半导体发光二极管（LED）
				有机半导体发光二极管（OLED）
	气体放电光源	辉光放电		氖灯
				霓虹灯
		弧光放电	低气压灯	荧光灯
				低压钠灯
			高气压灯	高压汞灯
				高压钠灯
				金属卤化物灯
				氙灯

二、电光源型号命名

QB/T 2274—2013《电光源产品的分类和型号命名方法》规定了电光源产品的分类和型号命名方法，适用于我国销售的各类电光源产品。

电光源的型号命名由多部分组成，QB/T 2274—2013《电光源产品的分类和型号命名方法》给出了第 1、第 2 和第 3 部分：第 1 部分为一般字母，由表示电光源名称主要特征的 3 个以内词头的汉语拼音字母组成；第 2 部分和第 3 部分一般是电光源的关键参数，规定了这些参数的计量单位。其他部分应符合相关产品标准的规定。

表 2 – 2～表 2 – 4 列出了热辐射光源、固态光源和气体放电光源的分类和型号命名，摘自 QB/T 2274—2013《电光源产品的分类和型号命名方法》。

表 2-2　　　　　　　　　　　　　热辐射光源的分类和型号命名

电光源名称			型号的组成			相关标准
			第1部分	第2部分	第3部分	
1. 普通照明用钨丝灯			PZ	额定电压（V）	额定功率（W）	GB/T 10681
2. 局部照明灯泡			JZ			QB/T 2054
3. 装饰灯泡			ZS			QB/T 2055
4. 船用钨丝灯	（1）船用一般照明		CY	额定电压（V）	额定功率（W）	QB/T 2056
	（2）船用指示灯		CZ			
	（3）船用桅杆灯		CW			
5. 红外线灯泡			HW	额定电压（V）	额定功率（W）	GB/T 23140
6. 照相灯泡	（1）普通照相灯泡		ZX	额定电压（V）	额定功率（W）	QB/T 2058
	（2）照相放大灯泡		ZF			QB/T 2059
	（3）反射型照相灯泡		ZXF			QB/T 2060
7. 聚光灯泡及反射型聚光摄影灯泡	（1）聚光灯泡		JG	额定电压（V）	额定功率（W）	QB/T 2061
	（2）反射型聚光灯泡		JGF			
	（3）反射型聚光摄影灯泡		SYF			
8. 道路机动车辆灯泡—灯丝灯泡（前照灯、雾灯、信号灯）			—	额定电压（V）	额定功率（W）	GB 15766.1 GB/T 15766.2
9. 铁路信号灯泡			TX	额定电压（V）	额定功率（W）	GB/T 14046
10. 家用及类似电器照明灯泡			DZ	额定电压（V）	额定功率（W）	GB/T 2939
11. 卤钨灯（非机动车辆用）	（1）投影灯		LTY	额定功率（W）	额定电压（V）	GB/T 14094
	（2）摄影灯（摄影棚用灯）		LSY		电压范围（B 或 C）	
	（3）泛光灯（管形卤钨泛光灯）		LZG		额定电压（V）	
	（4）特殊用途灯	A）飞机场用灯	FJ		额定电流（A）	
		B）交通信号卤钨灯	LJT		额定电压（V）	
		C）带介质膜反光碗特殊用途灯	LTS		额定电压（V）	
	（5）普通用途灯（普通照明卤钨灯）	A）双插脚卤钨灯、带反光碗的卤钨灯	LW		额定电压（V）	
		B）带电压符合 B 和 C 的卤钨灯			电压范围（B 或 C）	
	（6）舞台照明灯（双插脚灯）		LWT		电压范围（B 或 C）	
12. 仪器灯泡	（1）白炽灯		YQ	额定电压（V）	额定功率（W）	QB 1116.1
	（2）卤钨灯		LYQ			QB 1116.2
13. 小型灯	（1）道路机动车辆辅助用灯泡		—	标称电压（V）	额定功率（W）	GB/T 15766.3
	（2）手电筒灯泡		—		额定电流（A）	
	（3）矿用头灯灯泡		KT		额定电流（A）	
14. 飞机用钨丝灯			FJ	额定电压（V）	额定电流（A）或额定电压（V）	GB/T 21095
15. 双端白炽灯			ZZ	额定电压（V）	额定功率（W）	GB/T 21092

电光源名称		型号的组成			相关标准
		第1部分	第2部分	第3部分	
16. 标准灯泡	（1）发光强度标准灯泡	BDB	不同规格序号	—	GB 15039
	（2）总光通量标准灯泡	DTQ	不同规格序号	—	GB 15039
	（3）普通测光标准灯泡	BDP	额定功率（W）	—	GB 15040
	（4）光谱辐射照度标准灯泡	BFZ	额定电压（V）	额定功率（W）	—
	（5）温度标准灯泡	BW	温度范围（K）	额定功率（W）	—
	（6）辐射能量标准灯泡	BDW	温度范围（K）	额定功率（W）	—
17. 坦克灯泡		TK	标称电压（V）	额定功率（W）	—
18. 水下灯泡	普通水下灯泡	SX	标称电压（V）	额定功率（W）	—
	反射型彩色水下灯泡	SSF			—

表 2-3　　　　　　　　　　　　固态光源的分类和型号命名

电光源名称		型号的组成			相关标准
		第1部分	第2部分	第3部分	
1. 普通照明用模块 LED 灯		SSL	额定电压（额定电流）/频率［V(mA)/Hz］	额定功率（W）	GB/T 24823
2. 普通照明用自镇流 LED 灯	（1）普通照明用非定向自镇流 LED 灯	BPZ	光通量规格（lm）	配光类型（O、Q、S）	GB/T 24908
	（2）反射型自镇流 LED 灯			光束角规格	GB/T 29296
3. 普通照明用单端 LED 灯		BD	光通量规格（lm）	额定功率（W）	—
4. 装饰照明用 LED 灯		BZ	额定电压（V）	额定功率（W）	GB/T 24909
5. 道路照明用 LED 灯		BDZ	额定电压/额定功率（V/W）	色调	GB/T 24907
6. 普通照明用双端 LED 灯		BS	光通量规格（lm）	额定功率（W）	—
7. 普通照明用自镇流双端 LED 灯		BZS	光通量规格（lm）	额定功率（W）	—
8. 普通照明用低压自镇流 LED 灯		BZA	—	—	—
9. 普通照明用低压非自镇流 LED 灯		BA	—	—	—
10. 普通照明用电压 50V 以下 OLED 平板灯		BYA	—	—	—

表 2-4　　　　　　　　　　　　气体放电光源的分类和型号命名

电光源名称		型号的组成			相关标准
		第1部分	第2部分	第3部分	
一、低气压荧光灯					
1. 双端荧光灯	（1）普通直管型	YZ	额定功率（W）	色调	GB/T 10682
	（2）快速启动型	YK			GB/T 4354
	（3）瞬时启动型	YS			

续表

电光源名称		型号的组成			相关标准
		第1部分	第2部分	第3部分	
2. U形双端荧光灯（杂灯类）		YU	额定功率（W）	色调	GB/T 21092
3. 彩色双端荧光灯		YZ	额定功率（W）	色调	GB/T 4059
4. 普通测光标准荧光灯		YCB	额定功率（W）	色调	—
5. 自镇流双端荧光灯		YZZ	额定功率（W）	色调	GB/T 4355
6. 单端荧光灯	（1）单端内启荧光灯	YDN	标称功率（W）	色调	GB/T 17262
	（2）单端外启荧光灯	YDW	标称功率（W）		
	（3）环性荧光灯	YH	标称功率（W）		
7. 普通照明用自镇流荧光灯		YPZ	额定电压（V）、额定功率（W）、额定频率（Hz）、工作电流（A 或 mA）	结构形式	GB/T 17263
8. 冷阴极荧光灯		YL	管径（10^{-1}mm）、管长（mm）	色温（K）	GB/T 26186
9. 自镇流冷阴极荧光灯		YLZ	标称电压/功率（V/W）	透明罩（T）漫射罩（M）反射罩（F）	GB/T 22706
10. 植物生长用荧光灯		YZ	标称功率（W）	用途（ZW）	GB/T 2944
11. 单端无极荧光灯		WJY	标称功率（W）	玻壳形状	GB/T 2938
12. 普通照明用自镇流无极荧光灯		WZJ	额定电压、频率（V/Hz）	额定功率（W）	GB/T 21091
二、低气压紫外灯					
1. 紫外线杀菌灯		ZW	标称功率（W）	单端（D）10 双端（S）或自镇流（Z）	GB 19258
2. 冷阴极紫外线杀菌灯		ZWL	标称功率（W）	单端（D）10 双端（S）或自镇流（Z）	GB/T 28795
3. 紫外保健灯		ZWJ	标称功率（W）	—	—
4. 黑光荧光灯		ZY	标称功率（W）	—	—
5. 单端紫外灯		ZWD	标称功率（W）	紫外波长（纳米数）	—
6. 紫外复印灯		ZWF	标称功率（W）	缝隙式（FX）	—
三、高压汞灯					
1. 自镇流高压汞灯		GGZ	标称功率（W）	玻壳型号	QB/T 2050
2. 荧光高压汞灯		GGY	标称功率（W）	玻壳型号	QB/T 21039
3. 反射型荧光高压汞灯		GYF	标称功率（W）	玻壳型号	
4. 紫外线高压汞灯	（1）直管型紫外线高压汞灯	GGZ	标称功率（W）	—	QB/T 2988
	（2）U形紫外线高压汞灯	GGU			

续表

电光源名称		型号的组成			相关标准
		第1部分	第2部分	第3部分	
5. 反射型黑光高压汞灯		GHF	标称功率（W）	玻壳型号	—
6. 专用高压汞灯		GGX	标称功率（W）	玻壳型号	—
四、超高压汞灯					
1. 超高压短弧汞灯		GGQ	标称功率（W）	直流（DC）	QB/T 4540
2. 毛细管超高压汞灯		GCM	标称功率（W）	灯头形式（A、B、C）	GB/T 24332
3. 球形超高压汞氙灯		GXQ	标称功率（W）	—	—
五、氙灯					
1. 光化学、光老化长弧氙灯		XC	额定功率（W）	冷却方式（S为水冷型F为风冷型）	GB/T 23141
2. 高压短弧氙灯		XHA	额定功率（W）	顺序（A、B、C、D、E）	GB/T 15041
3. 脉冲氙灯（直管形）		XMZ	内径（mm）	电弧长度（mm）和灯管材料（P或L）	GB/T 23139
4. 带触发变压器的闪弧氙灯		X1	—		GB/T 21092
5. 管形高压氙灯		XG	额定功率（W）	水冷（SL）	—
6. 封闭式冷光束氙灯		XFL	额定功率（W）		—
7. 螺旋形脉冲氙灯		XML	额定功率（W）		—
8. 重复频率脉冲氙灯		XMC	额定功率（W）		—
六、钠灯					
1. 高压钠灯	普通型	NG	额定功率（W）	灯的启动方式（N为内启动，外启动可省略）	GB/T 13259
	中显色	NGZ			
	高显色	NGG			
	漫反射	NGM			
	反射型	NGF			
2. 植物生长用高压钠灯		NG	额定功率（W）	灯的类别型号P	QB/T 4060
3. 低压钠灯　仪器灯泡		DN	额定功率（W）或灯的标志（E型）	—	GB/T 23126
单色低压钠灯		NDD	额定功率（W）	灯头形式	QB/T 4145
七、金属卤化物灯					
1. 石英金属卤化物灯		JLZ（单端）JLS（双端）	额定功率（W）	钪钠系列（KN）	GB/T 18661
				稀土系列（XT）	GB/T 24457
				钠铊铟系列（NTY）	GB/T 24333
2. 陶瓷金属卤化物灯		JLT	额定功率（W）	玻壳型号	GB/T 24458
3. 彩色金属卤化物灯		JLC	额定功率（W）	色调	QB/T 4058
4. 紫外线金属卤化物灯		JLZ	额定功率（W）	波长（mm）	GB/T 23112
5. 投影仪用金属卤化物灯		JLP	额定功率（W）	灯头型号	GB/T 22935
6. 短弧投光金属卤化物灯		JLD	额定功率（W）	灯的引出方式（S、D）	GB/T 23145
7. 碘镓灯		JGD	额定功率（W）	管形代号（T）	QB/T 2943

续表

电光源名称	型号的组成			相关标准
	第1部分	第2部分	第3部分	
8. 镝灯	JLZ	额定功率（W）	镝灯代号（D）	QB/T 2516
9. 电影与电视录像用金属卤化物灯（杂灯类）		额定功率（W）	灯的类型（A、B、C、D、E、F）	GB/T 21092
10. 管形铊灯	JTG	额定功率（W）	灯的引出方式	—
11. 球形铟灯	JYQ	额定功率（W）	灯的引出方式	—
12. 球形镝钬灯	JDH	额定功率（W）	灯的引出方式	—
13. 铊铟灯泡	JTY	额定功率（W）	灯的引出方式	—
14. 锡灯	JX	额定功率（W）	灯的引出方式	—
15. 植物生长用金属卤化物灯	JLZ	灯的类别号 P	额定功率（W）	—
八、霓虹灯管				
1. 氖灯	NE	灯电流（A）	色别（红）	GB 19261
2. 汞氩管	NH	—	色别（绿、蓝、白、黄）	
九、高压氩灯管	KG	额定功率（W）		QB/T 1114
十、臭氧灯	XY	臭氧量（mg/h）	—	—
十一、闪光灯				
1. 直管形闪光灯	PSZ	—	—	
2. 圆柱形闪光灯	PSY	—	—	
3. U 形闪光灯	PSU	—	—	
4. 环形闪光灯	PSH	—	—	
5. 螺旋形闪光灯	PSL	—	—	
十二、光谱灯				
1. 普通光谱灯	GP	元素符号	填充物	—
2. 空心阴极灯	KY	元素符号	阴极材料	—
3. 氘灯	DD	灯丝电压（V）		QB 1116.3
十三、道路机动车灯泡 – 放电灯	—	额定电压（V）	额定功率（W）	GB 15766.1 GB/T 15766.2

三、电光源型号命名示例

（1）通用型号为 XX36W/840，表示的是额定功率为 36W、显色指数 $Ra \geqslant 80$、色温为 4000K 的光源。

（2）36W 直管形荧光灯（冷白色、ϕ26mm 管径）的型号表示为 YZ36（YZ 36RL26）。

（3）2U 形冷白色 13W 单端内启动荧光灯的型号表示为 YDN13 – 2U·RL。

（4）220V、光通量规格为 500lm、半配光型、显色指数为 80、色温为 4000K、E27 灯头的普通照明用非定向自镇流 LED 灯的型号表示为 BPZ500 – 840.E27。

第二节 光 源 标 准

有关光源的标准规定了光源的技术性能要求、试验方法、能效标准等。表 2 – 5 列出有关光源的部分国家或行业标准，以便读者查阅。

表 2 - 5　　　　　　　　　有关光源的部分国家或行业标准

序号	标准名称	标准编号
1	电光源产品的分类和型号命名方法	QB/T 2274—2013
2	镇流器型号命名方法	QB/T 2275—2008
3	卤钨灯（非机动车辆用）性能要求	GB/T 14094—2016
4	普通照明用卤钨灯能效限定值及节能评价值	GB 31276—2014
5	家庭和类似场合普通照明用钨丝灯　性能要求	GB/T 10681—2009
6	双端荧光灯　性能要求	GB/T 10682—2010
7	普通照明用双端荧光灯能效限定值及能效等级	GB 19043—2013
8	单端荧光灯　性能要求	GB/T 17262—2011
9	单端荧光灯能效限定值及节能评价值	GB 19415—2013
10	普通照明用自镇流荧光灯　性能要求	GB/T 17263—2013
11	普通照明用自镇流荧光灯能效限定值及能效等级	GB 19044—2013
12	金属卤化物灯能效限定值及能效等级	GB 20054—2015
13	金属卤化物灯（稀土系列）　性能要求	GB/T 24457—2009
14	金属卤化物灯（钠铊铟系列）　性能要求	GB/T 24333—2009
15	陶瓷金属卤化物灯　性能要求	GB/T 24458—2009
16	金属卤化物灯（钪钠系列）	GB/T 18661—2008
17	高压钠灯	GB/T 13259—2005
18	高压钠灯能效限定值及能效等级	GB 19573—2004
19	普通照明用非定向自镇流 LED 灯　性能要求	GB/T 24908—2014
20	LED 筒灯性能要求	GB/T 29294—2012
21	普通照明用非定向自镇流 LED 灯能效限定值及能效等级	GB 30255—2013
22	单端无极荧光灯能效限定值及能效等级	GB 29142—2012
23	普通照明用自镇流无极荧光灯能效限定值及能效等级	GB 29144—2012
24	普通照明用自镇流无极荧光灯　性能要求	GB/T 21091—2007
25	反射型自镇流 LED 灯　性能要求	GB/T 29296—2012

第三节　白炽灯与卤钨灯

一、白炽灯

白炽灯是利用钨丝通过电流时使灯丝处于白炽状态而发光的一种热辐射光源。它结构简单、成本低、显色性好、使用方便，有良好的调光性能，但发光效率很低，寿命短。一般情况下，室内外照明不应采用普通照明白炽灯；在特殊情况下需采用时，其额定功率不应超过100W。

白炽灯常用灯丝结构有单螺旋和双螺旋两种，也有三螺旋形式。灯头可分为卡口灯头

（B）、螺口灯头（E）和预聚焦灯头（P）三大类。GB/T 10681—2009《家庭和类似场合普通照明用钨丝灯　性能要求》给出了额定电压为220V和230V、功率为15～200W，使用E27灯头（螺口灯头）和B22灯头（卡口灯头）的主要性能。同一规格的产品又给出了高光通量型和正常光通量型两类。高光通量型的产品比同功率的正常光通量型的产品的光通量要高出7%～20%。

使用E27灯头的普通照明灯泡的主要参数见表2-6。

表2-6　　　　　　　　　　　普通照明灯泡的主要参数

型号	额定电压（V）	功率（W）	光通量（lm）	色温（K）	平均寿命（h）	外形尺寸（直径×长度，mm×mm）	玻壳形式	灯头型号
GLS 25W C		25	201				透明	
GLS 40W C		40	318					
GLS 60W C		60	548					
GLS 100W C	230	100	1152	2800	1000	φ60×104		E27
GLS 25W F		25	201				磨砂	
GLS 40W F		40	318					
GLS 60W F		60	548					

注　数据由飞利浦照明（中国）投资有限公司（简称为飞利浦公司）提供。

局部照明灯泡又称低电压安全灯泡，它适用于安全低电压6～36V的局部照明场合，如机床工作照明及其他类似要求的场所。QB/T 2054—2008《局部照明灯泡》适用于额定电压为6V、12V、24V和36V，直流或50Hz交流的白炽灯泡。

局部照明灯泡的主要参数见表2-7。

表2-7　　　　　　　　　　　局部照明灯泡的主要参数

型号	额定电压（V）	功率（W）	光通量（lm）	显色指数 Ra	色温（K）	平均寿命（h）	外形尺寸（直径×长度，mm×mm）	灯头型号
JZ6-10	6	10	120					
JZ6-20		20	260					
JZ12-15		15	180					
JZ12-25	12	25	325					
JZ12-40		40	550					
JZ12-60		60	850	95～99	2400～2950	1000	φ61×110	E27/27
JZ36-15		15	135					
JZ36-25		25	250					
JZ36-40	36	40	500					
JZ36-60		60	800					
JZ36-100		100	1550					

注　根据用户要求，也可配用B22d/25×26型灯头。

白炽灯的主要特性指标与电压的关系如图2-1所示。

二、卤钨灯

卤钨灯全称为卤钨循环类白炽灯，是在白炽灯的基础上改进而得的。卤钨灯与白炽灯相比

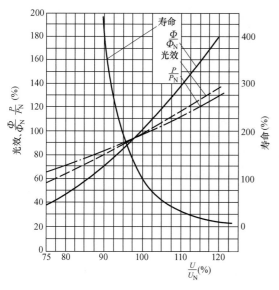

图 2-1 白炽灯的主要特性指标与电压的关系

Φ、P、U——白炽灯的光通、功率、电压；

Φ_N、P_N、U_N——白炽灯的额定光通、额定功率、额定电压

具有体积小、寿命长、光效高、光色好和光输出稳定的特点。根据应用场合的不同，卤钨灯的设计使用电压为 6～250V，功率为 12～10000W，分单端卤钨灯、双端管形卤钨灯以及带介质膜或金属反光碗的 MR 形卤钨灯和反射形 PAR 卤钨灯等。由于其显色性好，色温相宜，特别适用于电视转播照明，并用于绘画、摄影和贵重商品重点照明等。它的缺点是光效低、对电压波动比较敏感、耐振性较差。

GB/T 14094—2016《卤钨灯（非机动车辆用） 性能要求》给出了普通照明、特殊照明、舞台照明、投影、摄影、泛光照明等多种用途卤钨灯的主要性能要求。

卤钨灯的技术参数见表 2-8 和表 2-9。

冷光束卤钨灯是由卤钨灯泡和介质膜冷光镜组合而成的，具有体积小、造型美观、工艺精致、显色性优良、光线柔和舒适等特点，广泛应用于商业橱窗、舞厅、展览厅、博物馆等室内照明。

表 2-8　　　　　　　　　　　低压卤钨灯的技术参数

型号	额定电压（V）	功率（W）	中心发光强度（cd）	显色指数 Ra	色温（K）	平均寿命（h）	外形尺寸（直径，mm）	灯头型号	光束角（°）
ALU111MM 8D	12	50	23000	100	3000	3000	111	GU53	8
ALU111MM 24D	12	50	4100	100	3000	3000	111	GU53	24

注　数据由飞利浦公司提供。

表 2-9　　　　　　　　　　　低电压石英杯灯的技术参数

型号	额定电压（V）	功率（W）	中心发光强度（cd）	显色指数 Ra	色温（K）	平均寿命（h）	外形尺寸（直径，mm）	灯头型号	光束角（°）
MASTERL ES 20W GU5.3 12V 8D		20	6500						8
MASTERL ES 20W GU5.3 12V 36D		20	1000						36
MASTERL ES 30W GU5.3 12V 8D		30	11000						8
MASTERL ES 30W GU5.3 12V 24D		30	3350						24
MASTERL ES 30W GU5.3 12V 36D		30	1600						36
MASTERL ES 35W GU5.3 12V 8D	12	35	13500	100	3200	5000	50	GU5.3	8
MASTERL ES 35W GU5.3 12V 24D		35	4400						24
MASTERL ES 35W GU5.3 12V 36D		35	2200						36
MASTERL ES 45W GU5.3 12V 8D		45	15000						8
MASTERL ES 45W GU5.3 12V 24D		45	5450						24
MASTERL ES 45W GU5.3 12V 36D		45	2850						36

注　数据由飞利浦公司提供。

第四节　荧　光　灯

荧光灯是应用最广泛、用量最大的气体放电光源。它具有结构简单、光效高、发光柔和、寿命长等优点。荧光灯的发光效率是白炽灯的 4～5 倍，寿命是白炽灯的 10～15 倍，是高效节能光源。

荧光灯按其阴极工作形式可分为热阴极和冷阴极两类。绝大多数普通照明荧光灯是热阴极型；冷阴极型荧光灯多为装饰照明用，如霓虹灯、液晶背光显示等。

荧光灯按其外形又可分为双端荧光灯和单端荧光灯。双端荧光灯绝大多数是直管形，两端各有一个灯头。单端荧光灯外形众多，如 H 形、U 形、双 U 形、环形、球形、螺旋形等，灯头均在一端。

带有镇流器和标准灯头并使之为一体的荧光灯称为自镇流荧光灯，这种灯在不损坏其结构时是不可拆卸的。

根据灯管的直径不同，预热式直管荧光灯有 $\phi38mm$（T12），$\phi26mm$（T8）和 $\phi16mm$（T5）等几种。T12 灯、T8 灯功率可配电感式或高频电子镇流器；T5 灯采用电子镇流器。荧光灯的光电特性与电源电压的关系见图 2－2。

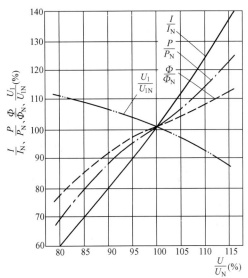

图 2－2　荧光灯的光电特性与电源电压的关系
Φ、P、U_1、I_N—灯管的光通、功率、电压、电流；
Φ_N、P_N、U_{1N}、I_N—灯管的额定光通、额定功率、额定电压；U—光源输入端实际电压；
U_N—光源输入端额定电压

一、双端（直管形）荧光灯

GB/T 10682—2010《双端荧光灯　性能要求》给出了直管荧光灯的各项参数。

直管荧光灯技术数据见表 2－10～表 2－15。

表 2－10　　　　　　　　　　T8 直管荧光灯技术数据

型号	额定电压（V）	功率（W）	工作电流（A）	光通量（lm）	显色指数 Ra	色温（K）	平均寿命（h）	外形尺寸（直径×长度，mm×mm）	灯头型号
TLD18W/827	220～240	18		1350	85	2700	15000	$\phi26 \times 604.0$	G13
TLD18W/830	220～240	18		1350	85	3000	15000	$\phi26 \times 604.0$	G13
TLD18W/840	220～240	18		1350	85	4000	15000	$\phi26 \times 604.0$	G13
TLD18W/865	220～240	18		1300	85	6500	15000	$\phi26 \times 604.0$	G13
TLD30W/827	220～240	30		2400	85	2700	15000	$\phi26 \times 908.8$	G13
TLD30W/830	220～240	30		2400	85	3000	15000	$\phi26 \times 908.8$	G13
TLD30W/840	220～240	30		2400	85	4000	15000	$\phi26 \times 908.8$	G13
TLD30W/865	220～240	30		2300	85	6500	15000	$\phi26 \times 908.8$	G13

续表

型号	额定电压 （V）	功率 （W）	工作电流 （A）	光通量 （lm）	显色指数 Ra	色温 （K）	平均寿命 （h）	外形尺寸 （直径×长度，mm×mm）	灯头 型号
TLD36W/827	220~240	36		3350	85	2700	15000	φ26×1213.6	G13
TLD36W/830	220~240	36		3350	85	3000	15000	φ26×1213.6	G13
TLD36W/840	220~240	36		3350	85	4000	15000	φ26×1213.6	G13
TLD36W/865	220~240	36		3250	85	6500	15000	φ26×1213.6	G13
TLD58W/830	220~240	58		5200	85	3000	15000	φ26×1514.2	G13
TLD58W/840	220~240	58		5200	85	4000	15000	φ26×1514.2	G13
TLD58W/865	220~240	58		5000	85	6500	15000	φ26×1514.2	G13

注 数据由飞利浦公司提供。

表 2–11　　　　　　　　　　　　T8 高光效直管荧光灯技术数据

型号	额定电压 （V）	功率 （W）	工作电流 （A）	光通量 （lm）	显色指数 Ra	色温 （K）	平均寿命 （h）	外形尺寸（直径× 长度，mm×mm）	灯头 型号
YZ18RN（三基色）	220	18	0.37	1330	84	3000	13000	φ26×604.0	G13
YZ18RL（三基色）	220	18	0.37	1330	84	4000	13000	φ26×604.0	G13
YZ18RZ（三基色）	220	18	0.37	1330	84	5000	13000	φ26×604.0	G13
YZ18RR（三基色）	220	18	0.37	1260	84	6500	13000	φ26×604.0	G13
YZ30RN（三基色）	220	30	0.365	2340	84	3000	13000	φ26×908.8	G13
YZ30RL（三基色）	220	30	0.365	2340	84	4000	13000	φ26×908.8	G13
YZ30RZ（三基色）	220	30	0.365	2340	84	5000	13000	φ26×908.8	G13
YZ30RR（三基色）	220	30	0.365	2300	84	6500	13000	φ26×908.8	G13
YZ36RN（三基色）	220	36	0.43	3250	84	3000	13000	φ26×1213.6	G13
YZ36RL（三基色）	220	36	0.43	3250	84	4000	13000	φ26×1213.6	G13
YZ36RZ（三基色）	220	36	0.43	3250	84	5000	13000	φ26×1213.6	G13
YZ36RR（三基色）	220	36	0.43	3200	84	6500	13000	φ26×1213.6	G13

注 数据由松下电器（中国）有限公司（简称松下公司）提供。

表 2–12　　　　　　　　　　　　T8 直管 e–Hf 高效荧光灯技术数据

型号	输入 电压 （V）	输入 电流 （A）	输入 功率 （W）	光通量 （lm）	显色 指数 Ra	色温 （K）	额定 寿命 （h）	2000h 光 通维持率 （%）	最大外形尺寸 （直径×长度，mm×mm）	灯头 型号
YZ16RN/G–HF	220	0.255	16	1400	84	3000	15000	>90	φ25.5±0.5×604	G13
YZ16RL/G–HF	220	0.255	16	1400	84	3800	15000	>90	φ25.5±0.5×604	G13
YZ16RZ/G–HF	220	0.255	16	1400	84	5000	15000	>90	φ25.5±0.5×604	G13
YZ16RR/G–HF	220	0.255	16	1320	84	6700	15000	>90	φ25.5±0.5×604	G13
YZ23RN/G–HF	220	0.425	23	2125	84	3000	15000	>90	φ25.5±0.5×604	G13

续表

型号	输入电压（V）	输入电流（A）	输入功率（W）	光通量（lm）	显色指数 Ra	色温（K）	额定寿命（h）	2000h 光通维持率（%）	最大外形尺寸（直径×长度，mm×mm）	灯头型号
YZ23RL/G – HF	220	0.425	23	2125	84	3800	15000	>90	φ25.5±0.5×604	G13
YZ23RZ/G – HF	220	0.425	23	1920	84	5000	15000	>90	φ25.5±0.5×604	G13
YZ23RR/G – HF	220	0.425	23	1920	84	6700	15000	>90	φ25.5±0.5×604	G13
YZ32RN/G – HF	220	0.255	32	3350	84	3000	20000	>90	φ25.5±0.5×1213.6	G13
YZ32RL/G – HF	220	0.255	32	3350	84	3800	20000	>90	φ25.5±0.5×1213.6	G13
YZ32RZ/G – HF	220	0.255	32	3350	84	5000	20000	>90	φ25.5±0.5×1213.6	G13
YZ32RR/G – HF	220	0.255	32	3150	84	6700	20000	>90	φ25.5±0.5×1213.6	G13
YZ45RN/G – HF	220	0.425	45	4700	84	3000	20000	>90	φ25.5±0.5×1213.6	G13
YZ45RL/G – HF	220	0.425	45	4700	84	3800	20000	>90	φ25.5±0.5×1213.6	G13
YZ45RZ/G – HF	220	0.425	45	4700	84	5000	20000	>90	φ25.5±0.5×1213.6	G13
YZ45RR/G – HF	220	0.425	45	4400	84	6700	20000	>90	φ25.5±0.5×1213.6	G13

注　1. 数据由松下公司提供。

2. 此荧光灯必须配套松下公司 e – Hf 电子镇流器使用。

表 2 – 13　　　　　　　　　　T5 直管荧光灯技术数据

型号	额定电压（V）	功率（W）	光通量 25℃（lm）	光通量 35℃（lm）	显色指数 Ra	色温（K）	平均寿命（h）	外形尺寸（直径×长度，mm×mm）	灯头型号
TL5 HE14W/827	220~240	14	1250	1350	85	2700		φ16×563.2	
TL5 HE14W/830	220~240	14	1250	1350	85	3000			
TL5 HE14W/840	220~240	14	1250	1350	85	4000			
TL5 HE14W/865	220~240	14	1175	1250	85	6500			
TL5 HE21W/827	220~240	21	1925	2100	85	2700		φ16×863.2	
TL5 HE21W/830	220~240	21	1925	2100	85	3000			
TL5 HE21W/840	220~240	21	1925	2100	85	4000			
TL5 HE21W/865	220~240	21	1775	1950	85	6500	24000		G5
TL5 HE28W/827	220~240	28	2625	2900	85	2700		φ16×1163.2	
TL5 HE28W/830	220~240	28	2625	2900	85	3000			
TL5 HE28W/840	220~240	28	2625	2900	85	4000			
TL5 HE28W/865	220~240	28	2425	2700	85	6500			
TL5 HE35W/827	220~240	35	3325	3650	85	2700		φ16×1463.2	
TL5 HE35W/830	220~240	35	3325	3650	85	3000			
TL5 HE35W/840	220~240	35	3325	3650	85	4000			
TL5 HE35W/865	220~240	35	3100	3400	85	6500			

注　数据由飞利浦公司提供。

表 2 – 14   **T5 Eco 高光效节能型直管荧光灯技术数据**

型号	额定电压（V）	功率（W）	光通量25℃（lm）	光通量35℃（lm）	显色指数Ra	色温（K）	平均寿命（h）	外形尺寸（直径×长度，mm×mm）	灯头型号
TL5 HE Eco 13 = 14W/830	220～240	13	1150	1350	85	3000		$\phi16\times563.2$	
TL5 HE Eco 13 = 14W/840	220～240	13	1150	1350	85	4000		$\phi16\times563.2$	
TL5 HE Eco 13 = 14W/865	220～240	13	1075	1250	85	6500			
TL5 HE Eco 19 = 21W/830	220～240	19	1925	2100	85	3000		$\phi16\times863.2$	
TL5 HE Eco 19 = 21W/840	220～240	19	1925	2100	85	4000			
TL5 HE Eco 25 = 28W/830	220～240	25	2600	2900	85	3000	24000		G5
TL5 HE Eco 25 = 28W/840	220～240	25	2600	2900	85	4000			
TL5 HE Eco 25 = 28W/865	220～240	25	2425	2700	85	6500		$\phi16\times1163.2$	
TL5 HE Eco 32 = 35W/830	220～240	32	3100	3650	85	3000			
TL5 HE Eco 32 = 35W/840	220～240	32	3100	3650	85	4000			
TL5 HE Eco 32 = 35W/865	220～240	32	2875	3400	85	6500		$\phi16\times1463.2$	

注　数据由飞利浦公司提供。

表 2 – 15   **T5 高光输出直管荧光灯技术数据**

型号	额定电压（V）	功率（W）	光通量25℃（lm）	光通量35℃（lm）	显色指数Ra	色温（K）	平均寿命（h）	外形尺寸（直径×长度，mm×mm）	灯头型号
TL5 HO24W/827	220～240	24	1750	1950	85	2700	24000	$\phi16\times563.2$	G5
TL5 HO24W/830	220～240	24	1750	1950	85	3000	24000	$\phi16\times563.2$	G5
TL5 HO24W/840	220～240	24	1750	1950	85	4000	24000	$\phi16\times563.2$	G5
TL5 HO24W/865	220～240	24	1625	1825	85	6500	24000	$\phi16\times563.2$	G5
TL5 HO39W/830	220～240	39	3100	3500	85	3000	24000	$\phi16\times863.2$	G5
TL5 HO39W/840	220～240	39	3100	3500	85	4000	24000	$\phi16\times863.2$	G5
TL5 HO39W/865	220～240	39	2875	3250	85	6500	24000	$\phi16\times863.2$	G5
TL5 HO49W/827	220～240	49	4375	4900	85	2700	24000	$\phi16\times1463.2$	G5
TL5 HO49W/830	220～240	49	4375	4900	85	3000	24000	$\phi16\times1463.2$	G5
TL5 HO49W/840	220～240	49	4375	4900	85	4000	24000	$\phi16\times1463.2$	G5
TL5 HO49W/865	220～240	49	4075	4550	85	6500	24000	$\phi16\times1463.2$	G5
TL5 HO54W/827	220～240	54	4450	5000	85	2700	24000	$\phi16\times1163.2$	G5
TL5 HO54W/830	220～240	54	4450	5000	85	3000	24000	$\phi16\times1163.2$	G5
TL5 HO54W/840	220～240	54	4450	5000	85	4000	24000	$\phi16\times1163.2$	G5
TL5 HO54W/865	220～240	54	4150	4550	85	6500	24000	$\phi16\times1163.2$	G5
TL5 HO80W/830	220～240	80	6550	7000	85	3000	24000	$\phi16\times1463.2$	G5
TL5 HO80W/840	220～240	80	6550	7000	85	4000	24000	$\phi16\times1463.2$	G5
TL5 HO80W/865	220～240	80	6300	6550	85	6500	24000	$\phi16\times1463.2$	G5

注　数据由飞利浦公司提供。

二、单端荧光灯

单端荧光灯按放电管数量及形状分为双管、四管、多管、环形、方形荧光灯。GB/T 17262—2011《单端荧光灯　性能要求》给出了单端荧光灯的主要技术参数，适用于具有预热式阴极的装有内启动装置或使用外启动装置的单端荧光灯。

表 2 – 16～表 2 – 19 给出了单端荧光灯的技术数据。

表 2 – 16 紧凑型荧光灯技术数据（一）

型号	额定电压（V）	功率（W）	光通量（lm）	显色指数 Ra	色温（K）	平均寿命（h）	灯头型号	备注
PL – T 13W/827/4P	220	13	850	82	2700	13000	GX24q – 1	需与飞利浦镇流器配合使用
PL – T 13W/830/4P		13	850	82	3000	13000	GX24q – 1	
PL – T 13W/840/4P		13	850	82	4000	13000	GX24q – 1	
PL – T 18W/827/4P		18	1200	82	2700	13000	GX24q – 2	
PL – T 18W/830/4P		18	1200	82	3000	13000	GX24q – 2	
PL – T 18W/840/4P		18	1200	82	4000	13000	GX24q – 2	
PL – T 26W/827/4P		26	1725	82	2700	13000	GX24q – 3	
PL – T 26W/830/4P		26	1725	82	3000	13000	GX24q – 3	
PL – T 26W/840/4P		26	1725	82	4000	13000	GX24q – 3	
PL – T 32W/827/4P		32	2400	82	2700	13000	GX24q – 3	
PL – T 32W/830/4P		32	2400	82	3000	13000	GX24q – 3	
PL – T 32W/840/4P		32	2400	82	4000	13000	GX24q – 3	
PL – T 42W/827/4P		42	3050	82	2700	13000	GX24q – 4	
PL – T 42W/830/4P		42	3050	82	3000	13000	GX24q – 4	
PL – T 42W/840/4P		42	3050	82	4000	13000	GX24q – 4	
PL – T 57W/840/4P		57	4300	82	2700	13000	GX24q – 5	
PL – T 57W/840/4P		57	4300	82	3000	13000	GX24q – 5	
PL – T 57W/840/4P		57	4300	82	4000	13000	GX24q – 5	

注 数据由飞利浦公司提供。

表 2 – 17 紧凑型荧光灯技术数据（二）

型号	额定电压（V）	功率（W）	光通量（lm）	显色指数 Ra	色温（K）	平均寿命（h）	外形尺寸（长度，mm）	灯头型号	备注
PL – L 18W/827/4P	220	18	1200	82	2700	15000	227	2G11	需与飞利浦镇流器配合使用
PL – L 18W/830/4P		18	1200	82	3000	15000	227	2G11	
PL – L 18W/840/4P		18	1200	82	4000	15000	227	2G11	
PL – L 18W/865/4P		18	1170	80	6500	15000	227	2G11	
PL – L 24W/827/4P		24	1800	82	2700	15000	322	2G11	
PL – L 24W/830/4P		24	1800	82	3000	15000	322	2G11	
PL – L 24W/840/4P		24	1800	82	4000	15000	322	2G11	
PL – L 24W/865/4P		24	1750	80	6500	15000	322	2G11	
PL – L 36W/827/4P		36	2900	82	2700	15000	417	2G11	
PL – L 36W/830/4P		36	2900	82	3000	15000	417	2G11	
PL – L 36W/840/4P		36	2900	82	4000	15000	417	2G11	
PL – L 36W/865/4P		36	2880	80	6500	15000	417	2G11	
PL – L 40W/830/4P		40	3500	82	3000	20000	542	2G11	
PL – L 40W/840/4P		40	3500	82	4000	20000	542	2G11	
PL – L 55W/830/4P		55	4800	82	3000	20000	542	2G11	
PL – L 55W/835/4P		55	4800	82	3500	20000	542	2G11	
PL – L 55W/840/4P		55	4800	82	4000	20000	542	2G11	
PL – L 55W/865/4P		55	4500	80	6500	20000	542	2G11	

注 数据由飞利浦公司提供。

表 2 – 18   紧凑型节能荧光灯技术数据

型号	额定电压（V）	功率（W）	光通量（lm）	显色指数 Ra	色温（K）	平均寿命（h）	外形尺寸（直径×长度，mm×mm）	灯头型号	备注
PL – C 10W/827/2P/4P		10	600	82	2700	10000	28×118/110	G24d – 1	
PL – C 13W/827/2P/4P		13	900	82	2700	10000	28×140/132	G24d – 1	
PL – C 18W/827/2P/4P		18	1200	82	2700	10000	28×152/144	G24d – 2	
PL – C 26W/827/2P/4P		26	1800	82	2700	10000	28×173/165	G24d – 3	
PL – C 10W/830/2P/4P		10	600	82	3000	10000	28×118/110	G24d – 1	
PL – C 13W/830/2P/4P		13	900	82	3000	10000	28×140/132	G24d – 1	
PL – C 18W/830/2P/4P	220	18	1200	82	3000	10000	28×152/144	G24d – 2	需与飞利浦镇流器配合使用
PL – C 26W/830/2P/4P		26	1800	82	3000	10000	28×173/165	G24d – 3	
PL – C 10W/840/2P/4P		10	600	82	4000	10000	28×118/110	G24d – 1	
PL – C 13W/840/2P/4P		13	900	82	4000	10000	28×140/132	G24d – 1	
PL – C 18W/840/2P/4P		18	1200	82	4000	10000	28×152/144	G24d – 2	
PL – C 26W/840/2P/4P		26	1800	82	4000	10000	28×173/165	G24d – 3	
PL – C 10W/865/2P/4P		10	600	82	6500	10000	28×118/110	G24d – 1	
PL – C 13W/865/2P/4P		13	900	82	6500	10000	28×140/132	G24d – 1	
PL – C 18W/865/2P/4P		18	1200	82	6500	10000	28×152/144	G24d – 2	
PL – C 26W/865/2P/4P		26	1800	82	6500	10000	28×173/165	G24d – 3	

注 1. 数据由飞利浦公司提供。

2. 2P 配电感镇流器。

表 2 – 19   环形荧光灯技术数据

型号	额定电压（V）	功率（W）	光通量（lm）	工作电流（A）	显色指数 Ra	色温（K）	平均寿命（h）	2000h 光通维持率（%）	最大外形尺寸（mm）	灯头型号
YH22RN（三基色）E			1400		84	3000				
YH22RL（三基色）E		22	1350	0.40	83	4000			φ203.2 ~ φ215.9	
YH22（7200K）（三基色）E			1200		83	7200				
YH32RN（三基色）E			2400		84	3000				
YH32RL（三基色）E	220	32	2400	0.45	83	4000	8000	>82	φ292.1 ~ φ304.8	G10q
YH32（7200K）（三基色）E			2100		83	7200				
YH40RN（三基色）E			3200		84	3000				
YH40RL（三基色）E		40	3200	0.43	83	4000			φ406.4	
YH40（7200K）（三基色）E			2900		83	7200				

注 数据由松下公司提供。

三、自镇流荧光灯

自镇流荧光灯集白炽灯和荧光灯的优点，具有光效高、寿命长、显色性好、使用方便等特点，它与各种类型的灯具配套，可制成台灯、壁灯、吊灯、装饰灯等，适用于家庭、宾馆等照明。

四、无极荧光灯

无极荧光灯是利用高频电磁场激发放电腔内的低气压汞蒸气和惰性气体放电产生紫外线，紫外线再激发放电腔内壁上的荧光粉而发出可见光。它可以瞬时启动，关灯后可以立即重新启动；寿命长，无频闪。

自镇流无极荧光灯的技术数据见表 2 - 20 和表 2 - 21。

表 2 - 20　　　　　　　　　　自镇流无极荧光灯初始光效

功率范围	初始光效（lm/W）	
（W）	RR/RZ	RL/RB/RN/RD
10 ~ 18	44	48
19 ~ 24	55	58
≥100	62	65

注　上述产品的额定电压为 220V。

表 2 - 21　　　　　　　　　　自镇流无极荧光灯颜色性能

色温	代表符号	色品参数		
		一般显色指数	相关色温（K）	色品容差 SDCM
F6500（日光色）	RR	76	6430	≤5
F5000（中性白色）	RZ		5000	
F4000（冷白色）	RL	78	4040	
F3500（白色）	RB		3450	
F3000（暖白色）	RN	80	2940	
F2700（白炽灯色）	RD		2720	

五、微波硫灯

微波硫灯是一种高效节能光源，其发光原理为利用（2450 ± 50）MHz 微波电磁场能量来激发石英泡壳内主要为硫的发光物质，使其形成分子辐射而产生可见光。

微波硫灯具有高光效、长寿命、光谱连续、光色好、无汞害污染、良好的光维持率、瞬时启动、低紫外和红外输出、发光体小、便于配置灯具等优点。

微波硫灯适用于大型厂房、仓库、广场、体育场馆等。

微波硫灯性能参数见表 2 - 22。

表 2 - 22　　　　　　　　　　微波硫灯性能参数

系统功率（W）	光通量（lm）	系统光效（lm/W）	相关色温（K）	显色指数	启动时间（s）	重复热启动时间（s）	灯泡寿命（h）	点燃方向
1378	135000	98	5400	80	<25	<300	60000	任意

注　摘自《电光源实用手册》，中国物资出版社，2005 年。

第五节　金属卤化物灯

金属卤化物灯是在汞和稀有金属的卤化物混合蒸气中产生电弧放电发光的气体放电灯，是在高压汞灯基础上添加各种金属卤化物制成的光源。它具有高光效（65 ~ 140lm/W）、长寿命（5000 ~ 20000h）、显色性好（Ra 为 65 ~ 95）、结构紧凑、性能稳定等特点。它兼有荧光灯、高压汞灯、高压钠灯的优点，并克服了这些灯的缺点，金属卤化物灯汇集了气体放电光源的主要优点，尤其是具有光效高、寿命长、光色好三大优点。

金属卤化物灯的基本原理是将多种金属以卤化物的方式加入到高压汞灯的电弧管中，使这些金属原子像汞一样电离、发光。汞弧放电决定了它的电性能和热损耗，而充入灯管内的低气压金属卤化物决定了灯的发光性能。充入不同的金属卤化物，可以制成不同特性的光源。

金属卤化物灯按填充物可分为四大类：

（1）钠铊铟类。具有线状光谱，在黄、绿、蓝区域分别有 3 个峰值。光效较高，为 70～90lm/W；显色指数较好，一般为 70～75；光通维持率较好；自身功耗较小；寿命可达数千小时。可以配一般电感镇流器，但不适用于电压变化大的场合（如电压低于额定电压的 90％时，难以启动），常用于一般照明。

（2）钪钠类。在整个可见光范围内具有近似连续的光谱。光效高，为 80～100lm/W，但显色指数为 60～70，光通维持率略低，但寿命较长，自身功耗较大，适用于电源电压范围较大的场合，能保持灯功率的稳定输出，但启动困难，必须配专用的超前顶峰式镇流器（CWA），不必另配触发器，CWA 尺寸大、质量大、功率因数（cosφ）高，常用作室内或道路、商场照明。

（3）镝钬类。在整个可见光范围内具有间隔极窄的多条谱线，近似连续光谱。光效为 50～80lm/W，色温为 3800～5600K，显色指数为 80～95，但灯的寿命较短，可用于电视摄像场所、体育场、礼堂等对显色性要求很高的大面积照明场所。

（4）卤化锡类。具有连续的分子光谱。这类灯显色性好，显色指数在 90 以上，但光效较低，为 50～60lm/W，光色一致性差，灯的启动也较困难。

当前，金属卤化物灯的市场应用主要为钠铊铟灯和钪钠灯。

金属卤化物灯按结构可分为三类：

（1）石英电弧管内装两个主电极和一个启动电极，外面套一个硬质玻壳（有直管形和椭球形两种）的金属卤化物灯。

（2）直管形电弧管内装一对电极，不带外玻壳，可代替直管形金属卤化物灯。

（3）不带外玻壳的短弧球形金属卤化物灯、单端或双端椭球形的金属卤化物灯。

随着金属卤化物灯的发展和技术的进步，采用透光性好、耐高温陶瓷管做放电管，研制出陶瓷金属卤化物灯，其光效更高、光色更稳定、寿命更长、显色性更好，得到广泛应用。

GB/T 18661—2008《金属卤化物灯（钪钠系列）》、GB/T 24457—2009《金属卤化物灯（稀土系列） 性能要求》、GB/T 24458—2009《陶瓷金属卤化物灯 性能要求》、GB/T 24333—2009《金属卤化物灯（钠铊铟系列） 性能要求》规定了金属卤化物灯的外形尺寸、光电参数等。

金属卤化物灯的光电特性与电源电压的关系如图 2－3 所示。

陶瓷金属卤化物灯的技术数据见表 2－23～表 2－29。

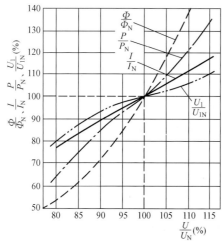

图 2－3　金属卤化物灯的光电特性与电源电压的关系

Φ、P、U_1、I—灯泡的光通、功率、电压、电流；

Φ_N、P_N、U_{1N}、I_N—灯泡的额定光通、额定功率、额定电压、额定电流；

U—光源输入端实际电压；

U_N—光源输入端额定电压

表 2 – 23　　　　　　　　　　　　　　微型陶瓷金属卤化物灯技术数据

型号	额定电压（V）	功率（W）	光通量（lm）	显色指数 Ra	色温（K）	平均寿命（h）	外形尺寸（直径×长度，mm×mm）	灯头型号
CDM – TC 20W/830	220	20	1800	85	3000	15000	φ15×85	G8.5
CDM – TC 35W/830	220	35	3300	81	3000	12000	φ15×85	G8.5
CDM – TC 70W/830	220	70	6500	83	3000	12000	φ15×85	G8.5
CDM – TC 35W/942	220	35	3000	90	4200	12000	φ15×85	G8.5
CDM – TC 70W/942	220	70	5900	90	4200	12000	φ15×85	G8.5
CDM – TC Elite 35W/930	220	35	3800	90	3000	15000	φ15×85	G8.5
CDM – TC Elite 50W/930	220	50	5400	90	3000	15000	φ15×85	G8.5
CDM – TC Elite 70W/930	220	70	7500	90	3000	15000	φ15×85	G8.5
CDM – TC Elite 35W/942	220	35	3700	90	4200	15000	φ15×85	G8.5
CDM – TC Elite 50W/942	220	50	5000	90	4200	15000	φ15×85	G8.5
CDM – TC Elite 70W/942	220	70	7500	90	4200	15000	φ15×85	G8.5
CDM – TC Evolution 20W/930	220	20	2050	90	3000	25000	φ15×85	G8.5
CDM – TC Evolution 35W/930	220	35	4300	90	3000	25000	φ15×85	G8.5

注　数据由飞利浦公司提供。

表 2 – 24　　　　　　　　　　　　　　双端陶瓷金属卤化物灯技术数据

型号	额定电压（V）	功率（W）	光通量（lm）	显色指数 Ra	色温（K）	平均寿命（h）	外形尺寸（直径×长度，mm×mm）	灯头型号
CDM – TD 70W/830	220	70	6500	82	3000	16000	φ22×120	RX7S
CDM – TD 150W/830	220	150	13250	88	3000	16000	φ22×138	RX7S
CDM – TD 70W/942	220	70	6000	92	4200	16000	φ22×120	RX7S
CDM – TD 150W/942	220	150	14200	96	4200	16000	φ22×138	RX7S

注　数据由飞利浦公司提供。

表 2 – 25　　　　　　　　　　　　　　单端陶瓷金属卤化物灯技术数据

型号	额定电压（V）	功率（W）	光通量（lm）	显色指数 Ra	色温（K）	平均寿命（h）	外形尺寸（直径×长度，mm×mm）	灯头型号
CDM – T 20W/830	220	20	1800	85	2980	15000	φ20×103	G12
CDM – T 35W/830	220	35	3300	81	3000	12000	φ20×103	G12
CDM – T 70W/830	220	70	6600	84	3000	12000	φ20×103	G12
CDM – T 150W/830	220	150	14000	85	3000	12000	φ20×110	G12
CDM – T 35W/942	220	35	3300	90	4200	12000	φ20×103	G12
CDM – T 70W/942	220	70	6600	92	4200	12000	φ20×103	G12
CDM – T 150W/942	220	150	12700	96	4200	6000	φ20×110	G12
CDM – T Elite 35W/930	220	35	4000	90	3000	15000	φ20×103	G12
CDM – T Elite 50W/930	220	50	5400	91	3000	15000	φ20×103	G12
CDM – T Elite 70W/930	220	70	7800	91	3000	15000	φ20×103	G12
CDM – T Elite 100W/930	220	100	11000	91	3000	15000	φ20×110	G12
CDM – T Elite 150W/930	220	150	15000	91	3000	15000	φ20×110	G12

续表

型号	额定电压 （V）	功率 （W）	光通量 （lm）	显色指数 Ra	色温 （K）	平均寿命 （h）	外形尺寸（直径× 长度，mm×mm）	灯头 型号
CDM – T Elite 35W/942	220	35	3800	90	4200	15000	φ20×103	G12
CDM – T Elite 50W/942	220	50	5200	90	4200	15000	φ20×103	G12
CDM – T Elite 70W/942	220	70	7500	90	4200	15000	φ20×103	G12
CDM – T Elite 100W/942	220	100	10500	90	4200	15000	φ20×110	G12
CDM – T Evolution 20W/930	220	20	2050	90	3000	25000	φ20×103	G12
CDM – T Evolution 35W/930	220	35	4300	90	3000	25000	φ20×103	G12

注 数据由飞利浦公司提供。

表 2 – 26 　　　　　　　　　　　　　中功率陶瓷金属卤化物灯技术数据

型号	额定电压 （V）	功率 （W）	光通量 （lm）	显色指数 Ra	色温 （K）	平均寿命 （h）	外形尺寸（直径× 长度，mm×mm）	灯头 型号
CDM – T MW Elite 210W/930	220	210	24150	90	2950	27000	φ28×186	PGZ18
CDM – T MW Elite 315W/930	220	315	38700	90	3150	30000	φ28×186	PGZ18
CDM – T MW Elite 210W/942	220	210	23000	92	4200	30000	φ28×186	PGZ18
CDM – T MW Elite 315W/942	220	315	35500	93	4200	30000	φ28×186	PGZ18
CDM – BU 210W/942	220	210	20000	90	4200	20000	φ91×226	E40
CDM – BU 315W/942	220	315	32500	90	4200	20000	φ91×226	E40

注 1. 数据由飞利浦公司提供。

　　2. CDM – T MW Elite 系列光源必须使用配套电子镇流器，CDM – BU 系列光源可使用钠灯电感镇流器。

表 2 – 27 　　　　　　　　　　　　　　迷你陶瓷金属卤化物灯技术数据

型号	额定电压 （V）	功率 （W）	光通量 （lm）	显色指数 Ra	色温 （K）	平均寿命 （h）	外形尺寸（直径× 长度，mm×mm）	灯头 型号
CDM – Tm 20W/830	220	20	1650	87	3000	12000	φ11.2×52	PGJ5
CDM – Tm 35W/930	220	35	3000	91	3000	12000	φ11.2×52	PGJ5
CDM – Tm 20W/830	220	20	1800	84	3000	15000	φ13.3×56.7	GU6.5
CDM – Tm Elite 35W/930	220	35	4000	90	3000	20000	φ13.3×56.7	GU6.5
CDM – Tm Elite 50W/930	220	50	5350	91	3000	15000	φ13.3×56.7	GU6.5

注 数据由飞利浦公司提供。

表 2 – 28 　　　　　　　　　　　　　　大口径陶瓷金属卤化物灯技术数据

型号	额定 电压 （V）	功率 （W）	发光 强度 （cd）	显色指 数 Ra	色温 （K）	平均 寿命 （h）	外形尺寸（直径× 长度，mm×mm）	灯头 型号	光束角 （°）
CDM – R111 20W/830 10D	220	20	20000	85	3000	11000	φ111×95	GX8.5	10
CDM – R111 20W/830 24D	220	20	4500	85	3000	11000	φ111×95	GX8.5	24
CDM – R111 35W/830 10D	220	35	35000	81	3000	11000	φ111×95	GX8.5	10
CDM – R111 35W/830 24D	220	35	8500	81	3000	11000	φ111×95	GX8.5	24

续表

型号	额定电压（V）	功率（W）	发光强度（cd）	显色指数 Ra	色温（K）	平均寿命（h）	外形尺寸（直径×长度，mm×mm）	灯头型号	光束角（°）
CDM – R111 35W/830 40D	220	35	4000	81	3000	11000	φ111×95	GX8.5	40
CDM – R111 70W/830 10D	220	70	50000	84	3000	9000	φ111×95	GX8.5	10
CDM – R111 70W/830 24D	220	70	15000	84	3000	9000	φ111×95	GX8.5	24
CDM – R111 70W/830 40D	220	70	9000	84	3000	9000	φ111×95	GX8.5	40
CDM – R111 35W/942 10D	220	35	32000	93	3000	9000	φ111×95	GX8.5	10
CDM – R111 35W/942 24D	220	35	7500	93	3000	9000	φ111×95	GX8.5	24
CDM – R111 35W/942 40D	220	35	4000	93	3000	9000	φ111×95	GX8.5	40
CDM – R111 70W/942 10D	220	70	50000	96	3000	11000	φ111×95	GX8.5	10
CDM – R111 70W/942 24D	220	70	14500	96	3000	11000	φ111×95	GX8.5	24
CDM – R111 70W/942 40D	220	70	8000	96	3000	11000	φ111×95	GX8.5	40
CDM – R111 Elite 35W/930 10D	220	35	36000	90	3000	12000	φ111×95	GX8.5	10
CDM – R111 Elite 35W/930 24D	220	35	8500	90	3000	12000	φ111×95	GX8.5	24
CDM – R111 Elite 35W/930 40D	220	35	4500	90	3000	12000	φ111×95	GX8.5	40
CDM – R111 Elite 50W/930 10D	220	50	46500	91	3000	12000	φ111×95	GX8.5	10
CDM – R111 Elite 50W/930 24D	220	50	11000	91	3000	12000	φ111×95	GX8.5	24
CDM – R111 Elite 35W/930 40D	220	50	6000	91	3000	12000	φ111×95	GX8.5	40
CDM – R111 Elite 70W/930 10D	220	70	45000	92	3000	12000	φ111×95	GX8.5	10
CDM – R111 Elite 70W/930 24D	220	70	16000	92	3000	12000	φ111×95	GX8.5	24
CDM – R111 Elite 70W/930 40D	220	70	8500	92	3000	12000	φ111×95	GX8.5	40
CDM – R111 Elite 35W/942 10D	220	35	38000	91	4200	15000	φ111×95	GX8.5	10
CDM – R111 Elite 35W/942 24D	220	35	8000	91	4200	15000	φ111×95	GX8.5	24
CDM – R111 Elite 35W/942 40D	220	35	4000	91	4200	15000	φ111×95	GX8.5	40

注 数据由飞利浦公司提供。

表 2 – 29　　　　　　　　　反射型陶瓷金属卤化物灯技术数据

型号	额定电压（V）	功率（W）	中心发光强度（cd）	显色指数 Ra	色温（K）	平均寿命（h）	外形尺寸（直径×长度，mm×mm）	灯头型号	光束角（°）
CDM – R Elite 35W/930 PAR20 10D	220	35	23000	91	3000	15000	φ65×95	E27	10
CDM – R Elite 35W/930 PAR20 30D	220	35	6500	91	3000	15000	φ65×95	E27	30
CDM – R Elite 35W/942 PAR20 10D	220	35	23000	91	4200	15000	φ65×95	E27	10

续表

型号	额定电压（V）	功率（W）	中心发光强度（cd）	显色指数Ra	色温（K）	平均寿命（h）	外形尺寸（直径×长度，mm×mm）	灯头型号	光束角（°）
CDM－R Elite 35W/942 PAR20 30D	220	35	5900	91	4200	15000	$\phi65\times95$	E27	30
CDM－R Elite 35W/930 PAR30L 10D	220	35	49000	91	3000	15000	$\phi97\times123$	E27	10
CDM－R Elite 35W/930 PAR30L 30D	220	35	8000	91	3000	15000	$\phi97\times123$	E27	30
CDM－R Elite 50W/930 PAR30L 10D	220	50	56000	91	3000	15000	$\phi97\times123$	E27	10
CDM－R Elite 50W/930 PAR30L 30D	220	50	11000	91	3000	15000	$\phi97\times123$	E27	30
CDM－R Elite 50W/930 PAR30L 40D	220	50	7200	91	3000	15000	$\phi97\times123$	E27	40
CDM－R Elite 70W/930 PAR30L 10D	220	70	61000	92	3000	15000	$\phi97\times123$	E27	10
CDM－R Elite 70W/930 PAR30L 30D	220	70	14000	92	3000	15000	$\phi97\times123$	E27	30
CDM－R Elite 70W/930 PAR30L 40D	220	70	10300	92	3000	15000	$\phi97\times123$	E27	40
CDM－R Elite 35W/942 PAR30L 10D	220	35	46500	90	4200	15000	$\phi97\times123$	E27	10
CDM－R Elite 35W/942 PAR30L 30D	220	35	7800	90	4200	15000	$\phi97\times123$	E27	30
CDM－R Elite 50W/942 PAR30L 10DG	220	50	48000	91	4200	15000	$\phi97\times123$	E27	10
CDM－R Elite 50W/942 PAR30L 30D	220	50	9400	91	4200	15000	$\phi97\times123$	E27	30
CDM－R Elite 50W/942 PAR30L 30DG	220	50	6400	91	4200	15000	$\phi97\times123$	E27	40
CDM－R Elite 70W/942 PAR30L 10D	220	70	61000	92	4200	15000	$\phi97\times123$	E27	10
CDM－R Elite 70W/942 PAR30L 30D	220	70	13500	92	4200	15000	$\phi97\times123$	E27	30
CDM－R Elite 70W/942 PAR30L 40D	220	70	9800	92	4200	15000	$\phi97\times123$	E27	40

注　数据由飞利浦公司提供。

第六节 高压钠灯与低压钠灯

一、高压钠灯

高压钠灯是一种高压钠蒸气放电灯泡，其放电管采用抗钠腐蚀的半透明多晶氧化铝陶瓷制成，工作时发出金白色光。它具有发光效率高（光效可达 120～140lm/W）、寿命长、透雾性能好等优点，广泛用于道路、机场、码头、车站、广场及工矿企业照明；缺点是显色指数低。

高压钠灯的光电特性与电源电压的关系如图 2-4 所示。

表 2-30～表 2-32 为高压钠灯技术数据。

二、中显色高压钠灯和高显色高压钠灯

中显色高压钠灯和高显色高压钠灯是在普通高压钠灯基础上，适当提高电弧管内的钠蒸气气压，从而提高高压钠灯的色温度，改善灯的显色性。中显色高压钠灯相关色温为 2200K，平均显色指数提高到 60；高显色高压钠灯相关色温为 2500K，平均显色指数提高到 85。

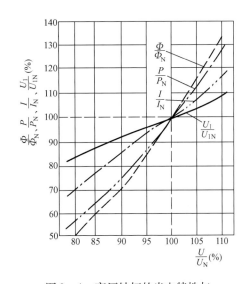

图 2-4 高压钠灯的光电特性与电源电压的关系

Φ、P、U_1、I—高压钠灯的光通、功率、电压、电流；

Φ_N、P_N、U_{1N}、I_N—高压钠灯的额定光通、额定功率、额定电压、额定电流；

U—光源输入端实际电压；

U_N—光源输入端额定电压

表 2-30   PIA 内置一体化天线高压钠灯技术数据

型号	额定电压（V）	功率（W）	工作电流（A）	光通量（lm）	显色指数 Ra	色温（K）	平均寿命（h）	灯头型号
MASTER SON-T PIA Eco	220	130	1.95	15000	20	2000	32000	E40
		220	3.25	32000	20			
		360	4.90	48000	25			
MASTER SON-T PIA PLUS	220	70	1.00	6600	20	2000	28000	E27
		100	1.20	10700	20	2000	32000	E40
		150	1.80	18000				
		250	3.00	33200				
		400	4.50	56500	25			
		600	5.80	90000				

续表

型号	额定电压 （V）	功率 （W）	工作电流 （A）	光通量 （lm）	显色指数 Ra	色温 （K）	平均寿命 （h）	灯头型号
MASTER SON PIA PLUS	220	70	1.00	6600	25	2000	28000	E27
		100	1.20	10200	25	2000	32000	E40
		150	1.80	17000				
		250	2.85	31100				
		400	4.50	55500				
MASTER SON – T PIA Hg Free	220	100	1.24	9000	25	2150	32000	E40
		150	1.80	15000				
		250	3.00	28000				
		400	4.60	48000				
MASTER SON PIA Hg Free	220	150	1.80	14500	25	2150	32000	E40
		250	3.00	27000				
		400	4.60	48000				
MASTER SON – T AGRO PIA	220	400	4.13	55000	25	2100	32000	E40

注　数据由飞利浦公司提供。

表 2 – 31　　　　　　　　　　SON 高压钠灯技术数据

型号	额定电压 （V）	灯电流 （A）	功率 （W）	光通量 （lm）	显色指数 Ra	色温 （K）	平均寿命 （h）	外形尺寸（直径× 长度，mm×mm）	灯头型号
SON 50W	220	0.76	50	3500	25	2000	24000	$\phi71 \times 156$	E27
SON 70W		0.98	70	5600	20				
SON 150W		1.80	150	14500	20		28000	$\phi90 \times 226$	E40
SON 250W		3.00	250	27000	25				
SON 400W		4.45	400	48000	25			$\phi122 \times 290$	

注　1. 50W 和 70W 为内触发型光源，无须外接触发器。

　　2. 数据由飞利浦公司提供。

表 2 – 32　　　　　　　　SON – T 直管型高压钠灯技术数据

功率（W）	额定电压 （V）	灯电流 （A）	功率 （W）	光通量 （lm）	显色指数 Ra	色温 （K）	平均寿命 （h）	外形尺寸（直径× 长度，mm×mm）	灯头型号
70	220	0.98	70	6000	25	2000	24000	$\phi32 \times 156$	E27
100		1.20	100	9000	20		28000	$\phi47 \times 211$	E40
150		1.80	150	15000	25		28000	$\phi47 \times 211$	
250		3.00	250	28000	25		28000	$\phi47 \times 257$	
400		4.60	400	48000	25		28000	$\phi47 \times 283$	
1000		10.6	1000	130000	25		16000	$\phi66 \times 390$	

注　数据由飞利浦公司提供。

表 2 – 33 ~ 表 2 – 35 为中显色高压钠灯和高显色高压钠灯技术数据。

表 2 – 33　中显色性高压钠灯技术参数

功率（W）	电流（A）	光通量（lm）		平均寿命（h）	2000h 光通维持率（%）	几何尺寸（mm）		玻壳形式	启动方式
		额定值	平均值			玻壳直径 D_{max}	总长度 L_{max}		
150	1.8	10500	9500	9000	80	48	211	透明玻壳—管形	外启动
150		10100	9200			91	227	漫射涂粉玻壳—椭球形	
250	2.95	20000	18000	12000		48	260	透明玻壳—管形	外启动
250		19400	17400			91	227	漫射涂粉玻壳—椭球形	
400	4.5	30000	27000	12000		48	292	透明玻壳—管形	外启动
400	1 4.4	29100	26200	12000		122	292	漫射涂粉玻壳—椭球形	

注　1. 相关色温为 2170K，一般显色指数不小于 60。

　　2. 启动试验电压为 198V，最大启动时间为 5s。

　　3. 摘自《电光源实用手册》，中国物资出版社，2005 年。

表 2 – 34　SDW – T 高显色高压钠灯技术参数

型号	额定电压（V）	灯电流（A）	功率（W）	光通量（lm）	显色指数 Ra	色温（K）	平均寿命（h）	外形尺寸（直径 × 长度，mm × mm）	灯头型号
SDW – T	220	0.48	35	1300	83	2500	15000	φ32 × 149	PG12 – 1
		0.76	50	2300					
		1.31	100	5000					

注　数据由飞利浦公司提供。

表 2 – 35　高显色性高压钠灯技术参数

功率（W）	电流（A）	光通量（lm）		平均寿命（h）	2000h 光通维持率（%）	几何尺寸（mm）		玻壳形式	启动方式
		额定值	平均值			玻壳直径 D_{max}	总长度 L_{max}		
150	1.9	6600	6000	8000	70	102	250	漫射涂粉或透明玻壳 – 椭球形	内启动
250	3.1	13000	12000	8000					
400	4.9	22000	20000	8000		122	290		

注　1. 相关色温为 2500K，一般显色指数为 85。

　　2. 启动试验电压为 198V，最大启动时间为 60s。

　　3. 摘自《电光源实用手册》，中国物资出版社，2005 年。

三、低压钠灯

低压钠灯是气体放电灯中光效较高的品种，光效可达 140 ~ 200lm/W，光色柔和、眩光小、透雾能力极强，适用于公路、隧道、港口、货场和矿区等场所的照明，也可作为特技摄影和光学仪器的光源。但低压钠灯辐射近乎单色黄光，分辨颜色的能力差，不宜用于繁华的市区街道和室内照明。

低压钠灯技术数据见表 2 – 36。

表2-36 常用低压钠灯技术数据

功率（W）	启动电压（V）	灯电压（V）	灯电流（A）	光通量（lm）	外形尺寸（mm）最大直径	外形尺寸（mm）最大全长	灯头型号
18				1800	54		
35	390	70	0.6	4800	54	311	
55	410	109	0.59	8000	54	425	
90	420	112	0.94	12500	68	528	BY 22d
135	540	164	0.95	21500	68	775	
180	575	240	0.91	31500	68	1120	

注 摘自《电光源实用手册》，中国物资出版社，2005年。

第七节 高 压 汞 灯

高压汞灯是高强气体放电灯中结构简单、寿命较长的产品，品种规格齐全。但高压汞灯光效低，特别是自镇流高压汞灯光效更低，已属限制使用的产品。高压汞灯分为透明外壳高压汞灯、荧光高压汞灯、反射型高压汞灯、自镇流荧光高压汞灯。

荧光高压汞灯是玻壳内表面涂有荧光粉的高压汞蒸气放电灯，它的特点是寿命长、耐振性较好，但显色指数低。

自镇流荧光高压汞灯是利用汞放电管、钨丝和荧光质三种发光要素同时发光的一种复合光源。钨丝兼作镇流器，因此不需要外接镇流器，可以像普通灯泡那样直接接入灯座使用，非常方便。但该灯光效低，寿命因灯丝而缩短，故而不应推广使用。

荧光高压汞灯的光电特性与电源电压的关系如图2-5所示。

荧光高压汞灯和自镇流荧光高压汞灯的技术数据见表2-37和表2-38。

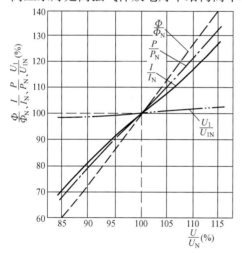

图2-5 高压汞灯的光电特性与电源电压的关系

Φ、P、U_1、I—灯泡的光通、功率、电压、电流；

Φ_N、P_N、U_{1N}、I_N—灯泡的额定光通、额定功率、额定电压、额定电流；

U—光源输入端实际电压；

U_N—光源输入端额定电压

表2-37 荧光高压汞灯技术数据

型号	额定电压（V）	功率（W）	光通量（lm）	色温（K）	平均寿命（h）	外形尺寸（直径×长度，mm×mm）	灯头型号
HPL-N50WE27		50	1800	4200		$\phi 56 \times 130$	
HPL-N80WE27		80	3700	4200		$\phi 71 \times 155$	E27
HPL-N125WE27	220	125	6200	4200	16000	$\phi 76 \times 172$	
HPL-N250WE27		250	12700	4100		$\phi 91 \times 228$	E40
HPL-N400WE27		400	22000	3900		$\phi 122 \times 290$	

注 数据由飞利浦公司提供。

表 2 – 38　　　　　　　　　　　自镇流荧光高压汞灯技术数据

型号	额定电压 （V）	功率 （W）	光通量 （lm）	平均寿命 （h）	外形尺寸（直径× 长度，mm×mm）	灯头 型号
ML100W 220 – 230V E27	220～230	100	1100	10000	$\phi71\times151$	E27
ML160W 220 – 230V E27		160	3000	13000	$\phi76\times177$	E27
ML250W 220 – 230V E40		250	5500	10000	$\phi91\times232$	E40
ML500W 220 – 230V E40		500	13000	10000	$\phi122\times287$	E40

注　以上数据为飞利浦公司提供。

第八节　LED　灯

一、概述

半导体发光二极管（light emitting diode，LED），利用固体半导体芯片作为发光材料，当两端加上正向电压时，半导体中的载流子发生复合放出过剩的能量，从而引起光子发射产生光。

发光二极管发明于 20 世纪 60 年代，开始只有红光，随后出现绿光、黄光，其基本用途是作为指示灯。直到 20 世纪 90 年代，研制出蓝光 LED，很快就合成出白光 LED，从而进入照明领域，成为一种新型光源。

当前，白光 LED 灯大多是用蓝光 LED 激发黄色荧光粉发出白光。近二十年来 LED 灯技术发展很快，光效不断提高，质量不断改进，价格不断下降，目前已广泛应用。

二、LED 光源的优点

（1）发光效率高。整灯光效目前达到 60～120lm/W。同样照度水平的情况下，理论上不到白炽灯 10% 的能耗，LED 灯与荧光灯相比也可以达到 30%～50% 的节能效果。

（2）使用寿命长，体积小，质量轻，环氧树脂封装，寿命可达 25000～50000h，可以大大降低灯具的维护费用。

（3）安全可靠性高，发热量低，无热辐射，属冷光源。

（4）有利于环保，为全固体发光体，不含汞。

（5）响应时间短，起点快捷可靠。

（6）防潮、耐低温、抗震动。

（7）调光方便，可结合控制技术、通信技术实现自动调光，满足节能和调节照（亮）度功能的需要。

（8）LED 光源尺寸小，为定向发光，便于灯具配套和提高灯具效率。

三、LED 光源存在的不足

（1）颜色质量不如人意，部分产品还存在以下问题：

1）色温偏高；

2）显色指数（Ra）偏低；

3）蓝光成分偏多，红光成分偏低；

4）色容差和色偏差较大。

（2）表面亮度高，容易导致眩光。

（3）光通维持率偏低。

（4）有的驱动电源电路简单，谐波较大，功率因数低。

（5）优质产品成本较高。

以上问题，一部分是在 LED 发展过程中存在的，现在市场上的一些优质产品已经解决了这部分问题。但由于市场无序竞争导致低价销售，致使一部分产品质量下降，在应用中必须予以重视。

四、选择 LED 灯的技术要求

对长时间有人工作的场所，选用 LED 灯应符合下列要求：

（1）显色指数（Ra）不应小于 80（对所有光源）。

（2）同类光源的色容差不应超过 5SDCM（对所有光源）。

（3）特殊显色指数 R_9（饱和红色）>0。

（4）色温不宜高于 4000K。

（5）寿命期内的色偏差不应超过 0.007（称为色维持）。

（6）不同方向的色偏差不应超过 0.004。

（7）灯具宜有漫射罩或有不小于 30°的遮光角。

（8）灯的谐波应符合 GB 17625.1—2012《电磁兼容 限值 谐波电流发射限值（设备每相输入电流≤16A）》的规定。

（9）灯的功率因数。功率 $P > 25W$ 的，不小于 0.9；$5 < P \leqslant 25W$ 的，不小于 0.7；$P \leqslant 5W$ 的，不小于 0.4。

（10）灯的使用寿命应符合产品标准规定，一般不应低于 25000h。

（11）灯的光通维持率应符合产品标准规定。

（12）光效不低于中国能效标识 3 级，并应符合国家能效标准规定的能效限定值，最好达到节能评价值。

五、中国能效标识

中国能效标识为蓝白背景的彩色标识，分为 5 个等级，各等级的含义如下：

（1）等级 1：产品达到国际先进水平，最节电，即耗能最低。

（2）等级 2：比较节电。

（3）等级 3：产品的能源效益为我国市场的平均水平。

（4）等级 4：产品的能源效益低于我国市场的平均水平。

（5）等级 5：市场准入标准（低于该等级要求的产品不允许生产和销售）。

按照 GB/T 24908—2014《普通照明用非定向自镇流 LED 灯性能要求》，普通照明用非定向自镇流 LED 灯的初始光效、初始光通量、色品性能和光通维持率列于表 2-39 ~ 表 2-42。

表 2-39　　　　普通照明用非定向自镇流 LED 灯的初始光效

等级	初始光效（lm/W）	
	色调代码：65/50/40	色调代码：35/30/27
Ⅰ	100	95
Ⅱ	85	80
Ⅲ	70	65

表 2－40   普通照明用非定向自镇流 LED 灯的初始光通量

序号	光通量规格（lm）	白炽灯规格（W）	初始光通量（lm）		
			目标值	下限值	上限值
1	150	15	136	125	165
2	250	25	249	225	300
3	500	40	470	420	565
4	800	60	806	725	950
5	1000	75	1055	950	1270
6	1500	100	1521	1370	1825

注 1. 表中光通量规格与 GB/T 10681 白炽灯功率规格有对应的替换关系。

2. 初始光通量的上限值仅供参考。

表 2－41   普通照明用非定向自镇流 LED 灯的色品性能

色调规格	色调代码	色品参数				
		一般显色指数	色坐标目标值		相关色温目标值（K）	色品容差 SDCM
			x	y		
6500K（日光色）	65		0.313	0.337	6430	
5000K（中性白色）	50		0.346	0.359	5000	
4000K（冷白色）	40	80（标称高显色指数的：90）	0.380	0.380	4040	≤5
3500K（白色）	35		0.409	0.394	3450	
3000K（暖白色）	30		0.440	0.403	2940	
2700K（白炽灯色）	27		0.463	0.420	2720	
	P27		0.458	0.410	2700	

注 企业可根据用户的要求制造非标准颜色的灯，但应同时给出非标准颜色色品坐标的目标值和容差范围。

表 2－42   普通照明用非定向自镇流 LED 灯的光通维持率

色调规格	平均寿命（h）	3000h 光通维持率（%）	6000h 光通维持率（%）
1	25000	95.8	91.8
2	30000	96.5	93.1
3	35000	97.0	94.1
4	40000	97.4	94.8
5	45000	97.7	95.4
6	50000	97.9	95.8

第九节 其 他 光 源

一、光纤照明

光纤照明是一种新照明技术，是采用光导纤维（简称光纤，又称光波导），利用全反射原理，把光传送到需要的部位进行照明的一种新的照明方式。

光纤照明特有的优势如下：

（1）装饰性强。通过光纤输出的光，不仅明暗可调，而且颜色可变，是动态夜景照明和装饰照明相当理想的方法。

（2）安全。光纤本身只导光不导电，不怕水、不易破损，而且体积小、柔软可弯曲，是一种十分安全的变色发光塑料条，可以安全地用在高温、低温、高湿度、水下、露天等场所。

在博物馆照明中，可以免除光线中的红外线和紫外线对展品的损伤；在具有火险、爆炸性气体和特别潮湿的场所，它也是一个安全的照明方式。

二、医疗用光源

（1）无影灯泡适用于医院各类手术室，其技术数据见表2-43。

表2-43 　　　　　　　　　　　　　　**无影灯泡技术数据**

型号	额定电压（V）	功率（W）	光通量（lm）	平均寿命（h）	外形尺寸（直径×长度，mm×mm）	灯头型号
WY6-15	6	15	185	60	φ34×56	E12/22×15
WY24-25	24	25	300	300	φ41×60	BA15d/19
WY110-100	110	100	1420	1000	φ66×118	E27/27
WY110-150		150	2240			
WY220-100	220	100	1250			
WY220-150		150	1990			
WY220-100		100	1250	800	φ81×113	E27/35×30
WY220-150		150	2090		φ81×125	

（2）紫外线杀菌灯是一种强紫外线光源，对核酸蛋白质作用极强，能使细菌发生变异或死亡，被广泛应用于医疗卫生（手术室灭菌、病房灭菌、伤口愈合等）、制药工业和食品工业以及水净化、空调送风管及消毒柜灭菌等场所。表2-44和表2-45为紫外线杀菌灯技术数据。表2-46为紫外线波长划分及效应。

表2-44 　　　　　　　　　　　　　**双端直管形紫外线杀菌灯主要参数**

型号	管径d（mm）	灯长L（mm）	功率（W）	电流（mA）	1m处紫外线辐射照度（μW/cm²）	寿命（h）	灯头型号
ZW-4	15	150	4	170		8000	G5
ZW-6	15	212	6	160	15	8000	G5
ZW-8	15	288	8	190	22	8000	G5
ZW-10	15	331	10	220	28	8000	G13
ZW-15	15	437	15	300	40	8000	G13
ZW-18	16		18	370		8000	G13
ZW-20	16	589	20	320	70	8000	G13
ZW-30	16	894	30	300	100	8000	G13
ZW-40	16	1199	40	330	120	8000	G13

注　摘自《电光源实用手册》，中国物资出版社，2005年。

表 2 – 45　　　　　　　　　　　紫外线杀菌灯（国际通用型）主要参数

型号		安装长度（mm）	弧长（mm）	功率（W）	电流（mA）	电压（V）	UV 输出功率（W）	1m 处紫外线辐射照度（μW/cm²）
瞬时启动型	G10T5L	357	277	17	425	51	5.7	57
	G15T5VH	357	277	17	425	55	5.7	57
	G36T5L	842	762	41	425	120	14.3	130
	G36T5VH	842	762	41	425	120	14.3	130
	G36T5L	1554	1474	75	425	220	30	220
	G64T5VH	1554	1474	75	425	220	30	220
	G67T5VH	1630	1550	79	425	231	32	225
预热型	GPH212T5L	212	132	10	425	30	2.7	26
	GPH287T5L	287	207	14	425	41	4	40
	GPH287T5VH	287	207	14	425	41	4	40
	GPH303T5L	303	223	15	425	43	4.3	43
	GPH303T5VH	303	223	15	425	43	4.3	43
	GPH356T5L	357	277	17	425	51	5.7	56
	GPH356T5VH	357	277	17	425	51	5.7	56
	GPH436T5L	436	356	21	425	62	7.3	72
	GPH436T5VH	436	356	21	425	62	7.3	72
	GPH739T5L	793	713	38	425	112	13.5	125
	GPH739T5VH	793	713	38	425	112	13.5	125
U 形	GU76 – 10T5VH	169	277	16	425	55	5.3	55
	GU22 – 10T5L	186	277	16	425	55	5.3	55
	GU22 – 390T5VH	390	699	36	425	100	12	105
	GU76 – 802T5VH	391	711	37	425	108	12.8	110
	GU76T5VH	412	762	39	425	120	13.8	120
	GU22 – 36T5L	429	762	39	425	120	13.8	120
高输出型	GPH436T5/L/HO/4P	436	360	40	610	86	8	75
	GPH436T5/VH/HO/4P	436	360	40	610	86	8	75
	GH036T5L	842	710	84 ~ 105	800 ~ 1000	120	27 ~ 34	250 ~ 280
	GH036T5VH	842	710	84 ~ 105	800 ~ 1000	120	27 ~ 34	250 ~ 280
	GPH846T5/L/HO/4P	846	767	65	775	110	18	165
	GPH846T5/VH/HO/4P	846	767	65	775	110	19	165
	GPH893T5/L/HO/4P	893	815	65	750	114	19	170
	GPH893T5/VH/HO/4P	893	815	65	750	114	19	170
	GPH64T5/L	1554	1421	155 ~ 193	800 ~ 1000	220	45 ~ 58	380 ~ 468

注　摘自《电光源实用手册》，中国物资出版社，2005 年。

表 2 – 46 　　　　　　　　　　紫外线波长划分及效应

波段	波长范围（nm）	效应
A（UV – A）	320 ~ 400	黑斑效应紫外线
B（UV – B）	275 ~ 320	红斑效应紫外线
C（UV – C）	200 ~ 275	灭菌紫外线
D（UV – D）	100 ~ 200	真空紫外线

三、农业用光源

（1）诱虫黑光灯。利用昆虫的趋光性，将昆虫吸引至小范围，利用电网或水盒对其进行诱杀。许多昆虫对光的灵敏度在 350 ~ 390nm 及 450 ~ 480nm 两个峰值范围。黑光灯发射的波长为 300 ~ 500nm，主要参数见表 2 – 47。

表 2 – 47 　　　　　　　　　　诱虫黑光灯主要参数

型号	额定功率（W）	工作电压（V）			工作电流（A）	预热电流（A）	平均寿命（h）	外形尺寸（直径×长度，mm×mm）	灯头型号
		额定值	最大值	最小值					
YHG8	8	60	66	54	0.15	0.2	1500	$\phi16 \times 285.1$	G5
YHG15	15	51	58	44	0.33	0.50	3000	$\phi40.5 \times 434.4$	G13
YHG20	20	57	64	50	0.37	0.55	—	$\phi40.5 \times 586.8$	
YHG30	30	81	91	71	0.405	0.62	5000	$\phi40.5 \times 891.6$	
YHG40	40	103	113	93	0.43	0.65	—	$\phi40.5 \times 1196.4$	
YHG100	100	92	103	81	1.5	1.8	3000	$\phi40.5 \times 1197.0$	

注　摘自《电光源实用手册》，中国物资出版社，2005 年。

（2）人工温室用灯。能全年提供理想的植物生长的光照条件，有利于人工温室内植物的生长。SDN – T Argo 农用钠灯技术数据见表 2 – 48。

表 2 – 48 　　　　　　　　SDN – T Argo 农用钠灯技术数据

型号	额定电压（V）	功率（W）	灯电流（A）	光通量（lm）	显色指数 Ra	色温（K）	外形尺寸（直径×长度，mm×mm）	寿命（h）	灯头型号
400W	110	400	4.13	55000	25	2100	$\phi47 \times 283$	24000	E40

注　数据由飞利浦公司提供。

四、黑光荧光灯

黑光荧光灯所使用的荧光粉在 254nm 短波紫外辐射激发下产生主峰为 365nm 的不可见的长波紫外辐射，适用于引诱蚊虫等各种昆虫，各类验钞机、娱乐场所的特殊效果照明以及石油、食品、药品、纺织等工业的杂质含量荧光分析，还可用于机械零件荧光探伤等。黑光荧光灯主要参数见表 2 – 49。

表 2 – 49 　　　　　　　　　　黑光荧光灯主要参数

规格	功率（W）	波长（nm）	管径（mm）	管长（mm）	寿命（h）	灯头型号
F4 T5/BLB	4			135.9		
F6 T5/BLB	6	365	16	212.1	3000	G5
F8 T5/BLB	8			288.3		
F13 T5/BLB	13			516.9		

续表

规格	功率（W）	波长（nm）	管径（mm）	管长（mm）	寿命（h）	灯头型号
F10 T8/BLB	10			331.3		
F15 T8/BLB	15			437.4		
F18 T8/BLB	18	365	26	589.8	5000	G13
F30 T8/BLB	30			894.6		
F36 T8/BLB	36			1199.4		

注　摘自《电光源实用手册》，中国物资出版社，2005 年。

五、紫外验钞灯

利用紫外线可以使荧光物质发光的原理，用来检验钞票中的荧光物质，从而辨别钞票的真假。验钞灯的波长一般在 UV – A 范围内，技术数据见表 2 – 50。

表 2 – 50　　　　　　　　　　紫外验钞灯主要参数

额定功率（W）	电源电压（V）	灯管电压（V）	工作电流（mA）	寿命（h）	紫光波长（nm）	发射主峰（nm）	紫外辐射通量（W）	紫外辐射照度（μW/cm²）		平均寿命（h）
								距离 0.5m	距离 0.1m	
7	220	45 ± 5	180	5000	405	365	0.75	20	450	5000
9	220	60 ± 6	170	5000	405	365	0.85	30	500	

注　摘自《电光源实用手册》，中国物资出版社，2005 年。

六、印刷电路用荧光灯

黄光管（无紫外线）属荧光灯。黄光管几乎不含紫外线，是对紫外线敏感场所的最佳光源，用于印刷电路板生产线防紫外线干扰或实验室等，技术数据见表 2 – 51。

表 2 – 51　　　　　　　　　　TL′D 型黄光管技术数据

型号（W）	额定电压（V）	功率（W）	光通量（lm）	显色指数 Ra	色温（K）	外形尺寸（直径×长度，mm×mm）
18	220	18	660			φ28×596.9
36		36	1580			φ28×1206.5

注　数据由飞利浦公司提供。

七、水下灯泡

水下灯泡可用作水下照明或灯光诱鱼的光源。用各种彩色玻壳制成的灯泡还可用于喷泉瀑布等处作装饰用，技术数据见表 2 – 52。

表 2 – 52　　　　　　　　　　水 下 灯 泡 技 术 数 据

型号	额定电压（V）	功率（W）	光通量（lm）	平均寿命（h）	外形尺寸（直径×长度，mm×mm）	灯头型号
SX110 – 1000	110	1000	19000	600		
SX110 – 1500		1500	30000	400	φ131.5×265	E40
SX220 – 1000	220	1000	18600	600		
SX220 – 1500		1500	26100	400		

第十节　光源性能的比较与选择

为便于设计选用，表 2－53 列出了常用 10 种常用光源的应用场所。

表 2－53　　　　　　　　　　常用光源的应用场所

序号	光源名称	应用场所	备注
1	白炽灯	除严格要求防止电磁波干扰的场所外，一般场所不得使用	单灯功率不宜超过100W
2	卤钨灯	电视播放、绘画、摄影照明，反光杯卤素灯用于贵重商品重点照明、模特照射等	
3	直管荧光灯	家庭、学校、研究所、工业、商业、办公室、控制室、设计室、医院、图书馆等照明	
4	紧凑型荧光灯	家庭、宾馆等照明	
5	荧光高压汞灯	不推荐应用	
6	自镇流荧光高压汞灯	不得应用	
7	金属卤化物灯	体育场馆、展览中心、游乐场所、商业街、广场、机场、停车场、车站、码头、工厂等照明、电影外景摄制、演播室	
8	普通高压钠灯	道路、机场、码头、港口、车站、广场、无显色要求的工矿企业照明等	
9	中显色高压钠灯	高大厂房、商业区、游泳池、体育馆、娱乐场所等的室内照明	
10	LED	博物馆、美术馆、宾馆、电子显示屏、交通信号灯、疏散标志灯、庭院照明、建筑物夜景照明、装饰性照明、需要调光的场所的照明以及不易检修和更换灯具的场所等	

第十一节　光源主要附件及选择

一、镇流器

镇流器是连接在电源和一个或多个放电灯之间，用于将灯的电流限制到要求值的一种部件。它可包括改变供电电压或频率、校正功率因数的器件。既可以单独地，也可以和启辉器一起给放电灯的点亮提供必要条件。

1. 镇流器的类别

气体放电灯的镇流器主要分为电感镇流器和电子镇流器两大类。电感镇流器包括普通型和节能型。荧光灯用交流电子镇流器包括可控式电子镇流器和应急照明用交流/直流电子镇流器。

2. 镇流器的标准

近几年我国修订和制订的镇流器标准，包括安全要求、性能要求、特殊要求和能效等级。有关性能要求和能效等级的标准名称和编号列于表 2 - 54。

表 2 - 54 镇流器性能标准和能效标准

名 称	编 号
电磁兼容 限值 谐波电流发射限值（设备每相输入电流≤16A）	GB 17625.1—2012
管形荧光灯镇流器能效限定值及能效等级	GB 17896—2012
管形荧光灯用镇流器 性能要求	GB/T 14044—2008
灯用附件 放电灯（管形荧光灯除外）用镇流器 性能要求	GB/T 15042—2008
管形荧光灯用交流电子镇流器 性能要求	GB/T 15144—2009
金属卤化物灯用镇流器能效限定值及能效等级	GB 20053—2015
高压钠灯用镇流器能效限定值及节能评价值	GB 19574—2004
单端无极荧光灯用交流电子镇流器能效限定值及能效等级	GB 29143—2012
普通照明用非定向自镇流 LED 灯 性能要求	GB/T 24908—2014
道路照明用 LED 灯 性能要求	GB/T 24907—2010
装饰照明用 LED 灯	GB/T 24909—2010
反射型自镇流 LED 灯 性能要求	GB/T 29296—2012

3. 照明设备的谐波电流限值

GB/T 15144—2009《管形荧光灯用交流电子镇流器 性能要求》规定，对谐波的限值应符合 GB 17625.1—2012《电磁兼容 限值 谐波电流发射限值（设备每相输入电流≤16A）》的要求。该标准的 C 类设备（照明）的谐波电流限值列于表 2 - 55。

表 2 - 55 C 类设备（照明）的谐波电流限值（灯的有功功率大于25W）

谐波次数	基波频率下输入电流以百分数表示的最大允许谐波电流（%）
2	2
3	30λ
5	10
7	7
9	5
$11 \leqslant n \leqslant 39$（仅有奇次谐波）	3

注 1. 功率不大于25W的放电灯，应符合下列两项要求之一：①用谐波电流与功率相关的限值表示，3 次谐波电流不超过 3.4mA/W；5 次谐波电流不超过 1.9mA/W。②用基波电流百分数表示，3 次谐波不应超过 86%，5 次谐波不应超过 61%。

2. λ 为线路功率因数（镇流器与其匹配使用的一只或几只灯的组合体的功率因数）。

3. 关于 LED 灯的谐波含量，按照 LED 灯的产品标准，GB/T 24908—2014《普通照明用非定向自镇流 LED 灯 性能要求》、GB/T 24907—2010《道路照明用 LED 灯 性能要求》、GB/T 24909—2010《装饰照明用 LED 灯》、GB/T 29296—2012《反射型自镇流 LED 灯 性能要求》等规定，均应符合 GB 17625.1—2012《电磁兼容 限值 谐波电流发射限值（设备每相输入电流≤16A）》的要求。

4. 管形荧光灯镇流器的能效

GB 17896—2012《管形荧光灯镇流器能效限定值及能效等级》规定了用镇流器效率值来区分能效等级，叙述如下：

镇流器的效率（η_b）。镇流器的效率为灯参数表中的额定（典型）功率与在标准规定测试条件下，经修订后镇流器 - 灯输入总功率的比值。

镇流器的效率是评价镇流器能效的指标，也是评定镇流器和灯的组合体的能效水平的参数。

电子镇流器的效率计算公式为

$$\eta_b = \frac{P_N}{P_c} = \frac{P_{m2}}{P_{m1}} \times \frac{L_m}{L_r} \tag{2-1}$$

式中　P_c——修正后被测镇流器–灯输入总功率，W；

　　　P_{m1}——实测到的被测镇流器–灯输入总功率，W；

　　　P_N——高频工作时灯的额定（典型）功率，W；

　　　P_{m2}——用基准镇流器实测到的灯功率，W；

　　　L_r——由光电测试仪测量的基准镇流器–基准灯组合的光输出 cd/m^2；

　　　L_m——由光电测试仪测量的被测镇流器–基准灯组合的光输出 cd/m^2。

注：L_m/L_r 值不应小于 0.925。

电感镇流器的效率计算公式为

$$\eta_b = 0.95 \frac{P_N}{P_c} = \frac{0.95 P_N}{P_{m1}(0.95 P_{m2}/P_{m3}) - (P_{m2} - P_N)} \tag{2-2}$$

式中　P_{m3}——被测镇流器的灯功率，W；

　　　P_N——灯的额定功率，W。

5. 镇流器的能效限定值及能效等级

镇流器是一个高耗能器件，管形荧光灯的电子镇流器能效等级分为 3 级，其中 1 级能效最高，损耗最低；3 级能效最低，为能效限定值。

在规定测试条件下，非调光电子镇流器各能效等级不应低于表 2-56 的规定值，节能评价值不低于表 2-56 中 2 级的规定值；调光电子镇流器在 100% 光输出时各能效等级不应低于表 2-56 的规定，节能评价值至少应为表 2-56 中 2 级的规定值，在 25% 光输出时其系统输入功率（P_{in}）不应低于表 2-57 的规定值，节能评价值不低于表 2-57 中 2 级的规定值；电感镇流器的能效限定值为表 2-58 的规定值。

表 2-56　　　　　　　　　　　　非调光电子镇流器能效限定值

与镇流器配套灯的类型、规格					镇流器效率（%）		
类别	标称功率（W）	形状描述	国际代码	额定功率（W）	1 级	2 级	3 级
T8	15	双端	FD–15–E–G13–26/450	13.5	87.8	84.4	75.0
T8	18	双端	FD–18–E–G13–26/600	16	87.7	84.2	76.2
T8	30	双端	FD–30–E–G13–26/900	24	82.1	77.4	72.7
T8	36	双端	FD–36–E–G13–26/1200	32	91.4	88.9	84.2
T8	38	双端	FD–38–E–G13–26/1050	32	87.7	84.2	80.0
T8	58	双端	FD–58–E–G13–26/1500	50	93.0	90.9	84.7
T8	70	双端	FD–70–E–G13–26/1800	60	90.9	88.2	83.3
TC–L	18	单端	FSD–18–E–2G11	16	87.7	84.2	76.2
TC–L	24	单端	FSD–24–E–2G11	22	90.7	88.0	81.5

续表

| \multicolumn{4}{c}{与镇流器配套灯的类型、规格} | | | | \multicolumn{3}{c}{镇流器效率（%）} | | |
类别	标称功率（W）	形状描述	国际代码	额定功率（W）	1级	2级	3级
TC－L	36	单端	FSD－36－E－2G11	32	91.4	88.9	84.2
TCF	18	单端	FSS－18－E－2G10	16	87.7	84.2	76.2
TCF	24	单端	FSS－24－E－2G10	22	90.7	88.0	81.5
TCF	36	单端	FSS－36－E－2G10	32	91.4	88.9	84.2
TC－D/DE	10	单端	FSQ－10－E－G24q＝1 FSQ－10－I－G24d＝1	9.5	89.4	86.4	73.1
TC－D/DE	13	单端	FSQ－13－E－G24q＝1 FSQ－13－I－G24d＝1	12.5	91.7	89.3	78.1
TC－D/DE	18	单端	FSQ－18－E－G24q＝2 FSQ－18－I－G24d＝2	16.5	89.8	86.8	78.6
TC－D/DE	26	单端	FSQ－26－E－G24q＝3 FSQ－26－I－G24d＝3	24	91.4	88.9	82.8
TC－T/TE	13	单端	FSM－13－E－GX24q＝1 FSQ－13－I－GX24d＝1	12.5	91.7	89.3	78.1
TC－T/TE	18	单端	FSM－18－E－GX24q＝2 FSM－18－I－GX24d＝2	16.5	89.8	86.8	78.6
TC－T/TC－TE	26	单端	FSM－26－E－GX24q＝3 FSM－26－I－GX24d＝3	24	91.4	88.9	82.8
TC－DD/DDE	10	π	FSS－10－E－GR10q FSS－10－L/P/H－GR10q	9.5	86.4	82.6	70.4
TC－DD/DDE	16	π	FSS－16－E－GR10q FSS－16－I－GR8 FSS－16－L/P/H－GR10q	15	87.0	83.3	75.0
TC－DD/DDE	21	π	FSS－21－E－GR10q FSS－21－I－GR8 FSS－21－L/P/H－GR10q	19.5	89.7	86.7	78.0
TC－DD/DDE	28	π	FSS－28－E－GR10q FSS－28－I－GR8 FSS－28－L/P/H－GR10q	24.5	89.1	86.0	80.3
TC－DD/DDE	38	π	FSS－38－E－GR10q FSS－38－L/P/H－GR10q	34.5	92.0	89.6	85.2
TC	5	单端	FSD－5－I－G23 FSD－5－E－2G7	5	72.7	66.7	58.8
TC	7	单端	FSD－7－I－G23 FSD－7－E－2G7	6.5	77.6	72.2	65.0

与镇流器配套灯的类型、规格					镇流器效率（%）		
类别	标称功率（W）	形状描述	国际代码	额定功率（W）	1级	2级	3级
TC	9	单端	FSD－9－I－G23 FSD－9－E－2G7	8	78.0	72.7	66.7
TC	11	单端	FSD－11－I－G23 FSD－11－E－2G7	11	83.0	78.6	73.3
T5	4	双端	FD－4－E－G5－16/150	3.6	64.9	58.1	50.0
T5	6	双端	FD－6－E－G5－16/225	5.4	71.3	65.1	58.1
T5	8	双端	FD－8－E－G5－16/300	7.5	69.9	63.6	58.6
T5	13	双端	FD－13－E－G5－16/525	12.8	84.2	80.0	75.3
T9－C	22	环型	FSC－22－E－G10q－29/200	19	89.4	86.4	79.2
T9－C	32	环型	FSC－32－E－G10q－29/300	30	88.9	85.7	81.1
T9－C	40	环型	FSC－40－E－G10q－29/400	32	89.5	86.5	82.1
T2	6	双端	FDH－6－L/P－W4.3×8.5d－7/220	5	72.7	66.7	58.8
T2	8	双端	FDH－8－L/P－W4.3×8.5d－7/320	7.8	76.5	70.9	65.0
T2	11	双端	FDH－11－L/P－W4.3×8.5d－7/420	10.8	81.8	77.1	72.0
T2	13	双端	FDH－13－L/P－W4.3×8.5d－7/520	13.3	84.7	80.6	76.0
T5－E	14	双端	FDH－14－G5－L/P－16/550	13.7	84.7	80.6	72.1
T5－E	21	双端	FDH－21－G5－L/P－16/850	20.7	89.3	86.3	79.6
T5－E	24	双端	FDH－24－G5－L/P－16/550	22.5	89.6	86.5	80.4
T5－E	28	双端	FDH－28－G5－L/P－16/1150	27.8	89.8	86.9	81.8
T5－E	35	双端	FDH－35－G5－L/P－16/1450	24.7	91.5	89.0	82.6
T5－E	39	双端	FDH－39－G5－L/P－16/850	34.7	91.0	88.4	82.6
T5－E	49	双端	FDH－49－G5－L/P－16/1450	49.3	91.6	89.2	84.6
T5－E	54	双端	FDH－54－G5－L/P－16/1150	53.8	92.0	89.7	85.4
T5－E	80	双端	FDH－80－G5－L/P－16/1150	80	93.0	90.9	87.0
T8	16	双端	FDH－16－L/P－G3－26/600	16	87.4	83.2	78.3
T8	23	双端	FDH－23－L/P－G3－26/600	23	89.2	85.6	80.4
T8	32	双端	FDH－32－L/P－G3－26/1200	32	90.5	87.3	82.0
T8	45	双端	FDH－45－L/P－G3－26/1200	45	91.5	88.7	83.4
T5－C	22	环型	FSCH－22－L/P－2GX13－16/225	22.3	88.1	84.8	78.8
T5－C	40	环型	FSCH－40－L/P－2GX13－16/300	39.9	91.4	88.9	83.3
T5－C	55	环型	FSCH－55－L/P－2GX13－16/300	55	92.4	90.2	84.6
T5－C	60	环型	FSCH－60－L/P－2GX11	60	93.0	90.9	85.7
TC－LE	40	单端	FSDH－40－L/P－2GX11	40	91.4	88.9	83.3
TC－LE	55	单端	FSDH－55－L/P－2GX11	55	92.4	90.2	84.6
TC－LE	80	单端	FSDH－80－L/P－2GX11	80	93.0	90.9	87.0

续表

与镇流器配套灯的类型、规格					镇流器效率（%）		
类别	标称功率（W）	形状描述	国际代码	额定功率（W）	1级	2级	3级
TC－TE	32	单端	FSMH－32－L/P－GX24q＝3	32	91.4	88.9	82.1
TC－TE	42	单端	FSMH－42－L/P－GX24q＝4	42	93.5	91.5	86.0
TC－TE	57	单端	FSM6H－57－L/P－GX24q＝5 FSM8H－57－L/P－GX24q＝5	56	91.4	88.9	83.6
TC－TE	70	单端	FSM6H－70－L/P－GX24q＝6 FSM8H－70－L/P－GX24q＝6	70	93.0	90.9	85.4
TC－TE	60	单端	FSM6H－60－L/P－2G8＝1	63	92.3	90.0	84.0
TC－TE	62	单端	FSM8H－62－L/P－2G8＝2	62	92.2	89.9	83.8
TC－TE	82	单端	FSM8H－82－L/P－2G8＝2	82	92.4	90.1	83.7
TC－TE	85	单端	FSM6H－85－L/P－2G8＝1	87	92.8	90.6	84.5
TC－TE	120	单端	FSM6H－120－L/P－2G8＝1	122	92.6	90.4	84.7

注 1. 表中额定功率值为典型功率（高频灯功率）。

2. 在多灯镇流器情况下，镇流器的能效要求等同于单灯整流器，计算时灯的功率取连接该镇流器上灯的功率之和。

3. 电子镇流器的待机功率不应大于1W。

表2－57　25%光输出时调光电子镇流器等级对应的系统输入功率上限值

调光镇流器的能效等级	系统输入功率 P_{in}
1级	$0.5P_1/\eta_{b1}$
2级	$0.5P_1/\eta_{b2}$
3级	$0.5P_1/\eta_{b3}$

注　η_{b1} 为非调光电子镇流器1级能效值；η_{b2} 为非调光电子镇流器2级能效值；η_{b3} 为非调光电子镇流器3级能效值；P_1 为光源的额定功率。

表2－58　非调光电感镇流器能效限定值

与镇流器配套灯的类型、规格					镇流器效率（%）
类别	标称功率（W）	形状描述	国际代码	额定功率（W）	
T8	15	双端	FD－15－E－G13－26/450	15	62.0
T8	18	双端	FD－18－E－G13－26/600	18	65.8
T8	30	双端	FD－30－E－G13－26/900	30	75.0
T8	36	双端	FD－36－E－G13－26/1200	36	79.5
T8	38	双端	FD－38－E－G13－26/1050	38.5	80.4
T8	58	双端	FD－58－E－G13－26/1500	58	82.2
T8	70	双端	FD－70－E－G13－26/1800	69.5	83.1
TC－L	18	单端	FSD－18－E－2G11	18	65.8
TC－L	24	单端	FSD－24－E－2G11	24	71.3
TC－L	36	单端	FSD－36－E－2G11	36	79.5

与镇流器配套灯的类型、规格					镇流器效率（%）
类别	标称功率（W）	形状描述	国际代码	额定功率（W）	
TCF	18	单端	FSS – 18 – E – 2G10	18	65.8
TCF	24	单端	FSS – 24 – E – 2G10	24	71.3
TCF	36	单端	FSS – 36 – E – 2G10	36	79.5
TC – D/DE	10	单端	FSQ – 10 – E – G24q = 1 FSQ – 10 – I – G24d = 1	10	59.4
TC – D/DE	13	单端	FSQ – 13 – E – G24q = 1 FSQ – 13 – I – G24d = 1	13	65.0
TC – D/DE	18	单端	FSQ – 18 – E – G24q = 2 FSQ – 18 – I – G24d = 2	18	65.8
TC – D/DE	26	单端	FSQ – 26 – E – G24q = 3 FSQ – 26 – I – G24d = 3	26	72.6
TC – T/TE	13	单端	FSM – 13 – E – GX24q = 1 FSQ – 13 – I – GX24d = 1	13	65
TC – T/TE	18	单端	FSM – 18 – E – GX24q = 2 FSM – 18 – I – GX24d = 2	18	65.8
TC – T/TC – TE	26	单端	FSM – 26 – E – GX24q = 3 FSM – 26 – I – GX24d = 3	26.8	73.0
TC – DD/DDE	10	π	FSS – 10 – E – GR10q FSS – 10 – L/P/H – GR10q	10.5	60.5
TC – DD/DDE	16	π	FSS – 16 – E – GR10q FSS – 16 – I – GR8 FSS – 16 – L/P/H – GR10q	16	66.1
TC – DD/DDE	21	π	FSS – 21 – E – GR10q FSS – 21 – I – GR8 FSS – 21 – L/P/H – GR10q	21	68.8
TC – DD/DDE	28	π	FSS – 28 – E – GR10q FSS – 28 – I – GR8 FSS – 28 – L/P/H – GR10q	28	73.9
TC – DD/DDE	38	π	FSS – 38 – E – GR10q FSS – 38 – L/P/H – GR10q	38.5	80.4
TC	5	单端	FSD – 5 – I – G23 FSD – 5 – E – 2G7	5.4	41.4
TC	7	单端	FSD – 7 – I – G23 FSD – 7 – E – 2G7	7.1	47.8
TC	9	单端	FSD – 9 – I – G23 FSD – 9 – E – 2G7	9	52.6
TC	11	单端	FSD – 11 – I – G23 FSD – 11 – E – 2G7	11.8	59.6
T5	4	双端	FD – 4 – E – G5 – 16/150	4.5	37.2
T5	6	双端	FD – 6 – E – G5 – 16/225	6	43.8

与镇流器配套灯的类型、规格					镇流器效率（%）
类别	标称功率（W）	形状描述	国际代码	额定功率（W）	
T5	8	双端	FD－8－E－G5－16/300	7.1	42.7
T5	13	双端	FD－13－E－G5－16/525	13	65.0
T9－C	22	环型	FSC－22－E－G10q－29/200	22	69.7
T9－C	32	环型	FSC－32－E－G10q－29/300	32	76.0
T9－C	40	环型	FSC－40－E－G10q－29/400	40	79.2

注　1. 灯额定功率为相应灯性能标准参数表中规定的灯功率。

　　2. 在多灯镇流器情况下，镇流器的能效要求等同于单灯镇流器，计算时灯的功率取连接该镇流器上灯的功率之和。

6. 金属卤化物灯用镇流器的能效

（1）GB 20053—2015《金属卤化物灯用镇流器能效限定值及能效等级》规定：金属卤化物灯用镇流器能效分为3级，其中1级能效最高，损耗最低；3级为能效限定值。各能效等级金属卤化物灯用镇流器的效率不应低于表2－59的规定。

表2－59　　　　　　　金属卤化物灯用镇流器的能效等级　　　　　　　%

额定功率（W）	1级	2级	3级
20	86	79	72
35	88	80	74
50	89	81	75
70	90	83	78
100	90	84	80
150	91	86	82
175	92	88	84
250	93	89	86
320	93	90	87
400	94	91	88
1000	95	93	89
1500	96	94	89

注　1. 表中未列出额定功率值的灯，其效率可用线性插入法确定。

　　2. 顶峰超前式镇流器的能效限定值为本表中3级的0.95。

　　3. 带有控制功能的电子镇流器的待机功耗不应大于1.5W。

（2）镇流器效率计算。

1）电感镇流器效率计算。

电感镇流器效率计算公式为

$$\eta_M = \frac{P_L}{P_L + P_{LOS}} \qquad (2-3)$$

式中　η_M——电感镇流器效率，W；

P_L——灯功率额定值，W；

P_{LOS}——镇流器损耗功率，W。

2）顶峰超前式及电子镇流器效率计算。

顶峰超前式及电子镇流器效率计算公式为

$$\eta_E = \frac{P_{Lm}}{P_t} \qquad (2-4)$$

式中　η_E——顶峰超前式及电子镇流器效率，W；

P_{Lm}——镇流器输出功率（灯的实测功率），W；

P_t——总输入功率，W。

7. 高压钠灯用镇流器的能效

（1）GB 19574—2004《高压钠灯用镇流器能效限定值及节能评价值》规定了高压钠灯用镇流器的能效限定值、节能评价值、目标能效限定值。

不同额定功率高压钠灯用镇流器的能效限定值和节能评价值不应小于表 2-60 中规定的能效限定值和节能评价值。

表 2-60　　　　　　高压钠灯用镇流器的能效限定值和节能评价值

额定功率（W）		70	100	150	250	400	1000
BEF	能效限定值	1.16	0.83	0.57	0.340	0.214	0.089
	目标能效限定值	1.21	0.87	0.59	0.354	0.223	0.092
	节能评价值	1.26	0.91	0.61	0.367	0.231	0.095

（2）镇流器能效因数（*BEF*）计算。

镇流器能效因数（*BEF*）计算公式为

$$BEF = \frac{\mu}{P} \times 100 \qquad (2-5)$$

式中　*BEF*——镇流器能效因数，W^{-1}；

μ——镇流器流明系数；

P——线路功率，W。

8. 无极荧光灯用镇流器的能效

（1）GB 29143—2012《单端无极荧光灯用交流电子镇流器能效限定值及能效等级》规定：无极荧光灯用镇流器能效分为 3 级，其中 1 级能效最高，损耗最低；3 级为能效限定值；节能镇流器效率应不低于 2 级的规定值。各等级无极荧光灯用镇流器的效率不应小于表 2-61 的规定。

表 2-61　　　　　　　　无极荧光灯用镇流器的能效等级　　　　　　　　　%

额定功率（W）	1 级	2 级	3 级
30	93.0	89.7	85.1
40	93.1	89.8	85.2
45	93.2	89.9	85.3
48	93.2	90.0	85.4
50	93.3	90.1	85.5
55	93.4	90.2	85.6

额定功率（W）	1级	2级	3级
70	93.5	90.3	85.7
75	93.6	90.4	85.8
80	93.7	90.5	85.9
85	93.8	90.6	86.1
100	93.9	90.8	86.2
120	94.0	90.9	86.3
125	94.0	91.0	86.4
135	94.1	91.1	86.5
150	94.2	91.2	86.6
165	94.3	91.3	86.7
180	94.4	91.4	86.8
200	94.5	91.5	86.9
220	94.6	91.6	87.0
250	94.7	91.7	87.2
300	94.8	91.8	87.3
400	94.9	91.9	87.4

注 1. 表中未列出额定功率值的无极荧光灯镇流器，其效率可用线性插入法确定。

2. 表中效率值保留小数点后1位数，小数点后第2位以后的数字四舍五入。

（2）无极荧光灯镇流器能效计算。

无极荧光灯镇流器能效计算公式为

$$\eta_b = \frac{P_{Lm}}{P_{t.m}} \qquad (2-6)$$

式中 η_b——无极荧光灯镇流器效率，W；

P_{Lm}——用被测镇流器测得的基准无极荧光灯功率，W；

$P_{t.m}$——测量到的镇流器和灯输入总功率，W。

二、触发器

高强气体放电灯（HID）的启动方式有内触发和外触发两种。灯内有辅助启动电极或双金属启动片的为内触发；外触发则利用灯外触发器产生高电压脉冲来击穿灯管内的气体使其启动，但不提供电极预热的装置。如果既提供放电灯电极预热，又能产生电压脉冲或通过对镇流器突然断电使其产生自感电动势的器件，则称为启动器。

HID光源电子触发器分为脉冲（半并联）和并联触发器，其技术数据列于表2-62。

表2-62　　　　　电子触发器技术数据

型号	配光源功率（W）	峰值电压（kV）	最高功率损耗（W）	最高电缆电容（nF）	电缆最大长度（m）	最高温度（℃）	外形尺寸（$L \times W \times H$, mm×mm×mm）
SN56	SON/MH400~1800	2.8~5.0	1	10	100	60	114.5×41×38
SN57	SON50~70	1.8~2.5	0.2	6	60	90	84.5×41×38

续表

型号	配光源功率（W）	峰值电压（kV）	最高功率损耗（W）	最高电缆电容（nF）	电缆最大长度（m）	最高温度（℃）	外形尺寸（$L \times W \times H$, mm×mm×mm）
SN58	SON100～600	2.8～5.0	0.2	2	20	90	84.5×41×38
SN58	CDM/MH100～400	2.8～5.0	0.2	2	20	90	84.5×41×38
SN58T5	SON100～1000	2.8～5.0	0.7	2	20	80	84.5×41×38
SN58T15	CDM/MH35～1800	2.8～5.0	0.7	1	10	80	84.5×41×38
SI51	HPI250～1000	0.58～0.75	0.5	150	1500	80	84.5×41×38
SI52	HPI1000～2000	0.58～0.75	0.5	35	350	80	84.5×41×38

注　1. 表中为飞利浦公司产品数据。

　　2. 表中 SN 系列为半并联，SI 系列为并联，电源电压均为 220～240V。

　　3. L 表示长度，W 表示宽度，H 表示高度，下同。

三、补偿电容器

气体放电灯电流和电压间有相位差，加之串接的镇流器为电感性的，所以放电灯照明线路的功率因数较低（一般为 0.35～0.55）。为提高线路的功率因数，减少线路损耗，利用单灯补偿更为有效，措施是在镇流器的输入端接入一适当容量的电容器，可将单灯功率因数提高到 0.85～0.9。

表 2-63 为气体放电灯补偿电容器选用表。

表 2-64 为高压钠灯在不同电容量补偿下功率因数及工作电流值。

表 2-63　　　　　　　　　气体放电灯补偿电容器选用表

光源种类及规格		计算补偿电容量（μF）	工作电流（A）		补偿后功率因数
			无电容补偿	有电容补偿	
普通高压钠灯	50W	10	0.76	0.3	≥0.90
	70W	12	0.98	0.4	
	100W	15	1.24	0.5	
	150W	22	1.8	0.8	
	250W	35	3.1	1.3	
	400W	50	4.6	2.0	
	1000W	110	10.3	5.0	
金属卤化物灯	150W	13		0.76	≥0.90
	175W	13		0.90	
	250W	18		1.26	
	400W	26		2.02	
	1000W	30		5.05	
	1500W	38		7.58	
荧光灯	18W	1.5	0.164	0.091	≥0.90
	30W	2.5	0.273	0.152	
	36W	3.0	0.327	0.182	

表 2-64　　　　　高压钠灯在不同电容量补偿下功率因数及工作电流值

普通高压钠灯功率（W）	无电容补偿		有电容补偿，$\cos\varphi \geq 0.85$		有电容补偿，$\cos\varphi \geq 0.90$	
	工作电流（A）	功率因数	计算电流（A）	计算电容补偿（μF）	计算电流（A）	计算电容补偿（μF）
50	0.76	0.30	0.27	8.5	0.25	9.0
70	0.98	0.32	0.37	10.6	0.35	11.2
100	1.24	0.37	0.53	12.6	0.51	13.5
150	1.8	0.38	0.8	18.0	0.76	19.3
250	3.1	0.37	1.34	31.6	1.26	33.8
400	4.6	0.4	2.14	44.9	2.02	48.4
1000	10.3	0.44	5.35	93.0	5.05	101.9

四、镇流器的比较与选择

1. 荧光灯节能型电感镇流器和电子镇流器的比较

（1）节能型电感镇流器的特点。

1）主要优点。

a. 节能。通过优化铁芯材料和改进工艺等措施降低自身功耗，一般可降低 20%～50%，使灯的总输入功率（灯管与镇流器功率之和）下降 5%～10%。

b. 可靠。

c. 谐波含量较小。

d. 使用寿命长。

e. 价格较低。

2）缺点。

a. 使用工频点灯，存在频闪效应的固有缺点；

b. 自然功率因数低（也有 $\cos\varphi$ 高的产品，如谐振式电感镇流器）；

c. 消耗金属材料多，质量大。

（2）电子镇流器的特点。

1）主要优点。

a. 节能。荧光灯的电子镇流器，多使用 20～60kHz 频率的电流供给灯管，使灯管光效比工频提高约 10%，且自身功耗低，使灯的总输入功率下降约 20%（按长度为 4ft 的灯管）。

b. 频闪小，发光稳定，起点可靠。

c. 功率因数高，符合国家标准的 25W 以上荧光灯，其功率因数能达到 0.95 及以上，但 25W 及以下荧光灯，由于谐波影响将使功率因数下降，为 0.5～0.6。

d. 噪声低，高品质电子镇流器的噪声应不超过 35dB。

e. 质量轻，节省金属材料。

f. 可以调光。

2）缺点和应注意的问题：

a. 谐波含量高，特别是功率不大于 25W 的产品。

b. 当前市场上的电子镇流器很多，质量和水平大不相同，有一些低质量产品，主要表现为谐波含量大、流明系数低、可靠性不高、使用寿命相对较短。

c. 注重产品质量和水平。

2. 直管荧光灯镇流器的选用

（1）不应选用普通电感镇流器。

GB 50034—2013《建筑照明设计标准》规定："直管荧光灯应配用电子镇流器或节能型电感镇流器"。

（2）电子镇流器的应用。

1）电子镇流器对提高照明系统能效和质量有明显优势，可广泛地应用于各种场所，以下场所应优先选用：

a. 连续紧张的视觉作业场所和视觉条件要求高的场所（如设计、绘图、打字等）。

b. 要求特别安静的场所（病房、诊室等），青少年视看作业场所（教室、阅览室等）。

c. 需要降低频闪的作业场所（如抛光工作区、木材机械加工、锯木等）。

d. 在需要调光的场所，可用三基色荧光灯配可调光数字式镇流器，取代白炽灯或卤素灯。

2）应选用高品质、低谐波的产品，满足使用的技术要求，考虑运行维护效果，并作综合比较。

3）应采取有效措施限制不大于 25W 荧光灯（包括长度 2ft 的 T8、T5 灯管等）镇流器的谐波含量。GB 17625.1—2012《电磁兼容 限值 谐波电流发射限值（设备每相输入电流≤16A）》对 25W 以下灯管的谐波限值规定非常宽松，在建筑物内大量应用，将导致严重的波形畸变、中性线电流过大及功率因数降低的不良后果。

4）选用的产品，不仅要考察其总输入功率，还应了解其输出光通量。保证流明系数（μ）不低于 0.925。

（3）节能型电感镇流器的应用。其主要优势是可靠性高、使用寿命长、谐波含量小、价格较便宜。选用时应综合考虑以下要求：

1）选用自身功耗小的产品。其能效应符合 GB 17896—2012《管形荧光灯镇流器能效限定值及能效等级》的规定。

2）流明系数不应小于 0.95。

3）应考虑功率因数补偿，包括单灯补偿或线路集中补偿等方式。

3. HID 灯用镇流器的选用

（1）一般选用节能型电感镇流器。质量可靠的情况下可以选用电子镇流器。

（2）不同金属卤化物灯配用不同的节能型电感镇流器。

1）钪钠灯选用顶峰超前式（漏磁升压式）镇流器。

2）钠铊铟灯可选用一般钠灯镇流器或汞灯镇流器。

（3）在道路照明或电压偏差较大的场所宜选用恒功率型镇流器。

（4）用于城市道路照明或要求变更照度的场所，宜选用双功率型或变功率型镇流器，以便在后半夜车流量减少时，降低一半左右的输出光通。

4. 镇流器对实施照明功率密度（LPD）限值的影响

GB 50034—2013《建筑照明设计标准》规定了照明功率密度（LPD）限值指标，并作为强制性条文发布。要实施这项指标，应合理选用光源、灯具及镇流器。镇流器对 LPD 值的影响以 T8 荧光灯（36W）为例，如用高品质低损耗电子镇流器（符合 GB 17896—2012《管形荧光灯镇流器能效限定值及能效等级》的 1 级或 2 级能效），与电感

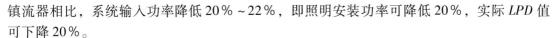

镇流器相比，系统输入功率降低 20% ~ 22%，即照明安装功率可降低 20%，实际 *LPD* 值可下降 20%。

5. 各种光源镇流器技术数据

各种高强气体放电灯一般都需要配备适应的镇流器和触发器，应针对各公司的光源配备，不宜随意选用和替换，否则将影响产品特性，且不利于节能。

表 2 - 65 ~ 表 2 - 69 为 T8 管形荧光灯用电子镇流器技术数据；表 2 - 70 ~ 表 2 - 72 为 T5 管形荧光灯用电子镇流器技术数据；表 2 - 73 ~ 表 2 - 74 为紧凑型荧光灯用电子镇流器技术数据；表 2 - 75 为高压钠灯用电子镇流器技术数据；表 2 - 76 为金属卤化物灯用电子镇流器技术数据。

表 2 - 65　　　　　**T8 直管 e - Hf 高效荧光灯用电子镇流器技术数据**

型号	配光源功率（W）	电源电压（V）	输入电流（A）	总输入功率（W）	功率因数	外形尺寸（$L \times W \times H$，mm × mm × mm）	质量（kg）	总谐波含量（%）
HEX32HF122HK - 4	1 × 45		0.22	46.1 ~ 54.5	0.97	255 × 39.2 × 29.5	0.16	
HESX32HF222HK - 4	2 × 45		0.41	80.8 ~ 87	0.98	350 × 31 × 26.6	0.21	
HEX16HF122HK - 1	1 × 23	198 ~ 242	0.12	25.9 ~ 28.5	0.98	350 × 41.6 × 24.4	0.21	20%
HESX16HF222HK - 2	2 × 23		0.23	46.4 ~ 57.8	0.98	350 × 31 × 26.6	0.3	
HESX16HF322HK - 2	3 × 23		0.33	64.5 ~ 75.5	0.98	350 × 37.8 × 26.9	0.3	

注　表中为松下公司产品数据。

表 2 - 66　　　　　**T8 管形荧光灯用电子镇流器技术数据（一）**

型号	配光源功率（W）	电源电压（V）	输入电流（A）	总输入功率（W）	功率因数	外形尺寸（$L \times W \times H$，mm × mm × mm）	质量（kg）	总谐波含量（%）
EX18122HK - 4ENH	1 × 18（YZ18R 松下制 Lamp）		0.08	18			0.21	
ESX18222HK - 2ENH	2 × 18（YZ18R 松下制 Lamp）	198 ~ 253	0.17	36	0.98	264 × 30.5 × 29	0.21	20%
EX36122HK - 6ENH	1 × 36（YZ36R 松下制 Lamp）		0.17	36			0.21	
PEX36222HK - 1ENH	2 × 36（YZ36R 松下制 Lamp）		0.33	72		280 × 38 × 29	0.28	
EB - MKDAT8 118 220 - 230	1 × 18（YZ18R 松下制 Lamp）		0.08	16		150 × 40 × 28	0.16	
EB - MKDAT8 218 220 - 230	2 × 18（YZ18R 松下制 Lamp）	198 ~ 253	0.153	32	0.95	211 × 40 × 30	0.16	20%
EB - MKDAT8 136 220 - 230	1 × 36（YZ36R 松下制 Lamp）		0.153	32		150 × 40 × 28	0.16	
EB - MKDAT8 236 220 - 230	2 × 36（YZ36R 松下制 Lamp）		0.30	64		211 × 40 × 30	0.2	

注　表中为松下公司产品数据。

表 2－67　　　　　　　　　T8 管形荧光灯用电子镇流器技术数据（二）

型号	配光源功率（W）	电源电压（V）	输入电流（A）	总输入功率（W）	功率因数	外形尺寸（$L \times W \times H$，mm×mm×mm）	质量（kg）	总谐波含量（%）
GK118	1×18	220	0.08	18	0.98	251×30×27	0.2	<10
GK218	2×18	220	0.17	36	0.98	288×30×27	0.23	<10
GK136	1×36	220	0.17	36	0.98	251×36×27	0.21	<10
GK236	2×36	220	0.33	72	0.98	288×30×27	0.23	<10
GK318	3×18	220	0.25	54	0.98	360×30×27	0.3	<10
GK418	4×18	220	0.33	72	0.98	360×30×27	0.3	<15
GK158	1×58	220	0.27	58	0.98	251×30×27	0.21	<15
GK258	2×58	220	0.54	116	0.98	359×30×27	0.3	<15

注　表中为索恩照明（广州）有限公司（简称索恩公司）产品数据。

表 2－68　　　　　　　　　T8 管形荧光灯用电子镇流器技术数据（三）

型号	配光源功率（W）	电源电压（V）	输入电流（A）	总输入功率（W）	功率因数	外形尺寸（$L \times W \times H$，mm×mm×mm）	质量（kg）	总谐波含量（%）
HF－P 118 TLD EII	1×18	220	0.09	19	>0.96	265×30×28	0.22	<10
HF－P 218 TLD EII	2×18	220	0.19	37	>0.96	265×30×28	0.25	<10
HF－P 3/418 TLD EII	3×18	220	0.25	54	>0.96	265×39×28	0.29	<10
HF－P 3/418 TLD EII	4×18	220	0.33	70	>0.96	265×39×28	0.29	<10
HF－P 136 TLD EII	1×36	220	0.175	37	>0.96	265×30×28	0.23	<10
HF－P 236 TLD EII	2×36	220	0.33	70	>0.96	265×30×28	0.23	<10
HF－P 158 TLD EII	1×58	220	0.265	56	>0.96	265×30×28	0.25	<10
HF－P 258 TLD EII	2×58	220	0.48	107	>0.96	265×30×28	0.25	<10

注　表中为飞利浦公司产品数据。

表 2－69　　　　　　　　　T8 管形荧光灯用电子镇流器技术数据（四）

型号	配光源功率（W）	电源电压（V）	输入电流（A）	总输入功率（W）	功率因数	外形尺寸（$L \times W \times H$，mm×mm×mm）	质量（kg）	总谐波含量（%）
EB－E118TLD	1×18	220	0.1	19	>0.95	150×40×28	0.2	<20
EB－E218TLD	2×18	220	0.19	38	>0.95	210×40×30	0.3	<20
EB－E136TLD	1×36	220	0.19	37	>0.95	150×40×28	0.2	<20
EB－E236TLD	2×36	220	0.34	72	>0.95	210×40×30	0.3	<20
EB－S118TLD	1×18	220	0.09	20	>0.95	270×39×28	0.23	<15
EB－S218TLD	2×18	220	0.18	37	>0.95	270×39×28	0.23	<15
EB－S318TLD	3×18	220	0.27	62	>0.95	270×39×28	0.28	<15
EB－S418TLD	4×18	220	0.33	75	>0.95	270×39×28	0.25	<15
EB－S136TLD	1×36	220	0.18	37	>0.95	270×39×28	0.23	<15
EB－S236TLD	2×36	220	0.32	73	>0.95	270×39×28	0.25	<15
EB－S336TLD	3×36	220	0.48	108	>0.95	270×39×28	0.28	<15
EB－S158TLD	1×58	220	0.26	56	>0.95	270×39×28	0.23	<15
EB－S258TLD	2×58	220	0.49	112	>0.95	270×39×28	0.28	<15

注　1. 表中为飞利浦公司产品数据。

　　2. 该公司的 EB－ETLD 为经济型电子镇流器，EB－STLD 为标准型电子镇流器。

表 2 - 70   T5 管形荧光灯用电子镇流器技术数据（一）

型号	配光源功率（W）	电源电压（V）	输入电流（A）	总输入功率（W）	功率因数	外形尺寸（$L \times W \times H$, mm $\times$ mm $\times$ mm）	质量（kg）	总谐波含量（%）
GK114	1×14	220	0.07	16.5	0.98	288×30×27	0.23	<10
GK214	2×14	220	0.15	33	0.98	288×30×27	0.23	<10
GK128	1×28	220	0.14	32	0.98	288×30×27	0.23	<10
GK228	2×28	220	0.29	63	0.98	288×30×27	0.23	<10
GK314	3×14	220	0.21	48	0.98	360×30×27	0.31	<10
GK414	4×14	220	0.29	63	0.98	288×30×27	0.23	<10

注 表中为索恩公司产品数据。

表 2 - 71   T5 管形荧光灯用电子镇流器技术数据（二）

型号	配光源功率（W）	电源电压（V）	输入电流（A）	总输入功率（W）	功率因数	外形尺寸（$L \times W \times H$, mm $\times$ mm $\times$ mm）	质量（kg）	总谐波含量（%）
EB - MKDAT5 114 220 - 230	1×14（YZ14R 松下制 Lamp）	198~253	0.08	14	0.95	210×30×25.5	0.16	20%
EB - MKDAT5 214 220 - 230	2×14（YZ14R 松下制 Lamp）		0.15	28		275×30×25.5	0.16	
EB - MKDAT5 128 220 - 230	1×28（YZ28R 松下制 Lamp）		0.15	28		210×30×25.5	0.16	
EB - MKDAT5 228 220 - 230	2×28（YZ28R 松下制 Lamp）		0.30	56		275×30×25.5	0.2	

注 表中为松下公司产品数据。

表 2 - 72   T5 管形荧光灯用电子镇流器技术数据（三）

型号	配光源功率（W）	电源电压（V）	输入电流（A）	总输入功率（W）	功率因数	外形尺寸（$L \times W \times H$, mm $\times$ mm $\times$ mm）	质量（kg）	总谐波含量（%）
EB - E114TL5	1×14	220	0.08	17	>0.95	187×22×22	0.11	<20
EB - E214TL5	2×14	220	0.16	33	>0.95	276×30×28.5	0.13	<20
EB - E121TL5	1×21	220	0.12	24	>0.95	187×22×22	0.11	<20
EB - E128TL5	1×28	220	0.16	33	>0.95	211×30×28.5	0.2	<20
EB - E228TL5	2×28	220	0.30	63	>0.95	276×30×28.5	0.13	<20
EB - S114TL10	1×14	220	0.08	17.5	>0.95	280×25.2×22	0.17	<15
EB - S114TL11	2×14	220	0.16	33.3	>0.95	359×30.2×22	0.26	<15
EB - S114TL12	3×14	220	0.23	48	>0.95	424×30.2×28	0.25	<15
EB - S114TL13	4×14	220	0.30	63	>0.95	424×30.2×28	0.32	<15
EB - S114TL14	1×21	220	0.12	23.5	>0.95	280×25.2×22	0.18	<15
EB - S114TL15	2×21	220	0.22	46	>0.95	359×30.2×22	0.26	<15

型号	配光源功率 （W）	电源电压 （V）	输入电流 （A）	总输入功率 （W）	功率 因数	外形尺寸（$L \times W \times H$, mm × mm × mm）	质量 （kg）	总谐波 含量（%）
EB – S114TL16	1 × 28	220	0.15	32	>0.95	280 × 25.2 × 22	0.18	<15
EB – S114TL17	2 × 28	220	0.31	64	>0.95	359 × 30.2 × 22	0.26	<15
EB – S114TL18	1 × 35	220	0.19	39	>0.95	280 × 25.2 × 22	0.18	<15
EB – S114TL19	2 × 35	220	0.37	78	>0.95	359 × 30.2 × 22	0.26	<15

注　1. 表中为飞利浦公司产品数据。

　　2. 该公司的 EB – ETL5 为经济型电子镇流器，EB – STL5 为标准型电子镇流器。

表 2 – 73　　　　　　　　　　紧凑型荧光灯用电子镇流器技术数据（一）

型号	配光源功率 （W）	电源电压 （V）	输入电流 （A）	总输入功率 （W）	功率 因数	外形尺寸（$L \times W \times H$, mm × mm × mm）	质量 （kg）	总谐波 含量（%）
GK118 – RL	1 × 18W	220V	0.08	19.5	0.98	102.5 × 66.5 × 29.5	0.15	<15
GK218 – RL	2 × 18W	220V	0.16	37	0.98	123.2 × 79 × 33.2	0.16	<10
GK126 – RL	1 × 26W	220V	0.12	27.5	0.98	102.5 × 66.5 × 29.5	0.15	<10
GK226 – RL	2 × 26W	220V	0.23	53.5	0.98	123.2 × 79 × 33.2	0.16	<10
GK132 – RL	1 × 32W	220V	0.14	35	0.98	102.5 × 66.5 × 29.5	0.15	<10
GK232 – RL	2 × 32W	220V	0.28	70	0.98	123.2 × 79 × 33.2	0.16	<10

注　表中为索恩公司产品数据。

表 2 – 74　　　　　　　　　　紧凑型荧光灯用电子镇流器技术数据（二）

型号	配光源型号	电源电压 （V）	工作电流 （A）	总输入功率 （W）	功率 因数	外形尺寸（$L \times W \times H$, mm × mm × mm）	单重 （kg）
EB – S114	PLS11	220	0.1	14	0.64	80 × 70 × 22	4.4
EB – S114	TL13	220	0.11	15	0.62	80 × 70 × 22	4.4
EB – S114	TL521	220	0.15	21.5	0.65	80 × 70 × 22	4.4
EB – S114	PLC13	220	0.11	14.6	0.6	80 × 70 × 22	4.4
EB – S118	PLC18	220	0.14	18.2	0.6	80 × 70 × 22	4.4
EB – S118	PLT18	220	0.14	19.4	0.63	80 × 70 × 22	4.4
EB – S124	PLL18	220	0.14	20.2	0.66	80 × 70 × 22	4.4

注　表中为飞利浦公司产品数据。

表 2 – 75　　　　　　　　　　高压钠灯用电子镇流器技术数据

型号	配光源 功率 （W）	电源 电压 （V）	工作 电流 （A）	启动 电流 （A）	总输入 功率 （W）	功率 因数	温升 （℃）	外形尺寸（$L \times W \times H$, mm × mm × mm）	质量 （kg）	总谐波 含量 （%）
XLDL – HPS – 70	70	220	0.34	≤0.15	76	0.99	≤30	154 × 88 × 43	0.50	≤10
XLDL – HPS – 110	110	220	0.53	≤0.18	117	0.99	≤30	154 × 88 × 43	0.50	≤8
XLDL – HPS – 150	150	220	0.73	≤0.25	161	0.99	≤30	182 × 88 × 43	0.55	≤8

续表

型号	配光源功率（W）	电源电压（V）	工作电流（A）	启动电流（A）	总输入功率（W）	功率因数	温升（℃）	外形尺寸（$L \times W \times H$，mm × mm × mm）	质量（kg）	总谐波含量（%）
XLDL – HPS – 250	250	220	1.20	≤0.40	263	0.99	≤30	172 × 106 × 67	1.15	≤8
XLDL – HPS – 400	400	220	1.93	≤0.65	421	0.99	≤30	202 × 106 × 67	1.25	≤8
XLDL – HPS – 600	600	220	2.88	≤1.0	628	0.99	≤30	296 × 106 × 80	2.40	≤8
XLDL – HPS – 1000	1000	220	4.82	≤1.0	1050	0.99	≤30	341 × 150 × 88	3.40	≤8

注　1. 表中为长沙星联电力自动化技术有限公司产品数据。

　　2. 电源电压范围为220V（1±20%），可实现2～6段定时调光功能。

表 2－76　　　　　　　　　陶瓷金属卤化物灯用电子镇流器技术数据

型号	配光源功率（W）	电源电压（V）	工作电流（A）	总输入功率（W）	功率因数	外形尺寸（$L \times W \times H$，mm × mm × mm）	质量（g）
EH – S 035/S	1 × 35	220～240	0.21	42	>0.95	110 × 75 × 32	210
EH – S 2 × 035/S	2 × 35	220～240	0.38	85	>0.95	135 × 75 × 32	290
EH – S 070/S	1 × 70	220～240	0.34	78.5	>0.95	110 × 75 × 32	210
EH – S 035/I	1 × 35	220～240	0.21	42	>0.95	150 × 79.5 × 32	230
EH – S 2 ×035/I	2 × 35	220～240	0.38	85	>0.95	175 × 79.5 × 32	310
EH – S 070/I	1 × 70	220～240	0.34	78.5	>0.95	150 × 79.5 × 32	230
EH – S 035/P	1 × 35	220～240	0.21	42	>0.95	109 × 72.5 × 28	210
EH – S 2 ×35/P	2 × 35	220～240	0.38	85	>0.95	134 × 72.5 × 28	290
EH – S 070/P	1 × 70	220～240	0.34	78.5	>0.95	109 × 72.5 × 28	210
EH – P 150MH/CDM	1 × 150	220～240	0.76	163	>0.95	184 × 90 × 38	1100

注　表中为飞利浦公司产品数据。

五、超级电容器

超级电容器是一种介于传统电容与电池之间的新型储能器件。与传统化学电源相比，超级电容器具有高功率、长循环寿命、宽温度范围等特点，与化学电源如锂离子电池等性能上优劣互补，具有全寿命周期长、使用成本低、安全性高等应用优势。其能量密度为传统电容的 2000～6000 倍，功率密度为电池的 10～100 倍，可广泛应用于新能源汽车、光伏发电、光伏路灯、工程机械、轨道交通、工业节能减排、军事装备等领域。

1. 单体特点

EDLC（双电荷层电容器）、低内阻、高功率密度、高达100万次循环寿命、短期峰值功率辅助应用，技术参数见表2－77和表2－78。

表 2－77　　　　　　　　　　NPNS2P7V3000F 型号单体参数

参数	数值	参数	数值
电容量（25℃，F）	≥3000	直流内阻 ESR1（100A，mΩ）	≤0.15
电容偏差率	+20%～0%	直流内阻 ESR2（100A，mΩ）	≤0.22
额定电压（V）	2.7	尖峰电压（V）	2.85
最大绝对电流（A）	2440	尺寸（直径×高度，mm×mm）	138×60.7
短路电流（A）	12272	质量（g）	520

参数	数值	参数	数值
能量储能（Wh）	3.04	工作温度范围（℃）	-40~65℃
能量质量比（Wh/kg）	5.84	储存温度范围（℃）	-40~70℃
能量体积比（Wh/L）	7.7	循环寿命（25℃）	100万次
功率密度（W/kg）	7500	最大漏电流（25℃，mA）	5

注 表中为湖南耐普恩科技有限公司产品数据。

表 2-78   **NPNS2P7V300000F 型号单体参数**

参数	数值	参数	数值
电容量（25℃，F）	≥300000	直流内阻 ESR1（100A，mΩ）	≤0.70
电容偏差率	+10%~0	尖峰电压（V）	2.85
额定电压（V）	2.7	尺寸（直径×高度，mm×mm）	138×60.7
标准充放电流（A）	25	质量（g）	830
最大充电电流（A）	100	工作温度范围（℃）	-40~60℃
最大放电电流（A）	300	储存温度范围（℃）	-40~60℃
最大工作电流（A）	100	循环寿命（25℃）	≥20000

注 表中为湖南耐普恩科技有限公司产品数据。

2. 超级电容器的应用

超级电容器光伏路灯利用超级电容器快速充电、超宽工作温度、深度充放电、低电压和低内阻等特性，无论在晴天、阴雨天或低温天气，都能将光伏板吸收的光能高效转化为电能，为 LED 路灯夜晚照明提供充足电能，是 365 天全天候照明的高效环保路灯。

产品由光伏板、智能控制器、储能盒 + 超级电容器、LED 光源、灯杆组成，具有以下优势特性：

（1）超长工作寿命（质保十年）。超级电容器静态循环寿命充放电高达 3 万次，为物理储能，频繁深度放电或长期亏电状态对其寿命不会产生任何影响。

（2）连续阴雨天正常照明。超级电容器储能电源内阻低，充放电压范围宽，可以从 0V 充电至模组额定电压。当阴雨天时，光伏板所产生的弱电流仍可涓流充入超级电容器。

（3）超宽工作温度（-40~60℃）。温度范围宽可使路灯完全适应严寒天气环境，不会受低温环境的影响产生亏电状况而无法工作。

（4）一体化集成便携安装。超宽温度范围的特性，使其圆柱单体形状可以自由排列组合成各种形式的模组，且通过合理设计可以将其与控制器一起平行贴在太阳能板背面安装，简化了走线方式，结构更加整体化，便于安装。

（5）防盗。智能控制器和超级电容器储能电源置顶安装。

（6）低碳无污染。超级电容器属于物理储能，无化学反应，属于全系列标准低碳核心产品。

第三章 照明灯具

编者：袁　颖　任元会　　　校审者：任元会

第一节　概　　述

根据 CIE 的定义，灯具是透光、分配和改变光源光分布的器具，包括除光源外所有用于固定和保护光源所需的全部零、部件及与电源连接所必需的线路附件。

照明灯具主要有以下作用：

（1）固定光源，使电流安全地流过光源；对于气体放电灯，灯具通常提供安装镇流器、功率因数补偿电容和电子触发器的地方；对于 LED 灯，通常还包括驱动电源装置。

（2）为光源和光源的控制装置提供机械保护，支撑全部装配件，并与建筑结构件连接起来。

（3）控制光源发出光线的扩散程度，实现需要的配光。

（4）限制直接眩光，防止反射眩光。

（5）电击防护，保证用电安全。

（6）保证特殊场所的照明安全，如防爆、防水、防尘等。

（7）装饰和美化室内外环境，特别是在民用建筑中，可以起到装饰品的效果。

第二节　灯具的分类

照明灯具可以按照使用光源、安装方式、使用环境及使用功能等进行分类，以下是几种有代表性的分类方法。

一、根据使用的光源分类

根据使用的光源分类，主要有荧光灯灯具、高强气体放电灯灯具、LED 灯具等，其分类和选型见表 3－1。

表 3－1　　　　　　　　按灯具使用的光源分类和选型

比较项目	灯具类型		
	荧光灯灯具	高强气体放电灯灯具	LED 灯具
配光控制	难	较易	较难
眩光控制	易	较难	较难
调光	较难	难	容易

续表

比较项目	灯具类型		
	荧光灯灯具	高强气体放电灯灯具	LED 灯具
适用场所	用于高度较低的公共及工业建筑场所	用于高度较高的公共及工业建筑场所、户外场所	光效较高，色彩丰富，适用于有调光要求的场所；夜景照明，隧道、道路照明

注 本表引自《绿色照明工程实施手册》（2011 年版），略有修改。

二、根据灯具的安装方式分类

根据灯具的安装方式分类，主要有吊灯、吸顶灯、壁灯、嵌入式灯具、暗槽灯、台灯、落地灯、发光顶棚、高杆灯、草坪灯等，其分类和选型见表 3 - 2。

表 3 - 2　　　　　　　　　　按灯具的安装方式分类和选型

安装方式	吸顶式灯具	嵌入式灯具	悬吊式灯具	壁式灯具
特征	（1）顶棚较亮； （2）房间明亮； （3）眩光可控制； （4）光利用率高； （5）易于安装和维护； （6）费用低	（1）与吊顶系统组合在一起； （2）眩光可控制； （3）光利用率比吸顶式低； （4）顶棚与灯具的亮度对比大，顶棚暗； （5）费用高	（1）光利用率高； （2）易于安装和维护； （3）费用低； （4）顶棚有时出现暗区	（1）照亮壁面； （2）易于安装和维护； （3）安装高度低； （4）易形成眩光
适用场所	适用于低顶棚照明场所	适用于低顶棚但要求眩光小的照明场所	适用于顶棚较高的照明场所	适用于装饰照明兼作加强照明和辅助照明用

注 本表引自《绿色照明工程实施手册》（2011 年版）。

三、按照灯具设计的支撑面材料分类

根据灯具设计的支撑面材料可以分为适宜于安装在普通可燃材料表面的固定式灯具和仅适宜于安装在非可燃性材料表面的固定式灯具，易燃材料表面不适宜直接安装灯具。

根据 GB 7000.1—2015《灯具　第 1 部分：一般要求与试验》的规定，带有　　　图形标志的灯具，不可安装在可燃材料表面（表面安装式灯具），带有　　　图形标志的灯具，不可嵌入可燃材料表面（嵌入式灯具）。

四、按照特殊场所使用环境分类

灯具根据其特殊场所使用环境，可以分为多尘、潮湿、腐蚀、火灾危险和有爆炸危险的场所使用的灯具，其分类和选型见表 3 - 3。

表 3 - 3　　　　　　　　　　特殊场所使用的灯具分类和选型

场所	环境特点	对灯具选型的要求	适用场所
多尘场所	大量粉尘积在灯具上造成灯具污染，效率下降（不包括有爆炸危险的场所）	（1）有导电性粉尘、纤维的，有可燃性粉尘、纤维的，采用防尘型； （2）采用防护等级为 IP6X 的尘密灯； （3）灰尘不多的场所可采用防护等级为 IP5X 的灯具； （4）采用不易污染的反射型灯泡	如水泥、面粉、煤粉、抛光、铸造及燃煤锅炉房等生产车间

场所	环境特点	对灯具选型的要求			适用场所
潮湿场所	相对湿度大，常有冷凝水出现，降低绝缘性能，容易产生漏电或短路，增加触电危险	（1）采用防护等级为 IP44 或 IPX4 的防水型灯具； （2）灯具的引入线处严格密封； （3）采用带瓷质灯头的开启式灯具			浴室、蒸汽泵房
腐蚀性场所	有大量腐蚀介质气体或在大气中有大量盐雾、二氧化硫气体场所，对灯的金属部件有腐蚀作用	（1）腐蚀性严重的场所采用密闭防腐灯，外壳由抗腐蚀的材料制成； （2）对灯具内部易受腐蚀的部件实行密封隔离； （3）应符合 GB 7000.1—2015《灯具 第1部分：一般要求与试验》中 4.18 及附录 L 的要求			如电镀、酸洗等车间以及散发腐蚀性气体的化学车间等
火灾危险场所	有大量可燃物或发生火灾后极易蔓延的场所	（1）灯具安装位置远离可燃物质； （2）防止灯泡火花或热点成为火源而引起火灾； （3）固定安装的灯具，使用防护等级不低于 IP4X 的灯具；有可燃粉尘或纤维的场所，使用防护等级不低于 IP5X 的灯具；有导电性粉尘的场所，使用保护等级不低于 IP6X 的灯具			如油泵间、木工锯料间、纺织品库、原棉库、图书、资料、档案馆
爆炸危险场所	空间有爆炸性气体蒸气（0区、1区、2区）和粉尘（20、21区、22区）的场所。当介质达到适当温度形成爆炸性混合物，在有燃烧源或热点温升达到闪点情况下能引起爆炸的场所	危险区域 0 区 1 区 2 区 20 区 21 区 22 区	灯具保护级别 Ga Ga 或 Gb Ga、Gb 或 Gc Da Da 或 Db Da、Db 或 Dc		化工车间、非桶装贮漆间、汽油洗涤间、液化和天然气配气站、喷漆室、干燥间

注 本表按相关标准修改。

五、根据灯具的功能分类

按照这种分类方法，大致有以下几种分类方式。

1. 按照防尘、防固体异物和防水等级分类

GB 7000.1—2015《灯具 第1部分：一般要求与试验》对灯具的防护等级分类由"IP"和两个特征数字组成。

按照 GB 4208—2008《外壳防护等级（IP代码）》的规定，IP 后的第一位特征数字所表示的是防止接近危险部件（见表 3 - 4）、防止固体异物进入的防护等级（见表 3 - 5）。

按照 GB 4208—2008《外壳防护等级（IP代码）》的规定，IP 后的第二位特征数字所表示的是防止水进入的防护等级，见表 3 - 6。

表 3 - 4 对接近危险部件的防护等级

第一位特征数字	防 护 等 级	
	简要说明	含 义
0	无防护	—
1	防止手背接近危险部件	直径 50mm 的球型试具应与危险部件有足够的间隙
2	防止手指接近危险部件	直径 12mm、长 80mm 的铰接试指应与危险部件有足够的间隙
3	防止工具接近危险部件	直径 2.5mm 的试具不得进入壳内
4、5、6	防止金属线接近危险部件	直径 1.0mm 的试具不得进入壳内

表 3 - 5 对固体异物进入的防护等级

第一位特征数字	防 护 等 级	
	简要说明	含 义
0	无防护	—
1	防止直径不小于 50mm 的固体异物	直径 50mm 的球型物体试具不得完全进入壳内
2	防止直径不小于 12.5mm 的固体异物	直径 12.5mm 的球型物体试具不得完全进入壳内
3	防止直径不小于 2.5mm 的固体异物	直径 2.5mm 的物体试具完全不得进入壳内
4	防止直径不小于 1.0mm 的固体异物	直径 1.0mm 的物体试具完全不得进入壳内
5	防尘	不能完全防止尘埃进入，但进入的灰尘量不得影响设备的正常运行，不得影响安全
6	尘密	无灰尘进入

表 3 - 6 防止水进入的防护等级

第二位特征数字	防 护 等 级	
	简要说明	含 义
0	无防护	—
1	防止垂直方向滴水	垂直方向滴水应无有害影响
2	防止当外壳在 15°范围内倾斜时垂直方向滴水	当外壳的各垂直面在 15°范围内倾斜时，垂直滴水应无有害影响
3	防淋水	各垂直面在 60°范围内淋水，无有害影响
4	防溅水	向外壳各方向溅水无有害影响
5	防喷水	向外壳各方向喷水无有害影响
6	防强烈喷水	向外壳各方向强烈喷水无有害影响
7	防短时间浸水影响	浸入规定压力的水中经规定时间后外壳进水量不致达到有害程度
8	防持续潜水影响	按生产厂和用户双方同意的条件（应比特征数字为 7 时严酷）持续潜水后外壳进水量不致达到有害程度

外壳防护等级 IP 的可能组合有 IP10、IP20、IP30、IP40、IP50、IP60、IP11、IP21、IP31、IP41、IP12、IP22、IP32、IP42、IP23、IP33、IP43、IP34、IP44、IP54、IP55、IP65、IP66、IP67、IP68。

外壳防护等级 IP 的典型应用：室内一般不低于 IP30，路灯不低于 IP54，路灯优化不低于 IP55、IP65，地埋灯为 IP67，水下灯为 IP68。

2. 按照防触电保护形式分类

为了保证电气安全和灯具的正常工作，灯具的所有带电部件（包括导线、接头、灯座等）必须用绝缘物或外加遮蔽的方法将它们保护起来，保护的方法与程度影响灯具的使用方法和使用环境。这种保护人身安全的措施称为防触电保护。

IEC 对灯具防触电保护有明确的分类规定，GB 7000.1—2015《灯具　第 1 部分：一般要求与试验》规定灯具防触电保护的类型分为 Ⅰ 类、Ⅱ 类、Ⅲ 类三类，见表 3－7。该标准已经淘汰 0 类灯具，因此，严禁使用 0 类灯具。

表 3－7　　　　　　　　　　　　灯具防触电保护分类

灯具等级	灯具主要性能	应用说明
Ⅰ 类	除基本绝缘外，在易触及的导电外壳上有接地措施，使之在基本绝缘失效时不致带电	除采用 Ⅱ 类或 Ⅲ 类灯具外的所有场所，用于各种金属外壳灯具，如投光灯、路灯、工厂灯、格栅灯、筒灯、射灯等
Ⅱ 类	不仅依靠基本绝缘，而且具有附加安全措施，例如双重绝缘或加强绝缘，没有保护接地或依赖安装条件的措施	人体经常接触，需要经常移动、容易跌倒或要求安全程度特别高的灯具
Ⅲ 类	防触电保护依靠电源电压为安全特低电压，并且不会产生高于 SELV 的电压（交流不大于 50V）	可移动式灯、手提灯、机床工作灯等

3. 根据光学特性或功能进行分类

（1）CIE 建议，室内灯具可根据光通在上下空间的分布划分为 A、B、C、D 和 E 五种类型，并符合表 3－8 的规定。

表 3－8　　　　　　　　　　　室内灯具型号划分

型号	名称	光通比（%）		光强分布
		上半球	下半球	
A	直接型	0～10	100～90	
B	半直接型	10～40	90～60	
C	直接—间接（均匀扩散）型	40～60	60～40	

续表

型号	名称	光通比（%）		光强分布
		上半球	下半球	
D	半间接型	60~90	40~10	
E	间接型	90~100	10~0	

根据光强分布，室内五种类型的灯具可划分为21类，类号和名称见表3-9。

表3-9　　　　　　　　　　　21类灯具的类号和名称

灯具型号	类号	名称	灯具型号	类号	名称
A	NO.1	A1	B	NO.11	B1
	NO.2	A2		NO.12	B2
	NO.3	A3		NO.13	B3
	NO.4	A4	C	NO.14	C1
	NO.5	A5		NO.15	C2
	NO.6	A6		NO.16	C3
	NO.7	A7	D	NO.17	D1
	NO.8	A8		NO.18	D2
	NO.9	A9		NO.19	D3
	NO.10	A10	E	NO.20	E1
				NO.21	E2

注　本表摘自（CECS56：94）《室内灯具光分布分类和照明参数设计标准》

（2）英国按灯具光强在下半球的分布，分为十种类型，给出了 BZ 类的光强分布曲线，并可用公式表示轴线光强 I_0 与其他方向光强 I_θ 的关系，函数表达式如下，光强分布曲线如图3-1所示。

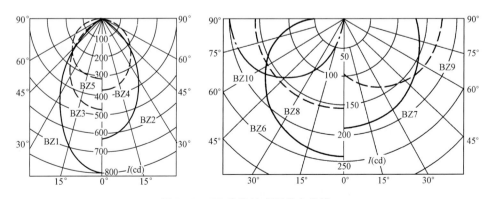

图3-1　BZ 分类的光强分布曲线

BZ1：$I_\theta = I_0 \cos^4 \theta$ BZ6：$I_\theta = I_0 \left(1 + 2\cos\theta \right)$

BZ2：$I_\theta = I_0 \cos^3 \theta$ BZ7：$I_\theta = I_0 \left(2 + \cos\theta \right)$

BZ3：$I_\theta = I_0 \cos^2 \theta$ BZ8：$I_\theta = I_0$

BZ4：$I_\theta = I_0 \cos^{1.5} \theta$ BZ9：$I_\theta = I_0 \left(1 + \sin\theta \right)$

BZ5：$I_\theta = I_0 \cos\theta$ BZ10：$I_\theta = I_{90} \sin\theta$

（3）按 1/2 照度角对灯具分类，见表 3－10。

表 3－10   按 1/2 照度角对灯具的分类

分类名称	1/2 照度角 θ	L/H（灯具安装距离/灯具安装高度）
特窄照型	$\theta < 14°$	$L/H < 0.5$
窄照型	$14° \leqslant \theta < 19°$	$0.5 \leqslant L/H < 0.7$
中照型	$19° \leqslant \theta < 27°$	$0.7 \leqslant L/H < 1.0$
广照型	$27° \leqslant \theta < 37°$	$1.0 \leqslant L/H < 1.5$
特广照型	$\theta > 37°$	$1.5 \leqslant L/H$

表 3－10 中 1/2 照度角 θ 指灯具下方水平面上 Q 点照度为正下方 P 点照度值的一半，Q 点与光中心的连线和 P 点与光中心的连线之间的夹角。灯具这样布置时，被照面上即可获得较均匀照度。在这种条件下的灯具安装距离 L 和灯具安装高度 H 之比（L/H）就是灯具的最大允许距高比。1/2 照度角及最大允许距高比的含义如图 3－2 所示。

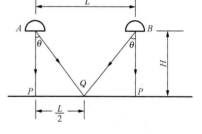

图 3－2   1/2 照度角及最大允许距高比的含义

（4）投光灯的分类。投光灯以光束角的大小进行分类。光束角指的是灯具 1/10 最大光强之间的夹角。

按光束角的大小将投光灯分为七类，见表 3－11。

表 3－11   按照投光灯的光束角分类

光束类别	光束角（°）	最低光束角效率（%）	适用场所
特窄光束	10～18	35	远距离照明、细高建筑立面照明
窄光束	18～29	30～36	足球场四角布灯照明、垒球场、细高建筑立面照明
中等光束	29～46	34～45	中等高度建筑立面照明
中等宽光束	46～70	38～50	较低高度建筑立面照明
宽光束	70～100	42～50	篮球场、排球场、广场、停车场照明
特宽光束	100～130	46	低矮建筑立面照明、货场、建筑工地照明
超宽光束	>130	50	低矮建筑立面照明

注   本表引自《绿色照明工程实施手册》（2011 年版）。

光束角可分为水平和垂直两种，有时因配光不对称，垂直和水平光束角还可有上、下和左、右之分。

投光灯的主光强（或称峰值光强）是指灯的最大光强，可从配光曲线上查出。一般情况下给出的是 1000lm 情况下的光强值，通过换算才能得到灯具的绝对光强值。

投光灯的光束效率（或称光束因数）为

$$F = \Phi_\beta / \Phi_1 \tag{3-1}$$

式中　F——光束效率；

　　Φ_β——光束光通量；

　　Φ_1——所用光源的光通量。

第三节　灯具的光学特性

一、光强分布

任何灯具在空间各个方向上不同角度的发光强度都是不一样的，可以用数字和图形把灯具在空间的分布情况记录下来，这些图形和数字能帮助了解灯具光强分布的概貌，并用以进行照度、亮度与距离、高度比等各项照明计算。

对于室内照明灯具，常以极坐标表示灯具的光强分布。以极坐标原点为中心，把灯具在各个方向的发光强度用矢量表示出来，连接矢量的端点，即形成光强分布曲线（也称配光曲线）。灯具的配光曲线如图 3-3 所示。

因为绝大多数灯具的形状都是轴对称的旋转体，所以其光强分布也是轴对称的。这类灯具的光强分布曲线是以通过灯具轴线一个平面上的光强分布曲线，来表示灯具在整个空间的光强分布的，如图 3-3（a）所示；对于非轴对称旋转体的灯具，如直管型荧光灯灯具，其发光强度的空间分布是不对称的，这时，则需要若干个测光平面的光强分布曲线来表示灯具的光强分布，通常取两个平面，即纵向（平行灯管平面）和横向（垂直灯管平面），必要时还可增加 45° 平面，如图 3-3（b）所示。

为了便于对各种灯具的光强分布特性进行比较，曲线的光强值都是按光通量为 1000lm 给出的，因此，实际光强值应当是光强的测定值乘以灯具中光源实际光通量与 1000 的比值。

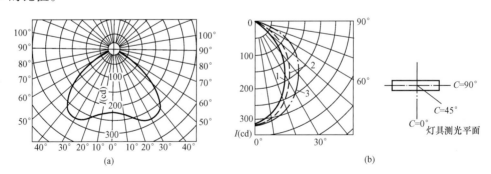

图 3-3　灯具的配光曲线

（a）旋转轴对称灯具；（b）长条形灯具

1—$C=0°$；2—$C=45°$；3—$C=90°$

二、灯具效率或灯具效能

在规定条件下，灯具发出的总光通量占灯具内光源发出的总光通量的百分比，称为灯具效率。灯具的效率说明灯具对光源光通的利用程度。灯具的效率总是小于 1。对于 LED 灯，通常是以灯具效能表示，即含光源在内的整体效能，单位为 lm/W。灯具的效率或效能在满足使用要求的前提下，越高越好。如果灯具的效率小于 50%，说明光源发出的光通量有一半被灯具吸收，效率就太低。

灯具效能是在规定条件下，灯具发出的总光通量与所输入的功率之比，单位为 lm/W。

为了既满足功能要求，又尽可能节约能源，GB 50034—2013《建筑照明设计标准》规定，照明灯具的灯具效率或灯具效能要满足表 3 - 12 ~ 表 3 - 17 的规定。

表 3 - 12　　　　　　　　直管型荧光灯灯具的效率　　　　　　　　%

灯具出光口形式	开敞式	保护罩（玻璃或塑料）		格栅
		透明	棱镜	
灯具效率	75	70	55	65

表 3 - 13　　　　　　　　紧凑型荧光灯筒灯灯具的效率　　　　　　　　%

灯具出光口形式	开敞式	保护罩	格栅
灯具效率	55	50	45

表 3 - 14　　　　　　　小功率金属卤化物灯筒灯灯具的效率　　　　　　　%

灯具出光口形式	开敞式	保护罩	格栅
灯具效率	60	55	50

表 3 - 15　　　　　　　　高强度气体放电灯灯具的效率　　　　　　　　%

灯具出光口形式	开敞式	格栅或透光罩
灯具效率	75	60

表 3 - 16　　　　　　　发光二极管（LED）筒灯灯具的效能　　　　　　lm/W

色温	2700K		3000K		4000K	
灯具出光口形式	格栅	保护罩	格栅	保护罩	格栅	保护罩
灯具效能	55	60	60	65	65	70

表 3 - 17　　　　　发光二极管（LED）平面灯灯具的效能（$Ra \geqslant 80$）　　　　lm/W

色温	2700K		3000K		4000K	
灯盘出光口形式	反射式	直射式	反射式	直射式	反射式	直射式
灯盘效能	60	65	65	70	70	75

三、灯具亮度分布和遮光角

灯具的亮度分布和遮光角是评价视觉舒适感所必需的参数。

灯具的测光数据中一般都有灯具在不同方向上的平均亮度值，特别是眩光角 $\gamma = 45° \sim 85°$ 范围内的亮度值以及灯具遮光角（保护角）的数据。

（1）灯具遮光角。灯具出光口平面与刚好看不见发光体的视线之间的夹角。

（2）灯具的平均亮度计算式为

$$L_\theta = I_\theta / A_P \qquad (3 - 2)$$

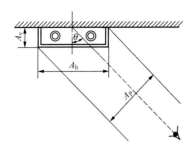

图 3-4　灯具发光部分投影
面积计算图

式中　I_θ——灯具在 θ 方向的发光强度，cd；

　　　　A_P——灯具发光面在 θ 方向的投影面积，m^2；

　　　例如，对于图 3-4 所示的有发光侧面的荧光灯灯具，其发光部分在 θ 方向的投影面积 A_P 计算如下

$$A_P = A_h \cos\theta + A_v \sin\theta \qquad (3-3)$$

式中　A_h——灯具发光面在水平方向上的投影面积，m^2；

　　　　A_v——灯具发光面在垂直方向上的投影面积，m^2。

　　　表 3-18 是几种典型灯具发光面投影面积的计算方法。

表 3-18　　　　　　　　　　灯具发光面投影面积的计算方法

水平投影面积 A_h 和垂直投影面积 A_v	在 θ 方向的投影面积 A_P
（一）暗侧面、暗端面（包括各类灯具） $A_h = Xl$ $A_v/A_h = 0$	$A_P = A_h \cos\theta$
（二）亮侧面、暗端面 1. 侧面和底面可以区别（$\overline{PQ}$ 长度不变）	$A_P = \overline{PQ}l\cos\psi$ 用 A_h 和 A_v/A_h 计算，ψ 在 40°～85° 内，结果是准确的
2. 侧面和底面连为一体（$\overline{PQ}$ 长度是变化的） （1）半柱面 $A_h = Wl$ $A_v = 0.5Wl$ $A_v/A_h = 0.5$	$A_P = Wl\cos\theta\cos\left(\dfrac{90°-\theta}{2}\right)$ 用 A_h 和 A_v/A_h 计算，θ 在 40°～85° 内，误差在 ±5% 以内
（2）柱面 $A_h = Wl$ $A_v = Wl$ $A_v/A_h = 1.0$	$A_P = Wl$

水平投影面积 A_h 和垂直投影面积 A_v	在 θ 方向的投影面积 A_p
3. 裸管荧光灯支架 （1）双管或多管 （2）单管 $A_h = Xl$ $A_v/A_h = Y/X$	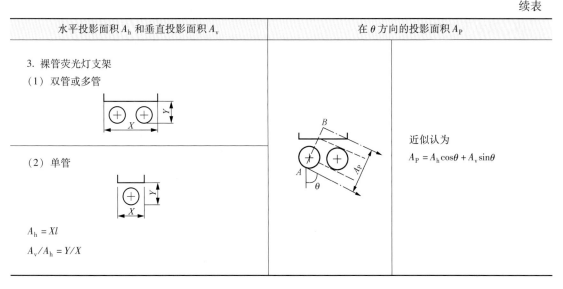 近似认为 $A_p = A_h\cos\theta + A_v\sin\theta$

四、利用系数

灯具的利用系数是指投射到参考平面上的光通量与照明装置中的光源的额定光通量之比。一般情况下，灯具固有利用系数（达到工作面或规定的参考平面上的光通量与灯具发出的光通量之比）与灯具效率的乘积，称为灯具的利用系数。与灯具效率相比，灯具的利用系数反映的是光源光通量最终在工作面上的利用程度。

五、最大允许距高比

灯具的距高比是指灯具布置的间距与灯具悬挂高度（指灯具与工作面之间的垂直距离）之比，该比值越小，则照度均匀度越好，但会导致灯具数量、耗电量和投资增加；该比值越大，照度均匀度有可能得不到保证。在均匀布置灯具的条件下，保证室内工作面上有一定均匀度的照度时，允许灯具间的最大安装距离与灯具安装高度之比，称为最大允许距高比。一般在灯具的主要参数中应给出该数值。

第四节　LED灯性能要求

本节以普通照明用非定向自镇流LED灯（以下简称为灯）为例，说明LED灯具的主要性能，本节摘自GB/T 24908—2014《普通照明用非定向自镇流LED灯　性能要求》。

一、功率因数

标称功率不大于5W的灯的功率因数不应低于0.4；大于5W的灯的功率因数不应低于0.7；若灯为高功率因数，则不应低于0.9。

二、初始光效等级

对于半配光型和准全配光型，灯的初始光效实测值不应小于表2-39的规定；对于全配光型，其初始光效实测值不应低于表2-39规定值的90%。如生产者或销售商未宣称，则应符合Ⅲ级要求。

三、初始光通量

灯的初始光通量实测值应符合生产者或销售商宣称的光通量规格在表2-40中对应的光

通量要求。

四、颜色不均匀度

CIE 1976（u'、v'）图上，灯在光束角范围内各方向上的颜色坐标与平均颜色坐标的偏差 $\Delta u'v'$ 不应超过 0.005。

五、平均寿命

灯的平均寿命不应低于 25000h。

六、光通维持率

灯在燃点 3000h 和 6000h 时光通维持率不应低于表 2 - 42 的规定值。若灯的平均寿命不是表 2 - 42 所列出数值时，其光通维持率从相邻的两个数值用线形内插法计算。

七、颜色漂移

灯燃点至 3000h 的平均颜色坐标相对于初始颜色坐标的漂移 $\Delta u'v'$ 不应超过 0.005，灯燃点至 6000h 的平均颜色坐标相对于初始颜色坐标的漂移 $\Delta u'v'$ 不应超过 0.007。

八、电磁兼容特性

灯的无线电骚扰特性应符合 GB 17743—2007《电气照明和类似设备的无线电骚扰特性的限值和测量方法》的要求，谐波电流应符合 GB 17625.1—2012《电磁兼容　限值　谐波电流发射限值（设备每相输入电流≤16A)》的要求，电磁兼容抗扰度应符合 GB/T 18595—2014《一般照明用设备电磁兼容抗扰度要求》的要求。

第五节　灯具的选择

一、灯具选用的原则

照明设计中，应选择既满足使用功能和照明质量的要求，又便于安装维护、长期运行费用低的灯具，具体应考虑以下几个方面：

（1）光学特性，如配光、眩光控制等；

（2）经济性，如灯具效率、初始投资及长期运行费用等；

（3）特殊的环境条件，如有火灾危险、爆炸危险的环境，有灰尘、潮湿、振动和化学腐蚀的环境；

（4）灯具外形尚应与建筑物相协调。

二、根据配光特性选择灯具

不同配光的灯具所适用的场所见表 3 - 19。

表 3 - 19　　　　　　　　　　不同配光灯具的适用场所

配光类型	配光特点	适用场所	不适用场所
间接型	上射光通超过 90%，因顶棚明亮，反衬出了灯具的剪影。灯具出光口与顶棚距离不宜小于 500mm	目的在于显示顶棚图案、高度为 2.8～5m 非工作场所的照明，或者用于高度为 2.8～3.6m，视觉作业涉及反光纸张、反光墨水的精细作业场所的照明	顶棚无装修、管道外露的空间；或视觉作业是以地面设施为观察目标的空间；一般工业生产厂房

续表

配光类型	配光特点	适用场所	不适用场所
半间接型	上射光通超过60%，但灯的底面也发光，所以灯具显得明亮，与顶棚融为一体，看起来既不刺眼，也无剪影	增强对手工作业的照明	在非作业区和走动区内，其安装高度不应低于人眼位置；不应在楼梯中间悬吊此种灯具，以免对下楼者产生眩光；不宜用于一般工业生产厂房
直接间接型	上射光通与下射光通几乎相等，直接眩光较小	用于要求高照度的工作场所，能使空间显得宽敞明亮，适用于餐厅与购物场所	需要显示空间处理有主有次的场所
漫射型	出射光通量全方位分布，采用胶片等漫射外壳，以控制直接眩光	常用于非工作场所非均匀环境照明，灯具安装在工作区附近，照亮墙的最上部，适合厨房同局部作业照明结合使用	因漫射光降低了光的方向性，因而不适合作业照明
半直接型	上射光通在40%以内，下射光供作业照明，上射光供环境照明，可缓解阴影，使室内有适合各种活动的亮度比	因大部分光供下面的作业照明，同时上射少量的光，从而减轻了眩光，是最实用的均匀作业照明灯具，广泛用于高级会议室、办公室	不适用于很重视外观设计的场所
直接型（宽配光）	下射光通占90%以上，属于最节能的灯具之一	可嵌入式安装、网络布灯，提供均匀照明，用于只考虑水平照明的工作或非工作场所，如室形指数（RI）大的工业及民用场所	室形指数（RI）小的场所
直接型（中配光不对称）	把光投向一侧，不对称配光可使被照面获得比较均匀的照度	可广泛用于建筑物的泛光照明，通过只照亮一面墙的办法转移人们的注意力，可缓解走道的狭窄感；用于工业厂房，可节约能源、便于维护；用于体育馆照明，可提高垂直照度	高度太低的室内场所不使用这类配光的灯具照亮墙面，因为投射角太大，不能显示墙面纹理而产生所需要的效果
直接型（窄配光）	靠反射器、透镜、灯泡定位来实现窄配光，主要用于重点照明和远距离照明	适用于家庭、餐厅、博物馆、高级商店，细长光束只照亮指定的目标、节约能源，也适用于室形指数（RI）很小的工业厂房	低矮场所的均匀照明

三、根据环境条件选择灯具

（1）在有爆炸危险的场所，应根据有爆炸危险的介质分类等级选择灯具，并符合 GB 50058—2014《爆炸危险环境电力装置设计规范》的相关要求。

（2）在特别潮湿的房间内，可采用有反射镀层的灯泡，以提高照明效果的稳定性。

（3）在多灰尘的房间内，应根据灰尘数量和性质选择灯具，通常采用防水防尘灯具。

（4）在有化学腐蚀和特别潮湿的房间，可采用防水防尘灯具，灯具的各部分宜采用耐腐蚀材料制成。

（5）在有水淋或可能浸水，以及有压力的水冲洗灯具的场所，应选用水密型灯具，防护等级为 IPX5、IPX6 以至 IPX8 等。

（6）医疗机构（如手术室、绷带室等）房间等有洁净要求的场所，应选用不易积灰并易于擦拭的灯具，如带整体扩散罩的灯具等。

（7）在需防止紫外线照射的场所，应采用隔紫灯具或无紫光源。

（8）在食品加工场所，必须采用带有整体扩散罩的灯具、隔栅灯具、带有保护玻璃的灯具。

（9）在高温场所，宜采用散热性能好、耐高温的灯具。

（10）在装有锻锤、大型桥式吊车等振动、摆动较大场所，灯具应安装可靠、牢固，并有防振措施。

（11）在易受机械损伤、光源自行脱落可能造成人员伤害或财物损失的场所，灯具应有防光源脱落措施。

四、经济性

在保证满足使用功能和照明质量要求的前提下，应对可选择的灯具和照明方案进行比较。比较的方法是考虑与整个一段照明时间有联系的所有支出，就是将初建投资与使用期内的电能损耗和维护费用综合起来计算，更为科学合理，有利于提高照明能效。

计算使用期综合费用的方法如下，使用期通常按 10 年计算。

（1）投资费（C）包括以下三项费用之和：

1）灯具费及镇流器等附件费 C_1。

2）光源的初始费 C_2。

3）安装费 C_3。

（2）运行费（R）包括以下两者之和：

1）年电能费（包括镇流器及控制装置等的电能损耗费）R_1。

2）更换光源的年平均费用 R_2。

（3）维护费（M）包括以下三项之和：

1）换灯（每年的人力费）M_1。

2）清扫（每年的人力费）M_2。

3）可能出现的少量其他费用 M_3。

10 年总费用 $= 2C + 10(R + M)$

注　投资费 C 乘以 2，是考虑支出资金的 10 年利息，这是一个粗略的修正。这个公式就对各种方案进行一般比较而言，是简单方便、符合实际的。

LED 道路照明灯具宜根据灯具性能及使用条件进行经济技术分析，道路照明经济分析计算方法可参照 GB/T 31832—2015《LED 城市道路照明应用技术要求》附录 A。

（1）设备成本的计算公式为

$$C_{in} = \frac{mC_{\infty} + nC_{lu} + SC_{ps}}{S} \qquad (3-4)$$

式中　C_{in}——每米道路长度的设备成本，元；

　　　　m——在道路断面上安装的灯杆数量（如双侧布置为 2、中心布置为 1）；

$C_∞$——每个灯杆与地基的成本，元；

n——在道路横断面上的灯具数量；

C_{lu}——每个灯具的成本（传统照明产品含安装的首个光源成本），元；

S——灯杆间距，m；

C_{ps}——每米道路长度的供电干线成本，元。

（2）运行成本的计算公式

$$C_{op} = \frac{t_1 n P_{lu} C_{en} + q n C_{ir} + q_{aux} n C_{aux}}{S} \tag{3-5}$$

式中 C_{op}——每一年中平摊到每米道路长度的运行成本，元；

t_1——每年点灯时间，h；

P_{lu}——灯具功率，kW；

C_{en}——用电成本，元/（kW·h）；

q——每年中个别更换灯具的百分比，%。

C_{ir}——个别更换灯具系统的成本，元；

q_{aux}——每年中个别更换灯具附件的百分比，%；

C_{aux}——个别更换灯具附件的成本，元。

（3）全寿命周期成本（现值法）的计算公式为

$$C_{lc} = C_{in} + \frac{1 - (1 + p)^{-t}}{p} C_{op} - \frac{1}{(1 + p)^t} V_r \tag{3-6}$$

式中 C_{lc}——每米道路长度的全寿命周期成本的现值，元；

p——年利率，%；

t——灯具承诺使用的寿命，年；

V_r——残值，一般取安装成本的3%~5%。

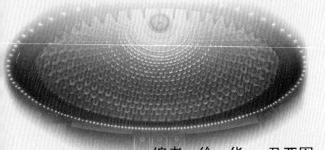

第四章
照明配电与控制

编者：徐 华　尹亚军　　校审者：任元会　郏树奎

第一节　供配电系统

一、负荷分级及供电要求

根据 GB 50052—2009《供配电系统设计规范》，电力负荷应根据对供电可靠性的要求及中断供电对人身安全、经济损失所造成的影响程度进行分级，把负荷分为三级，即一级负荷、二级负荷、三级负荷。

符合下属情况之一即为一级负荷：

（1）中断供电将造成人身伤害时。

（2）中断供电将在经济上造成重大损失时。

（3）中断供电将影响重要用电单位的正常工作时。

在一级负荷中，当中断供电将造成人员伤亡或重大设备损坏或发生中毒、爆炸和火灾等情况的负荷，以及特别重要场所不允许中断供电的负荷，应视为一级负荷中特别重要的负荷。

符合下属情况之一即为二级负荷：

（1）中断供电将在经济上造成较大损失时。

（2）中断供电将影响较重要用电单位的正常工作时。

不属于一级负荷和二级负荷者为三级负荷。

民用建筑常用照明负荷分级见表 4－1。

表 4－1　　　　　　　　　　　民用建筑常用照明负荷分级表

序号	建筑物名称	用电负荷名称	负荷级别
1	国家级会堂、国宾馆、国家级国际会议中心	主会场、接见厅、宴会厅照明，电声、录像、计算机系统用电	一级*
		客梯、总值班室、会议室、主要办公室、档案室用电	一级
2	国家及省部级政府办公建筑	客梯、主要办公室、会议室、总值班室、档案室用电	一级
		省部级行政办公建筑主要通道照明用电	二级
3	国家及省部级数据中心	计算机系统用电	一级*
4	国家及省部级防灾中心、电力调度中心、交通指挥中心	防灾、电力调度及交通指挥计算机系统用电	一级*

续表

序号	建筑物名称	用电负荷名称	负荷级别
5	办公建筑	建筑高度超过100m的高层办公建筑主要通道照明和重要办公室用电	一级
		一类高层办公建筑主要通道照明和重要办公室用电	二级
6	地、市级及以上气象台	气象业务用计算机系统用电	一级*
		气象雷达、电报及传真收发设备、卫星云图接收机及语言广播设备、气象绘图及预报照明用电	一级
7	电视台、广播电台	国家及省、市、自治区电视台、广播电台的计算机系统用电，直接播出的电视演播厅、中心机房、录像室、微波设备及发射机房用电	一级*
		语音播音室、控制室的电力和照明用电	一级
		洗印室、电视电影室、审听室、通道照明用电	二级
8	剧场	甲等剧场的舞台照明、贵宾室、演员化妆室、舞台机械设备、电声设备、电视转播、显示屏和字幕系统用电	一级
		甲等剧场的观众厅照明、空调机房电力和照明用电	二级
9	电影院	甲等电影院的照明与放映用电	二级
10	博展建筑	珍贵展品展室照明及安全防范系统用电	一级*
		甲等、乙等展厅安全防范系统及照明用电	一级
		丙等展厅照明用电、展览用电	二级
11	图书馆	藏书量超过100万册及重要图书馆的安全防护系统、图书检索用计算机系统用电	一级
		藏书量超过100万册的图书馆的照明用电	二级
12	体育建筑	特级体育场（馆）及游泳馆的比赛场（厅）、主席台、贵宾室、接待室、新闻发布厅、广场及主要通道照明、计时记分装置、计算机房、电话机房、广播机房、电台和电视转播及新闻摄影用电	一级*
		甲级体育场（馆）及游泳馆的比赛场（厅）、主席台、贵宾室、接待室、新闻发布厅、广场及主要通道照明、计时记分装置、计算机房、电话机房、广播机房、电台和电视转播及新闻摄影用电	一级
		特级及甲级体育场（馆）及游泳馆中非比赛用电、乙级及以下体育建筑比赛用电	二级
13	商场、百货商店、超市	大型百货商店、商场及超市的经营管理用计算机系统用电	一级
		大中型百货商店、商场、超市营业厅、门厅公共楼梯及主要通道的照明及乘客电梯、自动扶梯及空调用电	二级
14	金融建筑（银行、金融中心、证券交易中心）	重要的计算机系统和安全防护系统用电；特级金融设施	一级*
		大型银行营业厅备用照明用电；一级金融设施	一级
		中小型银行营业厅备用照明用电；二级金融设施	二级
15	民用机场	航空管制、导航、通信、气象、助航灯光系统设施和台站用电；边防、海关的安全检查设备用电；航班信息、显示及时钟系统用电；航站楼、外航驻机场航站楼办事处中不允许中断供电的重要场所的用电	一级*

续表

序号	建筑物名称	用电负荷名称	负荷级别
15	民用机场	Ⅲ类及以上民用机场航站楼中的公共区域照明、电梯、送排风系统设备、排污泵、生活水泵、行李处理系统；航站楼、外航驻机场航站楼办事处、机场宾馆内与机场航班信息相关的系统、综合监控系统及其他信息系统用电；站坪照明、站坪机务用电；飞行区内雨水泵站等用电	一级
		航站楼内除一级负荷以外的公共场所空调系统设备、自动扶梯、自动人行道用电；Ⅳ类及以下民用机场航站楼的公共区域照明、电梯、送排风系统设备、排污泵、生活水泵等用电	二级
16	铁路旅客车站综合交通枢纽站	特大型铁路旅客车站、集大型铁路旅客车站及其他车站等为一体的大型综合交通枢纽站中不允许中断供电的重要场所的用电	一级*
		特大型铁路旅客车站、国境站和集大型铁路旅客车站及其他车站等为一体的大型综合交通枢纽站的旅客站房、站台、天桥、地道用电，防灾报警设备用电；特大型铁路旅客车站、国境站的公共区域照明用电；售票系统设备、安全防护及安全检查设备、通信系统用电	一级
		大、中型铁路旅客车站、集中型铁路旅客车站及其他车站等为一体的综合交通枢纽站的旅客站房、站台、天桥、地道用电，防灾报警设备用电；特大和大型铁路旅客车站、国境站的列车到发预告显示系统、旅客用电梯、自动扶梯、国际换装设备、行包用电梯、皮带输送机、送排风机、排污泵设备用电；特大型铁路旅客车站的冷热源设备用电；大、中型铁路旅客车站的公共区域照明、管理用房照明及设备用电；铁路旅客车站的驻站警务室	二级
17	城市轨道交通车站磁浮列车站地铁车站	通信系统设备、信号系统设备、地铁车站内的变电站操作电源、车站内不允许中断供电的其他重要场所的用电	一级*
		电力、环境与设备监控系统、自动售票系统设备用电；车站中作为事故疏散用的自动扶梯、电动屏蔽门（安全门）、防护门、防淹门、排雨泵、车站排水泵、信息设备管理用房照明、公共区域照明用电；地下站厅站台照明、地下区间照明用电	一级
		非消防用电梯及自动扶梯、地上站厅站台及附属房间照明、送排风机、排污泵等用电	二级
18	港口客运站	一级港口客运站的通信、监控系统设备，导航设施及广播用电	一级
		港口重要作业区、一级及二级客运站公共区域照明、管理用房照明及设备、电梯、送排风系统设备、排污水设备、生活水泵用电	二级
19	汽车客运站	一、二级客运站广播及照明用电	二级
20	旅游饭店	四星级及以上旅游饭店的经营及设备管理用计算机系统用电	一级*
		四星级及以上旅游饭店的宴会厅、餐厅、厨房、康乐设施用房、门厅及高级客房、主要通道等场所的照明用电，厨房、排污泵、生活水泵、主要客梯用电，计算机、电话、电声和录像设备、新闻摄影用电	一级

续表

序号	建筑物名称	用电负荷名称	负荷级别
20	旅游饭店	三星级旅游饭店的宴会厅、餐厅、厨房、康乐设施用房、门厅及高级客房、主要通道等场所的照明用电，厨房、排污泵、生活水泵、主要客梯用电，计算机、电话、电声和录像设备、新闻摄影用电，除上栏所述之外的四星级及以上旅游饭店的其他用电	二级
21	科研院所、高等院校建筑	四级生物安全实验室等对供电连续性要求极高的国家重点实验室用电	一级*
		三级生物安全实验室和除上栏所述之外的其他重要实验室用电	一级
		主要通道照明用电	二级
22	二级以上医院	重要手术室、重症监护等涉及患者生命安全的设备（如呼吸机等）及照明用电	一级*
		急诊部、重症监护病房、手术部、分娩室、婴儿室、血液病房的净化室、血液透析室、病理切片分析、磁共振、介入治疗用CT及X光机扫描室、血库、高压氧仓、加速器机房、治疗室及配血室的电力照明用电，培养箱、冰箱、恒温箱用电，走道照明用电，百级洁净度手术室空调系统用电、重症呼吸道感染区的通风系统用电	一级
		除上栏所述之外的其他手术室空调系统用电，电子显微镜、一般诊断用CT及X光机用电，客梯用电，高级病房、肢体伤残康复病房照明用电	二级
23	住宅建筑	建筑高度不小于50m且19层及以上的高层住宅的航空障碍照明、走道照明、值班照明、安全防护系统、电子信息设备机房、客梯、排污泵、生活水泵用电	一级
		10~18层的二类高层住宅的走道照明、值班照明、安全防护系统、客梯、排污泵、生活水泵用电	二级
24	一类高层民用建筑	消防用电，值班照明、警卫照明、障碍照明用电，主要业务和计算机系统用电，安全防护系统用电，电子信息设备机房用电，客梯用电，排污泵、生活水泵用电	一级
		主要通道及楼梯间照明用电	二级
25	二类高层民用建筑	消防用电，主要通道及楼梯间照明用电，客梯用电，排污泵、生活水泵用电	二级
26	建筑高度大于250m的超高层建筑	消防负荷用电	一级*
27	景观照明	具有重大社会影响区域的用电负荷	一级
		经常举办大型夜间游园、娱乐、集会等活动的人员密集场所的用电负荷	二级

注　1. 负荷分级表中"一级*"为一级负荷中特别重要负荷。

　　2. 各类建筑物的分级见现行的有关设计规范。

　　3. 各类建筑物中的应急照明负荷等级应为该建筑中最高负荷等级。

　　4. 表中同类建筑负荷除注明的一级、二级外，其余为三级负荷。

二、电源与电压的选择

光源电压一般为交流 220V，1500W 以上的光源电压宜为交流 380V，移动式灯具电压不超过 50V，潮湿场所电压不超过 25V，水下场所可采用交流 12V 光源。

三、电压质量

（1）电压偏移。正常情况下，照明器具的端电压偏差允许值（以额定电压的百分数表示）宜符合下列要求：

1）在一般工作场所为 ±5%；

2）露天工作场所、远离变电站的小面积一般工作场所，难于满足 ±5% 时，可为 +5% ~ -10%；

3）应急照明、道路照明和警卫照明等为 +5% ~ -10%。

照明器具的端电压不宜过高和过低，电压过高，会缩短光源寿命；电压低于额定值，会使光通量下降，照度降低。当气体放电灯的端电压低于额定电压的 90% 时，甚至不能可靠地工作。当电压偏移在 -10% 以内，长时间不能改善时，计算照度应考虑因电压不足而减少的光通量，光通量降低的百分数见表 4-2。

表 4-2　　电压在 100% ~ 90% 额定电压范围内每下降 1% 时光通量降低的百分数　　%

灯具	白炽灯	卤钨灯	荧光灯	高压汞灯	高压钠灯	金属卤化物灯
降低百分数	3.3	3.0	2.2	2.9	3.7	2.8

如采用金属卤化物灯照明，端电压为额定电压的 90%，则该金属卤化物灯的实际光通量为原光通量的 72%（即 $1 - 10 \times 2.8\%$）。

对于 LED 光源，电压只是能使其点亮的基础，超过其门槛电压，二极管就会发光，而电流决定其发光亮度，所以二极管一般采用恒流源来驱动。只要保持驱动电源是恒流源，电压在一定范围内变化就不影响 LED 光通量的变化。

（2）电压波动与闪变。

电压波动是指电压的快速变化，而不是单方向的偏移，冲击性功率负荷引起连续电压变动或电压幅值包络线周期性变动，变化速度不低于 0.2%/s 的电压变化。

闪变是指照度波动的影响，是人眼对灯闪的生理感觉。闪变电压是冲击性功率负荷造成供配电系统的波动频率大于 0.01Hz 闪变的电压波动，闪变电压限值 ΔU_f 就是引起闪变刺激性程度的电压波动值。人眼对波动频率为 10Hz 的电压波动值最为敏感。

电压波动和闪变会使人的视觉不舒适，也会降低光源寿命，为了减少电压波动和闪变的影响，照明配电尽量与动力负荷配电分开。目前，我国照明设计对电压波动没有提出具体要求，以下为国外在照明设计时对电压波动的要求，仅供参考。

当电压波动值小于等于额定电压的 1% 时，灯具对电压波动次数不限制；当电压波动值大于额定电压的 1% 时，允许电压波动次数按式（4-1）限定

$$n = 6/(U_t\% - 1) \tag{4-1}$$

式中　n——在 1h 内最大允许电压波动次数；

$U_t\%$——电压波动百分数绝对值。

如当 $U_t\% = 4$ 时，每小时内最大允许电压波动次数 $n = 6/(U_t\% - 1) = 2$；当 $U_t\% = 7$ 时，每小时内最大允许电压波动次数 $n = 6/(U_t\% - 1) = 1$。

四、配电系统接地形式

建筑物内照明配电系统接地形式应与建筑物供电系统统一考虑，一般采用 TN – S、TN – C – S 系统。

户外照明宜采用 TT 接地系统。

五、供电要求

（1）应根据照明负荷中断供电可能造成的影响及损失，合理地确定负荷等级，并应正确地选择供电方案。

（2）当电压偏差或波动不能保证照明质量或光源寿命时，在技术经济合理的条件下，可采用有载自动调压电力变压器、调压器或专用变压器供电。

（3）三相照明线路各相负荷的分配宜保持平衡，最大相负荷电流不宜超过三相负荷平均值的 115%，最小相负荷电流不宜小于三相负荷平均值的 85%。

（4）特别重要的照明负荷，宜在照明配电盘采用自动切换电源的方式，负荷较大时可采用由两个专用回路各带约 50% 的照明灯具的配电方式，如体育场馆的场地照明，采用由两个专用回路各带约 50% 的照明灯具的配电方式，既节能，又可靠。

（5）在照明分支回路中不宜采用三相低压断路器对三个单相分支回路进行控制和保护。

（6）室内照明系统中的每一单相分支回路电流不宜超过 16A，光源数量不宜超过 25 个；大型建筑组合灯具每一单相回路电流不宜超过 25A，光源数量不宜超过 60 个（当采用 LED 光源时除外）。

（7）室外照明单相分支回路电流值不宜超过 32A，除采用 LED 光源外，建筑物轮廓灯每一单相回路不宜超过 100 个。

（8）当照明回路采用遥控方式时，应同时具有解除遥控的措施。

（9）重要场所和负载为气体放电灯和 LED 灯的照明线路，其中性导体截面积应与相导体规格相同。

（10）当采用配备电感镇流器的气体放电光源时，为改善其频闪效应，宜将相邻灯具（光源）分接在不同相别的线路上。

（11）不应将线路敷设在高温灯具的上部。接入高温灯具的线路应采用耐热导线配线或采取其他隔热措施。

（12）室内照明分支线路应采用铜芯绝缘导线，其截面积不应小于 $1.5 mm^2$；室外照明线路宜采用双重绝缘铜芯导线，照明支路导线截面积不应小于 $2.5 mm^2$。

（13）观众厅、比赛场地等的照明灯具，当顶棚内设有人行检修通道以及室外照明场所，单灯功率为 250W 及以上时，宜在每盏灯具处设置单独的保护。

（14）应急照明供电要求见第二十一章。

第二节　照明线路的保护

照明线路及照明器在电气故障时，为防止人身电击、电气线路损坏和电气火灾，应装设短路保护、过负荷保护及接地故障保护，用以切断供电电源或发出报警信号，一般采用熔断器、断路器和剩余电流动作保护器进行保护。

一、熔断器

熔断器主要用于线路的短路保护、过负荷保护和接地故障保护，由熔断体和熔断体支持件组成。熔断器使用类别见表 4 - 3。

表 4 - 3　　　　　　　　　　　　　熔断器使用类别分类

		熔 断 体 类 别
按分断范围分类	g	全范围分断—在规定条件下，能分断使熔断体熔断的电流至额定分断能力之间的所有电流
	a	部分范围分断—在规定条件下，能分断示于熔断体熔断时间 - 电流特性曲线上的最小电流至额定分断能力之间的所有电流
按使用类别分类	G	一般用途：可用于保护配电线路
	M	用于保护电动机回路

注　对于上述两种分类可以有不同的组合，如 gG、aM。

（1）熔断体额定电流的确定。选择熔断器应满足正常工作时不动作，故障时在规定时限内可靠切断电源，在线路允许温升内保护线路，上、下级能够实现选择性切断电源。

1）按正常工作电流选择

$$I_N \geq I_C \qquad (4 - 2)$$

2）按启动尖峰电流选择

$$I_N \geq K_m I_C \qquad (4 - 3)$$

式中　I_N——熔断体额定电流，A；

　　　I_C——线路计算电流，A；

　　　K_m——熔断体选择计算系数，取决于电光源启动状况和熔断体时间 - 电流特性，其值见表 4 - 4。

表 4 - 4　　　　　　　　　　　　　K_m　值

熔断器型号	熔断体额定电流（A）	K_m		
		白炽灯、卤钨灯、荧光灯	高压钠灯、金属卤化物灯	LED 灯
RL7、NT	≤63	1.0	1.2	1.1
RL6	≤63	1.0	1.5	1.1

3）为使熔断器迅速切断故障电路，其接地故障电流 I_k 与熔断体额定电流 I_N 应满足下式要求

$$I_k / I_N \geq K_i \qquad (4 - 4)$$

K_i 值见表 4 - 5。

表 4 - 5　　TN 系统故障防护采用熔断器切断故障回路时 I_k / I_N（K_i）最小允许值

切断时间（s）	$I_N(A)$							
	16	20	25	32	40	50	63	80
5	4.0	4.0	4.2	4.2	4.3	4.4	4.5	5.3
0.4	5.5	6.5	6.8	6.9	7.4	7.6	8.3	9.4

切断时间（s）	$I_N(A)$							
	100	125	160	200	250	315	400	500
5	5.4	5.5	5.5	5.9	6.0	6.3	6.5	7.0
0.4	9.8	10.0	10.8	11.0	11.2	—	—	—

当不能满足上述要求时，应采取其他措施。

（2）熔断体支持件额定电流的确定。熔断体电流确定后，根据熔断体电流和产品样本可确定熔断体支持件的额定电流及规格、型号，但应按短路电流校验熔断器的分断能力。熔断器最大开断电流应大于被保护线路最大三相短路电流的有效值。

（3）熔断器与熔断器的级间配合。在一般配电线路过负荷和短路电流较小的情况下，可按熔断器的时间－电流特性不相交，或按上下级熔体的额定电流选择比来实现。当弧前时间大于 0.01s 时，额定电流大于 12A 的熔断体电流选择比（即熔体额定电流之比）不小于 1.6∶1，即认为满足选择性要求。

在短路电流很大，弧前时间小于 0.01s 时，除满足上述条件外，还需要用 $I^2 t$ 值进行校验，只有上一级熔断器弧前 $I^2 t$ 值大于下级熔断器的熔断 $I^2 t$ 值时，才能保证满足选择性要求。

二、断路器

断路器可用于照明线路的过负荷、短路和接地故障保护。断路器反时限和瞬时过电流脱扣器整定电流分别为

$$I_{set1} \geqslant K_{set1} I_C \qquad (4-5)$$
$$I_{set3} \geqslant K_{set3} I_C \qquad (4-6)$$
$$I_{set1} \leqslant I_z \qquad (4-7)$$

式中　I_{set1}——反时限过电流脱扣器整定电流，A；

I_{set3}——瞬时过电流脱扣器整定电流，A；

I_C——线路计算电流，A；

I_z——导体允许持续载流量，A；

K_{set1}、K_{set3}——反时限和瞬时过电流脱扣器可靠系数，取决于电光源启动特性和断路器特性，其值见表 4-6。

表 4-6　　　　　照明线路保护的断路器反时限和瞬时过电流脱扣器可靠系数

低压断路器种类	可靠系数	白炽灯、卤钨灯	荧光灯	高压钠灯、金属卤化物灯	LED 灯
反时限过电流脱扣器	K_{set1}	1.0	1.0	1.0	1.0
瞬时过电流脱扣器	K_{set3}	10～12	5	5	10～12

对于气体放电灯，启动时镇流器的限流方式不同，会产生不同的冲击电流，除超前顶峰式镇流器启动电流低于正常工作电流外，一般启动电流为正常工作电流的 1.7 倍左右，启动时间较长，高压汞灯为 4～8min，高压钠灯约 3min，金属卤化物灯为 2～3min，选择反时限过电流脱扣器整定电流值要躲过启动时的冲击电流，除在控制上要采取避免灯具同时启动的措施外，还要根据不同灯具启动情况留有一定裕度。

如果采用断路器可靠切断单相接地故障电路，则应满足下式

$$I_{kmin} \geqslant K_i I_{set3} \qquad (4-8)$$

式中　I_{kmin}——被保护线路末端最小单相接地故障电流，A；

K_i——脱扣器动作可靠系数，取 1.3；

I_{set3}——瞬时过电流脱扣器整定电流，A。

如果线路较长，单相接地故障电流较小，不能满足上述要求，可以采用剩余电流动作保护器作接地故障保护。

目前，断路器瞬时过电流脱扣器的整定电流一般为反时限过电流脱扣器整定电流的 5 ~ 10 倍，因此只要正确选择反时限过电流脱扣器的整定电流值，一般就满足瞬时过电流脱扣器的要求。但应按短路电流校验断路器的分断能力，即断路器的分断能力应大于等于被保护线路三相短路电流周期分量的有效值。

断路器的额定电流，尚应根据使用环境温度进行修正，尤其是装在封闭式的室外配电箱内，温度升高可达 10 ~ 15℃，其修正值一般情况下可按 40℃进行修正。

三、剩余电流动作保护器

剩余电流动作保护器的最显著功能是接地故障保护，其漏电动作电流一般有 30、50、100、300、500mA 等，带有过负荷和短路保护功能的剩余电流动作保护器称为有剩余电流动作保护功能的断路器。如果剩余电流动作保护器无短路保护功能，则应另行考虑短路保护，如加装熔断器配合使用。

（1）剩余电流动作保护器的选择。剩余电流动作保护器应符合如下使用环境条件：

1）环境温度：-5 ~ 55℃。

2）相对湿度：85%（+25℃时）或湿热型。

3）海拔：<2000m。

4）外磁场：<5 倍地磁场值。

5）抗振强度：0 ~ 8Hz，30min≥5g。

6）半波，26g≥2000 震次，持续时间 6ms。

（2）剩余电流动作保护器应符合如下选用原则：

1）剩余电流动作保护器应能迅速切断故障电路，在导致人身伤亡及火灾事故之前切断电路。

2）有剩余电流动作保护功能的断路器的分断能力应能满足过负荷及短路保护的要求。当不能满足分断能力要求时，应另行增设短路保护电器。

3）对电压偏差较大的配电回路、电磁干扰强烈的地区、雷电活动频繁的地区（雷暴日超过 60）以及高温或低温环境中的电气设备，应优先选用电磁型剩余电流动作保护器。

4）安装在电源进线处及雷电活动频繁地区的电气设备，应选用耐冲击型的剩余电流动作保护器。

5）在恶劣环境中装设的剩余电流动作保护器，应具有特殊防护条件。

6）有强烈振动的场所（如射击场等）宜选用电子型剩余电流动作保护器。

7）为防止因接地故障引起的火灾而设置的剩余电流动作保护器，其动作电流宜为 0.3 ~ 0.5A，动作时间为 0.15 ~ 0.5s，并为现场可调型。

8）分级安装的剩余电流动作保护器的动作特性，上下级的电流值一般可取 3:1，以保证上下级间的选择性，见表 4 - 7。

表 4 - 7   剩余电流动作保护器的配合表

保护级别	第一级（$I_{\Delta n1}$）	第二级（$I_{\Delta n2}$）	
	干线	分干线	线路末端
动作电流（$I_{\Delta n}$）	2.5≤$I_{\Delta n}$<3 倍线路与设备漏泄电流总和或≥3$I_{\Delta n2}$	2.5≤$I_{\Delta n}$<3 倍线路与设备漏泄电流总和	3≤$I_{\Delta n}$<4 倍设备漏泄电流

在一般正常情况下，末端线路剩余电流动作保护器的动作电流不大于30mA，上一级的动作电流不宜大于300mA，配电干线的动作电流不大于500mA，并有适当延时。

第三节 电线、电缆选择及线路敷设

一、导体材料及电缆芯数的选择

配电线路宜选用铜芯电缆或导线。对于TN-S系统，三相应选用五芯电缆，单相应选用三芯电缆；室外干线采用TT系统时，应选用四芯电缆。

二、绝缘水平选择

（1）应正确选择电线电缆的额定电压，确保长期安全运行。

（2）低压配电线路绝缘水平选择。系统标称电压 U_n 为0.22/0.38kV时，线路绝缘水平电缆配线为0.6/1.0kV，导线一般为0.3/0.5kV，IT系统导线为0.45/0.75kV。

三、绝缘材料、护套及电缆防护结构的选择

（1）聚氯乙烯绝缘聚氯乙烯护套电缆由于制造工艺简单、价格便宜、质量轻、耐酸碱、不延燃等优点，适用于一般工程。

（2）交联聚乙烯电缆具有结构简单、允许温度高、载流量大、质量轻的特点，宜优先选用。

（3）直埋电缆宜选用能承受机械张力的钢丝或钢带铠装电缆。

（4）室内电缆沟、电缆桥架、隧道、穿管敷设等，宜选用带外护套不带铠装的电缆。

（5）空气中敷设的电缆，有防鼠害、蚁害要求的场所，应选用铠装电缆。

四、电线、电缆截面选择的一般原则

（1）按电线、电缆的允许温升选择。

1）电线、电缆的允许温升不应超过其允许值，电线、电缆线芯允许长期工作温度见表4-8。

表4-8　　　　　　　　　　电线、电缆线芯允许长期工作温度　　　　　　　　　　℃

电线、电缆类别	塑料绝缘电线	交联聚乙烯绝缘电力电缆	聚氯乙烯绝缘电力电缆	乙丙橡胶电力电缆	矿物绝缘电力电缆	
允许长期工作温度	70	90	70	90	70	105

2）电线、电缆持续载流量标准，应按GB/T 16895.6—2014《低压电气装置　第5-52部分：电气设备的选择和安装　布线系统》执行。

常用电线、电缆载流量参见第九章。

3）各种型号的电线、电缆的持续载流量应根据敷设方式、环境温度等条件的不同进行修正。

（2）按机械强度选择。绝缘电线最小允许截面积见表4-9。

表4-9　　　　　　　　　　　　　绝缘电线最小允许截面积　　　　　　　　　　mm²

用途及敷设方式	线芯的最小截面积		
	铜芯软线	铜线	铝线
室内灯头线	0.4	1.0	2.5
室外灯头线	1.0	1.0	2.5

用途及敷设方式		线芯的最小截面积		
		铜芯软线	铜线	铝线
绝缘导线穿管、线槽敷设		1.5		10
绝缘导线明敷（室内）	$L \leqslant 2\text{m}$	1.5		10
绝缘导线明敷（室外） （L 为支点距离）	$L \leqslant 2\text{m}$	1.5		10
	$2\text{m} < L \leqslant 6\text{m}$	2.5		10
	$6\text{m} < L \leqslant 16\text{m}$	4		10
	$16\text{m} < L \leqslant 25\text{m}$	6		10

（3）按短路热稳定选择导线的截面积。

1）对于短路电流持续时间不超过 5s 的电线或电缆线路，其截面积应满足式（4-9）规定

$$S \geqslant \frac{I_k}{K}\sqrt{t} \tag{4-9}$$

式中　S——绝缘导体的线芯截面积，mm^2；

　　　I_k——短路电流有效值（均方根值），A；

　　　K——热稳定系数，见表 4-10；

　　　t——短路电流持续的时间，s。

表 4-10　　　　　　　　　　　　热 稳 定 系 数 K

绝缘	聚氯乙烯（PVC）		橡胶 60℃	交联聚乙烯、乙丙 橡胶（XLPE/EPR）	矿物绝缘	
	$\leqslant 300\text{mm}^2$	$> 300\text{mm}^2$			带 PVC	裸的
铜芯导体	115	103	141	143	115	135
铝芯导体	76	68	93	94		

注　1. 表中 K 值不适用 6mm^2 及以下的电缆。

　　2. 当短路电流持续时间小于 0.1s 时应计入短路电流非周期分量的影响，导体 K^2S^2 值应大于电器制造厂提供的电器允许通过的 I^2t 值；大于 5s 时应计入散热的影响。

2）对于 PE 线或 PEN 线的截面积 S 应满足式（4-10）要求

$$S \geqslant \frac{I_{dp}}{K}\sqrt{t} \tag{4-10}$$

式中　I_{dp}——接地故障电流（IT 系统为两相短路电流），A；

　　　K——热稳定系数；

　　　t——短路电流持续的时间（适用于 $t \leqslant 5\text{s}$），s。

3）PE 线及 PEN 线截面积参照表 4-11 选用时，可不按式（4-10）进行校验。

表 4-11　　　　　　　　　　　　PE 线、PEN 线选择

相线截面积 $S(\text{mm}^2)$	PE、PEN
$S < 16$	S
$16 \leqslant S \leqslant 35$	16
$S > 35$	$S/2$

4）三相四线制配电线路符合下列情况之一时，其中性线的截面积应不小于相线截面积：①以气体放电灯为主的配电线路；②单相配电回路；③晶闸管调光回路；④计算机电源回路。

（4）按电压损失校验截面积。线路电压损失计算公式见表 4 – 12 和表 4 – 13。由表中可得出简化公式如下：

表 4 – 12　　　　　　　　　　　　　线路电压损失计算公式

线路种类	负荷情况	计算公式
三相平衡负荷线路	（1）终端负荷用电流矩（A·km）表示；	$\Delta u\% = \dfrac{\sqrt{3}}{10U_n}(R'\cos\varphi + X'\sin\varphi)Il = \Delta u_a\% Il$
	（2）几个负荷用电流矩（A·km）表示；	$\Delta u\% = \dfrac{\sqrt{3}}{10U_n}\Sigma[(R'\cos\varphi + X'\sin\varphi)Il] = \Sigma(\Delta u_a\% Il)$
	（3）终端负荷用负荷矩（kW·km）表示；	$\Delta u\% = \dfrac{1}{10U_n^2}(R' + X'\tan\varphi)Pl = \Delta u_p\% Pl$
	（4）几个负荷用负荷矩（kW·km）表示；	$\Delta u\% = \dfrac{1}{10U_n^2}\Sigma[(R' + X'\tan\varphi)Pl] = \Sigma(\Delta u_p\% Pl)$
	（5）整条线路的导线截面积、材料及敷设方式均相同且 $\cos\varphi = 1$，几个负荷用负荷矩（kW·km）表示	$\Delta u\% = \dfrac{R'}{10U_n^2}\Sigma Pl = \dfrac{1}{10U_n^2\gamma S}\Sigma Pl$ $= \dfrac{\Sigma Pl}{CS}$
接于线电压的单相负荷线路	（1）终端负荷用电流矩（A·km）表示；	$\Delta u\% = \dfrac{2}{10U_n}(R'\cos\varphi + X_1'\sin\varphi)Il \approx 1.15\Delta u_a\% Il$
	（2）几个负荷用电流矩（A·km）表示；	$\Delta u\% = \dfrac{2}{10U_n}\Sigma[(R'\cos\varphi + X_1'\sin\varphi)Il] \approx 1.15\Sigma(\Delta u_p\% Il)$
	（3）终端负荷用负荷矩（kW·km）表示；	$\Delta u\% = \dfrac{2}{10U_n^2}(R' + X_1'\tan\varphi)Pl \approx 2\Delta u_p\% Pl$
	（4）几个负荷用负荷矩（kW·km）表示；	$\Delta u\% = \dfrac{2}{10U_n^2}\Sigma[(R' + X_1'\tan\varphi)Pl] \approx 2\Sigma(\Delta u_p\% Pl)$
	（5）整条线路的导线截面积、材料及敷设方式均相同且 $\cos\varphi = 1$，几个负荷用负荷矩（kW·km）表示	$\Delta u\% = \dfrac{2R'}{10U_n^2}\Sigma Pl$
接于相电压的两相—N 线平衡负荷线路	（1）终端负荷用电流矩（A·km）表示；	$\Delta u\% = \dfrac{1.5\sqrt{3}}{10U_n}(R'\cos\varphi + X_1'\sin\varphi)Il \approx 1.5\Delta u_a\% Il$
	（2）终端负荷用负荷矩（kW·km）表示；	$\Delta u\% = \dfrac{2.25}{10U_n^2}(R' + X_1'\tan\varphi)Pl \approx 2.25\Delta u_p\% Pl$
	（3）终端负荷且 $\cos\varphi = 1$，用负荷矩（kW·km）表示	$\Delta u\% = \dfrac{2.25R'}{10U_n^2}Pl = \dfrac{2.25}{10U_n^2\gamma S}Pl$ $= \dfrac{Pl}{CS}$
接于相电压的单相负荷线路	（1）终端负荷用电流矩（A·km）表示；	$\Delta u\% = \dfrac{2}{10U_{n\varphi}}(R'\cos\varphi + X_1'\sin\varphi)Il \approx 2\Delta u_a\% Il$
	（2）终端负荷用负荷矩（kW·km）表示；	$\Delta u\% = \dfrac{2}{10U_{n\varphi}^2}(R' + X_1'\tan\varphi)Pl \approx 6\Delta u_p\% Pl$
	（3）终端负荷且 $\cos\varphi = 1$ 或直流线路，用负荷矩（kW·km）表示	$\Delta u\% = \dfrac{2.25R'}{10U_{n\varphi}^2}Pl = \dfrac{2.25}{10U_{n\varphi}^2\gamma S}Pl = \dfrac{Pl}{CS}$

线路种类	负荷情况	计算公式
符号说明	$\Delta u\%$——线路电压损失百分数，%； $\Delta u_a\%$——三相线路每 $1A\cdot km$ 的电压损失百分数，$\%/A\cdot km$； $\Delta u_p\%$——三相线路每 $1kW\cdot km$ 的电压损失百分数，$\%/kW\cdot km$； U_n——标称电压，kV； $U_{n\varphi}$——标称相电压，kV； X'_1——单相线路单位长度的感抗，其值可取 X' 值[①]，Ω/km； R'、X'——三相线路单位长度的电阻和感抗，Ω/km； I——负荷计算电流，A； l——线路长度，km； P——有功负荷，kW； γ——电导率，$S/\mu m$，$\gamma=\dfrac{1}{\rho}$； S——线芯标称截面积，mm^2； $\cos\varphi$——功率因数； C——功率因数为 1 时的计算系数，见表 4–13	

① 实际上单相线路的感抗值与三相线路的感抗值不同，但在工程计算中可以忽略其误差，对于 220/380V 线路的电压损失，导线截面积为 $50mm^2$ 及以下时误差约为 1%，$50mm^2$ 以上时最大误差约为 5%。

三相平衡负荷线路

$$\Delta u\% = \Delta u_a\% \, Il$$

接于线电压的单相负荷线路

$$\Delta u\% = 1.15\Delta u_a\% \, Il$$

接于相电压的两相—N 线平衡负荷线路

$$\Delta u\% = 1.15\Delta u_a\% \, Il$$

接于相电压的单相平衡负荷线路

$$\Delta u\% = 2\Delta u_a\% \, Il$$

为简化计算，根据线路的敷设方式、导线材料、截面积和线路功率因数等有关条件，算出三相线路每 $1A\cdot km$（电流矩）的电压损失百分数，常用电线、电缆每 $1A\cdot km$ 电压损失百分数见表 4–14～表 4–16，查出表中电压损失百分数数值，根据上述简化公式，即可算出相应的电压损失。

表 4–13　　　　　　　线路电压损失的计算系数 C 值（$\cos\varphi=1$）

标称电压 （V）	线路系统	计算公式	导线 C 值（$\theta=50℃$）		母线 C 值（$\theta=65℃$）	
			铝	铜	铝	铜
220/380	三相四线	$10\gamma U_n^2$	45.7	75.00	43.40	71.10
220/380	两相三线	$\dfrac{10\gamma U_n^2}{2.25}$	20.3	33.30	19.30	31.60

续表

标称电压（V）	线路系统	计算公式	导线 C 值（$\theta=50℃$）		母线 C 值（$\theta=65℃$）	
			铝	铜	铝	铜
220	单相及直流	$5\gamma U_{n\varphi}^2$	7.66	12.56	7.27	11.92
110			1.92	3.14	1.82	2.98
36			0.21	0.34	0.20	0.32
24			0.091	0.15	0.087	0.14
12			0.023	0.037	0.022	0.036
6			0.0057	0.0093	0.0054	0.0089

注　1. 20℃时 ρ 值（$\Omega\cdot\mu m$）：铝母线、铝导线为 0.0282；铜母线、铜导线为 0.0172。

2. 计算 C 值时，导线工作温度为 50℃，铝导线 γ 值（$S/\mu m$）为 31.66，铜导线为 51.91，母线工作温度为 65℃，铝母线 γ 值（$S/\mu m$）为 30.05，铜母线为 49.27。

3. U_n 为标称电压，kV；$U_{n\varphi}$ 为标称相电压，kV。

表 4 – 14　　　　1kV 聚氯乙烯电力电缆用于三相 380V 系统的电压损失

截面积（mm²）		电阻 $\theta=60℃$（Ω/km）	感抗（Ω/km）	电压损失 ［%/(A·km)］					
				$\cos\varphi$					
				0.5	0.6	0.7	0.8	0.9	1.0
铜	2.5	7.981	0.100	1.858	2.219	2.579	2.938	3.294	3.638
	4	4.988	0.093	1.174	1.398	1.622	1.844	2.065	2.274
	6	3.325	0.093	0.795	0.943	1.091	1.238	1.383	1.516
	10	2.035	0.087	0.498	0.588	0.678	0.766	0.852	0.928
	16	1.272	0.082	0.322	0.378	0.433	0.486	0.538	0.580
	25	0.814	0.075	0.215	0.250	0.284	0.317	0.349	0.371
	35	0.581	0.072	0.161	0.185	0.209	0.232	0.253	0.265
	50	0.407	0.072	0.121	0.138	0.153	0.168	0.181	0.186
	70	0.291	0.069	0.094	0.105	0.115	0.125	0.133	0.133
	95	0.214	0.069	0.076	0.084	0.091	0.097	0.102	0.098
	120	0.169	0.069	0.066	0.071	0.076	0.081	0.083	0.077
	150	0.136	0.070	0.059	0.063	0.066	0.069	0.070	0.062
	185	0.110	0.070	0.053	0.056	0.058	0.059	0.059	0.050
	240	0.085	0.070	0.047	0.049	0.050	0.050	0.049	0.039

表 4 – 15　　　　1kV 交联聚氯乙烯绝缘电力电缆用于三相 380V 系统的电压损失

截面积（mm²）		电阻 $\theta=80℃$（Ω/km）	感抗（Ω/km）	电压损失 ［%/(A·km)］					
				$\cos\varphi$					
				0.5	0.6	0.7	0.8	0.9	1.0
铜	4	5.332	0.097	1.253	1.494	1.733	1.971	2.207	2.430
	6	3.554	0.092	0.846	1.006	1.164	1.321	1.476	1.620
	10	2.175	0.085	0.529	0.626	0.722	0.816	0.909	0.991
	16	1.359	0.082	0.342	0.402	0.460	0.518	0.574	0.619
	25	0.870	0.082	0.231	0.268	0.304	0.340	0.373	0.397

续表

截面积（mm²）		电阻 θ=80℃（Ω/km）	感抗（Ω/km）	电压损失 [%/(A·km)]					
				cosφ					
				0.5	0.6	0.7	0.8	0.9	1.0
铜	35	0.622	0.080	0.173	0.199	0.224	0.249	0.271	0.284
	50	0.435	0.079	0.130	0.148	0.165	0.180	0.194	0.198
	70	0.310	0.078	0.101	0.113	0.124	0.134	0.143	0.141
	95	0.229	0.077	0.083	0.091	0.098	0.105	0.109	0.104
	120	0.181	0.077	0.072	0.078	0.083	0.087	0.090	0.083
	150	0.145	0.077	0.063	0.068	0.071	0.074	0.075	0.060
	185	0.118	0.078	0.058	0.061	0.063	0.064	0.064	0.054
	240	0.091	0.077	0.051	0.053	0.054	0.054	0.053	0.041

表 4-16　　　　　　　　　三相 380V 导线的电压损失

截面积（mm²）		电阻 θ=60℃（Ω/km）	感抗（Ω/km）	导线明敷（相间距离150mm）[%/(A·km)]						感抗（Ω/km）	导线穿管 [%/(A·km)]					
				cosφ							cosφ					
				0.5	0.6	0.7	0.8	0.9	1.0		0.5	0.6	0.7	0.8	0.9	1.0
铜芯	1.5	13.933	0.368	3.321	3.945	4.565	5.181	5.789	6.351	0.138	3.230	3.861	4.490	5.118	5.743	6.351
	2.5	8.360	0.353	2.045	2.415	2.782	3.145	3.500	3.810	0.127	1.995	2.333	2.709	3.083	3.455	3.810
	4	5.172	0.338	1.312	1.538	1.760	1.978	2.189	2.357	0.119	1.226	1.458	1.689	1.918	2.145	2.357
	6	3.467	0.325	0.918	1.067	1.212	1.353	1.487	1.580	0.112	0.834	0.989	1.143	1.295	1.444	1.580
	10	2.040	0.306	0.586	0.670	0.751	0.828	0.898	0.930	0.108	0.508	0.597	0.686	0.773	0.858	0.930
	16	1.248	0.290	0.399	0.447	0.493	0.535	0.570	0.569	0.102	0.325	0.379	0.431	0.483	0.532	0.569
	25	0.805	0.277	0.293	0.321	0.347	0.369	0.385	0.367	0.099	0.223	0.256	0.289	0.321	0.350	0.367
	35	0.579	0.266	0.237	0.255	0.271	0.284	0.290	0.264	0.095	0.169	0.193	0.216	0.237	0.256	0.264
	50	0.398	0.251	0.190	0.200	0.209	0.214	0.213	0.181	0.091	0.127	0.142	0.157	0.170	0.181	0.181
	70	0.291	0.242	0.162	0.168	0.172	0.172	0.168	0.133	0.088	0.101	0.118	0.122	0.130	0.137	0.133
	95	0.217	0.231	0.141	0.144	0.145	0.142	0.135	0.099	0.089	0.085	0.092	0.098	0.104	0.107	0.099
	120	0.171	0.223	0.127	0.128	0.127	0.123	0.115	0.078	0.083	0.071	0.077	0.082	0.085	0.087	0.078
	150	0.137	0.216	0.117	0.116	0.114	0.109	0.099	0.063	0.082	0.064	0.068	0.071	0.073	0.073	0.063
	185	0.112	0.209	0.108	0.107	0.104	0.098	0.087	0.051	0.080	0.058	0.060	0.062	0.063	0.062	0.051
	240	0.086	0.200	0.099	0.096	0.092	0.086	0.075	0.039	0.080	0.051	0.053	0.053	0.053	0.051	0.039

五、线路敷设

室内照明线路可采用封闭式母线、电缆沿电缆桥架、线槽布线、导线穿金属管、塑料管等布线形式。布线系统的选择和敷设，应避免因环境温度、外部热源、浸水、灰尘聚集及腐蚀性或污染物质存在等外部影响对布线系统带来的损害，并应防止在敷设和使用过程中因受撞击、振动、电线或电缆自重和建筑物的变形等各种机械应力作用而带来的损害。金属导管、可挠金属电线保护套管、刚性塑料导管（槽）及金属线槽等布线，应采用绝缘电线和电缆。在同一根导管或线槽内有几个回路时，所有绝缘电线和电缆都应具有与最高标称电压回路绝缘相同的绝缘等级。布线用塑料导管、线槽及附件应采用难燃材料产品，其氧指数不应低于 32。敷设在钢筋混凝土现浇楼板内的电线导管的最大外径不宜大于板厚的 1/3。布线用各种电缆、电缆桥架、金属线槽及封闭式母线在穿越防火分区楼板、隔墙时，其空隙应按建筑构件原有防火等级采用不燃烧材料填塞密实。

室外照明供电电缆布线用的管、标志带或电缆盖砖，为便于辨认，应有适当的颜色或标志，以区别于其他用途的电缆。

第四节 照 明 控 制

照明控制技术是随着建筑和照明技术的发展而发展的，在实施绿色照明工程的过程中，照明控制是一项很重要的内容，照明不仅要满足人们视觉上明亮的要求，还要满足艺术性要求，要创造出丰富多彩的意境，给人们以视觉享受，这些只有通过照明控制才能方便地实现。

一、照明控制的原则

照明控制的基本原则是安全、可靠、灵活、经济。做到控制的安全性，是最基本的要求；可靠性是要求控制系统本身可靠，不能失控，要达到可靠的要求，控制系统要尽量简单，系统越简单，越可靠；建筑空间布局经常变化，照明控制要尽量适应和满足这种变化，因此灵活性是控制系统所必需的；经济性是照明工程要考虑的，性能价格比好，要考虑投资效益，照明控制方案不考虑经济性，往往是不可行的。

二、照明控制的作用

照明控制的作用体现在以下四个方面：

（1）照明控制是实现节能的重要手段，现在的照明工程强调照明功率密度不能超过标准要求，通过合理的照明控制和管理，节能效果是很显著的；

（2）照明控制减少了开灯时间，可以延长光源寿命；

（3）照明控制可以根据不同的照明需求，改善工作环境，提高照明质量；

（4）对于同一个空间，照明控制可实现多种照明效果。

三、照明控制的形式

照明控制的种类很多，控制方式多样，通常有以下几种形式。

1. 跷板开关控制或拉线开关控制

传统的控制形式把跷板开关或拉线开关设置于门口，开关触点为机械式，对于面积较大的房间，灯具较多时，采用双联、三联、四联开关或多个开关，此种形式简单、可靠，其原理接线如图 4-1 所示。

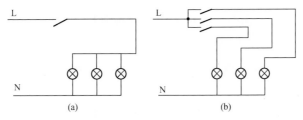

图 4-1 面板开关控制原理接线图

（a）单联单控开关控制；（b）三联单控开关控制

对于楼道和楼梯照明，多采用双控方式（有的长楼道采用三地控制），在楼道和楼梯入口安装双控跷板开关，楼道中间需要开关控制处设置多地控制开关，其特点是在任意入口处都可以开闭照明装置，但平面布线复杂。其原理接线如图4-2所示。

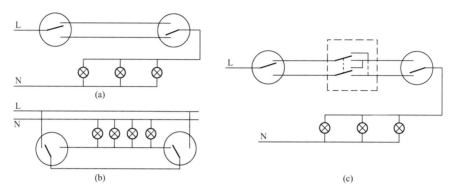

图4-2　面板开关双控或三地控制原理接线图

（a）两地控制；（b）有穿越相线的两地控制；（c）三地控制

2. 定时开关或声光控开关控制

为节能考虑，在楼梯口安装双控开关，但如果人的行为没有好的节能习惯，楼梯也会出现长明灯现象，因此住宅楼、公寓楼甚至办公楼等楼梯间现在多采用定时开关或声光控开关控制，其原理接线如图4-3所示。

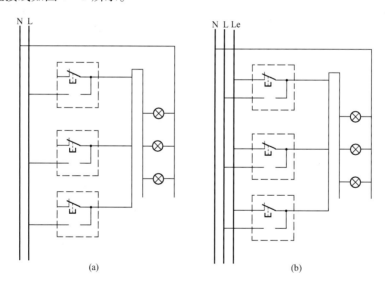

图4-3　声光控或延时控制原理接线图

（a）多地控制不接消防电源接线；（b）多地控制接消防电源接线

消防电源L(e)由消防值班室控制或与消防泵联动。对于住宅、公寓楼梯照明开关，采用红外移动探测加光控较为理想。

对于地下车库照明控制，采用LED灯具，利用红外移动探测、微波（雷达）感应等技术，很容易实现高低功率转换，甚至还可以利用光通信技术实现车位寻址功能，这是车库照明控制的趋势。

对于室外泛光、园林景观照明，一般由值班室统一控制，照明控制方式多种多样，为便于管理，应做到具有手动和自动功能，手动主要是为了调试、检修和应急的需要，自动有利于运行，自动又分为定时控制、光控等。为节能，灯光开启宜做到平时、一般节日、重大节日三级控制，并与城市夜景照明相协调，能与整个城市夜景照明联网控制。

3. 断路器控制

对于大空间的照明，如大型厂房、库房、展厅等，照明灯具较多，一般按区域控制，如采用面板开关控制，其控制容量受限，控制线路复杂，往往在大空间门口设置照明配电箱，直接采用照明配电箱内的断路器控制，这种方式简单易行，但断路器一般为专业人员操作，非专业人员操作有安全隐患，断路器也不是频繁操作电器，目前较少采用。

4. 智能控制

随着照明技术的发展，建筑空间布局经常变化，照明控制要适应和满足这种变化，如果用传统控制方式，势必到处放置跷板开关，既不美观，也不方便，为增加控制的方便性，照明的自动控制越来越多，下述为智能控制的几种类型。

（1）建筑设备监控系统控制照明。对于较高级的楼宇，一般设有建筑设备监控系统（building automation system，BA 系统），利用 BA 系统控制照明已为大家所接受，基本上是直接数字控制（direct digital control，DDC），其原理接线如图 4-4 所示。

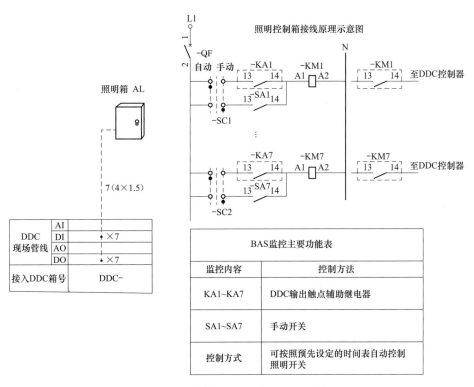

图 4-4　建筑设备监控系统控制照明（BA 系统控制照明）

由于 BA 系统不是专为照明而做的，有局限性，一是很难做到调光控制，二是没有专用控制面板，完全在计算机上控制，灵活性较差，对值班人员素质要求也较高。

（2）总线回路控制。现在有不少公司生产的智能照明控制系统在照明控制中得到应用，如 KNX 协议的欧洲安装总线、广州世荣电子股份有限公司采用的 RS485 总线、松下公司的全二线系统、广东河东电子有限公司的 HDL – BUS 系统都有不少用户，其控制方式也大同小异，基于回路控制，控制协议可以互通。总线回路控制示意图如图 4 – 5 所示。

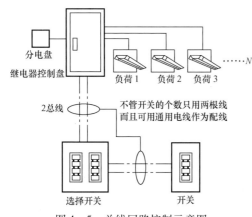

图 4 – 5　总线回路控制示意图

智能照明常用控制方式一般有场景控制、恒照度控制、定时控制、红外线控制、就地手动控制、群组组合控制、应急处理、远程控制、图示化监控、日程计划安排等。其主要功能有：

1）场景控制功能。用户预设多种场景，按动一个按键，即可调用需要的场景。多功能厅、会议室、体育场馆、博物馆、美术馆、高级住宅等场所多采用此种方式。

2）恒照度控制功能。根据探头探测到的照度来控制照明场所内相关灯具的开启或关闭。写字楼、图书馆等场所，要求恒照度时，靠近外窗的灯具宜根据天然光的影响进行开启或关闭。

3）定时控制功能。根据预先定义的时间，触发相应的场景，使其打开或关闭。一般情况下，系统可根据当地的经纬度，自动推算出当天的日出日落时间，根据这个时间来控制照明场景的开关，具有天文时钟功能，特别适用于夜景照明、道路照明。

4）就地手动控制功能。正常情况下，控制过程按程序自动控制，系统不工作时，可使用控制面板来强制调用需要的照明场景模式。

5）群组组合控制功能。一个按钮可定义为打开/关闭多个箱柜（跨区）中的照明回路，可一键控制整个建筑照明的开关。

6）应急处理功能。在接收到安保系统、消防系统的警报后，能自动将指定区域照明全部打开。

7）远程控制功能。通过因特网（Internet）对照明控制系统进行远程监控，能实现：①对系统中各个照明控制箱的照明参数进行设定、修改；②对系统的场景照明状态进行监视；③对系统的场景照明状态进行控制。

8）图示化监控功能。用户可以使用电子地图功能，对整个控制区域的照明进行直观的控制。可将整个建筑的平面图输入系统中，并用各种不同的颜色来表示该区域当前的状态。

9）日程计划安排功能。可设定每天不同时间段的照明场景状态。可将每天的场景调用情况记录到日志中，并可将其打印输出，方便管理。

（3）数字可寻址照明接口（DALI 控制）。数字可寻址照明接口（digital addressable lighting interface，DALI）。最初是锐高照明电子（上海）有限公司专为荧光灯电子镇流器设计的，也可置入到普通照明灯具中去，目前也用于 LED 灯驱动器。

DALI 控制总线采用主从结构，一个接口最多能接 64 个可寻址的控制装置/设备（独立地址），最多能接 16 个可寻址分组（组地址），每个分组可以设定最多 16 个场景（场景值），通过网络技术可以把多个接口互联起来控制大量的接口和灯具。采用异步串行协议，通过前向帧和后向帧实现控制信息的下达和灯具状态的反馈。DALI 寻址示意图如图 4 – 6 所示。

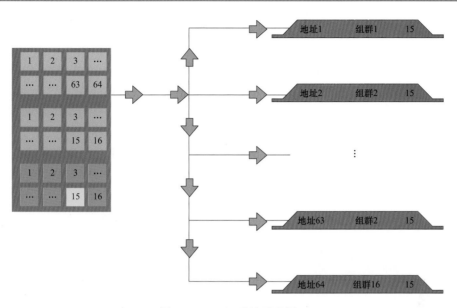

图 4 – 6 DALI 寻址示意图

DALI 可做到精确地控制，可以单灯单控，即对单个灯具可独立寻址，不要求单独回路，与强电回路无关。可以方便控制与调整，修改控制参数的同时不改变已有布线方式。

DALI 标准的线路电压为 16V，允许范围为 9.5 ~ 22.4V；DALI 系统电流最大为 250mA；数据传输速率为 1200bit/s，可保证设备之间通信不被干扰；在控制导线截面积为 1.5mm^2 的前提下，控制线路长度可达 300m；控制总线和电源线可以采用一根多芯导线或在同一管道中敷设；可采用多种布线方式如星型、树干型或混合型。布线方式如图 4 – 7 所示。

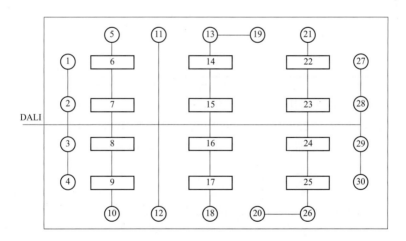

图 4 – 7 DALI 系统布线方式

（4）DMX 控制协议（DMX512 控制协议）。DMX 是 digital multiplex（数字多路复用）的英文缩写。DMX512 协议最先是由 USITT（美国剧院技术协会）发展而来的。DMX512 主要用于并基本上主导了室内外舞台类灯光控制及户外景观控制。基于 DMX512 控制协议进行调光控制的灯光系统称为数字灯光系统。目前，包括电脑灯在内的各种舞台效果灯、调光控制器、控制台、换色器、电动吊杆等各种舞台灯光设备，以其对 DMX512 协议的全面支持，已全面实现调光控制的数字化，并在此基础上逐渐趋于电脑化、网络化。

DMX512 数字信号以 512 个字节组成的帧为单位传输，按串行方式进行数据发送和接收，对于调光系统，每一个字节数据表示调光亮度值，其数值用 2 位十六进制数从 00H（0%）~FFH（100%）来表示，每个字节表示相应点的亮度值，共有 512 个可控亮度值。一根数据线上能传输 512 个回路，DMX512 信号传输速率为 250kbit/s。

一个 DMX 接口最多可以控制 512 个通道，电脑灯一般都有几个到几十个功能，一台电脑灯需占用少则几个、多则几十个控制通道。如一个电脑灯有 8 个 DMX 控制通道，一个颜色轮，两个图案轮，具有调光、频闪、摇头及变换光线颜色、图案等功能，其 DMX 通道序号、通道编码和对应功能见表 4-17。

表 4-17　　　　　　　　　　　　电脑灯 DMX 通道表

DMX 通道	DMX 数值及功能		
Ch1：频闪	0~7	8~231	232~255
	关光	由慢到快频闪	开光
Ch2：调光	0 → 光闸线性打开，由暗到亮调光 → 225		
Ch3：水平旋转	0 → 0~450°水平旋转 → 225		
Ch4：垂直俯仰	0 → 0~270°垂直旋转 → 225		
Ch5：颜色轮	0~15	16~127	128~255
	白光	颜色 1~颜色 7	由慢到快流水效果
Ch6：固定图案轮	0~15	16~127	128~255
	白光	图案 1~图案 7	由慢到快流水效果
Ch7：旋转图案轮	0~7	8~119/120~231	232~239/240~247/248~255
	图案不旋转	图案由慢到快顺/逆时针旋转	图案 180°/360°/720°旋转
Ch8：复位	0 → 持续 5 秒后复位 → 255		

表 4-17 中的 DMX 数值用十进制数表示，0~7 对应 8 位控制数据的二进制组合为 00000000~00000111，232~255 对应的二进制组合为 11101000~11111111，其他以此类推。将 DMX 协议中某一指令帧的部分或全部 8 位二进制组合形成电脑灯某一功能转换或状态变化的这一过程即为解码与控制。

从表 4-17 中可以清楚地看出电脑灯功能、通道数及其对应关系，是计算一个 DMX 接口所带单元负载数目及设置起始地址编码的重要依据。像这种只有 8 个通道的电脑灯，一个 DMX 接口可以控制的数量为 64 台（512/8 = 64）。如果另一电脑灯的 DMX 通道数为 20，一个 DMX 接口可以控制的数量则为 25 台（512/20 = 25.6，舍去余数）。

所有数字化灯光设备均有一个 DMX 输入接口和一个 DMX 输出接口，DMX512 控制协议允许各种灯光设备混合连接，在使用中可直接将上一台设备的 DMX 输出接口和下一台设备的输入接口连接起来。不过需要清楚的是，这种看似串联的链路架构，对 DMX 控制信号而言其实是并联的。因为 DMX 控制信号进入灯光设备后"兵分两路"，一路经运算放大电路进行电压比较并放大、整形后，对指令脉冲解码，然后经驱动电路控制步进电动机完成各种控制动作；另一路则经过缓冲、隔离后，直接输送到下一台灯光设备，利用运算放大电路很高的共模抑制能力，可以极大地提高 DMX 控制信号的抗干扰能力，这就是 DMX512 控制信号采用平衡传输的原因。

以电脑灯为例，假设某 DMX 控制端口驱动若干台电脑灯，则第一台电脑灯的起始地址码是 001，第二台电脑灯的起始地址码是 001 加第一台灯的 DMX 通道数，以此类推。比如，第一、第二台电脑灯的通道数分别为 16 和 20，则第一台电脑灯的起始地址码是 001，第二台电脑灯的起始地址码是 017，第三台电脑灯的起始地址码是 037。最后一台电脑灯的起始地址码与其通道数相加不能超过 512，如还有剩余的电脑灯，则应启用控制台的下一个 DMX 控制接口。

根据 DMX512 协议标准，每个 DMX 接口在所控制灯具的总通道数不超过 512 个的前提下，最多只能控制 32 个单元负载。当电脑灯、硅箱、换色器或其他支持 DMX512 控制协议的灯光设备多于 32 个，但控制通道总数远未达到 512 个时，可采用 DMX 分配器，将一路 DMX 信号分成多个 DMX 支路，一方面便于就近连接灯架上的各灯光设备，另一方面每个支路均可驱动 32 个单元负载。不过属于同一 DMX 链路上的各支路所控制的通道总数仍不能超过 512 个。DMX512 控制结构示意图如图 4-8 所示。

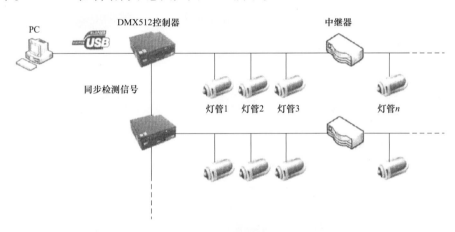

图 4-8 DMX512 控制结构示意图

与传统的模拟调光系统相比，基于 DMX512 控制协议的数字灯光系统，以其强大的控制功能给大、中型影视演播室和综艺舞台的灯光效果带来了翻天覆地的变化。但是 DMX512 控制标准也有一些不足，如速度不够快、传输距离不够远，布线与初始设置随系统规模的变大而变得过于烦琐等，另外控制数据只能由控制端向受控单元单向传输，不能检测灯具的工作情况和在线状态，容易出现传输错误。后来经过修订完善的 DMX512-A 标准支持双向传输（参见 WH/T 32《DMX512-A 灯光控制数据传输协议》），可以回传灯具的错误诊断报告等信息，并兼容所有符合 DMX512 标准的灯光设备。另外，有些灯光设备的解码电路支持 12 位及 12 位数据扩展模式，可以获得更为精确地控制。

目前，LED 灯具采用 DMX 传输协议也十分普遍。

（5）基于 TCP/IP 网络控制。欧司朗（中国）照明有限公司（简称欧司朗公司）、上海光联照明有限公司等不少公司随着智慧城市的发展，开发的照明控制系统基于 TCP/IP 协议的局域网（可以基于有线或 4G 搭建）控制逐步成熟，控制系统框架如图 4-9 和图 4-10

所示，其优点有：

1）设备稳定性好，集成度高。

2）层级式架构，扩展性好。

3）控制软件灵活，容易编辑及整合。

4）系统刷新率大于 30 帧/s。

5）兼容各类标准控制协议。

6）可以通过主动和被动两种方式进行节目的触发。

a. 通过各类感应设备（光感、红外感应、声控等）和系统配件，进行主动式的灯光场景触发。

b. 通过按钮/平板设备/移动终端等用户界面进行灯光场景的触发。

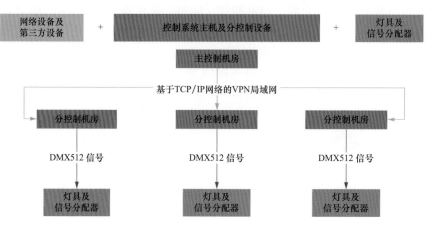

图 4-9　基于 TCP/IP 网络控制框图

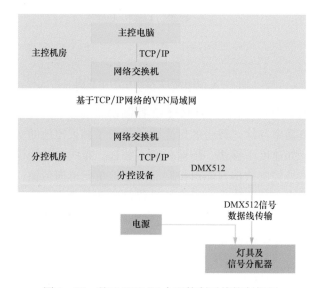

图 4-10　基于 TCP/IP 大型控制系统控制框图

（6）无线控制。照明无线控制技术发展很快，声光控制、红外移动探测、微波（雷达）感应等技术在建筑照明控制中得到广泛应用。基于网络的无线控制技术也逐步应用于照明控制中，主要有 GPRS、ZigBee、Wi – Fi 等。

1）GPRS 控制。GPRS 是通用分组无线服务技术（general packet radio service）的简称，是 GSM（global system of mobile communication）移动电话用户可用的一种移动数据业务，是 GSM 的延续。基于 GPRS 的城市照明控制网络如图 4 – 11 所示。

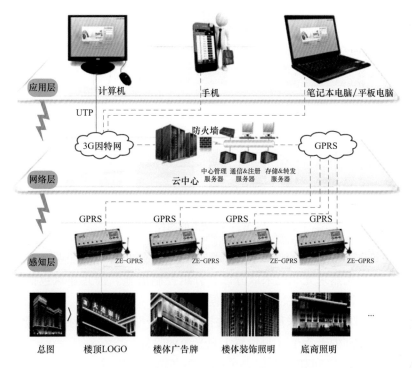

图 4 – 11　基于 GPRS 的城市照明控制网络

2）Zigbee 控制协议。ZigBee 是基于 IEEE 802.15.4 标准的低功耗局域网协议，是一种短距离、低功耗、低速率的无线网络技术，适应无线传感器的低花费、低能量、高容错性等的要求，目前，在智能家居中得到广泛应用。

3）Wi – Fi。Wi – Fi 是一种允许电子设备连接到一个无线局域网（WLAN）的技术，通常使用 2.4GHz UHF 或 5GHz SHF ISM 射频频段。连接到无线局域网通常是有密码保护的；但也可以是开放的，这样就允许任何在 WLAN 范围内的设备可以连接。Wi – Fi 是一个无线网络通信技术的品牌，目的是改善基于 IEEE 802.11 标准的无线网络产品之间的互通性。以前通过网线连接计算机；而 Wi – Fi 则是通过无线电波来连接网络，常见的是一个无线路由器，那么在这个无线路由器电波覆盖的有效范围内都可以采用 Wi – Fi 连接方式进行联网，如果无线路由器连接了一条 ADSL 线路或者别的上网线路，则又被称为热点。利用 Wi – Fi 进行城市照明控制示意图如图 4 – 12 所示。

四、控制要求

不同建筑功能、不同场所照明要求是不同的，为节能和方便，照明控制基本上有下述要求：

（1）居住建筑的楼梯间、走道的照明，宜采用节能自熄开关，节能自熄开关宜采用红外移动探测加光控开关，应急照明应有应急时强制点亮的措施。

（2）高级公寓、别墅宜采用智能照明控制系统。

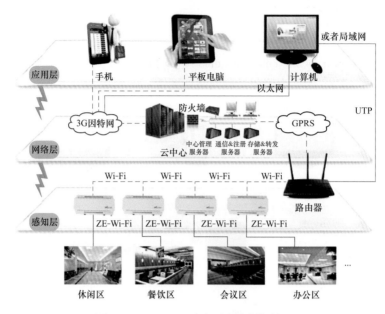

图4-12　Wi-Fi城市照明控制拓扑图

（3）公共建筑和工业建筑的走廊、楼梯间、门厅等公共场所的照明，宜采用集中控制，并按建筑使用条件和天然采光状况采取分区、分组控制措施。公共建筑包括学校、办公楼、宾馆、商场、体育场馆、影剧院、候机厅、候车厅等。

（4）对于小开间房间，可采用面板开关控制，每个照明开关所控光源数不宜太多，每个房间灯的开关数不宜少于2个（只设置1只光源的除外）。

（5）对于大面积的房间如大开间办公室、图书馆、厂房等宜采用智能照明控制系统，在自然采光区域宜采用恒照度控制，靠近外窗的灯具随着自然光线的变化，自动点燃或关闭该区域内的灯具，保证室内照明的均匀和稳定。

（6）影剧院、多功能厅、报告厅、会议室等宜采用调光控制。

（7）博物馆、美术馆等功能性要求较高的场所应采用智能照明集中控制，使照明与环境要求相协调。

（8）宾馆、酒店的每间（套）客房应设置节能控制型总开关。

（9）医院病房走道夜间应能关掉部分灯具。

（10）体育场馆比赛场地应按比赛要求分级控制，大型场馆宜做到单灯控制。

（11）候机厅、候车厅、港口等大空间场所应采用集中控制，并按天然采光状况及具体需要采取调光或降低照度的控制措施。

（12）房间或场所装设有两列或多列灯具时，宜按下列方式分组控制：

1）所控灯列与侧窗平行；

2）生产场所按车间、工段或工序分组；

3）电化教室、会议厅、多功能厅、报告厅等场所，按靠近或远离讲台分组。

（13）有条件的场所，宜采用下列控制方式：

1）天然采光良好的场所，按该场所照度自动开关灯或调光；

2）个人使用的办公室，采用人体感应或动静感应等方式自动开关灯；

3）旅馆的门厅、电梯大堂和客房层走廊等场所，采用夜间定时降低照度的自动调光装置；

4）大、中型建筑，按具体条件采用集中或集散的、多功能或单一功能的自动控制系统。

（14）道路照明应根据所在地区的地理位置和季节变化合理确定开关灯时间，并应根据天空亮度变化进行必要的修正。宜采用光控和时控相结合的智能控制方式。

（15）道路照明采用集中遥控系统时，远动终端宜具有在通信中断的情况下自动开关路灯的控制功能和手动控制功能。同一照明系统内的照明设施应分区或分组集中控制。宜采用光控、时控、程控等智能控制方式，并具备手动控制功能。

（16）道路照明采用双光源时，在"半夜"应能关闭一个光源；采用单光源时，宜采用恒功率及功率转换控制，在"半夜"能转换至低功率运行。

（17）夜景照明应具备平日、一般节日、重大节日开灯控制模式。

（18）建筑物功能复杂、照明环境要求较高时，宜采用专用智能照明控制系统，该系统应具有相对的独立性，宜作为 BA 系统的子系统，应与 BA 系统有接口。建筑物仅采用 BA 系统而不采用专用智能照明控制系统时，公共区域的照明宜纳入 BA 系统控制范围。

（19）应急照明应与消防系统联动，保安照明应与安全防护系统联动。

五、智能照明控制系统设计

1. 总线回路控制型智能照明控制系统

从节能、环保、运行维护及投资回收期上看，对于城市照明和室内大空间及公共区域的照明，智能照明控制方式应成为照明控制的主流，对于总线回路控制型智能照明控制系统，基本上系统是开放性及高扩展性的，能使照明系统与楼宇控制系统、消防系统、保安系统、舞台灯光系统等实现无缝连接。以 HDL－BUS 系统为例，其典型接线示意图如图 4－13 ～图 4－15 所示。

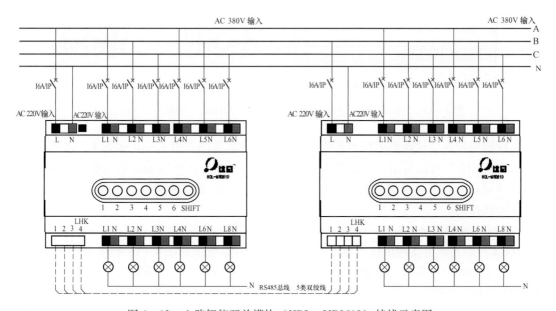

图 4－13 六路智能开关模块（HDL－MR0610）接线示意图

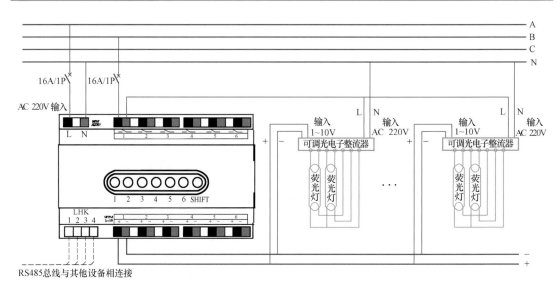

图 4 - 14　六路荧光灯调光模块（HDL - MRDA06）接线示意图

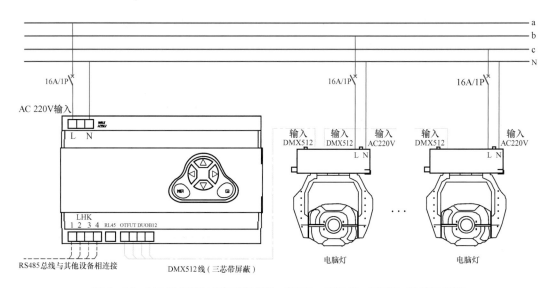

图 4 - 15　240 路 DMX 表演控制模块（HDL - MD240 - DMX）接线示意图

总线回路控制型智能照明控制系统，其平面图和系统图如图 4 - 16 和图 4 - 17 所示。

从图 4 - 16 中可以看出，为了利用自然光，应尽量将靠近外窗的灯具连成一个回路，并尽量按区域划分回路（除走廊按长方向划分回路外），在工作区域应避免长方向划分区域，以利于分区控制。

2. DALI 控 制 系 统

DALI 控制系统可实现单灯控制，其典型平面图和系统图如图 4 - 18 和图 4 - 19 所示。

从图 4 - 18 中可看出，照明回路可以不按距窗远近分组，就近分组即可，图中为方便看出 DALI 控制线的敷设，与电源线分别作了表示，按 DALI 安装规范，DALI 控制线可以与电源线共管敷设。

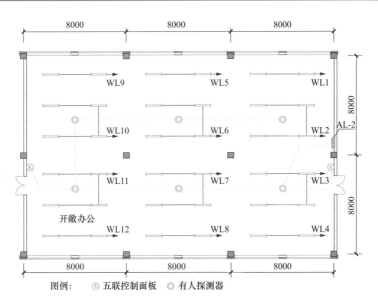

图例：　Ⓚ 五联控制面板　◎ 有人探测器

图 4 – 16　总线回路控制型智能照明系统平面图（单位：mm）

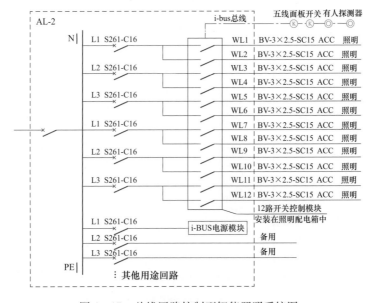

图 4 – 17　总线回路控制型智能照明系统图

六、智能照明控制的趋势

基于 KNX/EIB 协议的照明控制系统得到了众多厂商响应，满足开放性的要求，但发展缓慢，表 4 – 18 为广州世荣电子股份有限公司对 RS485 总线和 KNX/EIB 总线的比较。

RS485 采用差分信号负逻辑，−2V～−6V 表示"1"，+2V～+6V 表示"0"。RS485 有两线制和四线制两种接线，四线制只能实现点对点的通信方式，现很少采用，现在多采用两线制接线方式，这种接线方式为总线式拓扑结构，在同一总线上最多可以挂接 32 个节点。在 RS485 通信网络中一般采用主从通信方式，即一个主机带多个从机。在很多情况下，连接 RS485 通信链路时只是简单地用一对双绞线将各个接口的"A""B"端连接起来。

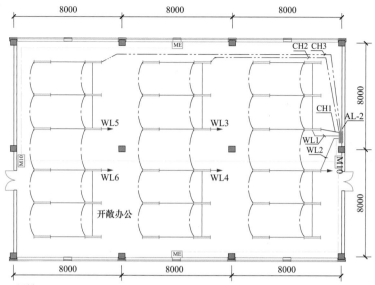

图例：☐M10 十场景控制面板 ☐ME 环境高度探测器 ☐MT 时间管理器 ☐D3 三路调光模块

图 4-18　DALI 控制系统平面图（单位：mm）

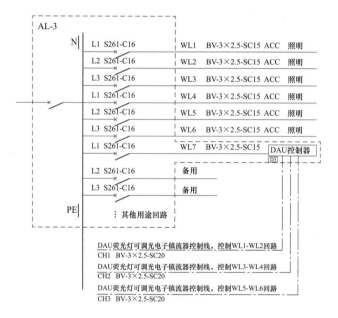

图 4-19　DALI 控制系统图

表 4-18　　　　　　　　　　　RS485 总线和 KNX/EIB 总线比较表

比较项目	RS485 协议	KNX/EIB 协议
机械自锁继电器	具备	具备
回路电流检测功能	具备	具备
继电器触点过零断开功能	具备，可以做到灭弧	无
总线自愈技术	具备，总线被切断，系统仍然可以正常工作	无

比较项目	RS485 协议	KNX/EIB 协议
是否自带电源	是	否
调光器短路保护	具备	无
LED 调光	具备 1728 级 PWM 调光技术	无
图像处理	具备基于图像处理的人体探测技术	无
模块化调光箱	具备	无，没有调光箱这个产品，大功率调光必须使用 OEM 其他厂家产品

采用 RS485 协议，继电器具有机械自锁、回路电流检测功能、过零断开功能等优势；调光方面具有短路保护功能、完全切断回路、调光曲线任意编辑和修改、低噪声、低谐波、自散热等优势；总线具有通信总线保护技术、总线自愈技术等优势；软件具有能源管理技术、电子地图、光晕效果等优势，使智能控制更上一个台阶。

网络化的照明控制得到了较快的发展，城市照明的联动控制、遥控、集中控制和显示，已经得到大量应用。上海光联照明有限公司 2013 年完成的南昌赣江一江两岸 106 栋建筑同步联动项目，标志着联动控制技术的全新突破，灯光控制系统在标准的 DMX512 协议的基础上建立了更加完整的开放式协议，使各个专业工厂明确控制指令的规则，系统可以将各个工厂、各种不同类型的可变光源灯具统一协调控制，最终实现多栋建筑的效果同步；采用 GPS 精准时钟为基础实现所有设备的同步控制，这是一项重大突破，其优点在于不依赖于网络是否畅通，可靠性很高，无论再大的范围，只要能接收到 GPS 信号，就能实现视觉与音频的同步效果。

LED 照明的低压、直流特点，使得照明采用以太网供电（power over ethernet，POE）成为可能，这种利用现存标准以太网传输电缆同时传送数据和电功率的方式，不仅提高了照明的安全性，还为照明的智能控制提供了极大的便利。

照明控制是在不断发展的，它的硬件、软件系统都随着技术的发展在不断前进，未来照明将走向智能、艺术、高科技，智能照明的出现和发展改变了照明行业的命运，提高了人们的生活品质，大数据时代精准的照度控制技术也即将闪亮登场，绿色节能的智能照明将会彻底地取代普通的照明。

第五章
照 度 计 算

编者：姚家祎　王　劲　徐　华　　校审者：徐　华　张耀根

第一节　点光源的点照度计算

一、点光源点照度的基本计算公式

当光源尺寸与光源到计算点之间的距离相比小得多时，可将光源视为点光源。一般圆盘形发光体的直径不大于照射距离的1/5，线状发光体的长度不大于照射距离的1/4时，按点

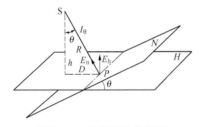

图5-1　点光源的点照度

光源进行照度计算误差均小于5%。距离平方反比定律及余弦定律适用于点光源产生的点照度计算。这些定律是照明计算的基本公式。

1. 距离平方反比定律

点光源S在与照射方向垂直的平面N上某点产生的照度E_n与光源在该方向的光强I_θ成正比，与光源至被照面的距离R的二次方成反比，由式（5-1）表示（见图5-1）

$$E_n = \frac{I_\theta}{R^2} \tag{5-1}$$

式中　E_n——点光源在与照射方向垂直平面上某点产生的照度，其方向与照射方向相反，lx；

　　　I_θ——点光源在照射方向的光强，cd；

　　　R——点光源至被照面上计算点的距离，m。

2. 余弦定律

点光源S照射在水平面H的P点上产生的水平照度E_h与光源的光强I_θ及被照面法线与入射光线的夹角θ的余弦成正比，与光源至被照面上计算点的距离R的二次方成反比，可由式（5-2）表示

$$E_h = \frac{I_\theta}{R^2}\cos\theta \tag{5-2}$$

式中　E_h——点光源S照射在水平面上P点产生的水平照度，其方向与水平面H垂直，lx；

　　　I_θ——点光源照射方向的光强，cd；

　　　R——点光源至被照面计算点的距离，m；

　　　$\cos\theta$——被照面通过点光源S的法线与入射光线的夹角的余弦。

二、点光源产生的水平照度和垂直照度的计算

一般情况下，点光源在水平面 H 上某点产生的照度可分为水平照度、垂直照度和任意方向上的照度。水平照度的方向与水平面垂直；垂直照度的方向与水平面平行；任意方向上的照度则与点光源照射夹角有关。点光源在空间某点产生的照度仍如上述，参考平面可假定为地面，或通过该点的水平面。

1. 点光源产生的水平照度 E_h 的计算

按照余弦定律，点光源 S 产生的水平照度 E_h（见图 5-2）可按式（5-2）计算。

任意方向上的照度按式（5-1）计算。

2. 点光源产生的垂直照度 E_v 的计算

按照余弦定律，点光源 S 产生的垂直照度 E_v（见图 5-2）为

$$E_v = \frac{I_\theta}{R^2}\cos\beta = \frac{I_\theta}{R^2}\sin\theta \qquad (5-3)$$

3. E_h 和 E_v 应用光源安装高度 h 的计算

已知光源的安装高度（或计算高度）h 时，E_h 和 E_v 的计算式为

$$E_h = \frac{I_\theta}{R^2}\cos\theta = \frac{I_\theta\cos\theta}{\left(\dfrac{h}{\cos\theta}\right)^2} = \frac{I_\theta\cos^3\theta}{h^2} \qquad (5-4)$$

$$E_v = \frac{I_\theta}{R^2}\sin\theta = \frac{I_\theta\sin\theta}{\left(\dfrac{h}{\cos\theta}\right)^2} = \frac{I_\theta\cos^2\theta\sin\theta}{h^2} \qquad (5-5)$$

式中　h——光源距所计算水平面的安装高度，即计算高度，m。

其他符号含义同上。

4. E_h 应用直角坐标的计算

由图 5-3 可得

$$E_h = \frac{I_\theta\cos\theta}{R^2} = \frac{I_\theta h}{R^2 R} = \frac{I_\theta h}{R^3}$$

其中

$$R = (h^2 + D^2)^{\frac{1}{2}} = (h^2 + x^2 + y^2)^{\frac{1}{2}}$$

$$E_h = \frac{I_\theta h}{(h^2 + x^2 + y^2)^{\frac{3}{2}}} \qquad (5-6)$$

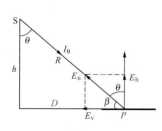

图 5-2　点光源水平面与垂直面照度

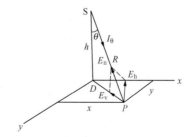

图 5-3　直角坐标中的点光源水平照度

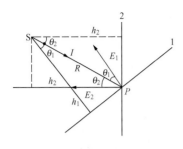

图 5 - 4　点光源在不同平面上

P 点的水平照度

（图中的平面 1 和平面 2）

5. 点光源在不同平面上 P 点的水平照度之比

点光源 S 在不同平面上 P 点的水平照度之比等于点光源 S 到不同平面上的垂直线长度之比（见图 5 - 4），即

$$E_1 = \frac{I}{R^2}\cos\theta_1$$

$$E_2 = \frac{I}{R^2}\cos\theta_2$$

$$\frac{E_1}{E_2} = \frac{\cos\theta_1}{\cos\theta_2} = \frac{\dfrac{h_1}{R}}{\dfrac{h_2}{R}} = \frac{h_1}{h_2} \quad (5-7)$$

三、点光源倾斜面照度计算

倾斜面在任意位置时，有受光面 N 和背光面 N′（见图 5 - 5）。θ 角指倾斜面的背光面与水平面形成的倾角，可小于或大于 90°。

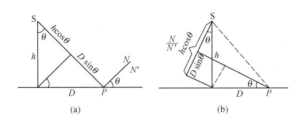

图 5 - 5　点光源倾斜面照度

（a）受光面与光照射成 90°；（b）背光面与水平面形成 θ 角

按照式（5 - 7），在 P 点上的倾斜面照度 E_φ 与水平照度 E_h 之比为

$$\frac{E_\varphi}{E_h} = \frac{h\cos\theta \pm D\sin\theta}{h}$$

因而点光源在倾斜面上照度 E_φ 可由下式计算

$$E_\varphi = \left(\cos\theta \pm \frac{D}{h}\sin\theta\right)E_h = \psi E_h \quad (5-8)$$

$$\psi = \cos\theta \pm \frac{D}{h}\sin\theta \quad (5-9)$$

式中　E_φ——倾斜面上 P 点的照度，lx；

　　　　E_h——水平面上 P 点的照度，lx；

　　　　h——光源至水平面上的计算高度，m；

　　　　D——光源在水平面上的投影至倾斜面与水平面交线的垂直距离，m；

　　　　ψ——比值。

式（5 - 9）中，正号表示图 5 - 5（a）中倾斜面的情况，负号表示图 5 - 5（b）倾斜面的情况。ψ 值可在图 5 - 6 中查出，图 5 - 6 中虚线表示式（5 - 9）中负的 ψ 值。

四、多光源下的某点照度计算

在多光源照射下在水平面或倾斜面上的某点照度分别由式（5－10）及式（5－11）计算

$$E_{h\Sigma} = E_{h1} + E_{h2} + \cdots + E_{hn}$$

$$= \sum_{i=1}^{n} E_{hi} \qquad (5-10)$$

$$E_{\varphi\Sigma} = E_{\varphi 1} + E_{\varphi 2} + \cdots + E_{\varphi n}$$

$$= \psi_1 E_{h1} + \psi_2 E_{h2} \cdots + \psi_n E_{hn}$$

$$= \sum_{i=1}^{n} \psi_i E_{hi} \qquad (5-11)$$

式中　　　　$E_{h\Sigma}$——多光源照射下在水平面上某点的总照度，lx；

$E_{h1}，\cdots，E_{hi}，\cdots，E_{hn}$——各光源照射下在水平面上的某点照度，lx；

$E_{\varphi\Sigma}$——各光源照射下在倾斜面上某点的总照度，lx；

$E_{\varphi 1}，\cdots，E_{\varphi i}，\cdots，E_{\varphi n}$——各光源照射下在倾斜面上某点照度，lx。

五、点光源应用空间等照度曲线的照度计算

I_θ 为光源的光强分布值，则水平照度 E_h 可由下式算出

$$E_h = \frac{I_\theta \cos^3 \theta}{h^2}$$

$$E_h = f(h, D)$$

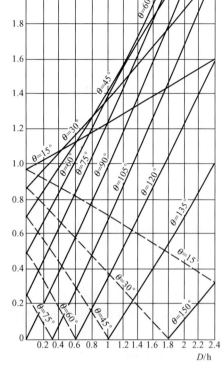

图 5－6　ψ 与 D/h 关系曲线

按此相互对应关系即可制成空间等照度曲线。通常 I_θ 取光源光通量为 1000lm 时的光强分布值，则 RJ－GC888－D8－B（400W）型工矿灯具（内装 400W 金属卤化物灯）的空间等照度曲线如图 5－7 所示。

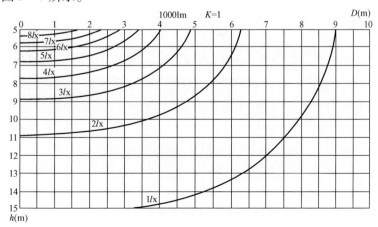

图 5－7　RJ－GC888－D8－B（400W）型工矿灯具（内装 400W 金属卤化物灯）的空间等照度曲线

已知灯的计算高度 h 和计算点至灯具轴线的水平距离 D，应用等照度曲线可直接查出光源 1000lm 时的水平照度 ε。如光源光通量为 Φ，灯具维护系数为 K，则计算点的实际水平照度为

$$E_{\mathrm{h}} = \frac{\Phi\varepsilon K}{1000} \qquad (5-12)$$

则计算点的垂直平面上的照度为

$$E_{\mathrm{v}} = \frac{D}{h}E_{\mathrm{h}} \qquad (5-13)$$

计算点的倾斜面上的照度为

$$E_{\varphi} = E_{\mathrm{h}}\left(\cos\theta \pm \frac{D}{h}\sin\theta\right) = \psi E_{\mathrm{h}} \qquad (5-14)$$

当有多个相同灯具投射到同一点时，其实际水平面照度可按式（5-15）计算

$$E_{\mathrm{h}} = \frac{\Phi\Sigma\varepsilon K}{1000} \qquad (5-15)$$

式中　Φ——光源的光通量，lm；

　　　$\Sigma\varepsilon$——各灯（1000lm）对计算点产生的水平照度之和，lx；

　　　K——灯具的维护系数。

六、计算示例

例 5-1　如图 5-8 所示，某机械加工车间长 24m，宽 13.5m，高 8.5m。内装有 8 只 RJ-GC888-D8-B 型工矿灯具，金属卤化物灯，功率为 400W，灯具计算高度为 $h=8\mathrm{m}$，光源光通量 $\Phi=32000\mathrm{lm}$，光源光强分布（1000lm）如表 5-1 所示。工作面距地 0.75m，灯具维护系数 $K=0.7$。试求 A 点的水平面照度值。

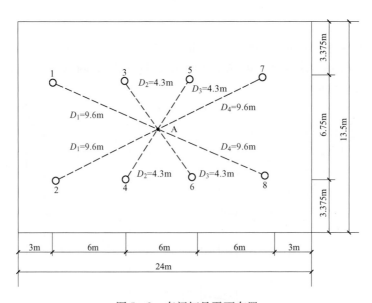

图 5-8　车间灯具平面布置

表 5 – 1　　　　　　　　　　　　　　　光　源　光　强　分　布

$\theta(°)$	0	2.5	7.5	12.5	17.5	22.5	27.5	32.5	37.5	42.5
$I_\theta(\text{cd})$	243.4	235.0	235.6	239.1	240.3	240.5	233.4	224.8	215.1	205.0
$\theta(°)$	47.5	52.5	57.5	62.5	67.5	72.5	77.5	82.5	87.5	
$I_\theta(\text{cd})$	197.6	187.9	176.7	162.1	112.6	48.9	22.5	11.6	3.3	

解：（1）按点光源水平面照度计算公式计算

$$E_{h1} = E_{h2} = E_{h7} = E_{h8}$$

$$R_1 = \sqrt{h^2 + D_1^2} = \sqrt{7.25^2 + 9.6^2} = 12(\text{m})$$

$$\cos\theta_1 = \frac{h}{R_1} = \frac{7.25}{12} = 0.604$$

$$\theta_1 = 52.84°$$

$$I_{\theta1} = 187.1(\text{cd})$$

$$E_{h1} = \frac{I_{\theta1}\cos\theta_1}{R_1^2} = \frac{187.1 \times 0.604}{12^2} = 0.785(\text{lx})$$

$$E_{h3} = E_{h4} = E_{h5} = E_{h6}$$

$$R_2 = \sqrt{h^2 + D_2^2} = \sqrt{7.25^2 + 4.5^2} = 8.53(\text{m})$$

$$\cos\theta_2 = \frac{h}{R_2} = \frac{7.25}{8.53} = 0.85$$

$$\theta_2 = 31.8°$$

$$I_{\theta2} = 226.1(\text{cd})$$

$$E_{h3} = \frac{I_{\theta2}\cos\theta_2}{R_2^2} = \frac{226.1 \times 0.85}{8.53^2} = 2.64(\text{lx})$$

$$E_{h\Sigma} = 4(E_{h1} + E_{h3}) = 4 \times (0.785 + 2.64) = 13.7(\text{lx})$$

$$E_{Ah} = \frac{\Phi E_{h\Sigma}K}{1000} = \frac{32000 \times 13.7 \times 0.7}{1000} = 306.9(\text{lx})$$

（2）按应用空间等照度曲线计算。

从图 5 – 7 的等照度曲线图中查出

$$h = 7.25\text{m} \quad \left.\begin{array}{l} D_1 = 9.6\text{m} \\ D_4 = 9.6\text{m} \end{array}\right\} \varepsilon_1 = \varepsilon_2 = \varepsilon_7 = \varepsilon_8 = 0.75(\text{lx})$$

$$\left.\begin{array}{l} D_2 = 4.5\text{m} \\ D_3 = 4.5\text{m} \end{array}\right\} \varepsilon_3 = \varepsilon_4 = \varepsilon_5 = \varepsilon_6 = 2.7(\text{lx})$$

$$E_{A\Sigma} = 4 \times (0.75 + 2.7) = 13.8(\text{lx})$$

$$E_{Ah} = \frac{\Phi E_{A\Sigma}K}{1000} = \frac{32000 \times 13.8 \times 0.7}{1000} = 309.1(\text{lx})$$

功率密度值

$$LPD = \frac{P}{S} = \frac{422 \times 8}{24 \times 13.5} = 10.42(\text{W/m}^2)$$

注 金卤灯功率400W，电子型镇流器功率22W。

例 5-2 同［例 5-1］，机械加工车间灯具采用 BY688P 超高效 LED 高天棚灯具直径 466mm，高 158mm，光输出 16000lm，功率 160W，光源光强分布 1000lm，如表 5-2 所示，工作面距地 0.75m，灯具维护系数 $K=0.7$。试求 A 点的水平面照度值。

表 5-2　　　　　　　　　　　　　光 源 光 强 分 布

$\theta(°)$	0	2.5	7.5	12.5	17.5	22.5	27.5	32.5	37.5	42.5
$I_\theta(cd)$	315	319	345.5	385.5	423.5	447.5	450	431	394.5	350
$\theta(°)$	47.5	52.5	57.5	62.5	67.5	72.5	77.5	82.5	87.5	90
$I_\theta(cd)$	269	139.5	74.5	35.5	11.5	7.5	4.5	2	3	0.5

注 按厂家资料取纵、横轴光强平均值。

解：按点光源水平面照度计算公式计算

$$E_{h1} = E_{h2} = E_{h7} = E_{h8}$$

$$R_1 = \sqrt{h^2 + D_1^2} = \sqrt{7.25^2 + 9.6^2} = 12(m)$$

$$\cos\theta_1 = \frac{h}{R_1} = \frac{7.25}{12} = 0.604$$

$$\theta_1 = 52.84°$$

$$I_{\theta1} = 135.1(cd)$$

$$E_{h1} = \frac{I_{\theta1}\cos\theta_1}{R_1^2} = \frac{135.1 \times 0.604}{12^2} = 0.567(lx)$$

$$E_{h3} = E_{h4} = E_{h5} = E_{h6}$$

$$R_2 = \sqrt{h^2 + D_2^2} = \sqrt{7.25^2 + 4.5^2} = 8.53(m)$$

$$\cos\theta_2 = \frac{h}{R_2} = \frac{7.25}{8.53} = 0.85$$

$$\theta_2 = 31.8°$$

$$I_{\theta2} = 433.7(cd)$$

$$E_{h3} = \frac{I_{\theta2}\cos\theta_2}{R_2^2} = \frac{433.7 \times 0.85}{8.53^2} = 5.067(lx)$$

$$E_{h\Sigma} = 4(E_{h1} + E_{h3}) = 4 \times (0.567 + 5.067) = 22.54(lx)$$

$$E_{Ah} = \frac{\Phi E_{h\Sigma}K}{1000} = \frac{16000 \times 22.54 \times 0.7}{1000} = 252.4(lx)$$

功率密度值

$$LPD = \frac{P}{S} = \frac{160 \times 8}{24 \times 13.5} = 3.95(W/m^2)$$

第二节　线光源的点照度计算

一、概述

线光源指宽度 b 较长度 L 小得多的发光体。线光源的长度小于计算高度的 1/4

（即 $L < 1/4h$）时，按点光源进行照度计算，其误差小于 5%。当 $L \geqslant 1/4h$ 时，一般应按线光源进行点照度计算。线光源的点照度计算方法主要有方位系数法和应用线光源等照度曲线法。

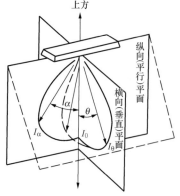

图 5 - 9　线光源的纵向和横向光强分布曲线

二、线光源光强分布曲线

线光源的纵向和横向光强分布曲线如图 5 - 9 所示。

（1）线光源的横向光强分布曲线一般由式（5 - 16）表示

$$I_\theta = I_0 f(\theta) \qquad (5-16)$$

式中　I_θ——θ 方向上的光强；

I_0——在线光源发光面法线方向上的光强。

（2）线光源的纵向光强分布曲线可能是不同的，但任何一种线光源在通过光源纵轴的各个平面上的光强分布曲线，具有相似的形状，可由式（5 - 17）表示

$$I_{\theta \cdot \alpha} = I_{\theta \cdot 0} f(\alpha) \qquad (5-17)$$

式中　$I_{\theta \cdot \alpha}$——与通过纵轴的对称平面成 θ 角，与垂直于纵轴的对称平面成 α 角方向上的光强；

$I_{\theta \cdot 0}$——在 θ 平面上垂直于光源轴线方向的光强（θ 平面是通过光源的纵轴而与通过纵轴的垂直面成 θ 夹角的平面）。

实际应用的各种线光源的纵轴向光强分布，可由下列五类相对光强分布公式表示

A 类　　　　　　　　　　　$I_{\theta \cdot \alpha} = I_{\theta \cdot 0} \cos\alpha$

B 类　　　　　　$I_{\theta \cdot \alpha} = I_{\theta \cdot 0} \left(\dfrac{\cos\alpha + \cos^2\alpha}{2} \right)$

C 类　　　　　　　　　　$I_{\theta \cdot \alpha} = I_{\theta \cdot 0} \cos^2\alpha$

D 类　　　　　　　　　　$I_{\theta \cdot \alpha} = I_{\theta \cdot 0} \cos^3\alpha$

E 类　　　　　　　　　　$I_{\theta \cdot \alpha} = I_{\theta \cdot 0} \cos^4\alpha$

纵向平面五类相对光强分布曲线如图 5 - 10 所示。

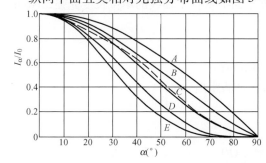

图 5 - 10　纵向平面五类相对光强分布曲线

I_α / I_0—相对光强；α—纵向平面角

三、方位系数法

1. 线光源在水平面 P 点上的照度计算

计算点 P 与线光源一端 A 对齐，水平面的法线与入射光平面 APB（θ 平面）成 β 角，线光源的纵向光强分布具有

$$I_{\theta \cdot \alpha} = I_{\theta \cdot 0} \cos^n\alpha \, (n = 1、2、3、4)$$

或者

$$I_{\theta \cdot \alpha} = I_{\theta \cdot 0} \left(\frac{\cos\alpha + \cos^2\alpha}{2} \right)$$

线光源在 θ 平面上垂直于光源轴线 AB 方向的单位长度光强为

$$I'_{\theta \cdot 0} = \frac{I_{\theta \cdot 0}}{l}$$

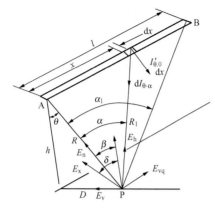

图 5 – 11　线光源在 P 点
产生的法线照度

整个线光源 AB 在 P 点的法线照度（见图 5 – 11）为

$$E_{\mathrm{n}} = \frac{I_{\theta\cdot0}}{lR}\int_0^{\alpha_1} \cos^n\alpha\cos\alpha\,\mathrm{d}\alpha$$

或　$E_{\mathrm{n}} = \frac{I_{\theta\cdot0}}{lR}\int_0^{\alpha_1}\left(\frac{\cos\alpha + \cos^2\alpha}{2}\right)\cos\alpha\,\mathrm{d}\alpha$　（5 – 18）

由图 5 – 11 可知

$$R = \sqrt{h^2 + D^2}$$

$$\alpha_1 = \arctan\frac{l}{\sqrt{h^2 + D^2}}$$

$$\theta = \arctan\frac{D}{h}$$

因此

$$E_{\mathrm{n}} = \frac{I_{\theta\cdot0}}{l\cdot R}(AF)$$

$$= \frac{I'_{\theta\cdot0}}{R}(AF) \tag{5 – 19}$$

式中　$AF = \displaystyle\int_0^{\alpha_1}\cos^n\alpha\cdot\cos\alpha\,\mathrm{d}\alpha$ 或 $AF = \displaystyle\int_0^{\alpha_1}\left(\frac{\cos\alpha + \cos^2\alpha}{2}\right)\cos\alpha\,\mathrm{d}\alpha$，称为水平方位系数。$P$ 点
水平面照度 E_{h} 可根据照度矢量计算求出

$$E_{\mathrm{h}} = \frac{I_{\theta\cdot0}}{lR}\frac{h}{R}(AF) = \frac{I'_{\theta\cdot0}}{h}\cos^2\theta(AF) \tag{5 – 20}$$

考虑到灯具的光通量并非 1000lm 及灯具的维护系数，则线光源在水平面上 P 点产生的
实际水平照度为

$$E_{\mathrm{h}} = \frac{\Phi I'_{\theta\cdot0}K}{1000h}\cos^2\theta(AF) \tag{5 – 21}$$

式中　$I_{\theta\cdot0}$——长度为 l，光通量为 1000lm 的线光源在 θ 平面上垂直于轴线的光强，cd；

　　　$I'_{\theta\cdot0}$——线光源光通量为 1000lm 时，在 θ 平面上垂直于轴线的单位长度光强，cd/m；

　　　Φ——光源光通量，lm；

　　　l——线光源长度，m；

　　　h——线光源在计算水平面上的计算高度，m；

　　　D——线光源在水平面上的投影至计算点 P 的距离，m；

　　　AF——水平方位系数，如表 5 – 3 所示；

　　　K——灯具的维护系数。

表 5 – 3　　　　　　　　　　　　　水平方位系数（AF）

照明器类别						照明器类别				
$\alpha(°)$	A	B	C	D	E	$\alpha(°)$	A	B	C	D	E
0	0.000	0.000	0.000	0.000	0.000	4	0.070	0.070	0.070	0.070	0.070
1	0.017	0.017	0.017	0.018	0.018	5	0.087	0.087	0.087	0.087	0.087
2	0.035	0.035	0.035	0.035	0.035	6	0.105	0.104	0.104	0.104	0.104
3	0.052	0.052	0.052	0.052	0.052	7	0.122	0.121	0.121	0.121	0.121

续表

照明器类别						照明器类别					
$\alpha(°)$	A	B	C	D	E	$\alpha(°)$	A	B	C	D	E
8	0.139	0.138	0.138	0.138	0.137	50	0.683	0.649	0.616	0.563	0.519
9	0.156	0.155	0.155	0.155	0.154	51	0.690	0.655	0.566	0.566	0.521
10	0.173	0.172	0.172	0.171	0.170	52	0.697	0.661	0.625	0.568	0.523
11	0.190	0.189	0.189	0.187	0.186	53	0.703	0.666	0.629	0.571	0.524
12	0.206	0.205	0.205	0.204	0.202	54	0.709	0.671	0.633	0.573	0.525
13	0.223	0.222	0.221	0.219	0.218	55	0.715	0.675	0.636	0.575	0.527
14	0.239	0.238	0.237	0.234	0.233	56	0.720	0.679	0.639	0.577	0.528
15	0.256	0.254	0.253	0.250	0.248	57	0.726	0.684	0.642	0.578	0.528
16	0.272	0.270	0.269	0.265	0.262	58	0.731	0.688	0.645	0.580	0.529
17	0.288	0.286	0.284	0.280	0.276	59	0.736	0.691	0.647	0.581	0.530
18	0.304	0.301	0.299	0.295	0.290	60	0.740	0.695	0.650	0.582	0.530
19	0.320	0.316	0.314	0.309	0.303	61	0.744	0.698	0.652	0.583	0.531
20	0.335	0.332	0.329	0.322	0.316	62	0.748	0.701	0.654	0.584	0.531
21	0.351	0.347	0.343	0.336	0.329	63	0.752	0.703	0.655	0.585	0.532
22	0.366	0.361	0.357	0.349	0.341	64	0.756	0.706	0.657	0.586	0.532
23	0.380	0.375	0.371	0.362	0.353	65	0.759	0.708	0.658	0.586	0.532
24	0.396	0.390	0.385	0.374	0.364	66	0.762	0.710	0.659	0.587	0.533
25	0.410	0.404	0.398	0.386	0.375	67	0.764	0.712	0.660	0.587	0.533
26	0.424	0.417	0.410	0.398	0.386	68	0.767	0.714	0.661	0.588	0.533
27	0.438	0.430	0.423	0.409	0.396	69	0.769	0.716	0.662	0.588	0.533
28	0.452	0.443	0.435	0.420	0.405	70	0.772	0.718	0.663	0.588	0.533
29	0.465	0.456	0.447	0.430	0.414	71	0.774	0.719	0.664	0.588	0.533
30	0.478	0.473	0.458	0.440	0.423	72	0.776	0.720	0.664	0.589	0.533
31	0.491	0.480	0.649	0.450	0.431	73	0.778	0.721	0.665	0.589	0.533
32	0.504	0.492	0.480	0.459	0.439	74	0.779	0.722	0.665	0.589	0.533
33	0.517	0.504	0.491	0.468	0.447	75	0.780	0.723	0.666	0.589	0.533
34	0.529	0.515	0.501	0.476	0.454	76	0.781	0.723	0.666	0.589	0.533
35	0.541	0.526	0.511	0.484	0.460	77	0.782	0.724	0.666	0.589	0.533
36	0.552	0.537	0.520	0.492	0.466	78	0.782	0.724	0.666	0.589	0.533
37	0.564	0.546	0.528	0.499	0.472	79	0.783	0.724	0.666	0.589	0.533
38	0.574	0.556	0.538	0.506	0.478	80	0.784	0.725	0.666	0.589	0.533
39	0.585	0.565	0.546	0.513	0.483	81	0.784	0.725	0.667	0.589	0.533
40	0.596	0.575	0.554	0.519	0.488	82	0.785	0.725	0.667	0.589	0.533
41	0.606	0.584	0.562	0.525	0.492	83	0.785	0.725	0.667	0.589	0.533
42	0.615	0.591	0.569	0.530	0.496	84	0.785	0.725	0.667	0.589	0.533
43	0.625	0.598	0.576	0.535	0.500	85	0.786	0.725	0.667	0.589	0.533
44	0.634	0.608	0.583	0.540	0.504	86					
45	0.643	0.616	0.589	0.545	0.507	87					
46	0.652	0.623	0.595	0.549	0.510	88			与85°值相同			
47	0.660	0.630	0.601	0.553	0.512	89					
48	0.668	0.637	0.606	0.556	0.515	90					
49	0.675	0.643	0.612	0.560	0.517						

2. 在垂直于线光源轴线的平面上 P 点的照度计算

在图 5-11 中 P 点的照度 E_{vq} 为

$$E_{vq} = \frac{I_{\theta \cdot 0}}{lR} \int_0^{\alpha_1} \cos^n \alpha \sin\alpha \, d\alpha$$

或

$$E_{vq} = \frac{I_{\theta \cdot 0}}{lR} \int_0^{\alpha_1} \left(\frac{\cos\alpha + \cos^2\alpha}{2} \right) \sin\alpha \, d\alpha \tag{5-22}$$

因此

$$E_{vq} = \frac{I_{\theta \cdot 0}}{lR} (\alpha f) = \frac{I'_{\theta \cdot 0}}{h} \cos\theta (\alpha f) \tag{5-23}$$

考虑到灯具的光通量并非 1000lm 及灯具的维护系数，则线光源在 P 点的照度为

$$E_{vq} = \frac{\Phi I'_{\theta \cdot 0} K}{1000h} \cos\theta (\alpha f) \tag{5-24}$$

式中　αf——垂直方位系数，如表 5-4 所示。

其他符号意义与式（5-21）相同。

表 5-4　　　　　　　　　　　　　垂直方位系数（αf）

$\alpha(°)$	照明器类别					$\alpha(°)$	照明器类别				
	A	B	C	D	E		A	B	C	D	E
0	0.000	0.000	0.000	0.000	0.000	25	0.089	0.087	0.085	0.081	0.078
1	0.000	0.000	0.000	0.000	0.000	26	0.096	0.093	0.091	0.087	0.083
2	0.001	0.001	0.001	0.001	0.001	27	0.103	0.100	0.097	0.092	0.088
3	0.001	0.001	0.001	0.001	0.001	28	0.110	0.107	0.104	0.098	0.093
4	0.002	0.002	0.002	0.002	0.002	29	0.118	0.113	0.110	0.104	0.098
5	0.004	0.003	0.003	0.004	0.004	30	0.125	0.120	0.116	0.109	0.103
6	0.005	0.005	0.005	0.005	0.005	31	0.132	0.127	0.123	0.115	0.108
7	0.007	0.007	0.007	0.007	0.007	32	0.140	0.135	0.130	0.121	0.112
8	0.010	0.009	0.009	0.010	0.010	33	0.148	0.142	0.136	0.126	0.117
9	0.012	0.012	0.012	0.012	0.012	34	0.156	0.149	0.143	0.132	0.122
10	0.015	0.015	0.015	0.015	0.016	35	0.165	0.157	0.150	0.137	0.126
11	0.018	0.018	0.018	0.018	0.018	36	0.173	0.164	0.156	0.143	0.131
12	0.022	0.021	0.021	0.021	0.021	37	0.181	0.172	0.163	0.148	0.135
13	0.025	0.025	0.025	0.025	0.024	38	0.190	0.180	0.170	0.154	0.139
14	0.029	0.029	0.029	0.028	0.028	39	0.198	0.187	0.177	0.159	0.143
15	0.033	0.033	0.033	0.032	0.032	40	0.207	0.195	0.183	0.164	0.147
16	0.038	0.037	0.037	0.037	0.036	41	0.216	0.203	0.190	0.169	0.151
17	0.043	0.042	0.041	0.041	0.040	42	0.224	0.210	0.196	0.174	0.155
18	0.048	0.047	0.046	0.046	0.044	43	0.233	0.218	0.203	0.179	0.158
19	0.053	0.052	0.051	0.049	0.049	44	0.242	0.224	0.209	0.183	0.162
20	0.059	0.057	0.056	0.055	0.054	45	0.250	0.232	0.215	0.188	0.165
21	0.064	0.063	0.062	0.060	0.058	46	0.259	0.240	0.221	0.192	0.168
22	0.070	0.068	0.067	0.065	0.063	47	0.267	0.247	0.227	0.196	0.171
23	0.076	0.074	0.073	0.071	0.068	48	0.276	0.254	0.233	0.200	0.173
24	0.083	0.081	0.079	0.076	0.073	49	0.285	0.262	0.239	0.204	0.176

续表

α(°)	A	B	C	D	E	α(°)	A	B	C	D	E
50	0.293	0.268	0.244	0.207	0.178	71	0.447	0.384	0.322	0.247	0.199
51	0.302	0.276	0.250	0.211	0.180	72	0.452	0.387	0.323	0.248	0.199
52	0.310	0.282	0.255	0.214	0.182	73	0.457	0.391	0.323	0.248	0.200
53	0.319	0.289	0.260	0.217	0.184	74	0.462	0.394	0.326	0.249	0.200
54	0.327	0.296	0.265	0.220	0.186	75	0.466	0.396	0.327	0.249	0.200
55	0.335	0.302	0.270	0.223	0.188	76	0.470	0.399	0.328	0.249	0.200
56	0.344	0.309	0.275	0.226	0.189	77	0.474	0.401	0.329	0.249	0.200
57	0.352	0.315	0.279	0.228	0.190	78	0.478	0.404	0.330	0.250	0.200
58	0.360	0.321	0.283	0.230	0.192	79	0.482	0.406	0.331	0.250	0.200
59	0.367	0.327	0.287	0.232	0.193	80	0.485	0.408	0.331	0.250	0.200
60	0.375	0.333	0.291	0.234	0.194	81	0.488	0.410	0.332	0.250	0.200
61	0.383	0.339	0.295	0.236	0.195	82	0.490	0.411	0.332	0.250	0.200
62	0.390	0.344	0.299	0.238	0.195	83	0.492	0.412	0.332	0.250	0.200
63	0.397	0.349	0.302	0.239	0.196	84	0.494	0.413	0.333	0.250	0.200
64	0.404	0.354	0.305	0.241	0.197	85	0.496	0.414	0.333	0.250	0.200
65	0.410	0.359	0.308	0.242	0.197	86	0.498	0.415	0.333	0.250	0.200
66	0.417	0.364	0.311	0.243	0.198	87	0.499	0.416	0.333	0.250	0.200
67	0.424	0.368	0.313	0.244	0.198	88	0.499	0.416	0.333	0.250	0.200
68	0.430	0.372	0.315	0.245	0.199	89	0.500	0.416	0.333	0.250	0.200
69	0.436	0.377	0.318	0.246	0.199	90	0.500	0.416	0.333	0.250	0.200
70	0.442	0.381	0.320	0.247	0.199						

在照度计算中求方位系数 AF 和 af 时，如不知所用光源（灯具）的轴向光强分布属于哪一类，则应先求出该光源（灯具）的 $I_{\theta \cdot \alpha}/I_{\theta \cdot 0} = f(\alpha)$，绘成曲线并与五类相对光强分布曲线比较，按最接近的相对光强分布曲线求方位系数 AF 和 af。

3. 线光源在不同平面上的点照度计算公式

线光源在不同平面上的点照度计算公式如表 5 - 5 所示。

表 5 - 5　　　　　　　　　线光源在不同平面上的点照度计算公式

示意图及计算公式	示意图及计算公式

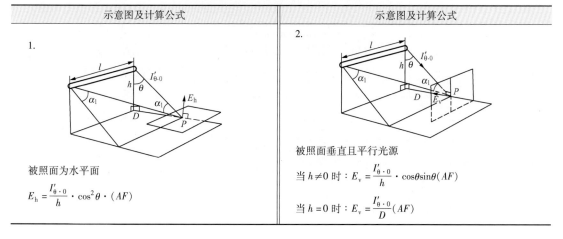

1.

被照面为水平面

$$E_h = \frac{I'_{\theta \cdot 0}}{h} \cdot \cos^2\theta \cdot (AF)$$

2.

被照面垂直且平行光源

当 $h \neq 0$ 时：$E_v = \dfrac{I'_{\theta \cdot 0}}{h} \cdot \cos\theta \sin\theta (AF)$

当 $h = 0$ 时：$E_v = \dfrac{I'_{\theta \cdot 0}}{D}(AF)$

示意图及计算公式	示意图及计算公式
3. 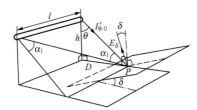 被照面垂直且横穿光源 当 $h \neq 0$ 时：$E_{vq} = \dfrac{I'_{\theta \cdot 0}}{h} \cos\theta$ （af） 当 $h = 0$ 时：$E_{vq} = \dfrac{I'_{\theta \cdot 0}}{D}$ （af）	4. 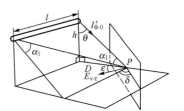 被照面垂直，相对光源方向旋转 ε 角 $E_{v \cdot \varepsilon} = E_v \cos\varepsilon + E_{vq} \sin\varepsilon$ 式中 E_v 见序号2式，E_{vq} 见序号3式
5. 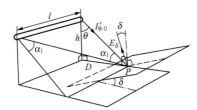 被照面平行于光源，相对水平面倾斜 δ 角 $E_\delta = E_h \dfrac{\cos(\theta - \delta)}{\cos\theta}$ 式中 E_h 见序号1式	6. 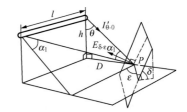 被照面任意位置，相对光源旋转 ε 角，相对水平方向倾斜 δ 角 $E_{\delta \cdot \varepsilon} = E_\delta \cos Z + E_{vq} \sin Z$ $\sin Z = \sin\delta \sin\varepsilon$ 式中 E_δ 见序号5式，E_{vq} 见序号3式

4. 各类光强分布的线光源方位系数公式

各类光强分布的线光源方位系数公式如表5-6所示。

表5-6　　　　　　　　各类光强分布的线光源方位系数公式

类型	$I_{\theta \cdot \alpha}/I_{\theta \cdot 0}$	AF	αf
A	$\cos\alpha$	$\dfrac{1}{2}(\sin\alpha\cos\alpha + \alpha)$	$\dfrac{1}{2}(1 - \cos^2\alpha)$
B	$\dfrac{\cos\alpha + \cos^2\alpha}{2}$	$\dfrac{1}{4}(\sin\alpha\cos\alpha + \alpha) + \dfrac{1}{6}(\cos^2\alpha\sin\alpha + 2\sin\alpha)$	$\dfrac{1}{4}(1 - \cos^2\alpha) + \dfrac{1}{6}(1 - \cos^3\alpha)$
C	$\cos^2\alpha$	$\dfrac{1}{3}(\cos^2\alpha\sin\alpha + 2\sin\alpha)$	$\dfrac{1}{3}(1 - \cos^3\alpha)$
D	$\cos^3\alpha$	$\dfrac{1}{4}(\cos^3\alpha\sin\alpha) + \dfrac{3}{8}(\cos\alpha\sin\alpha + \alpha)$	$\dfrac{1}{4}(1 - \cos^4\alpha)$
E	$\cos^4\alpha$	$\dfrac{1}{5}(\cos^4\alpha\sin\alpha) + \dfrac{4}{15}(\cos^2\alpha\sin\alpha + 2\sin\alpha)$	$\dfrac{1}{5}(1 - \cos^5\alpha)$

5. 一些实用情况的计算

（1）不连续线光源的照度计算。当线光源由间断的各段光源构成，各段光源的特性相同（即采用相同的灯具），并按同一轴线布置，而各段的间距 s 又不大时（见图 5-12），可以视为连续的线光源，并且可用前述的计算法计算照度。

不连续线光源按连续光源计算照度，当其距离 $s \leqslant h/(4\cos\theta)$ 时，误差小于 10%，但此时光强或单位长度光强应乘以一个修正系数 C，其计算式为

$$C = \frac{Nl'}{N(l'+s)-s} \tag{5-25}$$

式中　l'——各段光源（灯具）长度，m；

　　　s——各段光源（灯具）间的距离，m；

　　　N——整列光源中的各段光源（灯具）数量。

（2）计算点不在线光源端部的照度计算。在图 5-11 中，计算点 P 位于线光源的端部，如果计算点位于图 5-13 所示的 P_1 或 P_2 点上，则可采用将线光源分段或延长的方法，分别计算各段在该点所产生的照度，然后再求各段在该点照度的代数和。

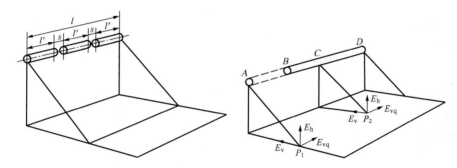

图 5-12　不连续线光源的照度计算　　　图 5-13　线光源照度的组合计算

P_1 点　　　　　　　　　　$E_{P1} = E_{AD} - E_{AB}$

P_2 点　　　　　　　　　　$E_{P2} = E_{BC} + E_{CD}$

$$E_{vq} = E_{vq \cdot CD} \tag{5-26}$$

关系式中 E_{P1}、E_{P2}、E_{vq} 为计算点的实际照度，E_{AD}、E_{AB}、E_{BC}、E_{CD} 及 $E_{vq \cdot CD}$ 分别由 AD、AB、BC、CD 各段线光源在计算点上所产生的照度。

四、应用线光源等照度曲线计算法

求线光源水平面照度时，$E_h = \dfrac{I_{\theta \cdot 0}}{lh}\cos^2\theta(AF)$，如令 $h = 1\text{m}$，令 $I_{\theta \cdot 0}$ 为线光源光通量是 1000lm 时的光强，则所得结果为水平面相对照度，用 ε_h 表示，其计算式为

$$\varepsilon_h = \frac{I_{\theta \cdot 0}}{l}\cos^2\theta(AF) \tag{5-27}$$

式（5-27）也可用下列函数表示，即

$$\varepsilon_h = f\left(\frac{D}{h}, \frac{l}{h}\right)$$

按此相互对应关系则可制成等照度曲线图。

应用 ε_h 计算水平面照度 E_h 时，因高度 $h \neq 1\text{m}$，光通量 $\Phi \neq 1000\text{lm}$，故计算公式应为

$$E_{\mathrm{h}} = \frac{\Phi \sum \varepsilon_{\mathrm{h}} K}{1000h} \qquad (5-28)$$

式中　Φ——光源总光通量，lm；

$\sum \varepsilon_{\mathrm{h}}$——各光源对计算点产生的相对照度算术和，lx；

　　h——光源计算高度，m；

　　K——灯具的维护系数。

对于不连续线光源，当各段光源（灯具）间距较小时可按连续光源处理。此时水平面相对照度 ε_{h} 应乘以修正系数 C，C 值计算同式（5-25）。

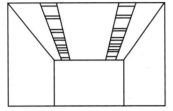

图 5-14　精密装配车间内部透视

五、计算示例

例 5-3　某精密装配车间尺寸为：长 10m、宽 5.4m、高 3.45m，且有吊顶，采用 TBS 869 D8H 型嵌入式高效 T5 格栅灯具（长 1195mm、宽 295mm、高 47mm），布置成两条光带，如图 5-14 及图 5-15 所示，试计算 0.75m 高处的 A 点及 B 点直射水平面照度。

TBS 869 D8H 型格栅灯具光强分布值如表 5-7～表 5-9 所示。光源功率为 2×28W，光通量为 2×2625lm。

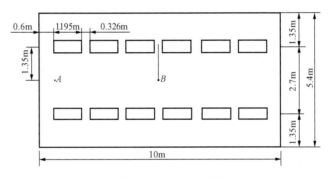

图 5-15　精密装配车间内灯具平面布置

表 5-7　　　　　　　　　　**TBS 869 D8H 型格栅灯光强值（B-B）**

$\alpha(°)$	0	2.5	7.5	12.5	17.5	22.5	27.5	32.5	37.5	42.5
$I_{\alpha}(\mathrm{cd})$	443	447	450	443	431	414	393	369	340	306
$\alpha(°)$	47.5	52.5	57.5	62.5	67.5	72.5	77.5	82.5	87.5	90
$I_{\alpha}(\mathrm{cd})$	266	216	152	79	24	4	1	0	0	0

表 5-8　　　　　　　　　　**TBS 869 D8H 型格栅灯光强值（A-A）**

$\theta(°)$	0	2.5	7.5	12.5	17.5	22.5	27.5	32.5	37.5	42.5
$I_{\theta}(\mathrm{cd})$	443	445	444	435	426	419	409	375	317	215
$\theta(°)$	47.5	52.5	57.5	62.5	67.5	72.5	77.5	82.5	87.5	90
$I_{\theta}(\mathrm{cd})$	97	24	4	2	1	0	0	0	0	0

表 5-9　　　　　　　　　　**TBS 869 D8H 型格栅灯光强相对值**

$\alpha(°)$	0	12.5	22.5	32.5	42.5	52.5	62.5	72.5	82.5	90
$I_{\alpha}/I_{\alpha \cdot 0}$	1	1	0.935	0.833	0.691	0.487	0.178	0.009	0	0

将此组数据绘成曲线，如图5－16中虚线所示，可近似认为 TBS 869 D8H 型格栅灯具属于 C 类灯具。

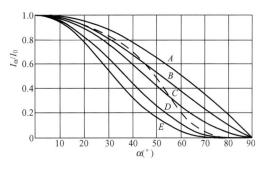

图5－16 纵向平面五类相对光强分布曲线
$I_\alpha / I_{\alpha0}$——相对光强；α——纵向平面角

解：（1）按方位系数法计算 A 点水平面照度。

1）求 θ 角及 $I_{\theta \cdot 0}$

$$\theta = \arctan \frac{D}{h} = \arctan \frac{1.35}{(3.45 - 0.75)} = 26.6°$$

$$I_{\theta \cdot 0} = 410.8 (\text{cd})$$

2）求 α 角及水平方位系数 AF

$$\alpha = \arctan \frac{l}{\sqrt{h^2 + D^2}} = \arctan \frac{8.8}{\sqrt{2.7^2 + 1.35^2}} = \arctan \frac{8.8}{3.018} = \arctan 2.915$$

$$\alpha = 71.07°$$

由表5－3中查出 $AF = 0.664$。

由于灯具的布置是非连续的，间距 s 为 0.326m，则

$$\frac{h}{4\cos\theta} = \frac{2.7}{4 \times 0.895} = 0.75 (\text{m})$$

故

$$s < \frac{h}{4\cos\theta}$$

3）求光强 $I'_{\theta \cdot 0}$

$$I'_{\theta \cdot 0} = C \frac{I_{\theta \cdot 0}}{l'} = \frac{N}{N(l' + s) - s} I_{\theta \cdot 0} = \frac{6 \times 410.8}{8.8} = 280 (\text{cd/m})$$

4）求一条光带在 A 点产生的水平照度

$$E'_{Ah} = \frac{\Phi \cdot I'_{\theta \cdot 0} \cdot K}{1000h} \cos^2\theta \cdot AF = \frac{2 \times 2625 \times 280 \times 0.8}{1000 \times 2.7} \times 0.895^2 \times 0.664 = 231.6 (\text{lx})$$

5）A 点水平照度

$$E_A = 2 \times E'_{Ah} = 2 \times 231.6 = 463 (\text{lx})$$

（2）计算 B 点水平面照度。

1）求 α 角及水平方位系数 AF

$$\alpha = \arctan \frac{l}{\sqrt{h^2 + D^2}} = \arctan \frac{5 - 0.6}{\sqrt{2.7^2 + 1.35^2}} = \arctan \frac{4.4}{3.018} = \arctan 1.458$$

$$\alpha = 55.55°$$

由表5－3中查出 $AF = 0.638$

$$\alpha' = \arctan \frac{l}{\sqrt{h^2 + D^2}} = \arctan \frac{0.163}{\sqrt{2.7^2 + 1.35^2}} = \arctan 0.054$$

$$\alpha' = 3.089°$$

由表5－3中查出 $AF' = 0.0536$

2）求光强 $I'_{\theta \cdot 0}$，$I''_{\theta \cdot 0}$

$$I'_{\theta \cdot 0} = C \frac{I_{\theta \cdot 0}}{l'} = \frac{N}{N(l' + s) - s + \frac{s}{2}} I_{\theta \cdot 0} = \frac{3 \times 410.8}{3(1.195 + 0.326) - 0.326/2}$$

$$= \frac{3 \times 410.8}{4.4} = 280.1(\text{cd/m})$$

$$I''_{\theta \cdot 0} = I_{\theta \cdot 0} = 410.8(\text{cd/m})$$

3）求两条光带在 B 点产生的水平照度

$$E'_{\text{Bh}} = \frac{\Phi \cdot I'_{\theta \cdot 0} \cdot K}{1000h} \cos^2\theta \cdot AF = \frac{2 \times 2625 \times 4 \times 280.1 \times 0.8}{1000 \times 2.7} \times 0.895^2 \times 0.638 = 890.7(\text{lx})$$

$$E''_{\text{Bh}} = \frac{\Phi \cdot I''_{\theta \cdot 0} \cdot K}{1000h} \cos^2\theta \cdot AF = \frac{2 \times 2625 \times 4 \times 410.8 \times 0.8}{1000 \times 2.7} \times 0.895^2 \times 0.0536 = 109.7(\text{lx})$$

$$E_{\text{Bh}} = E'_{\text{Bh}} - E''_{\text{Bh}} = 890.7 - 109.7 = 781(\text{lx})$$

功率密度值

$$LPD = \frac{P}{S} = \frac{2 \times 28 \times 12}{10 \times 5.4} = 12.4(\text{W/m}^2)$$

例 5 – 4   同［例 5 – 3］，精密装配车间灯具采用 BN208C 高效节能型 LED 支架灯具（长 1185mm、宽 57mm、高 58mm），车间无吊顶，支架灯距地面 3.45m，灯具布置成两条光带，如图 5 – 15 所示，试计算 0.75m 高处的 A 点及 B 点工作面的水平面照度。

BN208C 型灯具光强分布值如表 5 – 10 ~ 表 5 – 12 所示。光源功率为 40W，光通量为 4400lm。

表 5 – 10			BN208C 高效节能型 LED 灯光强值 ($B - B$)						
$\alpha(°)$	0	5	15	25	35	45	55	65	75	85
$I_\alpha(\text{cd})$	361	383	443	473	379	168	42	46	18	2
$\alpha(°)$	95	105	115	125	135	145	155	165	175	180
$I_\alpha(\text{cd})$	0	1	1	1	2	3	4	10	10	8

表 5 – 11			BN208C 高效节能型 LED 灯光强值 ($A - A$)						
$\theta(°)$	0	5	15	25	35	45	55	65	75	85
$I_\theta(\text{cd})$	361	360	398	433	389	198	46	19	12	9
$\theta(°)$	95	105	115	125	135	145	155	165	175	180
$I_\theta(\text{cd})$	12	4	3	2	2	3	4	8	10	8

表 5 – 12			BN208C 高效节能型 LED 灯光强相对值						
$\alpha(°)$	0	5	15	25	35	45	55	65	75	85
$I_0/I_{\alpha \cdot 0}$	1	1.06	1.22	1.31	1.04	0.465	0.116	0.127	0.049	0.0055

近似认为 BN208C 型 LED 灯具属于 C 类灯具。

解：（1）按方位系数法计算 A 点水平面照度。

1）求 θ 角及 $I_{\theta \cdot 0}$

$$\theta = \arctan\frac{D}{h} = \arctan\frac{1.35}{2.7} = \arctan 0.5$$

$$\theta = 26.6°$$

$$I_{\theta \cdot 0} = 406(\text{cd})$$

2）求 α 角及水平方位系数 AF

$$\alpha = \arctan \frac{l}{\sqrt{h^2 + D^2}} = \arctan \frac{8.8}{\sqrt{2.7^2 + 1.35^2}} = \arctan 2.915$$

$$\alpha = 71.07°$$

由表 5 - 3 中查出 $AF = 0.664$。

由于灯具布置是非连续的间距 $s = 0.398 \text{m}$

$$\frac{h}{4\cos\theta} = \frac{2.7}{4 \times 0.895} = 0.75(\text{m}) > s = 0.398$$

3）求光强 $I'_{\theta \cdot 0}$

$$I'_{\theta \cdot 0} = C \frac{I_{\theta \cdot 0}}{l'} = \frac{N}{N(l' + s) - s} I_{\theta \cdot 0} = \frac{6 \times 426}{8.8} = 290.45(\text{cd/m})$$

4）求一条光带在 A 点产生的水平照度

$$E'_{\text{Ah}} = \frac{\Phi \cdot I'_{\theta \cdot 0} \cdot K}{1000 \cdot h} \cos^2\theta \cdot AF = \frac{4400 \times 290.45 \times 0.8}{1000 \times 2.7} \times 0.895^2 \times 0.664 = 201.4(\text{lx})$$

5）A 点水平照度

$$E_{\text{Ah}} = 2 \times E'_{\text{Ah}} = 2 \times 201.4 = 402.8(\text{lx})$$

（2）计算 B 点水平面照度。

1）求 α 角及水平方位系数 AF

$$\alpha = \arctan \frac{l}{\sqrt{h^2 + D^2}} = \arctan \frac{5 - 0.6}{\sqrt{2.7^2 + 1.95^2}} = \arctan 1.458$$

$$\alpha = 55.55°$$

由表 5 - 3 中查出 $AF = 0.638$

$$\alpha' = \arctan \frac{l}{\sqrt{h^2 + D^2}} = \arctan \frac{0.199}{\sqrt{2.7^2 + 1.35^2}} = \arctan 0.066$$

$$\alpha' = 3.78°$$

由表 5 - 3 中查出 $AF' = 0.066$

2）求光强 $I'_{\theta \cdot 0}$、$I''_{\theta \cdot 0}$

$$I'_{\theta \cdot 0} = C \frac{I_{\theta \cdot 0}}{l'} = \frac{N}{N(l' + s) - s + \frac{s}{2}} I_{\theta \cdot 0} = \frac{3 \times 426}{3(1.135 + 0.398) - \frac{0.398}{2}} = \frac{1278}{4.4} = 290.5(\text{cd/m})$$

$$I''_{\theta \cdot 0} = I_{\theta \cdot 0} = 426(\text{cd/m})$$

3）求两条光带在 B 点产生的水平照度

$$E'_{\text{Bh}} = \frac{\Phi \cdot I'_{\theta \cdot 0} \cdot K}{1000 \cdot h} \cos^2\theta \cdot AF = \frac{4400 \times 4 \times 290.5 \times 0.8}{1000 \times 2.7} \times 0.895^2 \times 0.638 = 774.2(\text{lx})$$

$$E''_{\text{Bh}} = \frac{\Phi \cdot I''_{\theta \cdot 0} \cdot K}{1000 \cdot h} \cos^2\theta \cdot AF = \frac{4400 \times 4 \times 426 \times 0.8}{1000 \times 2.7} \times 0.895^2 \times 0.066 = 117.45(\text{lx})$$

$$E_{\text{Bh}} = E'_{\text{Bh}} - E''_{\text{Bh}} = 774.2 - 117.5 = 656.7(\text{lx})$$

功率密度值

$$LPD = \frac{P}{S} = \frac{12 \times 40}{10 \times 5.4} = 8.89(\text{W/m}^2)$$

第三节 面光源的点照度计算

一、概述

面光源的某点照度计算可将光源划分为若干个线光源或点光源，用相应的线光源照度计算法或点光源照度计算法分别计算后，再行叠加。对于最常见的矩形面光源和圆形面光源已经导出通用公式并编制了图表，便于求出某点的照度。

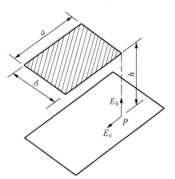

图 5 – 17 矩形等亮度面光源的点照度计算

二、矩形等亮度面光源的点照度计算

一个矩形面光源的长、宽分别与 a 和 b，亮度在各个方向都相等。光源的一个顶角在与光源平行的被照面上的投影为 P，如图 5 – 17 所示。

1. 水平面照度 E_h 的计算

$$E_h = \frac{L}{2}\left(\frac{Y}{\sqrt{1+Y^2}}\arctan\frac{X}{\sqrt{1+Y^2}} + \frac{X}{\sqrt{1+X^2}} \right.$$

$$\left. \arctan\frac{Y}{\sqrt{1+X^2}} \right) = Lf_h \qquad (5-29)$$

其中
$$X = \frac{a}{h}, \quad Y = \frac{b}{h}$$

式中　E_h——与面光源平行的被照面上 P 点的水平面照度，lx；

　　　L——面光源的亮度，cd/m^2；

　　　f_h——立体角投影率，或称形状因数，可从图 5 – 17 中查出。

如果计算点并非位于矩形光源顶点的投影上，则其照度可由组合法求得。如图 5 – 18 所示，P_1 点的照度应为 A、B、C、D 四个矩形面光源分别对 P_1 点所形成的照度之和，即

$$E_{h \cdot P_1} = E_{h \cdot A1} + E_{h \cdot B1} + E_{h \cdot C1} + E_{h \cdot D1} \qquad (5-30)$$

P_2 点的照度是 A、B、C、D、E 组成的矩形面光源对 P_2 点所形成的照度，减去矩形面光源 E 对 P_2 点所形成的照度，即

$$E_{h \cdot P_2} = E_{h \cdot (A+B+C+D+E) \cdot 2} - E_{h \cdot E \cdot 2} \qquad (5-31)$$

例 5 – 5　一房间平面尺寸为 7m×15m，净高 5m，在顶棚正中布置一表面亮度为 $500cd/m^2$ 的发光天棚，亮度均匀，其尺寸为 5m×13m，如图 5 – 19 所示。求房间正中 P_1 点处和发光天棚一顶点投影为 P_2 点的照度（假定不考虑室内反射光）。

解：（1）求房间正中 P_1 点的照度 $E_{h \cdot P_1}$，根据式（5 – 30）得

$$E_{h \cdot P_1} = E_{h \cdot A1} + E_{h \cdot B1} + E_{h \cdot C1} + E_{h \cdot D1} = 4E_{h \cdot A1}$$

对于矩形 A

$$X = \frac{a}{h} = \frac{6.5}{5} = 1.3$$

$$Y = \frac{b}{h} = \frac{2.5}{5} = 0.5$$

从图 5 – 17 中查出形状因数 $f_h = 0.31$

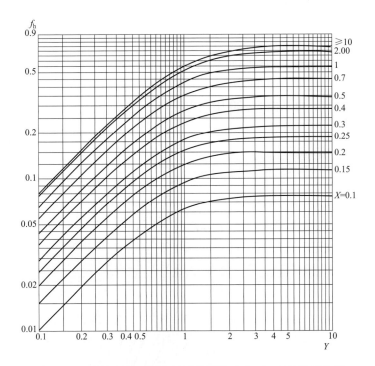

图 5 – 17　计算水平面照度的形状因数 f_h 与 X、Y 的关系曲线

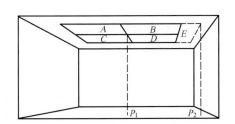

图 5 – 18　矩形面光源的点照度的组合计算

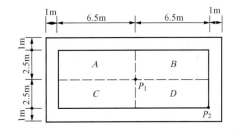

图 5 – 19　矩形面光源的点照度计算示例

故根据式（5 – 29）得

$$E_{h \cdot P_1} = L \cdot f_h = (500 \times 0.31) \times 4 = 620 (\text{lx})$$

（2）求 P_2 点的照度 $E_{h \cdot P_2}$

$$X = \frac{a}{h} = \frac{13}{5} = 2.6$$

$$Y = \frac{b}{h} = \frac{5}{5} = 1$$

从图 5 – 17 中查出形状因数 $f_h = 0.54$

故　　　　　　$$E_{h \cdot P_2} = L \cdot f_h = 500 \times 0.54 = 270 (\text{lx})$$

2. 垂直面照度 E_v 的计算

$$E_{vP} = \frac{L}{2} \left[\arctan \left(\frac{1}{Y} \right) - \frac{Y}{\sqrt{X^2 + Y^2}} \cdot \arctan \frac{1}{\sqrt{X^2 + Y^2}} \right] = L \cdot f_v \qquad (5 – 32)$$

其中
$$X = \frac{a}{b}, \qquad Y = \frac{h}{b}$$

式中　E_{vP}——与光源平面垂直的被照面上 P 点的照度，lx；

　　　L——面光源的亮度，cd/m^2；

　　　f_v——形状因数，可从图 5-20 中查出。

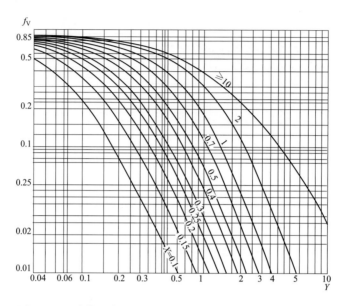

图 5-20　计算垂直面照度的形状因数 f_v 与 X、Y 的关系曲线

例 5-6　图 5-16 中的矩形面光源 $a = 6m$，$b = 6m$，$h = 3m$，光源表面亮度为 $500cd/m^2$，求 P 点垂直照度 E_v。

解：

$$X = \frac{a}{b} = \frac{6}{6} = 1$$

$$Y = \frac{h}{b} = \frac{3}{6} = 0.5$$

从图 5-20 中查出 $f_v = 0.39$

故根据式（5-32）得

$$E_v = L f_v = 500 \times 0.39 = 195 (lx)$$

3. 倾斜面照度 E_φ 的计算

如果被照面与光源有一夹角 φ，如图 5-21 所示，则被照面上 P 点的照度 $E_{\varphi P}$ 可由式（5-33）求得

$$
E_{\varphi P} = \frac{L}{2} \left\{ \arctan\left(\frac{1}{Y} \right) + \frac{X\cos\varphi - Y}{\sqrt{X^2 + Y^2 - 2XY\cos\varphi}} \arctan \frac{1}{\sqrt{X^2 + Y^2 - 2XY\cos\varphi}} \right.
$$

$$
\left. + \frac{\cos\varphi}{\sqrt{1 + Y^2 \sin^2\varphi}} \left[\arctan\left(\frac{X - Y\cos\varphi}{\sqrt{1 + Y^2 \sin^2\varphi}} \right) + \arctan\left(\frac{Y\cos\varphi}{\sqrt{1 + Y^2 \sin^2\varphi}} \right) \right] \right\}
$$

$$= L f_\varphi$$

$$\tag{5-33}$$

其中 $\qquad X = \dfrac{a}{b}, \quad Y = \dfrac{c}{b}$

式中 $E_{\varphi P}$——与面光源成 φ 夹角的倾斜被照面上 P 点的
照度，lx；

$\qquad L$——面光源的亮度，cd/m^2；

$\qquad f_{\varphi}$——形状因数，当 $\varphi = 30°$ 时可从图 5-22 中查出。

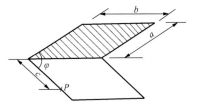

图 5-21 倾斜面的点照度计算

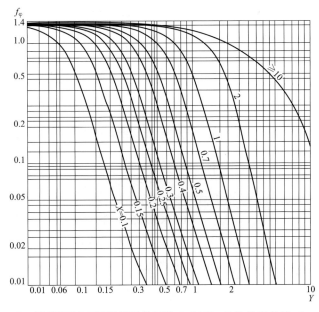

图 5-22 计算倾斜面照度的形状因数 f_{φ} 与 X、Y 的关系曲线（$\varphi = 30°$）

当 $\varphi = 60°$ 时，计算倾斜面照度的形状因数 f_{φ} 与 X、Y 的关系曲线如图 5-23 所示。

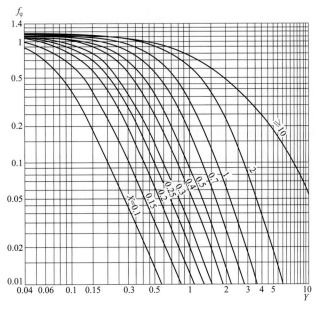

图 5-23 计算倾斜面照度的形状因素 f_{φ} 与 X、Y 的关系曲线（$\varphi = 60°$）

例5-7 一展览大厅的发光顶棚 A 的下面有一项展品，如图5-24所示。当展品水平放置或30°倾斜放置时，展品表面的照度各是多少（设面光源亮度为 500cd/m^2）？

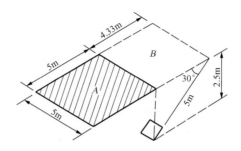

图5-24 矩形面光源的倾斜面的点照度计算示例

解：（1）水平放置展品时

$$X = \frac{a}{h} = \frac{5}{2.5} = 2$$

$$Y = \frac{b}{h} = \frac{5}{2.5} = 2$$

查图5-17，得 $f_h = 0.65$，故根据式（5-29）

$$E_h = Lf_h = 500 \times 0.65 = 325(\text{lx})$$

（2）30°倾斜放置展品时：根据组合法，对 A 与 B 面光源

$$X = \frac{a}{b} = \frac{5 + 4.33}{5} = 1.9$$

$$Y = \frac{c}{b} = \frac{5}{5} = 1$$

从图5-22中查得 $f_{\varphi AB} = 1.1$。

对 B 面光源（假想的面光源）

$$X = \frac{a}{b} = \frac{4.33}{5} = 0.9$$

$$Y = \frac{c}{b} = \frac{5}{5} = 1$$

从图5-22中查得 $f_{\varphi B} = 0.35$

故

$$E_\varphi = L \cdot (f_{\varphi AB} - f_{\varphi B}) = 500 \times (1.1 - 0.35) = 375(\text{lx})$$

三、矩形非等亮度面光源的点照度计算

矩形非等亮度面光源（如格栅发光天棚），根据其光强分布形式，同样可以导出通用公式和图表，以便求出某点的照度。

对于常见的具有 $I_\alpha = I_0\cos^2\alpha$ 光强分布形式的矩形面光源（式中 I_α 为与面光源法线成 α 角度方向上的光强，cd；I_0 为面光源法线方向上的光强，cd）。水平面照度可由式（5-34）求出

$$E_h = \frac{L_0}{3}\left[\frac{XY}{\sqrt{X^2 + Y^2 + 1}}\left(\frac{1}{X^2 + 1} + \frac{1}{Y^2 + 1}\right) + \arctan\frac{XY}{\sqrt{X^2 + Y^2 + 1}}\right] = L_0 f \quad (5-34)$$

其中

$$X = \frac{a}{h}, \quad Y = \frac{b}{h}$$

式中　E_h——与面光源平行的被照面上 P 点的照度，lx；

　　　L_0——面光源法线方向的亮度，cd/m²；

　　　a、b——面光源的长和宽，m；

　　　f——形状因数，可由图 5-25 查出。

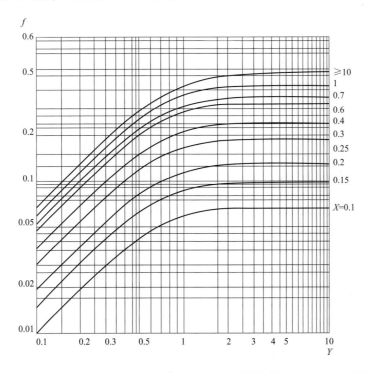

图 5-25　非均匀亮度面光源 $(I_\alpha = I_0\cos^2\alpha)$ 点照度计算的形状因素与 X、Y 的关系曲线

四、圆形等亮度面光源的点照度计算

1. 面光源与被照面平行的水平面照度 E_h 的计算

如图 5-26 所示，圆形等亮度面光源在其轴线上 P 点产生的水平面照度按式（5-35）计算

$$E_{h\cdot P} = \pi L \frac{a^2}{a^2 + h^2} = \frac{\pi I_0}{A}\frac{a^2}{a^2 + h^2} = \pi L f$$

$$(5-35)$$

式中　L——面光源的亮度，cd/m²；

　　　I_0——面光源轴线方向的光强，cd；

　　　A——面光源的面积，m²；

　　　a——圆形面光源的半径，m；

　　　h——面光源至水平面的高度，m；

　　　f——平行圆形光源的形状因素，可由表 5-13 中查出。

对于偏离轴线的 P' 点（如图 5-26 所示），其水平面照度按式（5-36）计算

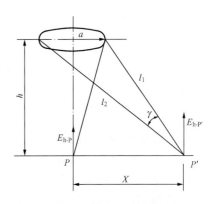

图 5-26　与被照面平行的圆形面状光源水平面点照度计算

$$E_{h \cdot P'} = \frac{\pi L}{2}(1 - \cos\gamma) = \frac{\pi L}{2}\left\{1 - \frac{\left(\dfrac{h}{a}\right)^2 + \left(\dfrac{X}{a}\right)^2 - 1}{\sqrt{\left[\left(\dfrac{h}{a}\right)^2 + \left(\dfrac{X}{a}\right)^2 + 1\right]^2 - 4\left(\dfrac{X}{a}\right)^2}}\right\} = \pi L f \quad (5-36)$$

式中　L——面光源的亮度，cd/m^2；

　　　γ——P'点对面光源所张角度，（°）；

　　　h——面光源至水平面的高度，m；

　　　X——P'点至光轴的水平距离，m；

　　　a——圆形面光源的半径，m；

　　　f——平行圆形光源的形状因数，可由表5-13查出。

2. 面光源与被照面垂直的水平面照度 E_h 的计算

如图5-27所示，圆形等亮度面光源与水平面垂直，水平面上 P 点的照度按式（5-37）计算

$$E_{h \cdot P} = \frac{\pi L}{2}\frac{\dfrac{h}{a}}{\dfrac{x}{a}}\left\{\frac{\left(\dfrac{h}{a}\right)^2 + \left(\dfrac{X}{a}\right)^2 + 1}{\sqrt{\left[\left(\dfrac{h}{a}\right)^2 + \left(\dfrac{X}{a}\right)^2 + 1\right]^2 - 4\left(\dfrac{X}{a}\right)^2}} - 1\right\}$$

$$= \pi L f \quad (5-37)$$

式中　L——面光源的亮度，cd/m^2；

　　　X——面光源的中心与被照面之间的垂直距离，m；

　　　h——面光源与被照点之间的垂直距离，m；

　　　a——面光源的半径，m；

　　　f——垂直圆形光源的形状因数，可由表5-14查出。

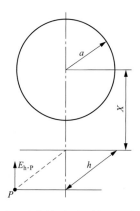

图5-27　与被照面垂直的圆形面状光源水平面点照度计算

五、面光源表面亮度的计算

面光源一般都有一个安装的空腔，光线在此空腔中的传播过程与在室内相同。如求室内工作面照度一样，可求出空腔出口面的内表面照度 E。在已知 E 和出口面透光材料的反射系数 ρ 及透射系数 τ 后，可用式（5-38）求得出口面的外表面亮度 L

$$L = \frac{E\rho}{\pi} \quad (5-38)$$

表 5 – 13

平行圆形光源的形状因数 f

h/a \ X/a	0	0.1	0.15	0.20	0.30	0.40	0.60	0.80	1.0	1.5	2.0	3.0	4.0	6.0	8.0	10
0.00	1.00000	1.00000	1.00000	1.00000	1.00000	1.00000	1.00000	1.00000	0.00000	0.00000	0.00000	0.00000	0.00000	0.00000	0.00000	0.00000
0.10	0.99010	0.98990	0.98965	0.98927	0.98810	0.98609	0.97656	0.93412	0.47503	0.00618	0.00110	0.00016	0.00004	0.00001	0.00000	0.00000
0.15	0.97800	0.97757	0.97702	0.97621	0.97367	0.96939	0.94974	0.87371	0.46261	0.01334	0.00244	0.00035	0.00010	0.00002	0.00001	0.00000
0.20	0.96154	0.96082	0.95989	0.95854	0.95429	0.94721	0.91603	0.81235	0.45025	0.02243	0.00427	0.00062	0.00018	0.00003	0.00001	0.00000
0.30	0.91743	0.91603	0.91422	0.91161	0.90352	0.89043	0.83787	0.70518	0.42583	0.04366	0.00917	0.00137	0.00039	0.00007	0.00002	0.00001
0.40	0.86207	0.86000	0.85736	0.85356	0.84197	0.82383	0.75725	0.62127	0.40194	0.06512	0.01529	0.00239	0.00069	0.00013	0.00004	0.00002
0.60	0.73529	0.73242	0.72878	0.72361	0.70833	0.68570	0.61362	0.50000	0.35633	0.09911	0.02913	0.00507	0.00152	0.00029	0.00009	0.00004
0.80	0.60976	0.60685	0.60320	0.59806	0.58320	0.56202	0.50000	0.41381	0.31431	0.11839	0.04227	0.00836	0.00260	0.00050	0.00016	0.00006
1.0	0.50000	0.49750	0.49438	0.49000	0.47753	0.46013	0.41143	0.34761	0.27640	0.12630	0.05279	0.01191	0.00386	0.00077	0.00024	0.00010
1.5	0.30769	0.30639	0.30476	0.30249	0.29609	0.28732	0.26357	0.23348	0.20000	0.12037	0.06588	0.02013	0.00739	0.00161	0.00053	0.00022
2.0	0.20000	0.19936	0.19857	0.19746	0.19434	0.19006	0.17841	0.16348	0.14645	0.10229	0.06588	0.02566	0.01073	0.00261	0.00089	0.00038
3.0	0.10000	0.09982	0.09960	0.09928	0.09840	0.09718	0.09379	0.08932	0.08398	0.06849	0.05279	0.02851	0.01493	0.00458	0.00173	0.00077
4.0	0.05882	0.05876	0.05868	0.05856	0.05824	0.05778	0.05654	0.05486	0.05279	0.04641	0.03918	0.02566	0.01586	0.00604	0.00254	0.00121
6.0	0.02703	0.02701	0.02700	0.02697	0.02690	0.02680	0.02652	0.02614	0.02566	0.02409	0.02211	0.01762	0.01329	0.00699	0.00363	0.00196
8.0	0.01539	0.01538	0.01537	0.01537	0.01534	0.01531	0.01522	0.01509	0.01493	0.01439	0.01368	0.01191	0.00995	0.00640	0.00392	0.00239
10.0	0.00990	0.00990	0.00990	0.00989	0.00988	0.00987	0.00983	0.00978	0.00971	0.00948	0.00917	0.00836	0.00739	0.00540	0.00372	0.00251

表 5-14   垂直圆形光源的形状因数 f

h/α	0	0.1	0.15	0.2	0.3	0.4	0.6	0.8	1.0	1.5	2.0	3.0	4.0	6.0	8.0	10.0
0.00	0.00000	0.00000	0.00000	0.00000	0.00000	0.00000	0.00000	0.00000	0.00000	0.00000	0.00000	0.00000	0.00000	0.00000	0.00000	0.00000
0.10	0.45187	0.05184	0.01652	0.00415	0.00166	0.00048	0.00020	0.00010	0.00000	0.00990	0.01503	0.02039	0.03219	0.04630	0.08939	0.19332
0.15	0.42921	0.07516	0.02451	0.00621	0.00249	0.00071	0.00030	0.00015	0.00000	0.01448	0.02197	0.02978	0.04688	0.06711	0.12672	0.25141
0.20	0.40747	0.09573	0.03219	0.00824	0.00331	0.00095	0.00040	0.00020	0.00000	0.01865	0.02828	0.03828	0.06003	0.08541	0.15691	0.28496
0.30	0.36672	0.12749	0.04628	0.01219	0.00494	0.00142	0.00059	0.00030	0.00000	0.02543	0.03847	0.05192	0.08067	0.11304	0.19537	0.30551
0.40	0.32951	0.14713	0.05830	0.01594	0.00652	0.00189	0.00079	0.00040	0.00000	0.02988	0.04510	0.06066	0.09327	0.12860	0.20974	0.29571
0.60	0.26512	0.15956	0.07535	0.02267	0.00951	0.00280	0.00118	0.00060	0.00000	0.03249	0.04882	0.06525	0.09845	0.13205	0.19792	0.25000
0.80	0.21280	0.15224	0.08369	0.02812	0.01220	0.00367	0.00156	0.00080	0.00000	0.02971	0.04451	0.05922	0.08824	0.11631	0.16666	0.20183
1.0	0.17082	0.13726	0.08541	0.03219	0.01454	0.00449	0.00192	0.00099	0.00000	0.02494	0.03729	0.04950	0.07324	0.09570	0.13445	0.16074
1.5	0.10000	0.09656	0.07463	0.03675	0.01864	0.00629	0.00277	0.00145	0.00000	0.01415	0.02114	0.02803	0.04134	0.005383	0.07537	0.09103
2.0	0.06066	0.06564	0.05816	0.03560	0.02039	0.00763	0.00350	0.00186	0.00000	0.00798	0.01193	0.01582	0.02340	0.03060	0.04341	0.05355
3.0	0.02543	0.03141	0.03262	0.02697	0.01912	0.00897	0.00454	0.00254	0.00000	0.00299	0.00448	0.00596	0.00886	0.01168	0.01694	0.02157
4.0	0.01246	0.01649	0.01865	0.01849	0.01537	0.00889	0.00502	0.00299	0.00000	0.00138	0.00207	0.00276	0.00411	0.00544	0.00799	0.01035
6.0	0.00416	0.00587	0.00719	0.00862	0.00869	0.00690	0.00480	0.00325	0.00000	0.00044	0.00066	0.00088	0.00131	0.00174	0.00258	0.00339
8.0	0.00184	0.00266	0.00337	0.00440	0.00491	0.00476	0.00389	0.00297	0.00000	0.00019	0.00028	0.00038	0.00057	0.00075	0.00112	0.00149
10.0	0.00096	0.00141	0.00182	0.00248	0.00293	0.00322	0.00296	0.00249	0.00000	0.00010	0.00015	0.00020	0.00030	0.00039	0.00058	0.00077

X/α

第四节　平均照度计算

一、概述

平均照度的计算通常应用利用系数法，该方法考虑了由光源直接投射到工作面上的光通量和经过室内表面相互反射后再投射到工作面上的光通量。利用系数法适用于灯具均匀布置、墙和天棚反射系数较高、空间无大型设备遮挡的室内一般照明，但也适用于灯具均匀布置的室外照明，该方法计算比较准确。

二、利用系数法

1. 应用利用系数法计算平均照度的基本公式

$$E_{av} = \frac{N\Phi UK}{A} \tag{5-39}$$

式中　E_{av}——工作面上的平均照度，lx；

Φ——光源光通量，lm；

N——光源数量；

U——利用系数；

A——工作面面积，m^2；

K——灯具的维护系数，其值见表 5-15。

表 5-15　　　　　　　　　　　维护系数

环境污染特征		房间或场所举例	灯具最少擦拭次数（次/年）	维护系数值
室内	清洁	卧室、办公室、餐厅、阅览室、教室、病房、客房、仪器仪表装配间、电子元器件装配间、检验室等	2	0.80
	一般	商店营业厅、候车室、影剧院、机械加工车间、机械装配车间、体育馆等	2	0.70
	污染严重	厨房、锻工车间、铸工车间、水泥车间等	3	0.60
室外		雨篷、站台	2	0.65

2. 利用系数 U

利用系数是投射到工作面上的光通量与自光源发射出的光通量之比，可由式（5-40）计算

$$U = \frac{\Phi_1}{\Phi} \tag{5-40}$$

式中　Φ——光源的光通量，lm；

Φ_1——自光源发射，最后投射到工作面上的光通量，lm。

3. 室内空间的表示方法

室内空间的划分如图 5-28 所示。

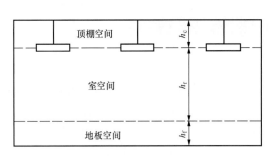

图 5-28 室内空间的划分

室空间比 $\qquad RCR = \dfrac{5h_r \cdot (l+b)^{❶}}{l \cdot b}$

$$(5-41)$$

顶棚空间比 $\qquad CCR = \dfrac{5h_c \cdot (l+b)}{l \cdot b}$

$$= \dfrac{h_c}{h_r} \cdot RCR \quad (5-42)$$

地板空间比 $\quad FCR = \dfrac{5h_f(l+b)}{l \cdot b} = \dfrac{h_f}{h_r} \cdot RCR$

$$(5-43)$$

式中 $\quad l$——室长，m；

b——室宽，m；

h_c——顶棚空间高，m；

h_r——室空间高，m；

h_f——地板空间高，m。

当房间不是正六面体时，因为墙面积 $s_1 = 2h_r(l+b)$，地面积 $s_2 = lb$，则式（5-41）可改写为

$$RCR = \dfrac{2.5s_1}{s_2} \qquad (5-44)$$

4. 有效空间反射比和墙面平均反射比

为使计算简化，将顶棚空间视为位于灯具平面上，且具有有效反射比 ρ_{cc} 的假想平面。同样，将地板空间视为位于工作面上，且具有有效反射比 ρ_{fc} 的假想平面，光在假想平面上的反射效果同实际效果一样。有效空间反射比由式（5-45）、式（5-46）计算

$$\rho_{eff} = \dfrac{\rho A_0}{A_s - \rho A_s + \rho A_0} \qquad (5-45)$$

$$\rho = \dfrac{\sum\limits_{i=1}^{N} \rho_i A_i}{\sum\limits_{i=1}^{N} A_i} \qquad (5-46)$$

式中 $\quad \rho_{eff}$——有效空间反射比；

A_0——空间开口平面面积，m^2；

A_s——空间表面面积（包括顶棚和四周墙面面积），m^2；

ρ——空间表面平均反射比；

ρ_i——第 i 个表面反射比；

A_i——第 i 个表面面积，m^2；

N——表面数量。

---

❶ 室空间比也可用室形指数 RI 表示，计算式如下

$$RI = \dfrac{lb}{h_r(l+b)} = \dfrac{5}{RCR}$$

若已知空间表面（地板、顶棚或墙面）反射比（ρ_f、ρ_c 或 ρ_w）及空间比，即可从事先算好的表上求出空间有效反射比。

为简化计算，把墙面看成一个均匀的漫射表面，将窗子或墙上的装饰品等综合考虑，求出墙面平均反射比来体现整个墙面的反射条件。墙面平均反射比由式（5-47）计算

$$\rho_{wav} = \frac{\rho_w (A_w - A_g) + \rho_g A_g}{A_w} \tag{5-47}$$

式中　A_w、ρ_w——墙的总面积（包括窗面积），m^2 和墙面反射比；

　　　A_g、ρ_g——玻璃窗或装饰物的面积，m^2 和玻璃窗或装饰物的反射比。

5. 利用系数（U）表

利用系数是灯具光强分布、灯具效率、房间形状、室内表面反射比的函数，计算比较复杂。为此常按一定条件编制灯具利用系数表（见表5-16）以供设计使用。

查表时允许采用内插法计算。表5-16所列的利用系数是在地板空间反射比为0.1时的数值，若地板空间反射比不是0.1时，则应用适当的修正系数进行修正。如计算精度要求不高，也可不作修正。

表5-16中有效顶棚反射比及墙面反射比均为零的利用系数，用于室外照明计算。

表5-16　　　　利用系数表（U）　JFC42848型灯具　$L/h = 1.63$

有效顶棚反射比（%）	80				70				50				30				0
墙反射比（%）	70	50	30	10	70	50	30	10	70	50	30	10	70	50	30	10	0
地面反射比（%）	10				10				10				10				0
RCR/RI																	
8.33/0.6	0.40	0.29	0.23	0.18	0.38	0.28	0.22	0.18	0.35	0.27	0.21	0.17	0.32	0.25	0.20	0.17	0.14
6.25/0.8	0.47	0.37	0.30	0.26	0.45	0.36	0.30	0.25	0.41	0.34	0.28	0.24	0.38	0.31	0.27	0.23	0.20
5.0/1.0	0.52	0.43	0.36	0.31	0.50	0.41	0.35	0.30	0.46	0.38	0.33	0.29	0.42	0.36	0.31	0.28	0.24
4.0/1.25	0.57	0.48	0.41	0.36	0.54	0.46	0.40	0.36	0.50	0.43	0.38	0.34	0.46	0.40	0.36	0.32	0.29
3.33/1.5	0.60	0.52	0.46	0.41	0.58	0.50	0.45	0.40	0.53	0.47	0.42	0.38	0.49	0.44	0.40	0.36	0.32
2.50/2.0	0.65	0.58	0.52	0.47	0.62	0.56	0.51	0.46	0.57	0.52	0.48	0.44	0.53	0.49	0.45	0.42	0.38
2.0/2.5	0.68	0.62	0.56	0.52	0.65	0.60	0.55	0.51	0.60	0.56	0.52	0.48	0.56	0.52	0.49	0.46	0.41
1.67/3.0	0.70	0.64	0.60	0.56	0.67	0.62	0.59	0.54	0.62	0.58	0.55	0.52	0.58	0.55	0.52	0.49	0.44
1.25/4.0	0.72	0.68	0.64	0.61	0.70	0.66	0.62	0.59	0.65	0.62	0.59	0.56	0.61	0.58	0.56	0.53	0.48
1.0/5.0	0.74	0.70	0.67	0.64	0.72	0.68	0.65	0.62	0.67	0.64	0.62	0.59	0.63	0.61	0.58	0.56	0.51
0.714/7.0	0.76	0.73	0.71	0.68	0.74	0.71	0.69	0.67	0.69	0.67	0.65	0.63	0.65	0.63	0.61	0.60	0.54
0.5/10.0	0.78	0.76	0.74	0.72	0.76	0.74	0.72	0.70	0.71	0.69	0.68	0.66	0.67	0.65	0.64	0.63	0.57

三、应用利用系数法计算平均照度的步骤

应用利用系数法计算平均照度的步骤如下：

第一步填写原始数据；

第二步由式（5-41）~式（5-43）计算空间比；

第三步由式（5-45）求有效顶棚空间反射比；

第四步由式（5-47）计算墙面平均反射比；

第五步查灯具维护系数（表5-15）；

第六步由利用系数表查利用系数（厂家样本或查本手册第二十五章的表）；

第七步由式（5-39）计算平均照度。

四、灯数概算曲线

根据式（5-39），灯数可按式（5-48）计算

$$N = \frac{E_{av}A}{\Phi UK} \qquad (5-48)$$

式中符号的意义同前。

对于某种灯具，已知其光源的光通量，并假定照度是100lx，房间的长宽比，表面的反射比及灯具吊挂高度固定，即可编制出灯数N与工作面面积关系曲线（见图5-29），称为灯数概算曲线。这些曲线使用便利，但计算精度稍差。

如所需照度值不是100lx时，则所求灯数可由式（5-49）计算

$$N = 由概算曲线上查出的灯数 \times \frac{实际照度值}{100} \qquad (5-49)$$

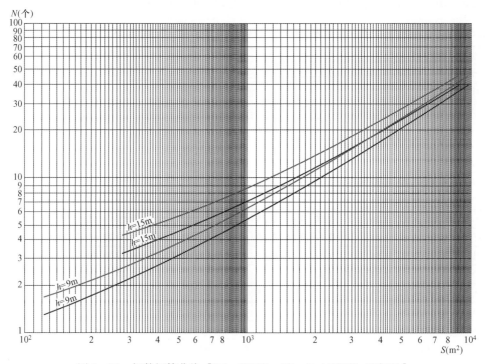

图5-29 灯数概算曲线［RJ-GC888-D8-B（400W）型灯具］

光通量$\Phi = 36000lm$；维护系数$K = 0.7$；顶棚空间高度$h_{cc} = 0.3m$；地板空间高度$h_{fc} = 0m$；平均照度$E_{av} = 100lx$；顶棚反射比ρ_{cc}（%）；墙面反射比ρ_w（%）；地板反射比ρ_{fc}（%）；紫线：70 50 30，绿线：50 30 20。

五、计算示例

例5-8 某无窗厂房长10m，宽6m，高3.3m。室内表面反射比分别为：顶棚0.7，墙面0.5，地面0.2。采用JFC42848型灯具照明，其利用系数如表5-11所示。顶棚上均匀布

置 6 个灯具，灯具吸顶安装，求距地面 0.8m 高的工作面上的平均照度。

解：（1）填写原始数据。灯具类型 JFC42848、光源光通量 $\Phi = 2 \times 3200 \text{lm}$、安装灯数 $N = 6$、室长 $l = 10\text{m}$、室宽 $b = 6\text{m}$、顶棚空间高 $h_c = 0\text{m}$、顶棚反射比 $\rho_c = 0.7$、室空间高 $h_r = 2.5\text{m}$、墙面反射比 $\rho_w = 0.5$、地板空间高 $h_f = 0.8\text{m}$、地板反射比 $\rho_f = 0.2$。

（2）计算空间比。由式（5-41）~ 式（5-43）得

$$RCR = \frac{5h_r(l+b)}{lb} = \frac{5 \times 2.5 \times (10+6)}{10 \times 6} = 3.33$$

$$FCR = \frac{5h_f(l+b)}{lb} = \frac{5 \times 0.8 \times (10+6)}{10 \times 6} = 1.1$$

$$CCR = 0$$

（3）求有效反射比。

$$\rho_{cc} = \rho_c = 0.7$$

$\rho_{fc} = 0.19$ ［根据式（5-45）计算］

（4）计算墙面平均反射比。由于是无窗厂房，故 $\rho_w = 0.5$。

（5）查灯具维护系数。由 GB 50034—2013《建筑照明设计标准》维护系数表摘录的表 5-15 查得 $K = 0.8$。

（6）查利用系数表。由表 5-16 查得数值

$$RCR = 3.33, \quad U = 0.5$$

（7）由式（5-39）计算平均照度

$$E_{av} = \frac{N\Phi UK}{A} = \frac{6 \times 6400 \times 0.5 \times 0.8}{10 \times 6} = 256(\text{lx})$$

该厂房工作面的平均照度为 256lx。

（8）功率密度值

$$LPD = \frac{P}{S} = \frac{6 \times 2 \times (36 + 2.27)}{10 \times 6} = 7.65(\text{W/m}^2)$$

例 5-9　办公室长为 12m，宽为 6m，顶棚高为 3m，有采光窗，其面积为 24m²。办公室内表面反射比分别为顶棚 0.7，墙面 0.5，地面 0.2，玻璃窗面积 24m²，其反射比为 0.35。选用 RC600B LED405 840 W60 L60 LED 灯盘照明，灯具为嵌入式顶棚安装，办公桌距地面 0.75m，桌面照度要求不小于 500lx，求桌面上的平均照度。

解：（1）有关数据。灯具功率为 40W，光通量为 4000lm，色温 4000K，室长 12m，宽 6m，顶棚空间高 3m。

（2）计算室空间比 RCR 及室形指数 RI

$$RCR = \frac{5h_r(l+b)}{l \cdot b} = \frac{5 \times (3-0.75) \times (12+6)}{12 \times 6} = 2.81$$

$$RI = \frac{5}{RCR} = \frac{5}{2.81} = 1.78$$

（3）计算地面空间的有效空间反射比。

地面空间开口平面面积

$$A_0 = l \times b = 12 \times 6 = 72(\text{m}^2)$$

地面空间表面面积（地板空间墙表面面积 + 地面面积）

$$A_s = h_f \times l \times 2 + h_f \times b \times 2 + A_0 = 0.75 \times (24 + 12) + 72 = 99(\text{m}^2)$$

墙面表面面积

空间表面平均反射比

$$\rho = \frac{\sum \rho_i A_i}{\sum A_i} = \frac{0.2 \times 72 + 0.5 \times 27}{72 + 27} = 0.282$$

有效空间反射比

$$\rho_{\text{eff}} = \frac{\rho A_0}{A_s - \rho A_s + \rho A_0} = \frac{0.282 \times 72}{99 - 0.282 \times 99 + 0.282 \times 72} = \frac{20.304}{91.386} = 0.222$$

（4）墙面平均反射比 ρ_{wav}。

玻璃窗面积

$$A_g = 24(\text{m}^2)$$

玻璃窗反射比

$$\rho_g = 0.35$$

$$\rho_{\text{wav}} = \frac{\rho_w(A_w - A_g) + \rho_g A_g}{A_w} = \frac{0.5[(12 \times 3 + 6 \times 3) \times 2 - 24] + 0.35 \times 24}{(12 \times 3 + 6 \times 3) \times 2} = \frac{50.4}{108} = 0.47$$

（5）确定灯具的利用系数和维护系数。由表 5-17 和表 5-15 可得到利用系数和维护系数。

表 5-17　　　　　　　　RC600B LED405 840 W60 L60 1×LED 利用系数表

室形指数 RI	顶棚、墙面和地面反射系数										
	0.8	0.8	0.7	0.7	0.7	0.7	0.5	0.5	0.3	0.3	0
	0.5	0.5	0.5	0.5	0.5	0.3	0.3	0.1	0.3	0.1	0
	0.3	0.1	0.3	0.2	0.1	0.1	0.1	0.1	0.1	0.1	0
0.60	0.62	0.59	0.62	0.60	0.59	0.53	0.53	0.49	0.52	0.49	0.47
0.80	0.73	0.69	0.72	0.70	0.68	0.62	0.62	0.58	0.61	0.58	0.56
1.00	0.82	0.76	0.80	0.78	0.75	0.70	0.69	0.65	0.68	0.65	0.63
1.25	0.90	0.82	0.88	0.84	0.81	0.76	0.76	0.72	0.75	0.72	0.70
1.50	0.95	0.86	0.93	0.89	0.86	0.81	0.80	0.77	0.79	0.76	0.75
2.00	1.04	0.92	1.01	0.96	0.92	0.88	0.87	0.84	0.86	0.83	0.81
2.50	1.09	0.96	1.06	1.00	0.95	0.92	0.91	0.89	0.90	0.88	0.86
3.00	1.12	0.98	1.09	1.03	0.97	0.95	0.93	0.92	0.92	0.90	0.88
4.00	1.17	1.01	1.13	1.06	1.00	0.98	0.96	0.95	0.95	0.93	0.91
5.00	1.19	1.02	1.16	1.08	1.01	1.00	0.98	0.96	0.96	0.95	0.93

灯具直射光通利用系数由灯具的配光特性和房间的形状决定，配光越好，房间越大，越多的光投射到被照面，直射光利用系数越大，甚至趋近 1。

反射光通利用系数由房间反射特性决定，空间反射率越高（特别是顶棚），利用系数越大。

配光好的 LED 灯具，光损失小直射光利用系数接近 1，LED 灯光的方向性好，即使反射光利用系数不大，但灯具利用系数也有可能大于 1。室空间越扁平（即面积大，高度较矮）灯具利用系数越大。

根据利用系数表插入法求出 $U = 0.94$，根据

RI	0.7		0.7
	0.5		0.5
	0.3	0.22	0.2
1.5	0.93		0.89
1.78	0.98	0.94	0.93
2.0	1.01		0.96

由维护系数表取 $K = 0.8$

（6）计算灯具数量

$$N = \frac{E_{av}A}{\Phi UK} = \frac{500 \times 12 \times 6}{4000 \times 0.94 \times 0.8} = 12.05 \approx 12 \text{ 盏灯具}$$

根据办公室结构，每行布置 2 盏灯具，中心距为 3m；每列布置 6 盏灯具，中心距为 2m，共选用 12 盏 LED 办公灯盘。

（7）校验最大允许距高比。

纵向距高比为 2/3；

横向距高比为 3/3；

故均匀度满足要求。

（8）计算实际照度值

$$E = \frac{N\Phi UK}{A} = \frac{12 \times 4000 \times 0.94 \times 0.8}{12 \times 6} = 501.3(\text{lx})$$

（9）计算功率密度值

$$LPD = \frac{P}{S} = \frac{12 \times 40}{12 \times 6} = 6.67(\text{W/m}^2)$$

满足规范节能指标要求。

例 5 – 10 某车间长 48m，宽 18m，工作面高 0.8m，灯具距工作面 9m，顶棚反射比 $\rho_c = 0.5$，墙面反射比 $\rho_c = 0.3$，地板反射比 $\rho_f = 0.2$，选用 RJ – GC888 – D8 – B（400W）型灯（400W 金属卤化物灯）照明，工作面照度要求达到 50lx，用灯数概算曲线计算所需灯数。

解： RJ – GC888 – D8 – B（400W）（400W 金属卤化物灯）灯数概算曲线如图 5 – 29 所示。

工作面面积

$$A = lb = 48 \times 18 = 864(\text{m}^2)$$

根据反射率和工作面面积，由灯数概算曲线查出在照度为 100lx 时所需灯数为 5.9，故照度为 50lx 时所需灯数为

$$N = 5.9 \times \frac{50}{100} = 2.95$$

根据照明现场实际情况，N 应选取整数，故 $N = 3$。

例 5 – 11 有个半径为 8m、高为 5m 的圆形房间，灯具吊挂长度为 0.5m，工作面高为 0.8m，求各空间比。

解：（1）顶棚面积

$$S_c = \pi r^2 = \pi \times 8^2 = 201(\text{m}^2)$$

顶棚空间墙面面积

$$S_{wc} = 2\pi rh_c = 2 \times \pi \times 8 \times 0.5 = 25(\mathrm{m}^2)$$

顶棚空间比

$$CCR = \frac{2.5 \times S_{wc}}{S_c} = \frac{2.5 \times 25}{201} = 0.3$$

（2）工作面面积

$$S_r = \pi r^2 = \pi \times 8^2 = 201(\mathrm{m}^2)$$

室空间墙面面积

$$S_{wr} = 2\pi rh_r = 2 \times \pi \times 8 \times (5 - 0.5 - 0.8) = 186(\mathrm{m}^2)$$

室空间比

$$RCR = \frac{2.5 \times S_{wr}}{S_r} = \frac{2.5 \times 186}{201} = 2.3$$

（3）地板面积

$$S_f = \pi r^2 = \pi \times 8^2 = 201(\mathrm{m}^2)$$

地板空间墙面面积

$$S_{wf} = 2\pi rh_f = 2 \times \pi \times 8 \times 0.8 = 40(\mathrm{m}^2)$$

地板空间比

$$FCR = \frac{2.5 \times S_{wf}}{S_f} = \frac{2.5 \times 40}{201} = 0.5$$

第五节　单位容量计算

一、概述

在做方案设计或初步设计阶段，需要估算照明用电量，往往采用单位容量计算，在允许计算误差下，达到简化照明计算程序的目的。

单位容量计算是以达到设计照度时 $1\mathrm{m}^2$ 需要安装的电功率（$\mathrm{W/m}^2$）或光通量（$\mathrm{lm/m}^2$）来表示。通常将其编制成计算表格，以便应用。

二、单位容量计算

单位容量的基本公式如下

$$\left.\begin{aligned} P &= P_0 AE \\ \Phi &= \Phi_0 AE \\ P &= P_0 AEC_1 C_2 C_3 \end{aligned}\right\} \tag{5-50}$$

或

式中　P——在设计照度条件下房间需要安装的最低电功率，W；

　P_0——照度为 1lx 时的单位容量，$\mathrm{W/m}^2$，其值查表 5-19，当采用高压气体放电光源时，按 40W 荧光灯的 P_0 值计算；

　A——房间面积，m^2；

　E——设计照度（平均照度），lx；

　Φ——在设计照度条件下房间需要的光源总光通量，lm；

　Φ_0——照度达到 1lx 时所需的单位光辐射量，$\mathrm{lm/m}^2$；

　C_1——当房间内各部分的光反射比不同时的修正系数，其值查表 5-18；

　C_2——当光源不是 40W 的荧光灯时的调整系数，其值查表 5-19；

C_3——当灯具效率不是70%时的校正系数，当 $\eta = 60\%$，$C_3 = 1.22$；当 $\eta = 50\%$，$C_3 = 1.47$。

表 5－18　　　　　　　　　房间内各部分的光反射比不同时的修正系数 C_1

反射比	顶棚 ρ_c	0.7	0.6	0.4
	墙面 ρ_w	0.4	0.4	0.3
	地板 ρ_f	0.2	0.2	0.2
修正系数 C_1		1	1.08	1.27

表 5－19　　　　　　　　　当光源不是 40W 的荧光灯时的调整系数 C_2

光源类型及额定功率（W）	卤钨灯（220V）			
	500	1000	1500	2000
调整系数 C_2	0.64	0.6	0.6	0.6
额定光通量（lm）	9750	21000	31500	42000

光源类型及额定功率（W）	紧凑型荧光灯（220V）				紧凑型节能荧光灯（220V）				
	10	13	18	26	18	24	36	40	55
调整系数 C_2	1.071	0.929	0.964	0.929	0.9	0.8	0.745	0.686	0.688
额定光通量（lm）	560	840	1120	1680	1200	1800	2900	3500	4800

光源类型及额定功率（W）	T5 荧光灯（220V）				T5 荧光灯（220V）				
	14	21	28	35	24	39	49	54	80
调整系数 C_2	0.764	0.72	0.70	0.677	0.873	0.793	0.717	0.762	0.820
额定光通量（lm）	1100	1750	2400	3100	1650	2950	4100	4250	5850

光源类型及额定功率（W）	T8 荧光灯（220V）			
	18	30	36	58
调整系数 C_2	0.857	0.783	0.675	0.696
额定光通量（lm）	1260	2300	3200	5000

光源类型及额定功率（W）	金属卤化物灯（220V）						
	35	70	150	250	400	1000	2000
调整系数 C_2	0.636	0.700	0.709	0.750	0.750	0.750	0.600
额定光通量（lm）	3300	6000	12700	20000	32000	80000	200000

光源类型及额定功率（W）	高压钠灯（220V）						
	50	70	150	250	400	600	1000
调整系数 C_2	0.857	0.750	0.621	0.556	0.500	0.450	0.462
额定光通量（lm）	3500	5600	14500	27000	48000	80000	130000

三、单位容量计算表的编制条件

表 5－20 所示为单位容量计算表是在比较各类常用灯具效率与利用系数关系的基础上，按照下列条件编制的。

（1）室内顶棚反射比 ρ_c 为 70%；墙面反射比 ρ_w 为 50%；地板反射比 ρ_f 为 20%。

（2）计算平均照度 E 为 1lx，灯具维护系数 K 为 0.7。

（3）荧光灯的光效为 60lm/W（220V，100W）。

（4）灯具效率不小于70％，当装有遮光格栅时不小于55％。

（5）灯具配光分类符合国际照明委员会的规定见表5-21。

表5-20 单位容量 P_0 计算表

室空间比 RCR（室形指数 RI）	直接型配光灯具		半直接型配光灯具	均匀漫射型配光灯具	半间接型配光灯具	间接型配光灯具
	$s \leqslant 0.9h$	$s \leqslant 1.3h$				
8.33 (0.6)	0.0897 5.3846	0.0833 5.0000	0.0879 5.3846	0.0897 5.3846	0.1292 7.7783	0.1454 7.7506
6.25 (0.8)	0.0729 4.3750	0.0648 3.8889	0.0729 4.3750	0.0707 4.2424	0.1055 6.3641	0.1163 7.0005
5.0 (1.0)	0.0648 3.8889	0.0569 3.4146	0.0614 3.6842	0.0598 3.5897	0.0894 5.3850	0.1012 6.0874
4.0 (1.25)	0.0569 3.4146	0.0496 2.9787	0.0556 3.3333	0.0519 3.1111	0.0808 4.8280	0.0829 5.0004
3.33 (1.5)	0.0519 3.1111	0.0458 2.7451	0.0507 3.0435	0.0476 2.8571	0.0732 4.3753	0.0808 4.8280
2.5 (2.0)	0.0467 2.8000	0.0409 2.4561	0.0449 2.6923	0.0417 2.5000	0.0668 4.0003	0.0732 4.3753
2 (2.5)	0.0440 2.6415	0.0383 2.2951	0.0417 2.5000	0.0383 2.2951	0.0603 3.5900	0.0646 3.8892
1.67 (3.0)	0.0424 2.5455	0.0365 2.1875	0.0395 2.3729	0.0365 2.1875	0.0560 3.3335	0.0614 3.6845
1.43 (3.5)	0.0410 2.4592	0.0354 2.1232	0.0383 2.2976	0.0351 2.1083	0.0528 3.1820	0.0582 3.5003
1.25 (4.0)	0.0395 2.3729	0.0343 2.0588	0.0370 2.2222	0.0338 2.0290	0.0506 3.0436	0.0560 3.3335
1.11 (4.5)	0.0392 2.3521	0.0336 2.0153	0.0362 2.1717	0.0331 1.9867	0.0495 2.9804	0.0544 3.2578
1 (5.0)	0.0389 2.3333	0.0329 1.9718	0.0354 2.1212	0.0324 1.9444	0.0485 2.9168	0.0528 3.1820

注 1. 表中 s 为灯距，h 为计算高度。

2. 表中每格所列两个数字由上至下依次为：选用40W荧光灯的单位电功率（W/m²）；单位光辐射量（lm/m²）。

表 5 – 21　　　　　　　常用灯具配光分类表（符合国际照明委员会规定）

	直接型		半直接型	均匀漫射型	半间接型	间接型
灯具配光分类	上射光通量 0 ~ 10% 下射光通量 100% ~ 90%		上射光通量: 10% ~ 40% 下射光通量: 90% ~ 60%	上射光通量: 60% ~ 40%; 40% ~ 60% 下射光通量: 40% ~ 60%; 60% ~ 40%	上射光通量: 60% ~ 90% 下射光通量: 40% ~ 10%	上射光通量: 90% ~ 100% 下射光通量: 10% ~ 0
	$s \leqslant 0.9h$	$s \leqslant 1.3h$				
所属灯具举例	嵌入式遮光格栅荧光灯; 圆格栅吸顶灯; 广照型防水防尘灯; 防潮吸顶灯	控照式荧光灯; 搪瓷探照灯; 镜面探照灯; 深照型防震灯; 配照型工厂灯; 防震灯	简式荧光灯; 纱罩单吊灯; 塑料碗罩灯; 塑料伞罩灯; 尖扁圆吸顶灯; 方形吸顶灯	平口橄榄罩吊灯; 束腰单吊灯; 圆球单吊灯; 枫叶罩单吊灯; 彩灯	伞型罩单吊灯	

注　s、h 的含义同表 5 – 20。

例 5 – 12　有一房间面积 A 为 $9 \times 6 = 54$（m^2），房间高度为 3.6m。已知 $\rho_c = 70\%$、$\rho_w = 50\%$、$\rho_f = 20\%$、$K = 0.7$，拟选用 36W 普通单管荧光吊链灯 $h_c = 0.6m$，如要求设计照度为 100lx，如何确定光源数量。

解：因普通单管荧光灯类属半直接型配光，因取 $h_c = 0.6m$，室空间比 $RCR = 4.167$，再从表 5 – 20 中可查得 $P_0 = 0.0556$。

则按式（5 –50）

$$P = P_0 A E C_2 = 0.0556 \times 54 \times 100 \times 0.675 = 202.6(W)$$

故光源数量

$$N = 202.6/36 = 5.62(盏)$$

根据实际情况拟选用 6 盏 36W 荧光灯，此时估算照度可达 105.3lx。

第六节　平均球面照度与平均柱面照度计算

一、概述

在不进行视觉作业的区域或只有少量视觉作业的房间，如大多数公共建筑（剧院、商店、会议室等）以及居室等生活用房，往往用人的容貌是否清晰、自然等条件来评价照明效果。在这些场所计算水平面上的照度没有多大实际意义，这些场所的照明效果用空间照度或垂直面照度来评价可能更好。平均球面照度与平均柱面照度就是用来表示空间照度和垂直面照度的量值。图 5 –30 可说明它们与水平面照度的区别。

二、平均球面照度（标量照度）的计算

1. 平均球面照度

平均球面照度是指位于空间某一点的一个假想小球表面上的平均照度。它表示该点的受照量而与入射光的方向无关，并且也不指明被照面的方向。因此平均球面照度也称

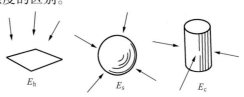

图 5 –30　平面照度与空间照度

E_h—水平面照度；E_s—平均球面照度；E_c—平均柱面照度

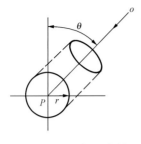

图 5 – 31　空间一点的
平均球面照度

标量照度，以符号 E_s 表示。

2. 空间一点的平均球面照度计算

设一个光强为 I 的点光源 O 与空间一点 P 的距离为 $\overline{OP}$。假设围绕 P 点有一个半径为 r 的小球，如图 5 – 31 所示，球面所截取的光通量等于半径为 r 圆盘所截取的光通量，即

$$\Phi = \frac{\pi r^2 I}{(\overline{OP})^2}$$

但是球的表面积为 $4\pi r^2$，所以点光源在 P 点产生的平均球面照度为

$$E_s = \frac{\Phi}{4\pi r^2} = \frac{I}{4(\overline{OP})^2} \qquad (5-51)$$

而同一点的水平面照度为

$$E_h = \frac{I\cos\theta}{(\overline{OP})^2} \qquad (5-52)$$

式中　θ——点光源的入射方向与被照面法线之间的夹角。

当 $\theta = 0°$ 时，$\cos\theta = 1$ 则

$$E_s = \frac{1}{4}E_h \qquad (5-53)$$

面光源对一点所产生的平均球面照度为

$$E_s = \frac{1}{4}\int L\mathrm{d}\omega \qquad (5-54)$$

式中　L——面光源的元表面在被照点方向的亮度，$\mathrm{cd/m}^2$；

$\mathrm{d}\omega$——面光源的元表面与被照点形成的立体角，sr。

对于均匀漫射光源，其表面亮度 L 为常数，故

$$E_s = \frac{1}{4}L\omega \qquad (5-55)$$

式中　ω——面光源与被照点形成的立体角，sr。

3. 室内平均球面照度的计算

一个房间的标量照度平均值可用流明法进行计算。为此要先求出标量照度利用系数，然后按照一般利用系数法计算平均标量照度。比较实用的方法是以水平面照度换算标量照度，它既能用于室内平均标量照度的计算，又能用于计算空间一点的标量照度计算。换算公式如下

$$E_s = E_h(K_s + 0.5\rho_f) \qquad (5-56)$$

式中　E_s——标量照度，lx；

E_h——水平面照度，lx；

K_s——根据照明灯具的配光特性（BZ 分类）、房间比例和墙面平均反射率等参数得出的标量照度换算系数，查图 5 – 32；

ρ_f——地板反射比。

在图 5 – 32 中有 BZ1 ~ BZ10 及 C 两组曲线。对于没有上射光通量的直接型灯具及上射

光通比小于25%的半直接型灯具，根据它们下射光通量的光强分布先确定它与哪一种BZ配光类型相近，然后以相应的BZ曲线求K_s。如果照明灯具是间接型的，全部光通均向顶棚照射，则用C曲线求K_s。在这两种情况之间的均匀漫射型和半间接型灯具，要根据其上射光通量与下射光通量在水平工作面上分别产生的照度占工作面总照度的比例，在BZ曲线、C曲线所求K_s值之间求内插值。

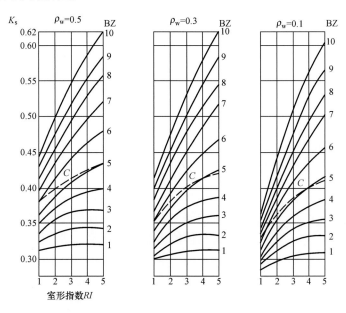

图5-32 K_s及C曲线

4. BZ 分类法

BZ分类法称为英国球带分类法，它是英国照明工程协会（IES）对灯具下射光通量的配光分类方法，共计有十种理论光强分布，分别命名为BZ1～BZ10，每种光强分布都能用函数表示，其光强分布函数式见第三章。

5. E_s 与 E_h 的简易换算

对于浅色顶棚和墙面的房间，可以用表5-22的数据，将水平面照度直接换算成标量照度。

表5-22 浅色顶棚和墙面的房间不同ρ_f值的E_h/E_s值

项目	$RI = 1.0 \sim 1.6$			$RI = 2.5$			$RI = 4.0$		
直接、半直接照明（BZ1～BZ3；25%上射光）									
ρ_f	0.1	0.2	0.3	0.1	0.2	0.3	0.1	0.2	0.3
E_h/E_s	2.6	2.4	2.1	2.6	2.3	2.05	2.5	2.2	2.0
均匀漫射照明（BZ4～BZ10；50%上射光）									
ρ_f	0.1	0.2	0.3	0.1	0.2	0.3	0.1	0.2	0.3
E_h/E_s	2.3	2.2	1.9	2.2	2.0	1.8	2.1	1.9	1.7

例5-13 根据例［5-8］给出的计算条件求该厂房的平均标量照度。

已知条件：$l = 10\text{m}$，$b = 6\text{m}$，$h_r = 2.5\text{m}$，$\rho_c = 0.7$，$\rho_w = 0.5$，$\rho_f = 0.2$。

直接型灯具光强分布近似 BZ5；水平面照度 $E_h = 256 lx$（见例 [5-8] 及计算结果）。

解：（1）计算室形指数 RI。根据 RI 计算公式得

$$RI = \frac{lb}{h_r(l+b)} = \frac{10 \times 6}{2.5 \times (10+6)} = 1.5$$

（2）求 K_s。根据 $\rho_w = 0.5$，$RI = 1.5$ 在图 5-32 的 BZ5 曲线上查得 $K_s = 0.375$。

（3）求 E_s。根据式（5-56）

$$E_s = E_h(K_s + 0.5\rho_f)$$

$$E_s = 256 \times (0.375 + 0.5 \times 0.2) = 121.6 \, (lx)$$

（4）由表 5-22 查取 E_h/E_s 比值

$$E_h/E_s = 2.2$$

$$E_s = \frac{E_h}{2.2} = \frac{256}{2.2} = 116.4 \, (lx)$$

故简易换算值偏小。

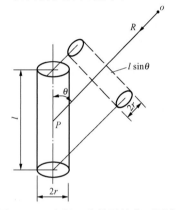

图 5-33　空间一点的平均柱面照度

三、平均柱面照度的计算

1. 空间一点的平均柱面照度

空间一点的平均柱面照度是指位于该点的一个假想小圆柱体侧面上平均照度，圆柱体的轴线与水平面垂直，圆柱体两个端面上接受的光忽略不计。因此它代表空间一点的垂直面平均照度，以符号 E_c 表示。

2. 空间一点的平均柱面照度计算

光强为 I 的点光源与半径 r，长度为 l 的圆柱体相距 R（图 5-33），被圆柱侧面截取的光通量为

$$\Phi = 2lr\sin\theta \frac{I}{R^2} \tag{5-57}$$

式中　θ——圆柱轴线与光源方向之间的夹角，（°）；

$2lr\sin\theta$——圆柱侧面在光源方向上的投影面积，m^2；

I——点光源的光强，cd；

R——点光源至计算点的距离，m。

所以点光源在圆柱体侧面上形成的平均柱面照度 E_c 可由式（5-58）计算

$$E_c = \frac{2lr\sin\theta \dfrac{I}{R^2}}{2\pi lr} = \frac{I\sin\theta}{\pi R^2} \tag{5-58}$$

对于亮度为 L 的面光源，式（5-58）应改为

$$E_c = \frac{1}{\pi}\int L\sin\theta \mathrm{d}\omega \tag{5-59}$$

式中　L——面光源元表面在被照点方向上的亮度，cd/m^2；

$\mathrm{d}\omega$——面光源元表面与被照点构成的立体角，sr；

θ——圆柱轴线与光源方向之间的夹角，（°）。

3. 室内平均柱面照度的计算

一个房间或场地的平均柱面照度平均值也可以用流明法计算。为此要先求得平均柱面照度利用系数，然后计算房间平均柱面照度，不过以类似室内平均球面照度的计算形式，由水平面照度换算平均柱面照度比较实用简便，其公式如下

$$E_c = E_h(K_c + 0.5\rho_f) \tag{5-60}$$

式中　E_c——平均柱面照度，lx；

$\quad\quad E_h$——水平面照度，lx；

$\quad\quad K_c$——换算系数，$K_c = 1.5K_s - 0.25$；

$\quad\quad K_s$——标量照度换算系数，见式（5-56）；

$\quad\quad \rho_f$——地板空间反射比。

例 5-14　根据［例5-13］所给的计算条件，求该厂房的平均柱面照度。

已知条件：水平面照度 $E_h = 256$lx、地板空间反射比 $\rho_f = 0.2$、$K_s = 0.375$。

解：（1）计算求平均柱面照度用的换算系数 K_c

$$K_c = 1.5K_s - 0.25 = 1.5 \times 0.375 - 0.25 = 0.313$$

（2）根据式（5-60）计算厂房的平均柱面照度 E_c

$$E_c = E_h(K_c + 0.5\rho_f) = 256 \times (0.313 + 0.5 \times 0.2) = 105.7(\text{lx})$$

故该厂房的平均柱面照度为105.7lx。

第七节　大面积投光照度计算

一、概述

对体育场、广场、公路立体交叉桥、货场、汽车停车场、铁路调车场、码头等处的大面积场地，以及公园内的景物和建筑物的立面，一般采用投光灯照明，要求在所需要的平面上或垂直面上达到规定的照度值。

在确定设计方案时，可采用单位面积容量法估算照明用电容量。在初步设计时，采用平均照度法计算。在施工设计时，采用点照度计算法计算。

二、单位面积容量的计算

单位面积容量的基本计算公式如下

$$N = \frac{PA}{P_L} \tag{5-61}$$

$$P = \frac{P_T}{A} = \frac{NP_L}{A} \tag{5-62}$$

式中　N——投光灯盏数；

$\quad\quad P$——单位面积功率，W/m^2；

$\quad\quad P_L$——每台投光灯的功率，W；

$\quad\quad P_T$——投光灯的总功率，W；

$\quad\quad A$——被照面的面积，m^2。

但

$$N = \frac{E_{av}A}{\Phi UK} = \frac{E_{min}A}{\Phi_1 \eta U U_1 K} \tag{5-63}$$

式中　　E_{av}——被照水平面上的平均照度，lx；

　　　　E_{min}——被照水平面上的最低照度，lx；

　　　　K——灯具维护系数，一般取 0.70~0.65；

　　　　Φ——投光灯的光通量，lm；

　　　　Φ_1——投光灯中光源的光通量，lm；

　　　　η——灯具效率；

　　　　U——利用系数；

　　　　U_1——照度均匀度。

综合式（5-62）和式（5-63），单位面积功率可用式（5-64）求出

$$P = \frac{P_L E_{min}}{\Phi_1 \eta U U_1 K} = \frac{E_{min}}{\eta_1 \eta U U_1 K} = m E_{min} \qquad (5-64)$$

$$m = \frac{1}{\eta_1 \eta U U_1 K} \qquad (5-65)$$

式中　　η_1——光源的光效率，lm/W。

其余符号含义同前。

为简化计算，按照 $\eta=0.75$、$U=0.7$、$U_1=0.75$、$K=0.7$，给出不同光源的 m 值，如表 5-23 所示。

表 5-23　　　　　　　　　　　　　　不同光源的 m 值

光源种类	LED 灯	金属卤化物灯	陶瓷金卤灯	高压纳灯	农用高压钠灯
m	0.036	0.045	0.040	0.030	0.026

例 5-15　某铁路站场 $A=15000m^2$，$E_{min}=5lx$，采用 400W 金属卤化物灯，求总功率和灯数。

解： 由式（5-62）和式（5-64）以及表 5-23 得

$$P_T = PA = m E_{min} A = 0.045 \times 5 \times 15000 = 3375(W)$$

又根据式（5-61）得

$$N = \frac{PA}{P_L} = \frac{3375}{400} = 8.4$$

可选用 8 套灯

三、平均照度的计算

1. 平均照度计算公式

$$E_{av} = \frac{N \Phi_1 U \eta K}{A} \qquad (5-66)$$

式中　　E_{av}——被照面上的水平平均照度，lx；

　　　　N——投光灯盏数；

　　　　Φ_1——投光灯中光源的光通量，lm；

　　　　U——利用系数；

　　　　η——灯具效率；

A——被照面的面积，m^2；

K——灯具维护系数，一般取 $0.70 \sim 0.65$。

2. 利用系数 U

光源的光通量入射到工作面上的百分比称为利用系数。为了便于计算，可根据光通量全部入射到被照面上（见图 5 – 34 中的光束 A 和 B）的投光灯盏数占总盏数的百分比，从表 5 – 24 中选取利用系数。

例 5 – 16 采用 NTC9200A 型投光灯，安装 1000W 金属卤化物灯（$\Phi_1 = 200000\text{lm}$），灯具效率 $\eta = 0.667$ 安装高度为 21m，被照面积为 10000m²。当安装 8 盏投光灯，且有 4 盏投光灯的光通量全部入射到被照面上时，求其平均照度值。

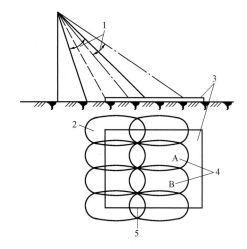

图 5 – 34 投光灯利用系数

（光通入射到工作面上的百分比）

1—光束角；2—溢出光通部分；3—被照面；
4—100% 利用光通部分；5—重合光通部分

解： 由式（5 – 66）得

$$E_{av} = \frac{N\Phi_1 U\eta K}{A} = \frac{8 \times 200000 \times 0.7 \times 0.667 \times 0.7}{10000} = 52.3(\text{lx})$$

表 5 – 24　　　　　利用系数 U 值选择表

光通量全部入射到被照面上的投光灯盏数占总盏数的百分比（%）	U
80 及其以上	0.9
60 及其以上	0.8
40 及其以上	0.7
20 及其以上	0.6
20 以下	0.5

四、点照度的计算

投光灯 S 对 P 点产生的照度计算，如图 5 – 35 所示。

（1）方位角 φ

$$\sin\varphi = \frac{\overline{MF}}{\overline{QM}} = \frac{x_m - x}{[(x_m - x)^2 + (y_m - y)^2]^{\frac{1}{2}}} \tag{5 – 67}$$

$$\varphi = \arcsin \frac{x_m - x}{[(x_m - x)^2 + (y_m - y)^2]^{\frac{1}{2}}}$$

（2）仰角 θ

$$\tan\theta = \frac{\overline{QM}}{\overline{SQ}} = \frac{[(x_m - x)^2 + (y_m - y)^2]^{\frac{1}{2}}}{z - z_0}$$

$$\theta = \arctan \frac{[(x_m - x)^2 + (y_m - y)^2]^{\frac{1}{2}}}{z - z_0}$$

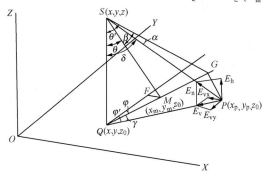

图 5 – 35 投光灯的各方向点照度

$$\tag{5 – 68}$$

（3）角 φ'

$$\sin\varphi' = \frac{x_p - x}{\left[(x_p - x)^2 + (y_p - y)^2 \right]^{\frac{1}{2}}} \tag{5-69}$$

$$\varphi' = \arcsin\frac{x_p - x}{\left[(x_p - x)^2 + (y_p - y)^2 \right]^{\frac{1}{2}}}$$

（4）角 γ

$$\gamma = \varphi' - \varphi \tag{5-70}$$

（5）水平角度 α

$$\sin\alpha = \frac{\overline{PG}}{\overline{SP}} = \frac{\left[(x_p - x)^2 + (y_p - y)^2 \right]^{\frac{1}{2}}\sin\gamma}{\left[(x_p - x)^2 + (y_p - y)^2 + (z_0 - z)^2 \right]^{\frac{1}{2}}} \tag{5-71}$$

$$\alpha = \arcsin\frac{\left[(x_p - x)^2 + (y_p - y)^2 \right]^{\frac{1}{2}}\sin\gamma}{\left[(x_p - x)^2 + (y_p - y)^2 + (z_0 - z)^2 \right]^{\frac{1}{2}}}$$

（6）角 θ'

$$\tan\theta' = \frac{\overline{QG}}{\overline{SQ}} = \frac{\left[(x_p - x)^2 + (y_p - y)^2 \right]^{\frac{1}{2}}\cos\gamma}{z - z_0} \tag{5-72}$$

$$\theta' = \arctan\frac{\left[(x_p - x)^2 + (y_p - y)^2 \right]^{\frac{1}{2}}\cos\gamma}{z - z_0}$$

（7）垂直角度 β

$$\beta = \theta' - \theta \tag{5-73}$$

（8）入射角 δ

$$\cos\delta = \frac{z - z_0}{\left[(x_p - x)^2 + (y_p - y)^2 + (z_0 - z)^2 \right]^{\frac{1}{2}}} \tag{5-74}$$

$$\delta = \arccos\frac{z - z_0}{\left[(x_p - x)^2 + (y_p - y)^2 + (z_0 - z)^2 \right]^{\frac{1}{2}}}$$

（9）水平面照度 E_h

$$E_h = \frac{I_{(\alpha \cdot \beta)}\cos\delta}{(x_p - x)^2 + (y_p - y)^2 + (z_0 - z)^2}$$

$$= \frac{I_{(\alpha \cdot \beta)}(z - z_0)}{\left[(x_p - x)^2 + (y_p - y)^2 + (z_0 - z)^2 \right]^{\frac{3}{2}}}(\text{lx}) \tag{5-75}$$

（10）垂直面照度 E_v

$$E_v = \frac{I_{(\alpha \cdot \beta)}\sin\delta}{(x_p - x)^2 + (y_p - y)^2 + (z_0 - z)^2}$$

$$= \frac{I_{(\alpha \cdot \beta)}\left[(x_p - x)^2 + (y_p - y)^2 \right]^{\frac{1}{2}}}{\left[(x_p - x)^2 + (y_p - y)^2 + (z_0 - z)^2 \right]^{\frac{3}{2}}}(\text{lx}) \tag{5-76}$$

（11）纵向垂直照度

$$E_{vx} = E_v\sin\varphi' = \frac{I_{(\alpha \cdot \beta)}(x_p - x)}{\left[(x_p - x)^2 + (y_p - y)^2 + (z_0 - z)^2 \right]^{\frac{3}{2}}}(\text{lx}) \tag{5-77}$$

（12）横向垂直照度

$$E_{vy} = E_v \cos\varphi' (\text{lx}) \tag{5-78}$$

计算照度时，需应用投光灯的等光强曲线图或光强光通分布图，查得投光灯射向 P 点的光强值 $I_{(\alpha \cdot \beta)}$。

β 为正值时，查曲线的轴线下方数值，β 为负值时，查曲线的轴线上方数值。

例 5-17　采用 NTC9200A 型 1000W 金属卤化物灯，其坐标点 $x=0$、$y=0$、$z=30\text{m}$，瞄准点坐标为 $x_m = 60\text{m}$，$y_m = 10\text{m}$，$z_0 = 0$，求坐标 $x_p = 100\text{m}$、$y_p = 10\text{m}$、$z_0 = 0$ 处的 P 点水平照度、垂直照度、纵向和横向垂直照度。

解：如图 5-35 所示，方位角

$$\varphi = \arcsin \frac{x_m - x}{\left[(x_m - x)^2 + (y_m - y)^2 \right]^{\frac{1}{2}}}$$

$$\varphi = \arcsin \frac{60}{\sqrt{60^2 + 10^2}} = 80.52°$$

仰角　$\theta = \arctan \dfrac{\left[(x_m - x)^2 + (y_m - y)^2 \right]^{\frac{1}{2}}}{z - z_0} = \arctan \dfrac{\sqrt{60^2 + 10^2}}{30} = 63.75°$

$$\varphi' = \arcsin \frac{x_p - x}{\left[(x_p - x)^2 + (y_p - y)^2 \right]^{\frac{1}{2}}} = \arcsin \frac{100}{\sqrt{100^2 + 10^2}} = 84.28°$$

$$\gamma = \varphi' - \varphi = 84.28° - 80.52° = 3.76°$$

水平角度　$\alpha = \arcsin \dfrac{\left[(x_p - x)^2 + (y_p - y)^2 \right]^{\frac{1}{2}} \sin\gamma}{\left[(x_p - x)^2 + (y_p - y)^2 + (z_0 - z)^2 \right]^{\frac{1}{2}}}$

$$= \arcsin \frac{\sqrt{100^2 + 10^2} \times \sin 3.76°}{\sqrt{100^2 + 10^2 + 30^2}} = 3.6°$$

$$\theta' = \arctan \frac{\left[(x_p - x)^2 + (y_p - y)^2 \right]^{\frac{1}{2}} \cos\gamma}{z - z_0}$$

$$= \arctan \frac{\sqrt{100^2 + 10^2} \times \cos 3.76°}{30} = 73.34°$$

垂直角度　$\beta = \theta' - \theta = 73.34° - 63.75° = 9.59°$

入射角　$\delta = \arccos \dfrac{z - z_0}{\left[(x_p - x)^2 + (y_p - y)^2 + (z_0 - z)^2 \right]^{\frac{1}{2}}}$

$$= \arccos \frac{30}{\sqrt{100^2 + 10^2 + 30^2}} = 73.38°$$

由图 5-36 中的 NTC9200A 型投光灯的等光强曲线图或光强光通分布图，查得投光灯射向 P 点的光强值

$$I_{(\alpha \cdot \beta)} = 680000\text{cd}$$

水平面照度　$E_h = \dfrac{I_{(\alpha \cdot \beta)} \cdot \cos\delta}{(x_p - x)^2 + (y_p - y)^2 + (z_0 - z)^2}$

$$= \frac{680000 \times \cos 73.38°}{100^2 + 10^2 + 30^2} = 17.68(\text{lx})$$

垂直面照度　　　$E_\mathrm{v} = \dfrac{I_{(\alpha \cdot \beta)} \cdot \sin\delta}{(x_\mathrm{p} - x)^2 + (y_\mathrm{p} - y)^2 + (z_0 - z)^2}$

$= \dfrac{680000 \times \sin73.38°}{100^2 + 10^2 + 30^2} = 59.23\,(\mathrm{lx})$

纵向垂直照度　　$E_\mathrm{vx} = E_\mathrm{v}\sin\varphi' = 59.23 \times \sin84.28° = 58.93\,(\mathrm{lx})$

横向垂直照度　　$E_\mathrm{vy} = E_\mathrm{v}\cos\varphi' = 59.23 \times \cos84.28° = 5.9\,(\mathrm{lx})$

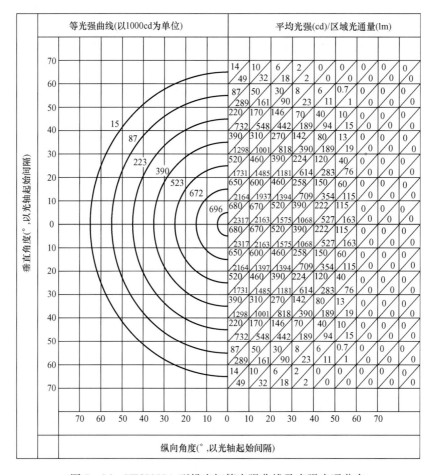

图 5 – 36　NTC9200A 型投光灯等光强曲线及光强光通分布

在实际应用时，还需考虑灯具维护系数 K，一般取 0.7。

根据前述各种照度计算方法在工程中使用说明，见表 5 – 25。

表 5 – 25　　　　　　　　　　　　照度计算法使用说明表

类别	计算法名称	特点	适用范围	使用注意事项
点光源的点照度计算	（1）点光源的点照度计算法	照明计算的基本公式	工程计算中常用高度 h 的计算公式。距离平方反比定律多用于公式推导	
	（2）倾斜面照度计算法			注意倾斜面的光方向。θ 是背光面与水平面夹角

续表

类别	计算法名称	特点	适用范围	使用注意事项
点光源的点照度计算	（3）等照度曲线法	使用等照度曲线直接查出照度，计算简便	适用于计算某点的直射照度	求等照度曲线之间的中间值时注意内插的非线性
线光源的点照度计算	（1）方位系数法	将线光源不同的灯具纵向平面内的配光分为五类，推算出方位系数进行计算	将线光源布置成光带、逐点计算照度时适用。室内反射光较多时则降低准确度	要先分析线光源在其纵向平面内的配光属于哪一类，以选择正确的方位系数
	（2）不连续线光源计算法	乘以修正系数，视为连续的线光源计算	适用于线光源的间隔不大的场所	要正确选用修正系数
	（3）等照度曲线法	将线光源布置成长条并画出等照度曲线分布，可以直接查出照度，计算简便	适用于逐点计算直射照度	
面光源的点照度计算	面光源的点照度计算法	将面光源归算成立体角投影率，进行计算	适用于计算发光顶棚照明	由于发光顶棚的材质不同，亮度分布不同，故应注意选用合适的经验系数
平均照度的计算	（1）利用系数法	此法为光通法，或称流明法。计算时考虑了室内光的相互反射理论。计算较为准确简便	适用于计算室内外各种场所的平均照度	当不计光的反射分量时，如室外照明，可以考虑各个表面的反射率为零
	（2）概算曲线法	根据利用系数法计算，编制出灯具与工作面面积关系曲线的图表，直接查出灯数，快速简便，但有较小的误差	适用于计算各种房间的平均照度	当照度值不是曲线给出的值时，灯数应乘以修正系数
单位容量的计算	单位容量计算表法	将灯具按光通量的分配比例分类，进行计算，求出单位面积所需的照明的电功率	适用于初步设计阶段估算照明用电量	应正确采用修正系数，以免误差过大
平均球面照度与平均柱面照度的计算	（1）平均球面照度计算法	计算室内任意点的空间照度平均值	适用于对空间照度有要求的场所进行照明效果评价	
	（2）平均柱面照度计算法	计算室内各方向的垂直照度的平均值	适用于对各方向的垂直照度有要求的场所进行照明效果评价	

续表

类别	计算法名称	特点	适用范围	使用注意事项
投光照明的计算	（1）单位面积容量计算法	以公式推导出投光照明单位面积所消耗的电功率、充分考虑了光效率，灯的利用系数等因素	适用于设计方案阶段进行灯数概算或对工程项目进行初步估算	
	（2）平均照度计算法	特点同平均照度计算	适用于计算被照面上的平均照度	
	（3）点照度计算	特点同点照度计算	适用于施工设计阶段逐点计算照度	

第八节 导光管采光照度计算

一、概述

导光管采光系统（如图 5 - 37 所示）可以解决大进深建筑和地下建筑采光问题，并打破建筑层数、吊顶隔层的限制，可控制光线强弱，不受光线角度的影响，热损大幅度降低，并已应用在工业厂房、体育馆、展览馆、广场、地下车库以及办公、商业等场所。导光管采光系统主要分为以下三部分：

（1）室外采光区，包含配件：集光器（采光罩）、防雨装置、T 型圈、采光罩密封圈、保温密封套。

（2）导光传输区，包含配件：导光管、导光弯管。

（3）室内漫射区，包含配件：漫射器、固定装饰圈。

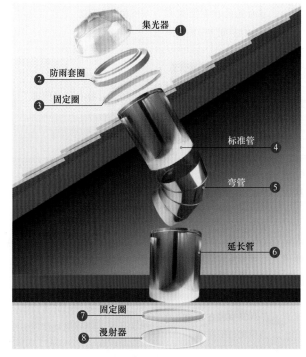

集光器 ①
防雨套圈 ②
固定圈 ③
标准管 ④
弯管 ⑤
延长管 ⑥
固定圈 ⑦
漫射器 ⑧

图 5 - 37 导光管采光系统组成

导光管安装方式可以分为：侧向安装、穿层安装、直管安装、穿层转弯安装、平板转弯安装、平板玻璃安装六种方式。导光管安装方式如图 5-38 所示。

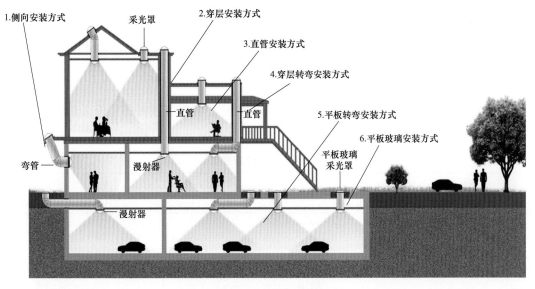

图 5-38 导光管安装方式

JGJ/T 374—2015《导光管采光系统技术规程》规定了新建、扩建和改建的民用建筑和工业建筑的导光管采光系统工程的设计、施工安装、验收、运行和维护等要求。

二、采光计算

1. 利用系数法

建筑设计中导光管采光系统在顶部均匀布置条件下，室内平均水平照度按式（5-79）~式（5-80）计算

$$E_{av} = \frac{n \times \Phi_U \times CU \times MF}{S} \tag{5-79}$$

$$\Phi_U = E_s \times A_t \times \eta \tag{5-80}$$

$$\eta = \tau_1 \times TTE \times \tau_2 \tag{5-81}$$

式中　E_{av}——平均水平照度，lx；

n——导光管采光系统的数量；

Φ_U——导光管采光系统漫射器的设计输出光通量，lm；

CU——导光管采光系统的采光利用系数；

MF——维护系数；

S——房间的地面面积，m²；

E_s——室外天然光设计照度值，lx，可按照 GB 50033—2013《建筑采光设计标准》的有关规定取值；

A_t——导光管的有效采光面积，m²；

η——导光管采光系统效率，全阴天空条件下可采用透光折减系数表示；

τ_1——集光器（采光罩）的可见光透射比；

TTE——导光管的传输效率；

τ_2——漫射器的透射比。

2. 中国光气候分区

导光管采光系统漫射器的设计输出光通量与室外天然光设计照度值密切相关，室外天然光设计照度值与光气候分区有关，不同的光气候区应选取不同的设计照度值，我国光气候分区按天然光年平均总照度（klx）分为五类，即 I 类，$E_q \geqslant 45$；II 类，$40 \leqslant E_q < 45$；III 类 $35 \leqslant E_q < 40$；IV 类，$30 \leqslant E_q < 35$；V 类，$E_q < 30$。

3. 室外天然光设计照度值 E_s

根据 GB 50033—2013《建筑采光设计标准》规定，各光气候区的室外天然光设计照度值应按表 5-26 确定。

表 5-26   室外天然光设计照度值

光气候区	I	II	III	IV	V
室外天然光设计照度值（lx）	18000	16500	15000	13500	12000

4. 室空间 RCR

室空间 RCR 可按式（5-82）计算

$$RCR = \frac{5h_x(l + b)}{l \cdot b} \tag{5-82}$$

式中　h_x——参考平面至导光管漫射器下沿高度，m；

　　　l——房间长度，m；

　　　b——房间进深，m。

5. 利用系数的取值

顶部安装的导光管采光系统的采光利用系数 CU 可按表 5-27 的规定取值。

表 5-27   顶部安装的导光管采光系统的采光利用系数（CU）表

顶棚反射比（%）	室空间比 RCR	墙面反射比（%）		
		50	30	10
80	0	1.19	1.19	1.19
	1	1.05	1.00	0.97
	2	0.93	0.86	0.81
	3	0.83	0.76	0.70
	4	0.76	0.67	0.60
	5	0.67	0.59	0.53
	6	0.62	0.53	0.47
	7	0.57	0.49	0.43
	8	0.54	0.47	0.41
	9	0.53	0.46	0.41
	10	0.52	0.45	0.40
50	0	1.11	1.11	1.11
	1	0.98	0.95	0.92
	2	0.87	0.83	0.78
	3	0.79	0.73	0.68

顶棚反射比（%）	室空间比 RCR	墙面反射比（%）		
		50	30	10
50	4	0.71	0.64	0.59
	5	0.64	0.57	0.52
	6	0.59	0.52	0.47
	7	0.55	0.48	0.43
	8	0.52	0.46	0.41
	9	0.51	0.45	0.40
	10	0.50	0.44	0.40
20	0	1.04	1.04	1.04
	1	0.92	0.90	0.88
	2	0.83	0.79	0.75
	3	0.75	0.70	0.66
	4	0.68	0.62	0.58
	5	0.61	0.56	0.51
	6	0.57	0.51	0.46
	7	0.53	0.47	0.43
	8	0.51	0.45	0.41
	9	0.50	0.44	0.40
	10	0.49	0.44	0.40
地面反射比为20%				

6. 维护系数 MF 取值

导光管采光系统的维护系数 MF 可按表 5－28 的规定取值。

表 5－28　　　　　　　　　　**导光管采光系统的维护系数 MF**

房间污染程度	安装角度		
	垂直	倾斜	水平
清洁	0.90	0.80	0.70
一般	0.80	0.70	0.60
污染严重	0.70	0.60	0.50

7. 导光管传输效率 TTE 计算

导光管传输效率的计算可按下列步骤进行：

（1）确定导光管直段部分的等效长度，导光管直段部分的等效长度可按式（5－83）计算

$$M = \frac{L}{D} \tag{5－83}$$

式中　M——导光管的等效长度；

　　　L——导光管的长度，m；

　　　D——导光管的管径，m。

（2）确定各个弯曲段的等效长度，不同弯头角度的等效长度可按表 5－29 的规定取值。

表 5 – 29　　　　　　　　　　不同弯头角度下的等效长度

弯头角度 （°）	管径（mm）			
	250	350	530	650
30	4.8	3.5	2.3	1.4
60	9.6	5.7	4.5	2.8
90	12.8	7.2	5.8	3.7

（3）确定导光管的传输效率，不同有效长度导光管的传输效率可按表 5 – 30 的规定进行差值计算。

表 5 – 30　　　　　　　　　　不同有效长度导光管的传输效率

M	反射比			
	0.9	0.95	0.98	0.99
0	1.000	1.000	1.000	1.000
1	0.868	0.930	0.971	0.985
2	0.767	0.871	0.944	0.971
4	0.617	0.772	0.895	0.944
8	0.428	0.623	0.811	0.895
12	0.315	0.516	0.740	0.852
16	0.241	0.435	0.680	0.812
20	0.190	0.372	0.627	0.775
24	0.153	0.322	0.580	0.741
32	0.105	0.247	0.502	0.681
40	0.076	0.195	0.439	0.628
48	0.058	0.158	0.388	0.582
56	0.045	0.130	0.345	0.541
64	0.036	0.109	0.308	0.504
72	0.030	0.092	0.277	0.471
80	0.025	0.079	0.251	0.441

8. 导光管有效采光面积 A_t

为便于设计人员使用，在结构屋面板上预留相应尺寸的洞口以便于施工，导光管采光系统宜采用通用的规格。参照国际照明委员会 CIE 的标准和国内外现有产品的技术规格，建议按管径给出导光管的通用规格，各管径对应的有效截面积如表 5 – 31 所示。

表 5 – 31　　　　　　　不同规格导光管采光系统的有效截面积 A_t

管径尺寸（mm）	截面积（m²）	管径尺寸（mm）	截面积（m²）
250	0.05	650	0.33
350	0.10	750	0.44
530	0.22	900	0.64

目前，导光管采光系统产品常用规格基本有 250、350、530、650、750mm 及 900mm 这几种。为计算方便，表 5-32 为深圳市东方风光新能源技术有限公司的几款产品按光气候分区计算出了输出光通量 Φ_U，供设计直接采用。这几款产品应用场所见表 5-33。

表 5-32　导光管采光系统输出光通量 Φ_U 表

型　号				DS350	DS530P	DS530	DS750
生产厂家				东方风光			
光源				室外天然光			
直径				350	530	530	750
透光折减系数（导光管长度610mm）				≥0.7	≥0.66	≥0.76	≥0.73
光气候分区	Ⅰ区	室外天然光设计照度值	18000lx	1211.65	2619.62	3016.53	5802.13
		室外天然光年平均总照度值	45000lx	3029.12	6549.04	7541.32	14505.33
	Ⅱ区	室外天然光设计照度值	16500lx	1110.68	2401.32	2765.15	5318.62
		室外天然光年平均总照度值	40000lx	2692.55	5821.37	6703.40	12893.63
	Ⅲ区	室外天然光设计照度值	15000lx	1009.71	2183.01	2513.77	4835.11
		室外天然光年平均总照度值	35000lx	2355.98	5093.70	5865.47	11281.92
	Ⅳ区	室外天然光设计照度值	13500lx	908.74	1964.71	2262.40	4351.60
		室外天然光年平均总照度值	30000lx	2019.41	4366.03	5027.55	9670.22
	Ⅴ区	室外天然光设计照度值	12000lx	807.77	1746.41	2011.02	3868.09
		室外天然光年平均总照度值	25000lx	1682.84	3638.36	4189.62	8058.52

表 5-33　导光管类型及适用场所

主要系统类型	灯具适用场所
DS350	走廊、卫生间、盥洗室等
DS530	办公室、商业、工业厂房地下车库等
DS530P（平板系统）	地面为广场、车道、铺装路面等
DS750	展厅、体育场馆、厂房等

9. 案例：河北保定某小区项目地下车库为例进行照度分析

河北保定某小区地下一层车库，整个地下车库室外地面为别墅建筑区，导光管采光系统位于绿化区，地下车库长度 62.7m，进深 40.8m，梁底距离地下车库室内地面高度 4.55m，梁板厚度 0.65m，覆土厚度 2m。

（1）本工程设计光导照明系统选用东方风光新能源公司的型号为 DS530 产品，地下车库地面照度要求 30lx。以此标准进行导光管照明设计。截取设计布点如图 5-39、图 5-40 所示。导光管采光系统设计间距 8.4m，经过和室内通风管道及其他结构和设备的对图调整后，最终设计布置 25 套导光管采光系统，每套导光管采光系统的有效采光面积为 50m²，总采光面积为 1250m²。

（2）照度计算。河北保定市属于光气候第Ⅲ区，其地区室外天然光设计照度值 E_s 为 15000lx，导光管采光面积为 1250m²。

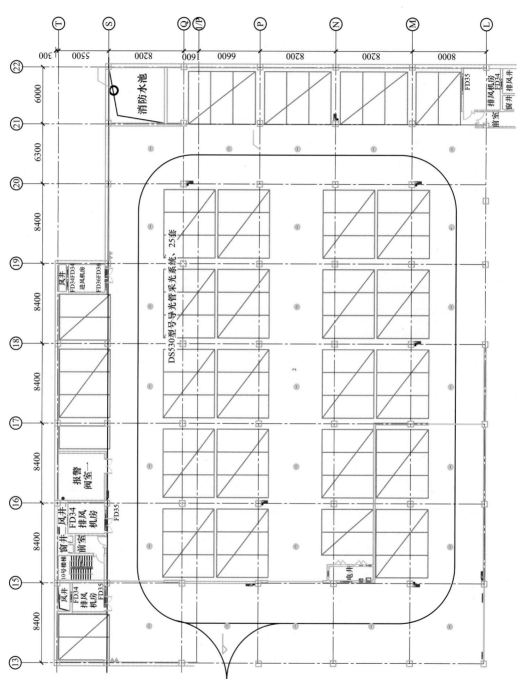

图5-39 地下车库库点布置平面图

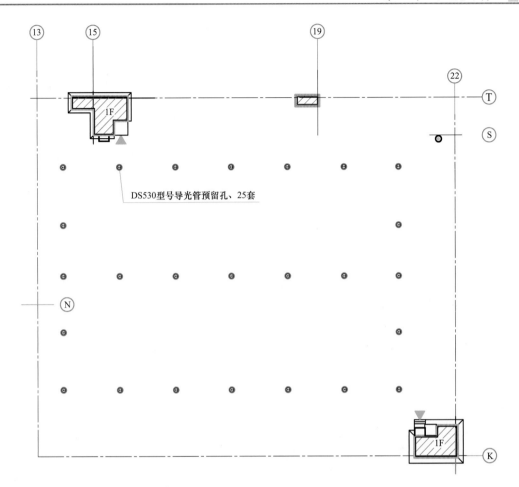

DS530型号导光管预留孔、25套

图5-40 地上采光罩及预留孔示意图

导光管采光系统导光管直径为530mm，所以查表5-31可知，A_t取值为$0.22m^2$。

导光管长度为3000mm，导光管的等效长度由式（5-82）可得

$$M = L/D = 3000/530 = 5.66$$

查表5-30可知，导光管反射比为0.99，$M=4$时，$TTE=0.944$；$M=8$时，$TTE=0.895$，根据内插法计算，$M=5.66$时，TTE取值约为0.92。

根据式（5-80）和制造商数据

$$\tau_1 = 0.87$$
$$\tau_2 = 0.88$$
$$\eta = \tau_1 \times TTE \times \tau_2 = 0.87 \times 0.92 \times 0.88 = 0.7$$

即导光管系统效率为0.7。

根据式（5-79）

$$\Phi_U = E_s \times A_t \times \eta = 15000 \times 0.22 \times 0.7 = 2310(\text{lm})$$

即光通量为2310lm。

由于地下车库长度62.7m，进深40.8m，梁底距离地下车库室内地面高度4.55m，室空间RCR由式（5-81）得

$$RCR = \frac{5h_x(l+b)}{lb} = 5 \times 4.55 \times \frac{62.7 + 40.8}{62.7 \times 40.8} = 0.92$$

查表 5 - 27、表 5 - 28 可知：

CU 取值为 0.92，MF 取值为 0.9。

$$E_{av} = \frac{n \times \Phi_U \times CU \times MF}{S} = \frac{25 \times 2310 \times 0.92 \times 0.9}{1250} = 38.3(\text{lx}) > 30\text{lx}$$

即导光管采光面积为 1250m² 的区域满足平均照度不小于 30lx 的要求。

照明设计手册（第三版）

第六章
居住建筑照明

编者：徐　华　　薛世勇　　校审者：姚家祎

第一节　概　　述

　　居住建筑与人们的生活息息相关，光环境的好坏不仅影响人们的生活质量，还会影响人们的健康，居住建筑涉及的年龄段从婴儿到老人，每个年龄段对光环境有不同层次的要求，自然采光对居住建筑尤其重要，在居住建筑设计规范中对采光都有严格的规定，居住建筑主要包括住宅、宿舍，公寓、别墅也属于住宅的范畴，本章主要讨论住宅和宿舍的人工照明。

　　与居住建筑有关的设计标准、规范主要有：GB 50034《建筑照明设计标准》、JGJ 242《住宅建筑电气设计规范》、JGJ 310《教育建筑电气设计规范》、GB 50368《住宅建筑规范》、GB 50096《住宅设计规范》、JGJ 122《老年人建筑设计规范》、GB/T 50340《老年人居住建筑设计标准》、JGJ 36《宿舍建筑设计规范》、JGJ 39《托儿所、幼儿园建筑设计规范》等。

　　在 GB 50034—2013《建筑照明设计标准》中规定了住宅建筑照明标准值，如表 6 - 1所示。

表 6 - 1　　　　　　　　　　　　　　住宅建筑照明标准值

房间或场所		参考平面及其高度	照度标准值（lx）	Ra
起居室	一般活动	0.75m 水平面	100	80
	书写、阅读		300 *	
卧室	一般活动	0.75m 水平面	75	80
	床头、阅读		150 *	
餐厅		0.75m 餐桌面	150	80
厨房	一般活动	0.75m 水平面	100	80
	操作台	台面	150 *	
卫生间		0.75m 水平面	100	80
电梯前厅		地面	75	60
走道、楼梯间		地面	30	60
公共车库	停车位	地面	20	60
	行车道	地面	30	60

＊　宜用混合照明。

在 JGJ 310—2013《教育建筑电气设计规范》中规定了学生宿舍 0.75m 水平面上照度标准值为 150lx，显色指数 $Ra \geqslant 80$。

第二节 设 计 要 求

一、居住建筑照明方式和原则

居住建筑照明要根据整体空间进行艺术构思，以确定灯具的布局形式、光源类型、灯具样式及配光方式等，家居照明要做到客厅明朗化、卧室幽静化、书房目标化、装饰物重点化等，造成雕刻空间的效果。

居住建筑照明方式主要有一般照明和局部照明，对于一些需要展示的书法、绘画、壁毯等装饰品多采用重点照明方式。一般照明、局部照明、重点照明属于功能照明，另外，为了空间的艺术性，往往还需进行装饰性照明。

居住建筑照明要遵循如下原则：

（1）平衡一般照明与局部照明的关系。人们习惯于一间房间有一般照明用的"主体灯"，多是用吊灯或吸顶灯装在房间的中心位置。另外根据需要再设置壁灯、台灯、落地灯等作为"辅助灯"，用于局部照明。高照度照明常常造成令人兴奋的气氛，低照度的照明则容易造成松弛、亲切的气氛，应按规范要求，要做好一般照明与局部照明的平衡。

（2）功能照明与装饰照明结合。功能照明要有实用性、满足显色性、控制眩光、保护视力的要求。实用性主要指室内照明确保用光卫生，保护眼睛，保护视力，光色无异常心理或者生理反应，灯具牢固，线路安全，开关灵活。

装饰照明的装饰性包括三个方面：一是观赏性，灯具的材质坚固，造型别致，色彩比较新颖美观；二是协调性，布灯形式要做精心设计，与房间装饰协调，与家具陈设配套，灯具造型材质与家具型体材质一致，能体现出主人的意境；三是突出个性，光的颜色是构成环境气氛的重要因素之一，光源色彩按人们需要营造出某种气氛，构建健康舒适的光环境，如热烈、沉稳、安适、宁静、祥和等。

（3）照明控制适应不同的生活情景，灵活方便并考虑自然光的影响。

除此之外，照明还应做到安全、可靠，方便维护与检修。

二、居住建筑照明设计所要考虑的因素

居住建筑照明设计所要考虑的因素较多，主要归纳如下：

（1）居住者的年龄和人数。

（2）视觉活动形式。

（3）工作面的位置和尺寸。

（4）应用的频率和周期。

（5）空间和家具的形式。

（6）空间的尺寸和范围。

（7）结构限制。

（8）建筑和电气规范的有关规定要求。

（9）照明节能。

三、光源与灯具的选择

1. 光源

光源选择应满足提高照明质量，有利于环保、节能要求。居住建筑照明可采用白炽灯、卤素灯、紧凑型荧光灯、直管荧光灯、LED 等。白炽灯显色性最好，但不节能，逐渐会被淘汰。对于起居室、卧室、厨房、卫生间等，推荐采用紧凑型荧光灯、LED、卤素灯；对于书房、宿舍，推荐采用稀土三基色荧光粉的直管荧光灯，其具有显色性好、光效高、寿命长等特点，易于满足显色性、照度水平及节能的要求，可用 T8、T5 直管型荧光灯。LED 已经快速进入居住建筑照明领域，但当采用 LED 时，应注意满足色温不大于 4000K，特殊显色指数 R_9 大于零，色容差不大于 5SDCM，色品坐标偏差值满足国家标准要求。

2. 灯具选择

（1）灯具选择应遵循以下五条原则：

1）同房间的高度相适应。房间高度在 3m 以下时，不宜选用长吊杆的吊灯及垂度高的水晶灯，否则会有碍安全。

2）同房间的面积相适应。灯饰的面积不要大于房间面积的 2%~3%，如照度不足，可增加灯具数量或增大光源功率，否则会影响装饰效果。

3）同整体的装修风格相适应。中式、日式、欧式的灯具要与周围的装修风格协调统一，才能避免给人以杂乱的感觉。

4）同房间的环境质量相适应。卫生间、厨房等特殊环境，应该选择有防潮、防水特殊功能的灯具，以保证正常使用。

5）同顶部的承重能力相适应。特别是做吊顶的顶部，必须有足够的荷载，才能安装相适应的灯具。吸顶灯由于占用空间少，光照均匀柔和，特别适合在门厅、走廊、厨房、卫生间及卧室等处使用。

另外，对于采用 LED 灯，应注意眩光控制，采用蓝光含量达标的灯具，推荐 LED 应有保护罩或应优先采用 LED 面板灯形式。

（2）灯具常用类别、形式。居住建筑照明所运用的灯具应易于安装、维修，并注意节能，为了室内的光环境温馨，往往更多使用半直接型、全漫射型、半间接型、间接型配光形式的灯具，直接型灯具常用于局部或重点照明，常用的灯具有以下几类：

1）嵌入式灯具。

2）吸顶式灯具。

3）轨道安装灯具。

4）吊灯。吊灯的选择往往与灯具安装高度和灯具直径有关。

5）壁灯。

6）台灯、落地灯。

7）建筑结构性照明装置。它是将灯具嵌入建筑或者利用建筑结构条件的照明装置。光源通常用荧光灯或 LED，采用 LED 可以更方便地控制色温、色彩和亮度，灯具更小，更适合建筑结构性照明装置。各种形式的建筑结构性照明装置说明列于表 6 - 2。

表 6-2　　　　　　　　　　　　　　建筑结构性照明装置说明表

装置类型	说　明
 发光檐板	从檐板向下直射的光能给墙面、帷幔、壁面等，加上一层舞台色彩，可用在窗口上框较窄的窗户上，适用于低顶棚房间
 发光窗帘框架	窗框照明用在带有窗帘的窗户上，能提供从顶棚反射出来的向上光作为房间照明，向下光作为窗帘的重点照明。当窗框离顶棚小于 250mm 时，需采用封闭式窗帘框架，以消除令人不舒服的顶棚眩光
 发光拱	发光拱的所有光线直射到顶棚上，适用于白色的顶棚。光线柔和而均匀，但缺乏强度，最好用来补充其他照明，适合于高顶棚的房间

装置类型	说　明
 发光墙壁托架（高式）	高墙壁托架灯提供向上和向下的光线，用于房间照明，应用于室内墙壁在建筑上的照明分布与窗帘框架照明保持平衡。安装高度取决于窗户和门的高度
 发光墙壁托架（低式）	低墙壁托架灯用于某部分墙壁的重点照明或对某些作业的照明，如洗涤、做饭、床上阅读等。安装高度取决于使用者视线高度。托架的长度应与附近的家具和房间的大小相适应
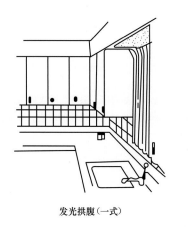 发光拱腹（一式）	安装在工作区上方，直接向下方提供较高照度。可安装在厨房水池上，或沙发、钢琴、书桌等上方

装置类型	说　　明
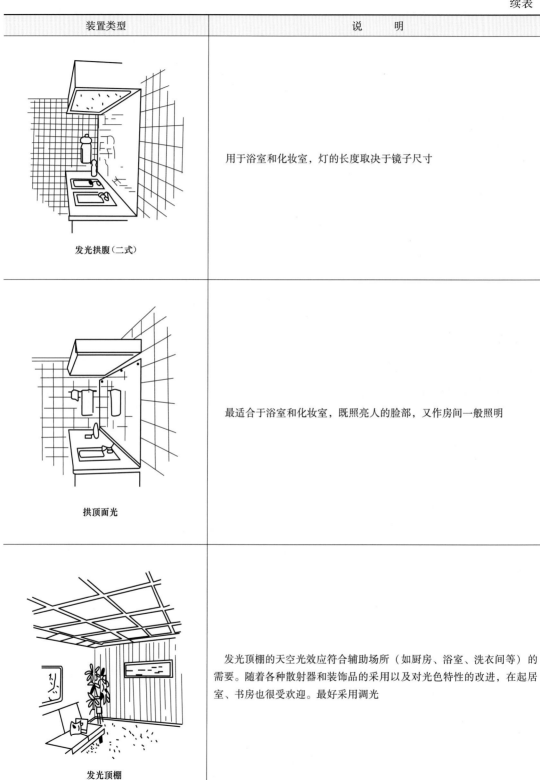发光拱腹（二式）	用于浴室和化妆室，灯的长度取决于镜子尺寸
拱顶面光	最适合于浴室和化妆室，既照亮人的脸部，又作房间一般照明
发光顶棚	发光顶棚的天空光效应符合辅助场所（如厨房、浴室、洗衣间等）的需要。随着各种散射器和装饰品的采用以及对光色特性的改进，在起居室、书房也很受欢迎。最好采用调光

续表

装置类型	说　　明
 发光护墙板	可造成愉快的背景，使视觉作业感到舒适。能在餐厅、起居室增添豪华感，并能起屏风作用。目前，有多种装饰材料可作散射性罩面

四、居住照明布灯原则

人们因文化层次的高低，业余爱好以及年龄、职业的不同，确定布灯时的格调也不同。由于年龄差异，不同年龄层次对灯饰需求也有不同标准。

（1）老年人——老年人生活习惯简朴，爱静，所用的灯具的色彩，造型，要衬托老年人典雅大方的风范。主体灯可用单元组合宫灯形吊灯或吸顶灯。为方便老人起夜，可在床头设一盏低照度长明灯。

（2）中年人——中年人对灯饰造型，色彩力求简洁明快。布灯既要体现出个性，也要体现主体的风格，如用旋臂式台灯或落地灯，以利学习工作。

（3）青年人——青年人对灯饰要突出新、奇、特。主体灯应彰显个性，造型富有创意，色彩鲜明。壁灯在造型上要求以爱情为题材，光源要求以温馨，浪漫为主（特别是女孩）。

（4）儿童——儿童灯饰最好是变幻莫测，突出一个奇，增加少儿的想像力，有利于智力开发。灯饰造型、色彩既要体现童趣，又要有利于儿童健康成长。主体灯力求简洁明快，可用简洁式吊灯或吸顶灯，做作业的桌面上的灯光要明亮，可用动物造型台灯，灯饰绝对保证安全可靠。

第三节　设　计　实　例

一、门厅、大堂、走廊照明

门厅、大堂、走廊是人们过往必经之地，是进入室内第一印象处，亦是体现室内装饰的整体水准之一，一般门厅、大堂、走廊照明灯具选用小型的球形灯，扁圆形或方形吸顶灯，其规格、尺寸、大小应与客厅配套，有时也在门口处装有射灯、走廊采用发光顶棚。门厅、走廊用灯应与其他房间有主次之分，而大堂是公共建筑的大厅，它的布灯很重要，灯饰往往是标志性的装饰之一，应装饰得富丽堂皇，豪华精致，如图 6 - 1、图 6 - 2 所示。

图6-1　走廊照明　　　　　　　　　　　图6-2　门厅、大堂照明

二、客厅照明

客厅是家庭成员活动的中心区，亦是接待亲朋宾客的场所，灯饰的数量与亮度都有可调性，使家庭风格充分展现出来。

一般采用一般照明与局部照明相结合的方式，一盏主灯，再配其他多种辅助灯饰。如：壁灯、筒灯、射灯等。若客厅层高在3m左右，主灯宜用吊灯；层高在2.5m以下的，宜用吸顶灯或不用主灯；如果层高超过3.5m以上的客厅，可选用规格尺寸稍大一点的吊灯或吸顶灯。

另外用台灯或落地灯放在沙发的一端，让不直接的灯光散射于整个起坐区，用于交谈或浏览书报。也可在墙壁适当位置安放造型别致的壁灯，能使壁上生辉。若有壁画、陈列柜等，可设置隐形射灯加以点缀，作重点照明。在电视旁放一盏光线柔和的台灯或落地灯，或在电视机背面设置一盏微型低照度照明灯具，以减弱厅内明暗反差，也有利于保护视力。客厅中的灯具，其造型、色彩都应与客厅整体布局一致。灯饰的布光要明快，气氛要浓厚，给客人有宾至如归的感觉，这样布灯的效果更好如图6-3~图6-5所示。

图6-3　客厅层高大于3.5m的方案　　　　图6-4　客厅层高在3m左右

三、卧室照明

卧室主要功能是休息，但不是单一的睡眠区，多数家庭中，卧室亦是化妆和存放衣服的场所，也是在劳动之余短暂休息之地，要以营造恬静、温馨的气氛为主；照明方式以间接或漫射为宜。室内用间接照明，天花板的颜色要淡，反射光的效果才好，若用小型低瓦数投光

灯照明，天花板应是深色，这样可营造一个浪漫柔和感性氛围。

尽量避免将床布置在吊灯的下方，这样人在床上躺着时，不会有灯光刺激眼睛。最好的方法是将下照灯装在墙上，并定向安装，让光线照在画上和书架上，产生优美的气氛，也可在适当位置设置半透明罩壁灯，上部罩口将光投向顶棚中心彩饰，下部以漫射光照在底层空间，可获得上下辉映的装饰效果。

若卧室内有其他需要有亮度的设施，可根

图 6-5　客厅层高 2.7m 左右

据需要设灯，如壁橱设拉门自开灯，方便取物；要显现壁画的魅力，可用射灯照明；梳妆台镜面两侧装有两盏小巧玲珑的壁灯，用光对称且无阴影，方便梳妆；在卧室内设置可调光型床头灯，不但提供卧室照明，而且可满足居住者床上看书的需求，如图 6-6~图 6-9 所示。

图 6-6　装顶灯方案 1

图 6-7　装顶灯方案 2

图 6-8　壁画照明

图 6-9　壁画及衣柜照明

四、书房照明

书房内的环境应是文雅幽静、简洁明快。书房宜采用直接照明或半直接照明方式，光线最好从左肩上端照射，或在书桌前方装设专用台灯。专用书房的台灯，宜采用艺术台灯，如旋臂式台灯或调光艺术台灯，使光线直接照射在书桌上。一般不需全面用光，为检索方便，可在书柜上设隐形灯。若是一室多用的书房，宜用半封闭、不透明金属工作台灯，可将光集中投到桌面上，既满足作业平面的需要，又不影响室内其他活动。若是在座椅、沙发上阅读时，最好采用可调节方向和高度的落地灯，如图 6-10、图 6-11 所示。

图 6-10　书房照明 1

图 6-11　书房照明 2

五、宴会厅、餐厅照明

宴会厅是宴请宾客的场所，灯饰应是宫殿式的，它是由主体大型吸顶灯或吊灯以及其他筒灯、射灯或多盏壁灯组成。配套性很强的灯饰，既有很强的照度又有优美的光线，显色性很好，但不能有眩光。

餐厅是就餐的场所，灯光装饰的焦点当然是餐桌。灯饰一般可用垂悬的吊灯，为了达到效果，吊灯不能安装太高，在用膳者的视平线之上即可。长方形的餐桌，则安装两盏吊灯或长的椭圆形吊灯，吊灯要有光的明暗调节器与可升降功能，以便兼作其他工作用，餐厅光源宜采用暖色和高显色性光源，不宜用冷色光源，菜肴讲究色、香、味、形，若受到冷色光的照射，将直接影响菜肴的成色，影响人的食欲，如图 6-12 ~ 图 6-14 所示。

图 6-12　宴会厅照明

图 6-13　餐厅照明 1

六、厨房照明

厨房照明对照度和显色性要求较高，灯光对食物的外观也很重要，它可以影响人的烹饪；在操作台的上方设置嵌入式或半嵌入式散光型吸顶灯，并应考虑灰尘、油污给灯具带来的麻烦。灶台上方一般设置抽油烟机，机罩内有隐形灯具，供灶台照明。若厨房兼作餐厅，可在餐桌上方设置单罩单火升降式或单层多叉式吊灯，如图 6-15、图 6-16 所示。

图 6-14　餐厅照明 2

图 6-15　厨房照明　　　　　　　　　　图 6-16　厨房兼餐厅照明

七、卫生间、浴室照明

卫生间、浴室照明要洁净、明亮、温馨，满足洗漱、卫浴的需要，保证行动安全，照明设计要在满足功能照明的前提下，考虑装修氛围的需要，卫生间、浴室照明由一般照明、重点照明组成，一般照明提供基础照明，一般在房间中心安装吸顶灯，有时为了氛围，结合吊顶安装灯槽做间接照明，重点照明主要满足洗漱、卫浴的需要，在洗漱台上方安装镜前灯，镜前灯可以采用壁灯形式，也可采用顶部嵌入式与建筑结构结合在一起，在坐便器、浴盆或淋浴房上方装下射灯。卫生间照明灯具应选用防水型灯具，如图 6-17、图 6-18 所示。

图 6-17　镜前灯　　　　　　　　　　图 6-18　重点照明

八、宿舍照明

宿舍尤其是学生宿舍，是学生每天停留时间最长的地方，学生除了睡觉之外，还会进行看书、学习、上网等活动，照明设计标准中宿舍照明照度标准为 150lx，主要是基于休息需要，对于看书是不够的，因此宿舍照明除一般照明外，还需要设局部照明。一般照明灯具推荐采用 T5、T8 三基色直管荧光灯或 LED 灯。图 6-19 所示为宿舍照明方案举例。

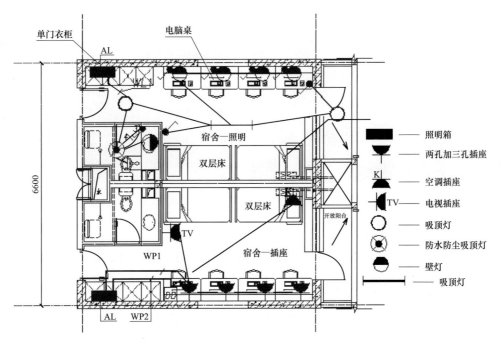

图 6-19　宿舍照明方案举例

九、照明配电与控制

1. 配电

除大型别墅外，一般住宅和宿舍照明配电采用单相配电，照明与插座分回路配电，住宅、宿舍一般情况下用一个照明配电回路，对于面积较大的住宅和别墅需要多个照明配电回路。

2. 控制

一般住宅、宿舍多采用面板开关控制，根据需要选择单联、双联、三联、四联单控开关，不宜选择电子多联开关。

在需要两地控制的地方，如玄关处与客厅主照明开关、卧室进门处与床头照明开关设计双控功能，双控开关布线要复杂一些。

卫生间（浴室）可采用人体感应灯。

在大户型住宅或别墅中，也可采用总线型智能照明控制，并且和电动窗帘一并控制。

第七章
教育建筑照明

编者：徐 华 郦赫亮 校审者：徐长生

第一节 概 述

教育建筑包括学校校园内的教学楼、图书馆、实验楼、风雨操场（体育场馆）、会堂、办公楼、学生宿舍、食堂及附属设施等供教育教学活动所使用的建筑物及生活用房，不包括住宅。教育建筑中，建筑用房类型较多，宿舍照明可参见第六章，办公楼照明可参见第八章，学生活动中心主要为学生社团服务、文化交流中心主要为对外接待、会议交流等，与宾馆类似，可参见第十一章，会堂照明可参见第十二章，风雨操场（体育场馆）照明可参见第十四章，学校照明中最具特点的是教学楼和图书馆照明。

与学校有关的设计标准、规范主要有：GB 50034《建筑照明设计标准》、GB 50099《中小学校设计规范》、GB 50346《生物安全实验室建筑技术规范》、JGJ 76《特殊教育学校建筑设计规范》、JGJ 310《教育建筑电气设计规范》等。

在 GB 50034—2013《建筑照明设计标准》中规定了教育建筑和图书馆照明标准值，分别如表 7-1、表 7-2 所示。

表 7-1　　　　　　　　　　　　教育建筑照明标准值

房间或场所	参考平面及其高度	照度标准值（lx）	统一眩光值 UGR	U_0	Ra
教室、阅览室	课桌面	300	19	0.60	80
实验室	实验桌面	300	19	0.60	80
美术教室	桌面	500	19	0.60	90
多媒体教室	0.75m 水平面	300	19	0.60	80
电子信息机房	0.75m 水平面	500	19	0.60	80
计算机教室、电子阅览室	0.75m 水平面	500	19	0.60	80
楼梯间	地面	100	22	0.40	80
教室黑板	黑板面	500 *	—	0.70	80
学生宿舍	地面	150	22	0.40	80

* 指混合照明照度。

表7-2 图书馆建筑照明标准值

房间或场所	参考平面及其高度	照度标准值（lx）	统一眩光值 UGR	U_0	Ra
一般阅览室、开放式阅览室	0.75m 水平面	300	19	0.60	80
多媒体阅览室	0.75m 水平面	300	19	0.60	80
老年阅览室	0.75m 水平面	500	19	0.70	80
珍善本、舆图阅览室	0.75m 水平面	500	19	0.60	80
陈列室、目录厅（室）、出纳厅	0.75m 水平面	300	19	0.60	80
档案库	0.75m 水平面	200	19	0.60	80
书库、书架	0.25m 水平面	50	—	0.40	
工作间	0.75m 水平面	300	19	0.60	80
采编、修复工作间	0.75m 水平面	500	19	0.60	80

在 JGJ 310—2013《教育建筑电气设计规范》中规定了教育建筑其他场所照明标准值和特殊教育学校主要房间照明标准值，分别如表7-3、表7-4所示。

表7-3 教育建筑其他场所照明标准值

房间和场所	参考平面及其高度	照度标准值（lx）	统一眩光值 UGR	显色指数 Ra
艺术学校的美术教室	桌面	750	≤19	≥90
健身教室	地面	300	≤22	≥80
工程制图教室	桌面	500	≤19	≥80
电子信息机房	0.75m 水平面	500	≤19	≥80
计算机教室、电子阅览室	0.75m 水平面	500	≤19	≥80
会堂观众厅	0.75m 水平面	200	≤22	≥80
学生宿舍	0.75m 水平面	150	—	≥80
学生活动室	0.75m 水平面	200	≤22	≥80

表7-4 特殊教育学校主要房间照明标准值

学校类型	主要房间	参考平面及其高度	照度标准值（lx）	统一眩光值 UGR	显色指数 Ra
盲学校	普通教室、手工教室、地理教室及其他教学用房	课桌面	500	≤19	≥80
聋学校	普通教室、语言教室及其他教学用房	课桌面	300	≤19	≥80
智障学校	普通教室、语言教室及其他教学用房	课桌面	300	≤19	≥80
—	保健室	0.75m 水平面	300	≤19	≥80

照明用电负荷分级已包含在教育建筑主要用电负荷分级中，JGJ 310—2013《教育建筑电气设计规范》中均有具体规定，如表7-5所示。

表7-5 教育建筑的主要用电负荷分级

序号	建筑物类别	用电负荷名称	负荷级别
1	教学楼	主要通道照明	二级
2	图书馆	藏书超过100万册的，其计算机检索系统及安全技术防范系统	一级
		藏书超过100万册的，阅览室及主要通道照明、珍善本书库照明及空调系统用电	二级

续表

序号	建筑物类别	用电负荷名称	负荷级别
3	实验楼	四级生物安全实验室； 对供电连续性要求很高的国家重点实验室	一级
		三级生物安全实验室； 对供电连续性要求较高的国家重点实验室	
		对供电连续性要求较高的其他实验室； 主要通道照明	
4	风雨操场 （体育场馆）	乙、丙级体育场馆的主席台、贵宾室、新闻发布厅照明，计时记分装置、通信及网络机房，升旗系统、现场采集及回放系统等用电；	二级
		乙、丙级体育场馆的其他与比赛相关的用房，观众席及主要通道照明，生活水泵、污水泵等	
5	会堂	特大型会堂主要通道照明	一级
		大型会堂主要通道照明，乙等会堂舞台照明、电声设备	二级
6	学生宿舍	主要通道照明	二级
7	食堂	厨房主要设备用电、冷库、主要操作间、备餐间照明	二级
8	属一类高层的建筑	主要通道照明、值班照明、计算机系统用电，客梯、排水泵、生活水泵	一级
9	属二类高层的建筑	主要道道照明、值班照明、计算机系统用电，客梯、排水泵、生活水泵	二级

注　1. 除一、二级负荷以外的其他用电负荷为三级。
　　2. 教育建筑为高层建筑时，负荷级别应为表中的最高等级。

第二节　教学楼照明

一、教室照明的基本要求

教学楼照明中最主要的是教室照明，一般教学形式分为正式教学和交互式教学，正式教学主要是教师与学生之间交流，即教师看教案、观察学生、在黑板上书写，学生看书、写字，看黑板上的字与图，注视教师的演示等，交互式教学增加了学生之间的交流，学生之间应能互相看清各自的表情等。目前教室中除传统的教学区的黑板和学生区之外，教学区中大多采用投影等多种形式，学校以白天教学为主，有效利用自然采光以利节能，因此，教室照明中最基本的任务是：

（1）满足学生看书、写字、绘画等要求，保证视觉目标水平和垂直照度要求。

（2）满足学生之间面对面交流的要求。

（3）要引导学生把注意力集中到教学或演示区域。

（4）照明控制适应不同的演示和教学情景，并考虑自然光的影响。

（5）满足显色性，控制眩光，保护视力，构建健康舒适的光环境。

除此之外，教室照明还应做到安全、可靠，方便维护与检修，并与环境协调。

二、光源与灯具的选择

1. 光源

光源选择应满足提高照明质量，有利于环保、节能要求。教室照明推荐采用稀土三基色荧光粉的直管荧光灯，其具有显色性好、光效高、寿命长等特点，易于满足显色性、照度水平及节能的要求。普通教室可用 T8、T5 直管型荧光灯。当采用 LED 时，应满足色温不大于4000K，特殊显色指数 R9 大于零，色容差不大于 5SDCM，色品坐标偏差值满足国家标准要求。

2. 灯具选择

（1）普通教室不宜采用无罩的直射灯具及盒式荧光灯具。宜选用有一定保护角、效率不低于 75% 的开启式配照型灯具。

（2）有要求或有条件的教室可采用带格栅（格片）或带漫射罩型灯具，格栅灯具效率不宜低于 65%，带玻璃或塑料保护罩的灯具效率不宜低于 70%。

（3）具有蝙蝠翼式光强分布特性灯具的光强分布如图 7-1 所示。这种灯具一般有较大的遮光角，光输出扩散性好，布灯间距大，照度均匀，能有效地限制眩光和光幕反射，有利于改善教室照明质量和节能。图 7-2 所示为具有蝙蝠翼式光强分布特性的灯具与余弦光强分布的灯具的性能对比。前者比后者减少了光幕反射区及眩光区的光强分布，降低了眩光，特别是光幕反射的干扰；增大了有效区的光强分布，使灯具输出光通的有效利用率提高。

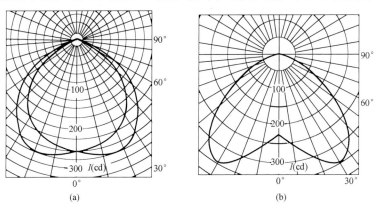

图 7-1　蝙蝠翼式光强分布特性灯具的光强分布

（a）中宽光强分布；（b）宽光强分布

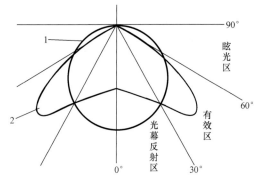

图 7-2　蝙蝠翼式光强分布特性灯具与余弦光强
分布特性的性能对比

1—余弦光强分布；2—蝙蝠翼式光强分布

（4）不宜采用带有高亮度或全镜面控光罩（如格片、格栅）类灯具，宜采用低亮度、漫射或半镜面控光罩（如格片、格栅）类灯具。

（5）如果教室空间较高，顶棚反射比高，可以采用悬挂间接或半间接照明灯具，该类灯具除向下照射外，还有更多的光投射到顶棚，形成间接照明，营造更加舒适宜人的光环境。如果教室有吊顶，一般采用嵌入式或吸顶式灯具。

（6）对于 LED 直管灯，与荧光灯要求一

致，注意眩光控制，应优先采用 LED 平面灯具。

三、教室对室内装修的要求

（1）教室内各表面应采用浅色装修，宜用无光泽材料，其各表面反射系数值可参考表 7-6。

表 7-6　　　　　　　　　　　　教室内各表面反射系数值

表面名称	反射系数（%）	表面名称	反射系数（%）
顶棚	70~80	侧墙、后墙	70
前墙	50~60	课桌面	35~50
地面	20~30	黑板面	15~20

（2）各表面颜色如下：

1）顶棚：白色。

2）墙面：高年级教室为浅蓝、浅绿、白色等。

　　　　低年级教室为浅黄、浅粉色等。

　　　　成人用教室为白色、浅绿色等。

3）地面：不刺眼、耐脏的颜色。

4）黑板：无光的绿色。

四、普通教室照明

最亮的点或面通常最引人注意，在照明设计中，为确保学生集中注意力，桌面和黑板的亮度应为最高，因此，教室照明通常由对课桌的一般照明和对黑板的局部照明组成。

1. 教室一般照明

（1）普通教室课桌呈规律性排列，宜采用顶棚上均匀布灯的一般照明方式。为减少眩光区和光幕反射区，荧光灯具宜纵向布置，即灯具的长轴平行于学生的主视线，并与黑板垂直。如果灯具横向配光良好，能有效控制眩光，灯具保护角较大，灯具表面亮度与顶棚表面差别不大，灯具排列也可与黑板平行。

（2）教室照明灯具如能布置在垂直黑板的通道上空，使课桌面形成侧面或两侧面来光，照明效果更好。

（3）为保证照度均匀度，布灯方案应使距高比（L/H）不大于所选用灯具的最大允许距高比（A—A、B—B 两个方向均应分别校验）。如果满足不了上述条件，可调整布灯间距 L 与灯具挂高 H，以至增加灯具、重新布灯或更换灯具来满足要求。

（4）灯具安装高度对照明效果有一定影响，当灯具安装高度增加，照度下降；安装高度降低，眩光影响增加，均匀度下降。普通教室灯具距地面安装高度宜为 2.5~2.9m，距课桌面宜为 1.7~2.1m。

（5）教室照明的控制宜平行外窗方向顺序设置开关（黑板照明开关应单独装设）。有投影屏幕时，在接近投影屏幕处的照明应能独立关闭。

2. 黑板照明

教室内如果仅设置一般照明灯具，黑板上的垂直照度很低，均匀度差。因此对黑板应设专用灯具照明，其照明要求如下：

（1）宜采用有非对称光强分布特性的专用灯具，其光强分布如图 7-3 所示。灯具在学生侧保护角宜大于 40°，使学生不感到直接眩光。

（2）黑板照明不应对教师产生直接眩光，也不应对学生产生反射眩光。在设计时，应合理确定灯具的安装高度及与黑板墙面的距离。图7-4所示为教师、学生、黑板与灯具之间的关系。由图7-4可得到以下布灯原则：

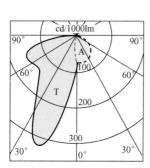

图7-3　黑板照明灯具非对称光强分布图

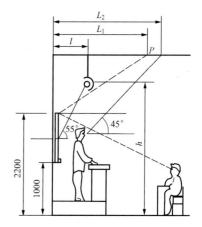

图7-4　黑板照明灯具安装位置示意图

1）为避免对学生产生反射眩光，黑板灯具的布灯区为：第一排学生看黑板顶部，并以此视线反射至顶棚求出映像点距离：L_1，以P点与黑板顶部作虚线连接，如图7-4所示，灯具应布置在该连接虚线以上区域内。

2）灯具不应布置在教师站在讲台上水平视线45°仰角以内位置，即灯具与黑板的水平距离不应大于L_2，否则会对教师产生较大的直接眩光。

3）为确保黑板有足够的均匀度，灯具光轴最好以55°角入射到黑板水平中心线上，或灯具光轴瞄准点下移至距黑板底部向上1/3处更为理想。

黑板照明灯具有三种安装方式，分别为嵌入式、吊装式和壁装式，如图7-5所示，可根据具体情况选用其中一种形式。

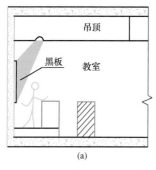
(a)

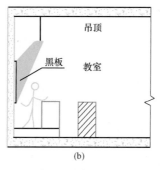
(b)

(c)

图7-5　黑板照明灯具安装方式示意图
（a）嵌入式；（b）吊装式；（c）壁装式

（3）黑板照明灯具数量，可参考表7-7进行选择。

表7-7　　　　　　　　　　　黑板照明灯具数量选择

黑板宽度（m）	36W单管专用荧光灯（套）
3~3.6	2~3
4~5	3~4

3. 教室照明方案

教室照明布置方案见表 7 - 8。表中荧光灯按下列选型进行计算。

（1）T5，28W 荧光灯，单管格栅荧光灯参考 THORN Cinqueline1 × 28W，光通量 2600lm，显色性≥80，如图 7 - 6 所示。

（2）T5，28W 荧光灯，双管格栅荧光灯参考 THORN Cinqueline2 × 28W，光通量 5200lm，显色性≥80，如图 7 - 7 所示。

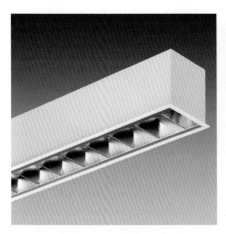 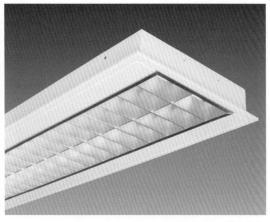

图 7 - 6　单管格栅荧光灯　　　　　　图 7 - 7　双管格栅荧光灯

（3）T5，28 瓦荧光灯，单管控罩荧光灯参考索恩公司 ARROWSLIM 1 × 28W，光通量 2600lm，显色性≥80，如图 7 - 8 所示。

（4）T5，28 瓦荧光灯，双管控罩荧光灯参考索恩公司 ARROWSLIM 2 × 28W，光通量 5200lm，显色性≥80，如图 7 - 9 所示。

图 7 - 8　单管控罩荧光灯　　　　　　图 7 - 9　双管控罩荧光灯

（5）10W LED 筒灯，参考索恩公司 Vitus LED Ⅲ 4R 800 4K HFT，光通量 800lm，显色性≥80，如图 7 - 10 所示。

（6）15W LED 筒灯，参考索恩公司 Vitus LED Ⅲ 6R 1300 4K HFT，光通量 1300lm，显色性≥80，如图 7 - 10 所示。

（7）32W LED 嵌装灯盘，参考索恩公司 Moduline LED Ⅱ 312 3200lm HF L840 C，光通量 3200lm，显色性≥80，如图 7－11 所示。

（8）22W LED 嵌装灯盘，参考 Zumtobel 公司 SLOIN T SL LED1700－840 L1298 PCO，光通量 1680lm，显色性≥80，如图 7－11 所示。

（9）39W LED 嵌装灯盘，参考索恩公司 Indilouver LED 312 3700lm HF L840，光通量 3700lm，显色性≥80，如图 7－11 所示。

图 7－10　LED 筒灯　　　　　　　图 7－11　LED 平面灯

表 7－8　　　　　　　　　　　　　　教 室 照 明 方 案

教室类别	教室高度	照度分布	布灯方式
方案 1 8m×8m 9 套 28W 单管 T5 格栅灯 3 套 36W，T8 黑板灯 桌面平均照度 276lx 桌面照度均匀度 0.81	2.8m	LPD 值 6.0W/m²（电子镇流器）	

续表

教室类别	教室高度	照度分布	布灯方式
方案2 8m×8m 9套28W单管T5控罩灯 3套36W，T8黑板灯 桌面平均照度312lx 桌面照度均匀度0.73	2.8m		LPD值6.0W/m²（电子镇流器）
方案3 8m×8m 9套22W LED平面灯具 3套36W，T8黑板灯 桌面平均照度286lx 桌面照度均匀度0.72	2.8m		LPD值4.9W/m²
方案4 7.2m×9m 12套28W单管T5格栅灯 3套36W，T8黑板灯 桌面平均照度320lx 桌面照度均匀度0.63	2.8m		LPD值7.4W/m²（电子镇流器）

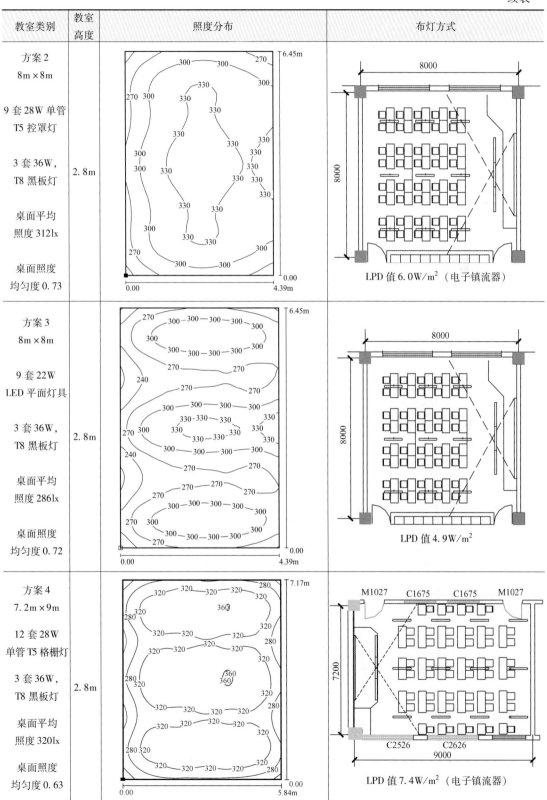

教室类别	教室高度	照度分布	布灯方式
方案 5 7.2m×9m 12 套 28W 单管 T5 控罩灯 3 套 36W， T8 黑板灯 桌面平均 照度 330lx 桌面照度 均匀度 0.79	2.8m	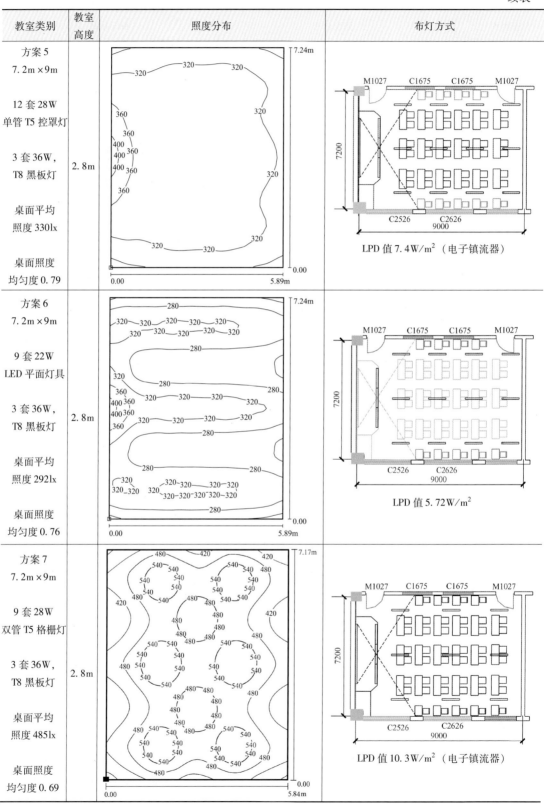	
方案 6 7.2m×9m 9 套 22W LED 平面灯具 3 套 36W， T8 黑板灯 桌面平均 照度 292lx 桌面照度 均匀度 0.76	2.8m		
方案 7 7.2m×9m 9 套 28W 双管 T5 格栅灯 3 套 36W， T8 黑板灯 桌面平均 照度 485lx 桌面照度 均匀度 0.69	2.8m		

LPD 值 7.4W/m² （电子镇流器）

LPD 值 5.72W/m²

LPD 值 10.3W/m² （电子镇流器）

续表

教室类别	教室高度	照度分布	布灯方式
方案 8 7.2m×9m 9 套 28W 双管 T5 控罩灯 3 套 36W, T8 黑板灯 桌面平均 照度 508lx 桌面照度 均匀度 0.77	2.8m	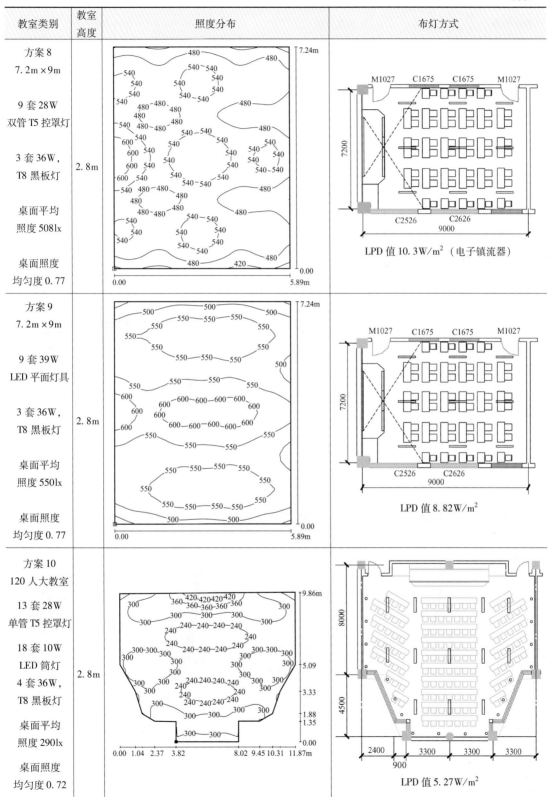	

LPD 值 10.3W/m² (电子镇流器)

LPD 值 8.82W/m²

LPD 值 5.27W/m²

续表

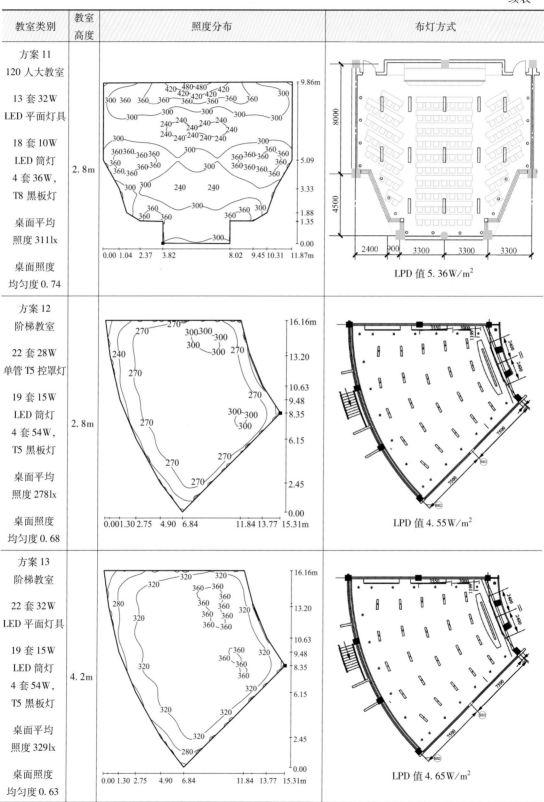

教室类别	教室高度	照度分布	布灯方式
方案 11 120 人大教室 13 套 32W LED 平面灯具 18 套 10W LED 筒灯 4 套 36W，T8 黑板灯 桌面平均照度 311lx 桌面照度均匀度 0.74	2.8m		LPD 值 5.36W/m²
方案 12 阶梯教室 22 套 28W 单管 T5 控罩灯 19 套 15W LED 筒灯 4 套 54W，T5 黑板灯 桌面平均照度 278lx 桌面照度均匀度 0.68	2.8m		LPD 值 4.55W/m²
方案 13 阶梯教室 22 套 32W LED 平面灯具 19 套 15W LED 筒灯 4 套 54W，T5 黑板灯 桌面平均照度 329lx 桌面照度均匀度 0.63	4.2m		LPD 值 4.65W/m²

4. 黑板照明方案

黑板照明方案如表7-9所示。表中黑板灯按下列选型进行计算。普通教室黑板安装高度2.8m以下，选用T8，36W荧光灯，参考THORN OPTUS 1×36W黑板灯计算，光通量3350lm，显色性≥80，如图7-12所示。

阶梯教室黑板安装高度4.8m以下，选用T5，54W荧光灯。参考THORN OPTUS 1×54W黑板灯计算，光通量4450lm，显色性≥80，如图7-12所示。

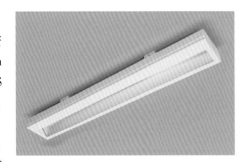

图7-12　黑板灯

表7-9　　　　　　　　　　　黑板照明方案（500lx）

黑板高度（m）	黑板宽度（m）	照度分布	剖面
一般教室 1.2	3.6~4.0	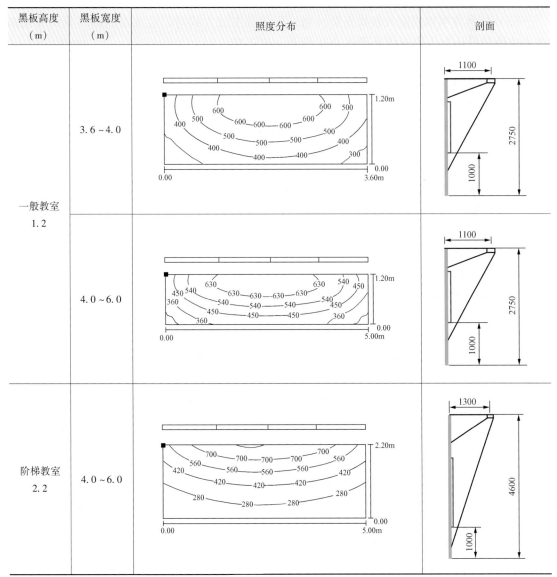	
	4.0~6.0		
阶梯教室 2.2	4.0~6.0		

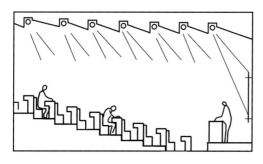

图 7－13　阶梯教室照明灯具布置示意图

五、专用教室照明

1. 阶梯教室（合班教室或报告厅）照明

（1）阶梯教室内灯具数量多，眩光干扰增大，宜选用限制眩光性能较好的灯具，如带格栅或带漫反射板（罩）型灯具、保护角较大的开启式灯具。有条件时，还可结合顶棚建筑装修，对眩光较大的照明灯具做隐蔽处理。例如图 7－13 是把教室顶棚分块做成阶梯形。灯具被下突部分隐蔽，并使其出光投向前方，向后散射的灯光被截去并通过灯具反射器也向前方投射。学生几乎感觉不到直接眩光。

（2）为降低光幕反射及眩光影响，推荐采用光带（连续或不连续）及多管块形布灯方案，不推荐单管灯具方案。

（3）灯具宜吸顶或嵌入方式安装。当采用吊挂安装方式时，应注意前排灯具的安装高度不应遮挡后排学生的视线及产生直接眩光，也不应影响投影、电影等放映效果。

（4）当阶梯教室是单侧采光或窗外有遮阳设施时，有时即使是白天，天然采光也不够。教室内需辅以人工照明做恒定调节。教室深处与近窗口处对人工照明的要求是不同的。为改善教室内的亮度分布，便于人工照明的恒定调节与节能，宜对教室深处及靠近窗口处的灯具分别控制。例如图 7－14 中的是把教室内的灯具，按距离采光侧窗的远近分为五组，装设五个开关，对每组灯具均可单独控制，以实现上述的人工照明对天然采光变化的恒定调节功能。

（5）阶梯教室一般设有上下两层黑板（上、下交替滑动），由于两层黑板高度较高，仅设一组普通黑板专用灯具是很难达到照度及其均匀度要求的。一种方案是采用较大功率专用灯具，如表 7－8 中所示的阶梯教室方案，另一种方案是上下两层黑板采用两组普通黑板专用灯具分别照明，如图 7－15

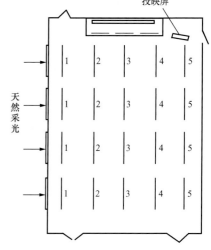

图 7－14　单侧采光教室照明控制方式示例

所示。为改善黑板照明的照度，可对两组灯具内的光源容量做不同的配置。上层黑板专用灯具内的光源容量宜为下层光源容量的 1/2～3/4。

（6）阶梯教室内，当黑板设有专用照明时，投映屏设置的位置宜与黑板分开。一般可置于黑板侧旁，如图 7－14 所示。当放映时，同时也可开灯照明黑板。为减少黑板照明对投映效果的影响，投映屏应尽量远离黑板照明区并应向地面有一倾角。

（7）考虑幻灯、投影和电影的放映方便，宜在讲台和放映处对室内照明进行控制。有条件时，可对一般照明

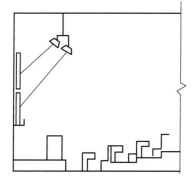

图 7－15　双层黑板照明示意图

的局部或全部实现调光控制。

2. 电脑教室照明

应避免在视觉显示屏上出现灯具、窗等高亮度光源的影像，可采用以下措施抑制。

（1）选用适宜的灯具。灯具在其下垂线 50°以上区域内的亮度应不大于 200cd/m²，如图 7-16 所示。具有蝙蝠翼式光强分布特性的灯具一般可满足上述要求。在图 7-16 中，$a=50°$ 为灯具亮度限制角，$b=45°$ 为直接眩光限制角，$c=20°$ 为屏幕向上仰角。

由于限制了灯具在 $a=50°$ 以上区域的亮度，在屏幕上不会产生映像和因光幕反射引起的眩光。操作员也不会感到直接眩光。

（2）合理布置屏幕、高亮度光源（灯具、采光的窗与门等）和操作人之间的相对位置。应使操作人看屏幕时，不处在或接近高亮度光源在屏幕的镜面反射角上。

（3）电脑室室内各表面反射率，如图 7-17 所示。

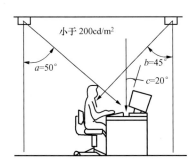
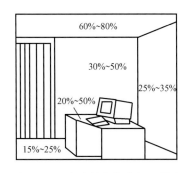

图 7-16　电脑教室照明　　　　图 7-17　电脑教室各表面反射率

3. 绘画、工艺美术等教室照明

自然光是最好的光源，不仅显色性好，还有利于节能，但绘画、美术教室应避免直射光。通常，朝北的天窗采光是最好的照明方式，人工照明的效果应与自然采光照明相似。因此，绘画、工艺美术等教室应选用显色性好的光源。有条件时，可增设部分导轨投光灯具，增加使用的灵活性，并可用作重点照明。为了更逼真地显示物体，宜选用高显色光源，采用间接照明将物体的阴影真实地表现出来。

4. 实验室照明

实验室宜在实验台上或需要仔细观察、记录处增设局部照明。

5. 多媒体教室照明

多媒体教室要满足垂直照度的要求，在接近投影屏幕处的一般照明应能独立关闭，以便能看清屏幕内容而不影响正常的视觉要求。

6. 电视教学照明

在有电视教学的报告厅、大教室等场所，宜设置供记录笔记用的照明（如设置局部照明）及一般照明，但一般照明宜采用调光照明方式。

第三节　图书馆照明

一、一般要求

（1）图书馆中主要的视觉作业是阅读、查找藏书等。照明设计除应满足照度标准外，还应努力提高照明质量，尤其要注意降低眩光和光幕反射。

（2）阅览室、书库装灯数量多，设计时应从灯具、照明方式、控制方案与设备、管理维护等方面考虑采取节能措施。

（3）重要图书馆应设置应急照明、值班照明或警卫照明。值班照明或警卫照明宜为一般照明的一部分，并应单独控制，值班或警卫照明也可利用应急照明的一部分或者全部。应急照明宜采用集中控制型应急照明系统。

（4）图书馆内的公用照明与工作（办公）区照明宜分开配电和控制。

（5）对灯具、照明设备选型、安装、布置等方面应注意安全、防火。

二、阅览室照明

1. 照明方式

阅览室可采用一般照明方式或混合照明方式。面积较大的阅览室宜采用分区一般照明或混合照明方式。阅览室照明方式如图 7 – 18 所示。

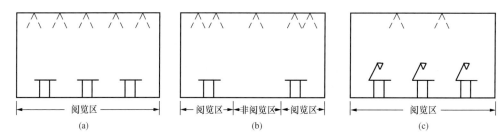

图 7 – 18　阅览室照明方式示意图
（a）一般照明方式；（b）分区一般照明方式；（c）混合照明方式

当采用分区一般照明方式时，非阅览区的照度，一般可为阅览区桌面平均照度的 1/3 ~ 1/2。

当采用混合照明方式时，一般照明的照度宜占总照度的 1/3 ~ 1/2。

2. 光源与灯具选择

（1）光源选择。阅览室宜采用荧光灯照明，应注意选择优质镇流器，如采用优质电子镇流器或低噪声节能型电感镇流器，要求更高的场所宜将电感镇流器移至室外集中设置，防止镇流器产生噪声干扰。

（2）灯具选择如下。

1）宜选用限制眩光性能好的开启式灯具、带格栅或带漫射罩、漫射板等型灯具。

2）灯具格栅及反射器不宜选用全镜面、高亮度材料，宜用半镜面、低亮度材料。

3）宜选用蝙蝠翼式光强分布特性的灯具。

4）选用的灯具应与室内装修相协调。

3. 灯具布置

灯具布置对照明效果有一定影响。阅览室内照明灯具布置的一般原则如下：

（1）灯具不宜布置在干扰区内，否则易产生光幕反射。干扰区示意图如图 7 – 19 所示，干扰区即为容易在作业上产生光幕反射的区域。灯具如能布置在阅读者的两侧（单侧时宜为左侧），对桌面形成两侧（或左侧）投射光，如图 7 – 20 所示，效果更好。

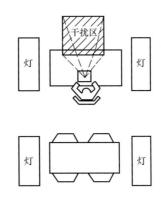

图 7-19　干扰区示意图　　　图 7-20　灯具布置在阅读者两侧

（2）为减少直接眩光影响，灯具长边应与阅读者主视线方向平行，一般多与外侧窗平行方向布置。

（3）面积较大的阅览室，条件允许时，宜采用两管或多管嵌入式荧光灯光带或块形布灯方案。其目的是加大非干扰区，减少顶棚灯具的数量，增加灯具的光输出面积，降低灯具的表面亮度，提高室内照明质量。

（4）阅览室多采用混合照明方式。阅览桌上的局部照明也宜采用荧光灯。局部照明灯具的位置不宜设置在阅读者的正前方，宜设在左前方，以避免产生严重的光幕反射，提高可见度。

三、书库照明

1. 对书库照明的一般要求

（1）书库照明中，视觉任务主要发生在垂直表面上，书脊处的 0.25m 垂直照度宜为 50lx。

（2）书架之间的行道照明应采用专用灯具，并设单独开关控制。开架书库设有研究厢时，应在研究厢处增设局部照明。

2. 灯具选择

（1）书库照明一般采用间接照明或者具有多水平出射光的荧光灯具，对于珍贵图书和文物书库应选用有过滤紫外线的灯具。

（2）书架间行道照明的专用灯具宜具有窄配光光强分布特性，如图 7-21 所示。灯具在横向（A—A 方向）应尽量减少 30°～60°区域内的光强分布，提高下部书架的垂直照度，一般宜使

$$\frac{I_0}{I_{30}} = 1.5 \sim 3$$

式中　I_0——灯具在 0°方向上的光强值（最大值），cd；

　　　I_{30}——灯具在 30°方向上的光强值，cd。

（3）书库灯具一般安装高度较低，应有一定的限制眩光措施，开启式灯具保护角不宜小于 10°，灯具与图书等易燃物的距离应大于 0.5m。

（4）书库灯具不宜选用锐截光型灯具，否则

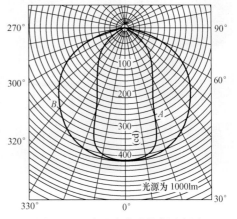

图 7-21　窄配光光强分布示意图

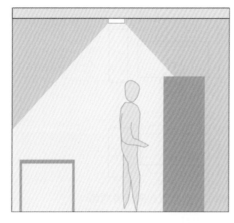

图7-22 非截光型灯具用于书架照明

会在书架上部产生阴影，如图7-22所示。也不宜采用无罩的直射灯具和镜面反射灯具，因为它能引起光亮书页或光亮印刷字迹的反射，干扰视觉。

3. 灯具安装方式

书架行道照明专用灯具一般安装在书架间行道上空，多为吸顶安装，如图7-23（a）所示。有条件可嵌入式安装，如图7-23（b）所示。灯具安装在书架上形成一体，如图7-23（c）所示，具有较大的灵活性，但应采取必要的电气安全防护及防火措施。开架书库及阅览室内的单侧排列的书架，可采用非对称光强分布特性的灯具向书架投射照明，如图7-23（d）所示。此种安装方式，不仅可使书架照明取得良好的效果，也不会对室内的阅读者产生眩光干扰。

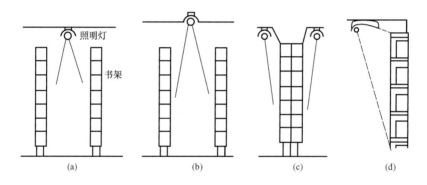

图7-23 书库照明灯具安装方式
（a）吸顶安装；（b）嵌入式安装；（c）灯具安装与书架一体化；（d）单侧书架投射方式

LED灯的快速发展为书架照明提供了更好、更灵活的方式，LED灯低压供电，体积小，为Ⅲ类灯具，可以直接安装在书架的每层上，如图7-24所示。

图7-24 书架照明灯具安装方式
（a）LED条形灯向下照射；（b）LED条形灯上下双向照射；（c）LED条形灯安装示意图

4. 书库地面装修

为提高底层书架的垂直照度，书库地面宜采用反射系数高、无光泽的建筑材料做饰面。它既增加地面反射比，也不会产生反射眩光。

四、书库与阅览混合的形式

现代化的图书馆，书库与阅览越来越趋向在一个空间内，取书自助服务。一般在建筑靠外墙有窗的部位设置阅览桌，阅览部分还可充分利用自然光，在建筑中心部位设置书库，书库与阅览的照明要求和照度值是不同的，而为了建筑空间的美观，又希望顶棚布灯要整齐，照明设计要充分与建筑师协商，在书架部分和阅览部分采用不同数量的光源和不同配光的灯具，而外形上可以相似。为节能，书架部分宜采用图 7 - 24 所示的照明方式，阅览桌可增加局部照明，顶部基础照明可以选取较低的照度水平，阅览和书库照明应分回路配电和控制，如图 7 - 25 所示。

图 7 - 25　书库与阅览混合形式

第八章
办公照明

编者：杨 莉 薛世勇 校审者：徐 华

第一节 概 述

办公建筑是供机关、团体和企事业单位办理行政事务和从事各类业务活动的建筑物。主要由办公室用房、公共用房、服务用房和设备用房等组成。

（1）办公室用房：普通办公室和专用办公室（如设计绘图室、研究工作室）。

（2）公共用房：会议室、对外办事厅、接待室、陈列室、公共卫生间、走廊等。

（3）服务用房：一般性服务用房（档案室、资料室、图书阅览室、文秘室、汽车库、员工餐厅等）和技术性服务用房（电话总机房、计算机房、晒图室等）。

（4）设备用房：变配电间、弱电机房、制冷站、锅炉房、水泵房等。

本章重点在办公室用房的照明设计。

第二节 照 明 标 准

一、照度标准

1. 办公建筑照度标准值

GB 50034—2013《建筑照明设计标准》中规定了办公建筑用房的照度标准值，如表8－1所示。

表8－1　　　　　　　　　　　办公建筑照度标准值

房间或场所	参考平面及其高度	照度标准值（lx）	UGR	U_0	Ra
普通办公室	0.75m 水平面	300	19	0.60	80
高档办公室	0.75m 水平面	500	19	0.60	80
会议室	0.75m 水平面	300	19	0.60	80
视频会议室	0.75m 水平面	750	19	0.60	80
接待室、前台	0.75m 水平面	200	—	0.40	80
服务大厅、营业厅	0.75m 水平面	300	22	0.40	80
设计室	实际工作面	500	19	0.60	80
文件整理、复印、发行室	0.75m 水平面	300	—	0.40	80
资料、档案存放室	0.75m 水平面	200	—	0.40	80

JGJ 67—2006《办公建筑设计规范》中的照度标准同表 8 - 1，此处不再赘述。

2. 照度标准值的选择

（1）根据房间功能选择相应的照度标准值。

（2）根据建筑等级和实际需求，选择不同档次的照度标准值。

（3）当工作场所对视觉要求、作业精度有更高要求时，可提高一级照度标准值。

（4）设计照度与照度标准值的偏差不应超过 ±10%（此偏差适用于装 10 个灯具以上的照明场所，当小于或等于 10 个灯具时，允许适当超过此偏差）。

二、办公建筑照明功率密度值

室内照明功率密度值（LDP）是电气节能设计中的重要评价指标，也是绿色建筑电气专业的设计和评价标准。

1. 办公建筑照度功率密度限值

作为强制性规范条文，GB 50034—2013《建筑照明设计标准》中规定了办公建筑照明功率密度值应符合表 8 - 2 中的规定。

表 8 - 2　　　办公建筑和其他类型建筑中具有办公用途场所照度功率密度限值

房间或场所	照度标准值（lx）	照明功率密度限值（W/m²）	
		现行值	目标值
普通办公室	300	≤9.0	≤8.0
高档办公室、设计室	500	≤15	≤13.5
会议室	300	≤9.0	≤8.0
服务大厅	300	≤11	≤10.0

2. 照明功率密度值的选择

（1）当房间或场所的室形指数值等于或小于 1 时，其照明功率密度限值应增加，但增加值不应超过限值的 20%。

（2）当房间或场所的照度值提高或降低一级时，其照明功率密度限值应按比例提高或折减。

第三节　办公照明设计要求

办公照明的主要任务是为工作人员提供完成工作任务的光线，从工作人员的生理和心理需求出发，创造舒适明亮的光环境，提高工作人员的工作积极性，提高工作效率。

一、亮度比

办公室属于长时间视觉工作场所，若作业面区域、作业面临近周围区域、作业面背景区域的照度分布不均衡，会引起视觉困难和不舒适。办公室照明设计应注意平衡总体亮度和局部亮度的关系，以满足使用要求。办公室各区域亮度比推荐值如表 8 - 3 所示，三区域关系图如图 8 - 1 所示。

表 8 - 3　　　　　　　　办公室照明所推荐的亮度比

表面类型之间	亮度比
作业面区域与作业面临近周围区域之间	≤1∶1/3
作业面区域与作业面背景区域之间	≤1∶1/10

续表

表面类型之间	亮度比
作业面区域与顶棚区域（仅灯具暗装时）之间	≤1：10
作业面临近周围区域与作业面背景区域之间	≤1：1/3

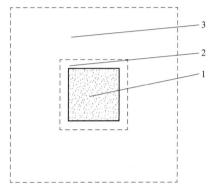

图 8-1　作业面区域、作业面临近
周围区域、作业面背景区域关系
1—作业面区域；2—作业面临近周围区域
（作业面外宽度不小于 0.5m 的区域）；
3—作业面背景区域（作业面临近周围
区域外宽度不小于 3m 的区域）

遮光角应满足表 8-4 的要求。

二、眩光限制

眩光是由于视野中的亮度分布、亮度范围不合适，或存在极端对比，以致引起不舒适感觉，降低观察细部、目标的能力的一种视觉现象。办公室内的工作人员进行视觉作业的时间较长，对于眩光更为敏感，长期在统一眩光值不合格的场所内工作，不但会造成视觉不舒适，甚至造成视觉功能的损害，所以办公照明设计中避免眩光干扰尤为重要。

1. 直接眩光

指在靠近视线方向上存在的发光体所产生的眩光，主要是光源亮度过高造成的，避免直接眩光的方法如下：

（1）采用灯具亮度限制曲线法评价。具体方法详见第一章第二节眩光部分，此处不再赘述。

（2）对于底面敞口或下部装有透明罩的灯具，其

表 8-4　　　　　　　　　　　　　直接型灯具的遮光角

光源平均亮度（kcd/m²）	遮光角（°）	光源平均亮度（kcd/m²）	遮光角（°）
1～20	10	50～500	20
20～50	15	≥500	30

（3）采用统一眩光值（UGR）评价。UGR 的计算较为复杂，一般采用专业照明软件来完成，且采用此方法还有一些限制条件，如房间形状、照明方式、灯具与视线的立体角、灯具配光、布置方式等。为了简化设计人员的计算，推出了 UGR 曲线，该方法虽也有限定条件，但基本满足室内照明设计的需求，且简单易掌握。

GB 50034—2013《建筑照明设计标准》中规定了办公建筑用房的统一眩光值，如表 8-1 所示。

2. 反射眩光、光幕反射

指视野中的反射或视觉对象的镜面反射引起的眩光。避免此类眩光的有效措施如下：

（1）办公室的一般照明宜设置在工作区域两侧，采用线型灯具时，灯具纵轴与水平视线平行，不宜将灯具布置在工作位置的正前方。

（2）有视觉显示终端的工作场所，在与灯具中垂线成 65°～90°范围内的灯具平均亮度限值应符合表 8-5 要求。

表 8 – 5　　　　　　　　　　　　　　灯具平均亮度限值　　　　　　　　　　　　　　cd/m²

屏幕分类	灯具平均亮度限值	
	屏幕亮度大于 200cd/m²	屏幕亮度小于等于 200cd/m²
亮背景暗字体或图像	3000	1500
暗背景亮字体或图像	1500	1000

（3）办公室内的顶棚、墙面、工作面尽量选用无光泽的浅色饰面，减小反射，避免眩光。

三、光源颜色

主要用色温、显色指数两个指标描述。

1. 色温

一般办公室照明光源的色温选择在 3300～5300K 之间比较合适，属中间色。

2. 显色指数

办公室内的工作人员停留时间较长，且进行视觉工作，要求照明光源的显色指数（Ra）均不小于 80。GB 50034—2013《建筑照明设计标准》中规定了各类办公建筑用房的显色指数，如表 8 – 1 所示。

3. 色容差

采用同类光源的色容差不应大于 5SDCM。

4. LED 光源

办公室采用 LED 光源时，色温不宜高于 4000K，特殊显色指数 R_9 应大于零。

四、反射比

GB 50034—2013《建筑照明设计标准》中规定了长时间工作的房间，其房间内表面、作业面的反射比宜按表 8 – 6 选取。办公室照明计算常用的取值为顶棚 70%，墙面 50%，地面 20%。

表 8 – 6　　　　　　　　　　　　工作房间表面反射比

表面名称	反射比（%）	表面名称	反射比（%）
顶棚	60～90	地面	10～50
墙面	30～80	作业面	20～60

五、维护系数

办公室属于较清洁场所，维护系数值取 0.8 即可。

第四节　光源与灯具的选择

一、光源选择

1. T8 三基色直管荧光灯

办公室照明采用的传统光源，长期应用于办公场所。常用的 T8 三基色直管荧光灯技术参数如表 8 – 7 所示。

表 8 – 7 常用 T8 三基色直管荧光灯技术参数

功率（W）	光通量（lm）	色温（K）	显色性（Ra）	长度（mm）
18	1350	2700～6500	≥80	600
36	3350	2700～6500	≥80	1200

2. T5 三基色直管荧光灯

T5 三基色直管荧光灯其光效明显高于 T8 管，其直径小于 T8 管，能更好地控制眩光，在目前的办公室照明设计中，已基本替代了传统的 T8 管。常用的 T5 三基色直管荧光灯技术参数如表 8 – 8 所示。

表 8 – 8 常用 T5 三基色直管荧光灯技术参数

功率（W）	光通量（lm）	色温（K）	显色性（Ra）	长度（mm）
14	1200～1350	2700～6500	85	600
28	2600～2800	2700～6500	85	1200

3. LED 光源

随着 LED 技术的飞速发展，技术日趋成熟，LED 光源的应用场所已经从室外发展到室内，目前较广泛地应用于办公室照明设计中。室内 LED 光源、灯具的规格、性能及控制要求可参见 GB/T 31831—2015《LED 室内照明应用技术要求》。

LED 光源结合其灯具一并介绍。

二、灯具选择

1. 格栅荧光灯（配蝠翼型配光曲线）

格栅荧光灯是办公室照明设计中采用的最传统的照明灯具。根据建筑顶棚形式，有嵌入式和吊挂式；根据顶棚规格可选用不同的灯具尺寸。灯具示例及灯具参数如图 8 – 2、表 8 – 9、表 8 – 10 所示。

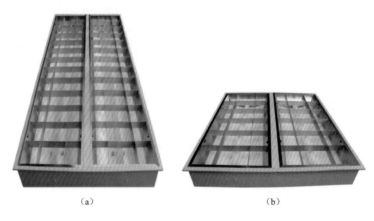

（a） （b）

图 8 – 2 嵌入式格栅荧光灯示例（蝠翼）

（a）长方形；（b）正方形

表 8 – 9　　　　　　　　　　　长方形嵌入式格栅荧光灯灯具参数（蝠翼）

型号		HHJY2236
生产厂家		蝠翼
外形尺寸（mm）	长 L	1200
	宽 W	600
	高 H	80
光源		T8 – 2 × 36W
灯具效率		72.1%
上射光通比		0
下射光通比		72.1%
防触电类别		I 类
防护等级		IP20
漫射罩		有
最大允许距高比 L/H		1.32
显色指数 Ra		>80

表 8 – 10　　　　　　　　　　正方形嵌入式格栅荧光灯灯具参数（蝠翼）

型号		HHJY2218
生产厂家		蝠翼
外形尺寸（mm）	长 L	600
	宽 W	600
	高 H	80
光源		T8 – 2 × 18W
灯具效率		74.6%
上射光通比		0
下射光通比		74.6%
防触电类别		I 类
防护等级		IP20
漫射罩		有
最大允许距高比 L/H		1.32
显色指数 Ra		>80

2. LED 平面灯具

LED 平面灯具在办公室照明设计中已经开始替代传统格栅荧光灯，根据灯具形式不同，可分为以下三种。

（1）点发光。发光点采用深嵌式设计，较好的控制了眩光，下开放式的发光方式提高了灯具效率，其光效是平面灯具中最高的，可达到 100lm/W。灯具示例如图 8 – 3 所示。

灯具参数		
灯具尺寸（mm）	长	597
	宽	597
	高	75
光源		LED－22/31/40W
显色性		＞80
色温（K）		4000
光通量（lm）		2500/3500/4000
上射光通比		0
下射光通比		100％
防护等级		IP20

图 8-3　点发光 LED 嵌入式平面灯具及灯具参数（飞利浦）

（2）线发光。其光效介于点发光和面发光灯具之间，达到 90lm/W，同时满足眩光限制值，是平面灯具中性价比最高的灯具。灯具示例如图 8-4 所示。

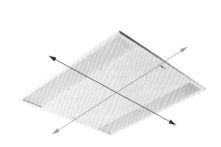

灯具参数		
灯具尺寸（mm）	长	597
	宽	597
	高	55
光源		LED－30/42W
显色性		＞80
色温（K）		4000/6500
光通量（lm）		2500/3500
上射光通比		0
下射光通比		100％
防护等级		IP20

图 8-4　线发光 LED 嵌入式平面灯具及灯具参数（飞利浦）

（3）面发光。灯具表面亮度均匀，且光线柔和，有效地控制了眩光，其光效略低于点发光灯具，达到 80lm/W。灯具示例如图 8-5 所示。

灯具参数		
灯具尺寸（mm）	长	597
	宽	597
	高	55
光源		LED－30/42W
显色性		＞80
色温（K）		4000/6500
光通量（lm）		2500/3500
上射光通比		0
下射光通比		100％
防护等级		IP20

图 8-5　面发光 LED 嵌入式平面灯具及灯具参数（飞利浦）

第五节 办公照明设计实例

办公室按其空间形式可分为开放式办公室、半开放式办公室、单间式办公室、单元式办公室。

办公室照明方式按灯具安装部位划分一般采用一般照明、分区一般照明、局部照明、混合照明（由一般照明和局部照明组成）；按光分布划分一般采用直接照明、半直接照明、间接照明、半间接照明形式。

一、开放式办公室照明设计

1. 直接照明

大空间办公区域内的办公家具高度一般在 1.2～1.5m，上部空间敞开，根据其空间特点，照明设计通常只提供均匀的一般照明。

传统的开放式办公室照明设计一般根据顶棚形式采用均匀布置方式，其设计示例如图 8-6 所示；目前还有采用照明灯具和空调风口组成的设备带方式，构成简洁天花，其设计示例如图 8-7 所示。

图 8-6 开放式办公室示例一　　　　　图 8-7 开放式办公室示例二

2. 直接照明与局部照明组合

开放式办公室通常采用直接照明形式，对于照度要求较高的局部场所，可考虑局部照明作为补充，但应注意亮度比问题。其设计示例如图 8-8 所示。

图 8-8 开放式办公室示例三

3. 间接照明与局部照明组合

开放式办公室还可以采用间接照明与局部照明组合的形式。以图8-9为例，工作区域上方设置反光板，采用上下射光的 LED 灯具，上射光经反光板反射，为工作面提供均匀的间接照明，下射光为工作面提供局部照明，办公区通道照明则采用直接照明形式。此案例灵活运用了间接照明、直接照明和局部照明，既满足了不同区域的照度需求，又有效地避免了眩光。

图8-9　开放式办公室示例四

二、会议室照明设计

会议室按其使用面积可分为大、中、小型会议室。其照明设计除考虑一般照明外，还应考虑局部照明（白板区）；此外，在照明控制上，投影幕布区的灯具应能单独控制，既保证投影内容清晰，又能满足会议人员进行记录所需的照度要求。

大会议室设计示例如图8-10所示，主照明采用嵌入式 LED 平面灯具，突破传统会议室单一照明灯具的设计，本示例还采用彩色灯条渲染墙壁照明，丰富空间层次感。

中会议室设计示例如图8-11所示，主照明采用 LED 悬吊灯，搭配 LED 小灯杯，营造出不同的会议照明效果。

图8-10　30人大会议室示例
（由飞利浦公司提供）

图8-11　20人中会议室示例
（由飞利浦公司提供）

三、走廊及接待厅照明设计

1. 走廊

办公室走廊宽度一般为 2 ~ 2.5m，高度为 2.5 ~ 3m。传统的走廊照明灯具常选用嵌入式筒灯，随着 LED 技术的发展，走廊照明灯具选择形式多样，主要配合天花形式，可采用方形或条形 LED 平面灯，也可以采用 LED 光带，走廊照明示例如图 8 - 12 所示。

2. 接待厅

LED 照明技术在接待厅照明设计中展现出更多的设计效果，以图 8 - 13 为例。LED 射灯突出了企业 LOGO，LED 彩色光带贴合圆弧天花线条，天花板点缀的星星背景灯呈现出清新自然的空间视效，前台区域侧面安装 LED 霓裳屏装置，其用特殊制作的吸音布面覆盖 LED 模块，形成媒体屏，将照明系统转化成一种艺术装置。

图 8 - 12　走廊示例　　　　　　图 8 - 13　接待厅示例（由飞利浦公司提供）

四、有视觉显示终端的办公室照明设计

无论是开放式办公室还是单间式办公室，视觉显示终端都是较为常见的办公设备，灯光经显示屏会产生光幕反射，引起眩光。当采用直接型灯具时，其灯具遮光角不小于表 8 - 4 中的规定。LED 平面灯具灯可较好的避免眩光。

第九章
医院照明

编者：郗树奎　郝洛西　李春东　　校审者：徐　华

第一节　概　　述

　　医院的建筑包括病房、门诊、医技及各种医疗服务设施，对照明的要求也各异。因此，医院照明设计不仅要满足医疗技术的要求，充分发挥医院医疗设备的功能，有效地为医疗服务，而且也要考虑为病人创造一个宁静和谐的照明环境，有益于伤病人的治疗和康复。

　　医院照明具有极高的功能性、特殊性、清洁性和精密性。照明设计时应了解其工作性质和照明功能的要求，采用各种措施来满足各医疗部门和患者的要求。

　　与医院相关标准、规范主要有 GB 50034《建筑照明设计标准》、JGJ 312《医疗建筑电气设计规范》、GB 51039《综合医院建筑设计规范》、GB 50333《医院洁净手术部建筑技术规范》、GB 16895.24《建筑物电气装置　第7－710部分：特殊装置或场所的要求—医疗场所》等。

　　在 GB 50034—2013《建筑照明设计标准》中规定了医疗建筑照明标准值，如表9－1所示。

表9－1　　　　　　　　　　　医疗建筑照明标准值和功率密度值

房间或场所	参考平面及其高度	照度标准值（lx）	UGR	U_0	Ra	照明功率密度值（W/m²） 现行值	照明功率密度值（W/m²） 目标值
治疗、检查室	0.75m 水平面	300	19	0.7	80	<9.0	<8.0
化验室	0.75m 水平面	500	19	0.7	80	<15.0	<13.0
手术室	0.75m 水平面	750	19	0.7	90		
诊室	0.75m 水平面	300	19	0.6	80	<9.0	<8.0
候诊、挂号厅	0.75m 水平面	200	22	0.4	80	<6.5	<5.5
病房	地面	100	19	0.6	80	<5.0	<4.5
走道	地面	100	19	0.6	80	<4.5	<4.0
护士站	0.75m 水平面	300	19	0.6	80	<9.0	<8.0
药房	0.75m 水平面	500	19	0.6	80		
重症监护室	0.75m 水平面	300	19	0.6	90		

　　JGJ 312—2013《医疗建筑电气设计规范》规定了较详细的医疗场所，照明标准值如表9－2所示。

表 9-2　　　　　　　　　　　医疗建筑不同场所一般照明的照度标准值

房间或场所	参考平面及其高度	照度标准值（lx）	UGR	Ra
门厅、挂号厅、候诊区、家属等候区	地面	200	22	80
服务台、X射线诊断等诊疗设备主机室、婴儿护理房、血库、药库、洗衣房	0.75m水平面	200	19	80
挂号室、收费室、诊室、急诊室、磁共振室、加速器室、功能检查室（脑电、心电、超声波、视力等）、护士站、监护室、会议室、办公室	0.75m水平面	300	19	80
化验室、药房、病理实验及检验室、仪器室、专用诊疗设备的控制室、计算机网络机房	0.75m水平面	500	19	80
手术室	0.75m水平面	750	19	90
病房、急诊观察室	0.75m水平面	100	19	80
医护人员休息室、患者活动室、电梯厅、厕所、浴室、走道	地面	100	19	80

注 1. 重症监护病房夜间值班用照明的照度宜大于5lx。

2. 对于手术室照明，在距中1.5m、直径300mm的手术范围内，由专用手术无影灯产生的照度应为 $20 \times 10^3 \sim 100 \times 10^3$ lx，且胸外科手术专用无影灯的照度应为 $60 \times 10^3 \sim 100 \times 10^3$ lx；有影像要求的手术室应采用内置摄像机的无影灯；口腔科无影灯的照度不应小于 10×10^3 lx。

照明用电负荷分级在 JGJ 312—2013《医疗建筑电气设计规范》中有具体规定，如表 9-3 所示。

表 9-3　　　　　　　　　　　医疗建筑用电负荷分级

医疗建筑名称	用电负荷名称	负荷等级
三级、二级医院	急诊抢救室、血液病房的净化室、产房、烧伤病房、重症监护室、早产儿室、血液透析室、手术室、术前准备室、术后复苏室、麻醉室、心血管造影检查室等场所中涉及患者生命安全的设备及其照明用电； 大型生化仪器、重症呼吸道感染区的通风系统	一级负荷中特别重要的负荷
	急诊抢救室、血液病房的净化室、产房、烧伤病房、重症览护室、早产儿室、血液透析室、手术室、术前准备室、术后复苏室、麻醉室、心血管造影检查室等场所中的除一级负荷中特别重要负荷的其他用电设备； 下列场所的诊疗设备及照明用电：急诊室、急诊观察室及处置室、婴儿室、内镜检查室、影像科、放射治疗室、核医学室等； 高压氧仓、血库、培养箱、恒温箱； 病理科的取材室、制片室、镜检室的用电设备； 计算机网络系统用电； 门诊部、医技部及住院部30%的走道照明； 配电室照明用电	一级
	电子显微镜、影像科诊断用电设备； 肢体伤残康复病房照明用电； 中心（消毒）供应室、空气净化机组； 贵重药品冷库、太平柜； 客梯、生活水泵、采暖锅炉及换热站等用电负荷	二级
一级医院	急诊室	
三级、二级、一级医院	一、二级负荷以外的其他负荷	三级

第二节 照明方式、种类及光源与灯具的选择

一、照明方式和种类

医院照明方式有一般照明和局部照明。所有场所均应设置一般照明，下列场所宜设置局部照明：

（1）呼吸科、骨科等诊室工作台墙面、手术室面向主刀医生的墙面，宜设嵌入式观片照明；化验室、治疗室、口腔科、耳鼻喉科等诊室，应预留局部照明电源插座。

（2）除精神病房外，病房内应按一床一灯设置床头局部照明，且配光应适宜，灯具及开关控制宜与多功能医用线槽结合。

（3）除精神病房外，三级医院病房可按床位在多功能医用线槽上设置工作照明。

（4）手术室应设手术专用无影灯，且无影灯设置高度宜为 3.0～3.2m。

医院除正常照明外，还需设置应急照明和医用标识照明，应急照明见本书第21章。医用标识照明的设置应考虑如下要求：

（1）急诊、急诊通道应有标识照明。

（2）医用高能射线、医用核素等诊疗设备的扫描室、治疗室等涉及射线防护安全的机房入口处，应设置红色工作标识灯，且标识灯的开关应设置在设备操纵台上。

（3）室内标识照明的平均亮度应使人距标识1.5m处可清晰辨认标识的文字和内容。当标识照明面积小于或等于 $0.5m^2$ 时，其平均亮度宜为 $400cd/m^2$；当标识照明面积大于 $0.5m^2$ 且小于或等于 $2m^2$ 时，其平均亮度宜为 $300cd/m^2$。

（4）建筑楼层索引，可采取立地式或贴墙式；敞开空间内指示牌底边距地不应低于 2.2m，贴墙式标识牌底边距地宜为 1.7～1.9m。

（5）标识照明的外露可导电部分应可靠接地。

二、光源的选择

功能照明是满足医生对病人诊疗和治疗必要的照明需求，也是医院照明的根本，而照明色彩对于病人起着重要的心理治疗作用，光源与建筑装饰巧妙地配合，合理利用自然光，将有助于创造一种促使病人康复的气氛和环境。而色彩对于医护人员更为重要，光源应能真实地反映病人的肤色，也应满足手术及治疗的要求。不同功能的医疗部门对照明有着不同的要求，对于诊疗室、仪器检查室、手术室、ICU（重症监护中心）等部门必须考虑光源的显色性，应该选用显色性高的光源。

不同地区的医院环境照明，对光源色温的要求也有所区别，气候较寒冷地区的医院宜采用暖白色（偏低色温）光源，可给环境带来温暖的感觉。而热带地区的医院则应采用冷白色（偏高色温）光源，可给环境带来凉爽的感觉，有条件的可采用 LED 光源，进行调光、调色温控制，实现伤病人的按需照明控制。特殊检查室和儿童诊疗室除功能照明外，还应附加一些情趣照明，减少患者的精神压力。因此，视觉环境既是功能的也是生理和心理的要求，必须经过判断之后才能进行正确的照明设计。

照明光源应选择高效节能，控制灵活、显色性好的光源。除有特殊要求外，一般应选择 T5 直管荧光灯和 LED 光源的灯具，LED 光源由于具有光效高、寿命长、控制灵活、单灯功率可选范围广等优点，应是首先采用的光源。采用 LED 光源时一定要注明功率、光效、显

色指数、色温等基本参数。

三、灯具的选择

（1）病房一般照明宜选用带罩灯具吸顶或嵌入安装，当选用荧光灯具时，宜选用无光泽白色反射体；除特别需要，不宜采用反射式间接照明方式。

（2）对于病房及通往手术室的走道，其照明灯具不宜居中布置，灯具造型及安装位置宜避免卧床患者视野内产生直射眩光。

（3）手术室、无菌室、新生儿隔离病房、灼伤病房、洁净病房、病理实验屏障环境设施净化区等有洁净要求的场所，应采用不易积尘、易于擦拭的密闭洁净灯具，且照明灯具宜吸顶安装；当需要嵌入暗装时，其安装缝隙应有可靠的密封措施。

（4）洗衣房、开水间、卫浴间、消毒室、病理解剖室等潮湿场所，宜采用防潮型灯具。

（5）磁共振设备房间的灯具应采用铜、铝、工程塑料等非磁性材料。

（6）灯具的材质和结构应便于清洁和更换光源，灯具的布置不应妨碍固定诊疗设备和器械的使用，且应便于维护。

（7）精神病房照明宜设置在患者不易接触处，并应采用带保护罩的吸顶或嵌入式灯具。

第三节　门诊部照明设计

门诊部是医院的中枢，门诊部的照明设计一般应以诊疗科室为单位来选择照明的方式和确定照度标准。门诊部的使用时间除了急诊室外，绝大部分是在白天使用，所以照明设计时要考虑与自然光的结合。

一、大厅

大厅包括门厅、挂号厅、取药厅、候诊厅等场所。此类场所是人员较集中的地方，病人从挂号开始到候诊、治疗、交费、取药需要等待较长的时间。因此，照明设计要给病人创造一个安静的气氛。不宜选择豪华的装饰灯具，应以简洁明快的灯具为主。大面积的功能性照明，当采用荧光灯且灯具数量较多时，应采用三相配电或电子镇流器，克服荧光灯的频闪现象和噪声。有条件的场所应尽可能充分利用自然光，并设计照明节能控制。例如采用间隔和分区控制方式或者采用照度传感器，根据厅内亮度的变化，自动控制灯的点灭。

当大厅部分采用自然光采光时，要注意照度分布和克服眩光等问题。同时，应考虑到日落后整个大厅照度的均匀性，厅内不应有太大的照度差异。例如，采用顶棚自然采光的大厅，在采光顶棚应均匀布置照明灯具。层高较高的大厅，由于维护较困难，应采用寿命长的光源，如 LED 灯等。

此外，大厅四周的宣传栏内设置的内照式灯具，灯具的设置不应过亮，避免产生眩光。

图 9－1 所示为大厅利用自然光灯具布置的一种形式，有吊顶的大厅宜采用嵌入式灯具。

二、取药房、挂号室及病案室

取药房的药品储存柜，旋转取药架的照度为500lx，取药窗口内及天平等部位应设置局部照明工作灯，工作照明灯宜采用下反射型壁灯或顶灯方式，避免使用妨碍工作的台灯。药房照明的灯具布置如图 9－2 所示。

图9-1　利用自然光灯具布置的形式

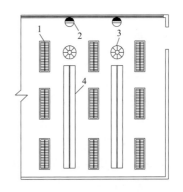

图9-2　药房灯具布置平面

1—顶灯；2—工作壁灯；3—旋转药品架；4—药品柜

挂号室的照明方式与药房大致相同，可参照图9-2的方式进行照明设计。病案室的照明灯具应与病案架排列的同方向布置。

三、放射室

放射室的设备容易给病人造成一种压抑感。因此，在照明设计时应尽量创造一种舒畅、轻松的气氛。除工作照明外，还应附加一些装饰性照明，如设置LED灯光壁画等。X光检查室照明应满足机器维修、调试时所需要的照度，建议照度值为300lx左右，透视检查时室内不需要太高的照度，可根据需要进行无极调光控制，使病人的视觉有一个明暗适应的过程。X线诊断室，加速器治疗室，核医学科检查室和γ照相机室等房间，应该设置防止误进入的LED红色信号灯标志，其电源信号应与机组连通，开机工作时红色信号灯标志亮。

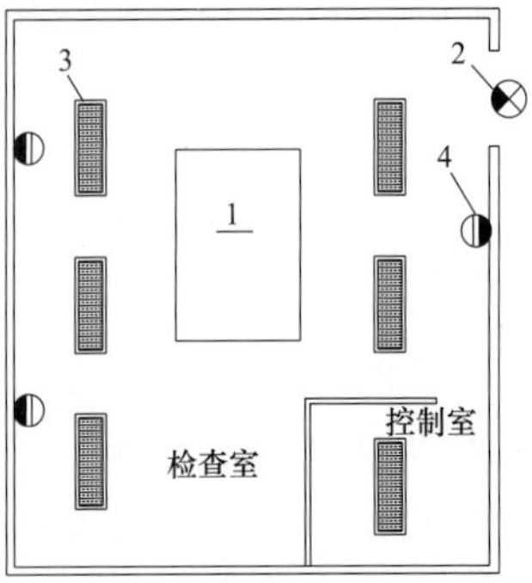

放射线室的灯具一般在设备的四周均匀布置，并注意避免给病人造成的眩光，灯具不应布置在机器的正上方。图9-3所示为放射线治疗室内灯具布置参考平面图。

放射线室的暗室（洗片室）除了设置顶灯外，还应设置暗室红色工作灯。红色工作灯一般设在冲片池的上部，采取壁装方式，安装高度距地面1.6~1.8m，灯具的金属外壳应可靠接地。暗室的门外上部还应设置LED红色信号灯。

图9-3　检查室灯具布置平面

1—放射性机；2—门上信号灯；3—顶灯；4—壁灯

四、眼科诊室

眼科诊室分为明室和暗室。明室照度一般低于其他诊室，建议照度值为200lx左右，明室视力测试表及检查仪器设备均配备照明光源或照明灯具，在检查仪器设备位置预留2~3个电源插座。暗室一般需要连续调光照明，使病人的视觉有一个明暗适应的过程，调光应是连续平滑的，避免出现频闪现象。

五、耳鼻喉科诊室

耳鼻喉科除听力检查室外，对照明没有特殊要求。听力检查室内建议照度值为100lx左右，听力检查室内绝对不能有噪声。因此，一般采用LED灯，因为LED光源没有红外辐射，不会对被测患者产生不舒服的感觉。如采用荧光灯时，应将电感镇流器安装在室外或采用电子镇流器。

诊室的检查治疗设备一般均配备照明工作灯，因此，诊室内每个诊位处，应设置2~3个供检查治疗仪器使用的电源插座。

六、急诊室

急诊室是对各种疾病患者施行紧急诊断处置和进行简单手术的综合诊室。因此，需要设置施行小手术的照明设备及各种检查急救用的应急照明设备。急诊室实际上是一个综合性的诊室。不同规模的医院对门诊急救的处理方法亦有所不同，设计时应充分征求医院有关部门的意见。

七、核磁共振检查室

核磁共振检查室是强磁场室。为了防止电磁感应影响仪器的图像和片子质量，照明灯具一般应采用 LED 灯，灯体为非磁性材料，如铜、铝、工程塑料等，电源箱设置在本室外，低压直流电源引入 LED 灯。

核磁共振检查室的照明电源一般应采用直流电源，如果采用交流电源供电方式，金属外壳应集中一点接地。灯具应采取屏蔽措施，可采用直径为 0.8mm、网眼为 5～10mm 的磷青铜丝网将灯具罩上，并将铜网接到等电位的接地母线上。

检查机器在病人头部一侧的上方，距地面 1.2～1.4m 处，一般都设有闭路电视摄像机，在摄像机的两侧设置照明灯具，照度应满足摄像机的要求。摄像机及灯具的金属外壳应采用大于 2.5mm² 的软铜线可靠接地。室内照度值建议为 300lx 左右，采取无级调光控制。室内四周或顶部亦可设置 LED 照明的场景画面，用来调节室内沉闷气氛，如图 9-4 所示。

控制室的灯光应连续可调，机器在病检时，控制室内灯光需要无级的连续调光。

核磁共振检查室的灯具布置平面如图 9-5 所示。

图 9-4　核医学科检查室

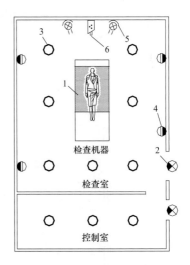

图 9-5　核磁检查室灯具布置平面
1—检查机器；2—门上信号灯；3—顶灯；
4—壁灯；5—射灯；6—摄像头

第四节　病房照明设计

病房楼是病人进行诊治、康复的场所，主要由各类病室、病室走廊及护理站三部分组成。

一、病室

病室照明应满足治疗、护理及病人康复的要求，一般应从如下几点考虑：

（1）照明灯光不应对病人产生不舒适的眩光，采用 LED 光源时，可实行调光、调色温控制，适应不同病人的需求。

（2）设置的地脚夜灯，一般距地面 0.3m，夜间医护人员查房护理时或病人夜间使用，光源应采用色温 3000K 左右的 LED 光源，功率 0.3～0.5W。

（3）设置的局部照明灯，应采用一床一灯的方式，灯具一般安装在病人床头的上方，有综合配线槽的病房，与配线槽统一设置。没有配线槽的病房，单独设置壁灯，高度距离地面 1.4～1.6m。灯具的外壳的金属部分应可靠接地，配电线路应设置漏电保护装置。

（4）病人床头灯具分固定式和活动式两种，固定式与综合配线槽医疗服务设备组合在

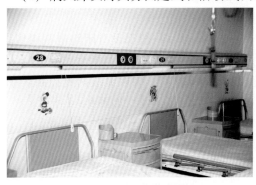

图 9 - 6　病房床头灯具

一起，如监测器、呼唤信号装置、医用气体装置及电源插座等，如图 9 - 6 所示。活动式灯具，一般采用伸缩式或摇臂式壁灯，一般应用在重症监护病房。

（5）病室的顶灯不宜安装在病床患者头部的正上方，以免对患者产生不舒适眩光。病床单侧排列的病室，在护理通道上设置顶灯，病床双侧排列的病室，在中央通道设置顶灯。有帷幕的病室灯具布置在帷幕内，灯具采用单灯单控方式，如图 9 - 7 所示。

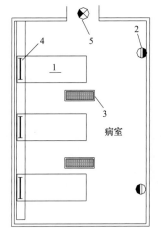
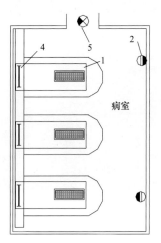

图 9 - 7　病室灯具布置平面
1—病床；2—壁灯；3—顶灯；4—床头壁灯；5—门信号灯

（6）设有滑动式围帘的病室，除了设置床头灯外，通道及病床的上方应分别设置顶灯，其灯具布置如图 9 - 8 所示。如果采用荧光灯照明，吸顶安装时，灯具底板可垫 4～5mm 厚的橡皮垫圈，以减少镇流器的振动噪声，或采用电子镇流器，克服噪声对病人的影响。

（7）重症病监护室还应在病床的一侧设置活动臂检查灯，灯的臂长 1～1.5m。当设置闭路电视监视系统时，灯光照度应满足闭路电视摄像要求，其灯具布置如图9-9所示。

（8）儿科病房的灯具应选择适合儿童心理特征的灯具，且照度应适当高一些。候诊厅照明不仅要满足功能性照明的要求，还应具有儿童场所的特点，候诊厅的灯具布置如图9-10所示。

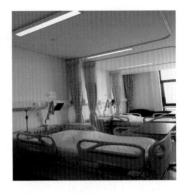

图9-8　有帷幕的病房灯具布置

二、病室走廊

走廊照明应与其相邻房间的照明相协调，使人们通过走廊进入房间时不会感到太大的照度差异，因此，走廊的照度不宜低于病房照度的70%。同时还应注意夜间灯光不能射入病室内，影响病人的休息，灯具应布置在两病室门之间，不宜布置在正对门和门口上方的位置。走廊内的灯具宜布置在走廊两个侧面的凹槽内，以避免对躺在车上的病人通过走廊时产生眩光。较宽的走廊可采用双侧布灯的方式。走廊灯具单侧布置的形式如图9-11所示。

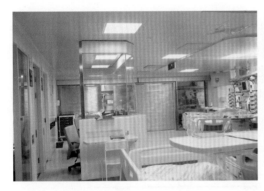

图9-9　ICU病房照明灯具

图9-10　儿科候诊厅照明灯具

三、护理站

护理站是简单诊断、治疗、护理准备和处理日常医疗事物的场所，也是护理人员与病人联系的枢纽，照明应给人一种明亮、清洁的光环境。有吊顶的护理站应采用嵌入式的灯具。此外，还应在护理工作台上方或侧墙上设置夜间工作灯。图9-12所示为护理站灯具布置的一种形式。

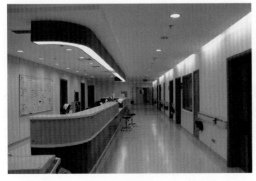

图9-11　病房走廊单侧布置的照明灯具

图9-12　护士站照明灯具

第五节　手术室照明设计

手术室一般均为无窗房间，且为工作持续时间长、操作精细的地方，照明必须考虑减轻医护人员疲劳的问题。所以，照明质量及照度要求比较高，一般照明的照度为750lx。手术台是手术室的照明核心，采用专用手术无影灯，一般由医务专业人员与设计人员共同研究确定。手术室照明灯具的选择及安装应注意如下几点：

（1）灯具安装位置应与其他固定安装的设备相协调，不应影响这些设备的使用功能。

（2）灯具应能灵活地进行水平和垂直调节，且可旋转360°，并可固定在任何需要位置。

（3）灯具安装应坚固牢靠，施工时在灯位上应预埋好固定螺栓。

（4）手术室的一般照明灯具在手术台四周布置，应采用不积灰尘的洁净型灯具，有吊顶的手术室，灯具应嵌入顶棚安装，也可与通风口组合在一起设置。手术室的门口上方应设置"正在手术"字样的标志灯，光源可采用LED红色信号灯，在手术室内控制。

（5）手术室一般照明光源的色温应与手术无影灯光源的色温相接近，一般应选用色温5000K左右、显色指数 $Ra > 90$ 的光源。

（6）高净化级别的手术室设有空气净化设备，灯具的设置不应对净化空气的层流产生影响。灯具位置的确定和选型应与空调、建筑专业密切配合。

（7）对于观摩教学的手术室，观摩室所设置的灯具不应在手术台的位置直接看见。设有闭路电视教学系统的，照明应满足电视摄像机的照度要求。图9-13所示为手术室照明灯具布置图，图9-14所示为手术室照明实例。

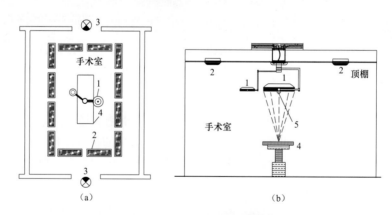

图9-13　手术室灯具布置图

（a）平面图；（b）剖面图

1—无影灯；2—顶灯；3—门信号灯；4—手术台；5—摄像头

（8）手术区内除了具有良好的照明设计外，还应有协调的建筑装修，这对于高等级的手术室是很重要的。室内装修的颜色不应影响光源的效果，墙面不宜采用深蓝、深绿等沉重颜色，以免反射光改变病人的肤色及组织颜色。但也不宜采用白色、黄色等高反射比的涂料。四周墙面宜采用浅绿、淡蓝等反射比为0.5~0.6的颜色，顶棚宜采用乳白色或其他浅颜色的饰面。

图9-14 手术室照明实例

第六节 紫外杀菌灯及看片灯

一、紫外杀菌灯

紫外杀菌灯分固定式和移动式两种，在医院内各诊疗科室应用比较普遍，对空气中杀菌最为有效、方便。灯具应安装在空气容易对流循环的位置，同时还应注意紫外光线不能直接射到医护人员和病人的视野内，避免强烈的紫外线射伤人的眼睛。

人员正在活动的场所，点灯时间应采用时间控制，点灯延时开关的时间整定为10min左右。传染病的诊室及活动场所在无人时可进行杀菌灯的直接照射，照射时间由人工根据需要控制。

按照一般卫生条件要求，房间灯具安装高度不大于2.7m，灯具上部的空气消毒率达到99%时，灯具的安装功率可参考表9-4确定。

表9-4　　　　　　　　　　安装功率参考值

房间面积（m²）	安装功率（W）	房间面积（m²）	安装功率（W）
10～20	30	41～50	120
21～30	60	51～60	150
31～40	90	>60	2.5W/m²

二、看片灯

看片灯在医院诊室中应用比较广泛，目前均为LED光源定型产品。选择看片灯箱时应注意以下两个问题：

（1）灯箱发光面亮度要均匀，光源色温应大于5600K，显色指数大于85。

（2）灯箱光源不应有频闪现象，也可采用无级调光方式。

第十章
商 店 照 明

编者：李炳华　　　校审者：任元会

　　当今已经进入互联网+时代，消费品市场竞争非常激烈。实体商店（简称商店）尽管受到网店的冲击，但对网店具有无比的优势——直观、明了，所见即所得。商店的形象与其所经营的产品密不可分，应凸显商品的特征，而商店空间照明是营造商店和商品特有魅力和气质不可或缺的手段和措施。商店照明方法、花样繁多，它不仅仅是功能照明的需要，更多地是为一个特定的商业空间创造特定的效果的需要。成功的照明可以是一个有力而又灵活的营销和展示工具，可以更好地吸引目标顾客，创造出所需要的商店形象。

　　照明可以吸引顾客的视线。将一个潜在的顾客通过熟悉的商店标志和灯光吸引过来。吸引顾客进入商店的一个非常可行的方法是加强橱窗、墙面照明。另一个吸引顾客的方法是重点照亮商店入口。

　　照明可以引导顾客购物。当顾客进入商店后，除促销广告外，顾客的注意力还会被照明效果所引导。线条照明、区域照明作为一种指导系统，可以帮助引路，快速找到购物区域。在百货商店和大型超级市场中，这一点尤为可行。

　　照明可以展示出产品的特点。顾客的注意力可以被引导到商店的一些特殊角落，如新货品、特殊折价商品或利润特别高的商品货架。通过重点照明或使用独特的照明技术可将这些货品区分开来。照明在现代商店的作用如图 10-1 所示。

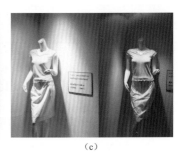

（a）　　　　　　　　　　（b）　　　　　　　　　　（c）

图 10-1　照明在现代商店的作用

（a）吸引顾客的视线；（b）引导顾客购物；（c）展示商品特点

第一节　商店的分类和照明特点

　　根据 JGJ 48—2014《商店建筑设计规范》，商店建筑的规模，根据不同零售业态、按单项建筑内总建筑面积分为大、中、小型，如表 10 - 1 所示；商店建筑按其业态可分为九类，如表 10 - 2 所示。

表 10 - 1   **商 店 建 筑 分 级**   m²

规模	类 别			
	百货店、购物中心建筑面积	超级市场建筑面积	菜市场建筑面积	专业店、专卖店建筑面积
大型	>15000	>6000	>6000	>5000
中型	3000～15000	2500～6000	1200～6000	1000～5000
小型	<3000	<2500	<1200	<1000

表 10 - 2   **商 店 建 筑 分 类**

商店类别	英文	定义
百货店	department store	在一幢大建筑体内，根据不同商品部门设销售区，以销售服装、化妆品、鞋类箱包、礼品、家庭用品为主，提供相关服务，满足消费者对商品多样化选择的零售业态
购物中心	shopping center/shopping mall	在一个建筑体（群）内，由企业有计划地开发、拥有、管理运营的各类零售业态、服务设施的集合体
超级市场（超市）	supermarket	采取自选销售方式，以销售食品、生鲜食品和日常生活用品为主，向顾客提供日常生活必需品为主要目的零售业态
菜市场	foodmarket/vegetable market	销售蔬菜、肉类、禽蛋、水产和副食品的场所、商店
专业店	speciality store	专门经营某一大类商品为主，并且具有丰富专业知识的销售人员和提供适当售后服务的零售业态
专卖店	exclusive agency/exclusive shop	专门经营或授权经营制造商品牌和中间商品牌的零售业态
步行商业街		供人们进行购物、饮食、娱乐、休闲等活动而设置的步行街道
联营商场	Joint bazaar	集中各店铺、摊位在一起的营业场所
饮食店	Cafeteria	设有客座的营业性冷、热饮食店，包括咖啡厅、茶园、茶厅、单纯出售酒类冷盘的酒馆、酒吧及各类小吃店、快餐店等

现代商店建筑功能相互融合、业态综合化、连锁经营等趋势，百货店与购物中心界线已经不太明显；联营经营不仅出现在百货店，购物中心、超级市场、步行商业街等都有联营商业。因此，照明设计需适应这种变化。

一、百货商店

百货商店销售的商品多而全，商品种类繁多，是各个品牌进行展示和销售的平台。百货商店的照明是体现商场品味，展示形象的有效工具，其设计也随着室内风格、商品内容的变化而变化，一般的百货商场的照明分为一般照明、分区一般照明、重点照明，重点照明起到展示的作用，有时也称展示照明，如图 10 - 2 所示。

二、超市

超市一般由百货区域、新鲜货物区域、水果蔬菜区域、仓储区域、办公区域、餐饮休息区域、室外和道路广告区域等构成。仓储超市运营的关键在于客流量，因此需要比较高的照明水平。照明示例如图 10 - 3 所示。

图 10 - 2　商店照明示例

图 10 - 3　超市照明

照明可以营造超市的总体气氛，还可以帮助区分出不同的产品类别。需要照度达到一定的均匀度。

在百货区域一般色温要求为 3000～6500K。在食品区域，为了使被照物更显得鲜活，一般选用色温在 3000～4000K。超市内许多商品对色彩还原有特殊要求，普遍要求光源显色性 $Ra > 80$，如果使用 LED 灯具，则还要求特殊显色指数 $R_9 > 0$。

三、专卖店

专卖店除了要注重商品的品质和价格等因素外，更注意强调品牌的定位和形象，以帮助人们完成购买过程。因此作为辅助销售手段的照明，不再拘泥于单纯的静态灯光效果，动态灯光、色彩变化等方式都逐渐应用到此类商店建筑中。

灯光环境的创造，不仅需要考虑所推荐的量化指标，还需要考虑到建筑、心理和视觉等多方面的非量化因素，只有巧妙地将照明的技术和艺术相结合，才能获得出众的照明效果。专卖店要求的照度比百货商店要高；对于重点区域、重要商品，专卖店重点照明要求更高，重点照明系数 AF 可能会比百货商店的高出一倍；专卖店的照明光源色温差别较大，有暖色温也有冷色温，显色指数也要高一些。图 10 - 4 所示为不同色温的专卖店示例。

图 10 - 4　不同色温的专卖店

专卖店照明的发展方向是满足购物需求的前提下，越来越多的个性化需求，满足需求的亮度对比度；吸引注意力的彩色光的应用；动态照明等方式在专卖店照明中的应用越来越多，而 LED 技术的成熟为这些应用提供了硬件基础。

四、商业综合体

商业综合体是集商业、餐饮、休闲、娱乐为一体的商业形式，消费者可以在里面一站式完成购物、就餐、休息、休闲娱乐等活动，近年来越来越受到推崇。

商业综合体根据需求被分为多种区块，而区块有自营和招租的区别，导致照明设计具有多元性和灵活性。商业综合体照明需要进行统一规划，规划内容应该以商业定位或楼层总体需求为导向，设定公共区、商铺的照明框架原则，自营或招租的店铺照明应该在框架范围内进行设计。

第二节　照　明　方　式

综合 GB 50034—2013《建筑照明设计标准》、JGJ 48—2014《商店建筑设计规范》、JGJ 392—2016《商店建筑电气设计规范》，将照明方式分为一般照明、分区一般照明、局部照明、重点照明和混合照明。

一、一般照明方式

一般照明要求有较好的照度均匀度，适当的色温和较高的光源显色性。一般照明应能满足商店功能变化的需求，同时货架上的垂直照度应适当。

二、分区一般照明

根据整体空间内部功能的不同，产生了不同的照明需求，因此在一个大空间内，分割成不同的区间，每个区间具有不同的技术要求，这种方式即为分区一般照明。典型的商店建筑是百货商店，如图 10 - 2 所示，右边的化妆品区和左边的皮包区功能上是不同的，对于完整的空间而言，通过装修及分区一般照明，将同一空间中的两类商品分开。

三、局部照明

商店建筑中的收银台、总服务台、维修处等，需要特定的视看条件，需要专门设置局部照明。

四、重点照明

在商店照明中，展示样品需要突出和美化，因此将商品从环境中突出出来是非常重要的。所以，重点照明在商店照明中的地位举足轻重。不同的照明水平与环境的差别可以营造不同的渲染效果。同时来自不同方向的光线也会对营造商业气氛起不同的作用。

　　重点照明用重点照明系数表示重点照明的程度和效果。重点照明系数是聚光的亮度与基础照明的亮度之比率，不同的重点照明系数会产生不同的视觉效果。这里所说的基础照明指的是背景照明，如表 10 - 3 所示。

表 10 - 3　　　　　重点照明系数的取值及其效果（表中照片由飞利浦公司提供）

重点照明系数	效　　果	图　　片
2：1	明显的。 被照物体表面亮度高于环境亮度，物体与环境相比反差不大	
5：1	低戏剧性的。 被照物体表面亮度高于环境亮度，物体被显现出来，并与环境亮度产生有中度反差	
15：1	戏剧性的。 被照物体表面亮度远高于环境亮度，物体被凸现出来，并与环境亮度产生较大的反差	
30：1	生动的。 被照物体表面亮度远远高于环境亮度，物体被凸现出来，并与环境亮度产生大的反差，可看出物体上的细微部分，塑造出相当强烈的视觉效果	
50：1	非常生动的。 被照物体表面亮度远远高于环境亮度，物体被凸现、强调出来，并与环境亮度产生巨大的反差，可看出物体上的细微部分，塑造出极其强烈的视觉效果	

　　重点照明的效果也与物体本身的反射特性及背景的特性密切相关,当在深色背景中展示浅色的物体时会产生较深刻的视觉效果,具有中度反射特性的物体在非常深色的背景下亦可产生很好的效果。当设计师设计商店空间照明时,必须先了解目标客户群。一般来说,普通的商店需要均匀的,明亮的照明即可,这样可以让商店的布置较具灵活性。在高档的商店中对比强烈的照明可以塑造商品的高价值感,吸引顾客对商品的注意,引起购买欲。

　　重点照明不同于局部照明,两者比较如表 10-4 所示。

表 10-4　　　　　　　　　　　　局部照明与重点照明的比较

名称	局部照明	重点照明
定义	特定视觉工作用的、为照亮某个局部而设置的照明。	特为提高指定区域或目标的照度,使其比周围区域突出的照明
被照目标	作业面	区域或目标物
照度要求	为一般照明的 1~3 倍	大大高于一般照明
所用灯具	各种灯具均可,因场所、照度而变	一般采用射灯

五、混合照明

　　商店空间的照明往往是由一般照明和局部照明组成的混合照明。

第三节　照　明　标　准

一、我国商业照明标准

　　根据 GB 50034—2013《建筑照明设计标准》的规定,商店照明的标准如表 10-5 所示。一般的营业厅照明设计的维护系数为 0.8。

表 10-5　　　　　　　　　　　　　我国商业照明的标准值

房间或场所	参考平面及其高度	照度标准值（lx）	UGR	U_0	Ra
一般商店营业厅	0.75m 水平面	300	22	0.6	80
一般室内商业街	地面	200	22	0.6	80
高档商店营业厅	0.75m 水平面	500	22	0.6	80
高档室内商业街	地面	300	22	0.6	80
一般超市营业厅	0.75m 水平面	300	22	0.6	80
高档超市营业厅	0.75m 水平面	500	22	0.6	80
仓储式超市	0.75m 水平面	300	22	0.6	80
专卖店营业厅	0.75m 水平面	300	22	0.6	80
农贸市场	0.75m 水平面	200	25	0.4	80
收款台	台　面	500	—	0.6	80

　　在 GB 50034—2013《建筑照明设计标准》的基础上,JGJ 48—2014《商店建筑设计规范》做出了更为具体的规定,主要内容如表 10-6 所示。

表 10 - 6　　　　　　　　　　　　商业照明的补充要求

名称		要　　求
橱窗照明		其照度宜为营业厅照度 2~4 倍
视觉作业场所	均匀度	一般照明的均匀度不低于 0.6
	货架照明	货架的垂直照度不宜低于 50lx
	柜台区照明	商店、商场营业厅照明，除满足一般垂直照度外，柜台区的照度宜为一般垂直照度 2~3 倍（近街处取低值，厅内深处取高值）
	亮度	视觉作业亮度与其相邻环境的亮度比宜为 3∶1
	顶棚照度	水平照度的 0.3~0.9
墙面	照度	水平照度的 0.5~0.8
	亮度	墙面的亮度不应大于工作区的亮度

二、国际相关商业的照明标准

国际照明委员会 CIE 关于商业照明的相关标准如表 10 - 7、表 10 - 8 所示，美国标准如表 10 - 9 所示，英国标准如表 10 - 10 所示，表 10 - 11 所示为欧洲超市、专卖店的照明标准。

表 10 - 7　　　　　　　　CIE S 008/E - 2001《室内工作场所照明》

室内作业或活动类型	E_h	UGR	Ra	备注
一般建筑物内区域				
前厅	100	22	60	
酒廊	200	22	80	
交通区和走廊	100	28	40	在出入口设置一个前室区缓冲
楼梯、扶梯和人行自动步道	150	25	40	
装货坡道和高天棚	150	25	40	
食堂	200	22	80	
休息室	100	22	80	
健身房	300	22	80	
衣帽间、厕所、浴室和洗漱间	200	25	80	
商场仓库、冷库	100	25	60	如连续使用需要大于 200lx
面包店				
准备和烘烤	300	22	80	
磨光、上釉、装饰	500	22	80	
美发				
美发	500	19	90	
洗衣和干洗				
货物进入，标记和分类	300	25	80	
洗涤和干洗	300	25	80	
熨烫，压平	300	25	80	
检查和修理	750	19	80	

表 10 – 8　　　　　　　　　　　　　CIE 推荐的零售店照明指标

房间或场所	照度标准值（lx）	UGR	Ra
销售区域（小）	300	22	80
销售区域（大）	500	22	80
收银台	500	—	80
包装台	500	—	80

表 10 – 9　　　　　　　　　　　　　美国商业照明的照度值

场所区域			规定照度（lx）
营业厅	流动区域（顾客）		300
			200
			100
	销售区域（展示面，靠近欣赏）		1000
			750
			500
	展示区域（吸引顾客）		5000
			3000
			1500
	销售事务（价格，验证等）		1000
营业厅	销售事务（价格，验证等）		750
			500
橱窗服务区域	白天	一般	2000
		特殊	10000
	夜间	一般	2000
		特殊	10000
	次要商业区或小城市	一般	1000
		特殊	5000
	试衣间	着装	200、300、500
		试看	1000、2000
	修改间	一般	1000、1500
		烫平	2000
		缝纫	＞2000
	衣柜间		100、150、200
	库房	不繁忙	50、75、100
		繁忙　粗	50、75、100
		繁忙　中	100、150、200
		繁忙　细	200、300、500

表 10 – 10　　　　　　　　　　　　英国商店照明的标准

场所或区域	照度（lx）	说明
有柜台的小商店	500	柜台平面或墙面
有岛式陈列柜的自选商店或超市	500	陈列台的垂直面
一般	500	陈列台的垂直面

续表

场所或区域	照度（lx）	说明
检查台	500	传送带的水平面
大物品陈列室	500	地面或展品立面
走廊	150	地面

表 10-11　　　　　　　　　　　　　欧洲超市和专卖店的照明要求

商业建筑类型		一般照明照度（lx）	重点照明系数 AF	色温（K）	显色指数 Ra
超市	高档超市	100~300	15：1	2700~3000	>80
	大众超市	300~500	>5：1	4000	>80
	仓储超市	500~1000	—	4000	>80
专卖店	最高档	100~300	15：1~30：1	2700~3000	80~90
	中高档	500~750	10：1~20：1	2500~3000	>80
	廉价	750~1000	—	4000	>80

注　专卖店为服装、百货类专卖店。

第四节　照　明　设　计

商店建筑照明设计通常要有工艺要求、平面布局、空间利用、货物流与顾客流流程等，尤其专卖店、连锁店、品牌店等都有自己的标准。因此，应根据工艺要求和规范要求，合理地进行设计。

一、百货商店照明

照明是体现商店风格、展示形象、凸现商品特点的有效工具之一。如果商店形象发生了改变，照明也应该很灵活、很方便地相应改变，重新塑造商店新形象。因此，照明不仅仅照亮了购物区域，它还可以通过制造特有的照明效果来吸引顾客的注意力，达到促销的目的。

　1. 一般照明

一般照明需要配合室内装修进行设计，可采用 LED 灯、荧光灯或筒灯进行大面积照明，结合射灯、导轨灯进行局部照明或重点照明。

在商店中经常用筒灯（见图 10-5）作为一般照明，灯具通常均匀布置，以适应商品布置的灵活性。若采用单端节能荧光灯，应注意不要将光源露出，否则很难满足眩光 $UGR \leqslant 22$ 的要求。

营业厅面积较大的可使用直管荧光灯或 LED 灯（见图 10-6），灯具均匀布置作为一般照明。也可使用吊灯（见图 10-7），简洁、经济、照度均匀，光源通常采用单端荧光灯、LED 球泡，均匀布置作为一般照明。

组合射灯越来越多地被采用（见图 10-8），它兼有一般照明和重点照明两个功能。按一般照明要求设置，但可以根据商品不同布置，用组合射灯进行重点照明、局部照明。

图 10 - 5 筒灯在商店中的使用示例

图 10 - 6 荧光灯在商店中的使用示例

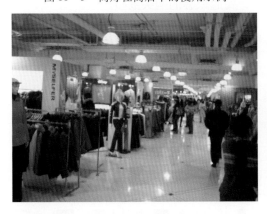

图 10 - 7 吊灯在商店中的使用示例

图 10 - 8 组合射灯在商店中的使用示例

2. 陈列区、展示区照明

陈列区应采用重点照明以突出被照商品，灯具可采用射灯、轨道灯、组合射灯等。照明指标如表 10 - 12 所示。

表 10 - 12　　　　　　　　　　陈 列 区 照 明 指 标

名称	要　　求
照度	由重点照明系数决定，一般要达到 750lx
重点照明系数	5：1 ~ 15：1
色温	根据被照物颜色决定，一般在 3000K 以上
显色性	$Ra > 80$；如果使用 LED 灯，$R_9 > 0$
应用灯具	射灯、轨道灯、组合射灯等
光源	LED、卤钨灯、陶瓷金属卤化物灯等

展示区是用来突出专卖商品和展示商品，照明可以吸引顾客注意力，突出被照商品，刺激顾客购买力。

图 10 - 9 所示为某品牌首饰展示区的重点照明，如果一般照明平均水平照度为 300lx，所展示的首饰重点照明系数为 5 ~ 15，则首饰的重点照明照度为 1500 ~ 4500lx。

首饰被重点照明重重地渲染了，其表面亮度远高于背景亮度。同时显色性在展示区照明显得十分重要，要求还原首饰本来的颜色，正确引导消费者。

图 10-9　商店中的展示照明

3. 柜台照明

柜台是专为顾客挑选小巧而昂贵的商品所设，应能看清楚每一件商品的细部、色彩、标记、标识、文字说明、价钱标签等，如表 10-13 所示。

柜台照明通常用于手表、珠宝首饰、眼镜等商品的展示，通过重点照明将商品明显的突出出来，如图 10-10 所示。

另一种柜台已突破原有柜台的含义，它更像一个展台，通过照亮柜台台面或台的整体，吸引顾客，勾起顾客的购买欲。

表 10-13　　　　　　　　　　柜 台 照 明 指 标

名称	要　　　求
一般照明照度	500~1000lx
重点照明系数	5:1~2:1
色温	根据被照物颜色决定，一般 >3000K
显色性	$Ra>80$；如果使用 LED 灯，$R_9>0$
应用灯具	LED 灯、石英杯灯、陶瓷金卤灯

4. 家电区照明

家电是百货商店销售的主要商品之一，照明指标如表 10-14 所示。

5. 橱窗照明

橱窗展示能吸引顾客注意力，将商品的特点完美地显现给顾客。出色的橱窗展示能为顾客创造出一种情绪或者是难忘的记忆。顾客被橱窗展示的商品所吸引，自然而然顾客会进入到商店，寻找她（他）所需要的商品，或给顾客留下深刻印象，达到展示的目的。

图 10-10　柜台照明

表 10-14　　　　　　　　　　家 电 区 照 明 指 标

	照度（lx）	色温（K）	显色指数	备注
音像制品	500~750	4000	$Ra\geqslant80$，如果采用 LED，$R_9>0$	
屏幕	300~500	3000		屏幕上的垂直照度，不宜过亮
灯具、光源	嵌入 LED 灯、荧光灯等			

白天橱窗照明与晚上橱窗照明不一样，白天要考虑日光的影响，而晚上不需要特别高的照度，因此，它们有不同的照明标准，如表 10-15 所示。

表 10-15 橱窗的照明要求

类型	白天指标					
	向外橱窗照度（lx）	店内橱窗照度（lx）	重点照明系数 AF	一般照明色温（K）	重点照明色温（K）	显色指数 Ra*
高档	>2000（应）	>一般照明	10:1~20:1	4000	2750~3000	>90
中档	>2000（宜）	周围照度的两倍	15:1~20:1	2750~4000	2750~3500	>80
平价	1500~2500	四周照度高2~3倍	5:1~10:1	4000	4000	>80
类型	夜间指标					
	一般照明照度（lx）	重点照明照度（lx）	重点照明系数 AF	一般照明色温（K）	重点照明色温（K）	显色指数 Ra*
高档	100	1500~3000	15:1~30:1	2750~3000	2750~3000	>90
中档	300	4500~9000	15:1~30:1	2750~4000	2750~4000	>80
平价	500	2500~7500	5:1~15:1	3000~3500	3000~3500	>80

* 如果使用LED灯，除对Ra有要求外，还要求$R_9 > 0$。

橱窗重点照明灯具可以用射灯、组合射灯、轨道灯，如图10-11所示，一般照明可以采用荧光灯、射灯、组合射灯、轨道灯等。现在越来越多的将两类照明统一设置。光源通常采用陶瓷金卤灯、LED、卤素灯、荧光灯等高显色性光源。

图 10-11 橱窗照明示例

橱窗照明通常有上照、下照、侧照、混合照等方式，如表10-16所示。

表 10-16 橱窗照明方式及特点

照射方式	说明	灯具	灯具安装方式	适用范围
上照	灯具安装在顶部，从上面向下照射的方式	荧光灯、LED灯、射灯、组合射灯、轨道灯等	吸顶、嵌入、吊装、轨道等	适用于所有橱窗，最常用
侧照	灯具安装在侧面，从两侧照射的方式		壁装、轨道等	适用于所有橱窗，较常用
下照	灯具安装在下面或侧下面，从下面向上或侧上方照射的方式	LED灯、射灯、组合射灯、轨道灯等	壁装、落地等	适用于有特效的商品展示，较少单独使用或与上照方式混合使用
混合照	上述方式的组合	荧光灯、LED灯、射灯、组合射灯、轨道灯等	上述安装方式的组合	适用于高档商店或有特效的商品展示，广泛应用于高档商店的橱窗照明

注 橱窗照明宜考虑不同商品的展示，具有较强的灵活性和通用性。

6. 不同档次商品区的不同要求

百货店档次越低，对一般照明的水平照度要求越高。而高档次百货店更多地采用局部照明、重点照明等照明方式表现其特质。表 10 – 17 列举出了不同档次百货店的相关照明指标。

表 10 – 17　　　　　　　　　不同档次的百货店对照明的要求

区域类别	一般照明（lx）	相对色温	显色性*	重点照明系数	其他
高档商品区域	300	与环境协调	80 ~ 90	$AF = 15 \sim 30 : 1$	以制造戏剧性效果烘托商店气氛
中档商品区域	300 ~ 500	与环境协调	$Ra > 80$	$AF10 - 5 \sim 15 : 1$	制造温暖和宾至如归的气氛
廉价商品区域	750 ~ 1000	>4000K	$Ra > 80$	—	商店的气氛应突出物美价廉

*　　如果采用 LED 灯，除满足 Ra 要求外，还要求 $R_9 > 0$。

二、超市照明

超市一般有以下几个区域：百货区、鲜活区、水果区、仓储区、办公区、餐饮休息区、室外道路和广场、招牌和广告等。

超市照明的总体要求与评价内容主要有：

（1）全面评价顾客购买商品的视觉要求，创造更佳购买环境的舒适性。

（2）根据不同的商品种类的销售特点，区分不同购买环境及分区划分，选择最合适的产品，突出产品的优良品质。

（3）考虑卖场竞争环境，合理搭配使用产品，最大程度保证一次性投资与今后维护的成本合理匹配。

（4）灯光需引导客户流向，并使之对有关商品产生充分注意力。

（5）灵活配置及控制，使之满足不同时间段的光照要求，进一步满足节能。

1. 百货区

在货架上陈列的商品应该具有较高的照度，帮助顾客辨别物品的品质和颜色，如表 10 – 18 所示。

表 10 – 18　　　　　　　　　百 货 区 照 明 要 求

照明参数	要　　求
照度要求	符合本章第三节标准要求，在高照度下人们的行为快捷和兴奋
均匀度	在顾客活动的空间范围内，需要达到一定程度的照度均匀度，注意货架挡光的作用，引起局部的不均匀
色温	4000 ~ 5000K
显色性	$Ra > 80$，可以更好地还原商品的色彩；若采用 LED 灯，还要求 $R_9 > 0$
眩光控制	应确保人所处的光环境，在正常视野中不应出现高亮度的物体

2. 新鲜货物区

应该突出视觉的新鲜感，尤其是配餐食品，希望通过良好的照明来提高新鲜货品的诱惑力，成功的照明在于营造出一个新鲜的环境，如图 10 – 12 所示。

肉食/熟食区域：被照明物体需要展现新鲜和诱人，照明要求如表 10 – 19 所示。

图 10 - 12 新鲜货物区照明实例

（a）肉制品区；（b）肉制品及熟食区；（c）水果、蔬菜区 2；（d）熟食区；（e）水果、蔬菜区 1；（f）面包房

表 10 - 19 新鲜货物区照明要求

照明参数	肉制品及熟食区	水果、蔬菜、鲜花区	面包房
建议照度（lx）	>500	1000	>500，宜 750
色温（K）	4000~6500	3000~4000	2700~3000
显色性	$Ra>80$；若采用 LED 灯，还要 $R_9>0$		
灯具、光源	支架灯、格栅灯、平板灯、吊灯等；光源可为 LED、直管荧光灯、单端荧光灯、陶瓷金卤灯等		

3. 商品货架专柜

为满足顾客节省时间的需要，在专柜上陈列的商品应具有很高的照度。顾客就可以很快地浏览专柜，找出他们熟悉的品牌和产品标志。

专柜上的照度应至少比周围环境的照度高 2~15 倍，即 600~7500lx，显示出货架的商品。在高档商店中，使用悬挂式直管型荧光灯或 LED 灯，货架上可以获得良好的照明。对于中低档的商店，在天花上安装嵌入式筒灯，或使用悬挂式直管荧光灯、LED 灯都会提供所需的照度。在所有的类型中，建议使用自然色或冷色、显色性好的光源，$Ra \geqslant 80$。

图 10 - 13 所示为两个货架照明案例，图 10 - 13（a）中，灯具布置在两个相邻货架中间，灯具长轴平行于货架，这样在货架上可以获得良好的照度。图 10 - 13（b）中，灯具长轴垂直于货架，显然货架上物品的照度受到影响。

图 10 - 13 货架照明

（a）灯具长轴平行于货架；（b）灯具长轴垂直于货架

4. 收银区

收银区要强调视觉的引导性，要具有良好的照明水平。通常通过灯具布置的密度不同来产生相对加强的照明效果如表 10－20 所示。

表 10－20   收 银 区 照 明 要 求

照度（lx）	500～1000
色温（K）	4000～6500
显色性	$Ra > 80$

5. 入口区

入口区域要营造商业环境气氛，通常通过悬吊灯具来营造特殊的商业环境和节日气氛。对于中低档、小型超市的入口处，可以与购物区照明一致，可采用直管荧光灯、LED 灯。

6. 仓储区域

仓储区为超市内部使用的区域，照明无特殊要求，保证员工进行操作即可。但要注意，发热量较高的光源应远离物品，降低火灾风险。

三、专卖店照明

专卖店有很多种，服装、工艺品、汽车、快餐等名目繁多，功能不尽相同，风格各异。专卖店多有自己的标准，体现专卖店特有的特征，其中照明的风格和要求也与专卖店风格相协调。

专卖店和旗舰店的照明强调照度、显色性、色温、重点照明系数等参数，照明分为以下几个部分：入口、橱窗、商品的一般照明和重点照明。

灯光环境的营造，需要考虑到建筑、心理和视觉等因素，只有巧妙地将照明的技术和艺术相结合，才能获得出众的灯光效果。

（一）通用型专卖店的照明设计

1. 入口的照明

现代专卖店经常将入口与橱窗统一设计，形成风格上的整体性，给顾客连续的视觉冲击，加深顾客对商店、品牌的印象。橱窗内展示的别具特点的商品，传递给顾客许多美好的信息，诱发顾客的购买欲。

入口处橱窗的照明一般设计得比室内平均照度高一些，为 1.5～2 倍，光线也更聚集一些，色温的选择应当与室内相协调，并与周围商店相区别，所选用的灯具可以是泛光灯、荧光灯、霓虹灯或 LED 等。

对于广告型的商店招牌，主要采用泛光照明方式，可以在上方、下方或同时上下方进行灯具安装，一般照度在 1000lx 以上，照度均匀度 U_0 在 0.6 以上，显色指数大于 80。

采用灯箱照明，主要在灯箱内安装荧光灯支架、LED 灯支架，灯间距约为 200mm，灯管和灯箱表面距离大于 100mm。

图 10－14 所示的店标采用侧面发光，侧面发出的光线使得文字具有立体感，非常醒目。光源可以采用荧光灯、LED 等。

2. 橱窗照明

对于时装店，风格化的氛围和有创意的商品陈列会吸引目标顾客，而真实感人的橱窗情景更可以突出一个商店的特色，橱窗照明一般采用如下的方法：

（1）依靠强光突出商品，使商品非常显眼。

（2）强调商品的立体感、光泽感、质感和丰富的色彩。

（3）使用动态照明吸引顾客的注意力。

（4）利用彩色强调商品，使用与物体相同颜色的光照射物体，加深物体的颜色，使用颜色照射背景可以产生突出的气氛。

对不同年龄段的顾客对象采取的照明表

图 10 – 14　专卖店入口及橱窗照明示例

现方式也是有所不同，如表 10 – 21 所示，不同年龄人群对照明有不同的要求。使用定向照明及效果如表 10 – 22 所示。

表 10 – 21　　　　　　　　　　　不同年龄人群对照明的要求

顾客对象	照明要求、特点	展示品的表现
儿童	漫射和重点照明，暖色	玩具类
青少年	彩色照明，动态照明，强烈的亮度对比，照明的重要目的是装饰	表现活泼、朝气
20～40 岁	定向高光照明，色彩丰富，功能照明	运动用品、流行、浪漫
中年人	遮蔽很好的定向照明，加入漫射成分	较古典的艺术、自然
老年人	照度水平高，其他与上面相仿	自然、恬静

表 10 – 22　　　　　　　　　　　使用定向照明及效果

光线	功能描述
关键光线	主要照明，高照度会带来阴影，闪亮效果，突出重点
补充光线	补充照明，冲淡阴影，获得需要的对比度
来自背后的光线	从后上方照明，突出被照物的轮廓，使其与背景分离，可以用于透明物体的照明
向上的光线	突出靠近地面的物体，可以创造戏剧性的效果
背景光线	背景照明

3. 专卖店的一般照明和重点照明

专卖店都有其强有力的品牌形象、市场策略和销售策略，从店内的货物选择、摆设、货架或展柜的形式，店内空间的划分到店内的广告等，都有其鲜明的特色。

通用型专卖店照明指标如表 10 – 23 所示。

表 10 – 23　　　　　　　　　　　通用型专卖店照明参考指标

评价参数	单位	推荐数值
平均水平照度	lx	500～1000
显色性	—	$Ra > 80$；如果使用 LED 灯具，则 $R_9 > 0$
色温	K	2500～4500
重点系数	—	2：1～15：1

店内照明通常可以选用如下灯具：嵌入筒灯、平板灯、格栅灯、射灯、组合射灯和轨道灯具等。店内照明灯具的数量比较多，开灯时间长，应考虑使用节能型高效率的灯具。对于对颜色还原有高要求的区域，要求照明的 $Ra>90$，如果使用 LED 灯具，则建议 $R_9>30$。

4. 收银台照明

收银台照明对垂直照度和水平照度都比较高，形成视觉的聚焦，选用的灯具和光源应注意以下问题：

（1）与室内一般照明相同，只是灯具更加集中。

（2）略微增加室内装饰上的改进，灯具与室内一般照明相同。

（3）完全采用另外形式的灯具加以突出。

5. 动态照明

动态的效果更加吸引顾客的注意力，而且利用智能照明控制系统，可以配合天然采光的变化，在方便地完成灯光场景改变的同时节约能源，所以在店招、橱窗、展示柜等局部，越来越重视动态灯光的应用。

应用可产生动态变化效果的灯具，或将普通灯具与照明控制系统相联系来实现。常用的有 LED、霓虹灯、光纤照明、荧光灯组合等。建议优先采用 LED，而且其控制很灵活、色彩变化很丰富、寿命很长。不得使用白炽灯。

6. 专卖商店的节能

（1）采用符合要求的照明，根据实际需要确定需要的照明类型和方式。

（2）使用高效率的光源，从显色性看，应该是白炽灯或卤钨灯最好，但是其光效最低，应采用 LED 灯、小功率的高显色的气体放电灯代替白炽灯。

（3）选择合适的灯具，应当采用效率高，容易清洁和更换光源的灯具，控制眩光。

（4）合理利用天然光。

（5）考虑环境照明。

（6）考虑有效的配电系统。

（7）易于维护管理的设计。

（二）汽车专卖店的照明设计

不同品牌的汽车专卖店其照明风格各有特色。下面仅通过几个实例说明汽车专卖店的照明设计。

1. 奥迪汽车专卖店

（1）标准。奥迪汽车专卖店参考标准如表 10 - 24 所示。

表 10 - 24 　　　　　　　　　　　　　奥迪专卖店照明参考标准

位置	照度（lx）	色温（K）	显色指数	展示车辆
内侧展台	>2000	4200	>80	展示车辆
外侧展台	>3000	4200	>80	展出新车型、高档车
展区后部、其他区域	200～500	3000	>80	办公、后勤

（2）布置。图 10 - 15 所示为五辆车展厅布置，现在专卖店规模不断扩大，展车数量、密度不断增加，设计方法和标准保持不变。

（3）灯具、光源。灯具布置通常采用通长轨道式设计，图 10 - 15 所示为采用 4 条轨道设计，便于展厅内部车辆移位，增加展厅的灵活性，灯具也便于安装。

导轨上安装射灯，12°～36°光束角，视投射距离而定。光源采用 LED 灯或陶瓷金卤灯，灯具可旋转 360°，保证了展台照度，和显色性的要求。

2. 大众汽车专卖店

大众汽车展厅照明也有自己的标准——"The Volkswagen Lighting Concept（VLC）"，展厅主要采用间接式照明，注重的是展厅的整体感、空间感，而不是将光线局限于汽车展示区，是少有的含有景观元素的展厅。

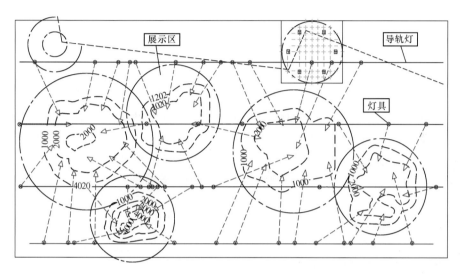

图 10 - 15　奥迪专卖店展厅照明布置示意图

VLC 对展厅照度要求不高，照度为 400～750lx，相关色温 4200K。如图 10 - 16 所示，灯光向上投射由屋顶反射下来，沿玻璃幕墙、立柱、内墙，使展示厅照明均匀和谐而无干扰反射，突出展厅建筑的细部。灯具采用投光灯，光源为 LED 或 150W 金卤灯。

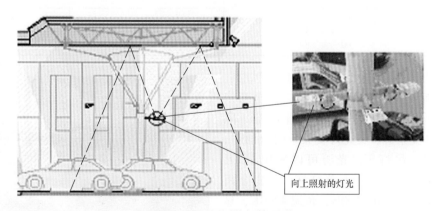

图 10 - 16　展厅的间接照明

大众汽车展厅辅助采用重点照明突出汽车，每辆车两个聚光灯，以相对方向安装，瞄准汽车照射，以突出汽车表面，创造高亮点，照度 2000lx，色温 3000K。重点照明与周围环境

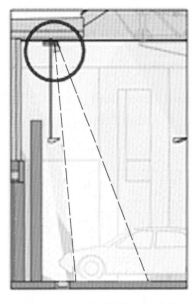

图 10 – 17 展厅内的重点照明

相比，重点照明系数为 5：1 ~ 2.5：1，暖色的光线与环境的冷色（4200K）形成强烈对比。如图 10 – 17 所示。

展厅内墙是黄色涂料，上照的灯具同时把黄色墙面照亮，具有较强的装饰性；使展厅外的观察者看到整个展厅，而视觉重点不在车辆上。

大众汽车专卖店照明指标如表 10 – 25 所示，当采用 LED 灯时，LPD 值将大大降低。

3. 普通汽车专卖店

这类汽车专卖店没有厂商专卖店标准，这部分可参考本部分照明要求进行设计。

入口处通常兼接待，照明以偏冷色温 4000K 为宜，显色指数不低于 80。建议照度高出周围展厅照度 1 倍，即 600 ~ 1000lx，光源可以为 LED 灯、直管荧光灯、单端荧光灯、金卤灯、高显色钠灯等。入口处的品牌标志可采用重点照明，建议重点照明系数 AF = 5：1 ~ 10：1，采用射灯、导轨灯等，如图 10 – 18 所示。

表 10 – 25　　　　　　　　　大众汽车专卖店照明指标

场所或类别	照度（lx）	色温（K）	照明功率密度 LPD（W/m²）	备注
一般照明	400 ~ 800	4200	20 ~ 40	间接照明，无眩光
重点照明	2000	3000	20 ~ 40	直接照明
建筑照明	500	3000	—	人的正常视点
销售处	700	3000	10	—
客服区	700	3000	—	无眩光
交货区	500	3000	10	无眩光
自助餐厅	300	3000	—	无眩光
配件销售区	700	3000	—	—

展厅是照明的重点，通常均匀布置灯具，灵活性较高，便于变换车的位置，甚至变换车的品牌、型号。灯具可以采用平板灯、隔栅灯、LED 支架灯、荧光灯支架、组合射灯、射灯、筒灯、吊灯等，光源可以采用 LED、荧光灯、单端荧光灯、石英灯杯、陶瓷金卤灯等。平均照度 300 ~ 500lx，色温 4200K，显色指数不低于 80。一般普通汽车展厅层高不很高，不宜设置重点照明。

许多汽车厂家在机场候机楼、火车站候车厅、商场、商业街等场所进行汽车展示，

图 10 – 18　普通汽车展厅照明设计示例

宣传汽车文化，促进汽车销售。这些部位的照明设计要因地制宜，结合场地、汽车品牌等进行设计，经常采用局部照明、重点照明和动态照明，以突显展品的特质。

（三）快餐店的照明设计

快餐店照明设计比较简单，按照装修统一要求和风格进行。灯具采用 LED 平板灯，格栅灯配 T5 或 T8 荧光灯管，均匀布置，边缘处可根据需要辅以筒灯，照度在 500～750lx；柜台区域为局部照明区，灯具密度增大，照度高于就餐区，在 750～1000lx；柜台后菜单由灯箱将菜单照明，供顾客选择。

四、物流仓储照明

随着互联网行业的高速发展，网上购物逐渐成为很多消费者的购物方式，而物流仓储行业以此为依托，陆续在全国各大城市建立起物流园区、高架仓库等。

仓库根据实际放置的物品不同，可分为大件库、一般件库、半成品库、精细件库等，不同的仓库类别对于照明的要求不同。同一仓库中根据不同的操作环节，又可分为货架区、装卸区、分拣区、包装区、办公区等，不同的作业精度决定了对于照明的要求也不同。

仓库的库内净高以储存品类、作业流程为依据，综合考虑货架类型与机械操作空间，一般为 8～15m。由于需要在货架垂直面查找货物或扫码记录，相较于其他空间，物流仓库对于照明灯具的要求会更加严格。既要在高空间内能满足水平工作面照度，又要同时满足一定的垂直面照度，还要尽量减少维护次数。

传统的设计灯具一般为广照型金卤灯，可实现很好的水平照度，大功率的荧光灯类灯具也可应用，通常采用控照型，配 1.2m 长管 T5 或 T8 高频荧光灯，可在高度 15m 以下的空间使用。

专用型 LED 高空间用灯的性能极尽 LED 高效节能的优势，灯具效率可以做到 130lm/W 以上，用在仓储照明上可以完全替代传统光源及灯具，图 10-19 所示为北京松下公司的两款专用型 LED 仓储灯。

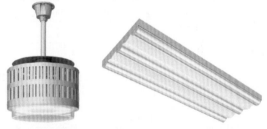

图 10-19　专用型 LED 仓储灯示例

第五节　照明技术新动向

一、互联网照明（internet lighting）

当今互联网技术日益成熟、普及，与人们的生活息息相关。在 internet + 时代，internet + LED 照明为照明领域拓展了更广阔的发展空间和更加美好的前景，商业照明将是互联网照明重要的应用领域。通过互联网技术，LED 灯被赋予唯一地址，可以被智能建筑、智慧城市无缝集成，并可以通过互联网进行灵活、多变的控制，而且可以共享照明装置的有关信息、运行灯具状态、维护情况、能耗等信息。

LED 灯采用低压直流供电，配置适宜的传感器，并赋予地址，通过互联网技术构成功能超强的照明及控制系统，智慧照明及其控制系统有望实现。每个 LED 灯将与智能手机相似成为智能灯具终端，在满足照明的同时，还可以实现如下功能：

（1）网络控制。

（2）无线通信与照明系统集成。

（3）人员出入探测与统计。

（4）照明模式自动调整。

（5）室内温湿度监控。

（6）室内及工作面照度监测与控制。

（7）天然光的有效利用。

（8）照明装置使用时间统计。

（9）照明装置寿命预测。

（10）照明装置状态显示。

（11）故障报警。

（12）维护、维修提醒。

（13）能耗统计与分析。

（14）报表生成。

POE 技术是互联网照明的先锋，这项革命性的技术已经出现，并进行了探索性应用，符合 IEEE 802.3 标准，为其应用奠定了坚实的基础。POE 即 Power Over Ethernet，在以太网 Cat.5 布线基础架构下同时为基于 IP 的终端传输数据信号，并且为该设备提供直流电源的技术，简称以太网供电。两个版本的标准如表 10 - 26 所示。

表 10 - 26 两个 POE 版本的比较

标准编号	IEEE 802.3af	IEEE 802.3at
颁布时间	2003 年 6 月	2005 年 7 月
供电容量（W）	15.4	25.5
供电、数据传输对象	IP 电话、网络摄像机、无线 LAN 接入点等	IP 电话、网络摄像机、无线 LAN 接入点、双波段接入、视频电话、PTZ 视频监控系统等
LED 供电	小容量、试验性	容量得以增加，仍然处于试验阶段
	保护、接地、载流量、供电距离等问题需进一步研究	

因此，互联网照明将成为未来商业照明的重要的技术，为商业照明提供基于位置的服务和关联信息。

考虑到 LED 白光产品的发光原理——蓝光透过黄色荧光粉合成白光，LED 照明灯具普遍存在着红色光谱部分缺失的问题。对于一些特定场合，尤其是对颜色还原性要求较高的场所，需要选择一些有针对性的特殊光谱分布的 LED 产品，下面介绍两款有特色的 LED 产品。

二、PS 和 FCI 指标

1. 美肤指数 PS 指标

PS 是美肤指数，由 Perference Index of Skin color 缩写而成，是日本松下公司独创的指标。该指标是用数值化的语言来对人工光源下日本女性肤色的美丽程度进行评价的指数，我国的复旦大学将 PS 按照我国女性肤色进行研究，同样适合于我国女性。原则上，PS 越接近 100，照射的肤色越美丽。在 CIE1976 色度图上美丽肤色的色度点为 $(u', v') = (0.2425,$

0.4895）。在基准光 D65 光下方，越接近该色度点，*PS* 值也越接近 100，如图 10-20 所示。

对于"美"的认知存在一定的个体差异的，带有明显的主观性。松下公司对 20～49 岁的日本女性受访者进行试验，通过测试、评价表明 *PS* 为 95 时，约有 80％ 的受访者认为测试者的肤色非常漂亮，如图 10-21 所示。

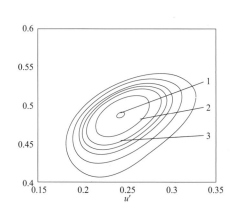

图 10-20　*PS* 值及美肤评价

1—评价为"非常美丽"的色度；2—评价为"美丽"的色度；
3—评价为"稍稍美丽"的色度

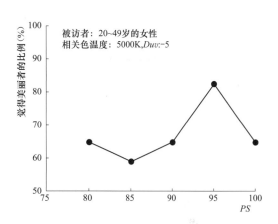

图 10-21　美肤比例与 *PS* 值

2. 对比指数 *FCI*

对比指数 *FCI*（Feeling of Contrast Index 的略称）也是日本松下独自开发的指标。该指标是对人造光源下颜色的"对比程度"和"鲜艳程度"进行数值化的指数，如果 *FCI* 达到 100，可以得到与 CIE 所规定的基准光（D65）相同程度的对比感觉。白炽灯的 *FCI* 为 123，普通荧光灯的 *FCI* 为 114，松下公司生产的美光色 LED 的 *FCI* 为 124。

实验证明，增加 *FCI* 则对比程度和鲜艳程度也相应增加。如图 10-22 所示，*FCI* 120 光源可以获得与 *FCI* 100 光源放大 120/100 = 1.2 倍的照明效果，即在照度相同的情况下，物品的鲜艳程度更高。

3. 美光色 LED

上面分析了 *PS* = 95、*FCI* = 134，再加上 *Ra* = 95，具有这三项色彩还原指标的光源照射下使得东亚女性肤色更加美丽、艳丽，商品鲜艳。在化妆品、高档饰品、高档服装等专卖柜（店）照明设计中，符合上述指标的

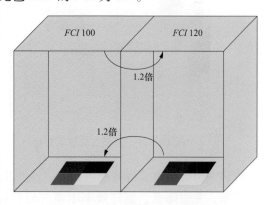

图 10-22　对比指数 *FCI* 的鲜艳程度

光源可以达到出乎想象的艳丽效果，基于上述原理，松下公司研发出美光色的 LED 产品，可以满足这些场所的需求。

该产品采用特殊芯片技术，通过光谱控制技术，调整光谱中 570～580nm 的波长分布，提高光谱中决定美丽程度的三个重要指标，如图 10-23 所示。

美光色 LED 在一般显色指数 *Ra* = 95 的基础上，改善、提高了特殊显色评价指标，如表

10 - 27 所示，因此，美光色 LED 可以完美展现商品的真实色彩，如图 10 - 23 和图 10 - 24 所示。

表 10 - 27　　　　　　　　　　　　美光色 LED 的一般显色指数和特殊显色指数

相关色温（K）	Ra	R_9	R_{10}	R_{11}	R_{12}	R_{13}	R_{14}	R_{15}
3000	95	82	96	95	87	99	97	98
3500	95	84	94	95	81	99	97	98
4000	95	81	90	94	75	97	96	97
5000	95	98	89	94	70	98	95	97

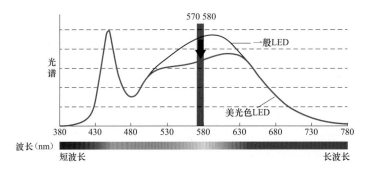

图 10 - 23　美光色 LED 光谱与普通 LED 光谱比较

图 10 - 24　东亚女性效果对比（右：普通 LED 灯；左：美光色 LED 灯）

应该一分为二地看待美光色 LED，该产品美肤艳物效果非常明显，但好的效果付出了巨大的代价，光效降低、整灯效率不高。与普通 LED 相比，美光色 LED 光效降低在 10% ~ 30%。因此，美光色的 LED 应该用在合适的场所。

三、商业照明节能将有较大的潜力

LED 技术将进一步扩大在商业照明中的应用，再加上智能照明控制技术，商业照明的节能将有较大的空间和潜力，实际的照明功率密度 LPD 值将远低于 GB 50034—2013《建筑照明设计标准》中的目标值。

第十一章
旅馆照明

编者：李炳华　　　校审者：姚家祎

第一节　概　　述

GB/T 14308—2010《旅游饭店星级的划分与评定》给出了旅馆的标准定义：能够以夜为时间单位向旅游客人提供配有餐饮及相关服务的住宿设施。按不同习惯它也被称为旅游饭店、宾馆、酒店、旅馆、旅社、宾舍、度假村、俱乐部、度假中心等。本章统一称之为"旅馆"。

旅馆按其档次的高低可分为五个等级，即一星级、二星级、三星级、四星级、五星级，其中五星级酒店包含更高档次的白金五星级，即过去人们经常说的超五星级、六星级等。最低等级为一星级，最高为五星级。星级越高，表示旅游饭店的档次越高，也就是要求有更高的硬件设施，还要有更高的附属设施、服务项目和运行管理能力。我国酒店等级划分条件中电气部分如表 11 – 1 所示，包括强电、弱电、照明部分的内容。

表 11 – 1　　　　　　　　　　　星级旅馆的电气要求

等级	强电要求	弱电要求
一星级	（1）客房照明充足，有遮光窗帘。 （2）应有应急照明设施	（1）公共区域设有公用电话。 （2）客房门锁为暗锁，有防盗装置，显著位置张贴应急疏散图及相关说明
二星级	（1）应有就餐区域，提供桌、椅等配套设施，照明充足，通风良好。 （2）设有至少两种规格的电源插座。 （3）客房应有适当装修，照明充足，有遮光效果较好的窗帘。 （4）应有应急照明设施。 （5）5层以上（含5层）的楼房有客用电梯	（1）客房内应配备电话、彩色电视机等设施，且使用效果良好。 （2）客房门安全有效，门锁应为暗锁，有防盗装置，客房内应在显著位置张贴应急疏散图及相关说明。 （3）应有公用电话
三星级	（1）应有空调设施，各区域通风良好，温、湿度适宜。 （2）客房内目的物照明效果良好；有良好的排风设施，温湿度与客房适宜；有不间断电源插座。 （3）应有两种以上规格的电源插座，位置方便宾客使用，可提供插座转换器。 （4）4层（含4层）以上的建筑物有足够的客用电梯。 （5）应有应急供电设施和应急照明设施	（1）应有计算机管理系统。 （2）客房门安全有效，应设门窥镜及防盗装置，客房内应在显著位置张贴应急疏散图及相关说明。 （3）客房内应配备电话、彩色电视机，且使用效果良好。 （4）客房内应提供互联网接入服务，并有使用说明。 （5）应有公用电话。 （6）应为宾客办理传真、复印、打字、国际长途电话等商务服务，并代发信件

等级	强电要求	弱电要求
四星级	（1）应有中央空调（别墅式度假饭店除外），各区域通风良好。 （2）客房装修高档，所有电器开关方便宾客使用，采用区域照明，且目的物照明效果良好。 （3）客房卫生间采用分区照明且目的物照明度良好；有良好的低噪声排风系统，温湿度与客房适宜；有110V/220V不间断电源插座；配有吹风机。 （4）客房有至少两种规格的电源插座，方便客人使用，并提供插座转换器。 （5）应提供客房微型酒吧服务，至少50％的房间配备小冰箱。 （6）3层以上（含3层）建筑物应有数量充足的高质量客用电梯，轿厢装修高雅；配有服务电梯。 （7）应有应急照明设施和有应急供电系统	（1）应有运行有效的计算机管理系统；主要营业区域均有终端，有效提供服务。 （2）应有公共音响转播系统，背景音乐曲目、音量适宜，音质良好。 （3）客房门能自动闭合，应有门窥镜、门铃及防盗装置；客房内应在显著位置张贴应急疏散图及相关说明 （4）客房卫生间设电话副机。 （5）客房内应有饭店专用电话机，可以直接拨通或使用预付费电信卡拨打国际、国内长途电话，并备有电话使用说明和所在地主要电话指南。 （6）应提供互联网接入服务，并备有使用说明，使用方便。 （7）应有彩色电视机，画面和音质良好，播放频道不少于16个，备有频道目录。 （8）客房设有客人可以调控且音质良好的音响装置。 （9）提供留言及叫醒服务。 （10）应有公用电话。 （11）应有商务中心，可提供传真、复印、国际长途电话、打字等服务，有可供宾客使用的电脑，并可提供代发信件、手机充电等服务。 （12）主要公共区域有闭路电视监控系统
五星级	（1）应有中央空调（别墅式度假饭店除外），各区域空气质量良好。 （2）装修豪华，所有电器开关方便宾客使用；采用区域照明，目的物照明效果良好。 （3）客房内应有装修精致的卫生间；采用分区照明且目的物照明效果良好；有良好的无明显噪声的排风设施，客房温湿度无明显差异。有110V/220V不间断电源插座；配有吹风机。 （4）应有至少两种规格的电源插座，电源插座应有两个以上供宾客使用的插位，位置方便宾客使用，并可提供插座转换器。 （5）客房内设微型酒吧（包括小冰箱），提供适量酒和饮料，备有饮用器具和价目单。 （6）3层以上（含3层）建筑物应有数量充足的高质量客用电梯，轿厢装饰高雅，速度合理，通风良好；另备有数量、位置合理的服务电梯。 （7）应有应急照明设施和有应急供电系统	（1）应有运行有效的计算机管理系统，前后台联网，有饭店独立的官方网站或者互联网主页，并能够提供网络预订服务。 （2）应有公共音响转播系统；背景音乐曲目、音量与所在区域和时间段相适应，音质良好。 （3）客房门能自动闭合，应有门窥镜、门铃及防盗装置；客房内应在显著位置张贴应急疏散图及相关说明。 （4）客房卫生间设电话副机。 （5）客房内应有饭店专用电话机，方便使用，可以直接拨通或使用预付费电信卡拨打国际、国内长途电话，并备有电话使用说明和所在地主要电话指南。 （6）应提供互联网接入服务，并备有使用说明，使用方便。 （7）应有彩色电视机，画面和音质优良。播放频道不少于24个，频道顺序有编辑，备有频道目录。 （8）客房应有背景音乐，音质良好，曲目适宜，音量可调。 （9）应有公用电话，并配有便签。 （10）应有商务中心，可提供传真、复印、国际长途电话、打字等服务，有可供宾客使用的电脑，并可提供代发信件、手机充电等服务。 （11）主要公共区域有闭路电视监控系统

续表

等级	强电要求	弱电要求
白金 五星级	（1）具备两年以上五星级的全部条件。 （2）在该标准中有众多选择项目，并有最低选择项要求	

　　不同等级的酒店，其标准差异较大，四星级及其以上等级的酒店，还有更高的选择项目要求。除满足我国相关标准要求外，国内外知名的酒店管理公司有其更加详细的企业标准，凸显该酒店的特色，传承其家族的特征。其中照明的作用和效果举足轻重。

　　在信息时代的今天，旅馆的品质与电气系统密不可分，尤其是弱电系统，可以让旅馆跃升为智能建筑、绿色酒店，方便业主管理，节能、便捷、科学，为客人提供舒适的入住环境。

第二节　照　度　要　求

　　GB 50034—2013《建筑照明设计标准》给出了旅馆建筑照明标准，如表 11 - 2 所示。由表中可知，旅馆是以居住为核心的多功能场所，包括总台、大堂、客房、餐厅（中西餐、咖啡、酒吧等）、会议、健身区域、服务支持区域（如洗衣房、厨房、停车场等），不同功能场所对照明的要求不尽相同。而对旅馆的照明节能也有更严格的要求，采用照明功率密度值（LPD）来衡量，基本要求是现行值，必须满足，没有商量的余地；更高的要求是目标值，也是节能值，鼓励、推荐满足。旅馆建筑的 LPD 值如表 11 - 3 所示。

表 11 - 2　　　　　　　　　　　旅馆建筑照明标准值

房间或场所		参考平面及其高度	照度标准值（lx）	UGR	U_0	Ra
客房	一般活动区	0.75m 水平面	75	—	—	80
	床头	0.75m 水平面	150	—	—	80
	写字台	台面	300 *	—	—	80
	卫生间	0.75m 水平面	150	—	—	80
中餐厅		0.75m 水平面	200	22	0.60	80
西餐厅		0.75m 水平面	150	—	0.60	80
酒吧间、咖啡厅		0.75m 水平面	75	—	0.40	80
多功能厅、宴会厅		0.75m 水平面	300	22	0.60	80
会议室		0.75m 水平面	300	19	0.60	80
大堂		地面	200	—	0.40	80
总服务台		台面	300 *	—	—	80
休息厅		地面	200	22	0.40	80
客房层走廊		地面	50	—	0.40	80
厨房		台面	500 *	—	0.70	80
游泳池		水面	200	22	0.60	80
健身房		0.75m 水平面	200	22	0.60	80
洗衣房		0.75m 水平面	200	—	0.40	80

　　*　混合照明照度。

表11-3 旅馆建筑照明功率密度限值

房间或场所	照度标准值（lx）	照明功率密度限制（W/m²）	
		现行值	目标值
客房	—	7.0	6.0
中餐厅	200	9.0	8.0
西餐厅	150	6.5	5.5
多功能厅	300	13.5	12.0
客房层走廊	50	4.0	3.5
大堂	200	9.0	8.0
会议室	300	9.0	8.0

随着我国改革开放的不断深入，对外交流、合作和贸易不断增加，我国旅馆行业与国际上基本接轨，其照明水平也与国际上的标准基本一致。下面将我国旅馆照明标准与其他国家照明标准作一比较，供读者参考，如表11-4所示。

表11-4 旅馆建筑国内外照度标准值对比（lx）

房间或场所		CIE S008/E -2001	美国 IESNA-2000	日本 JIS Z9110-1979	德国 DIN5035-1990	俄罗斯 СНиП 23-05-95	中国 GB 50034—2013
客房	一般活动区	—	100	100~150	—	100	75
	床头		—	—		—	150
	写字台	—	300	300~750		—	300
	卫生间		300	100~200		—	150
中餐厅		200	—	200~300	200	—	200
西餐厅		—	—	—	—	—	150
酒吧间		—	—	—	—	—	75
多功能厅、宴会厅、会议室		200	500	200~500	200	200	300
总服务台		300	100	100~200	—	—	300
大堂、休息厅			300 （阅读处）				200
客房层走廊		100	50	75~100	—	—	50
厨房		—	200~500	—	500	200	500
洗衣房		—	—	100~200	—	200	200

从表11-4中可知，我国旅馆照明标准总体上与国际水平相当，这一标准便于我国星级旅馆与国际标准接轨。综合起来有以下特点：

（1）我国标准将客房照明分成一般活动区、床头、写字台、卫生间四个区，一般活动区照明标准低于美、日、俄三国，但我国对床头区域照明提出150lx的要求，其他国家对此没有提出要求。根据实测调查，我国现有旅馆客房床头的实测照度多数为100lx左右，平均照度为110lx。目前绝大多数宾馆客房无一般照明，没有设置顶灯。

许多客人是商务旅行，出差在外还要办公，因此，写字台上的照度应有特别要求，目前我国现有旅馆写字台上的实际照度多在100~200lx，离办公要求有差距，日本标准相对较高，为300~750lx，这大概与日本工作节奏快有关。

卫生间的功能不言而喻，我国标准稍微低于国外标准，美国为 300lx，日本为 100 ~ 200lx。

（2）中餐厅要稍微明亮一些，中国人喜欢明亮、富丽堂皇，因此，中餐厅照度比西餐厅要高。而西餐厅、酒吧间、咖啡厅照度，不宜太高，它追求宁静、优雅的气氛。在酒吧，伴随着特有的音乐，灯光昏暗更有情调，有时用烛光渲染这种氛围。

（3）门厅、总服务台、休息厅是旅馆的重要场所，是人流集中分散的场所，我国标准与国外标准相当。

（4）多功能厅由于功能的多样性，照明应有多种选择，以满足不同功能的需要，我国标准取各国标准的中间值，定为 300lx。

（5）我国客房层走道照明标准为 50lx，而国外多为 50 ~ 100lx，我国相对较低，但已经满足需要。

（6）我国标准中酒店的厨房平均水平照度值高达 500lx，达到了各国的高值。

（7）我国洗衣房照明标准与其他各国的标准相当。

还需要说明，其他国家的标准没有我国标准要求那么细，可能发达国家尊重酒店管理公司的标准，避免要求过细而造成千篇一律、没有个性等问题。

第三节 设 计 要 点

旅馆照明应通过不同的亮度对比，努力创造出引人入胜的环境气氛，避免单调的均匀照明。一些失败的工程案例是一味追求均匀照明，导致被照物体没有立体感。照明（lighting）与人的情感（emotion）密切相关，较高照度有助于人的活动，并增强紧迫感；而较低照度容易产生轻松、沉静和浪漫的感觉，有助于放松。

一、旅馆照明宜选用显色性较好、光效较高的暖色光源

旅馆照明既有视觉作业要求高的，如总服务台、收款台等场所，又有要求不高的场所。要把不同视觉作业的照明方案结合一起，并且同这些作业在美学和情调方面和谐一致。

旅馆中常用光源的光效、显色指数、色温和平均寿命等技术指标如表 11 – 5 所示。

表 11 – 5 常用光源的技术指标

光源种类	额定功率范围（W）	光效（lm/W）	显色指数 Ra	色温（K）	平均寿命（h）
三基色荧光灯	28 ~ 32	93 ~ 104	80 ~ 98	全系列	12000 ~ 15000
紧凑型荧光灯	5 ~ 55	44 ~ 87	80 ~ 85	全系列	5000 ~ 8000
金属卤化物灯	35 ~ 3500	52 ~ 130	65 ~ 90	3000/4500/5600	5000 ~ 10000
高频无极灯	55 ~ 85	55 ~ 70	85	3000 ~ 4000	40000 ~ 80000
LED 灯	≥1	>80	>75	3000 ~ 6000	25000 ~ 50000

白炽灯已列入淘汰光源；卤钨灯由于光效较低，不利于照明节能，一般情况下不推荐使用；普通卤粉直管荧光灯光效较低、显色性不满足要求，也不推荐使用；高压汞灯、高压钠灯光效较高，寿命较长，但显色性达不到要求，可用于立面照明、道路照明。近年来，LED 发展十分迅速，其高效、节能、环保、定向性、可控性、体积小等优点比较突出，比较适合在旅馆建筑中使用，是一种非常有发展前途的光源。

二、门厅照明

门厅是旅馆的"窗口"，特点分明的门厅将给旅客留下深刻的印象，门厅的照明无疑会给旅客带来第一次视觉冲击。门厅与大堂紧密相连，有的融为一体。根据门厅和总台的特点及服务员的服务质量，客人很自然地会给这家旅馆评判心目中的等级。门厅、大堂的照度标准不低于200lx，中国这一标准已经与美日标准相当。总服务台区域由于要办理入住和退房业务，这个区域的照度要求不低于300lx。照明灯具的形式应结合吊顶层次的变化使照明效果更加丰富协调，并应特别突出总服务台的功能形象，总服务台区域可以采用局部照明或分区一般照明方式（见图11-1）。层高较高的门厅可以采用吊灯，突现门厅富丽堂皇；较低的门厅可采用筒灯、灯槽、吸顶灯等。

总服务台区域可以采用局部照明或分区一般照明方式

大堂照明需配合装修风格，突出酒店的特点

总服务台使用台灯、落地灯等也是不错的选择，方便、灵活！

图11-1　门厅、大堂照明

门厅入口照明的照度选择幅度应当大些，并采用可调光方式以适应白天和傍晚对门厅入口照明照度的不同要求。

三、大宴会厅或多功能厅照明

大宴会厅照明应采用豪华的建筑化照明，以提高旅馆的等级。目前高大空间的宴会大厅照明多采用显色性好、光效高的金属卤化物灯、LED灯配合荧光灯。宴会厅可以采用吊灯，也可以采用吸顶灯、筒灯、槽灯等，这要取决于宴会厅的高度、装修的风格。

当宴会厅作多用途、多功能使用，如设有红外线同声传译系统时，应少用热辐射光源，因为热辐射光源的波长靠近红外线区，光热辐射对红外线同声传译系统产生干扰而影响传送效果。

大宴会厅照明应采用调光方式，设计照度需考虑满足彩色电视转播的要求。宜设置小型演出用的可自由升降的灯光吊杆，灯光控制应可在厅内和灯光控制室两地操作，图11-2所示。

图 11 - 2　大宴会厅照明

宴会厅实为多功能厅，可以举行大型宴会、大型学术报告、文艺演出等。照明设计应满足这些功能的要求。要对灯进行调光，可选择 LED 灯、荧光灯等，荧光灯要配有可调光的电子镇流器。

四、客房照明

客房是旅馆的核心，具有功能多，包括：卧室、书房、起居室。以图 11 - 3 为例，床头灯可以用于临时性的阅读，也可以作为看电视时的背景照明，因此，床头灯一般需要调光。写字台台面上应有重点照明，可以采用台灯。客房穿衣镜要有重点照明。沙发即会客区域，一般采用落地灯、筒灯。

图 11 - 3　客房照明

卫生间一般采用筒灯、灯槽，嵌入式安装；化妆镜照明可采用直管荧光灯，也可采用射灯、筒灯，邻近化妆镜的墙面反射系数不宜低于 50％。卫生间内灯具应防水防潮，卫生间照明的控制宜设在卫生间门外。

高档次的旅馆客房照明宜采用暖色调，色温在 3300K 以下，以营造温馨、安逸的环境，利于客人休息。

客房床头宜设置集中控制面板。客房的进门处宜设有切断除冰柜、充电专用插座、通道灯以外的全部电源的节能控制器；高级客房内的盘管风机宜随节能控制器转为低速运行。

五、公共场所照明

公共场所指的是旅馆的休息厅、电梯厅、公共走道、客房层走道以及室外庭园等场所的照明，这些场所的照明宜采用智能照明控制系统进行控制，并在服务台（总服务台或相应层服务台）处进行集中遥控，但客房层走道照明亦可就地控制。走廊照明如图 11-4 所示。

图 11-4　走廊照明

这些场所通常采用嵌入式筒灯、吸顶灯、荧光灯槽灯、壁灯等形式，楼梯也可采用壁灯。庭院可采用庭院灯，但要按室外环境选择灯具，防护等级不低于 IP54，同时还要考虑温度的影响。公共场所经常会布置些艺术品、展品、名画等，起到装饰作用，它们的照明可采用商业照明中重点照明的手法。

六、餐厅、茶室、咖啡厅、快餐厅等处的照明

餐厅、咖啡厅、快餐厅、茶室具有典型的文化色彩，可以是民族文化，也可以是企业文化，因此，不同国家、不同民族、不同品牌、甚至不同地区风味的餐厅有着不同的装修特点，照明的表现手法也不尽相同。图 11-5（a）所示为现代风格的西餐厅兼有自助餐，图 11-5（b）所示为中餐厅，图 11-5（c）所示为东南亚风格的餐厅，其装修具有典型的民族特点和地域风格。

（a）

（b）

（c）

图 11-5　餐厅照明
（a）西餐厅兼自助餐厅；（b）中餐厅；（c）东南亚风格餐厅

餐厅应选用显色指数不低于 80 的光源，选用高效灯具。餐厅、咖啡厅、快餐厅、茶室等宜设有地面插座及灯光广告用插座。

第四节　公共部分的照明设计

现代旅馆建筑要求给人提供一个舒适、安逸和优美的休息环境，通常应具备齐全的服务设施和完美的娱乐场所。而酒店管理集团更将旅馆管理推向专业化、系列化，许多酒店管理公司从高端的超五星级酒店到经济型酒店，形成不同品牌、不同档次的旅馆。因而旅馆照明设计，除满足功能要求外，还应满足酒店管理公司对装饰的要求，尤其对于四星级及其以上等级的旅馆，满足酒店管理集团的要求更加重要，这也是旅馆照明设计的主要特点。

一、入口照明

1. 入口处常用照明装置

（1）一般照明常采用吸顶灯、嵌入式筒灯、槽灯或建筑师要求的其他类型的灯具。

（2）入口处应设有店徽照明灯光。

（3）入口处车道照明以引导车辆安全到达入口。

（4）入口处应留有节日照明电源，便于节日期间悬挂彩灯等。

入口处照明实例如图 11－6 所示。

2. 安全舒适照明效果所采用的措施

（1）四星级以上的旅馆常采用调光设备，根据室内外亮度差别进行调节，以避免宾客受光线突然变化造成的不舒适感。

（2）入口处的色彩很重要，宜选用色温低、色彩丰富、显色性好的光源，给人以温暖、和谐、亲切的感觉。同时，还要考虑入口与门厅照明的协调、统一。

图 11－6　入口处照明

二、接待大厅照明

1. 接待大厅照明设计

（1）根据装饰要求，一般都设有大型吊灯、花灯等个性化灯具，以显示旅馆的风格。

（2）接待大厅照度要求较高，以显示宾客的高贵，同时大厅还要进行登记和其他阅读、书写活动，其照度值为不低于 200lx，四星级以上的旅馆建议采用调光设备。

（3）一般照明可采用嵌入式筒灯作满天星布置。

（4）柱子四周及墙边常设有暗槽灯，以形成将顶棚托空的效果。

（5）三星级以上宾馆应设路标灯，以引导顾客要去的地方。

接待大厅照明实例如图 11－7 所示。

2. 总服务台照明设计

总服务台可以采用局部照明或分区一般照明，以突出其显要位置及不同的功能分区。总服务台一般可选择如下照明方式：

图 11-7　接待大厅照明

（1）顶棚上可用筒灯作行列布置。

（2）柜台上方设吊杆式筒灯。

（3）每个服务项目的柜台上方设有灯光标牌，如登记处、询问处、货币兑换处等标牌。

（4）服务台内设有台灯或安装在柜台上的荧光灯。

（5）在服务柜台的外侧底部常设有小型暗槽灯。

（6）采用分区一般照明，将总服务台区域在视觉上从大厅中分离出来。

无论旅馆等级高低，总服务台的照明需要与其装修相协调一致。如图 11-8 所示，图 11-8（a）所示为高等级的旅馆，图 11-8（b）所示为低等级的经济型旅馆，通过装修将总服务台与大堂在空间上进行区分，照明在这个区域自然会用到分区一般照明或局部照明。图 11-8（a）与图 11-8（b）风格不同，前者考虑天然光的因素，色温偏高，约 5000K，显得高贵典雅；后者采用暖色调，约 3000K 色温，凸现酒店富丽堂皇。

(a)　　　　　　　　　　　　(b)

图 11-8　总服务台照明

(a) 高色温的总服务台示例；(b) 低色温的总服务台示例

3. 接待厅、休息区照度要求

接待厅、休息区主要是给来访者及顾客提供一个交谈及休息的场所，宜设调光，晚间通过调光达到节能的目的。一般接待厅、休息区设如下灯光：

（1）吸顶灯、吊灯或筒灯，可以与整个大厅统一布置。图 11-9 所示为采用分区一般照明，配用筒灯，在空间上与大堂连为一体，但装修上又形成不同的功能分区。该区域充分利用天然光进行采光，达到节能、环

图 11-9　休息厅照明

保、健康的目的。当休息区的顶棚装修与大厅分隔时，则应根据装修要求单独布置。

（2）有时在沙发后面安装台灯或柱灯。

（3）当设有花池时，常设置照射花草的灯。

三、餐厅照明

餐厅照明设计应针对风味特点、地域要求，并满足灵活多变的功能，不同就餐时间和顾客的情绪特点，也将影响着灯光及照度。一般餐厅常设有如下灯光：

（1）均匀布置的顶光，采用吸顶灯或嵌入式筒灯作行列布置或满天星布置，也可采用吊杆灯与双吸顶灯配合。

（2）烘托气氛的槽灯，一般有周边槽灯或分块暗槽灯等形式。

（3）餐厅铭牌灯光，如用 LED 组成"中餐厅"和"西餐厅"等字样。

（4）橱窗灯光，能烘托展示食品的鲜美。

（5）设有壁画、花草、雕塑等饰物的，可设必要的射灯作为局部照明或重点照明。

图 11–10 所示为一种西餐厅照明案例，在高大空间场所通过装修巧妙地搭出木架，通过绿植围合成西餐厅区域。通透的木架子在视觉上与高大空间相连通，分而不断。照明则采用壁装在木架上的射灯为主，辅以落地灯，及大空间的间接照明，既满足餐厅的功能性照明需要，又显得非常有层次，照明特点鲜明，与餐厅的整体装修十分吻合。

图 11–10　西餐厅照明

不仅西餐厅具有这类布灯类型，中餐厅、日式餐厅等也都具有类似的特点。

四、多功能厅照明

1. 多功能厅的功能

多功能厅功能决定了其照明的设计，多功能厅主要考虑以下活动的需要：

（1）大小规模不同的宴会。

（2）文娱演出。

（3）会议及学术交流活动。

（4）展览活动。

（5）时装表演等。

由于用途广泛，功能经常变化，照度应可调，最高一档照度要求不低于300lx。还要预留供展览、文艺演出等临时照明电源。

2. 多功能厅的灯具

（1）大型组合灯具。

（2）嵌入式筒灯。

（3）周边或分层式槽灯。

（4）壁灯。

（5）轨道灯。

（6）讲台射灯。

（7）豪华吸顶灯。

（8）吊灯或花灯。

（9）演出灯光和摄影灯光，通常要预留电源。

3. 多功能厅灯光控制

（1）多功能厅灯光应能集中控制又能分区（分厅）控制，以满足分隔为几个小厅的活动需要。大型多功能厅可设灯光控制室。

（2）设有调光设备，应能满足各种活动对灯光的不同要求。

（3）灯光变换控制，槽灯可以装设不同颜色的光源，设自动变光控制。

（4）当有电影放映设备时，还应在电影放映室内可控制灯光。

照明控制参阅本书第四章，多功能厅照明如图 11 - 11 所示。

图 11 - 11　多功能厅照明

五、舞厅照明

舞厅灯具分为动态和静态两种。动态灯具能在舞厅空间产生运动，有滚动、转动、平移等，也有产生空间幻境的灯具。动态灯具包括球面反射灯、扫描灯、飞碟幻彩灯、激光束灯、转灯、宇宙灯、太阳灯等。静态灯具为灯具本体保持不动，只是灯光变化，包括频闪灯、雨灯、歌星灯、聚光灯、紫光管等。

舞厅除设一般照明外，主要是上述舞厅灯具。有的装饰要求设有 LED、霓虹灯组成各种图案或字形，以增加欢乐气氛。

舞厅灯光应根据舞曲的需要来控制和调整强弱、增减，或迅速突变或缓慢渐变。常用控制装置有下列几种：

（1）程序效果器。这种调光器可以控制和调整舞厅照明。

（2）音频调光器。音乐经过音频放大，触发晶闸管，使灯光随着音乐频率而变化。

（3）声响效果器。使灯光随着声音的强度而变化，声音越响，灯光越亮，反之灯光减弱。

舞厅的灯光要同舞蹈、音乐交融一体，不能过分明亮，也不宜太暗淡。一般照度在 10～50lx 范围内可调，舞蹈时在 10～20lx，休场时调到 50lx 较好。舞厅的照明设计参考标准如表 11 -6 所示。

表 11 – 6　　　　　　　　　　　　　　舞厅的照明设计参考标准

规模	建筑面积（m²）	设备容量（kW）	灯具类型设置
小型	100 ~ 200	10	静态灯具为主
中型	200 ~ 350	15	动、静态灯具均设，增加霓虹灯设施
	350 ~ 500	25	
大型	500 以上	30 ~ 50	除以上动、静态灯具外，可增加激光、霓虹灯设施

第五节　客房部分的照明设计

1. 客房

三星级以上的旅馆都设有标准双床间、标准单床间、双套间、三套间，以至总统豪华套间等。客房对照明灯光的要求是控制方便，就近开、关灯，亮度可调。

图 11 – 12 所示为标准的双床间客房布灯示例，对照该图，对灯具要求列于表 11 – 7。

客房灯光控制应满足方便灵活的原则，采用不同的控制方式，具体要求如下：

（1）进门小过道顶灯采用双控，分别安装在进门侧和床头柜上。

（2）卫生间灯的开关安装在卫生间门外的墙上。

（3）床头灯的调光开关及脚灯开关安装在床头柜上。

（4）梳妆台灯开关可安装在梳妆台上。

（5）落地灯使用自带的开关和在床头柜上双控。

（6）窗帘盒灯在窗帘附近墙上设开关，也可在床头柜上双控。

现代旅馆客房还设有节能控制开关，控制冰箱之外的所有灯光、电器，以达到人走灯灭，安全节电的目的。其节电开关有如下几种：

（1）在进门处安装一个总控开关，出门关灯，进门开灯。优点是系统简单，造价低，但是要靠顾客操作。

（2）与门钥匙联动方式，即开门进房后需将钥匙牌插入或挂到门口的钥匙盒内或挂勾上，带动微动开关接通房间电源。人走时取出钥匙牌，微动开关动作，经 10 ~ 30s 延时使电源断开。这种称为继电器式节能开关的优点是控制容量大，客人通过取钥匙就自动断电。

（3）直接式节能钥匙开关，是通过钥匙牌上的插塞直接动作插孔内的开关，通断电源，亦有 30s 的延时功能，但控制功率较小。

（4）智能总线控制，组成专用的客房管理系统，包括照明、窗帘、风机盘管等进行智能控制。这种方式在高等级旅馆使用比较普遍，效果较好。就照明而言，可以调光，也可以开关灯，还可以通过红外传感器实现自动控制，另外，可以场景控制、定时控制等多种控制形式。

智能客房控制系统示例如图 11 – 13 所示。

2. 走廊

走廊照明设计应考虑有无采光窗、走廊长度、高度及拐弯情况等，有些大型旅馆走廊多处弯折并无采光窗，全天亮灯，因而走廊照明不仅应满足照度要求，而且要有较高的可靠性及控制的灵活性，如图 11 – 14 所示。其照明方式常见有以下几种：

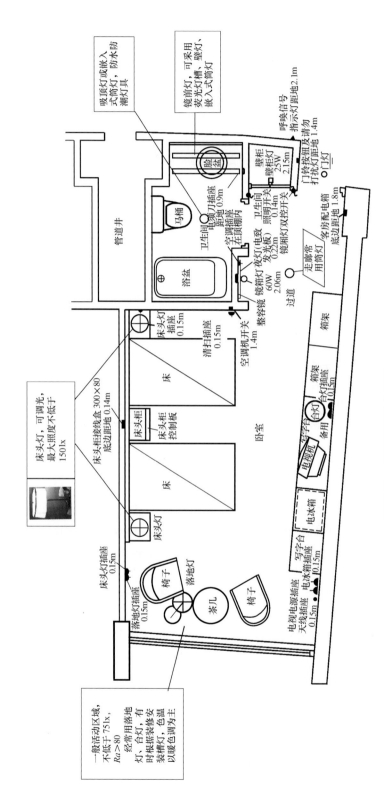

图11-12 客房照明平面示例

表 11 - 7　　　　　　　　　　**客 房 灯 具 要 求**

部位	灯具类型	要　求
过道	嵌入式筒灯或吸顶灯	现在多采用 LED
床头	台灯、壁灯、导轨灯、射灯、筒灯	
梳妆台	壁灯、筒灯	灯应安装在镜子上方并与梳妆台配套制作
写字台	台灯、壁灯、射灯	现在多采用 LED
会客区	落地灯、吊灯、筒灯、灯槽	落地灯设在沙发茶几处,由插座供电
窗帘盒灯	荧光灯、条形 LED	模仿自然光的效果,夜晚从远处看,起到泛光照明的作用
壁柜灯	LED 灯、荧光灯	设在壁柜内,将灯开关(微动限位开关)装设在门上,开门则灯亮,关门则灯灭。应有防火措施
脚灯	LED 灯	安装在床头柜的下部、进口小过道墙面底部、卫生间洗面台下方,供夜间活动用
顶灯	吸顶灯、筒灯、射灯、灯槽	通常不设顶灯
卫生间顶灯	吸顶灯、嵌入式筒灯、吊灯、灯槽	防水防潮灯具
卫生间镜箱灯	荧光灯、筒灯、射灯、LED	安装在化妆镜的上方,三星级旅馆,显色指数要大于 80。防水防潮灯具

图 11 - 13　智能客房控制系统示例

（1）普通盒式荧光灯吸顶安装，优点是成本低、光效高、安装维修方便，用于低档旅馆。

（2）嵌入式荧光灯，用铝合金反光器，效率较高，但成本有所提高，用于中低档旅馆。

（3）吸顶灯，各种档次的旅馆都可采用。

（4）嵌入式筒灯，内装低色温 LED、紧凑型荧光灯或其他低色温光源，灯具效率较高，是用于中高档星级旅馆。

（5）壁灯，适合各种档次旅馆。

当无天然采光的走廊，建议将照度提高一级。

走廊灯的控制应考虑清扫及夜间值班巡视使用要求。走廊灯控制的几种方法如下：

1）就地控制，适用于走廊较短的情况，一灯一开关，或多灯一开关。

2）两地控制，当走廊较长时可以采用两端双控，控制方便，但线路比较复杂。

3）集中控制，适用于有楼层服务台的情况，开关可集中安装在服务台上。

4）智能照明控制，人来灯开，人离灯关。

3. 电梯厅

旅馆电梯厅可采用壁灯、筒灯、灯槽、高档吸顶灯、组合式顶灯等，色温以暖色为宜，显色指数不低于80。

如图 11-15 所示，电梯厅照明可以就地控制，也可以在服务台集中控制，中高档旅馆建议采用智能照明控制系统进行控制。

图 11-14　走廊照明　　　　图 11-15　电梯厅照明

第六节　康乐部分的照明设计

康乐设施主要包括球类（如保龄球、台球、乒乓球、网球等）、健身器械、游泳、洗浴设施、牌类、棋类及电子游戏等。

一、保龄球馆的照明设计

（1）球道上应有均匀的照度。

（2）球道表面光洁度较高，应控制光幕反射。

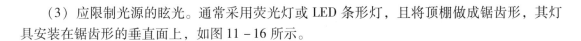

（3）应限制光源的眩光。通常采用荧光灯或 LED 条形灯，且将顶棚做成锯齿形，其灯具安装在锯齿形的垂直面上，如图 11 - 16 所示。

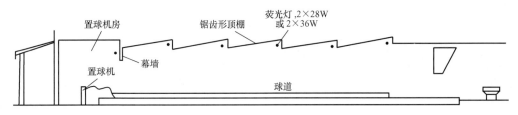

图 11 - 16　保龄球照明

（4）餐饮及休息区可采用筒灯做行列或满天星布置。

（5）服务台可采用嵌入式筒灯、吊杆式筒灯。

保龄球场的灯光可在配电箱内集中控制，配电箱位置可以放在服务站或其他控制方便且不影响装饰效果的地方。也可以采用智能照明控制系统进行控制。

保龄球场灯光布置图实例如图 11 - 17 所示。

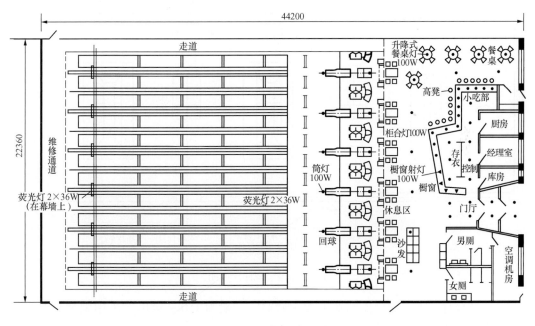

图 11 - 17　保龄球照明

二、室内游泳池

室内游泳池照明（见图 11 - 18）设计分为两类，一类按照标准泳池或标准短池设置，这一类参见第十四章相关内容；另一类为戏水池，以娱乐、健身为目的，这是本部分介绍的重点。

室内游泳池灯光设置有以下几种做法：

（1）游泳池顶光照明，有的建筑采用钢屋架，而且不作吊顶可采用广照型或深照型灯具，视吊挂高度而定。光源最好是选用光效高、显色性适宜、长寿命的新型光源，如 LED 灯、高效金属卤化物灯、无极灯等，并考虑到防潮、防水。

图 11-18　游泳池照明

（2）应根据建筑物本身的特点，采用合适的照明方法。

（3）岸边休息区可用嵌入式筒灯满天星布置，以加强华丽的气氛。

（4）休息区设有小卖部的应加强照明，并设柜台灯。

（5）如装水下照明灯的，其电源应为不大于 12V，电源设在Ⅱ区以外，水下灯要求及安装方法参见本书第十四章相关内容。泳池及其相关区域做好等电位连接。

三、台球房及健身房

台球房内的设施有球台、球杆架、记分牌等，另外还有更衣及休息场所。灯光主要有以下两种：

（1）一般照明，大多采用点光源均匀布置，图 11-19 所示为采用的是嵌入式筒灯。

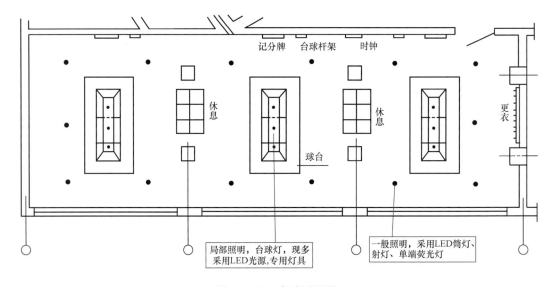

图 11-19　台球厅照明

（2）球台灯，由于球台面的照度要求较高，一般为 150～300lx。采用大型灯罩，内装多只光源，灯具距室内地面 1.5m 左右。

健身房内有各种健身器械，如跑步器、自行车模拟器及大型综合锻炼器材等。照明设施可以采用荧光灯、筒灯，色温可以偏冷点，模拟阳光色温，给人愉悦、充满活力的感觉。

　　注　本章照片除注明者外，均为作者所拍摄，受著作权保护，不经许可严禁作为它用。

第十二章
观演建筑照明

编者：邴树奎　高　杰　王云峰　　校审者：徐　华

第一节　概　　述

　　观演建筑包括剧场、电影院、音乐厅，其主要内容包括戏剧、歌舞、电影、音乐和会议等用途，礼堂是供集会或举行学术报告及文娱活动的专用建筑（或空间），又称会堂。这些建筑的共同点是一种多功能的厅堂建筑。

　　观演建筑照明涉及的标准、规范主要有 GB 50034《建筑照明设计标准》、JGJ 57《剧场建筑设计规范》、JGJ 58《电影院建筑设计规范》、GY 5045《电视演播室灯光系统设计规范》等。GB 50034—2013《建筑照明设计标准》对观演建筑中一般区域的照明标准有具体规定，如表 12 - 1 所示。

表 12 - 1　　　　　　　　　　　观演建筑照明标准值

房间或场所		参考平面及其高度	照度标准值（lx）	UGR	U_0	Ra
门厅		地面	200	22	0.40	80
观众厅	影院	0.75m 水平面	100	22	0.40	80
	剧场、音乐厅	0.75m 水平面	150	22	0.40	80
观众休息厅	影院	地面	150	22	0.40	80
	剧场、音乐厅	地面	200	22	0.40	80
排演厅		地面	300	22	0.60	80
化妆室	一般活动区	0.75m 水平面	150	22	0.60	80
	化妆台	1.1m 高处垂直面	500 *	—	—	90

＊　混合照明照度。

　　舞台部分灯光，当满足摄像要求时，参考 GY 5045—2006《电视演播室灯光系统设计规范》中规定的演区垂直照度为 2000lx。

　　本章主要阐述观演建筑照明设计的一些基本原则和设计方法，影视舞台专用部分灯具的规格及型号参见本书的第十三章。

第二节　照明设计及其设备

　　观演建筑的电气照明设计所涉及的范围极广，内容也很多，其核心是舞台的照明设计。

因此，从事电气照明设计的人员不仅要掌握电气、照明的相关技术，还应掌握和了解舞台建筑结构、舞台艺术及与其相关的知识。

一、舞台照明

舞台照明是一种独特的灯光造型艺术，用现代照明和影视形象的手段将剧情和大自然的变化，如朝、夕、昼、夜及四季的自然景象以及人物的感情等用舞台灯光形象逼真地表现出来。舞台照明设计应能够满足各演出剧种、舞蹈、音乐、会议、电影等功能的要求。舞台灯光的设计与选型应与舞台灯光的专业人员密切配合，其要求与设计程序如下。

1. 演出内容与照明方式

各种功能要求的照明方式是根据舞台的演出内容不同而异，各种演出内容的照明方式如表 12 - 2 所示。

表 12 - 2　　　　　　　　　各种演出内容的照明方式

演出种类	照　明　方　式
歌舞	以均匀的白色光为主，有较少的灯光变化
古典芭蕾	背景较多，部分均匀照明；为了突出立体感，进行多方向照射，有较多的照明场景变化
歌剧	立体舞台照明，以局部照明为主，要求光量丰富
现代舞	立体舞台照明，以局部照明为主，明暗变化多，变化迅速
音乐会	音响效果第一，照明次之，以均匀的白色光为主
讲演及会议	以均匀的白色光为主，对讲台进行重点照明
短剧	舞台装置多，照明效果要求高，使用多种照明器具，有较多的灯光配合演出变幻

舞台灯光选择时，还应注意以下四点：

（1）表演区照明灯光的光源一般应采用 3200K 左右的光源，以提高色光的浓度、纯度及透明度。

（2）采用造型灯，提高舞台表演区灯光的可控性和灯光的造型性。

（3）部分灯具的灯光应具有色彩变化功能，以提高灯光变化的自由性。

（4）选择强光灯，如回光灯和螺纹灯、聚光灯等，增强侧光和逆光的作用，以便体现人物造型和意境。

2. 舞台照明的设计程序

遵守设计程序，把握设计规律，积累设计经验，了解舞台相关专业的知识，是搞好舞台照明设计的重要保障。每个舞台项目，无论其规模大小，都应按设计程序进行，有条不紊地开展设计工作，是提高设计效率，保障设计质量，创作设计精品的重要手段，舞台照明的设计程序方框图，如图 12 - 1 所示。

3. 舞台灯光的配置

（1）面光的配置。面光主要用于照亮舞台前部表演区，对舞台表演者起到正面照明的作用，供表演者造型用或使舞台上的物体呈现立体效果。主要采用灯具有聚光灯、成像灯、回光灯等。为了满足一些综合性歌舞晚会对面光的要求，传统光源还需要配上换色器，而LED 光源则不需要换色器，色彩变化非常丰富，按需配色。

（2）耳光的配置。从舞台两侧耳光室投向舞台的灯光，作为舞台前侧方向的造型光，用以加强人物和景物造型的立体感，形成前侧面的照明效果。在歌剧演出中，耳光的光束控制非常重要。主要采用的灯具是：有聚光灯、成像灯、回光灯等。

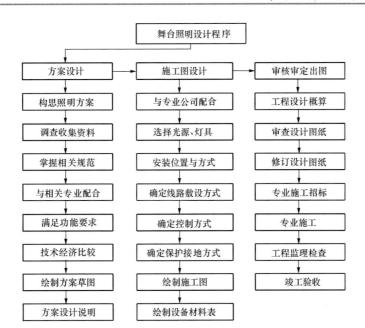

图 12-1 舞台照明设计程序方框图

（3）侧光的配置。侧光即柱光，光线从台口两侧照射表演区。主要是补充面光、耳光的不足，形成光的方向感，可以作为演员面部的辅助照明，加强舞台层次。主要采用的灯具是：小功率聚光灯、成像灯、柔光灯、回光灯等。

（4）顶光的配置。顶光设在舞台上空，每隔几米设置一道顶灯，电源从舞台顶棚由多芯软电缆下垂供电，灯的吊杆两侧设有容纳电缆的缆线篮，灯具吊挂在灯吊杆的下边，其作用是对舞台纵深的表演空间进行照明，灯具可根据不同演出的需要配置。主要采用的灯具是：聚光灯、成像灯、回光灯、散光灯等。

（5）天排灯光的配置。天排光是以散光投光灯具由上向舞台天幕的上半部分投光，多用于表现天空和渲染背景色彩。也可以运用幻灯制作各种图案效果。主要采用的灯具是：散光灯、泛光灯、投影幻灯等。

（6）地排灯光的配置。与天排灯光的配置相反，地排灯是以散射投光灯具由下向上照射舞台天幕的下半部分，多用于表现渲染背景色彩，使色彩变化更为丰富，通常与天排光配合使用。主要采用的灯具是：散光灯、泛光灯等。

（7）追光灯的配置。安装在特制的支架上面，用于追随演员的移动照明，提高观众的注意力。通常设置在观众席后面的两侧，也可以根据需要设置在第一道面光的光槽内。

（8）流动光的配置。流动光的灯具安装在移动支架上，根据需要设在舞台两侧的位置，目的是加强气氛，角度可以随时改变，从侧面照射演员。主要采用的灯具是：聚光灯、回光灯、柔光灯等。

4. 舞台灯光的种类

舞台照明是根据舞台的演出内容和性质而分类的，舞台灯光的分类及使用性质如表 12-3 所示，其灯具布置的位置如图 12-2 所示。表 12-2 中的灯具编号是对应图 12-2（a）和（b）中的编号。

表 12 – 3　　　　　　　　舞台灯光分类及性质（以传统光源为例）

编号	名称	安装场所	照明目的	灯具名称	灯泡功率（W）	使用状态
1	顶光	舞台前部可升降的吊杆或吊桥上	对天幕、纱幕会议照明	泛光灯 聚光灯	400 ~ 1000	可移动
2 ~ 4	顶光	舞台前顶部可升降的吊杆或吊桥上	对舞台均匀整体照明，是舞台主要照明灯光	无透镜聚光灯近程 轮廓聚光灯 泛光灯	300 ~ 1000	可移动
5	天排光	舞台后天幕上部的吊杆上	上空布景照明，表现自然现象，要求光色变换	泛光灯 投影幻灯	300 ~ 1000	固定
6	地排光	舞台后部地板槽内	仰射天幕，表现地平线上的自然现象	地排灯 泛光灯	400 ~ 1000	固定 移动
7	侧光	舞台两侧天桥上	作为面光的补充，演出者的辅助照明，并可加强布景层次的透视感	无透镜回光灯 聚光灯 柔光灯 透镜聚光灯	500 ~ 1000	固定 移动
8	柱光	舞台大幕内两侧的活动台口或铁架上	投光照明，投光范围和角度可调节，照明表演区的中部，弥补面光耳光之不足	近程轮廓聚光灯 中程无透镜回光灯	500 ~ 1000	固定 移动
9	流动光	舞台口两翼边幕处塔架上	追光照明，投光范围和角度可调节，加强表演区局部照明	舞台追光灯 低压追光灯	750 ~ 1000	固定 移动
10	一道面光	观众厅的顶部	投射舞台前部表演区，投光范围和角度可调节	轮廓聚光灯 无透镜聚光灯 少数采用回光灯	750 ~ 1000	固定
11	二、三道					
12	面光					
13	中部聚光灯	观众厅后部	主要投射表演者	远程轮廓聚光灯	750 ~ 2000	固定
14	耳光	安装于大幕外靠近台口两侧的位置	照射表演区，加强舞台布景、道具、人物的立体感	轮廓聚光灯 无透镜回光灯 透镜聚光灯	500 ~ 1000	固定
15	脚光	舞台前沿台板处	演出者的辅助照明和大幕下部照明，弥补顶光和侧光的不足	泛光灯	60 ~ 200	固定
16	成像灯	观众厅一层后部	表现雨、雪、云、波涛等自然现象的照明器具	投影灯	70 ~ 1200	固定
17	紫外光	舞台上空	表现水中景象等	长波紫外线灯	300 ~ 500	移动固定
18	激光	舞台两侧	可呈现文字图形等千变万化的特技效果，增强艺术魅力	激光器		固定
19	电脑灯光	舞台两侧	任意设定程式 任意改变颜色		150 ~ 1200	

5. 照明器具的种类

（1）泛光灯。泛光灯具有光照范围广，光线柔和均匀的特点，配上滤色片可获得其他

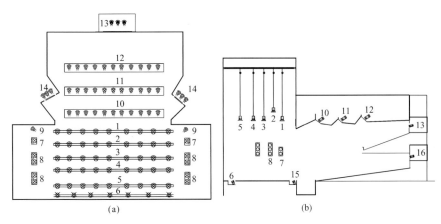

图 12 - 2　舞台灯具布置图

（a）舞台灯具布置平面图；（b）舞台灯具布置剖面图

颜色的光（LED 光源不需要配滤色片）。舞台照明用的泛光灯一般设计成一排灯，进行大面积照明。舞台的局部效果照明，采用可调角度的单独灯具。泛光灯在舞台照明的范围内不能有光斑和显著的光斑边缘痕迹。

1）顶光排灯。在舞台上部吊式安装，灯具可组成数列。为了方便维修和调整色片，一般都采用电动或手动升降方式，升降机构由工厂的定型产品配套供应。顶光排灯最适合舞台整体均匀照明，是表现剧情的必要设备，如图 12 - 3 所示。因此，一般剧场在舞台上部布置数列，特别是舞剧、音乐、短剧、会议等作为整体均匀照明而多采用此类灯具照明。

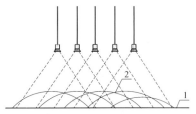

图 12 - 3　舞台顶光排灯

1—舞台面的照度；2—排灯的照度

2）脚光灯。脚光灯是嵌入在舞台前部地面的照明器具，如图 12 - 4 所示。平时盖板关闭，脚光灯隐蔽设置在舞台地面内，演出需要时将盖板打开，灯具旋转出地面，作为辅助光从下部进行照射，弥补顶光、侧光之不足，消除演员前方的阴影，闭幕时投向大幕，改变大幕颜色，并达到均匀照明的目的。特别是歌舞等剧种，对表演者的面部和服饰进行照明，增强艺术效果。

3）天幕灯。用来对舞台天幕背景进行均匀地照明，是剧情纵深场面的重要照明设备。通过天排光和地排光的灯具向天幕进行照明。配上灯光换色器，可对剧情的四季变化，朝、昼、夕、夜等的一天的变化，天气的自然景象具有重要的表现作用，其照明方法如图 12 -5 所示。

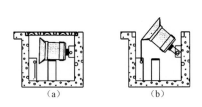

图 12 - 4　地脚灯

（a）闭合；（b）开启

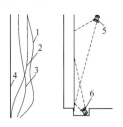

图 12 - 5　天幕灯照明方式

1—总照度；2—上部照度；3—下部照度；

4—天幕面照度；5—上天幕灯；6—下天幕灯

（2）聚光灯。聚光灯的投光范围比泛光灯窄，在投光范围内可以调节光线的强弱。调节分为光源移动式和透镜移动式两种，通过调节改变投光面的照度变化，获得局部投光效果。聚光灯一般用于面光、耳光、侧光、柱光、顶光、追光等照明，目前在舞台照明中被大量采用。

（3）效果照明器具。效果照明是表现雨、雪、云、波涛、火焰等现象的照明器具，也可为歌舞、戏剧的背景进行效果照明，是现代舞台非常重要的照明手段。效果照明器与一般的幻灯机不同，它体积大、亮度强，可以进行投影，是舞台专用的投影器具。其原理与普通的投影器相同。表 12 - 4 所示为部分舞台传统光源灯具产品的选型表，表 12 - 5 所示为 LED 光源灯具产品的选型表，仅供选型时参考。

表 12 - 4　　　　　　　　　传统光源舞台灯具产品选型表

名称及型号	额定电压（V）	配用灯泡	灯泡色温（K）	选择参数					用途
远程轮廓聚光灯	220	石英卤钨灯泡750W	3000	投程（m）	20	25	30	35	用于面光、耳光、追光，最佳投程35m
				光斑（m）	2.6	3.2	3.9	4.5	
				照度（lx）	1665	1078	748	550	
中程轮廓聚光灯	220	石英卤钨灯泡750W	3000	投程（m）	10	15	20	25	用于面光、耳光、追光，最佳投程25m
				光斑（m）	1.8	2.7	3.6	4.5	
				照度（lx）	3750	1610	958	600	
中程轮廓聚光灯	220	石英卤钨灯泡750W	3000	投程（m）	10	15	20	25	用于面光、耳光、追光，最佳投程20m
				光斑（m）	2.3	3.6	4.5	5.4	
				照度（lx）	2400	1200	600	400	
近程轮廓聚光灯	220	石英卤钨灯泡750W	3000	投程（m）	10	15	20		用于面光、耳光、桥光，最佳投程15m
				光斑（m）	3	4.5	6		
				照度（lx）	1462	650	350		
近程轮廓聚光灯	220	石英卤钨灯泡750W	3000	投程（m）	8	10	12		用于面光、耳光、侧光、桥光，最佳投程10m
				光斑（m）	3.5	4.5	5.4		
				照度（lx）	1000	650	450		
近程轮廓聚光灯	220	石英卤钨灯泡750W	3000	投程（m）	7	8	9		用于柱光、侧光、面光、顶光，最佳投程8m
				光斑（m）	4	4.5	5		
				照度（lx）	1050	800	620		
天排散光灯	220	800W 2×800W 4×800W 1250W 2×1250W 4×1250W	3000						用于天幕、纱幕、会议照明
地排散光灯	220	800W 2×800W 4×800W 1250W 2×1250W 4×1250W	3000						用于天幕、纱幕、会议照明

续表

名称及型号	额定电压（V）	配用灯泡	灯泡色温（K）	选择参数				用途
舞台脚光灯	220	石英卤钨灯泡 4×125W	3000					用于脚光、纱幕、中景
中程无透镜回光灯	220	石英卤钨灯泡 750W	3000	投程（m）	10		25	用于面光、耳光、侧光、柱光、桥光，最佳投程20m
				光斑（m）	3		5	
				照度（lx）	4500		700	
透镜聚光灯	220	石英卤钨灯泡 750W	3000	投程（m）	8			用于面光、耳光、侧光、柱光、顶光、桥光，最佳投程8m
				光斑（m）	2~4.5			
				照度（lx）	2000			
无透镜聚光灯	220	石英卤钨灯泡 750W	3000	投程（m）	8			用于侧光、柱光、面光、顶光、桥光，最佳投程8m
				光斑（m）	1.5~4.5			
				照度（lx）	2500			
无透镜柔光灯	220	石英卤钨灯泡 750W	3000	投程（m）	10			用于面光、耳光、侧光、柱光、桥光，最佳投程10m
				光斑（m）	4.5			
				照度（lx）	1200			
无透镜柔光灯	220	石英卤钨灯泡 750W	3000	投程（m）	8			用于顶光、侧光，最佳投程8m
				光斑（m）	2~5			
				照度（lx）	1800			
舞台追光灯	220	石英卤钨灯泡 750W	3000	投程（m）	10			用于追光，最佳投程10m
				光斑（m）	0.3~2			
				照度（lx）	2100			
低压追光灯	55	石英卤钨灯泡 500W	3000	投程（m）	12			用于追光，最佳投程12m
				光斑（m）	0.3~2			
				照度（lx）	3600			
镝聚光灯	220	球形镝钬灯泡	5500	投程（m）	6			用于电影、电视拍摄内外景及人物用灯，也可用于电教馆布景光用灯
				光斑（m）	5			
				照度（lx）	2000			
镝聚光灯	220	球形镝钬灯泡	5500	投程（m）	10			
				光斑（m）	1.5			
				照度（lx）	1000			
高效追光灯	220	金属卤化物灯泡	5500	投程（m）	15			用于舞台追光，最佳投程30~60m
				光斑（m）	2.5			
				照度（lx）	4200			
氙气追光灯	220	氙气灯泡	5500~6000	投程（m）	30	70	110	150	用于舞台、体育馆追光，最佳投程30~90m
				光斑（m）	1.71	4.0	6.28	8.57	
				照度（lx）	14444	2653	1074	578	
轮廓频闪聚光灯	220	频闪灯管		投程（m）	15			用于舞台、影视拍摄局部频闪照明，最佳投程15m
				光斑（m）	4.5			
轮廓柔光灯	220	石英卤钨灯泡 750W	3000	投程（m）	10			用于面光、耳光、轮廓光、柱光、桥光、顶光，最佳投程10m
				光斑（m）	4.5			
				照度（lx）	800			

续表

名称及型号	额定电压（V）	配用灯泡	灯泡色温（K）	选择参数					用途
高效追光灯	220	球氙气灯泡	5500	投程（m）	45	75	100	120	用于大型舞台、体育馆追光，最佳投程60～150m
				光斑（m）	3.2	5.3	7	8.5	
				照度（lx）	3500	1250	700	500	
投影幻灯	220	石英卤钨灯泡1000W	3000	投程（m）	3				用于天幕投景，最佳投程3m
				实像直径（m）	6				
				照度（lx）	500				
转角式换色器	220	4×25W		换色时间（s）	≤3				用于各种聚光灯，可变换4种颜色
				色片孔尺寸（mm）	φ160、φ190、φ250				
五色效果器	220			转速	5/6r/min				
电脑灯	220	150W	5600	颜色	8种				用于舞台、演播室，可任意改变颜色彩虹效果、图案、闪光
				图形	6个				
				闪烁速度	1～7次/s				
电脑灯	220	575W	5600	颜色	8种				
				图形	16个				
				闪烁速度	1～7次/s				
电脑灯	220	1200W	5600	颜色	8种				
				图形	16个				
				闪烁速度	1～7次/s				

注 型号及外形尺寸见各公司的产品说明。

表 12－5 　　　　　　　　　　**LED 光源常用舞台灯具参考选型表**

名称	参考照片	额定功率（W）	色温（K）	显色指数CRI	控制方式	光斑角	外形尺寸
数字轮廓聚光灯		100	3200～5600	>90	DMX512 0～100% 调光	15°～80°	500×360×480
数字轮廓聚光灯		200 300	3200～5600	>90	DMX512 0～100% 调光	15°～80°	500×360×480
数字柔光灯		200	3200～5600	>90	DMX512 0～100% 调光	15°～80°	620×430×675
数字聚光灯		100	3200～5600	>90	DMX512 0～100% 调光	15°～80°	500×510×620

名称	参考照片	额定功率（W）	色温（K）	显色指数 CRI	控制方式	光斑角	外形尺寸
数字聚光灯		200 300	3200～5600	＞90	DMX512 0～100% 调光	15°～80°	500×510×620
数字聚光灯		100 200	3200～5600	＞90	DMX512 0～100% 调光	15°～80°	560×380×560
平凸数字聚光灯		300	3200～5600	＞90	DMX512 0～100% 调光	7°～50°	560×265×420
数字聚光灯		480 660	3200～5600	＞90	DMX512 0～100% 调光	10°～40°	495×422×164
数字聚光灯		480 660	3200～5600	＞90	DMX512 0～100% 调光	10°～40°	435×330×560
数字聚光灯		400	3200～5600	＞90	DMX512 0～100% 调光	10°～40°	495×422×164
数字聚光灯		400 400	3200～5600	＞90	DMX512 0～100% 调光	10°～40°	626×370×370
数字聚光灯		400 400	3200～5600	＞90	DMX512 0～100% 调光	10°～40°	540×290×417
平板柔光灯		40	3200～5600	＞90	DMX512 0～100% 调光	25° 45° 60°	370×45×300
平板柔光灯		35 70 100	3200～5600	＞90	DMX512 0～100% 调光	25° 45° 60°	550×150×400

续表

名称	参考照片	额定功率（W）	色温（K）	显色指数 CRI	控制方式	光斑角	外形尺寸
数字柔光灯		180	3200～5600	>90	DMX512 0～100% 调光	180°	550×250×450
数字成像灯		300	3200～5600	>90	DMX512 0～100% 调光	20° 36° 50°	680×300×420
数字天幕灯		350	3200～5600	>90	DMX512 0～100% 调光	80°～130°	610×350×500
数字地排灯		350	3200～5600	>90	DMX512 0～100% 调光	80°～130°	500×220×345
数字光束灯		350 350	3200～5600	>85	DMX512 0～100% 调光	10° 15° 25° 35°	365×350×470
便携灯		80	3200～5600	>85		70°	400×175×300
摄影灯		18	3200～5600	>85		60°	140×70×200
数字条形灯		15 30	3200～5600	>85	DMX512 0～100% 调光	25° 45° 60°	440×100×120 750×100×120

注　型号及外形尺寸见各公司的产品说明。

（4）配线器具。传统光源舞台灯具功率比较大，一般为500～2000W，个别灯具为3000～5000W。LED光源灯具功率相对小些，舞台灯具一般均采用专用插座的方式配电。舞台上部一般采用固定式插座箱，将专用插座固定在箱内或走线槽上。

（5）移动灯具的配线。舞台上部吊装的照明器具及其他移动灯具应采用多芯移动电缆，伴随着灯具移动。

小型舞台天排光照明灯具安装示例如图12－6所示，追光灯布置示例如图12－7所示。

图 12 - 6　小型舞台天排光照明灯具安装示例　　　　图 12 - 7　追光灯布置示例

二、观众厅、前厅、休息厅及其他场所的照明

1. 观众厅照明

观众厅内照明灯具的布置形式繁多，一般应配合建筑装饰布设灯具和选配灯具，使观众厅内获得均匀照度和装饰效果，满足各种会议要求。同时，还应注意如下两点：

（1）演出开始时，调光灯光渐渐暗下来，演出结束时，调光灯光渐渐亮起来，这两个过程一般采用自动控制。但应注意演出过程中观众厅光源的亮度要低，观众不能有眩目感，尤其是对楼上座的观众更应注意，以免影响观视效果。

（2）光源不能在观众的视野内。观众厅内的灯光可设调光和非调光两部分。调光光源一般应采用 LED 光源的灯具比较容易实现。非调光部分可接静场工作灯，作为非正式演出时的工作照明，宜采用总线式控制方式，工作人员可随时随地进行控制，演出时自动切换到调光控制。厅内的照明器具应能从顶棚内进行检查维修，更换灯泡。

观众厅两侧的墙壁上一般应设壁灯，一方面对两侧的通道加强照度，另一方面也起到装饰点缀的作用，壁灯光源应采用调光控制，与顶灯同时进行。两侧墙的下部离地面 300mm 处应设置安全电压的地脚灯和排号指示灯，此类照明显示灯可采用 LED 灯等低照度、低能耗、长寿命显示光源。厅内各出口设置疏散出口标志灯，在通向前厅及两侧的对外出口的通道、走廊、楼梯通道的上部或侧墙壁应设置疏散指示照明灯，供应急时疏散观众用，疏散指示照明灯可采用 LED 光源。在观众厅的前面还应设置固定的中文显示屏，显示屏可采用 LED 显示屏，发布有关告示。观众厅照明示例如图 12 - 8 ~ 图 12 ~ 11 所示。

图 12 - 8　人民大会堂观众厅及舞台照明示例　　　图 12 - 9　清华学堂观众厅照明示例

图 12－10　中小型观众厅照明示例　　　　图 12－11　中小型观众厅场景照明示例

2. 前厅、休息厅照明

前厅、休息厅是建筑艺术的主要表现场所，照明设计应根据建筑装饰及照度标准的要求选择灯具和光源，应以组合灯饰为主，来协调建筑风格，并采用节能控制，一般应采用集中与分散控制相结合的方式，有条件的建筑可采用总线式控制方式或利用调光总线系统进行控制。

前厅又是观众进入观众厅的过渡场所，白天进场有一个暗适应过程，出场有一个明适应过程，作为过渡厅，应注意控制灯光的照度，不应有太大的差异。

3. 小型会议厅

很多礼堂都附有小型会议厅，小型会议厅是召开小型会议的场所，是建筑艺术的主要表现场所，照明设计应根据建筑装饰及照度标准的要求选择灯具和光源，应以组合灯饰为主，来协调建筑风格，并采用节能控制方式，有条件的建筑可采用总线式控制方式或利用调光总线系统进行控制，如图 12－12 所示。

图 12－12　人民大会堂福建厅照明

4. 其他场所的照明

舞台的两侧、舞台后面的通道、大道具放置场所、舞台下部地下室等及其他与舞台无隔墙的场所，所设置灯具的光线不能有较大的眩光，妨碍舞台的演出效果。舞台的两侧、下部地下室的照明器具应在两处以上的地方进行控制。

观众厅的出入口一般不宜设置照明灯，可设置低照度的地脚灯，避免在演出中光线射入观众眼界。

多功能的影剧院还应设置舞台会议灯，当作为会议使用时，除开少量的顶光灯、面光灯外，很少开舞台调光灯。因此，舞台会议灯的控制箱一般设在舞台内一侧，便于操作的位置。

三、调光系统及调光装置

1. 调光系统

目前，舞台调光系统均采用晶闸管调光器。晶闸管调光装置体积小，操作方便、控制灵活简便。近几年基本上采用计算机网络控制技术，总线传输控制方式，操作更为灵活，调节精度也大为提高，并可实现智能控制，系统的主要功能和特点如下：

（1）简化控制线路，布线简单，操作方便。

（2）硬件结构组合灵活，软件可编程。

（3）具有场景控制、时钟控制、程序控制、现场程序修改、灯光调节功能。

（4）具有良好的开放性，可与其他控制系统联网。

（5）延长光源使用寿命，系统具有软启动功能。

调光系统控制方式的组合及选择，可根据工程的实际情况，采用如下三种方式：

（1）强电互补式手动调光系统。其方框图如图 12 - 13 所示。它适用于回路较少、规模较小的多功能小厅、小型影剧院。

（2）强电补充式记忆调光系统。它由调光器、记忆式调光控制方式、强电补充方式相结合组成，其方框图如图 12 - 14 所示。它适用于以演剧为主的大剧场，一般小剧场、音乐厅或餐厅剧场也可采用。

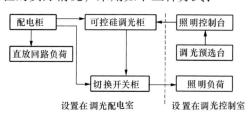

图 12 - 13　强电互补式手动调光系统方框图

（3）数字调光系统。这种方式除了在记忆装置中储存调光数字外，还具有一些辅助功能，均采用计算机控制，这种全数字的控制方式可以实现高精度的调光，而且控制设备体积小，操作方便灵活，使用于各类性质、规模的剧场，是未来调光控制的方向。其方框图如图 12 - 15 所示。

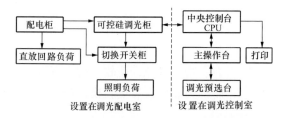

图 12 - 14　强电互补式记忆式调光系统方框图

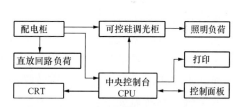

图 12 - 15　数字调光系统方框图

2. 调光装置

舞台调光回路应根据剧场类型和舞台大小配置。一般情况下甲等歌舞剧场不应小于 600 回路；甲等话剧院不应小于 500 回路；甲等戏曲剧场不应小于 400 回路。除可调光回路外，各灯区宜配置 2 ~ 4 路直通电源，每回路容量不得小于 32A。

调光装置是舞台灯光设备的核心。调光回路的多少一般是根据舞台规模的大小而定，一般要求不高时，灯光回路的选择可参考表 12 - 6。灯光回路的分配可参考表 12 - 7。

表 12 - 6　　　　　　灯 光 回 路 选 择

剧场类型	舞台尺寸（m）			灯光回路
	宽	深	高	
大型剧场	>30	>25	>30	180 ~ 360
中型剧场	16 ~ 30	16 ~ 25	25 ~ 30	90 ~ 180
小型剧场	<16	<16	<25	30 ~ 90

表 12 – 7　　　　　　　　　　　　舞 台 灯 回 路 分 配 表

剧场类型	灯光名称／灯光回路	二楼前沿光	面光	指挥光	耳光	一顶光	二顶光	三顶光	四顶光	五顶光	六顶光	乐池光	脚光	柱光	吊笼光	侧光	流动光	天幕光	合计
小型剧场（礼堂）	调光回路（路）		10		10	6										20		14	60
	直通回路（路）				2													3	5
中型剧场（礼堂）	调光回路（路）		18		18	8	4	8	7	9			3	3	12	12	4	14	120
	直通回路（路）		3		2									2		2		2	11
	特技回路（路）		1		2									2		2		2	9
大型剧场（礼堂）	调光回路（路）	6	26	1	30	15	9	15	6	12	6	3	3	24	48	6	10	20	240
	直通回路（路）	3	3		4							2		4		4	6	6	32
	特技回路（路）		3		3	2	3	2	1	2	1	2	3	8		4		3	37
特大型剧场（礼堂）	调光回路（路）	12	42	3	46	27	12	21	12	15	11	6	3	36	60	10	14	30	360
	直通回路（路）	3	6	3	3	3	3	3	3	3	3	3	2	6	6	6	8	8	72
	特技回路（路）	3	3		6	3	3	3	1	2	1	2	3	8		4		3	45

3. 灯光网络系统

灯光网络系统由高速网络与智能数字控制设备组成。采用以太网与 DMX 网并存的设计方式，双信号灯光系统即满足了当前的使用要求，又为将来的系统升级换代和新技术发展留有充分的余地。

双信号灯光系统可以提供信息交流平台，它覆盖剧场及管理部门，各场所之间的网络即相对独立，又可整体控制，也可以方便地与互联网连接。

采用以太网灯光信号控制系统，可以充分利用人力、物力资源，使软、硬件资源共享成为可能。不仅实现管理一体化，有效降低经营成本，而且为设备今后更新换代提供一个极为实用的平台，其特点如下：

（1）布线统一，维护方便。超五类线可以同时传输 TCP/IP、DMX 等多种数字信号，速度快，缆线间采用网络集线器连接，系统升级简便。

（2）通过网络达到资源共享，主、备灯控台同步实时运行，最大限度地保障演出。利用局域网和互联网可进行数字化的模拟显示及编辑等，节省装台、布光、彩排时间，提高剧院的使用效率。

（3）监控系统功能强大。有别于传统的模拟和其他数字检测系统，以太网络可以接受庞大的信息量，所传输的信息不仅速度快，而且类型丰富，如图像、音乐、数据等，图文并茂。通过用户等级配置（含多级密码保护功能），可全方位地实施异地检测、监视、修改和控制。

（4）降低运营成本，提高经济效益。

（5）DMX512 和以太网线缆统一，系统升级只需要更换集线器，资源共享，使用相应软件可对所有硬件实施监控，还可实现远程或离线编辑，完成灯光创意设计，缩短装台时间，提高灯光系统的使用率，更加合理地提高设备的利用率。图 12 – 16 所示为调光网络系统示意图。

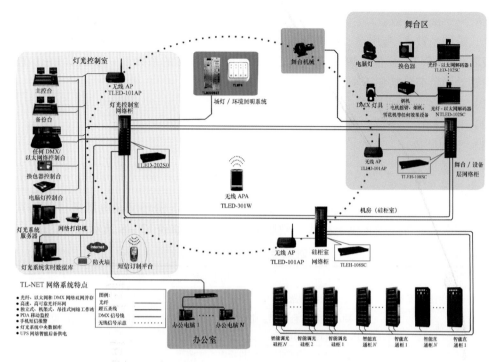

图 12-16 调光网络系统示意图

4. 调光设备位置的选择

调光设备的各种配电盘之间及到灯具的配线应力求最短。因此，合理地选择位置是很重要的。调光操作控制室一般设在观众厅的侧面或后面，高于舞台且容易观察舞台演出的位置。控制室前视野应宽阔，一般设置大玻璃观察窗。调光配电室与照明控制室之间有较多的控制线，因此两室之间应尽量就近设置，降低线路传输距离。而调光配电室应在舞台最近的地方设置，因为从调光柜至舞台灯具的管线极多，两处越近，线路传输距离越短，线路损耗越小，工程造价也越经济。图 12-17 所示为调光室之间的位置关系图。

当主配电盘、调光柜、分配电盘之间的配线较多且较集中时，应采用电缆桥架或地槽集中敷设，同槽敷设的强弱电之间采用隔板隔离。

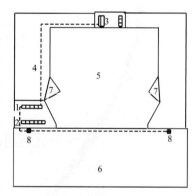

图 12-17 调光室之间位置关系图

1—调光柜；2—配电柜；3—调光台；
4—控制线；5—观众厅；6—舞台；
7—耳光室；8—现场控制盒

第三节 供配电系统

1. 设备容量

舞台照明及动力设备的变压器容量的确定，可由下式估算

$$P_s = P_e K_x K_y$$

式中 P_e——总负荷容量，kW；

K_x——需用系数；

K_y——裕量系数。

上式需用系数 K_x 与用途、规模及设备的使用程度有关，照明一般取 $0.7 \sim 0.8$，动力设备一般取 $0.4 \sim 0.7$。裕量系数 K_y 是考虑到设备变更而增加的系数，一般取 $1.1 \sim 1.2$。影剧院的主要动力负荷包括如下项目：

（1）舞台各类电动吊杆、吊桥、吊笼设备。

（2）舞台的电动升降、旋转、拖动车台设备。

（3）空调设备。

（4）消防设备。

2. 电源及供电方式

供电电源一般是根据影剧院的重要程度、规模大小、周围环境及电源条件等因素而定。根据剧场用电负荷等级确定供电方式。剧场用电负荷分级如表 12－8 所示。

表 12－8　　　　　　　　　　剧 场 用 电 负 荷 分 级

负荷分级	用电场所或用电类别
一级负荷中的特别重要负荷	特、甲等剧场调光用计算机系统用电
一级负荷	特、甲等剧场舞台照明、贵宾室、演员化妆室、舞台机械设备、电声设备（调音控制系统）、电视转播用电
二级负荷	甲等剧场观众厅照明、空调机房电力和照明、锅炉房电力和照明用电。
三级负荷	不属于一、二级用电设备负荷

舞台调光系统供电方框图，如图 12－18 所示，观众厅灯具布置如图 12－19 所示。

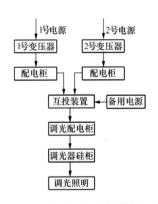

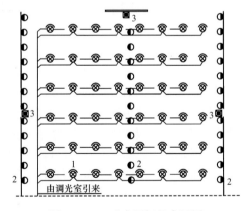

图 12－18　舞台调光系统供电方框图　　　　图 12－19　观众厅灯具布置图

1—观众厅调光灯；2—牌号地脚灯；3—应急疏散指示灯

在照明供电系统中，由于三相不对称性、不稳定性较严重，中性线上流过很大的不对称电流。所以，照明变压器一般应采用带中性线的 Dyn11 接线方式。这种接线方式抗干扰性强。当采用发电机作为自备电源时，还应注意以下三点：

（1）为了防止发电机向电源回路反馈电，发电机回路和电源回路的主开关必须采取机械及电气连锁措施。

（2）发电机运行时，其振动噪声不能影响场内活动。

（3）发电机的容量应能满足停电时演出所需要的最低负荷和维持必要的环境照明，以及防火、监控设备的应急用电。

当采用晶闸管调光器时，电流波形产生高次谐波畸变，因此必须注意如下几点：

（1）中性线应与各相导线的截面相同。

（2）电声与舞台调光的供电应分别由不同的变压器或不同回路供电。

（3）调光器的端电压应在额定电压的95％以上。

（4）要考虑漏电断路器的影响。

（5）配线距离应尽可能短，适当增大导线截面。

（6）电声及有关的弱电线路应采取屏蔽措施，如选用屏蔽线穿金属管敷设等。

（7）调光管线应采用金属管敷设，避免与电声等弱电线路平行敷设，必须平行敷设时，间距应大于1m，以减少对弱电线路信号的干扰。

3. 应用实例

（1）建筑概况。

建筑名称：某礼堂。

建筑面积：11463m^2。

层数：地下一层，地上三层。

用途：歌舞演出、放映电影和会议等。

客席：池座1274座，楼座526座。

舞台尺寸：宽30m，深21m，高26m。

（2）电气设备。

供电方式：两路10kV供电，3台630kVA变压器，设备总容量2140kW，总计算负荷1048kW。总配电室设在舞台地下室，舞台调光电源与其他设备电源分别由不同的变压器供电。

（3）照明。

舞台灯光路数：240路。

前厅、休息厅照明：组合灯饰。

（4）舞台音响。

两台2×300W功放机，主调音台24路输入，8路输出；副调音台16路输入，14路输出，功率裕量150％。

（5）舞台调光。

舞台照明调光装置采用计算机控制和手动控制相结合的控制方式，实现了高精度，复杂多样，细腻的调光照明控制。计算机控制回路400路，每路5kW。适应多功能演出的需要，具有对照明状态进行设定编程、记忆、再生、修整及时间设定等功能。观众厅的调光由四处控制，可在调光室、灯控室、放映室、舞台口分别进行控制。表12-9所示为舞台灯光布置分配表。

表12-9　　　　　　　　　舞台部分灯光布置分配表

灯具名称	面光		耳光		顶光					侧光		柱光		天幕光		脚光	流动光	
	一	二	左	右	一	二	三	四	五	左	右	左	右	天排	地排		左	右
聚光灯	24	14	9	9	22	8	6	2		12	12	15	15					
泛光灯					4	4	4	2				1	1	24				
回光灯	9	4	2	2			4	5	8	5	5	1	1		13			
造型灯		1			8	6	6	6										
合计	33	19	11	11	34	18	20	15	8	17	17	17	17	24	13	5	6	6

第十三章
小型电视演播室照明

编者： 施克孝 　　校审者：王京池

电视艺术是一门以导演艺术为中心的综合艺术。电视照明是这门艺术中极重要的组成部分。电视照明是用光的语言进行创作的艺术。如果照明做得不好，不仅会延长节目的制作时间，还会严重地影响彩色画面的层次、色调、饱和度和清晰度等。因此，设计一个好的电视照明系统，是制作优质电视节目的必要条件之一。

电视照明分为室外照明和室内照明。电视剧的大部分镜头都是在日光下进行的，自然这些镜头属于室外照明范畴。一般演播室是没有窗户的，演播室内的电视照明是室内照明。

前些年，为了充分利用日光的能源，也为了让新闻更贴近生活，有的新闻演播室做成两面或三面是隔声玻璃的演播室，这种演播室以日光照明为主，适当辅以人工照明。在这种条件下，就要按日光的色温选择光源和灯具，应按室外照明处理。这种两面或三面是透明玻璃的新闻演播室，在日出及日落的一段时间，日光的色温和亮度都会急剧变化；即使是白天，在晴天、阴天、多云的天空下色温和亮度也在随时变化。因此，设计这种演播室，选择光源和灯具及其调光设备时要考虑到这种情况。

电视演播室按建筑面积分为小型、中型、大型演播室。通常把建筑面积小于 $250m^2$ 的演播室称为小演播室，把建筑面积为 $250 \sim 400m^2$ 的演播室称为中演播室，把建筑面积为 $400 \sim 1200m^2$ 的演播室称为大演播室。近年来还出现了超过 $2000m^2$ 的超大演播室。演播室按用途分为新闻演播室、开放式新闻演播室、虚拟演播室、电教演播室、专题节目演播室、综合文艺节目演播室、多功能演播室等。绝大多数新闻演播室都属于小型演播室，但也有超过 $800m^2$ 的新闻演播室。近些年来很多人也把大演播室叫作大演播厅。总之，演播室是用来直播电视节目、录制电视节目的"车间"，这个功能是一样的。电视演播室灯光系统的设计应按 GY 5045《电视演播室灯光系统设计规范》进行。另外，电视会议会场大多也属于小型演播室，但对灯光系统要求相对较低。设计电视会议会场的灯光系统，应遵守 GB 50635《会议电视会场系统工程设计规范》的要求。

近些年，大功率 LED 光源得到飞速发展，其显色性和光效大幅度提高，已经在很多新建的演播室中应用。实践证明，效果令人满意，并大大地节约了能源。今后演播室的新建、改建、扩建工程采用 LED 光源和灯具是发展方向。目前，LED 光源和灯具都处于迅速发展时期，各种产品质量参差不齐，选择 LED 产品时，一定要注意它的性能参数及使用寿命，选择优质的光源、灯具用于演播室照明。

本章所介绍的是演播室灯光系统设计的基本常识，而且以介绍小型电视演播室的设计常识为主。对于演播室灯光系统的设计人员而言，除熟知灯光系统中各种设备的性能、特点之外，还应了解一些人物用光的基本知识。另外，设计灯光系统时，设计人员还应及时了解最新设备的使用情况、发展趋势等。只有这样才能做出优秀的、与时俱进的灯光系统设计方案。

第一节 彩色电视对照明的要求

在电视系统中，通常把演播室的照明系统叫作演播室的灯光系统。它主要包括光源、灯具、灯具的悬吊装置、网络传输信号设备、调光设备、布光控制设备、配电系统等。

彩色电视对照明的主要要求有：

（1）演区照度。演播室的演区照度，要求的是垂直照度，其大小主要取决于摄像机的灵敏度，参照表 13－1。

从表 13－1 中可以看出，灵敏度越高的摄像机，对演区的照度要求越低。摄像机的灵敏度有两种表示方法：一是在光圈大小确定的情况下，灵敏度越高的摄像机，所要求的演区照度越低；二是在照度不变的情况下，灵敏度越高的摄像机，其光圈开度越小（光圈数值越大，光圈开度越小）。摄像机说明书给出的灵敏度就是按后一种形式给出的。国际上一般给出被摄体反光率为 89% 的平板，其上的照度为 2000lx 时的光圈开度。表 13－1 中反射率为40%，大致是人的肤色的反射率。演区照度是一个非常重要的参数。演区照度过低，会影响图像质量；演区照度过高，会造成投资的巨大浪费。同时，演区照度还与摄像机在使用时的光圈开度有关，同样灵敏度的摄像机，使用时光圈开度越小，要求的演区照度越高；反之，光圈开度越大，要求的演区照度越低。另外，光圈开度又影响着景深的大小。

表 13－1　　　演区照度、摄像机灵敏度与光圈开度

演区照度（lx） 光圈 f_1 及反射率 β ＼ 摄像机型号及灵敏度	JVCRY27E（标清） $E_1=2000lx$，$f_1=8$	HSC_E80R（高清） $E_1=2000lx$，$f_1=11$	HXC－D70（高清） $E_1=2000lx$，$f_1=13$
$f_1=2.8$　$\beta=0.89$	245	130	93
$f_1=2.8$　$\beta=0.4$	545	289	207
$f_1=4.0$　$\beta=0.89$	500	265	189
$f_1=4.0$　$\beta=0.4$	1113	590	421
$f_1=5.6$　$\beta=0.89$	980	520	370
$f_1=5.6$　$\beta=0.4$	2181	1157	823

由于演区照度对电视演播室的建设和使用都是一个极重要的参数，因此在 2006 年，中央电视台组织由导演、灯光、舞美、化妆等各个方面的人员参加的联合测试组对演区照度进行了严格的测试。从测试结果看，摄像机的光圈开度为 $f=5.6$，演区垂直照度为 1100lx 左右时，可以得到优质的电视画面。最近几年，摄像机等电视设备飞速发展，摄像机的灵敏度也得到很大提升。目前，演播室级的标清摄像机已停产，高清摄像机的灵敏度已经高于前几年的标清摄像机。在表 13－1 中，左边一栏给出的是前几年配置较多的标清摄像机的灵敏度指标，右边两栏给出的是目前生产的高清摄像机的灵敏度指标。从表中的数值可以看出，演播室演区的照度还有进一步降低的空间。

现在，GY 5045—2006《演播室灯光系统设计规范》中规定的演区照度为 2000lx，适应

较低灵敏度摄像机的情况。对于新建的演播室，如果使用灵敏度较高的摄像机，演区垂直照度选择1100lx，即满足要求，又能大大地节约能源。

（2）光比（照度比）。一般人物用光时主光：辅助光：轮廓光＝1∶0.7∶1.5。

（3）光源的色温：低色温光源，3050K±150K；

高色温光源，5600K±250K。

（4）光源的显色指数：$Ra \geqslant 85$。

（5）灯具要求具有调光功能。对于LED灯具，要选择显色指数、色温及使用寿命都满足演播室灯光要求的灯具。

（6）悬吊装置：要求布光灵活，便于维护。

第二节　主要专业术语及简单计算

2007年文化部颁布了WH/T 26—2007《舞台灯具光度测试与标注》。标准虽然针对舞台灯具，同样也适用于电视灯具及电影灯具，因此下面都按照该标准的专业术语表述。

1. 灯具的光强分布曲线（配光曲线）

灯具的光强分布曲线（配光曲线）即灯具的发光强度随方向变化的关系曲线举例见图13－1。

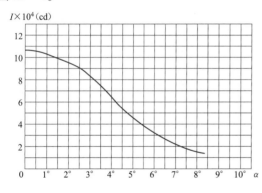

图13－1　WTJSJ－LED－100低色温静音聚光灯的配光曲线

对电视灯具而言，光强分布曲线是其发光强度与某测试点至光源连线和灯具光轴线之间夹角的函数关系，用数学式可表示为

$$I = f(\alpha) \tag{13-1}$$

式中　I——发光强度，cd；

α——测试点至光源连线和灯具光轴线之间的夹角，（°）。

这种光强分布曲线应表示在极坐标上，但考虑到电视灯具及舞台灯具的投光角度比较小，为了计算和应用的方便，常把光强分布曲线画在直角坐标上，用横坐标表示角度、纵坐标表示发光强度。有时，纵坐标也画成对数坐标，使变化很陡的光强分布曲线看得比较清楚。

这种光强分布曲线用来表示以灯具的光轴线为旋转轴的光强分布最理想，如环带透镜（传统称螺纹透镜）聚光灯、平凸透镜聚光灯、成像灯、追光灯、电脑灯等。

2. 灯具的照度分布曲线

照度分布曲线通常有两种情况，一种是以光轴线为旋转轴对称的灯具，另一种是照度分布曲线是上下不对称，而左右对称的灯具。

（1）以灯具光轴线为旋转轴的照度分布曲线。在距灯具一定距离上，照度与坐标位置的函数关系，见图13－2。用数学式表示为

$$E_l = f(x, y) \tag{13-2}$$

式中　E_l——距灯具l处，与灯具光轴线相垂直的平面上的照度，lx；

x——测试平面水平坐标，m；

y——测试平面垂直坐标，m。

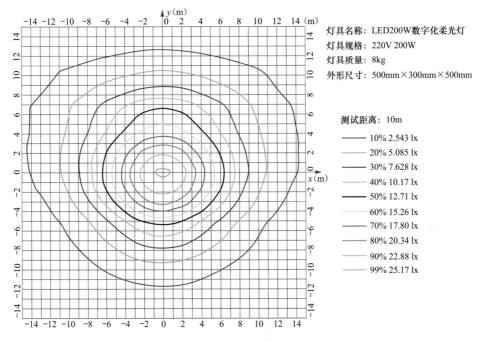

灯具名称：LED200W数字化柔光灯
灯具规格：220V 200W
灯具质量：8kg
外形尺寸：500mm×300mm×500mm

测试距离：10m

10% 2.543 lx
20% 5.085 lx
30% 7.628 lx
40% 10.17 lx
50% 12.71 lx
60% 15.26 lx
70% 17.80 lx
80% 20.34 lx
90% 22.88 lx
99% 25.17 lx

图 13 - 2　LED200W 数字化柔光灯的照度分布曲线

（2）一些不以灯具光轴线对称的照度分布曲线，如天幕灯的照度分布曲线，它上下不对称，左右对称。对于这种照度分布曲线，直接画出纵坐标和横坐标，给出不同点的照度值。当然，这种照度分布曲线要由一个曲线族构成，至少也要用纵横两条曲线表示，如图 13 –3所示。

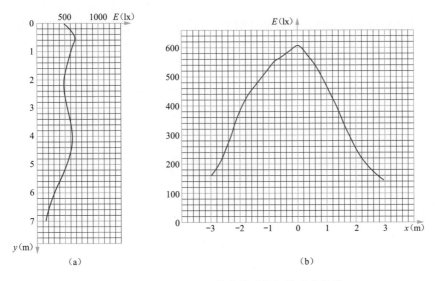

图 13 - 3　350W – LED 数字化天幕灯的配光曲线
（a）$x = 0$m 处；（b）$y = 4.0$m 处

3. 灯具效率

灯具效率定义为灯具的有效光通量与所用光源总光通量的比值。灯具的有效光通量是指光强不小于10%峰值范围内光束的光通量，其公式为

$$\eta = \frac{\Phi_{10\%}}{\Phi_s} \qquad (13-3)$$

式中　η——灯具的灯具效率；

　　$\Phi_{10\%}$——灯具光束不小于10%峰值光强范围内的光通量，lm；

　　Φ_s——灯具内光源发出的总光通量，lm。

4. 灯具的发光效能

灯具的发光效能定义为灯具的有效光通量与光源及保证光源正常工作所必需的全部电气附件消耗的总电功率的比值，即

$$\eta_P = \frac{\Phi_{10\%}}{P} \qquad (13-4)$$

式中　η_P——灯具的发光效能，lm/W；

　　P——光源及保证光源正常工作所必需的全部电气附件消耗的总电功率，W。

5. 静态人物光

电视用光有人物光、景物光、效果光之分。调整灯具的姿态、遮扉的开合及旋转、调整焦距等，使之适合节目要求的过程叫做布光。人物光有静态人物布光和动态人物布光。新闻播音员及电教演播室老师讲课，基本属于静态人物布光。

静态人物布光主要由以下五种光组成。

（1）人物的主光。主光是人物的主要光源，一般说来，它是模拟直射的太阳光的。用主光造成所需要的阴影，一般用聚光灯。

（2）人物的辅助光。辅助光也叫副光，作用是用来照射主光照不到的部位，并冲淡主光形成的阴影，使图像变得柔和。主光和辅助光配合，形成合适的图像对比度。辅助光一般使用柔光灯。此外，也可以用聚光灯前加柔光纸或柔光布使光线柔化用做辅助光。

（3）人物的轮廓光（逆光）。如果只用主光和辅助光，看到的电视图像好像贴到了背景上，缺乏深度感。加上轮廓光后，会使人物从背景上分离出来，产生了深度感，第三维的效果明显。

（4）人物的修饰光。修饰光多用小型灯具，用来美化人物并在很大程度上克服人物生理上的某些缺点。

（5）景物光。广义地讲，景物光是电视播音员以外的环境用光，它包括天幕光、播音台桌的用光、其他景物用光等。

6. 灯具效率的计算

（1）聚光型灯具（包括环带透镜聚光灯、平凸透镜聚光灯、调焦柔光灯、成像灯、追光灯、电脑灯等）的光强分布曲线一般是以灯具光轴线为对称轴的，如图13-1所示光强分布曲线。

具有这种光强分布曲线的灯具可用裙带积分法求

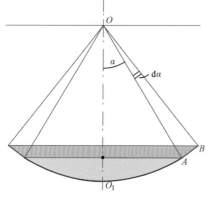

图13-4　立体角的积分

出灯具的效率，即把灯具的光强分布曲线（光强分布曲线实际上是以灯具的光轴线为旋转轴的旋转体，通过光轴线的剖面所得到的一组曲线即平常说的光强分布曲线）分成若干个裙带，如图 13-4 所示。每一个裙带内的光通量等于该裙带内的立体角与立体角内平均光强的乘积，即

$$\Phi_{i\sim(i+1)} = 2\pi I_{i\sim(i+1)} \int_{\alpha_i}^{\alpha_{(i+1)}} \sin\alpha \mathrm{d}\alpha \tag{13-5}$$

$$\Phi_{i\sim(i+1)} = 2\pi I_{i\sim(i+1)} \left[\cos\alpha_i - \cos\alpha_{(i+1)} \right] \tag{13-6}$$

$$\Phi_{\Sigma} = \sum_0^{\alpha} \Phi_{i\sim(i+1)} \tag{13-7}$$

式中 α_i——裙带间隔起始角，(°)；

$\alpha_{(i+1)}$——以 1° 为计算间隔的终止角度，(°)；

$I_{i\sim(i+1)}$——计算间隔内的平均光强，cd；

$\Phi_{i\sim(i+1)}$——计算间隔内的光通量，lm；

Φ_{Σ}——灯具发出的总有效光通量，lm。

实际计算中，以 1° 为计算裙带间隔已有足够的精确度。在光强变化不大的地方，裙带间隔也可适当加大。

根据图 13-1 配光曲线可以计算出该灯具的效率及发光效能，见表 13-2。

表 13-2 　　　　　　　　WTJSJ-LED-100 低色温静音聚光灯的有效光通量

计算公式	$\Phi_{i\sim(i+1)} = 2\pi I \left[\cos\alpha_i - \cos\alpha_{(i+1)} \right]$			
光通量编号	角度范围 (°)	平均发光强度 cd	$\cos\alpha_i - \cos\alpha_{(i+1)}$	光通量 (lm)
1	0~1	105000	1.5230	100.5
2	1~2	99000	4.5687	284.2
3	2~3	89000	7.6129	425.7
4	3~4	72500	1.0655	485.4
5	4~5	52000	1.3694	447.4
6	5~6	38000	1.6728	399.4
7	6~7	27000	1.9757	335.2
8	7~8	17000	2.2782	243.7
总有效光通量				2722

从厂家资料可以查出，该灯具 LED-100W 光源的光通量为 6000lm，灯具耗电 120W。该灯具的发光效率及发光效能分别计算如下。

灯具效率为

$$\eta = \frac{\Phi_{10\%}}{\Phi_s} = \frac{2722}{6000} = 45.4\%$$

灯具的发光效能为

$$\eta_P = \frac{\Phi_{10\%}}{P} = \frac{2722}{120} = 22.7 \ (\mathrm{lm/W})$$

由此看出，大功率 LED 灯具比传统的卤钨灯具发光效能高 3 倍以上，因此节能效果明显。柔光灯因没有透镜，发光效能会更高，北京星光影视设备科技股份有限公司最新生产的 LED – 100W 柔光灯的发光效能已超高 100lm/W。

（2）对于天幕灯这样的灯具，它是距天幕一定距离，按天幕上的照度分布给出的，如图 13 – 3 所示。

按照度的定义，可以导出这种灯具有效光通量的计算公式为

$$E = \frac{\mathrm{d}\Phi}{\mathrm{d}A} \qquad (13-8)$$

故

$$\Phi = \int E \mathrm{d}A \qquad (13-9)$$

从式（13 – 9）可知，在被照面上，选择足够小的面积 dA，这个小块面积上的照度可以看成是均匀的，用给出的天幕灯的光强分布曲线可以确定 dA 面积上的平均照度。然后把每一小块面积与该面积上的平均照度相乘即得到该面积上的光通量。将各个小块面积上的光通量相加，即得到天幕灯的总有效光通量，然后按式（13 – 3）计算天幕灯的效率，按式（13 – 4）计算出灯具效能。

按照新的规范规定，生产厂家应该给出这些数据。例如北京星光影视设备科技股份有限公司生产的 LED – 350W 天幕灯，它的发光效能达到 41lm/W。

7. 演区照度的计算

演区照度计算要求各种光（主光、辅助光、逆光、环境光等）分别计算。由于它们的方向不同、角度不同、要求的照度值不同，计算起来十分复杂，所以现在都用相关计算软件完成。

另外一种比较简单的办法，就是根据以往的设计经验总结出的单位容量法进行估算，一般能满足工程设计的需要。

第三节 设 计 要 点

电视事业的飞速发展，促进了电视设备（包括照明设备）不断更新换代，因此设计人员在工程设计之前要及时地了解新设备的研制、生产及使用情况，各种设备的性能、价格等。同时，也要了解使用单位的特殊要求及工程投资情况。

1. 设计步骤

按一阶段设计考虑，设计可按下列步骤进行：

（1）按照甲方的要求，根据演播室面积的大小和用途，设置演区的数量、位置和大小。

（2）按照彩色电视对照明的要求选择光源和灯具，在满足彩色电视照明要求的前提下，尽量选用节能性能好的灯具。

（3）做灯具的平面布置图，并进行照度计算或估算。

（4）选择悬吊装置。

（5）选择调光设备。

（6）网络传输信号设备。

（7）选择电缆、配电箱、插座箱、端子箱等附属设备。

（8）做两三个方案进行技术经济比较，并确定适合本工程需要的方案。

（9）确定调光控制室及调光器室（或智能设备控制室）的大小和位置，确定灯具检修室、照明人员办公室的位置。如果全部采用 LED 灯具，则不设调光器室；但有的电视台需酌情设智能设备控制室，其中一部分设备是与 LED 调光有关的设备。

（10）制图，含重要的土建要求图。

（11）与其他专业配合并提出预埋件及其他要求（如灯光的结构荷载、最大用电量、空调散热量以及活动地板或地沟、板洞、墙洞尺寸等）。

2. 演播室的面积与高度

目前，新闻演播室都用实景代替了原来的幕布；大演播室也多把背景墙涂黑，已达到需要的灯光效果。因此本书中将原来使用的"幕布高度"改为"布景占用高度"表述。过去一些非专业设计院设计的演播室出现过很多问题。这些问题多半都出现在建筑高度与结构荷载上。不同建筑面积演播室的布景占用高度及灯光占用高度，见图 13-5。

演播室的高度由布景占用高度、灯光占用高度、消防水管占用高度、空调送回风管占用高度、声学装修占用高度、结构梁高度、屋面层高度等组成。其中，灯光设计人员最关心的是布景占用高度和灯光占用高度（其他尺寸由相关专业决定）；灯光占用高度又由两部分组成，上面是灯光设备层，下面是灯光设备占用高度。使用滑轨式悬吊装置的演播室，不需要灯光设备层，只有灯光设备占用高度。

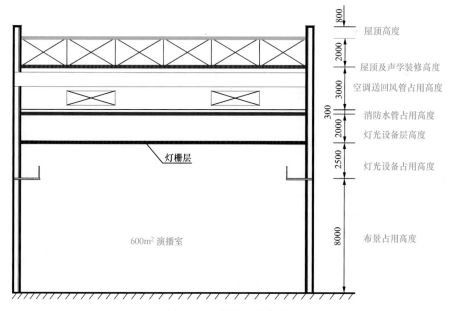

图 13-5　演播室的高度

演播室的布景占用高度见表 13-3，布景占用高度不宜低于表中给出的尺寸。近些年新建或改建的虚拟演播室大多属于小演播室范畴，其蓝箱高度一般不低于 4.2m。

灯光占用高度取决于灯具悬吊装置的类型。大多数小演播室采用滑轨式悬吊装置，悬吊装置的占用高度约为 1.7m，包括预埋件高度、纵轨和横轨高度、伸缩器缩回状态高度、灯具高度，此外还包括灯具底部距幕布或布景顶部的安全距离。滑轨式悬吊装置的优点是节省空间、布光灵活、投资较低、便于维护等。但它不适宜吊顶过高的演播室，如果轨道高于6m，操作起来已不太方便，这时已不适宜采用滑轨式悬吊装置。如果采用水平吊杆，灯光就要占用4.5m的高度。水平吊杆都是装在灯栅层上的，灯栅层以上要有2m高的维修层，灯栅层下面要留有2.5m的空间，即灯光设备占用高度。

表 13－3 演播室的尺寸与布景占用高度

序号	演播室面积 （m²）	轴线尺寸 （m×m）	布景占用高度 （m）
1	50	6.9×9*	3.0, 3.5
2	80	9.0×11.4*	3.5, 4.0, 4.5
3	100	9.6×12.3*	3.5, 4.0, 4.5
4	120	10.5×13.5*	4.0, 4.5, 5.0
5	160	12×5	4.0, 4.5, 5.0
6	200	13.5×16.5	5.5, 6.0
7	250	15×18	6.0
8	400	18×24	7.0
9	600	21×30	8.0
10	800		10
11	1200		12

＊ 首选尺寸。

3. 演播室的灯光设备荷载

演播室灯光设备荷载包括灯具、悬吊装置、网络传输信号设备、电缆及各种附属装置等。大型演播室灯光设备荷载一般选取 $2000\sim2500kN/m^2$（建筑的轴线面积），再加上灯栅层、空调设备、建筑结构自重等，其总荷载一般要达到 $4500\sim5000kN/m^2$。目前，大演播室大量使用电脑灯、数字化灯具，使灯光设备荷载有所增加，同时还要考虑一部分动荷载，因此结构荷载不宜过低。对于采用滑轨式悬吊装置的小型演播室，$1200kN/m^2$ 的荷载可以满足要求。

4. 用电量

严格地说，演播室的用电量应按制作节目时最大演区的灯具数量和灯具功率大小统计出的总用电量而定。但这对不太熟悉演播室灯光的设计人员来说是比较困难的。另一方面，根据电视台多年的使用经验，可以得到适用于大多数情况的单位面积用电量，这个单位容量是比较接近实际的。

对于大演播室，如果全部使用 LED 灯具，用电量可以按 $200\sim300W/m^2$ 选取，具体数值要看 LED 灯具的节能指标而定。新建的小演播室已全部使用节能光源。对于全部使用三基色荧光灯的演播室，可按 $150W/m^2$ 估算；对于全部使用 LED 灯具的小演播室，用电量可以按 $90W/m^2$ 计算。

5. 灯光设备的电磁兼容问题

目前，晶闸管调光设备仍是大型演播室可选的调光设备之一。晶闸管调光设备在调光过程中，特别是导通角在90°附近时，会产生较强的高次谐波，通过电磁辐射和电传导等途径干扰视频、音频设备。因此，灯光系统设计中须采取必要的抗干扰措施，以解决晶闸管调光设备的电磁兼容问题。抗干扰措施主要有以下几条。

（1）隔离，将产生干扰的晶闸管调光设备与易受干扰的视频、音频设备从电源变压器就隔离开。做配电系统设计时，10kV 系统采用单母线分段运行方式，如图 13－6 所示，视频、音频设备由变压器 T4 供电，而可控硅调光设备由另一台变压器 T1 供电。这样，干扰信号要通过电传导干扰视频、音频设备，就要通过两台变压器才能到达。当然，由于两台变压器及电路的电感、电容的滤波作用，干扰信号已经得到极大的衰减，已不能构成对视频、音频设备的干扰。

（2）屏蔽，晶闸管调光设备除了电传导引起的干扰外，还会从晶闸管调光设备及连接导线向空间辐射干扰电磁波。对这种辐射的干扰信号就必须采用屏蔽措施，才能把干扰信号减小到允

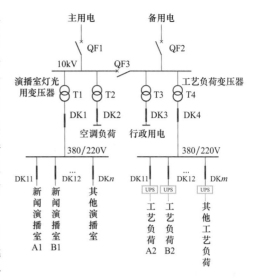

图 13－6　电视台的配电系统图

许的数值。因此，要求从演播室灯光用变压器的出线一直屏蔽到灯具。从变压器到配电柜及从配电柜到调光立柜的电缆，都要敷设在电缆桥架内或穿管；从调光立柜到端子柜及从端子柜到灯栅层的端子箱，也要敷设在电缆桥架内；从端子箱到灯具的软电缆要用屏蔽型软电缆。小演播室从调光柜或硅箱出来的电缆由于比较短，而且电缆数量较少，故一般直接用软电缆连接到灯具，不再更换电缆型号。

（3）为减少电源变压器发热，给演播室灯光供电的变压器或隔离变压器应选用 Dy11 接线组，并要求变压器内的中线与相线等截面。

（4）灯光的电缆桥架尽量远离视频、音频电缆。

（5）除采用上述措施外，必须注意严格执行 TN－S 接地方式。按照 TN－S 接地方式的要求，灯光系统的 PE 线除在变压器中性点一点接地外，其他所有地方都要处于悬浮状态。也就是说，包括配电柜、调光立柜都不能直接放在地板上或与地做电气连接。

6. 设备选择

由于科学技术的飞速发展以及新材料的不断涌现，近些年出现许多新型灯具及其他附属设备，如 LED 灯具、导电滑轨、感温示警电缆等。因此，灯光系统的设计中，尽可能选用安全可靠并节能环保的设备。第五节中将介绍一些演播室常用设备。

7. 电视演播室的供电系统

电视演播室的供电系统应保证供电的可靠性，特别是新闻演播室供电的可靠性。对于一级负荷新闻演播室的电源，有的地区满足不了一级负荷需求，或者因为雷电、台风等原因造成停电事故，恢复供电的时间有时会长于 10s，这对新闻节目是不允许的。因此，有的电视台就把新闻演播室的应急灯光灯具接到该演播室工艺负荷的 UPS（不间断电源）上。在图 13－6 中，新闻演播室 A1 的应急灯光灯具接到工艺负荷 A2 的 UPS 上，新闻演播室 B1 的应急灯光灯具接到工艺负荷 B2 的 UPS 上。这在使用卤钨灯的年代是不可能的，因为卤钨灯的功率大，工艺负荷的 UPS 电源承受不了。有了三基色荧光灯以后，特别是有了 LED 光源后，大大减小了光源的功率，这种做法才是可行的。新设计的供电系统，宜单设新闻演播室的 UPS，或加大工艺负荷的 UPS，以提供新闻演播室应急灯光的用电容量。

8. 注意事项

（1）选用节能、环保、使用安全的光源、灯具、电缆等。

（2）大演播室如果全部使用 LED 灯具，就不再有调光立柜，也不设调光器室，酌情设智能设备控制室。

所有的供电电缆都要求中性线与相线等截面。这是考虑到演播室灯光系统的负荷分配有时极不平衡，造成中性线电流过大。当然，变压器内部也要求中性线与相线等截面。

（3）如果选择可控硅调光设备，为了抑制可控硅调光设备干扰其他视频、音频设备，应采取隔离、屏蔽等抗干扰措施（见本节前述内容）。

（4）因演播室上部位置温度较高，故灯具电源线的电缆截面要有一定的冗余度。

（5）灯具的电缆须用三芯电缆，并采用 TN – S 接地方式。

（6）灯具及插座箱中的插头、插座须使用影视专用的三芯插头、插座。

（7）灯光控制室应与导演室同房间，调光立柜（或智能控制设备）应单设房间，并尽量靠近调光控制室。

（8）做设计方案时，要与电视工艺、建筑、结构、暖通、给排水、供电等专业配合，避免施工图时，出现大的变动。

第四节　设　计　实　例

1. 50m² 演播室设计实例

50m² 演播室是使用面积的标称说法。这种演播室的实际建筑轴线面积一般在 60m² 左右，其平面图如图 13 – 7 所示。

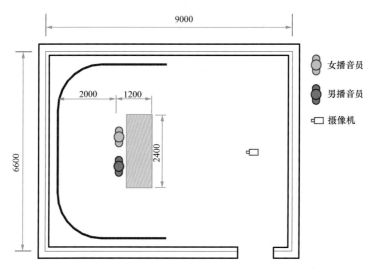

图 13 – 7　50m² 演播室平面图

该演播室的建筑轴线面积 A 为

$$A = 9 \times 6.6 = 59.4 \ (m^2)$$

这种演播室可以满足两名播音员坐着播音或一名老师站着讲课的要求，其人物光的面积大约为 3m²。演区面积虽然很小，但考虑到使用轮廓光的需要，播音员或老师离背景或天幕要有一定距离。同时，播音员离摄像机要有足够远，故演播室的面积不宜过小。

此例按两名播音员考虑，具体设计步骤如下。

（1）确定演区的位置及大小。一般 $50m^2$ 左右的演播室只考虑在演播室的一端设置一个演区，供两名播音员或一名老师讲课使用。

轮廓光要从播音员的背后打光，这种小演播室播音员距背景或天幕一般不小于 $2m$，播音员及前面的桌子前后深可按 $1.2m$ 考虑，桌子宽可按 $2.4m$ 计算，这时的演区面积为

$$A = 2.4 \times 1.2 = 2.88 \ (m^2)$$

（2）选择灯具。按三点式布光考虑，主光和轮廓光选用 LED-100W 静音聚光灯，其配光曲线见图 13-1。

（3）灯具效率。目前，按照相关标准生产厂家都提供灯具的效率或效能。

（4）计算演区照度。用相关计算软件或估算法进行估算。

（5）布光。布光时，主要考虑两个因素：一个是让演区的垂直照度满足摄像机灵敏度的要求；二是主光、辅助光、轮廓光等达到合适的照度比，见图 13-8。

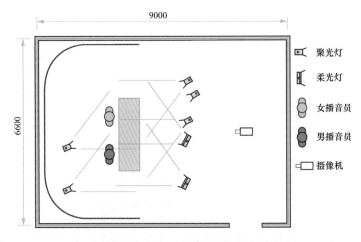

图 13-8 $50m^2$ 演播室布光图

图 13-8 中，主光和轮廓光均采用 LED-100W 静音聚光灯。一般主光灯具的光轴线与水平面的夹角（即俯角）为 $30°$ 左右；轮廓光灯具的光轴线与水平面的夹角（即俯角）为 $60°$ 左右；辅助光采用 LED-100W 柔光灯，其俯角为 $30°$ 或更小。实际使用时，轮廓光灯具距离人物比主光近，所以虽然逆光和主光采用同样的灯具，却可以得到合适的照度要求及需要的光比。从图 13-8 可以看出，主光、辅助光、逆光共同覆盖的面积大于演区要求的面积，且可以满足使用要求。

2. 几种演播室灯具的布置方案

前面介绍的布光图是布光中的一种情况。应当指出，给电视播音员布光或给一个场景布光，是一项实践性很强的工作，是用现代技术设备做工具进行艺术创作的过程。总之，布光要考虑到各种各样的复杂情况，如由于播音员脸型的不同，有的播音员适合从左前方打主光，有的则适合从右前方打主光。这样，设计方案中就要考虑主光换位的情况。又如，有时要考虑双轮廓光的情况。同时，还要考虑修饰光、景物光等。因此，一个成功的设计方案，应当是让灯光师布光时得心应手的方案，同时又是一个性能价格比高的方案。

下面介绍几种 50m² 及 250m² 演播室目前常用的设计方案，见图 13 - 9 ~ 图 13 - 13。设计方案简介如下。

（1）50m² 演播室灯具布置方案Ⅰ如图 13 - 9 所示。该方案全部选用 LED 灯具。其中，选用 4 台主光灯（D1 ~ D4）、4 台辅助光灯（D5 ~ D8）、4 台轮廓光灯（D9 ~ D12），另配 4 台 LED - 200W 天幕灯（D13 ~ D16）。主光和轮廓光选用国产 LED - 100W 静音聚光灯，辅助光选用 LED - 100W 型柔光灯，天幕灯选用 LED - 200W 天幕灯。16 台灯具均配用手动伸缩器，以调节灯具高度等。每两台灯具安装在一根横向工字铝合金轨道（或"王"字铝合金轨道）上。灯具可以在横向工字铝合金轨道（或"王"字铝合金轨道）上水平移动，横向工字铝合金轨道（或"王"字铝合金轨道）通过万向节又可以在纵轨上移动。这样，灯具可以上下、左右、前后做三维移动，理论上可以停留在空间的任一点，给布光人员构建了极好的创作空间。此外，地面设置 4 个插座箱，每个插座箱内装 2 ~ 3 个 16A 插座，以备景物光、修饰光等使用。

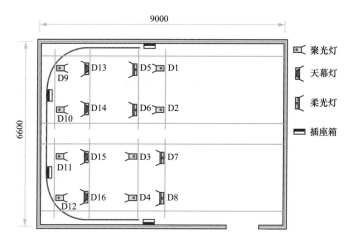

图 13 - 9　50m² 演播室灯具布置方案Ⅰ

（2）50m² 演播室灯具布置方案Ⅱ如图 13 - 10 所示，灯具比方案Ⅰ多一些。这是一张一个新闻演播室的实际布光图。该演播室也全部采用 LED 灯。轮廓光和部分主光采用 LED - 100W 聚光灯，辅助光采用 LED - 100W 柔光灯。地面设置 4 个插座箱。该方案采用固定式滑轨，每台灯具配有手动伸缩器。布光图中旁边带"U"字的是由 UPS 供电的灯具，这样能保证在全台停电的情况下，电视新闻播出不受影响。该演播室还设置了 2 台应急灯。

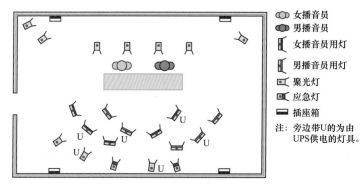

图 13 - 10　50m² 演播室灯具布置方案Ⅱ

（3）50m² 演播室灯具布置方案Ⅲ如图 13－11 所示，这是一个"葡萄架"形式的方案。该方案的优点是灯具可以悬挂到任何所需要的位置，布光灵活多变。"葡萄架"的纵横交点处，灯具的伸缩器可以使用万向节把灯具从横轨转移到纵轨，也可以把纵轨的灯具转移到横轨。如果受投资限制，也可以简化"葡萄架"轨道，灯具靠人工移动。这种方案要求在"葡萄架"上设置插座箱，灯具移动后，其尾线插到就近的插座箱上。"葡萄架"上要设置一部分由 UPS 供电的插座箱，以保证供电的可靠性。该方案也全部采用 LED 灯具。

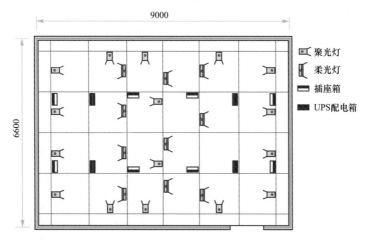

图 13－11 50m² 演播室灯具布置方案Ⅲ

（4）250m² 演播室灯具布置方案Ⅰ如图 13－12 所示，是 250m² 演播室的设计方案之一。该方案全部采用 LED 灯具。聚光灯为 LED－200W，柔光灯为 2×100W。悬吊装置采用水平吊杆，布光灵活，维护便利，投资较少。

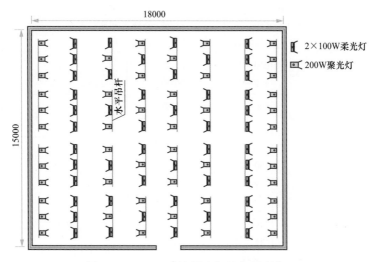

图 13－12 250m² 演播室灯具布置方案Ⅰ

（5）250m² 演播室灯具布置方案Ⅱ如图 13－13 所示，这是 250m² 演播室的另一个设计方案。该方案全部采用 LED 灯具。聚光灯为 LED－200W，柔光灯一部分为 2×100W 柔光灯，另一部分为 200W 反射式柔光灯。悬吊装置采用水平吊杆。该方案的优点是在演播室的侧面设置演区时，轮廓光的调整比较灵活。

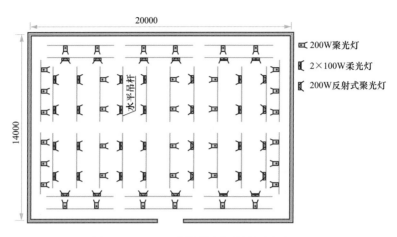

图 13 - 13　250m² 演播室灯具布置方案 Ⅱ

第五节　小型演播室常用灯光设备

本节选择介绍我国部分优秀企业生产或代理的演播室常用灯光设备，分别为灯具、悬吊装置、灯光控制台、网络传输信号设备、电缆等。需要时还可以通过网站查到更详细的资料。

表 13 - 4、表 13 - 5、图 13 - 14、图 13 - 15 为北京星光影视设备科技股份有限公司部分灯具产品。表 13 - 6、表 13 - 7、图 13 - 16、图 13 - 17 为杭州亿达时灯光设备有限公司部分灯具产品。表 13 - 8 为北京隆华时代文化发展有限公司部分灯具产品。

表 13 - 4　　　　北京星光影视设备科技股份有限公司部分灯具产品

序号	灯具名称	灯具型号	LED额定功率（W）	尺寸（mm×mm×mm）	质量（kg）	功能	测试距离（m）	中心照度（lx）	输入功率（W）	效能（W/lm）	色温（K）	显色指数 Ra	简图编号
1	LED 数字化天幕灯	WTST - LED - 10 × 32	320	610×222×485	13	天幕照明	2	747	350	30	2700 ~ 6000	>90	(a)
2	LED 数字化地排灯	WTSO - LED - 10 × 32	320	500×222×354	12	天幕照明	2	747	350	30	2700 ~ 6000	>90	(b)
3	LED 数字化柔光灯	WTSR - LED - 3 × 56	168	550×250×450	8	柔光	2.5	224	180	38	3050 ± 150 5600 ± 250	>85	(c)
4	LED 蜂眼平板柔光灯	WTSPS - LED - 100	90	494×132×362	12	柔光	4	407	100	100	3050 ± 150 5600 ± 250	>95	(d)
5	LED 凸聚光灯	WTPT - LED - 300	250	560×265×420	10	聚光	20	1360	300	30	3050 ± 150 5600 ± 250	>90	(e)

续表

序号	灯具名称	灯具型号	LED额定功率（W）	尺寸（mm×mm×mm）	质量（kg）	功能	测试距离（m）	中心照度（lm）	输入功率（W）	效能（W/lm）	色温（K）	显色指数 Ra	简图编号
6	LED数字化成像灯	WTSC－LED－300	250	680×300×420	10	成像	10	1365	300	32	3050±150 5600±250	>90	（f）
7	LED数字化聚光灯	WTSJS－LED－100/200	90/170	523×355×395	4.6/4.9	聚光	10	1100/2150	100/200	60/50	3050±150 5600±250	>90	（g）
8	LED数字化聚光灯	WTSJll－LED－200/300	180/250	500×360×480	95/10	聚光	10	1880/2430	200/300	45/40	3050±150 5600±250	>90	（h）
9	LED三动作数字化聚光灯	WTJSD－LED－100/200	90/170	664×378×561	9.5/10	聚光	10	1100/2150	100/200	60/50	3050±150 5600±250	>90	（i）
10	LED静音数字化聚光灯	WTJSJ－LED－100	90	500×360×480	9.5	聚光	10	1100	100	60	3050±150 5600±250	>90	（j）

表13－5　　　　北京星光影视设备科技股份有限公司部分吊挂产品

序号	名称	型号	电机功率（kW）	提升质量（kg）	杆长（m）	提升速度（m）	提升速度（m/min）	行走高度（m/min）	旋转速度（m/min）	旋转角度（°）	配置及功能	吊挂介质	简图编号
1	可移动旋转吊杆	GYDSZ.00	升降 1.1kW 旋转 0.25kW 行走 0.37kW	200	2.5～3	8～12	0.1～10		0.1～10	±180			（a）
2	蝶形翻转升降灯排	GHJ		1000	2.2	12	10						（b）
3	迷你水平吊杆	DSP－Ⅵ		100	2～4	6～8	10						（c）

续表

序号	名称	型号	电机功率（kW）	提升质量（kg）	杆长（m）	提升速度（m）	提升高度（m/min）	行走速度（m/min）	旋转速度（m/min）	旋转角度（°）	配置及功能			吊挂介质	简图编号
4	简易框架吊杆	GKJ		400～600	1.5×3.52×5	12～18	10.37								（d）
5	组接式回转升降灯排	GXZ		500			10		0.1～10	0～－45					（e）
6	垂直吊杆	GGZ		100～200		8～12	8								（f）
7	Ⅵ型水平吊杆	GSP－Ⅵ		400～600	2.5～6	8～12	10.37								（g）
8	Ⅴ型水平吊杆	GSP－Ⅴ		400～600	2.5～6	8～12	10.37								（h）
9	桁架型吊杆	GHJ		根据用户需要	6～22	根据建筑层高	0.2								（i）
10	电动景吊杆	GDJ		根据用户需要	6～22	根据建筑层高	0.01～0.8								（j）
11	挂式单轨方管（铰链）行车	GXCF（GXCJ）		60		2～6	6	6							（k）
12	工字轨	GGZ									单滑轮（4轮）	双滑轮（6轮）	铰链吊杆（3.8～6m）		（l）
13	王字轨	GHGW									单滑轮（6轮带刹车）	双滑轮（6轮带刹车）	铰链吊杆（3.8～6m）		（m）
14	王字轨	GHGW									单滑轮（4轮带刹车）	双滑轮（4轮，刹车可定制）	铰链吊杆（3.8～6m）		（n）

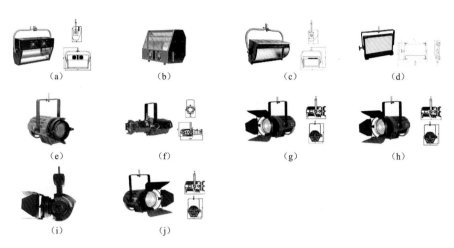

图 13 – 14　北京星光影视设备科技股份有限公司部分灯具产品简图

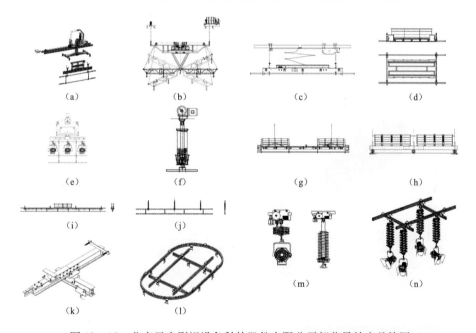

图 13 – 15　北京星光影视设备科技股份有限公司部分吊挂产品简图

表 13 – 6　　　　　　　　杭州亿达时灯光设备有限公司部分灯具产品

序号	灯具型号	LED额定功率（W）	尺寸（mm×mm×mm）	质量（kg）	功能	测试距离（m）	中心照度（lx）	输入功率（W）	效能（W/lm）	色温（K）	显色指数 Ra	简图编号
1	Source Four LED Series – 2 Lustr	150	631×338×434	8.3	通过更换镜头实现多种功能	6	1320	170	37.9	2700~6500	90	(a)
2	Source Four LED Studio HD	130	631×338×434	8.3	通过更换镜头实现多种功能	6	1207	150	40.8	2700~6500	94	(b)
3	Source Four LED Series – 2 DayLight HD	150	631×338×434	8.3	通过更换镜头实现多种功能	6	2342	195	50.5	2700~6500	91	(c)

续表

序号	灯具型号	LED额定功率（W）	尺寸（mm×mm×mm）	质量（kg）	功能	测试距离（m）	中心照度（lx）	输入功率（W）	效能（W/lm）	色温（K）	显色指数 Ra	简图编号
4	Source Four LED Series – 2 Tungsten HD	150	631×338×434	8.3	通过更换镜头实现多种功能	6	2025	180	48.7	2700~6500	94	（d）
5	GolorSource Spot	150	672×339×593	7.7	通过更换镜头实现多种功能	6	1323	160	38.2	2700~6500	85	（e）
6	GolorSource PAR	80	240×203×310	3.8	聚光染色	6	1276	90	32.0	2700~6500	85	（f）
7	D40 Vivid	100	365×270×490	6.4	聚光染色	6	2743	110	26.5	2700~6500	90	（g）
8	Zylight F8 – D	100	382×319×97	4.3	聚光柔光	6	16°柔聚 1460 70°柔散 129	110	41.7	5600	95	（h）

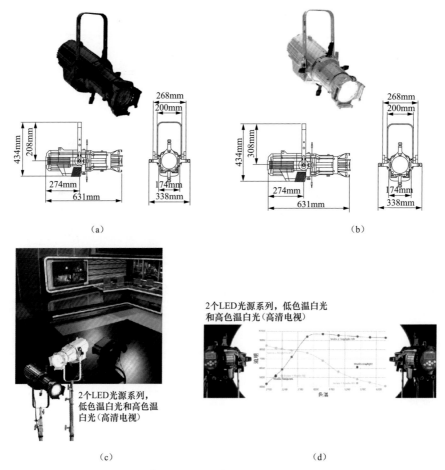

图 13 – 16　杭州亿达时灯光设备有限公司部分灯具产品（一）

(e)

(f)

(g)

(h)

图 13 – 16 杭州亿达时灯光设备有限公司部分灯具产品（二）

表 13 – 7 杭州亿达时灯光设备有限公司部分灯光控制台产品

序号	功能及应用	型号			
		SmartFade 控制台	Element 控制台	ION 控制台	GIO 控制台
1	主要功能	（1）以控制传统灯具为主； （2）控制多达 24 台电脑灯； （3）多国语言：英、法、德、西	（1）以控制传统灯具为主； （2）可控制电脑灯、LED 灯等； （3）支持多种语言、中文操作界面	（1）可控制传统灯具、电脑灯、LED 灯媒体服务器等； （2）支持多国语言、中文操作界面； （3）可选择实时同步冗余备份	（1）可控制传统灯具、电脑灯、LED 灯及媒体服务器等； （2）支持多国语言、中文操作界面； （3）可选择实时同步冗余备份
2	应用场所	小演播室、展馆、发布会、宴会厅	中演播室、小剧场、展会、流动演出	剧院、电视演播室、展会、流动演出	大剧院、大演播室、大型晚会等
3	主要性能	（1）48 或 96 个光路； （2）512 或 1024 个输出； （3）24 或 48 个单/集控推杆、可翻 12 页； （4）1 对主重演推杆	（1）250 或 500 光路，1024 个输出； （2）40 或 60 个单/集控推杆、可翻 30 页； （3）ETCNet2、Net3、ACN、ArtNet，支持 ROM	（1）16000 个光路，1024 或 6144 个输出； （2）可配 20 或 40 个推杆侧翼，多达 240 个，可翻 30 页； （3）ETCNet2、Net3、ACN、ArtNet，支持 ROM； （4）兼容其他厂家表演文件； （5）4 个独立用户，10000 个场； （6）现场灯位图、所见即所得； （7）支持多点触摸屏； （8）主机、推杆翼可拼接也可分开使用	（1）16000 个光路，2048 至 32768 个输出； （2）10 个电动推杆，可翻 30 页，可外接推杆侧翼； （3）ETCNet2、Net3、ACN，支持 ROM； （4）兼容其他厂家表演文件； （5）12 个独立用户； （6）可分区控制，10000 场； （7）现场灯位图，所见即所得； （8）2 个多点触摸屏，可外接 3 个多点触摸屏
4	外形尺寸（宽×深×高，mm×mm×mm）	457×254×64	636×455×130	455×462×132	774.7×589.28×276.86
5	质量（kg）	3	13.6	9.23	20.5

序号	功能及应用	型号			
		SmartFade 控制台	Element 控制台	ION 控制台	GIO 控制台
6	简图				

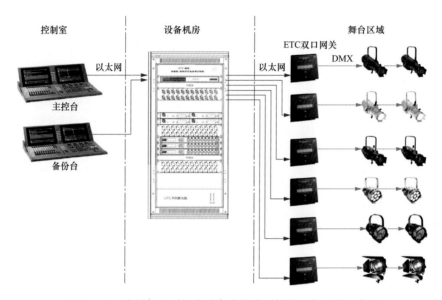

图 13-17　杭州亿达时灯光设备有限公司控制网络系统示意图

表 13-8　　　　　　北京隆华时代文化发展有限公司部分灯具产品

序号	参数　类别	8°定焦成像灯	10°~20°成像灯	300W 变焦聚光灯	300W 车展灯
1	型号	ZS - F	ZS - A	ZS - W	ZS - U
2	光源功率（W）	200	200	300	300
3	输入功率（W）	220	220	322	322
4	有效光通量（lm）	3942	5161	8475	12025
5	效能（lm/W）	17.9	23.46	26.3	37.4
6	测试距离（m）	10	10	10	10
7	中心照度（lx）	3290	2422	1359	2650
8	光源色温（K）	3200	3200	3200	7000
9	光源显色指数 Ra	96	96	96	72
10	灯具质量（kg）	11.5	13	8.5	8.5
11	尺寸（长×宽×高，mm×mm×mm）	800×310×515	840×330×525	460×300×415	460×300×415

续表

序号	参数 \ 类别	8°定焦成像灯	10°~20°成像灯	300W 变焦聚光灯	300W 车展灯
12	灯具简图				

第十四章
体育场馆照明

编者：李炳华　　　校审者：徐　华

　　体育运动由于受到空间与范围、运动方向和速度等多方面的影响，场地照明比其他照明有更高的要求。高照度（水平照度、垂直照度）、高照度均匀度、低眩光、适宜的光源色度参数等都是场地照明所必须达到的。通常，运动场地面积大、多是高大空间。要满足上述要求，必须采用有针对性的照明器件，及特殊的照明处理方法。图 14-1 为水立方和鸟巢的夜景（本章照片除注明外，均由作者拍摄）。运动与照明的关系参见表 14-1。

图 14-1　水立方和鸟巢夜景

表 14-1　　　　　　　　　　　　　　运 动 与 照 明 的 关 系

类别	描　　　述
运动空间与照明	地面运动要求地面上的光分布要均匀；空间运动要求在距地面的一定空间内，光的分布非常均匀
运动方向与照明	多方向的运动项目除了要求良好的水平照度外，还要求有良好的垂直照度，并且灯具的指向必须避免对运动员、观众、主摄像机造成的直接眩光
运动速度与照明	一般来说，运动速度越高，照明要求越高，但单方向的高速运动所要求的照度可适当降低
运动等级与照明	一般同一运动项目比赛级别越高其所要求的照明标准及指标越高
运动场地范围与照明	比赛场地分为主赛区 PA 和总赛区 TA。PA 是运动场地画线范围内的区域，其照明必须达到一定的照度值。TA 包含 PA 及 PA 外围的运动空间，TA 也有最低照明的要求

续表

类别	描 述
彩色电视转播与照明	一般来说场地照明必须满足运动员正常比赛、现场观众、媒体摄影及摄像三个方面的要求。电视转播商是为满足广大电视观众的感受要求，而现场观众的感受放在了次要地位。同时要求水平照度、垂直照度及摄像机全景画面时的亮度必须保持变化的一致性。运动场地、观众席的照度变化率，不得超过某一数值，这样才能适应彩色电视的摄像要求
运动项目与照明	由于各种运动项目的运动空间、运动方向、运动范围、运动速度都有较大的差别，所以对照明的要求就出现很大差别。国内、国际许多标准都针对各种体育运动项目给出了相应的照明标准和指标

要做好场地照明设计，必须研究场地照明标准，我国相关标准主要有：GB 50034《建筑照明设计标准》、JGJ 31《体育建筑设计规范》、JGJ 354《体育建筑电气设计规范》、JGJ 153《体育场馆照明设计及检测标准》。国内外场地照明的标准、设计方法、检测等方面内容可以参考中国电力出版社出版发行的《体育照明设计手册》。

第一节 场地照明标准

综合我国体育建筑相关标准，体育场馆根据使用功能和电视转播要求可按表 14 - 2 进行使用功能分级。

表 14 - 2 体育场馆使用功能分级

等级	使用功能	电视转播要求
I	训练和娱乐活动	无电视转播
II	业余比赛、专业训练	
III	专业比赛	
IV	TV 转播国家、国际比赛	有电视转播
V	TV 转播重大国际比赛	
VI	HDTV 转播重大国际比赛	
—	TV 应急	

注 表中 HDTV 指高清晰度电视。

需要说明，不同标准使用功能分级有所不同，如国际足联 FIFA、国际田联 IAAF 采用 5 个等级，与我国标准有差别。

一、我国场地照明的标准值

综合 JGJ 354—2014《体育建筑电气设计规范》、JGJ 153—2007《体育场馆照明设计及检测标准》、TY/T 1002.1—2005《场地照明使用要求及检验方法 第 1 部分：室外足球场和综合体育场》等标准，将相关指标逐一介绍。

1. 水平照度

场地照明的水平照度标准值需符合表 14 - 3 的规定。

表 14 – 3　　　　　　　　　　　　　　　水 平 照 度 标 准 值

等级　　　　　　　运动项目	I 训练和娱乐活动	II 业余比赛、专业训练	III 专业比赛	IV TV 转播国家、国际比赛	V TV 转播重大国际比赛	VI HDTV 转播重大国际比赛	— TV 应急
田径、足球、马术、游泳、跳水、水球、花样游泳	200	300	500				
场地自行车	200	500	750				
曲棍球、速度滑冰、击剑、举重、体操、艺术体操、技巧、蹦床、手球、室内足球、篮球、排球	300	500	750				
摔跤、柔道、跆拳道、武术、冰球、花样滑冰、冰上舞蹈、短道速滑、乒乓球	300	500	1000				
拳击	500	1000	2000				
羽毛球	300	750/500	1000/750				
网球	300	500/300	750/500				
棒球、垒球	300/200	500/300	750/500				
射击、射箭　射击区、弹（箭）道区	200	200	300	500	500	500	—

注　表中同一格有两个值时，"/"前为主赛区 PA 的值或棒球、垒球内场的值，"/"后为总赛区 TA 的值或棒球、垒球外场的值。

2. 垂直照度

III 级及以下等级可不考核场地照明的垂直照度，垂直照度标准值需符合表 14 – 4 的规定。

表 14 – 4　　　　　　　　　　　　　　　垂 直 照 度 标 准 值

等级　　　　　　　运动项目	IV TV 转播国家、国际比赛 E_{vmai}	IV E_{vaux}	V TV 转播重大国际比赛 E_{vmai}	V E_{vaux}	VI HDTV 转播重大国际比赛 E_{vmai}	VI E_{vaux}	— TV 应急 E_{vmai}	— E_{vaux}
田径、篮球、排球、手球、室内足球、体操、艺术体操、技巧、蹦床、游泳、跳水、水球、花样游泳、场地自行车、马术	1000	750	1400	1000	2000	1400	750	—
足球、乒乓球、击剑、冰球花样滑冰、冰上舞蹈、短道速滑、速度滑冰、曲棍球	1000	750	1400	1000	2000	1400	1000	—
羽毛球、网球、棒球、垒球	1000/750	750/500	1400/1000	1000/750	2000/1400	1400/1000	1000/750	—
拳击	1000	1000	2000	2000	2500	2500	1000	—
摔跤、柔道、跆拳道、武术	1000	1000	1400	1400	2000	2000	1000	—
举重	1000	—	1400	—	2000	—	750	—

注　1. 表中同一格有两个值时，"/"前为主赛区 PA 的值或棒球、垒球内场的值，"/"后为总赛区 TA 的值或棒球、垒球外场的值。

2. E_{vmai} 为主摄像机方向上的垂直照度；E_{vaux} 为辅摄像机方向上的垂直照度。

射击、射箭项目比较特殊，其的靶心垂直照度标准值应为：Ⅲ级及以下1000lx；Ⅳ级和Ⅴ级1500lx；Ⅵ级2000lx。

3. 均匀度

场地照明的水平照度均匀度标准值应符合表14-5的规定。

表14-5　　　　　　　　　　水平照度均匀度标准值

等级 运动项目	Ⅰ 训练和娱乐活动	Ⅱ 业余比赛、专业训练	Ⅲ 专业比赛	Ⅳ TV转播国家、国际比赛	Ⅴ TV转播重大国际比赛	Ⅵ HDTV转播重大国际比赛	一 TV应急
田径、足球	-/0.3	-/0.5	0.4/0.6	0.5/0.7	0.6/0.8	0.7/0.8	0.5/0.7
曲棍球、马术、场地自行车、速度滑冰、冰球 花样滑冰、冰上舞蹈、短道速滑、体操、艺术体操、技巧、蹦床、手球、室内足球、篮球、排球	-/0.3	0.4/0.6	0.5/0.7	0.5/0.7	0.6/0.8	0.7/0.8	0.5/0.7
游泳、跳水、水球、花样游泳	-/0.3	0.3/0.5	0.4/0.6	0.5/0.7	0.6/0.8	0.7/0.8	0.5/0.7
乒乓球	-/0.5	0.4/0.6	0.5/0.7	0.5/0.7	0.6/0.8	0.7/0.8	0.5/0.7
棒球、垒球	-/0.3	0.4（0.3）/0.6（0.5）	0.5（0.4）/0.7（0.6）	0.5（0.4）/0.7（0.6）	0.6（0.5）/0.8（0.7）	0.7（0.6）/0.8（）0.8	0.5（0.4）/0.7（0.6）
网球	-/0.5	0.4（0.3）/0.6（0.5）	0.5（0.4）/0.7（0.6）	0.5（0.4）/0.7（0.6）	0.6（0.5）/0.8（0.7）	0.7（0.6）/0.8（0.7）	0.5（0.4）/0.7（0.6）
羽毛球	-/0.5	0.5（0.4）/0.7（0.6）	0.5（0.4）/0.7（0.6）	0.5（0.4）/0.7（0.6）	0.6（0.5）/0.8（0.7）	0.7（0.6）/0.8（0.7）	0.5（0.4）/0.7（0.6）
射击、射箭	-/0.5	-/0.5	-/0.5	0.4/0.6	0.4/0.6	0.4/0.6	
击剑	-/0.5	0.5/0.7	0.5/0.7	0.5/0.7	0.6/0.8	0.7/0.8	0.5/0.7
举重、柔道、摔跤、跆拳道、武术	-/0.5	0.4/0.6	0.5/0.7	0.5/0.7	0.6/0.8	0.7/0.8	0.5/0.7
拳击	-/0.7	0.6/0.8	0.7/0.8	0.7/0.8	0.7/0.8	0.7/0.8	0.6/0.8

注　表中同一格内，"/"前为 U_1 值，指照度均匀度， U_1 =最小值/最大值；"/"后为 U_2 值， U_2 =最小值/平均值；"（）"内为总赛区TA的值或棒球、垒球外场的值，"（）"外为主赛区PA的值或棒球、垒球内场的值。

场地照明的垂直照度均匀度标准值应符合表14-6和表14-7的规定。

表 14-6　　　　　　　　　　　　　　　垂直照度均匀度标准值

等级 运动项目	IV TV 转播国家、国际比赛		V TV 转播重大国际比赛		VI HDTV 转播重大国际比赛		— TV 应急
	U_{vmai}	U_{vaux}	U_{vmai}	U_{vaux}	U_{vmai}	U_{vaux}	U_{vmai}
网球、垒球、棒球、羽毛球	0.4（0.3）/ 0.6（0.5）	0.3（0.3）/ 0.5（0.4）	0.5（0.3）/ 0.7（0.5）	0.3（0.3）/ 0.5（0.4）	0.6（0.4）/ 0.7（0.6）	0.4（0.3）/ 0.6（0.5）	0.4（0.3）/ 0.6（0.5）
足球、曲棍球、冰球花样滑冰、冰上舞蹈、短道速滑、乒乓球	0.4/0.6	0.3/0.5	0.5/0.7	0.3/0.5	0.6/0.7	0.4/0.6	0.4/0.6
田径、手球、室内足球、篮球、排球、马术、场地自行车、速度滑冰、游泳、跳水、水球、花样游泳、体操、艺术体操、技巧、蹦床	0.4/0.6	0.3/0.5	0.5/0.7	0.3/0.5	0.6/0.7	0.4/0.6	0.3/0.5
举重	0.4/0.6		0.5/0.7		0.6/0.7		0.3/0.5
柔道、摔跤、跆拳道、武术	0.4/0.6	0.4/0.6	0.5/0.7	0.5/0.7	0.6/0.7	0.7/0.7	0.4/0.6
拳击	0.4/0.6	0.4/0.6	0.6/0.7	0.6/0.7	0.7/0.8	0.7/0.8	0.4/0.6

注　表中同一格内，"/"前为 U_1 值，"/"后为 U_2 值；"（）"内为总赛区 TA 的值或棒球、垒球外场的值，"（）"外为主赛区 PA 的值或棒球、垒球内场的值。

表 14-7　　　　　　　　　　　　　　　垂直照度均匀度标准值

等级	使用功能	击剑				射击、射箭	
		U_{vmai}		U_{vaux}		U_{vaux}	
		U_1	U_2	U_1	U_2	U_1	U_2
I	训练和娱乐活动	—	0.3	—	—	0.6	0.7
II	业余比赛、专业训练	0.3	0.4	—	—	0.6	0.7
III	专业比赛	0.3	0.4	—	—	0.6	0.7
IV	TV 转播国家、国际比赛	0.4	0.6	0.3	0.5	0.7	0.8
V	TV 转播重大国际比赛	0.5	0.7	0.3	0.5	0.7	0.8
VI	HDTV 转播重大国际比赛	0.6	0.7	0.4	0.6	0.7	0.8
—	TV 应急	0.4	0.6	—	—		

4. 光源色度参数

场地照明光源的显色指数不小于 65、相关色温在 3500～6500K。具体与赛事等级、电视转播情况、运动项目等各不相同。

5. 眩光

眩光指数 GR 限值应符合表 14-8 的规定。

表 14 – 8　　　　　　　　　　　　　　眩 光 指 数 限 值

场馆类型	室内	室外
比赛	≤30	≤50
训练、娱乐	≤35	≤55

6. 照明计算

照明计算时维护系数值需按下列要求取值：

（1）室内场所维护系数 0.8；

（2）一般室外场所维护系数 0.8，污染严重地区取 0.7；

（3）对于多雾地区的室外体育场要计入大气的影响，大气吸收系数宜按表 14 – 9 的要求取值；

表 14 – 9　　　　　　　　　　　　　大气吸收系数的数值

多雾等级	大气吸收系数 Ka	多雾等级	大气吸收系数 Ka
轻	<6%	较严重	11% ~ 14%
较轻	6% ~ 8%	严重	>15%
一般	8% ~ 11%		

（4）设计照度值的允许偏差不宜超过照度标准值 +10%。

二、国际场地照明的标准值

1. 国际足联标准

最新的国际足联标准是 2011 年版的 FIFA《足球场》，其中第 9 章是场地照明，其足球场地的照明标准值见表 14 – 10。

表 14 – 10　　　　　　　　　　　　足球场地的照明标准值

比赛等级		计算朝向	水平照度			垂直照度			光源	
			E_h	照度均匀度		E_v	照度均匀度		相关色温	一般显色指数
			(lx)	U_1	U_2	(lx)	U_1	U_2	T_{cp}（K）	Ra
没有电视转播	Ⅰ	训练和娱乐	200	—	0.5				> 4000	≥65
	Ⅱ	联赛和俱乐部比赛	500	—	0.6				> 4000	≥65
	Ⅲ	国内比赛	750	—	0.7				> 4000	≥65
有电视转播	Ⅳ	国内比赛	固定摄像机 2500	0.6	0.8	2000	0.5	0.65	> 4000	≥65
			场地摄像机			1400	0.35	0.6		
	Ⅴ	国际比赛	固定摄像机 3500	0.6	0.8	> 2000	0.6	0.7	> 4000	≥65
			场地摄像机			1800	0.4	0.65		

注　1. 表中照度值为维持照度值。

　　2. E_v 为固定摄像机或场地摄像机方向上的垂直照度，手持摄像机和摇臂摄像机统称为场地摄像机。

　　3. 各等级场地内的眩光值应为 $GR \leqslant 50$。

　　4. 维护系数不宜小于 0.7。

　　5. 推荐采用恒流明技术。

需要说明，该标准一直由足球发达国家参与编制，这些国家足球比赛等级及体系非常完善。表中第Ⅲ等级"国内比赛"与我国的"专业比赛"接近；第Ⅱ等级的"联赛和俱乐部比赛"属于低级别的比赛，与我国"业余比赛、专业训练"相似。

2. 国际田联标准

国际田径联合会 IAAF 的最新标准于 2008 年颁布，即《国际田联田径设施手册》2008年版，其中 5.1 节是关于场地照明，其田径场地的照明标准值见表 14-11。

表 14-11　　　　　　　　　　　　田径场地的照明标准值

比赛等级			计算朝向	水平照度			垂直照度			光源	
				E_h	照度均匀度		E_v	照度均匀度		相关色温	一般显色指数
				(lx)	U_1	U_2	(lx)	U_1	U_2	T_{cp} (K)	Ra
没有电视转播	Ⅰ	娱乐和训练		75	0.3	0.5	—	—	—	>2000	>20
	Ⅱ	俱乐部比赛		200	0.4	0.6	—	—	—	>4000	≥65
	Ⅲ	国内、国际比赛		500	0.5	0.7	—	—	—	>4000	≥80
有电视转播	Ⅳ	国内、国际比赛+TV应急	固定摄像机	—	—	—	1000	0.4	0.6	>4000	≥80
	Ⅴ	重要国际比赛，如世锦赛和奥运会	慢动作摄像机	—	—	—	1800	0.5	0.7	>5500	≥90
			固定摄像机	—	—	—	1400	0.5	0.7	>5500	≥90
			移动摄像机	—	—	—	1000	0.3	0.5	>5500	≥90
			终点摄像机	—	—	—	2000				

注　1. 各等级场地内的眩光值应为 $GR \leqslant 50$。

　　2. 对终点摄像机来说，终点线前后 5m 范围内的 U_1 和 U_2 不应小于 0.9。

　　3. 表中的照度值是最小维持平均照度值，初设照度值应不低于表中照度值的 1.25 倍。

与足球相类似，田径国际标准也是由欧美发达国家进行编制，田径各等级比赛比较完善。表 2 中第Ⅲ等级"国内、国际比赛"尽管没有电视转播，但它是专业比赛，与我国的"专业比赛"等级接近；第Ⅱ等级的"俱乐部比赛"也是低级别的比赛，属于业余比赛，与我国"业余比赛、专业训练"等级相似。

3. 国际网球联合会关于网球场地照明标准

国际网球联合会关于网球的照明要求见表 14-12。

表 14-12　　　　　　　　　国际网联的网球场照明参数推荐值

娱乐、健身用的网球场照明标准										
分类		E_h (lx)		E_h 均匀度				GR_{max}	Ra	T_k (K)
				U_1		U_2				
		PPA	TPA	PPA	TPA	PPA	TPA			
室外	标准	150	125	0.3	0.2	0.6	0.5	50	≥20(65)	2000
	高级	300	250	0.3	0.2	0.6	0.5	50	≥20(65)	2000
室内	标准	250	200	0.3	0.2	0.6	0.5	50	≥65	4000
	高级	500	400	0.3	0.2	0.6	0.5	50	≥65	4000

续表

室外网球照明标准												
分类	E_h（lx）		E_v（lx）		E_h 均匀度				E_v 均匀度				T_k（K）
					U_1		U_2		U_1		U_2		
	PPA	TPA	PPA	TPA	PPA	TPA	PPA	TPA	PPA	TPA	PPA	TPA	
训练	250	200	—	—	0.4	0.3	0.6	0.5	—	—	—	—	2000
国内比赛	500	400	—	—	0.4	0.3	0.6	0.5	—	—	—	—	4000
国际比赛	750	600	—	—	0.4	0.3	0.6	0.5	—	—	—	—	4000
摄像距离 25m	—	—	1000	700	0.5	0.3	0.6	0.5	0.5	0.3	0.6	0.5	4000/5500
摄像距离 75m	—	—	1400	1000	0.5	0.3	0.6	0.5	0.5	0.3	0.6	0.5	4000/5500
HDTV	—	—	2500	1750	0.7	0.6	0.8	0.7	0.7	0.6	0.8	0.7	4000/5500

室内网球照明标准												
分类	E_h（lx）		E_v（lx）		E_h 均匀度				E_v 均匀度				T_k（K）
					U_1		U_2		U_1		U_2		
	PPA	TPA	PPA	TPA	PPA	TPA	PPA	TPA	PPA	TPA	PPA	TPA	
训练	500	400	—	—	0.4	0.3	0.6	0.5	—	—	—	—	4000
国内比赛	750	600	—	—	0.4	0.3	0.6	0.5	—	—	—	—	4000
国际比赛	1000	800	—	—	0.4	0.3	0.6	0.5	—	—	—	—	4000
电视 25m	—	—	1000	700	0.5	0.3	0.6	0.5	0.5	0.3	0.6	0.5	4000/5500
电视 75m	—	—	1400	1000	0.5	0.3	0.6	0.5	0.5	0.3	0.6	0.5	4000/5500
HDTV	—	—	2500	1750	0.7	0.6	0.8	0.7	0.7	0.6	0.8	0.7	4000/5500

注　1. $GR \leqslant 50$。$Ra \geqslant 65$，彩色电视/HDTV/电影转播最好 $Ra \geqslant 90$，色温 $T_k = 5500K$。

　　2. 表中括号内数为最佳值。

4. 国际篮联的照明标准

国际篮联 FIBA 于 2004 年颁布的标准——Official Basketball Rules 2004，Basketball Equipment，其照明要求见表 14-13。

表 14-13　　　　　　　　　　　国际篮联的照明标准

比赛等级	摄像类型	照度		照度均匀度		光源色度参数	
		E_{ave}（lx）	$U_G/2m$	U_1	U_2	色温 T_k（K）	显色指数
等级1	Slo-mo $E_{cam.FOV}$	1800	5%	0.5	0.7	$3000 \leqslant T_k < 6000$	$Ra \geqslant 90$
	SDTV $E_{cam.FOV}$	1400	5%	0.5	0.7		
	水平	1500~3000	5%	0.6	0.7		
等级2	SDTV $E_{cam.FOV}$	1400	5%	0.5	0.7	$3000 \leqslant T_k < 6000$	$\geqslant 90$
	水平	1500~2500	5%	0.6	0.7		
等级3	$E_{cam.FOV}$	1000	10%	0.5	0.6	$3000 \leqslant T_k < 6000$	$\geqslant 80$
	水平	1000~2000	10%	0.6	0.7		

注　Slo-mo 表示三倍速率的慢动作摄像机；SDTV 表示标准摄像机；对于单反摄像机而言，色温最好为5500~6000K。$E_{cam.FOV}$——摄像机覆盖范围内摄像机方向的照度，E_{ave}——平均照度，U_G——照度梯度，$U_G/2m$ 表示每2m照度梯度的百分数。

5. 奥运会游泳、跳水等标准

奥运会游泳比赛的照明标准见表 14-14。

表 14-14   奥运会关于游泳的照明标准

部位	照度（lx）		照度均匀度（最小值）			
	$E_{\text{v-cam-min}}$	$E_{\text{h-ave}}$	水平方向		垂直方向	
			$E_{\min}/E_{\max}$	$E_{\min}/E_{\text{ave}}$	$E_{\min}/E_{\max}$	$E_{\min}/E_{\text{ave}}$
比赛场地	1400	参见比率	0.7	0.8	0.6	0.7
全赛区	1400	参见比率	0.6	0.7	0.4	0.6
隔离区		参见比率	0.4	0.6		
观众席（C1 号摄像机）	参见比率				0.3	0.5
比率						
$E_{\text{h-ave-FOP}}/E_{\text{v-ave-cam-FOP}}$			≥0.75 且 ≤1.5			
$E_{\text{h-ave-deck}}/E_{\text{v-ave-cam-deck}}$			≥0.5 且 ≤2.0			
FOP 计算点四个平面 E_{v} 最小值与最大值的比值			≥0.6			
$E_{\text{v-ave-spec}}/E_{\text{v-ave-cam-FOP}}$			≥0.1 且 ≤0.25			
$E_{\text{v-min-TRZ}}$			≥$E_{\text{v-ave-C\#1-FOP}}$			
均匀度变化梯度（最大值）						
$U_{\text{G-FOP}}$（2m 和 1m 格栅）			≤20%			
$U_{\text{G-deck}}$（4m 格栅）			≤10%			
U_{G}-观众席（正对 1 号摄像机）			≤20%			
光源						
CRI Ra			≥90			
T_{k}			5600K			
镜头频闪-眩光指数 GR						
固定摄像机的眩光指数			≤40（最好≤30）			

注　$E_{\text{v-cam-min}}$—摄像机方向最小垂直照度；FOP—用于比赛区域的场地赛道区域；cam—摄像机；spec—观众；C1—主摄像机；ave—平均照度；U_{G}—均匀度梯度；deck—跳板、跳台；TRZ—底线和跳板边线。

第二节　体育场照明

一、概述

体育场照明设计主要是为满足足球、田径、橄榄球、曲棍球等运动的需要。足球运动因球的运行不仅在地面上，同时还在距地 10~30m 的空间进行。因此在一定的空间高度的各个方向上要保持一定的亮度，一般足球场上空 15m 以下空间的光分布要非常均匀。

田径比赛大部分在距地面约 3m 高度的范围内进行，这类运动设施的照明主要是满足地面上的光分布均匀的要求。标枪、铁饼、链球等项目运动高度可达 20m，原来这类项目往往不在晚上举行，但现在这些运动晚上举行的较多，而且往往是决赛或资格赛，重要程度可见一斑。因此场地照明必须满足这类项目的需求。

为了适合彩色电视实况转播尤其高清电视转播的要求，运动员和场地以及观众之间的亮度比率应具有一定数值。

二、体育场照明要求

要做好一个体育场照明设计，设计者首先必须了解和掌握体育场照明要求：应有足够的照度和照度的均匀度，无眩光照明，适当的阴影效果，光源色度参数的正确性等。

1. 照度要求

彩色电视转播照明应以场地的垂直照度为设计的主要指标，场地照明一般必须满足运动员、裁判员、观众和摄像机四方面的要求。为此要求水平照度、垂直照度及摄像机拍摄全景画面时的亮度，必须保持变化的一致性。运动员、场地和观众之间的亮度变化比率不得超过某一数值（对摄像机摄像质量有影响的数值），这样才能适应彩色电视摄像要求。

彩色电视转播照度的要求比黑白电视高，高清电视转播要求的照度又高于标清的彩电转播，超高清电视转播现在也在试验中，对照明要求将会更高。另外，照度与电视画面的画幅有密切的关系，照度低，那么电视转播仅限于摄取全景；如果照度高，既可摄取全景又能拍摄特写镜头，从而使电视播送更生动。

2. 照度均匀度

对均匀度的要求主要源于电视摄像机的要求，而不相称的均匀度，也会给运动员和观众带来视觉上的痛苦。照度均匀度规定为表面上的最小照度（E_{min}）与最大照度（E_{max}）之比（U_1），最小照度（E_{min}）与平均照度（E_{ave}）之比（U_2）。均匀度用来控制整个场地上的视看状况，U_1 有利于视看功能。U_2 有利于视觉舒适。

在和镜头轴线的主要方向相垂直的比赛场地上 $1.0 \sim 1.5m$ 高的范围内测得的平均照度应不低于 1400lx，实际上 1000lx 对摄影也是可能的。

对于一个面积相当大的体育场地（如球场周围加上跑道，面积为 $120m \times 200m$）来说，其水平照度的均匀度不如其中足球场地的均匀度。既要能保持转播所需的照度梯度，又要满足照度均匀度的要求，才能保证电视摄像机能摄取优质的电视画面。

运动员的动作越迅速、运动器具越小，对于垂直照度、照度均匀度及照度梯度要求就越严格。

彩色转播足球比赛时，水平面或垂直面上相邻网格点间的照度变化率每 5m 不应超过 20%，非彩电转播时不应超过 50%。

3. 亮度和眩光

电视摄像机的作用与人的视觉有些相似，摄像机和人眼都是以感觉照明的强度作为亮度，因此，画面对比以及其背景，对于画面质量来说都是最重要的。一方面由于缺乏充分的对比，好的画面就不能取得；另一方面由于难以处理明暗，同样也妨碍高质量画面的产生。

亮度和眩光对运动员和观众的视觉舒服与否都是很重要的，考虑到要避免太暗的背景，一部分光线应当射向看台，观众席座位面的平均水平照度应满足 100lx 的要求，主席台面的照度不宜低于 200lx。靠近比赛区前 12 排（15 排）观众席的垂直照度不宜小于场地垂直照度的 25%。这不仅使对面看台上观众眩光减少，而且电视画面也因为有了一个明亮的看台背景，使画面质量更为有利。

总的来说，眩光在很大程度上是由照明设施的亮度、灯具布置的实体角、发光的面积、灯具的方向与正常观看方向之间的角度、照明设施亮度与其观看时的背景亮度之间的关系、以及人眼适应的条件（主要系由视野亮度来决定）等一系列因素来决定。如果要获得舒适的观看条件，必须使得视野内直接亮度不超过背景可依据的某一亮度值。

眩光问题，只要协调好观众、运动员之间的矛盾就能解决。这一协调工作由设计师来完成，即设计时就应当考虑投光灯的光线分布、安装方案、灯悬挂高度以及其他因素。宽光束的投光灯容易获得场地的均匀效果，但会增加对看台上的观众的眩光，因此，适当选用中等光束和窄光束投光灯相结合的方案来解决眩光问题。投光灯分类、光束角的关系见表 14 - 15。

表 14 - 15　　　　　　　　　　　投 光 灯 灯 具 分 类

光束角	光束类型	光束角	光束类型
10°以下	特窄光束	25°～40°	中等光束
10°～25°	窄光束	40°以上	宽光束

4. 阴影影响

亮度对比强，同时又有阴影，则有碍于电视摄像机的正确调整，因而会影响电视画面的质量。过于黑暗也会降低视觉的舒适。另一方面，阴影对电视转播和观众来说却又很重要，特别是当具有快速动作的高速传球特点的足球比赛时，如果有阴影的影响，距球远的观众是无法跟踪上目标的。可以细致地调整投光灯，同时避免影响照明的不利因素就可以改善或消除阴影的影响。但是有雨棚的体育场阳光下的阴影是很难避免的，即使使用人工照明进行补光也无济于事。图 14 - 2 为慕尼黑安联体育场日光下的阴影。

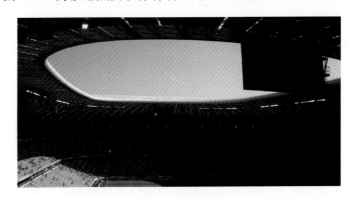

图 14 - 2　慕尼黑安联体育场日光下的阴影

5. 颜色校正

颜色较正对观众和彩色电视转播都很重要。电视摄像机色温在很大范围内能够加以调节，可以使用色温 3000～6000K 的光源进行电视转播。但是，体育场是室外运动场，在选择光源时，要考虑日光的色温，即 5000～6000K。可能发生这种情况，比赛在日光下开始，而在夕阳西下时，即在冷光照明下结束（通常用"全天候"这一词来形容这一情况）。在夕阳和人工照明双重光线下，要求日光色温与人工照明光源的色温相一致，这样电视摄像机可以进行连续转播，由日光顺利过渡到人工照明。

金属卤化物灯在场地照明中应用极为广泛，其具有 4000～6000K 的色温，完全可以满足室外彩色电视转播的需求。近年来，LED 在场地照明中得到试验性的应用，效果良好，大有取代金卤灯之势，其对色温要求更为宽泛，但对显色性的研究还在进行中。

三、对照明质量其他方面的要求

1. 立体感

立体感是指光照射在物体（即运动员和运动器具）上时所产生的效果，使物体的形体细部和轮廓都能看得清晰。如在判断距离和速度时，很大程度上取决于对物体形状能够清楚地辨认。要取得良好的立体感，就必须从物体的各侧都要有光，但并不要绝对均匀。立体感要把握好度，没有立体感则转播的电视画面比较生硬、呆板；过度强调立体感则会产生类似重点照明中的戏曲效果，被照的人和物将会产生较严重的亮斑和阴影，电视转播将不会清晰，转播效果将大打折扣。对于重要赛事，需要认真对待立体感问题。以奥运会为例，要求场地照明从不同方向照射到场地内，且场地内每个计算点的四个方向（平行于边线和底线）垂直照度的最小值与最大值之比不小于 0.6。

2. 频闪效应

频闪效应是在以一定频率变化的光照射下，观察到物体运动显现出不同于其实际运动的现象，通常的表现形式有抖动、闪动等。频闪效应对电视转播影响较大，可以想象，如果电视画面出现抖动、闪动等现象，电视观众将无法接受，电视广告、电视转播权等电视转播经济将会受到重大影响。尤其当今已经进入 LED 照明时代，频闪效应更加突出，大大影响转播的效果，尤其对高清电视转播、慢动作等影响更大。

国际上频闪效应的定量研究尚处在初级阶段，其定义尚没达成一致，有不同的定义方法。北美照明工程协会（The Illuminating Engineering Society of North America）第 10 版的《IES 照明手册》（IES Lighting Handbook）给出了两个描述频闪效应的概念。频闪比是描述频闪效应的方法之一，即在某一频率下，输出光通最大值与最小值之差比输出光通最大值与最小值之和，用百分比表示。如图 14 - 3 所示，Φ_A 和 Φ_B 分别是一个周期内的光通量的最大值和最小值，频闪比 $R_f = (\Phi_A - \Phi_B)/(\Phi_A + \Phi_B)$。频闪比的描述见表 14 - 16，因此，场地照明的频闪比达到 6% 就会对电视转播产生轻微的影响，该数值可以作为高等级赛事频闪效应评判的限值。

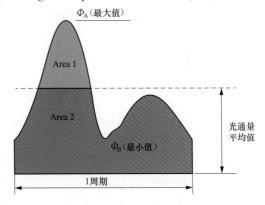

图 14 - 3 频闪效应的描述

表 14 - 16   频 闪 比 的 描 述

频闪比 R_f	描述	频闪比 R_f	描述
$R_f \leqslant 1\%$	无频闪	$6\% < R_f \leqslant 10\%$	可见频闪，可接受
$1\% < R_f \leqslant 6\%$	轻微频闪，影响甚微	$R_f \geqslant 10\%$	可见频闪，不可忍受

另一种描述频闪效应的方法是频闪指数，即在一个周期内，光输出平均值以上部分 Φ_{A1} 与整个光输出（$\Phi_{A1} + \Phi_{A2}$）的比值，即 $F_I = \Phi_{A1}/(\Phi_{A1} + \Phi_{A2})$，其值在 0 ~ 1.0。频闪指数需要进行积分计算，使用起来比较烦琐。

为减少频闪效应，可以采用三相供电的场所，将照射在同一照明区域的不同灯具分接在不同相序的供电回路上，即三相同点法。在使用数量较多的宽光束灯具时，几乎是自然地可达到上述要求，但在使用窄光束灯具时，则必须分三个相位以三相的组合方式投射。

使用高频电子镇流器也可以消除或减轻频闪效应，但电子镇流器只能用于中小功率的金卤灯，大功率的金卤灯尚没有成熟的产品。

超慢镜头回放区域可以采用 LED 灯，且可采取直流系统供电。但由于直流供配电系统的局限性和经济性，只能用于局部重要区域。

3. 灯具数量问题

使用大型灯具可以减少投光灯数目，但是在多数情况下，从均匀度要求的观点来看，不可能做到把光线照射得足够均匀，而且在使用窄光束时，肯定不可能达到均匀度要求。为此，最好多种配光配合使用，并使用功率适宜的灯具。

对于体育场来说，目前较多使用 2000W 的金卤灯，大型体育场使用窄光束、特窄光束灯具较多，并配以适量的中光束灯具，专用足球场灯具总数一般不超过 300 套就可满足世界杯足球赛的要求。而综合性体育场场地照明灯具将在 400 套以上。也有少数体育场采用 1500W、1800W 的金卤灯，这时灯具数量会多一些。大型体育比赛，如奥运会，有时会采用临时性照明系统，图 14-4 为 2004 年雅典奥运会体育场临时照明系统，该体育场为现代奥运会即 1896 年第一届夏季奥运会的比赛场地，是现代奥运会的发源地。奥运会期间，临时照明的光源为 6000W 金卤灯，由于是临时采用，这个方案是可以接受的，灯具数量将大大减少。

LED 灯逐渐在体育场场地照明中得到应用，并有快速普及的趋势。灯具数量和功率将大大减少。限于技术和造价因素，目前多用在等级较低的体育场中。图 14-5 为汕头大学室外场地，灯具由 Musco 公司提供，其中小足球场采用 8 套 96W 的 LED 灯，灯杆高 15m，平均照度达 100lx；室外排球场同样采用 8 套 96W 的 LED 灯，灯杆高也是 15m，平均照度达 140lx；室外单片篮球场采用 4 套 96W 的 LED 灯，灯杆高 12m，平均照度高于 100lx；网球场则灯杆高 15m，一处单片场地采用 16 套 96W 的 LED 灯，平均照度高达 500lx；另一处网球场为两片场地，采用 24 套 96W 的 LED 灯，灯杆也是 15m 高，平均照度超过 400lx。图 14-6 为北京工人体育场国安足球练习场，该场地是标准的 11 人场地，共计采用 96 套 180W 的 LED 灯，两侧灯布，共 6 根灯杆，每根灯杆上安装 16 盏灯，总安装功率 17.28kW，灯具由北京信能阳光公司提供。

图 14-4　雅典奥运会体育场临时照明系统

图 14-5　汕头大学室外场地

［本照片由玛斯柯照明设备（上海）有限公司提供］

图 14 - 6　北京工人体育场国安足球练习场

（本照片由北京信能阳光新能源科技有限公司提供）

4. 灯具的方向性

描述灯具照射方向的有投射角、瞄准角、俯角、仰角等，其中瞄准角是规范用词。在图 14 - 7 中，灯具瞄准角是灯具的瞄准方向（主光强方向）与垂线的夹角，如果瞄准角越大，垂直面照度 E_v 就越大，对运动员、观众的眩光就会增大。反之，如果灯具瞄准角越小，垂直照度也越小，不容易满足电视转播的要求。因此，在设计时，灯具瞄准角在 25°~65°为宜。

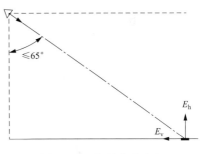

图 14 - 7　灯具的瞄准角

5. 光源与灯具的选择

选用体育场照明光源要从光效、寿命、色温、显色性、投资和运行等诸方面综合考虑。金卤灯是目前体育场照明性价比最佳的光源，比较适用于彩色电视转播，该光源便于控制光束、光效高（50 ~ 110lm/W）、显色性好（Ra 为 80 ~ 94）等优点。近年来异军突起的 LED 灯则在体积、方向性、节能、控制等方面占有优势，发展较快。

体育场照明所用灯具主要是投光灯。要重视投光灯的下述技术参数：灯具总光通量、灯具效率、灯具有效光通量、灯具有效效率、峰值光强、溢出光、灯具遮光角等。

如果采用 LED 灯，除上述因素需要考虑外，还要考虑色容差、色品坐标、特殊显色指数 R_9、频闪比等参数。

选择金卤灯灯具，首先要考虑光束的宽度和光斑的形状。投光灯按光学性能可分为三种。首先，圆形投光灯，用于远距离投光，必须用高强度光束。将抛物线弧形反光器和小体积高亮度的光源结合起来，容易得到高强度的光束。这种方法形成的光束是锥形，在场地上投射的光斑呈椭圆形。其次，长方形投光灯，用于近距离投光。近距离投射场地时最好用水平方向宽光束灯具，可以用槽形的抛物线弧形剖面的反射器，配以线状光源，光束是扇形的。第三，蜗牛形投光灯，用于中距离投光。可以用圆形或槽形反射器使光束漫射，以获得中距离投光的覆盖能力。投光灯到被照面的距离近时用宽光束灯较经济，距离愈远采用光束愈窄，其利用程度越高。

而 LED 灯则采用透镜，突破原有的反射器束缚，方向性更加优秀，配光更加多样、灵活。

四、场地照明灯具的布置及安装

1. 四角布置

四角布置是灯具以集中形式与灯杆结合布置在比赛场地四角。在场地四角设置四个灯杆，塔高一般为 35 ~ 60m，常用窄光束灯具。这种布置形式适用于无雨棚或雨棚高度较低的足球场地。该种方式照明利用率低、维护检修较困难、造价较高。合适的灯杆位置见图 14 – 8，最下排投光灯至场地中心与地面夹角 φ 宜不小于 25°，以此确定灯杆的高度，因此，灯杆距场地中心点的距离不同，灯杆的高度也不同，见表 14 – 17；球场底线中点与场地底线向外成 10°角（有电视转播成 15°角）、球场边线中点与边线向外成 5°角的两条相交叉点后延长线形成的三角区域内为布置灯杆的位置。通过采用各种不同光束角投光灯的投射，在场地上可形成一个适宜的照度分布。

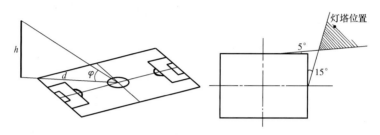

图 14 – 8   四角布灯灯杆的位置

表 14 – 17　　　　　　　　　灯具安装高度与灯杆至场地中心点距离的关系

d(m)	76	80	85	90	95	100
h(m)	35.4	37.3	39.6	42.0	44.3	46.6

注　表中 h 为灯拍最下排投光灯至场地的垂直距离，灯杆的实际高度加上灯拍最下排的高度。

但是今天电视需要有更高而均匀的垂直照度，而且要求入射在场地较远部分的光的角度远远地小于规定的限额。由于采用大型气体放电灯而获得的较高亮度而产生的影响，加上传统的灯塔（灯杆的一种）高度之高，使之不可避免地产生过度的眩光。这种四角布灯形式存在的缺点是：不同观看方向的视觉变化幅度较大，阴影较深，从彩色电视转播看，要满足各方向垂直照度，又要把眩光控制好，确实是比较困难的。如要满足 E_v/E_h 比值要求和减少眩光，对四角照明方式，有必要采取以下改进措施。

（1）把四角位置向两侧和边线外移动，使场地对面和四个角能获得一定的垂直照度。

（2）在电视主摄像机方向一侧的灯杆上增加投光灯数，加强光束投射。

（3）在电视主摄像机方向一侧的看台顶上补充光带照明，要注意控制眩光，不应使场地两端的观众察觉出来。

2. 多杆布置

多杆布置是两侧布置的一种形式，两侧布置是灯具与灯杆或建筑马道结合、以簇状集中或连续光带形式布置在比赛场地两侧。顾名思义，多杆布置形式是在场地两侧设置多组灯杆（或灯杆）见图 14 – 9，适用于足球练习场地、网球场地等。它的突出优点是用电量较省，垂直照度与水平照度之比较好。由于灯杆较低，这种布灯形式还有投资较少、维护方便的优点。

灯杆要均匀布置，可布置 4 塔、6 塔或 8 塔，投射角大于 25°，至场地边线投射角最大不超过 75°。

这种布灯一般使用中光束和宽光束投光灯，如有观众看台，瞄准点布置工作要十分细致。这种布灯的缺点是：当灯杆布置在场地和观众席之间时，会遮挡观众视线，消除阴影比较困难。

在没有电视转播的足球场，侧向布置照明装置多采用多杆式布置方式，经济性较好，见图 14 - 10。通常将灯杆布置在赛场的东西两侧，一般来说，多杆布灯的灯杆高度可以比四角布置的低。为了避免对守门员的视线干扰，以球门线中点为基准点，底线两侧至少 10°（没有电视转播时）之内不能布置灯杆。

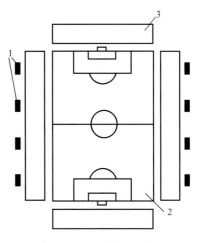

图 14 - 9　多杆式布置
1—灯杆；2—球场；3—看台

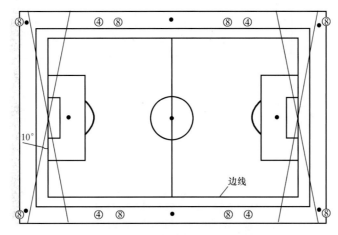

图 14 - 10　无电视转播赛场侧向布置灯具
④—侧向四角；●—侧向六塔式；⑧—侧向八塔式

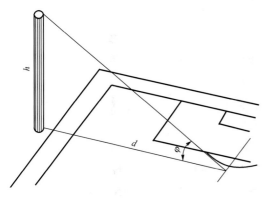

图 14 - 11　无电视转播赛场多杆布灯灯杆高度

多杆布灯的灯杆高度计算，计算用三角形与球场垂直、同时与底线平行（见图 14 - 11），$\varphi \geq 25°$，同时灯杆高度 $h \geq 15m$。

周圈布置灯具是多杆布置的一种特殊形式，主要用于棒球场和垒球场的照明。棒球场灯具布置最好采用 6 根或 8 根灯杆布置方式，垒球场通常采用 4 根或 6 根灯杆布置方式，也可在观众席上方的马道上安装灯具。灯杆应位于四个垒区主要视角 20°以外的范围，即灯杆不应设置在图 14 - 12 中的阴影区。灯杆高度需满足灯具投射角度不大于 70°的要求，根据北美标准，灯杆高度按如下要求计算：

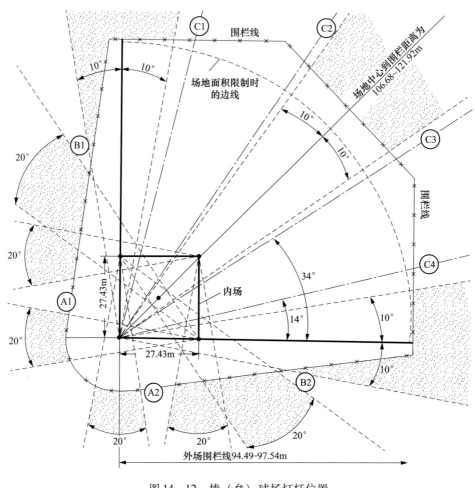

图 14 - 12　棒（垒）球场灯杆位置
Ⓐ1、Ⓐ2、Ⓑ1、Ⓑ2、Ⓒ1、Ⓒ2—表示灯杆

（1）灯杆 A1 和 A2 上灯具的最小安装高度应按式（14 - 1）计算

$$h_a \geqslant 27.43 + 0.5d_1 \qquad (14 - 1)$$

式中　h_a——A1、A2 灯杆上灯具的安装高度，m；

　　　d_1——A1、A2 灯杆距场地边线的距离，m。

（2）灯杆 B1、B2 上灯具的最小安装高度应按式（14 - 2）计算

$$h_b \geqslant d_2/3 \qquad (14 - 2)$$

式中　h_b——B1、B2 灯杆上灯具的安装高度，m；

　　　d_2——通过 B1（B2）灯杆作一条平行于边线的直线，该直线与场地中线相交，此交点与 B1（B2）灯杆的水平距离为 d_2，m。

（3）灯杆 C1～C4 上灯具的最小安装高度应按式（14 - 3）计算

$$h_c \geqslant d_3/2 \qquad (14 - 3)$$

式中　h_c——C1～C4 灯杆上灯具的安装高度，m；

　　　d_3——C1～C4 灯杆上的灯具最远投射距离，m。

（4）灯杆上的灯具最低安装高度不应小于 21.3m。

3. 光带式布置

光带布置是两侧布置的另一种形式，即把灯具成排地布置在球场两侧，形成连续光带的照明系统，如图 14－13 所示。光带布灯照明均匀，运动员与球场之间的亮度比较好，目前世界上公认这种布灯方式可以满足彩色电视转播、高清电视转播甚至超高清电视转播的要求。

光带长度需超过球门线 10m 以上，对于甲级、特级综合体育场，光带长度一般不小于 180m，灯具的投射角不低小于 25°。有的体育场光带照明离场地边线很近（其夹角在 65°以上），距离光带较近的场地一侧就不能获得足够的垂直照度，这样就要增加后排照明系统。

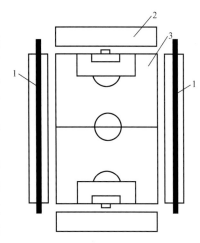

图 14－13　光带式布置

1—光带；2—看台；3—球场

国际足球联合会 FIFA 于 2011 年颁布了新版的《足球场》标准，足球场照明增加了不能布置灯具区域，意在保障运动员、裁判员避免眩光的影响，具体是下列部位（见图 14－14）不能布置灯具：首先，以底线中点为中心，当有电视转播时底线两侧各 15°角范围内的空间；当没有电视转播时底线两侧各 10°角范围内的空间。其次，场地中心 25°仰角球门后面空间内。最后，以底线为基准，禁区外侧 75°仰角与禁区短边向外延长线 20°角围合的空间，但图 14－14 中所示区域除外。当然，综合性体育场布置灯具不受此限制，但足球模式时这些限制区域不能开灯。

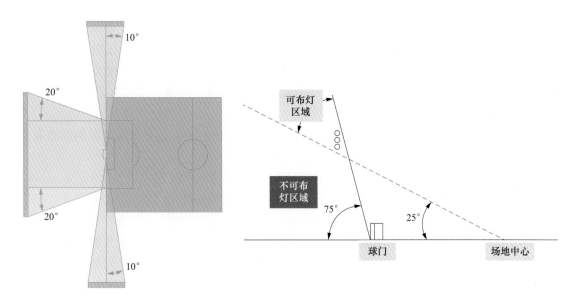

图 14－14　足球场不应布置灯具区域示意图

一般光带式布置多采用几种不同光束角的投光灯组合投射，窄光束用于远投，中光束用于近投。

光带式布置的缺点是要求控制眩光的技术比较严格，物体实体感稍差。

4. 混合式布置

混合式布置是把四角和两侧布置（含多杆布置、光带式布置）有机地组合在一起的布灯方法，见图 14-15，是目前世界上大型综合性体育场解决照明技术和照明效果比较好的一种布灯形式。

混合式布置具有两种布灯的优点，使实体感有所加强，四个方向的垂直照度和均匀度更趋合理，但眩光程度有所增加。此时，四角往往不是独立设置，而是与建筑物结构统一起来，因而造价较省。

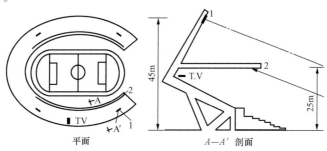

图 14-15 光带、灯杆混合式布置
1—灯杆；2—光带

四角用的投光灯多为窄光束，解决光线远投问题；光带多为中光束、窄光束，实现远、中、近投光。由于是混合布置，四角的投射角和方位布置可以适当灵活处理，光带布置的长度也可适当缩短，光带高度也可适当降低。

5. 土建处理及安装

体育场的土建处理与整个照明方案密切相关。当观众席上无雨棚时，要采取光带布置方式，就必须考虑另外设置独立的灯桥或支架。是否采用四角布灯，还必须征求城市规划部门的意见，而四角、多杆式布灯形式又与建筑整体的艺术效果密切相关。不论采用四角、多杆、光带还是混合式布置，灯具的安装以及维护、检修，都要在选择方案阶段考虑周到。

目前世界上不少体育场采用的灯杆，多为钢管或混凝土灯杆，也有采用倾斜钢筋混凝土灯杆等多种形式。

下面分别论述灯杆和光带在土建与安装处理上要注意的几个问题。

（1）灯杆的土建处理。灯杆上的灯架（俗称灯拍）面积与投光灯形式、数量有关，但灯架的外形和比例的处理，应该有自由选择的余地。灯架面积要留有裕度，以备今后发展扩充。

灯杆高度虽然必须要服从功能要求，但结构是否合理，施工条件、当地气候条件也要认真考虑。维护、检修条件极为重要，要考虑采用升降机进行维护或者使整个灯架能下降到地面进行维护。灯杆高度大于 20m 时建议采用电动升降装置进行维修；灯杆高度小于 20m 时可采用爬梯进行维修，建议爬梯装置护笼并在相应高度上设置休息平台。

在沿海和有盐雾腐蚀的地区，应优先选用防盐雾钢筋混凝土灯杆或采用镀锌钢管灯杆，避免采用暴露的钢结构灯架。

灯杆与建筑物的关系有三种情况：

1）灯杆独立于建筑物之外时，结构基础好处理，但投射距离比较远，要求灯杆高度较高。

2）灯杆依附在建筑物上时，结构基础需单独处理。灯杆与建筑物连在一起。

3）灯杆依附在建筑物整体结合时，能很好地处理美观问题。应优先考虑采用此种方案的可能性。

（2）光带的土建处理。光带一般是布置成一层或两层投光灯具，如果布置有困难，则应采取后缩式光带作为补充。

两侧光带在距场地中心的尺寸上或者高度上不一定非强求一致，但投射到场地中心的角度最好应近似相等。对于田径场，两侧光带一般不会对称的，因为西侧直道和径赛终点线附近是要加强照明的，灯具数量会比东侧要多一些。

光带一般是设在灯桥或马道上，马道应留有足够的操作空间，其宽度不宜小于 800mm，并应设置防护栏杆。马道的安装位置应避免建筑装饰材料、安装部件、管线和结构件等对照明光线的遮挡。

光带与建筑物关系有两种情况：

1）利用雨棚设光带，其雨棚高度应大致能满足功能要求；目前要求光带尽量在雨棚下设置，而不是在雨棚的顶部。

2）独立设置光带。在无雨棚的情况下，如果最高一排观众席在高度和距离上合理，则可在观众席后排上布置光带，光带是设置在独立的灯桥上。灯桥布置可灵活些，但相对造价要高，这种灯架要与土建整体一并考虑。图 14 - 16 为美国 GREEN BAY 市 Lambeau Field 体育场，其照明系统在东西两侧均采用 4 组灯桥，每个灯桥上为光带布置，灯桥安装在后排观众席上。

对于不对称的体育场，如一侧有雨棚另一侧无雨棚，可以采用混合式布灯方式，有雨棚的一侧采用光带布置，无雨棚一侧可采用灯杆布灯。

图 14 - 16　美国 Lambeau Field 体育场

五、照明装置的供配电

1. 供电电源

（1）负荷等级及电源要求。

根据 JGJ 354—2014《体育建筑电气设计规范》第 3.2.1 条规定，体育建筑负荷分级应符合下列规定：

1）负荷分级应符合表 14 - 18 的规定。

表 14-18   体 育 建 筑 负 荷 分 级

体育建筑等级	负 荷 等 级			
	一级负荷中特别重要的负荷	一级负荷	二级负荷	三级负荷
特级	A	B	C	D + 其他
甲级	—	A	B	C + D + 其他
乙级	—	—	A + B	C + D + 其他
丙级	—	—	A + B	C + D + 其他
其他	—	—	—	所有负荷

注　A 包括主席台、贵宾室及其接待室、新闻发布厅等照明负荷，应急照明负荷，计时记分、现场影像采集及回放、升旗控制等系统及其机房用电负荷，网络机房、固定通信机房、扩声及广播机房等专用电负荷，电台和电视转播设备，消防和安防用电设备等。

　　　B 包括临时医疗站、兴奋剂检查室、血样收集室等用电设备，VIP 办公室、奖牌储存室、运动员及裁判员用房、包厢、观众席等照明负荷，建筑设备管理系统、售检票系统等用电负荷，生活水泵、污水泵等设备。

　　　C 包括普通办公用房、广场照明等用电负荷。

　　　D 普通库房、景观等用电负荷。

　　2）特级体育建筑中比赛厅（场）的 TV 应急照明负荷应为一级负荷中特别重要的负荷，其他场地照明负荷应为一级负荷；甲级体育建筑中的场地照明负荷应为一级负荷；乙级、丙级体育建筑中的场地照明负荷应为二级负荷。

　　3）对于直接影响比赛的空调系统、泳池水处理系统、冰场制冰系统等用电负荷，特级体育建筑的应为一级负荷，甲级体育建筑的应为二级负荷。

　　4）除特殊要求外，特级和甲级体育建筑中的广告用电负荷等级不应高于二级。

　　甲级及以上等级的体育建筑应由双重电源供电，正常情况下，两路电源同时供电，当一路发生故障时，可自动切换到另一路电源上，以保证重要负荷继续供电。特级体育场除要有双路电源供电外，应备有柴油发电机组设备，供一级负荷中特别重要负荷使用；乙级、丙级体育建筑宜由两回线路电源供电，其他等级的体育建筑可采用单回线路电源。特级、甲级体育建筑的电源线路宜由不同路由引入。

　　（2）对于举行重要国际比赛的体育场，建议将永久负荷及其供配电系统与临时负荷及其供配电系统分开设置，永久供配电系统为永久负荷服务，赛事临时性负荷由临时供配电系统提供保证。这样设计既经济又合理，在奥运会、世界杯足球赛等体育场中临时供配电系统得到广泛应用。

　　（3）仅在比赛中才使用的大型用电设备宜设置单独的变压器供电。当电源偏差不能满足要求时，可设置有载调压变压器。

　　（4）常用的体育场高压配电系统见图 14-17。

　　（5）常用的应急/备用电源系统。体育场应急/备用电源通常采用柴油发电机组，通常为低压供电，大型体育中心也有统一采用 10kV 应急/备用供配电系统。

　　低压应急系统中，可根据需要分别设置低压应急母线段和备用母线段。应急/备用母线段分别由市电和应急/备用电源通过双电源转换装置向其供电，平时由市电向应急/备用母线供电，当市电均停电时，启动柴油发电机组，由发电机组继续向应急/备用母线提供电源。

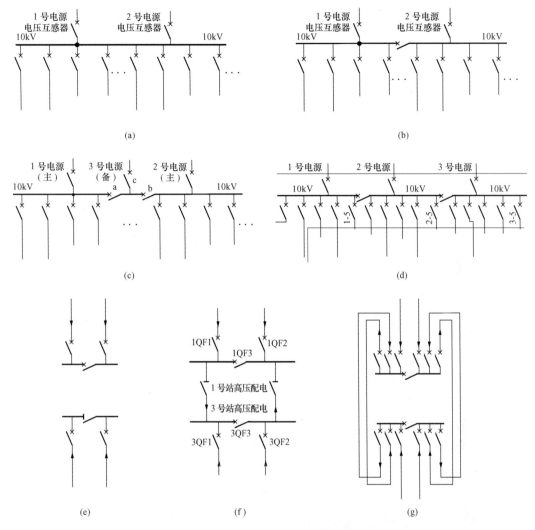

图 14 – 17　体育场照明装置的供配电系统

（a）双电源供电，一用一备系统；（b）双电源供电，两路同时工作，互为备用系统；

（c）三电源供电，两用一备系统；（d）三电源供电，三路同时工作，互为备用系统；

（e）四路电源，同时工作；两两一组；（f）四路电源，同时工作站联单向联络；

（g）四路电源，同时工作站联双向联络

由于应急母线段和备用母线段所带负荷性质有差别，在特级和甲级体育场中往往分别设置应急/备用两段母线，一段用于赛事、转播等重要负荷，一段用于消防类等负荷。设置独立的应急母线段便于重要负荷的管理、安全可靠运行，便于在有重要赛事时接入临时柴油发电机组（见图 14 – 18）。

2. 配变电站数量和位置

大型体育场的变配电站一般不少于两个。由于供配电点的距离比较长（100m 以上），故变配电站集中设置会造成电能损失过大，技术经济指标不合理。JGJ 354—2014《体育建筑电气设计规范》第 3.5.2 条规定，比赛场地照明灯具端子处的电压偏差允许值：特级和甲级体育建筑宜为 ±2%，乙级及以下等级的体育建筑应为 ±5%。

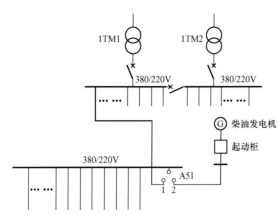

图 14 – 18 柴油发电机组应急/备用电源系统

因此，体育场配变电站位置及数量见图 14 – 19，其位置也考虑了布灯方式的不同、用电负荷分布来考虑。如四角布灯形式，配变电站通常布置在塔底，每塔用一专用变压器形电；光带式布灯形式，则变配电站位置尽量在平面上接近光带的中心位置。

如果体育场内电力用电容量较大时，配变电站的位置应对照明和电力设备综合考虑。配变电站数量及位置的确定见表 14 – 19。

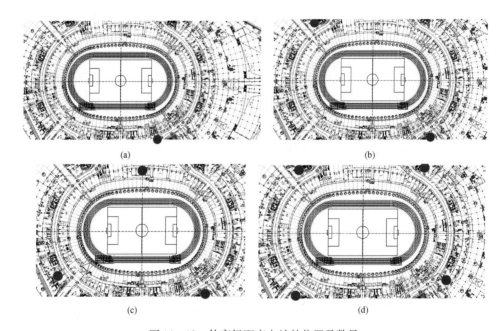

图 14 – 19 体育场配变电站的位置及数量

（a）一个配变电站；（b）两个配变电站；（c）三个配变电站；（d）四个及以上配变电站

表 14 – 19   配变电站数量及位置的确定

方案编号*	数量（个）	位置	特点	应用范围
（a）	1	场内或附属	投资少，供电半径过大	中小型体育场，大中型体育馆
（b）	2	两侧相对位置	配变电站尽量深入负荷中心，有可能低压供电半径过大	大中型体育场
（c）	3	场内四周	根据负荷情况，配变电站建在负荷中心，系统合理；宜用配变电站智能监控系统	大型体育场
（d）	≥4	场内四周	根据负荷情况，配变电站建在负荷中心，系统合理；宜用配变电站智能监控系统，或带有塔式布灯方案	大型、特大型体育场

* 方案编号见图 14 – 19。

3. 灯光控制

体育场一般设置一个灯光控制室，其位置最好设在主席台斜对面的一层，操作者能看到主席台又能看到计时记分牌，总之能观察到大半个体育场的灯光和场地情况。灯光控制室也有设在主席台一侧的上部，还有和计时记分牌控制室合一的。控制室内设灯光控制台，控制台上设有全场灯光布置模拟盘和灯光（手动/自动）单控和总控按钮。北京奥运会以来，体育场越来越多得采用智能照明控制系统。

JGJ 354—2014《体育建筑电气设计规范》规定，特级和甲级体育建筑应采用智能照明控制系统，乙级体育建筑宜采用智能照明控制系统。体育建筑的场地照明控制应按场馆等级、运动项目的类型、电视转播情况、使用情况等因素确定照明控制模式，并应符合表 14 - 20 的规定，其他等级的体育建筑可不受此限制。

表 14 - 20　　　　　　　　　　场 地 照 明 控 制 模 式

照明控制模式		建筑等级（类型）			
		特级（特大型）	甲级（大型）	乙级（中型）	丙级（小型）
有电视转播	HDTV 转播重大国际比赛	√	○	×	×
	TV 转播重大国际比赛	√	√	○	×
	TV 转播国家、国际比赛	√	√	√	○
	TV 应急	√	○	√	×
无电视转播	专业比赛	√	√	√	○
	业余比赛、专业训练	√	√	○	√
	训练和娱乐活动	√	√	√	√
	清扫	√	√	√	√

注　√—应采用；○—视具体情况决定；×—不采用。

4. 气体放电灯线路

（1）启动电流的限制。

传统光源的启动借助于一个电子触发器，这是大多数金属卤化物灯所采取的措施。从镇流器或触发器到灯具光源间的电缆长度，取决于所用灯具、电缆以及触发器的类型，通常是限制在 5 ~ 100m 范围内。常见的金属卤化物灯启动电流约为工作电流的 1.2 ~ 1.8 倍。而且它们的第一次启动时间较长，一般约在 4 ~ 10min。开启时必须限制同时投入大量负荷，以防止启动电流过大而引起断电。一般是采用程序控制、延时继电器或手动顺序启动的投入方法予以限制。

LED 灯的启动电流取决于驱动电路，由于尚没有相关产品标准，不同产品的启动电流差别较大。一般来说，体育场用的 LED 灯的启动电流不低于工作电流的 4 倍，启动冲击相对较大。但启动时间较短，瞬间可以点亮。由于 LED 照明是新鲜事物，许多工作尚在研究中。

采用智能照明控制系统很好地解决了顺序启动问题，减少了启动电流的冲击。

（2）功率因数的提高。

金属卤化物灯线路的功率因数较低，一般仅为 0.5 左右；LED 灯的功率因数及 PF 差异较大，许多产品这两项指标较低。根据在体育场布灯特点，经常采取单灯提高功率因数的方法，即把每一个灯具内用的电容与灯具启动设备组合在一起，使功率因数不低于0.9。

（3）再点燃过程中的照明措施。

LED灯的优势之一是可以瞬间点亮，不存在再点燃不亮的问题。

而金卤灯则不同，正常电源故障恢复后，金属卤化物灯的再点燃时间会长达10～15min以上。在几万人的体育场内，这段时间场地上要保持一定的照度，在要求不高的体育场中，可以采用部分灯用电子触发器直接再点燃，部分灯逐渐再点燃的办法解决；有的体育场解决再点燃问题，可以采用若干卤钨灯作为场地应急照明。在这两种情况下，均不能进行正常比赛。对于大型体育场进行的国内或国际比赛，应根据应急电视转播模式下照明的要求设置触发灯具的数量，以保证最低照度让比赛顺利进行。

（4）中性线截面选择。

无论金属卤化物灯还是LED灯，都存在谐波电流的影响，LED灯的谐波影响更大，因此场地照明回路中性线截面应不小于相线截面。

（5）配线及安装。

所有安装在灯杆上或安装在光带灯桥上的电气设备（灯具、镇流器、触发器、熔断器及其附件），以及电线电缆均应能经受大气带来的污染、风、雨、雪、曝晒等考验，沿海地区还应能防盐雾侵蚀。

灯杆或光带的风荷载面积，应取其全部投光灯的正面面积和灯桥面积的总和，不应是单个灯具面积相加计算。

由于触发器的电压比较高，因此选用电缆标称电压不应小于1000V。敷设在体育建筑室外阳光直射环境中的电力电缆，应选用防水、防紫外线型铜芯电力电缆。

镇流器、触发器至光源的距离，必须限制在厂家规定的连接电缆的限值以内。

投光灯的安装应保证其长期运行，其俯角和方位应保证正确无误。

图14-20为2008年北京奥运主体育场——国家体育场"鸟巢"的场地照明布置，该体育场用于奥运会时的田径、足球比赛和开幕式和闭幕式。共采用采用了594套MVF403灯具，2000W/380V短弧金卤灯。"鸟巢"场地照明视觉效果非常好，不仅满足了场地照明的功能性要求，而且给体育场场内空间增加了灵性或变化。

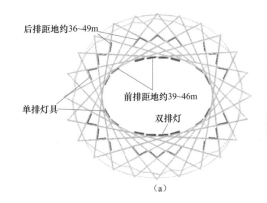
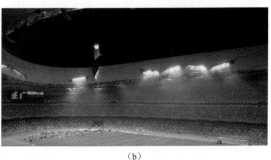

（a）　　　　　　　　　　　　　　　　　　（b）

图14-20　北京奥运会主体育场场地照明布置及效果

（a）布置图；（b）效果图

第三节　体 育 馆 照 明

一、概述

体育馆照明设计重点是馆内场地照明，也就是比赛灯光。馆内场地照明是一项功能性强、技术性高、难度较大的设计。要满足各种体育项目比赛要求，以利于运动员技术水平发挥，以利于裁判员的正确评判，以利于观众席上各方位的观看效果。有多功能使用要求的体育馆，除满足体育比赛要求外，还应满足音乐会、文娱演出、集会活动等使用要求。

体育馆设计要特别注意彩色电视现场实况转播，为保证转播图像画面生动清晰、色彩逼真，对垂直照度、照度均匀度及立体感、光源的色温及显色性等指标有特定要求。体育馆照明设计包括两个方面，即能够满足照度标准和照明质量的要求，这也是评价一个体育馆的主要标志之一。

二、照度要求

体育馆照明标准与所举行的比赛和有无彩电转播有关，具体照明标准参见本章第一节。

三、照明质量要求

对体育馆运动场地照明质量的要求是整个运动场地上要有较高的亮度和色彩对比，在各点上有足够的光，照度要均匀，立体感要强，要有合适的配光。有彩色电视转播要求的场地照明，其光源的色温及显色性要满足彩色电视转播要求，并能对眩光加以限制。

1. 眩光

眩光限制是光线落在视网膜上造成观看物体时感觉不舒适或视力减低的视觉反应，在不同人的身上产生的作用也不同。眩光取决于相互关联的距离、亮度和方向等三个因素。在一般情况下，人们不会直接瞄准光源。为保证照度均匀度，避免眩光干扰，室内运动场的投光点最低处到灯具的仰角必须大于45°，又由于室内照明设备距离运动员和观众较远，因此要求照明有精确的控制。室内的眩光也可能由光滑的地板或水面的反射光引起，所以要认真考虑照明设备的配置方案，以满足各种情况下照明的需要。另外，在照明灯具上加装格栅和挡板也能帮助控制眩光。

2. 照度均匀度、立体感

照度均匀度是指照明区域内最小照度与最大照度之比，或最小照度与平均照度之比。其值越大，照度越均匀。

立体感是指光照在物体（即运动员和运动器材）上时所产生的效果，使他们的形体看上去时细部和轮廓都能表现得很清晰。JGJ 153—2007《体育场馆照明设计及检测标准》规定有电视转播时主赛区的平均水平照度宜为平均垂直照度的 0.75～2.0 倍，国际足联、国际田联规定该比值为 0.5～2.0 倍，北京奥运会、雅典奥运会规定该比值为 0.75～1.5 倍。体育馆运动场地照明，一般场地边线处和四个边角处照度比较低，提高边线处和四个角区的照度，适当控制场地中心区的最高照度值，对保证均匀度是有利的。侧向布灯和灯具造型要重视如何提高垂直照度值，适当控制水平照度值，对保证立体感是有利的。

3. 光源色度参数

在照明设施中，由于所用光源的光色不同，所得到的照明效果就不同。因此，在进行设计时，必须从照度以外的质量方面对光源的特性进行研究。另一方面，光源的显色评价指数不同时，即形成的光照气氛也不相同，这都要根据运动内容采用适当的光源。对 LED 光源，特殊显色指数 R_9 也是重要技术指标，一般来说，有电视转播时，R_9 不宜低于 0；有高清电视转播时，R_9 最好不低于 20。

4. 彩色电视转播对照明质量要求

彩色电视转播照明以场地的垂直照度为设计的主要指标。运动场地照明一般来说必须满足运动员、观众和摄像师三方面的要求。为此要求水平照度、垂直照度及摄像机拍摄全景画面时的亮度，必须保持变化的一致性，运动员、场地和观众之间的亮度变化比率不得超过某一数值，这样才能适应彩色电视、高清电视甚至超高清电视转播的摄像要求。

四、体育馆照明设计

1. 体育馆运动分类

在室内体育馆进行的体育运动一般分为两类。一类是主要利用空间的运动，另一类是利用低位置为主的运动。运动分类参见表 14 - 21。

表 14 - 21　　　　　　　　　　体育馆运动分类

分类	运动项目
主要利用空间的运动	羽毛球、篮球、排球、手球、网球、乒乓球、跳水、室内足球、技巧
主要利用低位置的运动	体操、曲棍球、冰上运动、游泳、柔道、摔跤、武术、拳击、击剑、射击、射箭

2. 照明设计的基本原则

体育馆照明设计，设计者首先必须了解和掌握体育馆照明的要求，即照度标准和照明质量。然后要依据体育馆建筑结构可能安装高度和部位确定布灯方案。由于体育馆空间高度的局限，既要达到照度标准，又要满足照明质量要求，因此应选用配光合理、有合适距离比和亮度限制较严的灯具。一般来说，当灯具安装高度低于 6m 时，宜选用荧光类灯具；当灯具安装高度在 6～12m 时，宜选用功率不超过 250W 的金属卤化物类灯具；当灯具安装高度在 12～18m 时，宜选用功率不超过 400W 金属卤化物类灯具；当灯具安装高度在 18m 以上时，宜选用功率不超过 1000W 的金属卤化物类灯具；体育馆照明不宜使用功率大于 1000W 的泛光灯具。而 LED 灯则打破原有的光源选择原则，功率大大降低。不同运动项目灯具安装高度及布置要求见表 14 - 22。

表 14 - 22　　　　　　　　　　体育馆灯具布置

类别	灯具布置	灯具安装高度（m）
篮球	宜以带形布置在比赛场地边线两侧，并应超出比赛场地底线；以篮筐为中心直径4m的圆区上方不应布置灯具	≥12
排球、羽毛球	宜布置在比赛场地边线1m以外两侧，底线后方不宜布灯，并应超出比赛场地底线；比赛场地上方不宜布置灯具	≥12
手球、室内足球	宜以带形布置在比赛场地边线两侧，并应超出比赛场地底线	≥12
体操	宜采用两侧布置方式，灯具瞄准角不宜大于60°	
乒乓球	宜在比赛场地外侧沿长边成排布置及采用对称布置方式；灯具瞄准宜垂直于比赛方向	≥4

类别	灯 具 布 置	灯具安装高度（m）
网球	宜平行布置于赛场边线两侧，布置总长度不应小于36m；灯具瞄准宜垂直于赛场纵向中心线，灯具瞄准角不应大于65°	
拳击	宜布置在拳击场上方；附加灯具可安装在观众席上方并瞄向比赛场地	5~7
柔道、摔跤、跆拳道、武术	宜采用顶部或两侧布置方式；用于补充垂直照度的灯具可布置在观众席上方，瞄向比赛场地	
举重	宜布置在比赛场地的正前方	
击剑	宜沿长台两侧布置，瞄准点在长台上，灯具瞄准角宜为20°~30°；主摄像机侧的灯具间距为其相对一侧的1/2	
游泳、水球、花样游泳	宜沿泳池纵向两侧布置；灯具瞄准角宜为50°~55°；灯具瞄准角宜为50°~60°	
跳水	宜采用两侧布置方式；有游泳池的跳水池，灯具布置宜为游泳池灯具布置的延伸	
冰球、花样滑冰、短道速滑	灯具应分别布置在比赛场地及其外侧的上方，宜对称于场地长轴布置；灯具的瞄准方向宜垂直于场地长轴，瞄准角不宜过大	
速度滑冰	宜布置在内、外两条马道上，外侧灯具布置在赛道外侧看台上方，内侧灯具布置在热身赛道里侧；灯具瞄准方向宜垂直于赛道	
场地自行车	应平行于赛道，形成内、外两环布置，但不应布置在赛道上方；灯具瞄准应垂直于骑手的运动方向；应增加对赛道终点照明的灯具	
射击	射击区、弹道区灯具宜布置在顶棚上，避免直接投射向运动员	

注 表中规定主要用于有电视转播级别。

3. 照明要点

（1）室内装修。为使馆内顶棚、墙面等得到适当的对比，应考虑室内饰面材料的反射系数和色彩。一般情况下，为了防止反射眩光和提高照明效率，要采用无光泽的反射系数高的饰面材料。

（2）减轻眩光。要减轻光源（照明器）的直接眩光，或墙面、地面和设在场内的运动器具设备等产生的反射眩光。特别为了减轻光的直射眩光，应在照明器上加装防眩光装置。

（3）光源和灯具。在体育馆顶棚高的比赛场地上所用光源，宜采用高效率、长寿命、大光通量的金属卤化物灯或 LED 灯。对于顶棚较低、规模小的练习场地则宜采用配有电子镇流器的荧光灯、小型金卤灯、LED 灯、无极灯等。

（4）阴影。使运动员有适当的阴影和立体感效果，以便取得距离感，这对可见度是有益的。通过从两个侧面进行照明或照明器加反射罩可以大致得到较好的阴影效果。

（5）照明计算。一般照明的照度计算方法通常有利用系数法、单位容量法和逐点计算法三种。通过计算结果就可以绘制水平照度等照度曲线图和垂直照度等照度曲线图，得出他们的平均照度，最大、最小照度，照度均匀度及立体感等数据。这些数据如满足要求就说明布灯方案合理可行，否则就要调整布灯方案，再重新进行照明计算，直至满足要求为止。场地照明基本上采用专用软件进行计算，计算精度越来越高，完全可以满足实际需要。

4. 照明设计

（1）羽毛球。这是利用空间最有代表性的运动，必须使运动员在背景衬托之下能追随和看清羽毛球飞跃途径，为了使穿梭的白色球与背景有良好的对比，而且在这个过程中不应受到眩光的影响，注意力的集中不因视线附近亮的光源而受到干扰。比赛时，大部分动作是在球网附近进行，因此该区域的照明，包括球场上空至少从地面起达7m高的空间，需要照明。侧面照明是一种好的方法。如果利用设在顶棚上灯具在一般照明下进行比赛，可以在球网两侧较高的位置增加辅助投光照明，而在任何情况下灯具应装设防眩光装置，以防止眩光。

（2）篮球。由于运动员本身能跟踪和看清篮球的运动和其他运动员的快速动作，虽然球大，但动作快速，因此要求有良好的空间照度和照度的均匀性。为此，布灯要均匀排列，灯具上应有防球冲击措施。

（3）乒乓球。乒乓球比赛时，为了运动员能准确判断和掌握快速运动的球、灯具的布置不仅要顾及球台上照明，而且球台四周也要十分明亮、均匀。

（4）网球。对照明要求应能看清对象，包括球、对手、球网和场线等。灯具设在球场两侧上方，空间照度也要均匀。

灯具的最低安装高度业余为8m、专业为12m，为使运动员不受眩光的干扰，应在灯具上加装格栅或挡板灯防眩光装置。

（5）拳击。拳击比赛时动作非常迅速而且接近观众。拳击运动员、裁判员、公证人、医生和观众对各个方向都要有良好的能见度。比赛台上照度要求很高，同时又要对眩光有足够的限制。拳击仅要求赛台局部高照度，可采用专用升降架安装局部照明来解决，但应注意光源辐射热的影响。

（6）体操、柔道、武术、摔跤。这些运动主要是利用低位置的运动，满场应照度均匀，立体感要好，即控制好水平照度与垂直照度的比例，特别应尽可能消除倒影。

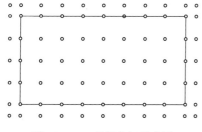

图 14-21　顶部布灯示意图

5. 布灯方式

（1）顶部布灯方式。顶部布灯方式即单个灯具均匀布置在运动场地上空，宜选用对称型配光的灯具，适用于主要利用低空间、对地面水平照度均匀度要求较高且无电视转播要求的体育馆。灯具的布置平面应延伸出场地一定距离，用以提高场地水平照度均匀度，示意见图 14-21。

顶部布灯方式一般用于篮球、手球、乒乓球、体操、曲棍球、冰上运动、柔道、摔跤、武术等中小型体育馆。此种布灯方案比较经济，但照明的立体感差、场地地板上存在倒影。

（2）群组均匀布灯方式。群组均匀布灯方式即几个单体灯具组成一个群组，均匀布置在运动场地上空，一般用于篮球、手球、乒乓球、体操、曲棍球、冰上运动、柔道、摔跤、武术等中小型体育馆和高度相对高的大型体育馆，不适用于有电视转播的场地。此种布灯方式较为经济，但照明的立体感差，场地地板上存在倒影。

（3）侧向布灯方式。侧向布灯方式宜选用非对称型配光灯具布置在马道上，适用于对垂直照度要求较高、常需运动员仰头观察的运动项目以及有电视转播要求的体育馆。侧向布灯时，灯具瞄准角（灯具的瞄准方向与垂线的夹角）应不大于65°。侧向布灯方式通常将灯具安装在运动场地边侧的马道上，该方式一般用于羽毛球、网球、游泳等大多数室内项目，以及垂直照度要求较高的场馆，适用于有电视转播的场地。此种布灯方式的照明立体感好，示意见图 14-22。

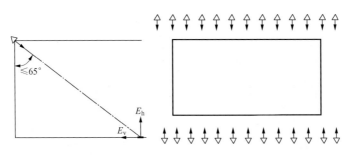

图 14 - 22　侧向布灯示意图

灯具马道通常设置在运动场地的两侧，根据场地大小要可设置两条或四条马道。马道位置应在场地边线向对面边线方向的仰角 θ 大于 40°（当场地两边有观众席时）。在该范围内，仰角 θ 越小，越有利于提高垂直照度，但应注意，在仰角 θ 选取时，还应同时考虑到垂直照度与水平照度的比例关系问题和眩光控制问题。

（4）混合布灯方式。混合布灯方式即将上述两种或多种布灯方式结合起来的一种布灯方式，适用于所有室内项目，通过不同组合的开灯控制模式，可以满足大型体育馆以及对垂直照度要求较高的彩电转播的体育馆，有较好的照度立体感。示意见图 14 - 23。

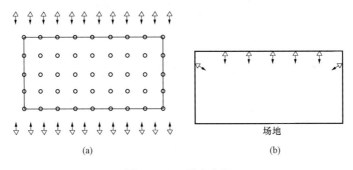

图 14 - 23　混合布灯
（a）平面；（b）剖面

（5）间接照明布灯方式。间接照明是一种较为舒适的照明方式，灯具不直接照射运动场地，而是通过反射光实现场地照明。此种照明方式要求体育馆顶部为高反射率材料，同时顶部高度不宜于低于 10m，灯具安装应高于运动员和观众的正常视线，以控制灯具的直接眩光，但这种方式效率很低，尽量不要采用。

（6）灯光控制。体育馆内应设有灯光控制室，灯光控制室要能够很方便地观察到比赛场地的照明情况。灯光控制室内应设有灯光控制柜和灯光操作台，操作台要具有自动和手动操作功能，采用微机或单板机控制。

五、实例

美国圣母大学（University of Notre Dame）体育馆是全美大学生联赛的主要赛场之一，2013年用 LED 灯替换原有金卤灯，共采用 Musco 公司的 605W LED 灯具 80 套，130W LED 灯 8 套，满足高清电视转播要求，平均垂直照度达 1850lx，场地照明系统总的安装功率仅为 49.44kW，比原有金卤灯系统减少 73%，预计十年运行、维护成本可节省 220 余万元人民币（厂家承诺十年质保）。图 14 - 24 为灯具布置图，蓝色圆点为 605W 灯具，红点为 130W 灯具。

(a)

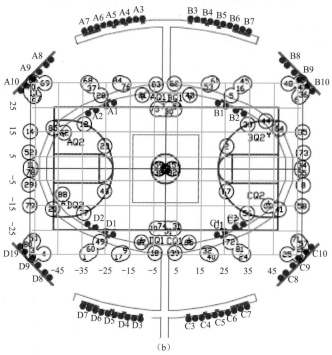

(b)

图 14-24　美国圣母大学体育馆实景及灯具布置图

(a) 实景；(b) 灯具布置图

第四节　游泳馆照明

一、概述

游泳馆正式比赛的标准泳池长 50m，标准短池长为 25m，宽 25m，并有 9 条分道线构成 8 条泳道，各泳道的宽度为 2.5m。特级、甲级、乙级游泳馆池深 2.0m，丙级游泳馆池深 1.3m。跳水池水深为 5.25m。

游泳馆的照明在某些方面与室内体育馆及室外体育场有相同之处，不同之处在于游泳池 水面在运动员游泳时有波浪并有可能产生光的反射。

游泳馆照明既要满足游泳运动员、跳水运动员、服务员、教练员和观众的要求，又要满足彩色电视转播体育比赛的需要。游泳池照明最大的难题是如何控制水面的光幕反射。水面的光幕反射对人产生许多危害：游泳运动员看不清对手或他人；跳水运动员看不清水面，不能准确判断入水的时机，影响动作的质量；裁判员不能准确看清楚是否有犯规、违例等现象；由于反射光亮度要比池底的亮度高得多，致使观众不能看到水里的情况。

游泳馆照明的设计、灯具的安装应确保没有视觉干扰，保证观看比赛的最佳效果。在游泳池水面上，光的反射和透射的比例取决于光线入射角度。

游泳馆照明设计时要特别注意彩色电视现场实况转播，为保证转播图像生动清晰、色彩逼真，为此务必注意照明灯具安装的位置和投射方向，这样才能满足照明标准和照明质量的要求。

二、照明的基本要求

游泳馆内照明的主要目的是为场地内每一个人提供良好的视觉条件。因此，设计要达到以下要求：①游泳池内任一点的最低水平照度不应低于 250lx；②光线应能向水中折射；③避免直射光或反射光产生眩光。

1. 水面反射光

如图 14 - 25 所示，光线经过顶棚、墙面、水面反射的情形，图 14 - 25 （a）表示静止水面的光线反射，图 14 - 25 （b）为波动水面时产生的反射光。观众在看台上视角相对较高，典型观看位置为站在游泳池边的运动员、裁判员、工作人员、服务员或救生员，如图 14 - 26 所示，他们有较低的视角，因此，其入射角一般较大，从而有较高的反射率。

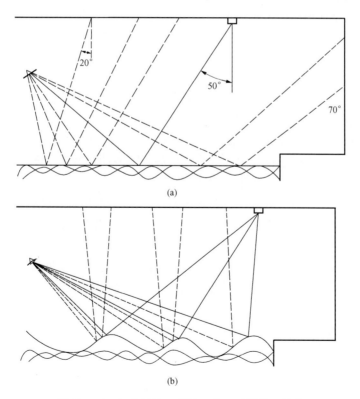

(a)

(b)

图 14 - 25 灯光经墙、顶棚、水面反射的反射率
（a）静止水面；（b）波动水面

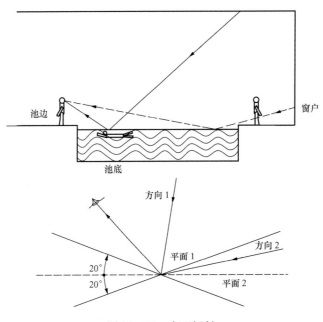

图 14-26　水面折射

（1）静止水面：观看者只能看到墙壁上或顶棚上特定发光点所形成的反射影像。

（2）波动水面：观看者能看到一个光源所形成的多个光源反射影像，图 14-25 为夸张的示意图，实际上，任何时候，水面波动都不会超过水平面的 ±20%，见图 14-26。同理可见，人眼能看到墙壁上，顶棚上或窗户上的多点影像。背向窗户的观察者是看不到水中窗户的反射影像的。

2. 水面的折射光

从图 14-26 可知，游泳池水面上的入射角度越大，其水面反射率就越高，同时伴随着折射光越小。折射光经过光在水中传输到达池底，并在池底反射之后，人就可以在游泳池（场、地）的观众厅、池边等处看到池底的反射光。也就是说，人在池边可以看到游泳池底的亮度，这样的亮度与水面条件无关，即水面的静止或波动对池底亮度没有影响。因此，池底和水下游泳者的可见度随水面亮度的提高而减少。

游泳池底的亮度主要由进入水中的总光通量决定，因此影响池底的亮度取决于建筑的大小、灯具的光源分布、灯具的光输出、灯具的效率、墙和顶棚的反射率等因素。

水面的平均亮度除取决于总的光通量外，还取决于观看者的位置。这一点从图 14-25 可以看出。如游泳池边的服务员和救生员要确保游泳者的安全，照明的安装应能有最佳的视看条件。因此，水面的平均亮度不应比游泳池底的亮度高得太多。

3. 改进水中观看条件的措施

（1）用可调节的百叶窗，固定的室外遮光板遮挡玻璃窗，用以遮挡 50°以上入射角的光线。

（2）用窗帘、卷帘或有色玻璃来减少进入室内的自然光。

（3）顶棚上灯具最大光强与垂直线的角度不要超过 50°，但又不能过多地影响灯具效率。

（4）提高池底的反射率，反射率不应小于 70%。

（5）对于直射照明的系统，墙和顶棚内的反射率应在 0.4~0.6 范围内。对于间接照明

系统，在保证照明的效率前提下，提高顶棚的反射率并保证墙面的低照度。

（6）用水下照明系统来提高水下亮度，用人工照明来改善池中的观看的视觉条件。但是水下照明不能有效地改善由窗户带来的水面反射光，不能修正不合适的电气照明设计。

（7）游泳池四周和观众看台的照明不能产生干扰的反射光。

三、照明的设计要点

1. 照度

对游泳者来说，游泳池照明首先要为游泳者提供安全保障。因此，游泳池照明必须满足如下要求：

（1）工作人员、服务人员必须能清晰地看到发生危险的游泳者，这可通过限制水面的反射光以及有一个符合标准的水平照度来实现；

（2）在水球比赛时，裁判员和观众要能看清楚运动员的快速移动；

（3）游泳比赛时，当运动员触池时，裁判员和观众能清楚地看到触池动作，这样裁判员方可准确的判定；

（4）跳水比赛时，裁判员和观众要能看清楚运动员完成翻转及动作细节。

游泳、跳水、水球、花样游泳的照明指标推荐值参见本章第一节相关标准。

2. 均匀度

设计时应注意游泳池四周的照度均匀度，还要注意跳水运动员运动轨迹全过程照度均匀度。要特别注意，避免墙面上的高亮度，因为高亮墙面更容易在游泳池水面上产生反射眩光。

3. 光源的颜色

原则上显色指数 Ra 在 65 及以上即可满足大部分比赛要求，使用高显色性的光源其代价是牺牲光源的光效。对于要求高照度或需遮挡自然光的地方，灯的色温最好大于 4000K。采用 LED 灯的游泳馆，特殊显色指数 R_9 也要加以注意，目前国内外正在研究其具体数值。

较好的解决方案是采用金属卤化物灯或 LED 灯，因为其效率高，寿命长，色温、显色性尚佳。光源的最终选择取决于多种因素，例如每年使用的小时数，初始投资与运转费用，光的控制、开关要求和颜色质量。

4. 灯具

室外游泳池照明可采用普通的泛光灯，维护也是日常维护；但是室内游泳池则不同，因室内环境为高温、潮湿、并有化学腐蚀，灯具要能适应这种不利的环境，维护工作也不同于室外。因为游泳池大厅的顶棚是密闭的，与其说是顶棚，不如说是夹层，而灯具通常在顶棚下面，给维护工作带来不少困难。当然，如果顶棚是干燥的和通风的，所有维修工作能在顶棚空间内进行，也不存在什么特殊问题。

为此，游泳池比赛场部分选用全密封灯具，以防止尘土积聚在光源上和光学反光器上，万一光源破碎，玻璃将掉在灯具内，不至于伤人。

由于潮湿和凝结水，灯具外壳的防护等级不应低于 IP55，且在不便维护或污染严重的场所灯具外壳的防护等级不应低于 IP65，水下灯具外壳的防护等级应为 IP68。

灯具的安装位置还要考虑方便灯具的维修、清扫和更换。因此，一般不要在游泳池上面的顶棚安装灯具，而照明灯具应安装在侧边。如果侧向布灯灯具安装高度受到限制，有可能产生水面射光问题，为避免出现这种情况，应选择合适配光灯具。

四、照明设计原则

为了游泳池场地得到较高的照度，对室内游泳池要做一般要求，即游泳池底表面应有较高的反射率。

室内游泳池照明系统往往受建筑和结构的限制，室内游泳池的电气照明只能作为对自然采光的补充，当自然采光不足和无自然采光时，电气照明为运动员、工作人员、裁判员和观众提供最佳的视看条件。但是，电气照明不能减弱自然光的眩光，不能减少自然光在水面上产生的反射光。同时，照明装置必须适应环境条件，便于维护。但是，正式比赛不允许采用自然光照明！

1. 直接照明

（1）采用高强度气体放电灯或 LED 灯。

通常采用金卤灯或 LED 配反射器、格栅或配棱镜板，照明装置近似为点光源，提供中、宽光束配光，可严格控制与垂直线成 50°角以上的亮度。照明装置效率较高，灯具光束角较小，在光束角内灯具的发光强度高，从而在水中产生很高折射光，因此，游泳池有很高的亮度。同时，灯具在水面上的反射光面积小，亮度低。这种方案的缺点比较突出，由于照明装置向下的光强高，会对仰游运动产生眩光。如果要降低灯具的亮度，必定会增加灯具数量，以达到相同的照度，从而增加水面上反射光影的数量。

实际上顶棚的反射率应至少为 0.6，从而降低灯具与其周围的亮度对比，墙面的反射率不应小于 0.4，以防有郁闷的感觉。如果大面积玻璃窗的高度到顶棚，要采用窗帘和百叶窗，由于水中亮度很高，这种方案不必另设水下照明。

（2）采用带罩荧光灯或 LED 条形灯。

条形灯要成排布置，而且要大面积布置灯具。这种方法的折射光仍然很高，反射光影响面积大，但其亮度低。其亮度比高强气体放电灯低得多，50°角以上的光强应加以控制。如果水中亮度能满足要求，可以不增加水下照明。对于小型游泳馆，如果顶棚较低，有时就难控制 50°角以上的亮度，此时可采用水下照明来改善水下观看条件。

如果墙面和顶棚的反射率为 0.6，通常对游泳运动员不存在眩光问题，同样在夜间也可采用百叶窗和窗帘进行比赛。

这种方案要求灯具排列应严格平行或垂直于游泳池的长轴，仰泳运动员参照灯排的方向，而很少参照泳道的标志线进行比赛。

这种方案仅适用于全民健身、娱乐性的游泳场所。

（3）发光顶棚。

发光顶棚是将照明系统安装在顶棚上，它将少量高亮度、小面积的点光源变成顶棚的面光源，并形成很低的亮度。当然顶棚要选择在 50°角内低亮度的漫射板。格栅灯照明效果不能令人满意，人能看见水中光源的反射影像；同时安全上也存在问题，万一光源玻璃破碎而掉入水中，有可能伤人。

由这种照明系统提供的反射光亮度是非常低的，折光性还是可接受的，可以获得满意的观看条件。但这种照明系统的缺点是造价高，效率较低，正式比赛场所很少使用。

（4）侧面照明。

与体育馆一样，侧面照明是常用的照明方式，因为它的初始费用和运输费用通常是最低的，而且维修很方便。但是其缺点也很明显：一是系统效率低，二是直接眩光和水面上的反射眩光较大。如果照明系统不能满足推荐的角度，可以采用水下照明来抵消水面的反射光。

2. 间接照明

为了减轻对运动员和观众眩光的影响，可采用间接照明方式。虽然一般认为间接照明效率不高，但在某种情况下，可能要比直接照明采用格栅式或其他措施限制眩光更经济。而且间接照明由于灯具可安装在两侧的墙上，维护管理更方便。在这种情况下，要采用浅色墙面和顶棚，墙面反射率应达 70％，顶棚反射率应达到 80％。控制反射眩光的措施如下：

（1）顶棚的反射面不能越出泳池太多；

（2）确保只在顶棚反射区有均匀的照明，这样将不会对游泳运动员和观众产生直接眩光，并避免在灯具上部的墙面上有高亮度值；

（3）从游泳池长轴方向看过去，要控制一定范围内高角度的顶棚亮度。方法是在顶棚下安装黑色挡光板、利用横向结构梁或桥架。

间接照明系统可提供惬意的照明效果，特别适合于娱乐性的游泳池，不适合于正式比赛场所。采用大功率、高光效高强气体放电灯，并经合理设计，其运行费用比一些直接照明系统要低，维护工作也比较简便。

间接照明亮度较低，需要水下照明系统来改善观看条件。然而，有些情况下不需要增加水下照明系统也能达到可接受的观看条件。

3. 多功能照明系统

多功能照明系统通常用于娱乐和比赛用的游泳池。比赛时可能有彩色电视转播，游泳池还可用于水上表演。此系统可调成不同照明效果，可由两种及其以上照明系统组合而成。

4. 水下照明

有时为增加气氛需设置水下照明。尤其花样游泳，为了能看清运动员在水下的表演动作及彩色电视转播水下运动员比赛的情况，水下照明显得更为重要，另外，装设水下照明可增加水下的亮度，减少水面的反光。

水下照明系统可增加池底亮度，降低水面上的光幕反射；其次，教练员和观众要能清楚地看见游泳运动员的动作。但是水下照明要解决的最重问题是安全问题。

游泳池设置水下照明可参考下列指标：室内为 $1000 \sim 1100 \mathrm{lm} / \mathrm{m}^2$（池面）。水下照明灯具上宜布置在水面下 $0.3 \sim 0.5 \mathrm{m}$，灯具间距宜为 $2.5 \sim 3 \mathrm{m}$（浅水池）和 $3.5 \sim 4 \mathrm{m}$（深水池）。灯具应为防护性，并有可靠的安全接地措施。水下照明灯具应采用安全特低压供电，供电电压应不大于 12V，选用防触电等级为 Ⅲ 类的灯具。

水下照明通常采用 LED 灯或高强气体放电灯，灯具一般布置在游泳池的长向侧边，灯的照射方向平行于游泳池的短边平面。这样，光束在水中距离最短，而且对游泳运动员的影响最小。泛光灯的峰值光强与水平线约成 10° 角，这样对游泳运动员和四周的观众无反射光的危害。室内装饰面的反射率应尽可能得高，以获取最佳效果。考虑到水的吸收特性，高强气体放电灯比使用白炽灯效果更好。

水下照明灯具有二种安装方式：干壁龛和湿壁龛安装。湿壁龛方式是将特殊水下灯具嵌入游泳池壁墙内；而干壁龛应为防水、密封的，灯具则为普通灯具，它装在干壁龛内。干壁龛的优点是：便于安装、对游泳者比较安全；易于调整灯具；便于从维修走道或从池外维修；可采用各种新光源。

现代游泳馆很少采用水下照明，正常的场地照明即可满足水下照明要求。

五、彩色电视转播的要求

室内游泳池，如果要求彩色电视转播，其电气照明系统可以采用永久性照明。电气照明系统可以是侧面照明系统。也可采用安装在灯桥上或马道上的泛光照明。直接向下照射的灯光不能满足垂直照度的要求。因此，采用光束控制性较好的金属卤化物泛光灯、LED 灯，增加游泳池长轴方向的向下光通量，可以控制对摄像机和观众的光幕反射。然而，泛光灯严禁对在池端的游泳运动员、裁判员和官员产生眩光。只要灯具安装高度适当，在游泳池上面的灯桥以及侧面照明系统可以得到非常满意的照明效果。但必须注意照明装置的位置和投射方向，以免对裁判员、工作人员和观众产生眩光，以及不能影响跳水运动员和游泳运动员的情绪。

六、实例

1. 国家游泳中心——水立方

2008 年奥运会期间水立方可容纳 1.7 万名观众，奥运会后拆除临时座位，只保留 6000 座。奥运会时总建筑面积为 8.7 万 m^2，奥运会后进行改造，总建筑面积为 9.4 万 m^2，地下两层，地上四层，地面上高度 31m。建筑围护结构采用双层聚四氟乙烯（ETFE）薄膜气枕单元。地下部分为砼结构，桩基础，地上为多面体钢架钢结构体系。内设奥林匹克游泳池（正式比赛用）、热身池（热身及全民健身用）、跳水池各一个。

水立方场地共采用 308 套 EF2000 灯具，1000W 双端短弧金卤灯。表 14-23 为主要模式下的开灯数量及用电负荷，表 14-24 为实测数据与设计标准、设计数据的对比，水立方的场地照明达到了奥运会比赛及高清电视转播的需要。图 14-27 为水立方的现场实景照片。

表 14-23 　　　　　　　　　　　　主要模式下的灯具数量和用电负荷

序号	照明开关模式	灯具型号	开灯数量（套）	用电负荷（kW）
1	游泳高清晰电视转播	EF2000 1000W	215	229
2	10m 台跳水高清晰电视转播	EF2000 1000W	138	147
3	3m 板跳水高清晰电视转播	EF2000 1000W	136	145
4	水球高清晰电视转播	EF2000 1000W	195	208
5	花样游泳高清晰电视转播	EF2000 1000W	206	220
6	观众席普通照明	EF4040MA 400W	66	70
7	观众席和场地应急照明	QF500 500W	48	24

注　1. 灯具维护系数取 0.8。

　　2. 灯具功率因数大于 0.9，镇流器功耗不大于 56W。

　　3. 高清晰电视转播场地照明用灯具 EF2000 1000W 共计 308 套。

表 14-24 　　　　　　　　　　　　场 地 照 明 实 测 结 果

场地类别	项目	设计大纲要求值			设计计算值			实际检测值			
		最小	U_1	U_2	最小	U_1	U_2	平均	最小	U_1	U_2
		Min (lx)	Min/ Max	Min/ Avg	Min (lx)	Min/ Max	Min/ Avg	Ave (lx)	Min (lx)	Min/ Max	Min/ Avg
游泳池	水池水平照度 E_h	—	0.7	0.8	3135	0.81	0.89	3352	—	0.76	0.83
	1号摄像机垂直照度 E_{v_cam1}	1400	0.6	0.7	1833	0.78	0.87	—	2112	0.66	0.78
	西向移动摄像机 E_{v_-X}	1000	0.4	0.6	1003	0.64	0.79	—	1689	0.84	0.91

续表

场地类别	项目	设计大纲要求值			设计计算值			实际检测值			
		最小	U_1	U_2	最小	U_1	U_2	平均	最小	U_1	U_2
		Min (lx)	Min/Max	Min/Avg	Min (lx)	Min/Max	Min/Avg	Ave (lx)	Min (lx)	Min/Max	Min/Avg
游泳池	东向移动摄像机 E_{v_+X}	1000	0.4	0.6	1075	0.72	0.81	—	855	0.52	0.74
	主席台方向移动摄像机	1000	0.4	0.6	—	—	—	—	1618	0.63	0.74
跳水池	水池水平照度 E_h	—	0.7	0.8	3149	0.46	0.55	2563	—	0.7	0.86
	3m 跳板 1 号摄像机 垂直照度 E_{v_cam1}	1400	0.6	0.7	1553	0.79	0.83		1524	0.6	0.75
	10m 跳台 16 号摄像机侧面 垂直照度 E_{v_cam16}	1400	0.6	0.7	2360	0.9	0.94		—		
	10m 跳台正面垂直照度	1400	0.6	0.7	1447	0.95	0.98		1710	0.82	0.89
	3m 跳板正面垂直照度	1400	0.6	0.7	1685	0.89	0.94		1463	0.89	0.94
	东向移动摄像机 E_{v_+X}	1000	0.4	0.6	1117	0.62	0.73		751	0.6	0.77
	主席台方向移动摄像机	1000	0.4	0.6	—	—	—		1164	0.62	0.77

2. 上海浦东游泳馆

上海浦东游泳馆是目前浦东新区最大的集健身、休闲、娱乐、竞赛、训练为一体的场馆，属于改造项目。拥有国际标准的比赛池，还有训练池、嬉水池等。原场地照明采用 33 套 1000W 和 29 套 400W 金卤灯，使用 7 年后灯体腐蚀严重，存在安全隐患。改造采用 Musco 公司单灯功率 270W 的高效、耐腐蚀 LED 灯具 44 套。改造后平均水平照度达 600lx，照度提高 34%，照度均匀度提高 100%，而新的照明系统总安装功率只有原系统的 12%，节能效果非常可观，如图 14－28 所示。

图 14－27　现场照明

图 14－28　上海浦东游泳馆实景
［照片由玛斯柯照明设备
（上海）有限公司提供］

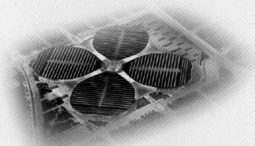

第十五章
会展中心照明

编者：张 青 王 磊 校审者：徐 华

第一节 概 述

会展建筑是展出临时性陈列品的公共建筑。展会通过实物、照片、模型、电影、多媒体等手段传递信息，促进交流与发展。较大型的会展中心均结合商业资讯、贸易往来、文化交流形成一个综合体建筑。

展览建筑按建筑规模分类见表15-1，展厅按展览面积分级见表15-2。

表15-1 展览建筑分类

建筑规模	总展览面积 $S(m^2)$	建筑规模	总展览面积 $S(m^2)$
特大型	$S > 100000$	中型	$10000 < S \leqslant 30000$
大型	$30000 < S \leqslant 100000$	小型	$S \leqslant 10000$

表15-2 展厅等级划分

展厅等级	展厅的展览面积 $S(m^2)$	展厅等级	展厅的展览面积 $S(m^2)$
甲等	$S > 10000$	丙等	$S \leqslant 3000$
乙等	$5000 < S \leqslant 10000$		

会展建筑一般由展览区、观众服务区、库房区、办公后勤区等部分组成。展区为会展建筑的重要组成部分，其面积占总建筑面积的比例约为 2/3~1/3 之间。

为适应多功能、综合性展览的使用要求，专业展厅一般设计成为大跨度无柱空间，跨度在 60~70m，展厅高度在 17~18m。一些辅助展厅为小跨度，跨度在 6~12m，高度一般在 6m 左右。

与会展中心照明有关的标准、规范主要有 GB 50034《建筑照明设计标准》、JGJ 333《会展建筑电气设计规范》、JGJ 218《展览建筑设计规范》等。

《建筑照明设计标准》GB 50034—2013 规定的会展建筑照度标准值见表15-3。

表15-3 会展建筑照度标准值

房间或场所	参考平面及其高度	照度标准值（lx）	UGR	U_0	Ra
会议室、洽谈室	0.75m水平面	300	19	0.60	80
宴会厅	0.75m水平面	300	22	0.60	80

续表

房间或场所	参考平面及其高度	照度标准值（lx）	UGR	U₀	Ra
多功能厅	0.75m 水平面	300	22	0.60	80
公共大厅	地面	200	22	0.4	80
一般展厅	地面	200	22	0.60	80
高档展厅	地面	300	22	0.60	80

注　U_0 为均匀度。

JGJ 333—2014《会展建筑电气设计规范》规定的会展建筑照度标准值见表15－4。

表 15－4　　　　会展建筑常用房间或场所的照度标准值、UGR、Ra

房间或场所		参考平面及其高度	照度标准值（lx）	UGR	Ra
展馆展厅	一般	地面	200	22	80
	高档	地面	300	22	80
登录厅、公共大厅		地面	200	22	80
会议室、洽谈室		0.75m 水平面	300	19	80
视频会议室		0.75m 水平面	750	19	80
多功能厅、宴会厅		0.75m 水平面	300	22	80
问讯处		0.75m 水平面	200	—	80

第二节　设　计　要　求

一、照明种类和方式

（1）照明种类可以分为一般照明、局部照明、应急照明、值班照明。应急照明设计方法见第二十一章。

（2）一般照明即为展厅上空的照明，为展厅提供的均匀照明；局部照明为突出局部展品的风格而设计的照明；值班照明是在非展览时间内值班人员使用的照明。

（3）专业展厅较高，办展展品一般在 6m 左右，照明设计除考虑上空用于展厅的一般照明外，还要考虑为突出展品的特点而设计的局部照明。

（4）单层展厅宜充分利用天然光，人工照明应与天然采光相结合使用。

（5）展厅内应设有应急照明，重要藏品库房宜设有警卫照明。

二、照明质量

（1）壁挂式展示品，在保证必要照度的前提下，应使展品表面的亮度在 $25cd/m^2$ 以上，同时应使展品表面的照度保持一定的均匀性，通常最低照度与最高照度之比应大于 0.75。

（2）对于有光泽或放入玻璃镜柜内的壁挂式展品，一般照明光源的位置应避开反射干扰区，以减少反射眩光。为了防止镜面映像，应使观众面向展品方向的亮度与展品表面亮度之比小于 0.5。

（3）对于具有立体造型的展品，为获得实体质感效果，宜在展品的侧前方 $40° \sim 60°$ 处，设置定向聚光灯，其照度宜为一般照度的 $3 \sim 5$ 倍，当展品为暗色时则应为 $5 \sim 10$ 倍。

（4）陈列橱柜的照明，应注意照明灯具的配置和遮光板的设置，防止直射眩光。

第三节　光源与灯具的选择

一、光源的选择

（1）照明光源要从显色指数、寿命、光色、光效、启动性能、工作可靠性、稳定性及价格等因素综合考虑。

（2）展览建筑的照明光源宜采用高显色荧光灯、小型金属卤化物灯和反射型白炽灯，并应限制紫外线对展品的不利影响。当采用卤钨灯时，其灯具应配以抗热玻璃或滤光层以吸收波长小于300nm的辐射线。

（3）在灯光作用下易变质褪色的展示品，应选择低照度水平和采用可过滤紫外线辐射的光源；对于机器和雕塑等展品，应有较强的灯光以显示其特征。在通常情况下，弱光展示区应设在强光展示区之前，并应使照度水平不同的展厅之间有适宜的过渡照明。

（4）适合于展览建筑的光源有卤钨灯、高压钠灯、金属卤化物灯和LED灯。对于顶棚较低的展厅宜采用荧光灯、LED或小功率金属卤化物灯，对空间高的展厅，宜采用中、小功率的金属卤化物灯、高显色性高压钠灯。

二、灯具的选择

（1）按安装方式选。当高度在6m左右有吊顶空间，可以采用嵌入式安装；对于高大空间，屋面为网架结构时，可以采用杆式利用网架的球节点安装。

（2）按灯具光束角度选择。不同的光束角度投射距离不同，见表15-5。该表给出不同光束角灯具适用范围。

表15-5　　　　　　　　　　灯具光束角度与投射距离关系

分类	光束角度（°）	投射距离（m）
中等光束	46~70	40~50
中等宽光束	70~100	30~40
宽光束	100~130	25~30
特宽光束	>130	<25

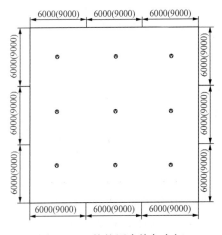

图15-1　按柱网内均匀布灯

（3）按灯具的结构选择。由于展厅高度不同，灯具的检修方式不同，灯具分开启式、封闭式，所以选择灯具时要考虑方便更换光源。对于空间高处安装的灯具，要同时考虑灯具及其附件具有防坠落措施。

三、布灯方式

（1）按柱网内均匀布置，如图15-1所示。

（2）按柱网布置组合灯，如图15-2所示。

（3）按工艺展要求布灯，如图15-3所示。

（4）高空间长廊式布灯，如图15-4所示。

四、局部照明

局部照明设计的方案应按照各参展商的产品特

点、各自品牌的设计理念及展位的位置由参展单位自行设计，应满足各种参展单位的电源的使用要求，电源应就地取至展位箱。展位箱设备布置及安装如图15-5～图15-8所示。

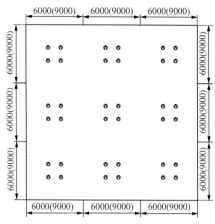

图15-2　按柱网布置组合灯

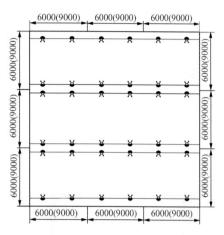

图15-3　按工艺展要求布灯

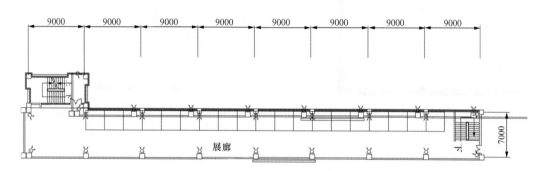

图15-4　高空间长廊式布灯

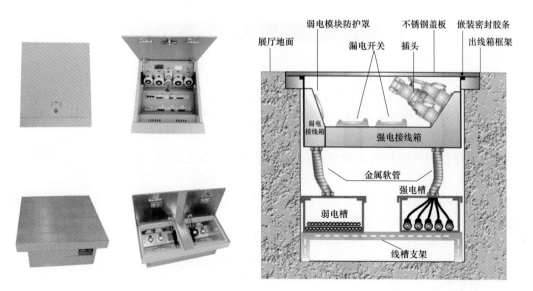

图15-5　地面展位配电箱

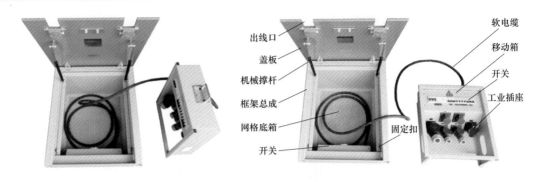

图 15-6 移动式展位配电箱

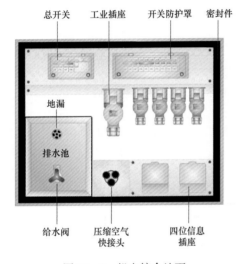

图 15-7 机电综合地面
展位箱布置图（一）

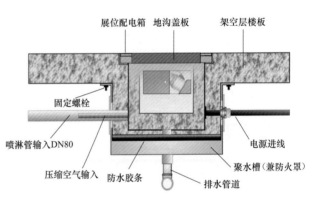

图 15-8 机电综合地面展位箱布置图（二）

第四节 照明电气设计

一、照明的供、配电设计

（1）展区一般照明为二级负荷，有条件时由两路电源各带 50% 照明灯具为其供电。展厅备用照明应按照展厅的等级确定其负荷等级，甲等、乙等展厅其备用照明为一级负荷，丙等展厅其备用照明为二级负荷。

（2）展厅备用照明作为在应急情况下保证展览能正常进行，应由两路独立电源供电。应急电源也可以取自柴油发电机。

（3）展厅局部照明是为增加展品的最佳效果而设置，故为一路电源配电即可，可以由就地为展位设备配电的配电箱取电。

（4）值班照明可以按正常照明的一部分考虑。

（5）藏品库房和展厅的照明的电源应装设防火剩余电流动作保护装置。

二、照明的控制方式

（1）展厅灯光宜采用光电控制的自动调光系统，随天然光的变化自动控制或调节照明的强弱，保持照度的稳定，以便节约能源。

（2）会展建筑为人员密集的公共区域，为展厅服务的照明控制开关应集中单独控制管理。

（3）当配电回路较少时可以采用面板集中控制，当配电回路较多时，应采用智能照明控制系统，既方便管理，又减少公共区域的误操作。

（4）智能照明控制系统应考虑既能集中控制管理，又能在系统出现故障状态下，现场控制器脱离主机独立工作。

（5）控制器能接收应急信号，接收信号后自动转入执行应急命令。

（6）分区控制灯光要考虑值班、清扫、布展和展览等的照明控制需求。

（7）藏品库房的电源开关应统一设在藏品库区内的藏品库房总门之外，藏品库房照明宜分区控制。

三、线路敷设

（1）由于照明配电回路多、空间高、配电线路较长，故其布线宜采用沿金属槽盒敷设，在不影响建筑及办展效果的位置，沿墙（或柱）敷设引至展厅上空。

（2）一般照明线路与应急照明线路应分槽敷设，当无条件需共槽时，要采取分隔及防火处理。

（3）一般照明线路采用线槽敷设时可采用阻燃线缆，应急照明线路采用线槽敷设时需采用耐火线缆。

（4）藏品库房和展厅的照明线路应采用铜芯绝缘导线暗配线方式。

四、灯具的检修与维护

（1）采用马道检修灯具，马道要结合展厅上空的特点沿灯具布置，当采用金属网架时要结合网架造型有规则地设置。

（2）采用升降机检修灯具时，需考虑升降机的日常存放位置。

（3）可采用智能型电动升降式灯具。

第五节　设　计　实　例

一、宁波某国际会展中心展厅照明布置实例

1. 建筑概要

由1号~6号楼组成的建筑群，建筑面积约80000m²，其中有1号楼为主展厅，2号楼为小展厅，3号、4号楼分别为东、西展厅，5号楼为商务会议楼，6号楼为会议楼。

2. 光源和灯具选择

室内由高33m、跨度9m组成的展厅，照明灯具按照9m一跨一个1000W金属卤化物灯设计；室内由高27m、跨度9m柱网组成的展厅，照明灯具采用按9m跨度依建筑风格采用4个250W金属卤化物形成组合灯设计。按照各展厅高度的不同，采用光束角度也不同。局部建筑高度14m的展廊，照明灯具按9m柱跨设置150W的金属卤化物灯壁装，灯具采用侧向漫反射效果。

3. 使用光源参数及数量

光源参数及数量列于表15-6。

表15－6 使用光源参数及数量

光源型号	输入功率（W）	光通量（lm）	Ra	T_{cp}（k）	$\cos\varphi$	启动时间（s）	自启动时间（s）	寿命（h）	数量
HQI－T250/D	275	20000	93	5200					30
HQI－TS150/D	175	11000	85	5200	0.9	30	300	5000	153
HQI－E250/D	275	20000	93	5200					168
HQI－1000/D/S	1065	80000	93	6000					42

4. 展厅照明平面及计算结果

（1）展厅照明平面一见图15－9。

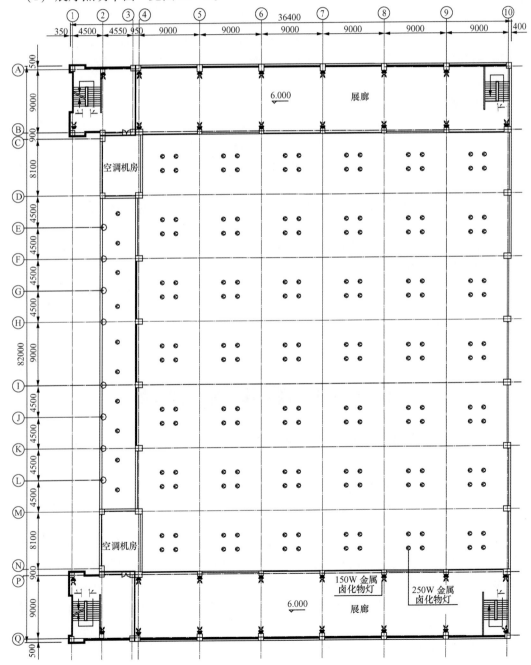

图15－9 展厅照明平面一

（2）展厅照明平面二见图 15 – 10。

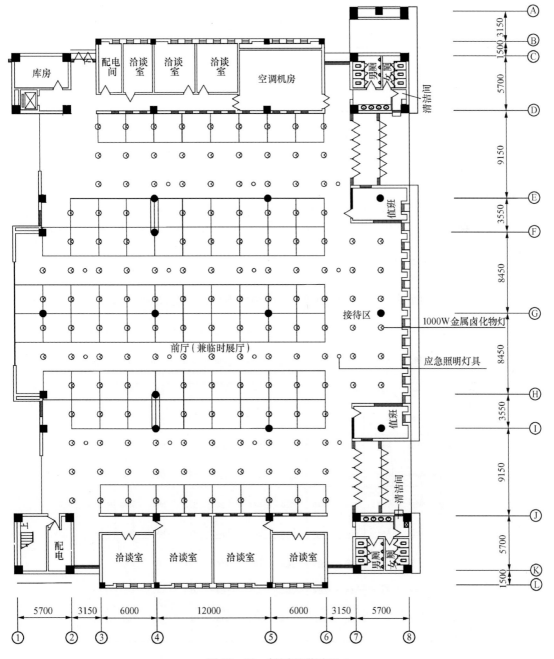

图 15 – 10 展厅照明平面二

（3）照度计算结果见表 15 – 7。

5. 各部位的水平照度曲线

（1）展厅照明平面图一中 1 – 10 轴及 A – B 轴照度曲线，见图 15 – 11。

表 15 −7　　　　　　　　　　　　照 度 计 算 结 果

名称	照度分类	照度计算值（lx）			均匀度		灯具数量	安装高度（m）
		平均值	最大值	最小值	最小照度/平均照度	最小照度/最大照度		
展廊	水平照度	152.7	197	80	0.52	0.41	30	14
展厅	水平照度	615.98	692	341	0.55	0.49	153	4.5
小展厅	水平照度	462.29	558	266	0.58	0.48	168	21.3
大展厅	水平照度	296.23	396	183	0.62	0.46	42	33

注　维护系数为 0.80。

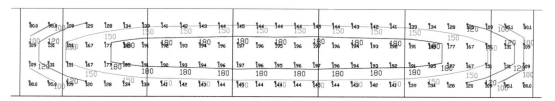

图 15 −11　展厅照明平面一中照度曲线（1 −10 轴及 A − B 轴）

（2）展厅照明平面图一中 1 −10 轴及 C − N 轴照度曲线，见图 15 −12。

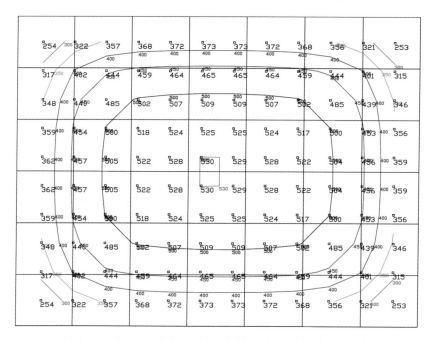

图 15 −12　展厅照明平面一中照度曲线（1 −10 轴及 C − N 轴）

（3）展厅照明平面图二中 1 −8 轴及 D − J 轴照度曲线，见图 15 −13。

6. 控制方式

采用智能照明控制系统，即可在管理室集中控制管理，又可以在建筑规划的独立办展区域现场控制管理。

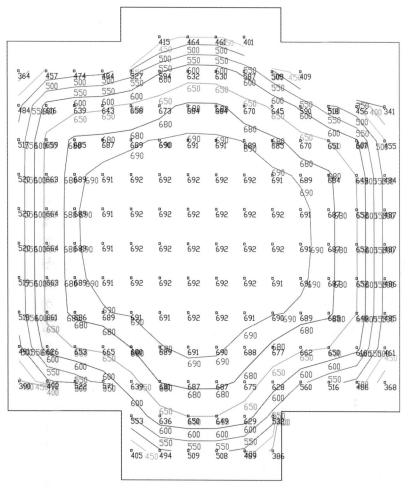

图 15 - 13　展厅照明平面二中照度曲线（1 - 8 轴及 D - J 轴）

宁波某会展中心照明示例见图 15 - 14。

二、唐山某会展中心展厅照明布置实例

1. 建筑概要

由展馆和动力中心组成，建筑面积约 30500m²，主要功能以展览、会议为主，兼顾与展览会议有关的展示、演出、表演等，同时设置配套设备机房等。展馆局部一层展厅高度为 6m，展馆主展厅高度为 21.3m，动力中心高度为 11.3m。

2. 光源和灯具选择

高跨度主展厅的照明灯具按每 9m 设置 1 个

图 15 - 14　宁波某会展中心照明实例

1000W 金属卤化物灯，宽光束。室内每约 30m 为建筑效果划分区，30m 连接处为建筑二层展厅结构，每为 6m 层高，为烘托展厅效果，二层采用拱形灯槽。

3. 灯具及光源

灯具型号 HIPAK1000；光源：HQI - T 1000/D 欧司朗 1000W 金属卤化物光源；光通量 80000lm；色温 6000K；显色性 93。灯具外形及尺寸见图 15 - 15。

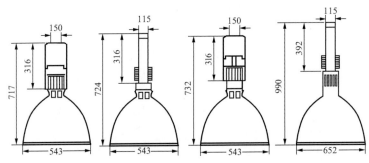

图 15-15　HIPAK1000 灯具外形及尺寸（单位：mm）

4. 展厅照明平面及照度计算

展厅照明平面一见图 15-16。

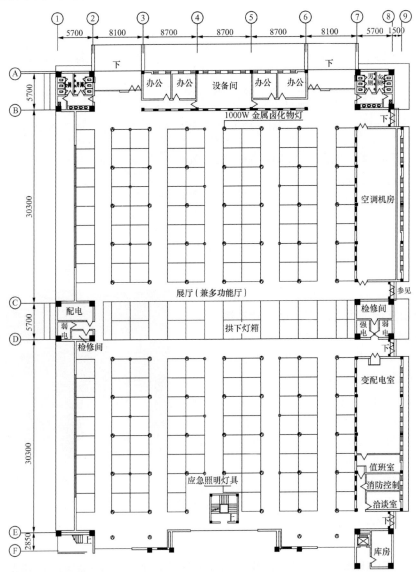

图 15-16　展厅照明平面

照度计算结果见表 15 – 8。

表 15 – 8 照 度 计 算 结 果

名称	照度分类	照度计算值（lx）			均匀度		灯具数量
		平均值	最大值	最小值	最小照度/平均照度	最小照度/最大照度	
唐山某中心	水平照度	605.93	823	539	0.59	0.44	74

注 灯具安装高度，21.3m；维护系数为 0.80。

5. 展厅水平照度曲线

展厅水平照度曲线见图 15 – 17。

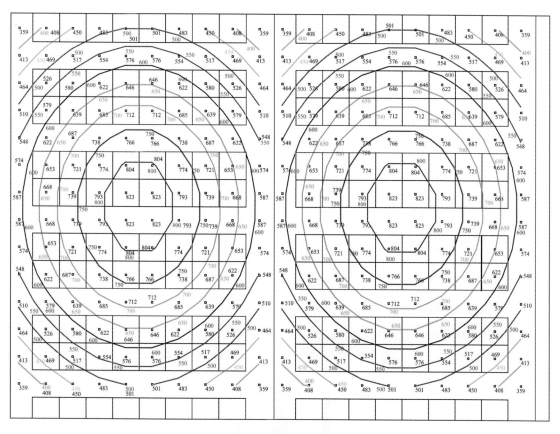

图 15 – 17 展厅水平照度曲线

6. 控制方式

采用智能照明控制系统，即可在管理室集中控制管理，又可以在各区域现场控制管理。唐山某会展中心照明示例见图 15 – 18。

三、上海某会展中心展厅照明设计示例

1. 建筑概要

该会展综合体由展厅、配套商业中心、办公及会议中心等部分组成，建筑群总面积约 144 万 m²，展厅使用面积约 43 万 m²，属特大型会展建筑，共 16 个展厅，其中有 3 个为高展厅，每个展厅长约 270m、宽 108m、使用面积 2.75 万 m²、展厅高约 40m、桁架下弦高度

图 15 - 18　唐山某会展中心照明示例

约 35m，以重型展为主。

2. 光源和灯具

展厅采用 LED 灯照明，光源额定功率 300W，灯具输出光通量为 33705lm，光束角 30°，LED 灯的相关色温为 4500K，显色指数不小于 80，灯具防护等级为 IP65。图 15 - 19 为灯具配光曲线与光源参数。

3. 照明设计

展厅地面平均水平照度标准为 300lx。根据桁架的布置每隔 18m 设置一条马道，在马道的两侧对称安装灯具，灯具距地约 32m。单个展厅共安装灯具 290 套。具体平面布置见图 15 - 20。

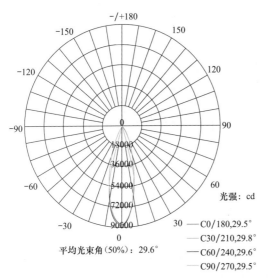

平均光束角（50%）：29.6°
—— C0/180,29.5°
—— C30/210,29.8°
—— C60/240,29.6°
—— C90/270,29.5°

光强：cd

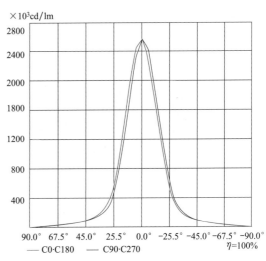

—— C0·C180　—— C90·C270
η=100%

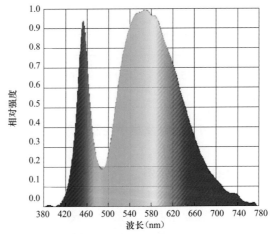

图 15 - 19　灯具配光曲线与光源参数

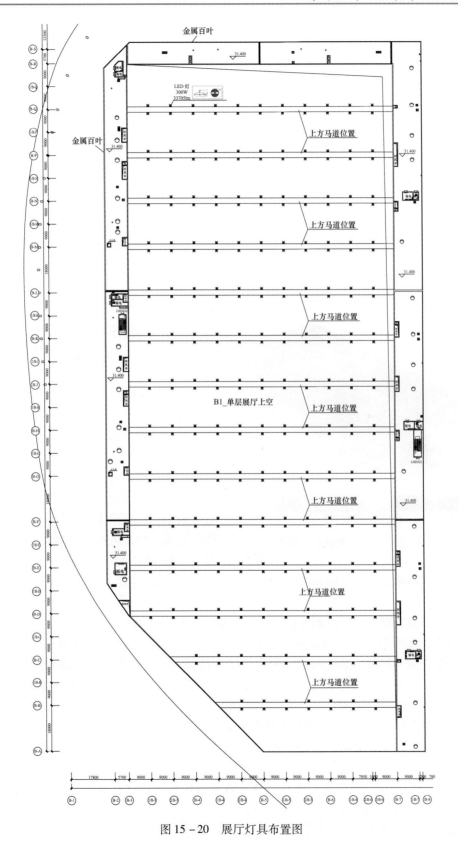

图 15-20　展厅灯具布置图

展厅地面水平等照度曲线见图 15 - 21。

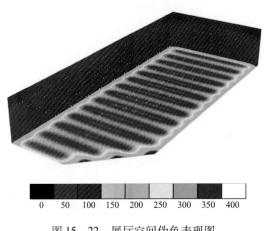

图 15 - 21　展厅地面水平等照度曲线图

图 15 - 22　展厅空间伪色表现图

展厅地面水平照度伪色图见图 15 - 22。

展厅地面实测的水平照度值见图 15 - 23，测试网格为 $2m \times 2m$。

图 15 - 24 为上海某会展中心灯具全部开启的状态。

照度计算见表 15 - 9。

由于展厅高度较高，为保证足够的地面照度，选用了较小光束角（30°）的大功率的 LED 灯，从伪色图和照明均匀度指标上可以看出，地面照度与灯具位置呈现明显的线性关系。但是考虑到大型展厅在布展中不仅有屋顶 LED 的一般照明，还包括大量针对展品的局部照明，在地面因顶部 LED 引起的照度差异可以忽略。

4. 应急照明

LED 灯具有光效高、可以瞬时启动、寿命长、体积小等特点。从应急照明的需求分析，LED 光效高，大功率的 LED 可以提供足够多的光通量，可以设置较少数量的灯具满足高大展厅空间安全照明和疏散照明的照度要求。LED 的瞬时响应的特性使其非常适合在紧急状态下快速启动，并迅速达到最大输出。因此在高大展厅空间，大功率 LED 与其他光源相比，更适合作为应急照明的光源。

本案例中，在所有 290 套正常照明灯具中平均选取了其中的 21 套作为平时和应急通用的灯具，仅开启这 21 套灯具时，除展厅边沿少于 2% 的空间外，场地内地面的最低水平照度达到 12lx，平均照度达到 19lx，总安装功率为 6.3kW，现场的照明效果良好，见图 15 - 25。

在 LED 的应用中，需注意大功率 LED 配置有散热片，通常质量要远大于传统灯具，本例中采用的 LED 质量就达 27kg，在屋顶马道的结构设计中要考虑 LED 的安装质量并采用一定强度的支持构件防止高空气流导致灯具的摆动。

图15-23　展厅地面实测水平照度值（测试网格为2m×2m）

图 15－24　上海某会展中心（灯具全部开启）

此外，LED 灯功率超过 100W 且数量较多时，设计电源系统时就要考虑启动电流的冲击影响。现在电气设计中通常以 EPS 作为应急照明的应急电源，当启动电流过大时，EPS 会控制触发电路，及时关断相应的 IGBT，防止电流过大损坏 IGBT。如果 EPS 的容量没有足够的裕度，LED 的启动电流很可能会触发 IGBT 的保护电路，导致应急照明无法启动。

这种情况在平时由市政电源供电时不会发生，很容易被设计师和现场施工人员忽视，如果 EPS 选择不恰当，在紧急情况下需要 EPS 电池供电时，会造成应急照明无法启动，影响人员疏散。

表 15－9　　　　　　　　　　　　　照 度 计 算 结 果

表面	反射率（%）	平均照度（lx）	最小照度（lx）	最大照度（lx）	最小照度/平均照度
工作面	—	304	71	373	0.233
地板	20	304	72	370	0.236
天花板	70	50	30	59	0.605
墙壁	50	63	33	103	—

图 15－25　上海某会展中心（展会期间）

（展会时仅开启部分应急灯具，见照片中黄色标识处）

5. 照明控制

展厅内采用智能照明控制系统，即可在管理室集中控制管理，又可以在建筑规划的独立办展区域现场控制管理。

第十六章
美术馆和博物馆照明

编者：张　昕　　校审者：徐　华

第一节　博物馆、美术馆照明的基本问题

博物馆已成为一个国家或地区综合实力的象征，参观美术馆也逐渐融入现代人的生活方式。博物馆、美术馆的三个基本属性是实物收藏、科学研究、社会教育。西方有关博物馆职能的论述很多：有的认为是调查研究（investigation）、教育（instruction）、激励（inspirator）；有的认为是所谓"三E"原则（educate/entertain/enrich），即"教育国民、休闲娱乐和充实人生"。而一般认为博物馆的职能为保存（conservation）、研究（research）与文化教育（education or culture）。

随着时代的发展，博物馆建筑的角色呈现出多元化的发展趋势：①作为城市与国家理念的宣言；②作为休闲、娱乐的场所；③作为地区文化的中心；④作为公共交流的"窗口"。新派生出的角色定位对于博物馆视觉环境的要求日趋严格。

光环境是衡量博物馆、美术馆水平的一项重要指标：为了妥善的保管展品，必须尽可能地使之免受光学辐射的损害；为了给观众创造良好的参观环境，又需要提高照明水平。博物馆、美术馆照明设计的核心是在鉴赏与保护之间取得平衡。

第二节　基于鉴赏的照明设计要点

一、展示（品）照明

1. 展示（品）照明指南

展示照明应达到整体和局部、展品和背景之间的平衡（包括亮度、色彩等方面）。展示照明要求优秀的显色性能，完美呈现展品的形式和质感，并且避免眩光，其设计要点可以概括为均匀度、对比度、视觉适应、表观颜色、显色性能、展品背景、眩光、立体感、重点照明等9个方面。部分国际组织和国家推荐的质量标准见表16-1。

（1）均匀度。通常指规定表面上的最小照度与平均照度之比。陈列室一般照明的地面照度均匀不应小于0.7。对于平面展品，照度均匀度不应小于0.8；对于高度大于1.4m的展品，照度均匀度不应小于0.4。

（2）对比度。多数情况下，物体被看见是因为对比，使其从背景或周围环境中凸现出来，对比度可以定义为物体亮度与背景或环境亮度的比值。漫反射物体的亮度同物体表面照度和反射比成正比。

表 16 - 1 　　　　　　　　　　　　部分国际组织和国家推荐的质量标准

组织	CIE❶	ICOM❷	美国	日本	澳大利亚	荷兰	中国
均匀度	均匀	≥0.8	≥0.8	均匀	≈0.8	均匀	≥0.8
眩光限制等级	Ⅰ级	Ⅰ级	Ⅰ级	Ⅰ级	—	Ⅰ级	$UGR \leqslant 19$
光线的照射角（°）	—	60	60	55	60	60	—
亮度比	3：1	3：1	3：1	4：1	3：1	3：1	3：1
立体感	—	—	—	照度比 1/3~1/5	—	—	—
色温（K）	3300~5000	4000~6500	3300~5000	3300~5000	3300~5000	3300~5000	—
显色性	$Ra \geqslant 85$	$Ra \geqslant 90$	$Ra \geqslant 85$	$Ra \geqslant 92$	$Ra \geqslant 90$	$Ra \geqslant 85$	$Ra \geqslant 90$

❶ CIE，国际照明委员会，Commission Internationale de L'eclairage 的缩写。

❷ ICOM，国际博物馆协会，International Council of Museum 的缩写。

（3）视觉适应。眼睛对视野范围内的亮度能自动地反馈，取决于眼睛的亮度适应水平（同视野范围内的平均亮度相关）。应限制博物馆各区域的亮度范围，使眼睛在任意时刻都可以适应。画面亮度应高于周围背景亮度，其亮度比不宜超过 3：1。亮度过高的区域将成为眩光源，造成视觉困难，影响对展品细节的观看。适应时间取决于改变的数量级和注意力转变的方向，对低亮度的适应比对高亮度的适应要花费更长的时间。对于陈列特殊感光展品的区域，当整体照度较低的时候，要求对视觉适应有所考虑。接近这些区域的时候，需要提供视觉过渡，通常在博物馆建筑设计阶段即应对空间亮度进行规划。

（4）表观颜色（色表）。对比不仅可以通过亮度的差异，也可以通过颜色的差异来实现。如果物体和背景由不同相关色温（CCT）的光源照亮，颜色的对比就可以显现出来。需要特别注意以下问题：要避免造成展品的颜色失真；避免色差过大导致视觉注意力的分散；注意对暖色光源的使用，其色温上的细小差别也能被人眼察觉。室内表面最好为中性色或极淡的彩色，否则界面材质的反射光可能造成展品的颜色失真。

（5）显色性能。在陈列绘画、彩色织物、多色展品等对辨色要求高的场所，应采用一般显色指数（Ra）不低于 90 的光源作照明光源。对辨色要求一般的场所，可采用一般显色指数不低于 80 的光源作照明光源。

（6）展品背景。展品背景不仅影响展示效果，也影响眼睛的接收状态。视觉接收取决于亮度和颜色。背景和物体之间的亮度对比不能过大，如果背景明显的比展品亮或暗，将降低看到的细部质量：暗物体在亮背景前展示，只有物体的轮廓能被看到；亮物体在亮背景前展示，可以看清物体的造型细节。强烈色彩的背景能够令眼睛对这种颜色的感觉达到饱和，因而强调出展品的补色，如强烈的绿色背景将使白色的物体看起来呈现粉红色。

（7）眩光。眩光由同整个视野范围内的总体亮度相比过于亮的光源、窗等，直接或间接地被看到而形成。对展品、光源、观察者的相对位置的选择能够帮助设计师克服眩光的问题。如对于来自电光源的眩光通过设置遮光隔栅（作为灯具的一部分或室内设计的元素，能够从通常的人视点有效的遮挡光源），能够使光源从通常的视角看起来变得更暗。观赏陈列在不是从内部照明的展柜中的物体时，视觉经常会被外部光源、照亮的展品或其他物品的反射光所干扰，称为反射眩光，控制方法如下：

1）一次反射眩光，光源被画面镜框反射所产生。如图 16 - 1 所示，灯具布置在无反射干扰的布光区内即可消除一次反射眩光。若画面中心离地 1.6m（下限），下边离地 0.9m（下限），画面倾斜度（t/l）：小画面约为 0.15 ~ 0.03，大画面在 0.03 以下。观众在离画面距离为画面长边的 1.5 倍（对角线的 1.2 倍）的位置，视点离地为 1.5m。为防止反射眩光，对扩散光的投射角可考虑 10°的余量，同时为了防止画面出现凹凸现象或画框阴影，灯具不能设计在和画面成 20°角的范围内，应在图 16 - 1 所示的布光区内。

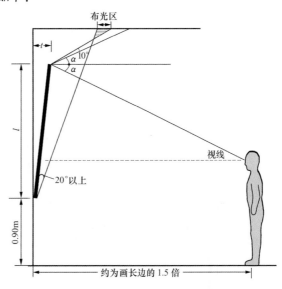

图 16 - 1　防止一次反射眩光的布光区

2）二次反射眩光，由于观众自身或周围物品的亮度高于画面亮度，以致在玻璃面上反射映像而出现的眩光。二次反射眩光消失或减弱方法是控制观众和周围物品亮度，使之低于画面亮度。

眩光不能同高光混淆，后者是由来自珠宝或金属物品的光泽反射形成的高亮度的点或图案。高光对视觉的影响小，且通常对表达材质、营造气氛有所帮助。

（8）立体感。对于三维展品，其立体感可通过重点照明和漫射照明的结合来实现。

（9）重点照明。对物品精彩之处的展现，通常需要通过重点照明来实现。

产生光束的点光源，通常用于表现视觉的重点和展品的立体感。光束的尺寸对决定一道光束是否足以照亮物体非常重要，否则需要考虑投射几条交叉的光束。大量的光束是圆锥形的，需要描述光线的角度，根据光距物体的距离，确定是否足以覆盖表面。

落在主要光束外的光被定义为溢出光。溢出光的数量依光束的类型而不同，也可以由光束边缘区域照度的变化率来描述。改变得越快，分界线就越强烈。溢出光的数量将影响对比度。含有大量溢出光的光束将在照亮物体的同时照亮背景，降低对比度，也因此削弱对物体本身的强调。经过聚焦的光束，形成更为锐利的分界线，强调出对物体的限定，而很少影响到背景。

2. 特殊展示（品）照明

博物馆、美术馆的展品可分为立体、平面等形式，按展出时间可分为永久性和临时性两种，以下展品需特殊照明。

（1）大型三维展品。大型三维展品，如雕塑、机器设备、服装及火炮武器等，常用下列照明方法：

1）重点照明从一侧来，泛光照明从另一侧，造成不同程度的阴影，突出立体感。

2）应用不同颜色的光从不同方向投射，造成展品的突出印象。

3）只有一个观看方向的展品应从观看方向投射。

评价立体感的技术指标是阴影系数 S_f。S_f 用柱面照度 E_z 和水平照度 E_h 之比来表达，其计算公式为

$$S_f = E_z/E_h \qquad (16-1)$$

实验表明：$S_f < 0.3$ 时，阴影太深，立体感过于强烈；S_f 在 $0.3 \sim 0.7$ 之间时，阴影适宜；$S_f > 0.7$ 时，阴影太浅，立体感较差。

（2）垂直面上的平面展品。垂直面上的平面展品包括绘画、印刷品、摄影作品和重要文献等，通常采用下列照明设计方法：

1）垂直墙面上的展品照明一般采用荧光灯，它可提供柔和连续的照明，使垂直面有良好的亮度对比。垂直面上平面展品与光源位置关系的计算为

$$x = y \times \tan 30° \qquad (16-2)$$

式中：x 为灯具与展墙的距离，y 为空间净高减去平均眼高）参见图 16 - 2。

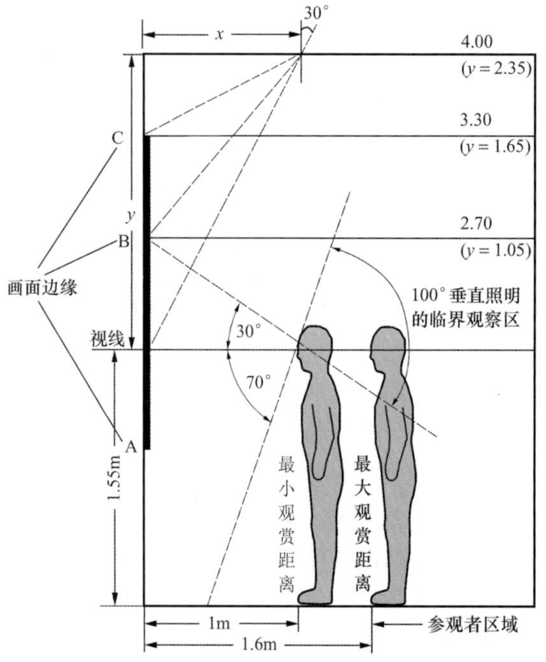

图 16 - 2　垂直面上平面展品之光源位置

2）发光板照明方法，即将展品设置成照片薄膜，外盖乳白或透明有机玻璃，在其后设置荧光灯，效果逼真，简单实用。发光板周围的亮度应小于发光板亮度的 1/10，但也不宜小于 1/50。

（3）展柜。展柜照明多于柜内设置，也可由外部射灯提供照明。展柜照明要注意下列问题：

1）注意隐藏柜中光源，避免参观者看见。

2）保证大型展柜的柜内照度均匀，均匀度不宜小于 0.3。

3）要避免展品面和展柜玻璃面的反射，必须注意光源、展品和玻璃面之间的相互关系，如图 16 - 3 所示。

4）注意设置防紫外线措施，如采用光纤照明的方式。

5）为解决展柜升温，应使用单位照度发热量小的光源，并设置占空传感器或手动开关。

二、展示空间照明

博物馆室内空间的光环境需要结合建筑设计、室内设计及展示设计统一考虑。不仅要考虑展示空间是否被天然光照亮及天然光所扮演的角色，还要考虑天然光和人工光如何协作及替代。即使天然光处于支配地位的博物馆，也需要设置电气照明系统用于在天然光不足或夜间进行补充。对于照明系统，尤其应重视博物馆设计和展品展示的特殊之处。表 16 - 2 列举了常见的六种展示空间照明方式。

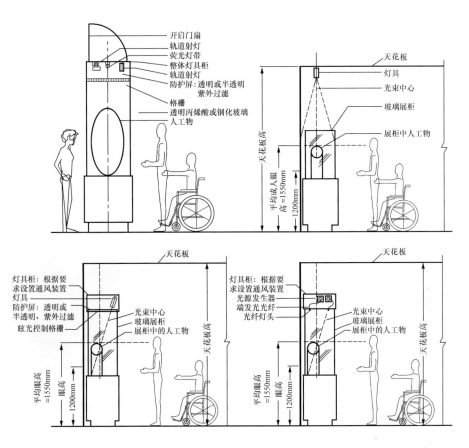

图 16 - 3　展柜照明指南（参考 IESNA RP - 30 - 96）

表 16 - 2　　　　　　　　常见的展示空间照明方式

1	发光顶棚照明	

通常由天然采光和人工照明结合使用（部分非顶层展厅由人工照明创造天然采光的效果），通过与感光探头连动的控制系统实现二者的有机整合。其特点是光线柔和，适用于净空较高的博物馆。发光顶棚内部的人工照明通常由可调光的荧光灯管提供（WallrafRichartz - Museum，图片源自《lightlive》）

2	格栅顶棚照明	

与发光顶棚方案相比，透明板换成了金属或塑料格栅，其特点是亮度加强，灯具效率提高，但墙面和展品上照度不高，必须与展品的局部照明结合使用。在造价允许的情况下，格栅角度可调，通过与天空光的组合，以适应不同的展陈模式（Museum Fondation Beyeler）

续表

3	嵌入式洗墙照明	
	可以灵活布置成光带，更可以将荧光灯（部分卤钨灯也可）具的反射罩根据项目特点进行定制加工，将光投射到墙面或展品上，增加其照度和均匀度，效果较好（中国国家美术馆）	
4	嵌入式重点照明	
	照明形式多样，还可通过特殊的反光罩达到局部加强照明的效果。此类方案对于灯具的要求相对严格，应具备尽可能大的灵活性，如光源在灯具内可旋转，光源能够精确锁定，能够根据项目需要更换不同功率的光源，反光罩可更换，可增设光学附件等等（Pinacoteca Vaticana，图片源自《lichtbericht》）	
5	导轨投光照明	
	在天花顶部吸顶，或在上部空间吊装、架设导轨，灯具安装较方便，安装位置可任意调整。通常用作局部照明，起到突出重点的作用，是现代美术馆、博物馆常用的照明方法之一（Belvedere Palace，图片源自《Licht Focus》）	
6	反射式照明	
	通过特殊灯具或建筑构件将光源隐藏，使光线投射到反射面再照到画廊空间，光线柔和，形成舒适的视觉环境。需要注意的是，反射面为漫反射材质，反射面的面积不可过小，否则可能成为潜在的眩光源（图片源自 Janet Turner. Lighting solutions for exhibitions，museums and historic spaces.）	

1. 天然光

天然光在构图和强度上可以不断变化，也是显色性能最好的光源。日光是天然光的元素之一，对于不感光的雕塑类展品，能够表现出其造型和质感。窗户能够为参观者提供视觉放松，帮助参观者减轻视觉疲劳，使参观过程得以愉快持久地进行。

（1）日光控制。引入天然光的美术馆、博物馆应对日光进行控制，防止光线损害展品；防止直射日光造成的展厅过热；防止眩光造成的视觉损伤和干扰。日光控制可以通过对采光装置的位置和细部的设计来实现。

（2）天空光控制。采光装置的形式和位置同室内期望得到的光线构图和数量密切相关，采取何种设计方案取决于天空光是否被用于照亮展品：如果用于照亮展品，应尽可能多地把光线导向展示区域；如果用于照亮展示空间，展品将由电光源照亮。

控制天空光强度需要参考天空光在一天中和一年中季节性的强度变化。天然采光的水平通常是由采光系数来描述。

控光装置的设计通常采用可调百叶。调节方式包括连续调节和分级调节，调节装置的运作通常由光传感器激发。

2．人工光

展示照明既要创造迷人的空间外观，又要不分散参观者对展品本身的注意力。展品表面照度与美术馆空间环境的照度（通常是平均垂直照度）之比通常为3∶1。

间接照明用于照亮墙面、天花或其他建筑表面。这种照明方式用于强调建筑物自身的特征，为展品提供背景照明。主要的反射表面需要有较高的反射系数，通常情况下不低于70％。应该避免强烈的颜色，过强的表面颜色会造成展品的颜色失真。

三、光源与灯具选择

光源与灯具选择参见表16–3。

表 16－3　　　　　典型的光源和灯具选择（部分参考 IESNA RP–30–96）

照明方式	灯具	光源	特性描述
一般照明	嵌入式	LED 直管荧光灯	易于更换、可调光、低亮度、大遮光角、控光良好 节能、可附设过滤装置
	表面安装		
间接照明	将光线投向天花，反射至垂直或水平表面，效果取决于天花表面形状、色彩、光泽度	LED 灯带 冷阴极管 T5 荧光灯管	吊杆或悬空架设
			光学系统良好、最大光效
重点照明	轨道安装下射灯具 嵌入安装下射灯具 表面安装下射灯具	LED 金卤灯 光纤	拆装简便、可接附件、固定装置可多样灵活、电气布线简单
展柜照明 壁柜照明 隔板照明	微型（刚性或柔性）轨道，变压器远距离安装	LED	灵活可调的灯具间隔
	带状灯	LED 灯带 隔紫荧光灯管	易于成型、可制成所需形状、根据空间尺寸调整
	光纤照明	LED、卤钨灯、金卤灯	远离热源 所有的电气设备在展柜外
泛光照明	嵌入/表面/轨道安装的下射灯具	LED 金卤灯	易于更换、过滤紫外辐射、光源破损防护、抗高温棱镜、可调角度、提供色彩媒介和色彩修正
	灯槽（抛物线式反射器、间接式等）	LED 灯带 T5/T8 灯管	
效果照明	调焦式投光灯 追光灯 显示屏 激光	LED 卤钨灯 高强度气体放电灯 特种光源	精确调焦、旋转色轮、投射影像和图式、专业维护和操作人员
应急照明	疏散指示 疏散照明 备用照明	LED 紧凑型荧光灯	长寿命、连续工作、可靠性、每周例行检查、正确的电压

四、安保、维护照明

博物馆、美术馆因其房屋和展品的价值高，包括安保照明在内的安保系统设计十分重要。展品通常对光辐射比较敏感，因此开放时间以外的照明应尽可能降低，用于安保和维护的照明应避免照射到展品，确保安保和维护照明不干扰展品保护和其他视觉任务。

第三节　基于保护的照明设计要点

对博物馆藏品保护最严重的危害来自于盗窃、地震、火灾、洪水等天灾人祸，而博物馆管理者、设计师、参观者更为关心的是由生物攻击、相对湿度、空气污染、光和热带来的不良影响。尽管光不能造成最严重的破坏，但是已经证明光学辐射与藏品的损坏有着明晰的关系。

由光辐射引起的展品损害可分为两个主要类型——热效应和化学效应。破坏效应的类型与辐射的波长密切相关。波长的单位为纳米（nm），$1nm = 10^{-9}m$。通常绘画作品表面的面层漆（varnish film）厚度为10000nm。通常认为紫外辐射（UV）的波长下限为1nm（低于此值称为 X 射线），但是任何辐射源发出的波长低于300nm的紫外辐射均不能穿透玻璃。红外辐射（IR）的波长值上限为10^6nm（超过此值称为无线电波）。日光的红外辐射值可以达到22000nm。自然光的辐射组成见图16-4。

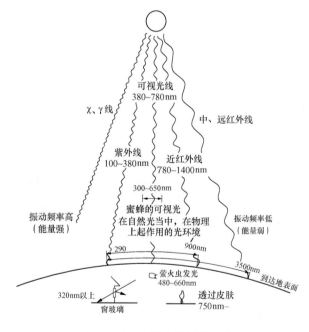

图16-4　自然光的辐射组成
（摘自中岛龙兴《照明设计入门》）

一、光辐射的热效应

辐射热效应是指由于获得入射的辐射能量而造成物体表面温度升高，超过环境温度。

辐射热效应使被照射物品的表面温度升高，为化学作用提供动力。同时，随着热环境的改变，材料发生空间上的变形。这类变形发生在材料具有不同热延展系数的位置，特别是具有高延展系数的位置；物体的部分被遮挡也能造成这类变形。日复一日的照明的开与关造成了表面的延展和收缩的循环、湿气的不断移动。破坏特别容易发生在吸湿材料（包括所有有机材料，如木材和皮毛）或表面由多层不同材料构成的物品（例如由多层颜料绘制的作品）。

控制辐射热效应最简单的办法一是选择在红外波段输出低的光源，另一减轻热效应的途径是使用红外滤镜。传统的热吸收玻璃滤镜被二色性玻璃滤镜（同二色性光源相反——透过可见光和紫外辐射，反射红外辐射）所替代。同二色性光源比起来，二色性滤镜由于放置在光源前部而承受相对较低的热压，受使用时间的影响更小。

二、光辐射的化学效应

光化学作用是使物质分子发生化学变化的过程，变化的激活能量来自于对光子（光量子电磁能的量子，一般认为是零质量、无电荷和不定长寿命的离散性粒子）的吸收。四个因素决定了光化学作用的级别：辐射照度（irradiance）、辐射时间（duration of exposure）、入射辐射的光谱能量分布（spectral power distribution of incident radiation）、接收材料的响应光谱（action spectrum of receiving material）。

1. 光源的紫外线含量

光源紫外辐射的含量有两种表示方式：由每流明的微瓦数（$\mu W/lm$）表示的相对于灯具光通的 UV 辐射能量；用 UV 百分比表示的波长为 $300 \sim 400nm$ 辐射能量在 $300 \sim 700nm$ 总能量中所占比例。

2. 标准与测量

IESNA96 规定：对于博物馆，建议光源的最大紫外线含量为 $75\mu W/lm$，该值参考了可以接受的钨丝灯的紫外辐射值。

CIE2003 的技术报告建议：对于博物馆，光源的最大紫外线含量为 $10\mu W/lm$。对 UV 测量可靠性的要求胜于精确性的要求。低于 $10\mu W/lm$ 的值很难探测到，因此需要更为实用性的控制限制。穿过了玻璃的辐射，可以认为 315nm 以下的辐射（UV – C 和 UV – B）已被过滤，可以完全依靠对 UV – A 波段的测试，该波段的范围是 $315 \sim 400nm$。

JGJ 66—2015《博物馆建筑设计规范》规定：藏品库房室内和对光特别敏感展品的照明应选用无紫外线的光源，并应有遮光装置。展厅内的一般照明应用紫外线少的光源。对于对光敏感及特别敏感的展品或藏品，使用光源的紫外线相对含量应小于 $20\mu W/lm$。

紫外线测试仪已发展出了专门用于博物馆的产品，提供微瓦每流明的读数。

3. 人工光的紫外控制

UV 过滤装置适用于所有在博物馆中使用的光源：由纯净丙烯酸薄片组成的不同级别的有机滤镜；在荧光灯外圈设置的塑料管；设置于层积玻璃中的塑料隔片；硬质玻璃上的二色性矿物质滤镜，能够承受高温更适用于射灯使用。

对于卤钨灯来说，抗热玻璃通过其石英镀膜，只能够过滤波长小于 320nm 的紫外辐射中的小部分。如果决定使用没有 UV 过滤装置的卤钨灯，推荐使用一层覆盖玻璃，两个优点是：①阻挡了短波 UV 辐射（尽管由卤钨灯光源产生的 UV 辐射非常少，但是它能自由通过石英灯体，并且具有很高的潜在破坏力）；②随着内部压力的升高，产生的大量热量是另一个潜在的危险，附加的玻璃对于工作人员和参观者来说是一种安全保证。

三、基于保护的照明策略

造成展品破坏的光学原因是化学效应和热效应。如果红外辐射对应光辐射的热效应，紫

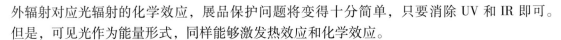

外辐射对应光辐射的化学效应，展品保护问题将变得十分简单，只要消除 UV 和 IR 即可。但是，可见光作为能量形式，同样能够激发热效应和化学效应。

1. 基于展品保护的藏品分类

博物馆的收藏可以分为两大主要保护类别：矿物质或无机物材料（石头、金属和玻璃等）、有机物材料——包括植物类有机物（纸张、纸草、木材、自然纺织品、多种颜料和染料）和动物类有机物（骨、象牙、皮毛，也包括一些颜料和染料）。总体说来，无机物材料对光轻度敏感或不敏感，有机物材料对光中度敏感或高度敏感。表 16-4 描述了对光辐射敏感度的分类。人造材料总体来讲比自然材料更加难以划分。

表 16-4　　　　　　　　　　依照对于可见光敏感度的材料分类

种类	描　　述
不感光	物体完全由一种永久性的对光不敏感的材料组成，如多数金属、石头、多数玻璃、纯正陶瓷、珐琅和多数矿石
低感光度	物体由持久性的对光轻微敏感的材料组成，如油画、蛋彩画、壁画、未染色的皮革和木材、角、骨、象牙、漆器和部分塑料
中感光度	物体由对光中度敏感的易变材料组成，如服装、水彩画、蜡笔画、织锦、照片和素描、手稿、缩略图或模型、胶画颜料画、壁纸、树胶水彩画、染色的皮革和大多数自然史物品（包括植物标本、皮毛和羽毛）
高感光度	物品由高感光度材料组成，如丝绸、具有很高易变性的着色剂、报纸

2. 控制可见光

（1）限制照度水平。表 16-5 为部分国家和国际组织推荐的照度标准，表 16-6 推荐的照度限制广泛的吸取了实践中的经验，结合了曝光量限制有助于实践中复杂情况下的操作，表 16-7 为我国现行标准（JGJ 66—2015《博物馆建筑设计规范》）的展品照度推荐值。

表 16-5　　　　　　　　　部分国家和国际组织推荐的照度标准　　　　　　　　　　lx

展品类型	CIE	ICOM	英国 IES	美国 IES	日本 JIS
不敏感	没有限制，实践中是根据展览要求和辐射热的大小确定	不限制，但一般不超过300	不限制，但实际上要考虑陈列要求与辐射热大小	200~6000，具体照度值视材料和颜色而定	300~1500（石和金属雕刻、造型与模型为750~1500）
较敏感	150	150~180	150	200（临时展出可用600）	150~300
特别敏感	50	50（如有可能不要降低）	50	50	75~150
一般照明	20~50	漫射，中等照度	—	20~50	为75~150的1/3~1/5

表 16-6　　　　　　　　依材料感光度分类的照度和年曝光量限制值（CIE）

材料分类	照度限制（lx）	曝光量限制（lx·h/a）
不感光	没有限制	没有限制
低感光度	200	600000
中感光度	50	150000
高感光度	50	15000

表 16-7　　　　　　展品照度推荐值（JGJ 66—2015《博物馆建筑设计规范》）

展品类别	参考平面及其高度	照度标准值（lx）	年曝光量（lx·h/a）
对光特别敏感的展品，如织绣品、国画，水彩画、纸质展品，彩绘陶（石）器、染色皮革、动植物标本等	展品面	≤50（色温≤2900K）	50，000
对光敏感的展品，如油画、不染色皮革、银制品、牙骨角器、象牙制品、宝玉石器、竹木制品和漆器等	展品面	≤150（色温≤3300K）	360，000
对光不敏感的展品，如铜铁等金属制品，石质器物，陶瓷器，岩矿标本、玻璃制品、搪瓷制品、珐琅器等	展品面	≤300（色温≤4000K）	不限制

对基于最佳艺术鉴赏原则提出的照度要求和最佳展品保护原则提出的照度要求，不能简单地应用一条科学法则来平衡。照度水平低于标准值并不意味着对感光材料破坏的停止；照度水平上限的选择取决于能够容忍的最大损坏程度。对感光材料所受照度水平的限制，有助于选择最具可行性的光环境以及相应的展示技术要点。

（2）限制曝光时间。

减少展品的曝光时间主要是出于保护的目的。表 16-7 推荐的照度水平，是假定在博物馆开放时间之外，光被隔绝或控制在非常低的水平。如果假定成立，可以计算出在最大照度水平下的年曝光量。例如，如果保持在 150lx 的水平，博物馆每周照明 60h，可以得到累积的年曝光量约 469000lx·h。

在天空光被排除的展示中，如果假定电光源的水平保持恒定，装置一次性安装，累积年曝光量易于计算。在实践中，需要确定累积辐射值没有超过计算辐射值。保证在开放时段外灯总是关闭的，是非常重要的。即使展示照明关闭，夏季傍晚和早晨进入画廊的天空光也能够明显地增加辐射。需要对非展示时段的照明投以同展示时段照明同等的关注，其超长的时间对展品保护有着切实的影响。天空光必须同人工光一样关闭。

（3）限制年曝光量。推荐的年曝光量值列于表 16-7 中，目的是使照明设计师确定，当不可见辐射被消除，并且照度不超过足够提供视觉满意度的水平时，照度和参观时间的综合作用不会造成对艺术品的破坏。如果照度值被超过，可以相应的缩减展示时间。

3. 基于展品保护的博物馆照明设计步骤

照明设计师的任务是利用最低的辐射实现令人满意的视觉环境。可概括为六点要求[1]：

1）选择具有恰当相关色温和出色显色指数的光源；

2）对不可见辐射——紫外线和红外线实施严格限制；

3）保证参观者对严格限制的展示亮度的适应，特别在高感光度材料附近；

4）照度等级的限定刚好保证艺术外观的满意度，同时不超过表 16-6 的推荐值；

5）在必要的位置限制年展示时间；

6）保证非展示时间的照度为安保所需的最小值。

---

❶　IESNA RP-30-96. Museum and Art Gallery Lighting: A Recommended Practice. 1996.

CIE 2003 提供了博物馆照明步骤的控制性纲要[❶]。博物馆工作人员能够使用该控制性钢要作为建立工作步骤的指南，确保职责就位。鼓励所有的博物馆针对该纲要检查其工作，并且评估其是否采取了足够的措施以避免对藏品造成不必要的破坏。

首先，当为一项新的展示设计照明的时候：

1）按照表 16-4 列出的四种类型对所有的展品进行分类。

2）为所有光源安装紫外线过滤装置（包括侧窗和天窗），使用 UV 测试计测试每个光源，确保 UV 值低于极限值（UV < 10μW/lm）。

3）以确保照度不超过展示目标所属类型展品的规定值为目标并从视觉上评定其效果，核对照度值。极限照度值是在展品表面任一点的最大照度值。

4）对每一件展品检查辐射热效应，特别在使用白炽聚光灯的时候。如果辐射热效应十分显著，可考虑使用 LED、二色性反射灯具或 IR（红外线）过滤装置。

5）核查用于限制展示照明时间的程序和控制系统，评估年曝光时间。

6）测量和记录每件物品或每组物品的照度。计算年辐射值、计划展示时间、进行必要地限制，以确保全部展示和处于危险之中的每个单独展品满足要求。

其次，在展示时段之中：

1）定期使用 UV 测试计检查照明装置，在必要的位置替换过滤装置。

2）定期检查辐射热效应，在必要的时候降低 *IR*。

3）定期检查照度，在必要的时候进行调整。

4）为了限制展示时间而检查展示过程。

第四节 设 计 实 例

本节简要介绍典型博物馆、美术馆的部分照明实例（见表 16-8），仅供设计人员参考。

表 16-8　　　　　　　　　部分博物馆、美术馆的照明实例

序号	馆名及相关说明	图示
1	馆名：中国国家美术馆 策略：天窗采光为主，人工照明为辅 光源：洗墙灯与暗藏灯均为荧光灯带 灯具：洗墙灯为抛物面反射器 评述：设感光探头，百叶角度可调，光源可调光	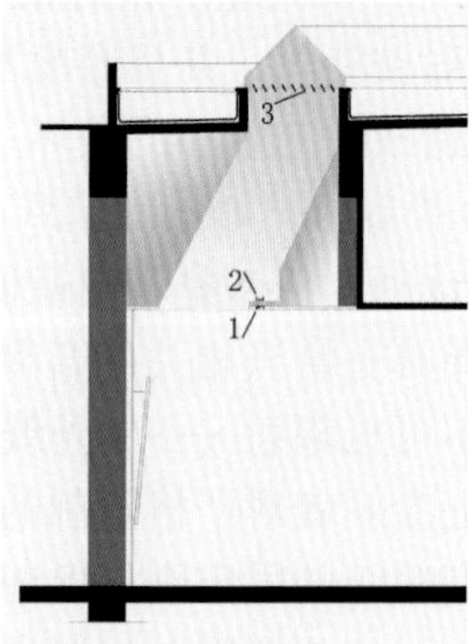 角厅照明剖面示意图（张昕绘制） 1—洗墙灯；2—暗藏灯；3—可调百叶

---

❶ CIE Technical Report. Control of Damage to Museum Objects by Optical Radiation. 2003.

序号	馆名及相关说明	图示
2	馆名：上海美术馆 策略：发光顶棚为主，射灯重点照明为辅 光源：荧光灯、卤钨灯 评述：发光顶棚为画廊空间提供多种照明模式，射灯可调光	 首层画廊照片（张昕摄影） 1—发光顶棚；2—轨道射灯
3	馆名：上海博物馆 策略：展柜内照明兼作画廊空间照明 光源：卤钨灯 评述：红外探头控制，无人观看时画面平均照度低于30lx	 中国古代绘画馆照片（馆方提供）
4	馆名：故宫博物院午门展厅 策略：吊顶内部上射照亮古建天花；吊顶钢梁底部嵌入射灯轨道，提供重点照明；柱础暗藏灯照亮柱子底部；柜内重点照明照亮展品 光源：天花上照为卤钨灯，侧墙上照和下照均为卤钨灯，柱础照明为荧光灯，轨道射灯为卤钨灯。 评述：全人工照明，采用了先进的调光系统	 午门展厅照片（郎红阳提供）
5	馆名：大英博物馆 策略：天窗采光为主，人工照明为辅 灯具：每支定制灯具（组）内整合了泛光照明和重点照明灯具，灯具角度可调，反光罩可更换。 评述：设感光探头，人工光提供补充	 中庭照片（ERCO提供） 1—天窗采光系统；2—洗墙灯及重点照明灯

序号	馆名及相关说明	图示
6	馆名：布雷根茨美术馆 策略：吊顶内部整合侧向自然光与人工光，创造天窗采光意向 光源：荧光灯 灯具：直接—间接型灯具 评述：设感光探头，荧光灯可调光	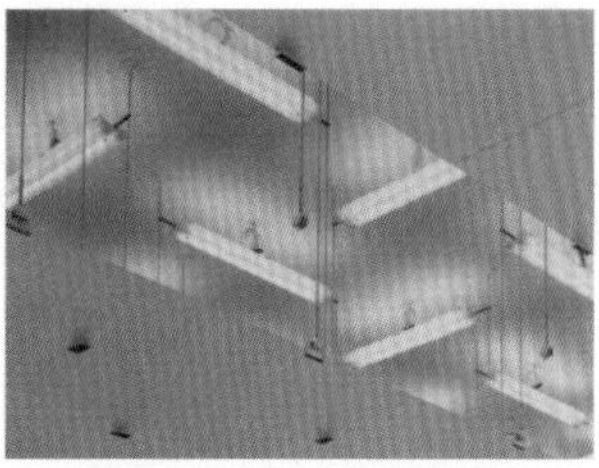 吊顶内部照片（ZUMTOBEL STAFF 提供）
7	馆名：大英博物馆 策略：天窗采光为主，人工照明为辅 评述：设感光探头，百叶可调；采光系统内部设置了检修通道，换灯和调试十分便捷。自然光经过两次过滤后，进入画廊空间。人工照明灯具位置隐蔽，创造全自然光照明的意向	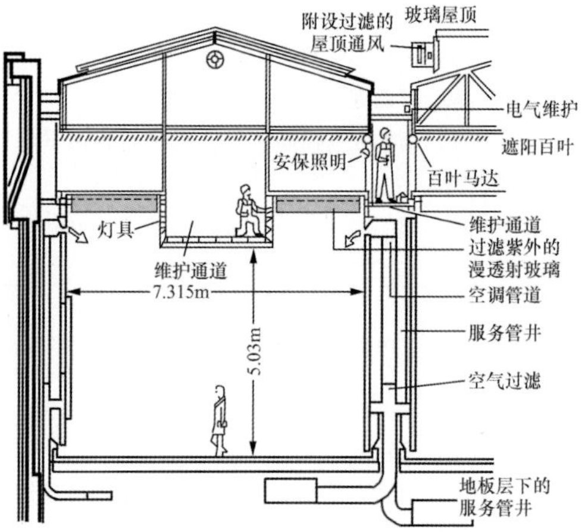 画廊剖面图（CIBSE 提供）
8	馆名：Wallraf – Richartz Museum 策略：人工照明的发光顶棚模拟自然光 光源：荧光灯 评述：荧光灯的间距以及与顶棚之间的距离经过精心设计，实现了顶棚的均匀透光效果。投射到展品表面的光对自然光光色进行模拟。专业调光系统保证强度可调，以适应不同展示需要	 画廊照片（ZUMTOBEL STAFF 提供）

序号	馆名及相关说明	图示
9	馆名：Audrey Jones Beck Building 策略：天然光结合轨道射灯 光源：卤钨灯 评述：轨道射灯与天然光同方向，为天然光提供补充。轨道射灯与天然光的光色不同，画面照明光色为二者混合的结果	 画廊照片（《Museum architecture》）
10	馆名：西班牙毕尔巴鄂古根海姆博物馆 策略：天然光结合轨道射灯 光源：卤钨灯 评述：悬吊式灯桥与采光系统结合为不规则展厅提供照明，不规则展厅中的灯桥方便照明的调试与维护	 画廊照片（ERCO 提供）
11	馆名：Museum Fondation Beyeler 策略：天然光结合洗墙轨道射灯 光源：卤钨灯 评述：百叶可调，人工光与自然光经由感光探头实现联动，人工光为自然光的补充，保证画廊空间的墙面照明均匀	 画廊照片（ERCO 提供）
12	馆名：Kimbell Art Museum 策略：天然光结合洗墙轨道射灯 评述：以穿孔铝板做成人字形断面的光线反射漫射板，既可避免阳光直射，又可消除眩光，还能让少量阳光散射入室内。	 画廊照片 （《The Museum Transformed》）

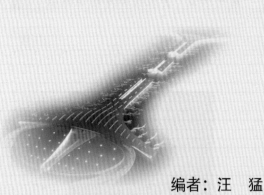

第十七章
交通建筑照明

编者：汪 猛　　校审者：任元会

交通运输在现代社会经济发展和人民生活中起着不可或缺的重要作用。按照交通工具的不同，可大致分为铁路、公路、航空以及水运四类。本章内容主要为各类客运建筑的功能照明设计。

第一节 铁路客运站照明

铁路客运目前仍是我国客运交通的主要形式。售票、中转、候车、检票、站台上车等各环节通过合理的照明系统来满足乘客在视觉方面的各种不同需求，有效地减缓乘客的烦躁情绪，是铁路客运站照明设计的基本任务。

一、环境特点和照明要求

目前，我国铁路大小车站有 6000 多个。按照运输业务的性质分为货运站、客运站、客货混合站等。其中客运站的分类与等级有多种划分法，每种方法对旅客车站的规划设计与建设都有其特定的内涵。通常从铁路客运站的基本功能出发，可按旅客日最高聚集人数划分为特等客运站房（4000 人以上）、大型客运站房（1500～4000 人）、中型客运站房（400～1500 人）、小型客运站房（400 人以下）。

（1）客运站是旅客聚集的公共场所。为了保证旅客的行动方便和人身安全、维持正常的交通秩序，应设置满足站内各种视觉工作需求的照明。

（2）客运站是所在城镇的重要建筑，象征着地方的门户。站房照明同时起着装饰建筑、美化环境、烘托气氛的作用。

（3）大多数旅客在客运站房内处于流动状态，要求具备较高的照明均匀度和较严格的眩光限制。

（4）大型和特大型客运站房人员密集，要求具备较高的照度水平以保证旅客的行动方便和人身安全；而中小型客运站房由于人员的密集程度不高，可适当采用较低的照度指标。

（5）客运站的运营时间几乎是没有间歇的，这就对光源和灯具的能耗和运行寿命提出了很高的要求。因此，应充分考虑照明系统的节能运行、有效地利用天然光以及采用延长光源灯具寿命的措施。

（6）大型和特大型客运站房人员的密集程度很高，因而对照明系统的可靠性要求较高。为防止由于电源故障导致正常照明熄灭后引发公共秩序混乱，通常要求将照明灯具均匀地分

为两部分并分别由相互独立的电源同时供电，且应设置应急照明系统。

（7）随着高速铁路的发展，线上站越来越多，时速200km及以上的列车直接穿越客运站房，其产生的高速气流对照明灯具的安装提出了新的要求。

二、照明方式和照明指标

1. 大厅

（1）客运站大厅是旅客集散的公共场所，要求较高的水平照度和照度均匀度，同时还要考虑较高的半柱面照度，使人面部形象清晰，建议采用在顶部设置的照明和在侧壁设置的照明共同作用，形成多层次、立体化的空间照明效果。由于半柱面照度计算比较复杂，通常可采用顺观察方向的 $\frac{2}{\pi}$ 倍垂直照度替代。

（2）客运站大厅一般都设有大面积的采光侧窗，有些还在顶部设有采光天窗。直接射入的自然光线会在大厅内形成明暗分明的光影效果并会产生比较严重的眩光。因此在采取必要的遮光措施之外，还要合理地设置照明系统来调节不同区域的实际照度，力求将其造成的影响控制在可接受的范围内。

（3）大型客运站大厅建筑空间很高，为了缓解高大空间对人的心理压力，建议设置部分可以将顶棚和侧壁适当照亮的照明。

（4）现代的客运站大厅设置了较多的大屏幕光电显示系统。为此要避免高亮度光束直接照射到其表面上影响显示对比度，同时还要避免具有较大发光面的灯具在其表面上形成的反射眩光。

2. 售票厅

（1）售票厅是客运站房中比较拥挤的场所，一般照明的水平照度标准值不低于200lx，售票台面水平照度应不低于500lx。

（2）售票厅的一般照明宜选用LED或高效荧光灯具均匀布置在顶棚的方式，以便于获得尽可能高的照明能效和较好的照明均匀度。在售票窗口处可考虑设置局部照明，目的是消除可能妨碍购票操作的局部阴影。

（3）同客运大厅一样，售票厅内也设置了较多的大屏幕光电显示系统，同样要避免灯具在其表面上形成的反射眩光。

3. 候车室

（1）候车室是旅客等候列车停留和休息的场所，要求整体环境给人以安静、舒适的感觉，还要考虑在等候过程中阅读书报杂志或进行其他视觉工作的需要。

（2）建议采用成列的直接型或半直接型灯具均布或沿座椅方向布置的方式，也可采用立柱型下照灯具配合顶棚反射照明的方式，但应避免眩光和不舒适的感觉。光源色温不宜过高，但应具备较好的显色性。

（3）不必刻意追求候车室的照度均匀度，部分稍暗的区域正好适合一些需要安静休息的旅客的需要。

（4）软席候车室内一般均设有电视和多媒体娱乐设备，其照明设计要考虑这方面的需求并具备调光功能。

（5）检票口可设置重点照明提高区域照度，以方便检票员正确分辨票面文字。但应注意照度不宜超过周围环境平均照度的5倍，以免引起视觉疲劳。

4. 通道

（1）一般旅客不会在通道内长时间停留，即便停留也不会有读书看报等精细视觉活动，因此通道内的照明满足通行的视觉要求就可以了。通道的设计照度与候车室等的照度差别不宜过大，以避免旅客在进出通道时出现较强烈的明暗差。

（2）通道照明灯具应安装在不易被人流及行李物品碰坏的位置，有条件时宜暗装于顶棚内或墙内，否则应加装安全保护措施。

5. 站台

（1）站台分有棚和无棚两类。新建的客运站房基本都设置为有雨棚站台。雨棚长度一般在100m以上，大型客运站的雨棚长度可超过500m。棚下净空4~5m，分为单柱式和双柱式（包括双柱式组合），其覆盖宽度约为8~12m。

（2）高铁线上客运站的站台一般设在地面层，站台上方的二层为候车大厅。由于高铁列车速度快，站台层净空间通常都在8m以上。

（3）站台照明的照度应与车厢内照明系统的照度相适应，以保证旅客在上下列车时的安全和视觉舒适性。站台照明还要保证列车员能顺利识别车票表面的文字。

（4）照明灯具一般可布置在雨棚下，但应注意灯具位置不应对列车驾驶员判别灯光信号和观察前方情况产生有害影响。

6. 站前广场

（1）广场照明通常采用高杆照明。地面水平照度应尽量均匀，并要与相邻街道的照度相协调，以避免对进出车辆的行驶产生不利影响。

（2）由于灯具安装位置较高，要严格控制灯具的投射方向和光束角，尽量避免眩光和对周边地区的光干扰。

（3）广场照明应集中控制，并设置深夜减光照明方案，以利于节约能源。

7. 照明指标

客运站各场所的照度和照明质量指标应符合 GB 50034—2013《建筑照明设计标准》第5章的规定，摘录见表17-1。

表 17-1 铁路客运站照明标准值

房间或场所		参考平面及其高度	照度标准值（lx）	UGR	U_0	Ra
售票台		台面	500	—	0.70	80
问讯处		0.75m 水平面	200	—		80
候车室	普通	地面	150	22	0.40	80
	高档	地面	200	22	0.60	80
贵宾室休息室		0.75m 水平面	300	22	0.60	80
中央大厅、售票大厅		地面	200	22	0.60	80
海关、护照检查		工作面	500	—	0.70	80
安全检查		地面	300	—	0.60	80
换票、行李托运		0.75m 水平面	300	19	0.60	80
通道、连接区、扶梯、换乘厅		地面	150	—	0.40	80
有棚站台		地面	75	—	0.60	60
无棚站台		地面	50	—	0.40	20

续表

房间或场所	参考平面及其高度		照度标准值（lx）	UGR	U₀	Ra

房间或场所	参考平面及其高度		照度标准值（lx）	UGR	U_0	Ra
走廊、流动区域	普通	地面	75	—	0.60	80
	高档	地面	150	—	0.60	80
楼梯、平台	普通	地面	50	—	0.60	80
	高档	地面	100	—	0.60	80

注　表中数据摘自 GB 50034—2013《建筑照明设计标准》。

三、光源与灯具选择

（1）大型铁路客运站照明面积大、照明装置多，采用高效光源和高效灯具是节约能源、降低运营成本至关重要的措施。应选用三基色荧光灯、金属卤化物灯或 LED 灯等高效光源，不应选用普通白炽灯、荧光高压汞灯以及自镇流高压汞灯等低效光源。

（2）选用的荧光灯灯具效率应满足 GB 50034—2013《建筑照明设计标准》表 3.3.2 – 1、表 3.3.2 – 2 的规定，金卤灯具效率至少应满足表 3.3.2 – 3、表 3.3.2 – 4 的规定，LED 灯具效能应满足表 3.3.2 – 5、表 3.3.2 – 6 的规定。

（3）由于客运站几乎是 24h 连续运营的，因此要求光源和灯具应具备较高的运行可靠性和较长的使用寿命，以降低维护运行的工作量和成本。

（4）灯具要求坚固耐用，抗震性能好、散热能力强，并易于清洁维护。

（5）空间高度低于 8m 时，应选用三基色直管荧光灯或 LED 灯；高于 8m 时可选用金属卤化物灯或大功率 LED 天棚灯。

（6）对眩光值有要求的场所，宜使用直管荧光灯、LED 平面灯等发光表面积大、亮度低、光扩散性能好的灯具。

（7）高大空间上部安装的灯具应考虑必要的维护手段和措施，如设置维修马道或采用升降式灯具。高度超过 15m 的广场高杆照明宜选用电动升降灯盘。

（8）用于应急照明的灯具应选用 LED 灯等能快速点燃的光源。

四、图片实例

铁路客运站实例见图 17 – 1 ~ 图 17 – 3。

图 17 – 1　铁路客运大厅

图 17 – 2　铁路站台

图 17 – 3　铁路客运站售票区

第二节　公路客运站照明

公路客运是中短途客运的主要交通形式。公路客运站需要通过合理的照明系统来满足乘客在视觉方面的各种不同需求。

一、环境特点和照明要求

公路客运站无论旅客人数还是设施规模均小于铁路客运站房。

（1）汽车客运站是旅客聚集的公共场所。为了保证旅客的行动方便和人身安全、维持正常的交通秩序，应设置满足站内各种视觉工作需求的照明。

（2）汽车客运站照明同样起着装饰建筑、美化环境、烘托气氛的作用，并要与站房建筑的艺术风格和谐统一。

（3）公路客运站的运营会持续较长的时间，要充分考虑照明系统的节能运行，有效地利用天然光以及采取延长光源灯具寿命的措施。

（4）公路客运站人员的密集程度很高，因而对照明系统的可靠性要求较高。为防止由于电源故障导致正常照明熄灭后引发公共秩序混乱，应设置应急照明系统。

二、照明方式和照明指标

1. 候车大厅

（1）公路客运站的候车大厅一般集合了售票、行李托运、候车、检票等多种功能，要求提供一定的水平照度和垂直照度。建议采用在顶部设置的照明和在侧壁设置的照明共同作用，形成多层次、立体化的空间照明效果。

（2）大厅一般都设有大面积的采光侧窗，有些还在顶部设有采光天窗。直接射入的自然光线会形成明暗分明的光影效果并会产生比较严重的眩光。因此在采取必要的遮光措施之外，还要合理地设置照明系统来调节不同区域的实际照度，力求将其造成的影响控制在可接受的范围内。

（3）现代的公路客运大厅，往往设置了大屏幕光电显示系统。为此要避免高亮度光束直接照射到其表面上影响显示对比度，同时还要避免具有较大发光面的灯具在显示屏表面上形成的反射眩光。

（4）售票处建议设置局部照明，保证售票台面水平照度不低于500lx。

（5）检票口可设置重点照明提高区域照度值，以方便检票员正确分辨票面文字。但照度值不宜超过周围环境平均照度值的3倍，以免引起视觉疲劳。

2. 站内通道

（1）新型客运站的一个趋势就是在站内设置了多条用于旅客疏散的市内交通工具的通道，包括城市铁路、市内公交车、出租汽车和社会车辆等。要注意的是由于通道的设计照度与室外照度差别极大，应设置过渡照明来缓解车辆进出通道时出现较强烈的视觉暗适应过程。通道内照明灯具的布置还应避免眩光和对灯光信号的干扰。

（2）人行通道照明灯具应安装在不易被人流及行李物品碰坏的位置，有条件时宜暗装于顶棚内或墙内，否则应加装安全保护措施。

（3）车行通道路面亮度不宜低于$1cd/m^2$，路面应保持一定的照度均匀度，其最小照度与最大照度之比宜为1：10～1：15。

3. 站台

（1）目前新建的汽车客运站房基本都设置了有雨棚站台。独立式雨棚站台长度各异，棚下净空 4～5m，分为单柱式和双柱式（包括双柱式组合），其覆盖宽度约为 5～8m。挑棚式站台与候车大厅的结构连成一体，是目前最常用的形式。挑棚站台的檐口一般比独立式雨棚站台高，常在 8～12m。

（2）站台照明的照度应保证旅客在上下车时的安全和视觉舒适性和乘务员能顺利识别车票表面的文字。

（3）照明灯具一般可布置在雨棚下，灯具位置不应对驾驶员判别灯光信号和观察前方情况产生有害影响。

4. 照明指标

客运站各场所的照度和照明质量指标应符合 GB 50034—2013《建筑照明设计标准》第5章的规定，摘录见表 17-2。

表 17-2 公路客运站照明标准值

房间或场所		参考平面及其高度	照度标准值（lx）	UGR	U_0	Ra
售票台		台面	500	—	0.70	80
问讯处		0.75m 水平面	200	—	—	80
候车室	普通	地面	150	22	0.40	80
	高档	地面	200	22	0.60	80
贵宾室休息室		0.75m 水平面	300	22	0.60	80
入口大厅		地面	200	22	0.60	80
安全检查		地面	300	—	0.60	80
通道、连接区、扶梯		地面	150	—	0.40	80
有棚站台		地面	75	—	0.60	60
无棚站台		地面	50	—	0.40	20
走廊、流动区域	普通	地面	75	—	0.60	80
	高档	地面	150	—	0.60	80
楼梯、平台	普通	地面	50	—	0.60	80
	高档	地面	100	—	0.60	80

注　表中数据摘自 GB 50034—2013《建筑照明设计标准》。

三、光源与灯具选择

（1）公路客运站照明应选用三基色荧光灯、金属卤化物灯等高效光源，不应选用普通白炽灯、荧光高压汞灯以及自镇流高压汞灯等低效光源。

（2）选用的荧光灯灯具效率应满足 GB 50034—2013《建筑照明设计标准》表 3.3.2-1、表 3.3.2-2 的规定，金卤灯具效率应满足表 3.3.2-3、表 3.3.2-4 的规定，LED 灯具效能应满足表 3.3.2-5、表 3.3.2-6 的规定。

（3）由于公路客运站是 12h 以上连续运营的，因此要求光源和灯具应具备较高的运行可靠性和较长的使用寿命，以降低维护运行的工作量和成本。

（4）灯具要求坚固耐用，抗震性能好、散热能力强，并易于清洁维护。

（5）空间高度低于8m时，应选用三基色直管荧光灯或LED灯；高于8m时可选用金属卤化物灯或大功率LED天棚灯。

（6）对眩光值有要求的场所，宜使用直管荧光灯、LED平面灯等发光表面积大、亮度低、光扩散性能好的灯具。

（7）车行通道内宜选用半截光灯具。

（8）高大空间上部安装的灯具应考虑必要的维护手段和措施，如设置维修马道或采用升降式灯具。高度超过15m的广场高杆照明宜选用电动升降灯盘。

（9）用于应急照明的灯具应选用LED灯等能快速点燃的光源。

四、图片实例

公路客运站实例见图17-4和图17-5。

图17-4 公路客运站候车大厅　　　　　图17-5 公路客运站发车站棚

第三节 航空港照明

航空客运面向的旅客往往比较重视清洁和良好的环境，所以安排了较多的服务空间和更加舒适的候机环境。一个明显不同于地面交通客运的地方是旅客的行李必须集中运输，这就造成在航空港内要设置专用于托运行李和提取行李的场所。另外，航空港往往因旅客需要出入境而设置海关、检疫和边防检查等部门。

一、环境特点和照明要求

（1）大型空港的进出港、候机厅通常都设计成整体高大空间。因此顶棚应该设置必要的照明，形成明亮、均匀的整体照明环境。

（2）大厅内设置的航班信息显示系统包括大屏幕显示和CRT显示两种。为此照明系统的设置要避免高亮度光束直接照射到其表面上影响显示对比度，同时还要避免具有较大发光面的灯具在其表面上形成的反射眩光。

（3）办理包括登机在内的各项手续的柜台应设置重点照明。

（4）要求照明环境呈现安静、柔和、均匀的特点，尽量避免产生眩光、闪烁等刺激性效果。

（5）大型空港内通常会设置各类商店和餐饮服务设施，其区域内照明指标应略高于大厅平均照明水平，以吸引旅客进行消费。

（6）安全检查、入境管理、卫生检疫和海关等场所的照明不仅要求明亮均匀，还应注意尽量避免产生阴影妨碍检查。

（7）大型空港是长时持续，乃至24h连续运营要充分考虑照明系统的节能运行、有效地利用天然光以及采取延长光源灯具寿命的措施。

二、照明方式和照明指标

1. 出港、登机手续办理

（1）出港大厅通常面积较大。乘客要察看航班信息、办理登机手续、托运行李等，要求明亮均匀的照明环境。建议采用顶部设置的照明与侧壁设置的照明共同作用，形成多层次、立体化的空间照明效果。

（2）采用较大功率的照明设备直接投向具有一定反射比的浅色顶棚，辅以部分壁装灯具或立柱灯具加强下部照明，形成以反射光为主的漫射立体光环境，可以有效地提高照明均匀度和减小阴影浓度。

但随着节能理念的越来越强化，近年来全部采用反射照明的做法越来越少，取而代之的是将直接照明与反射照明结合运用。

（3）办理登机手续、托运行李等服务柜台应设置重点照明。通常可采用管形荧光灯设置在台面上方，其照度及显色性应满足国标要求。

2. 安检通道

安检通道的照明宜采用荧光灯具均匀布置在场所上方，以保证被照区域明亮均匀。漫射光线有利于消除阴影，方便检查。

3. 候机大厅

（1）可采用中色温的光源通过反射照明方式形成宁静柔和的光环境，以缓解旅客的心情。若未采用顶棚反射照明方式，也应有部分光线投向顶棚，使其亮度与其他表面的平均亮度比值不低于1∶5，以保证整体环境的亮度对比。

（2）在候机厅的休息区域（设置座椅的区域）宜设置供旅客阅读等视觉工作的照明，采用立柱式的二次反射照明系统，以便于控制眩光并与整体照明环境相协调。

（3）应控制旅客视线内灯具的表面亮度，并保证眩光限制满足国标要求。

4. 海关边检

开通国际航班的机场通常都设有入境管理、卫生检疫和海关检查。这些场所的照明方式和照明要求基本与安全检查通道相类似，一般采用荧光灯照明。空间高度较高的场所，可选用小功率陶瓷金属卤化物灯。

5. 行李提取

一般采用荧光灯均匀布置的照明方式。更有效的方式是将灯具按照行李回转台的形状安装在其正上方。为了方便旅客快速识别行李，应选用显色性能好的光源。

6. 进港接机大厅

在乘客离开或穿过行李提取大厅后，便直接进入接机大厅，此时无论乘客还是接机的人都处在急于辨识面貌的过程中。因此，行李提取大厅出口处要采取以下措施：

（1）减小行李提取厅作为背景时的亮度对比。

（2）应注意限制出口方向的眩光。

7. 照明指标

航空港各场所的照度和照明质量指标应符合 GB 50034—2013《建筑照明设计标准》以

及 JGJ 243—2011《交通建筑电气设计规范》的相关规定。

三、光源与灯具选择

（1）大型空港照明采用高效光源和高效灯具对于节约能源、降低运营成本是至关重要的措施。应选用陶瓷金属卤化物灯、三基色荧光灯、LED 天棚灯等高效光源，不应选用普通白炽灯、自镇流高压汞灯等低效光源。

（2）由于空港每天运营时间超过 18h，因此要求光源和灯具应具备较高的运行可靠性和较长的使用寿命，以降低维护运行的工作量和成本。

（3）灯具要求坚固耐用，散热能力强，并易于清洁维护。

（4）空间高度低于 8m 时，应选用三基色直管荧光灯或 LED 平板灯，超过 8m 的厅堂应选用陶瓷金卤灯或 LED 天棚灯。

图 17-6　采用间接照明方式的候机厅

（5）宜使用发光表面积大、亮度低、光扩散性能好的灯具。

（6）高大空间上部安装的灯具应考虑必要的维护手段和措施，如设置维修马道或采用升降式灯具。

（7）用于应急照明的灯具应选用能快速点燃的光源。

四、图片实例

航空港实例见图 17-6～图 17-8。

图 17-7　采用直接照明方式的候机厅

图 17-8　采用直接照明与间接照明结合方式的机场大厅

第四节　城市铁路站照明

城市轨道交通作为一种短途大容量交通工具，越来越多地被各大城市用于缓解日益恶化的交通状况。穿越城市繁华区域时一般安排在地下，只有在建筑物相对稀疏的区域和城市边缘区域，才建设在地上。作为短途交通系统，站内设施尽量简化，候车室与站台合并设置。

一、环境特点和照明要求

（1）随着轨道的敷设位置不同，站台一般分为地上候车站台和地下候车站台两种。

（2）地下候车站台通常沿轨道布置为条状，分为两侧轨道中间设置站台和两侧设置站台中间安排轨道两类，一般室内建筑高度为 5～10m。

（3）地上候车站台白天完全依靠天然光照明，只有在夜晚才使用人工照明。照度不宜过高，以避免乘客进出站时出现较强烈的视觉适应过程。

（4）城市铁路的运营时间很长。要充分考虑照明系统的节能运行、有效地利用天然光以及采取延长光源灯具寿命的措施。

二、照明方式和照明指标

1. 地下候车站台

（1）地下候车站台建筑空间不是很高，通常采用荧光灯直接照明，也可用 LED 灯。

（2）由于等候时间不长，乘客一般对环境舒适程度的差异不很敏感。因此照明系统在满足基本功能性要求的同时，可结合建筑造型对灯具进行图案化布置，以期形成与建筑艺术相呼应的艺术风格。

（3）售票和检票宜设置局部照明或重点照明。

（4）地下候车站台空间狭小封闭，灾害状态下危险程度高，不易疏散。因而对照明系统的可靠性要求较高，应设置应急照明系统。

（5）地下候车站台的入口通道应设置过渡照明，通道和楼梯应设应急照明。

2. 地上候车站台

（1）地上候车站台的照明应与天然采光结合设置，建议采用高效光源灯具直接照明的方式。

（2）光源色温应与早晨及黄昏的天然光相协调，以保证在人工照明与天然照明共同作用时的环境效果。

（3）地上候车站台的通道和楼梯应设应急照明。

3. 照明指标

城铁各场所照明标准列于表 17－3。

表 17－3　　　　　　　　　　　　　城铁各场所照明标准值

场所名称	平均水平照度（lx）	参考平面	光源色温（K）	显色性	*UGR*
地下候车站台	200～300	地面	3500～4000	80	22
地上候车站台	100～200	地面	3000～5000	20	—
售检票	300	台面	3500～4000	80	22
楼梯、扶梯	100～200	地面	3000～4000	80	22
人行通道	75～150	地面	3000～4000	20	—

三、光源与灯具选择

（1）采用高效光源和高效灯具是节约能源，降低运营成本至关重要的措施。不应选用普通白炽灯、自镇流高压汞灯等低效光源。

（2）光源和灯具，应具备较高的运行可靠性和较长的使用寿命，以降低维护运行的工作量和成本。

（3）灯具要求坚固耐用，抗震性能好、散热能力强，并易于清洁维护。

（4）空间高度低于 8m 时，应选用三基色直管荧光灯或 LED 灯；超过 8m 的厅堂宜选用陶瓷金属卤化物灯或 LED 灯。

（5）用于应急照明应选用能快速点燃的 LED 灯。

四、图片实例

城市铁路站实例见图 17 - 9 及图 17 - 10。

图 17 - 9　城市铁路站台　　　　　　　图 17 - 10　城市铁路隧道

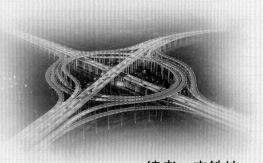

第十八章
道路照明

编者：李铁楠　　校审者：徐　华　　姚家祎

第一节　道路照明的作用及道路分类

一、道路照明的作用

在城市的机动车交通道路上设置照明的目的是为机动车驾驶人员创造良好的视觉环境，以求达到保障交通安全、提高交通运输效率、降低犯罪活动和美化城市夜晚环境的目的。在人行道路以及主要供行人和非机动车使用的居住区道路上设置照明的目的是为行人提供舒适和安全的视觉环境，保证行人能够看清楚道路的型式、路面的状况、有无障碍物；看清楚同时使用该道路的车辆及其行驶情况和意向，以便能了解车辆的行驶速度和方向、判断出与车辆之间的距离；行人相遇时，能及时地识别对面来人的面部特征并判断其动作意图，方便人们的交流，并能够有效防止犯罪活动；此区域的道路照明还能对居住区的特征和标志性景观以及住宅建筑的楼牌楼号进行适当的辅助性照明，有助于行人的方向定位和寻找目标需要。另外，居住区的道路照明有助于创造舒适宜人的夜晚环境氛围。

二、机动车驾驶员的视觉特征和影响道路照明的因素

在机动车道路上，驾驶员的视场由行车道、道路两侧的周边环境、视野中的景观以及天空所组成。

驾驶员获得的视觉信息是道路上的任何物体需以构成直接背景的那部分视场为衬托显现出来，比如机动车道路的常规路段上的障碍物就是以这种方式显现出来的。

出现在路面上的行人或其他障碍物是驾驶员必须要及时看到的。障碍物出现在道路上且与不同的背景（如设置了照明的道路或者没有设置照明的道路、周围建筑物、周围的开阔区域等）形成对比看到它们。尽管障碍物的一些表面的特征可能比较明显，但是在明亮背景的情况下，这些障碍物仍是会以剪影的形式显现，即，行进中的驾驶员是以捕捉对象整体轮廓的方式来获取路面障碍物存在与否及其位置的信息。与此类似，暗背景处可能以正影的形式看见障碍物，总之，驾驶员是以亮度对比的方式捕捉这些障碍物存在的信息的。

道路照明所提供的视觉条件在干燥路面状态下容易满足。在潮湿状态下，路面亮度均匀性严重下降。这种状况导致对眩光的敏感性增加而且从湿区域耀眼表面反射还产生眩光。

雾遮蔽视场某种程度上与雾密度有关。在高速行车的道路上，车速普遍都高，在雾不规则的情况下，常会导致危险情况的发生。而在薄雾条件下，良好照明能够提供紧邻环境的信

息并提供关于道路走向的视觉诱导性，所以，道路照明的诱导性是非常重要的。

视看能力会随着驾驶员年龄的增加而降低，这来自于三个效应产生的结果。首先，眼睛介质的穿透力随着年龄增加而下降，如 70 岁时仅是 25 岁年龄的人的 28%。其次，眼睛介质中光的散射随着年龄的增加而增加，这种散射减弱了物体的视对比，如 70 岁的人，其用等效光幕亮度表示的散射光，平均起来是 25 岁年轻人的 2.5 倍。这两种效应的结果，是为了识别目标，是较年长的人需要更高的对比阈值。因此，一名 70 岁的观察者比一名 25 岁观察者在可见度阈处大约需要多 3 倍对比。再次，视网膜感光细胞（接收器）密度随着年龄的增加而减少，从而降低了眼睛分辨细节的能力，即使眼睛经过屈光矫正也是如此。因此，平均起来 70 岁的观察者仅仅有 25 岁的观察者的视觉敏锐度的 66%。

随着年龄增加，人的心理物理学的认识过程变慢，年长驾驶员需要更多时间做出判断，因而，就要车辆更长距离的行驶，才能对前方交通状况做出反应。

所有这些因素会导致年长驾驶员夜间事故的数量更多，即使年长驾驶员的总数量不多。

当驾驶员驾车行驶时，还有很多因素会影响到对视觉信息的及时捕捉和判断，因此要依据这些因素的存在与否、类型、大小等，相应地调整照明水平。这些因素包括驾驶员驾车行驶的速度、道路上的交通流量、道路上的交通构成情况、不同类型的道路使用者的混合情况、道路设施的完备情况、交通保障设施的完备情况、道路上平面交口或人行横道等交会区的分布密度、道路上的边缘区域是否设置了停车带、道路周边的环境亮度高低明亮源类型及其分布、道路上的视觉导向情况等。

综上所述，在确定照明设计标准的水平时，这些因素均应在考虑之列。

三、道路分类

要确认一条道路上需要多少照明，需要知道道路的类型和等级，据此提供相应的照明。

在我们国家，城市道路的分类根据道路在城市路网中的地位、交通功能以及对沿线建筑物和城市居民的服务功能等要求，将城市道路分为快速路、主干路、次干路、支路、居住区道路。这些道路划分的定义如下。

快速路：城市中距离长、交通量大、为快速交通服务的道路。快速路的对向车行道之间设中间分车带，实施中央分隔、全部控制出入、控制出入口间距及形式。应实现交通连续通行，单向设置不少于两条车道，并有配套的交通安全与管理设施。其两侧不宜设置吸引大量车流和人流的公共建筑的出入口。

主干路：连接城市各主要分区，以交通功能为主的干路，采取机动车与非机动车分隔形式，如三幅路或四幅路。其两侧不宜设置吸引大量车流和人流的公共建筑的出入口。

次干路：与主干路组合构成干路网，集散交通功能为主、兼有服务功能的道路。

支路：次干路与居住区道路之间的连接道路。与次干路和区域内道路（工业区、住宅区、交通设施等）相连接，解决局部地区交通、以服务功能为主。

居住区道路：居住区内的道路及主要供行人和非机动车通行的街巷。

快速路、主干路、次干路、支路，尽管它们两侧一般设置供非机动车通行的车道和供行人使用的步行道，但是，根据其主要功能和形态，仍将这些道路统称为机动车交通道路。

而国际照明委员会相关技术文件的建议是，直接考虑道路上影响道路照明的那些因素，根据这些因素的影响程度大小，来确定相应的照明等级和所需要的照明数量。

CIE 总结的影响道路照明的 8 个方面的因素是：行车速度、交通流量、交通构成情况、不同类型交通车道的隔离状况、道路交会区分布的密度、路边是否可以停车、环境亮度情况、夜晚道路上的视觉引导情况等。

设计者应亲赴道路现场考察这些因素，并将每个因素（参数）定量化，获得见表 18 - 1，通过对各个道路影响因素进行权重系数叠加，可以获得总的影响因素 WF。

表 18 - 1　　　　　　　　　　影响道路照明的因素及其权重

参数	选择	权重系数 WF	WF 的选择	参数	选择	权重系数 WF	WF 的选择
速度	高	1		交叉口的密度	高	1	
	中	0			中等	0	
交通流量	非常高	1		有否停车	有	1	
	高	0.5			无	0	
	中等	0		环境亮度	非常高	1	
	低	- 0.5			高	0.5	
	很低	- 1			中等	0	
交通组成	与很多非机动车辆混杂	1			低	- 0.5	
					非常低	- 1	
	混杂	0.5		视觉诱导和交通控制	差	0.5	
	只有机动车辆	0			好	0	
分隔带	无	1			非常好	- 0.5	
	有	0			权重系数叠加		SWF

再通过如下计算：$M = 6 - SWF$，可以获得这条道路所应采用的照明标准等级 M，各照明等级对应的照明标准值见下一节。

第二节　照明评价指标

一、机动车交通道路照明的评价指标

根据人类的视觉感观系统的工作原理，在对车辆驾驶人员的视觉作业特点及所需的视觉信息进行分析研究的基础上，通过大量的实验室实验和现场实验，确定了机动车交通道路照明的评价指标。这些评价指标包括：路面平均亮度、路面亮度总均匀度、路面亮度纵向均匀度、眩光控制、环境比等。

1. 路面平均亮度（L_{av}）

路面平均亮度是用来表示道路路面总体亮度水平的一个评价指标，是按照国际照明委员会（简称 CIE）有关规定在路面上预先设定的点上测得的或计算得到的各点亮度的平均值。它是决定能否看见路面上的障碍物的最重要的指标。

2. 路面亮度总均匀度（U_0）

路面亮度总均匀度是路面上最小亮度与平均亮度的比值。良好的视功能要求路面上的最小亮度和平均亮度相差不能过大，否则，亮的部分会形成一个眩光源，从而影响驾驶员的视觉。

3. 路面亮度纵向均匀度（U_1）

路面亮度纵向均匀度是指同一条车道中心线上最小亮度与最大亮度的比值。如果在一条车道的路面上，反复出现亮带和暗带，形成所谓"斑马效应"，会使得在这条车道上行驶的驾驶员感到十分烦躁，进而影响到人的心理，造成交通隐患。所以，在同一条车道中心线上的最小亮度和最大亮度的差别不能过大。

4. 眩光控制

眩光是由于视野中的亮度分布或者亮度范围的不适宜或存在极端的对比，以致引起不舒适感觉或降低观察目标或细部的能力的视觉现象。眩光分为失能眩光和不舒适眩光两类。失能眩光损害视看物体的能力，直接影响到驾驶员观察物体的可靠性。不舒适眩光一般会引起不舒适的感觉，影响到驾驶员在进行作业时的舒适程度，在机动车道路照明中，通常主要考虑限制失能眩光，一般来说，如果失能眩光的限制能够达到满意的程度，那么不舒适眩光的影响也可以忽略。

失能眩光用相对阈值增量（TI）来表示，它表示当存在眩光源时，为了达到同样看清物体的目的，在物体及其背景之间的亮度对比所需要增加的百分比。

当路面亮度范围为 $0.05\text{cd/m}^2 < L_{\text{av}} < 5\text{cd/m}^2$ 时，一只灯的阈值增量 TI 可按式（18-1）计算。

$$TI = \frac{k \cdot E_e}{L_{\text{av}}^{0.80} \cdot \theta^2}（\%）\qquad (18-1)$$

式中：k 是和观察者年龄有关的常数。通常以 23 岁的观察者取值 650。其他年龄的值由式（18-2）得到：

$$k = 641 \times \left[1 + \left(\frac{A}{66.4}\right)^4\right]\qquad (18-2)$$

A——观察者年龄，岁；

L_{av}——路面平均初始亮度，cd/m^2；

E_e——观察者视野中的一个灯具在其眼睛处（路面上方 1.5m）垂直于视线方向的表面上产生的初始照度，lx；

θ——视线与人眼至一个灯具光中心连线的夹角（视线位于水平线以下 1° 并经过观察者眼睛的沿道路轴线的纵向垂直面上），见图 18-1。

阈值增量 TI 需要对观察者前方 500 米以内所有灯具的贡献求和。

阈值增量应以照明系统安装完成后初始运行时为准。

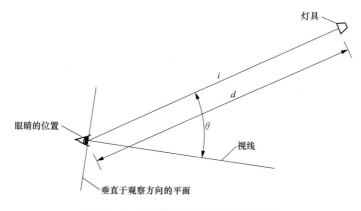

图 18-1　计算阈值增量时的角度关系

不舒适眩光通常是通过主观评价来确定其等级，它们之间有如下的关系，见表18-2。

表18-2   眩光评价等级

眩光等级G值	眩光的感觉程度	评价
1	不能忍受	不好
3	感到烦躁	不足
5	刚刚可以忍受	尚可
7	感到满意	好
9	感觉不到眩光	很好

5. 环境比

道路照明的主要目的是要创造一个明亮的路面，使得路面上的物体能够以这样一个明亮的路面为背景而被车辆驾驶员看到。然而，路面上较高物体的上半部分、靠近路边的物体或者是位于弯道处的物体等，它们的背景是道路的周边环境，因此，道路周边的照明也是十分必要的，它能有助于驾驶员更好地观察并且及时做出判断。另外，路外边可能会有人进入道路穿行，因此路外边的照明可以让驾驶员提前了解路边的情况，做好预防。

环境比SR是与车行道两侧边缘相邻的5m宽的带状区域（如果空间不允许时可以窄一些）的平均照度与该车道上5m宽的带状区域或1/2宽度的车道上（通过比较选择较小者）的平均照度之比。对于双向车行道，应该将两个方向的车行道一起作为单行线处理，除非它们之间设置有10m以上宽度的分车带。

6. 诱导性

道路照明的诱导性对交通安全和舒适性同样有着非常重要的作用，因此，在道路照明的设计中应该保证诱导性方面的要求。但是，诱导性不能用光度参数来进行表示。诱导性分为视觉诱导和光学诱导，两者既有区别又有紧密的联系。

视觉诱导系指通过道路的诱导辅助设施使驾驶员明确自身所在位置以及道路前方的走向。这些诱导辅助设施包括路面中线、路缘、路面标志、应急路栏等。

光学诱导系指通过灯具和灯杆的排列、灯具的外形外观、灯光颜色等的变化来标示道路走向的改变或是将要接近道路的交叉口等特殊地点。

二、人行道路照明的评价指标

根据行人的行进速度特点和视觉作业需要，人行道路照明主要采用平均水平照度、最小水平照度、半柱面照度、垂直照度、眩光限制等指标来进行评价。

1. 平均水平照度

路面平均水平照度是按照CIE有关规定在路面上预先设定的点上测得的或计算得到的各点照度的平均值。

行人与机动车驾驶员的视觉作业特点不同，驾驶员的视觉注意力是要集中在道路的路面上，因此，与其关系最为密切的是路面亮度，但是，对于行人来说，他没有固定的观察目标，也无法为其规定统一的观察位置，所以，不能用路面亮度指标来进行人行道的照明评价，而应该采用水平照度来评价。水平照度包括两项评价指标，即平均水平照度和最小水平照度。与机动车的行驶速度相比，人的行走速度要低得多，这样，就可以使人的眼睛有更多的时间来适应亮度的变化。因此，行人对均匀度的要求就比较低，通常情况下，不提出均匀度方面的要求。

2. 半柱面照度和垂直照度

当人夜晚在路上行走时，需要尽可能迅速识别出对面走来的其他行人，以便于交流或是采取安全防范措施，熟悉的人要打招呼问候，陌生人则需要辨别其特征和意图，以便于有足够的时间做出正确的反应。研究结果表明，为了达到后者的要求需要有最小为 4m 的距离，并且要求在对面来人的面部及上半身的平均高度处（大约 1.5m）有足够的垂直面照度，但是，朝向各种方向的纯粹垂直照度都不是最佳的参数，最佳参数是半柱面照度，它是指在一个无限小的垂直半圆柱体表面上的照度。因此，需要采取半柱面照度来作为面部识别照明的评价指标。而垂直照度则是用来评价路上方空间物的立体感，并通过对路外边环境的适度照明来提供一定的导向。

空间一点上的半柱面照度可通过式（18 - 3）计算。

$$E_{sc} = \Sigma I(c,\gamma)(1 + \cos\alpha_{sc})\cos^2\varepsilon\sin\varepsilon\Phi MF/\pi(H - 1.5)^2 \qquad (18 - 3)$$

式中： E_{sc} ——空间一点上的维持半柱面照度，lx；

Σ ——所有灯具对该计算点的半柱面照度的贡献之和；

$I(c,\gamma)$ ——朝向计算点方向的光强，cd/klm；

α_{sc} ——光强矢量所在的竖直面与垂直于半柱面平面的竖直面之间的夹角（见图18 - 2）；

ε ——光的入射角；

H ——灯具安装高度；

Φ ——光源的初始光通量，klm；

MF ——灯具维护系数。

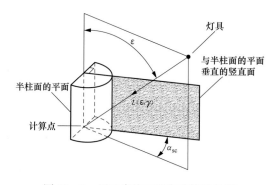

图 18 - 2　用于半柱面照度计算的角度

3. 眩光限制

由于行人的行进速度远低于车辆的行进速度，因此，行人有更多的时间来适应视场中亮度的变化，因此，对于行人来说，眩光的影响问题不会像对机动车驾驶员那么严重，反而，在人行空间中有一些耀眼的光线会让人感到很愉快。

对于行人来说，更容易受到不舒适眩光的干扰。但是，度量不舒适眩光的眩光控制等级 G 的方法又不适合于用来做居住区照明设施的眩光评价，因此，CIE 提出适用于居住区和步行区照明设施的眩光控制指标，即 L 与 A 的 0.5 次方的乘积，其中，L 为灯具在与垂直向下方向形成 85°和 90°夹角的方向上的最大（平均）亮度，A 为灯具在与垂直向下方向形成 90°夹角的方向上的发光表面面积。

4. 立体感

一般来说，对于照明效果的满意程度，主要是根据被照明人的真实和自然程度来判断，其度量的指标为立体感。当对比不足或过度时，都会歪曲照明环境中的人的容貌。研究表明，立体感指数可以用垂直照度和半柱面照度之比（E_v/E_{sc}）来表示，推荐的比值在 0.8 ~ 1.3 之间。

第三节 照 明 标 准

一、机动车道路照明标准

1. 我国道路照明标准

我国关于机动车道路照明标准在 CJJ 45—2015《城市道路照明设计标准》中有具体规定，见表 18 - 3。

表 18 - 3 　《城市道路照明设计标准》（CJJ45—2015）关于机动车道路照明标准值

| 级别 | 道路类型 | 路面亮度 | | | 路面照度 | | 眩光限制 TI 最大初始值（%） | 环境比 SR 最小值 |
		平均亮度 L_{av} 维持值（cd/m²）	总均匀度 U_0 最小值	纵向均匀度 U_L 最小值	平均照度 E_{av} 维持值（lx）	均匀度 U_E 最小值		
I	快速路、主干路	1.5/2.0	0.4	0.7	20/30	0.4	10	0.5
II	次干路	1.0/1.5	0.4	0.5	15/20	0.35	10	0.5
III	支路	0.5/0.75	0.4	—	8/10	0.3	15	—

注　1. 表中所列的平均照度仅适用于沥青路面。若系水泥混凝土路面，其平均照度值可相应降低约30%。
　　2. 计算路面的平均维持亮度或平均维持照度时应考虑光源种类、灯具防护等级和擦拭周期。
　　3. 表中各项数值仅适用于干燥路面。
　　4. 表中对每一级道路的平均亮度和平均照度给出了两档标准值，"/"的左侧为低档值，右侧为高档值。

2. 国际照明委员会的推荐标准

国际照明委员会所推荐的机动车交通道路照明标准是将照明推荐值分为 M1、M2、M3、M4、M5、M6 等六个级别，每个级别的照明规定见表 18 - 4，在具体使用时，设计者根据道路功能、交通密度、交通复杂程度、交通分隔状况以及交通控制设施情况等因素，经过计算得到 M 值，然后获得对应的照明标准值。

表 18 - 4 　　　　CIE 技术文件中规定的各类机动车道路照明标准值

| 照明等级 | 道路表面亮度 | | | | 阈值增量 | 环境比 |
| | 干燥路面 | | | 潮湿路面* | | |
	L_{av}（cd/m²）	U_0	U_1	U_0	TI（%）	SR
M1	2.0	0.4	0.7	0.15	10	0.5
M2	1.5	0.4	0.7	0.15	10	0.5
M3	1.0	0.4	0.6	0.15	10	0.5
M4	0.75	0.4	0.6	0.15	15	0.5

续表

照明等级	道路表面亮度				阈值增量	环境比
	干燥路面			潮湿路面*		
	L_{av}（cd/m²）	U_0	U_1	U_0	TI（%）	SR
M5	0.50	0.35	0.4	0.15	15	0.5
M6	0.30	0.35	0.4	0.15	20	0.5

注 *应用于重要的黑暗时分并有相应的路面反射比数据的潮湿路。

3. 美国道路照明标准

美国的道路类型、交通流情况、车速、交通秩序等较良好，采用照度与亮度两套评价体系和指标，其采用了较低的亮度水平及其均匀度指标，眩光采用了类似失能眩光控制方法，采用了可见度水平，小目标可见度等评价体系与指标，并重点制定了人行道路与交会区的照明标准，具体参见 IESNA – RP – 8 – 00《American National Standard Practice for Roadway Lighting》。其道路分类见表 18 – 5；道路照明照度标准见表 18 – 6；道路照明亮度标准见表 18 – 7。

表 18 – 5　　　　　　　　　　　美 国 道 路 分 类

等级	Q_0	描　　述	路面反射类型
R1	0.10	硅酸盐水泥，混凝土路面；掺和量不小于12%人造反光材料的柏油路面	漫反射型
R2	0.07	掺和不小于60%碎石（尺寸大于1cm）的柏油路面；掺和量在10%～15%人造反光材料的柏油路面（北美不常用）	混合型（兼有漫反射和镜面反射型）
R3	0.07	掺和有变暗物质的人工掺和物	轻度镜面反射型
R4	0.08	表面非常光滑的柏油路面	强镜面反射型

表 18 – 6　　　　　　　　美国道路照明标准（照度标准推荐值）

道路和行人交汇区域		路面分类 最低维持平均值			均匀度 E_{av}/E_{min}	光幕亮度比 L_{vmax}/L_{avg}
道路	行人交汇区域	R1 lx/fc	R1&R3 lx/fc	R4 lx/fc		
A 类高速公路		6.0/0.6	9.0/0.9	8.0/0.8	3.0	3.0
B 类高速公路		4.0/0.4	6.0/0.6	5.0/0.5	3.0	3.0
快速道	高	10.0/1.0	14.0/1.4	13.0/1.3	3.0	3.0
	中	8.0/0.8	12.0/1.2	10.0/1.0	3.0	3.0
	低	6.0/0.6	9.0/0.9	8.0/0.8	3.0	3.0
主干道	高	12.0/1.2	17.0/1.7	15.0/1.5	3.0	3.0
	中	9.0/0.9	13.0/1.3	11.0/1.1	3.0	3.0
	低	6.0/0.6	9.0/0.9	8.0/0.8	3.0	3.0
集散道路	高	8.0/0.8	12.0/1.2	10.0/1.0	4.0	4.0
	中	6.0/0.6	9.0/0.9	8.0/0.8	4.0	4.0
	低	4.0/0.4	6.0/0.6	5.0/0.5	4.0	4.0
地方道路	高	6.0/0.6	9.0/0.9	8.0/0.8	6.0	6.0
	中	5.0/0.5	7.0/0.7	6.0/0.6	6.0	6.0
	低	3.0/0.3	4.0/0.4	4.0/0.4	6.0	6.0

表 18 – 7　　　　　　　美国道路照明标准（亮度标准推荐值）

道路和行人交会区		平均亮度 L_{av}（cd/m²）	均匀度 L_{av}/L_{min}（最大允许值）	均匀度 L_{max}/E_{min}（最大允许值）	光幕亮度比 L_{vmax}/L_{avg}（最大允许值）
道路	行人交会区				
A 类高速公路		0.6	3.5	6.0	0.3
B 类高速公路		0.4	3.5	6.0	0.3
快速路	高	1.0	3.0	5.0	0.3
	中	0.8	3.0	5.0	0.3
	低	0.6	3.5	6.0	0.3
主干道	高	1.2	3.0	5.0	0.3
	中	0.9	3.0	5.0	0.3
	低	0.6	3.5	6.0	0.3
集散道路	高	0.8	3.0	5.0	0.4
	中	0.6	3.5	6.0	0.4
	低	0.4	4.0	8.0	0.4
地方道路	高	0.6	6.0	10.0	0.4
	中	0.5	6.0	10.0	0.4
	低	0.3	6.0	10.0	0.4

4. 英国道路照明标准

英国采用了类似于 CIE 的道路照明标准，其在道路干湿状态下的指标做了更为详细的规定。英国按不同系列道路分级规定的照明标准。英国道路等级 ME 系列照明等级见表 18 – 8；道路等级 MEW 系列照明等级见表 18 – 9；道路照明等级 S 系列照明等级见表 18 – 10；高速公路和交通要道照明等级见表 18 – 11。

表 18 – 8　　　　　　　英国道路等级 ME 系列

等级	干燥路面的道路表面亮度			阈值增量	环境比
	L（cd/m²）最小维持值	U_0 最小值	U_1 最小值	TI（%）最大值	SR 最小值
ME1	2.0	0.4	0.7	10	0.5
ME2	1.5	0.4	0.7	10	0.5
ME3a	1.0	0.4	0.7	15	0.5
ME3b	1.0	0.4	0.6	15	0.5
ME3c	1.0	0.4	0.6	15	0.5
ME4a	0.75	0.4	0.6	15	0.5
ME4b	0.75	0.5	0.5	15	0.5
ME5	0.5	0.35	0.4	15	0.5
ME6	0.3	0.35	0.5	15	无要求

表 18 - 9   英国道路等级 MEW 系列

等级	干燥路面的道路表面亮度				阈值增量	环境比
	干燥条件			湿条件		
	L (cd/m^2)	U_0	U_1	U_0	TI（%）	SR
	最小维持值	最小值	最小值	最小值	最大值	最小值
MEW1	2.0	0.4	0.6	0.15	10	0.5
MEW2	1.5	0.4	0.6	0.15	10	0.5
MEW3	1.0	0.4	0.6	0.15	15	0.5
MEW4	0.75	0.4	没要求	0.15	15	0.5
MEW5	0.5	0.35	没要求	0.15	15	0.5

表 18 - 10   英国道路照明等级 S 系列   lx

等级	照度水平	
	E_{av}，最小维持在	E_{min}，维持在
S1	15	5
S2	10	3
S3	7.5	1.5
S4	5	1
S5	3	0.6
S6	2	0.6
S7	性能参数还未定义	性能参数还未定义

表 18 - 11   英国高速公路和交通要道照明等级

道路描述	道路类型一般说明	详细说明	平均日交通量	照明等级
高速道路	道路具有有限的车速和车道控制	长途快速运输车道，车道分速明确		ME1
		具有复杂交汇区域的主车道	≤40000	ME1
			>40000	ME2
		主车道交汇区域 <3km	≤40000	ME1
			>40000	ME2
		主车道交汇区域≥3km	≤40000	ME2
			>40000	ME4a
		应急车道	—	
战略路线	主干道路和一些具有重要目的地之间的"A"类道路	长途运输车道与小路或行人入口处，车时速通常在 40mile 以上，行人过路处事被隔开或控制的，路边禁止停车		
		单行车道	≤15000	ME3a
			>15000	ME2
		双行车道	≤15000	ME2a
			>15000	ME2
主干道	主要城市道路，包括短道中等距离的主干道路	主要道路与连接到市中心之间的重要道路，在市区车速限制在 40mile 或以下，高峰期限制停车，并有明显行人安全防护措施和标注。		
		单行车道	≤15000	ME3a
			>15000	ME2
		双行车道	≤15000	ME2a
			>15000	ME2

续表

道路描述	道路类型一般说明	详细说明		平均日交通量	照明等级
次干道	道路等级 B 类与 C 类和未分类城市公交道路，具有承载本地流量与较多出入口	郊区		≤7000	ME4a
		连通较大村庄和重要公共设施（发电站）之间的道路		>7000，≤15000	ME3b
				>15000	ME4a
		市区		≤7000	ME3c
		车速限制在 30mile 或以下，人活动非常大的道路，包括人行道		>7000，≤15000	ME3b
		考虑安全因素以外路边停车位一般不受限制的		>15000	ME2
支路	连接主干道和二级道路之间的道路，带有较多的出入口	连接小村庄之间的道路，道路宽度有些地方不能支持双向通行	郊区	Any	ME5
		市区		Any	ME4b or S2, S1
		住宅或工业区连接道路，时速限制在 30mile 或以下，行人出入频繁，路上具有不受限制停车位		具有较高的行人和骑自行车交通	

5. 日本道路照明标准

采用了类似于 CIE 的道路照明标准，其关于眩光的控制采用了不舒适眩光控制指标。日本机动车道路照明标准见表 18 – 12。

表 18 – 12　　　　　　　　　　日本机动车道路照明标准

道路类	交通类型和车流量	路面平均亮度 L_{av}（cd/m²）	总均匀度 U_0	纵向均匀度 U_1	眩光控制标志 G（3）
上下行线路是分开的，交叉部分是立体交错开来的，出入道是完全被限制的道路	车速快就，车流量大在夜间主要承载高速疏通	2	0.4	0.7	6
具有专用车道的重要道路，在很多情况下具有低速车道和人行道	车速中等，混合交通较多	2	0.4	0.7	5
城市重要区域和当地重要区域的交通道路	在夜间主要承载中速交通疏通				
市区、购物中心和连接市政府的道路。车速较低，车流量大和人活动频繁的交通道路	车速低的混合交通，流量较多的低速混合交通和人活动	2	0.4	0.5	4
连接上述道路与住宅区（小区道路）的道路	车速低，夜间车流量中等的混合交通	1	0.4	0.5	4

二、交会区照明标准

当机动车的车流彼此相互交叉，或者机动车驶入行人、非机动车辆或其他道路使用者经常进出的区域，或者是当眼前的道路与路况低于标准（比如：车道数量减少、车道或道路的宽度减少等）的一段道路相连接时，这种情况会导致车辆之间、车辆和行人及其他道路使用者之间或车辆与固定物之间的碰撞有增加的可能性。

关于交会区的照明，由于观察视距比较短，而且，经常会有其他因素妨碍到亮度指标的使用，因此，在交会区通常会使用照度指标来进行照明效果的评价，我们国家就是采用的照度方法进行评价。

在道路的交会区，无法用阈值增量 TI 来定量表示失能眩光，这是因为此区域的灯具布置并不是标准化的，无法计算 TI，而且，由于驾驶员的视点不断变化，也导致了适应亮度的不确定。在这种情况下，可以采用限制光强的方法来限制眩光，即在驾驶员观看灯具的方位角上，80°高度角处的光强不应高于 30cd/klm，90°高度角处的光强不应高于 10cd/klm。

在我国的城市道路照明设计标准中，提出了对交会区的照明规定，见表 18-13。这一照明规定是根据相交会的两条道路的级别，按照在较高级别道路的照明等级基础上再提高一级的原则，制定了各种类型交会区的照明要求。由于道路照明的标准值按照高档值和低档值分为两档，为了使交会区的照明水平与交会前道路的照明水平相匹配，因此，交会区的照明标准也分别按照高档值和低档值进行规定。

表 18-13　　　　　　　　　　我国道路照明标准对道路交会区的照明规定

交会区类型	路面平均照度 E_{av}（lx），维持值	照度均匀度 U_E	眩光限制
主干路与主干路交会	30/50	0.4	在驾驶员观看灯具的方位角上，灯具在 80°和 90°高度角方向上的光强分别不得超过 30cd/1000lm 和 10cd/1000lm
主干路与次干路交会			
主干路与支路交会			
次干路与次干路交会	20/30		
次干路与支路交会			
支路与支路交会	15/20		

注　1. 灯具的高度角需在现场安装使用姿态下度量。
　　2. 表中对每一类道路交会区的路面平均照度给出了两档标准值，"/"的左侧为低档值，右侧为高档值。

三、人行道路的照明标准

我国的城市道路照明设计标准中，对人行道路分别按照城市区域的性质以及交通流量进行了照明规定，见表 18-14、表 18-15。

表 18-14　　　　　　　　　　人行及非机动车道路照明标准值

级别	道路类型	路面平均照度 $E_{h,av}$（lx）维持值	路面最小照度 $E_{h,min}$（lx）维持值	最小垂直照度 $E_{v,min}$（lx）维持值	最小半柱面照度 $E_{sc,min}$（lx）维持值
1	商业步行街；市中心或商业区行人流量高的道路；机动车与行人混合使用、与城市机动车道路连接的居住区出入道路	15	3	5	3
2	流量较高的道路	10	2	3	2
3	流量中等的道路	7.5	1.5	2.5	1.5
4	流量较低的道路	5	1	1.5	1

注　最小垂直照度和半柱面照度的计算点或测量点均位于道路中心线上距路面 1.5m 高度处。最小垂直照度需计算或测量通过该点垂直于路轴的平面上两个方向上的最小照度。

表 18 – 15　　　　　　　　　人行及非机动车道路照明眩光限值

级别	最大光强 I_{max}（cd/klm）			
	≥70°	≥80°	≥90°	>95°
1	500	100	10	<1
2	—	100	20	—
3	—	150	30	—
4	—	200	50	—

注　表中给出的是灯具在安装就位后与其向下垂直轴形成的指定角度上任何方向上的发光强度。

第四节　照　明　设　施

一、机动车交通道路的照明设施

1. 光源

多年来，机动车交通道路照明的光源主要采用高强度气体放电灯，而在这其中，又以高压钠灯作为首选。高压钠灯具有寿命长、光效高、质量稳定而且能够满足机动车交通道路照明指标要求的特点。目前来说，高压钠灯的这些特点决定了它依然可以作为城市机动车道路照明的重要选择。

发光二极管光源有着道路照明中所需要的诸多优点，近些年的快速发展和逐渐成熟，使其已经开始逐步进入到能够推广使用的水平。作为一种新的光源，如果要在道路照明中使用，需要满足一定的条件，包括：

光源的显色指数（Ra）不宜小于 60；光源的相关色温不宜高于 5000K，并宜优先选择中低色温光源；同型号 LED 灯具的色品容差不应大于 7 SDCM；光源寿命周期内的色品坐标与初始值的偏差在 GB/T 7921《均匀色空间和色差公式》规定的 CIE 1976 均匀色度标尺图中，不应超过 0.012 等。

在有些对显色性要求较高的场所，也可以考虑采用陶瓷金属卤化物灯。

2. 灯具

在普通的常规道路路段，应该采用常规道路照明灯具，常规道路照明灯具按照其配光分为截光型、半截光型、非截光型等三类灯具（在 IESNA 标准中是将灯具按照截光类型分为四类，即在前三种的基础上增加一种完全截光型灯具），见表 18 – 16。在快速路、主干路上必须采用截光型或半截光型灯具；次干路上应采用半截光型灯具；支路上也可以采用半截光型灯具。

表 18 – 16　　　　　　　　道路照明灯具按照配光的分类

灯具类型	灯具最大光强角度范围（°）	在指定方向上所发出的最大光强允许值	
		90°	80°
截光	0°~65°	10cd/1000lm	30cd/1000lm
半截光	0°~75°	50cd/1000lm	100cd/1000lm
非截光	—	1000cd	—

注　不论光源会产出多少光通量，光强最大值不得超过 1000cd。

宽阔的机动车交通道路，当采用高杆灯照明方式时，应该选择、配置光束比较集中的泛光灯。

采用密闭式道路照明灯具时，光源腔的防护等级不应低于 IP54。环境污染严重、维护困难的道路和场所，光源腔的防护等级不应低于 IP65。灯具电气腔的防护等级不应低于 IP43。

空气中酸碱等腐蚀性气体含量高的地区或场所宜采用耐腐蚀性能好的灯具。

通行机动车的大型桥梁等易发生强烈振动的场所采用的灯具应符合现行国家标准 GB 7000.1《灯具　第 1 部分：一般要求与实验》所规定的防振要求。

高强度气体放电灯宜配用节能型电感镇流器，功率较小的光源可配用电子镇流器。

高强度气体放电灯的触发器、镇流器与光源的安装距离应符合产品的要求。

对于使用 LED 光源的灯具来说，它应该满足以下的一些要求：

1）灯具的功率因数不应小于 0.9。

2）灯具效能不应低于表 18 – 17 的要求。

表 18 – 17　　　　　　　　　　LED 灯 具 效 能 限 值

色温 T_c（K）	$T_c \leqslant 3000$	$3000 < T_c \leqslant 4000$	$4000 < T_c \leqslant 5000$
灯具效能限值（lm/W）	90	95	100

3）在标称工作状态下，灯具连续燃点 3000 小时的光源光通量维持率不应小于 96%，6000h 的光源光通量维持率不应小于 92%；LED 灯具的初始光通量应不低于额定光通量的 90%，不高于额定光通量的 120%。

4）灯具的电源模组应符合 GB 19510.14《灯的控制装置 第 14 部分：LED 模块用直流或交流电子控制装置的特殊要求》的要求，且能现场替换，替换后防护等级不应降低；

5）灯具的无线电骚扰特性应符合 GB 17743《电气照明和类似设备的无线电骚扰特性的限制和测量方法》的要求，谐波电流限值应符合 GB 17625.1《电磁兼容限值谐波电流发射限值（设备每相输入电流≤16A）》的要求，电磁兼容抗扰度应符合 GB/T 18595《一般照明用设备电磁兼容抗扰度要求》的要求。

6）LED 灯具的防护等级不宜低于 IP65。

7）LED 灯具电源应通过国家强制性产品认证。

8）LED 灯具应能够在 –40℃ ~50℃ 范围内正常工作。

二、人行道路的照明设施

1. 光源

此类道路可以使用 LED、金属卤化物灯、细管径荧光灯、紧凑型荧光灯等。

2. 灯具

商业区步行街、人行道路、人行地道、人行天桥以及有必要单独设灯的非机动车道宜采用功能性和装饰性相结合的灯具。当采用装饰性灯具时，其上射光通比不应大于 25%，且机械强度应符合现行国家标准 GB 7000.1《灯具　第 1 部分：一般要求与实验》的规定。对于完全供行人或非机动车使用的居住区道路，在灯具选择方面有更大的空间，而且可以更多地采用装饰性灯具，如全漫射型玻璃灯具、多灯组合式灯具、下射式筒型灯具、反射式灯具等。但是，需要予以注意的是，装饰性灯具也有其特定的光分布，在使用时也应该根据被照明场所的特点和照明需要来进行有针对性地选择和布置。如全漫射型灯具的光分布所能产生的水平照度很低，但是，垂直照度或半柱面照度却比较高，因此，可将其使用在具有较大面积的被照场所；下射式灯具在水平面上的照明范围比较小，采用这种灯具若希望得到足够的地面照明均匀度，就应该把灯具间距布置得小一些。此外，这种灯具所产生的垂直照度或半柱面照度比较低，这对满足人行道路的照明指标要求是不利的。

第五节　照明设计原则和方式

一、机动车交通道路照明的设计原则和方式

机动车交通道路照明可根据道路和场所的特点及照明要求选择常规照明方式或高杆照明方式。

1. 常规道路照明

常规照明灯具的布置可分为单侧布置、双侧交错布置、双侧对称布置、中心对称布置和横向悬索布置五种基本方式（见图 18-3）。采用常规照明方式时，应根据道路横断面形式、宽度及照明要求进行选择，并应符合下列要求：

（1）灯具的悬挑长度不宜超过安装高度的 1/4，灯具的仰角不宜超过 15°；

（2）灯具的布置方式、安装高度和间距可按表 18-18 经计算后确定。

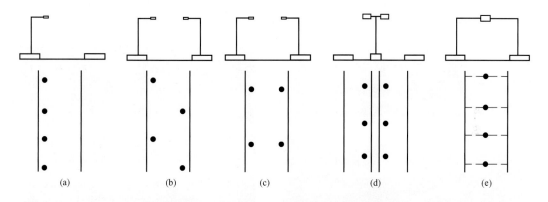

图 18-3　常规照明灯具布置的五种基本方式

（a）单侧布置；（b）双侧交错布置；（c）双侧对称布置；（d）中心对称布置；（e）横向悬索布置

表 18-18　　　　　灯具的配光类型、布置方式与灯具的安装高度、间距的关系　　　　　　　　m

配光类型	截光型		半截光型		非截光型	
布置方式	安装高度 H	间距 S	安装高度 H	间距 S	安装高度 H	间距 S
单侧布置	$H \geqslant W_{eff}$	$S \leqslant 3H$	$H \geqslant 1.2W_{eff}$	$S \leqslant 3.5H$	$H \geqslant 1.4W_{eff}$	$S \leqslant 4H$
双侧交错布置	$H \geqslant 0.7W_{eff}$	$S \leqslant 3H$	$H \geqslant 0.8W_{eff}$	$S \leqslant 3.5H$	$H \geqslant 0.9W_{eff}$	$S \leqslant 4H$
双侧对称布置	$H \geqslant 0.5W_{eff}$	$S \leqslant 3H$	$H \geqslant 0.6W_{eff}$	$S \leqslant 3.5H$	$H \geqslant 0.7W_{eff}$	$S \leqslant 4H$

注　W_{eff} 为路面有效宽度，m。

2. 高杆照明

采用高杆照明方式时，灯具及其配置方式，灯杆安装位置、高度、间距以及灯具最大光强的投射方向，应符合下列要求。

（1）可按不同条件选择平面对称、径向对称和非对称三种灯具配置方式。布置在宽阔道路及大面积场地周边的高杆灯宜采用平面对称配置方式；布置在场地内部或车道布局紧凑

的立体交叉的高杆灯宜采用径向对称配置方式；布置在多层大型立体交叉或车道布局分散的立体交叉的高杆灯宜采用非对称配置方式。无论采取何种灯具配置方式，其灯杆间距与灯杆高度之比均应根据灯具的光度参数通过计算确定；

（2）灯杆不得设在危险地点或维护时严重妨碍交通的地方；

（3）灯具的最大光强瞄准方向和垂线夹角不宜超过65°；

（4）市区设置的高杆灯应在满足照明功能要求前提下做到与环境协调。

3. 低位照明

在某些特别区域，比如不太宽的高架桥、城市立交的匝道、一些重视景观的桥梁等，还可以采用低位照明的方式。这种照明方式的优点是具有较好的诱导性，能避免过多的灯杆影响景观。另外，维护时可以不使用高架车辆，降低了维护工作对道路交通的影响。

低位照明灯具的结构是在道路护栏上或防护墙侧面安装 LED 灯具，在低的安装高度，运用独特的配光照射路面或桥面，护栏外侧面还可采用点光源的形式增加景观照明功能，此低位护栏灯可取得较好的道路功能性照明和景观装饰照明效果。

低位照明是解决桥梁、立交、高架路、高速公路出入口、隧道出入口等道路功能性照明及景观照明的良好形式之一。使用在立交上的这种照明方式，可使立交照明面貌一新，省掉了传统路灯或高杆灯，克服了传统立交桥照明方式的道路照度差异大，层间遮光等问题。图 18-4～图 18-7 是低位照明效果。（图中案例及图片为广东德洛斯照明工业有限公司提供）

图 18-4　重庆涪陵长江大桥立交低位照明白天效果

图 18-5　重庆涪陵长江大桥立交低位照明效果

图 18-6　台州椒江二桥低位照明效果

图 18-7　广州南高铁站匝道低位照明效果

4. 特殊场所的照明

（1）平面交叉路口的照明应该按照交会区的要求来确定照明标准，并且，应该保证交叉路口外 5m 范围内的平均照度不小于交叉路口平均照度的 1/2。此处的照明可采用与相连道路不同色表的光源、不同外形的灯具、不同的安装高度或不同的灯具布置方式，以便使路口得到突出。平面交叉路口包括十字交叉路口、T 形交叉路口、环行交叉路口等类型，不同类型的平面交叉路口在进行照明设计时应该分别考虑不同的要求。

十字交叉路口的灯具可根据道路的具体情况，分别采用单侧布置、交错布置或对称布置等方式。大型交叉路口可另行安装附加灯杆和灯具，并应限制眩光。当有较大的交通岛时，可在岛上设灯，也可采用高杆照明。

T 形交叉路口应在道路的尽端设置灯具，这一灯具的作用是提示驾驶员道路尽端的存在和位置。

环形交叉路口的照明应充分显现环岛、交通岛和路缘石，当采用常规照明方式时，宜将灯具设在环形道路的外侧。通向每条道路的出入口的照明都应按照道路交会区的要求来进行设计。当环岛的直径较大时，可在环岛上设置高杆灯，并应按车行道亮度高于环岛亮度的原则选配灯具和确定灯杆位置。

（2）道路上的曲线路段是道路上的常见形式，其照明有独特的要求，设计时应该采取针对性的考虑。

1）半径在 1000m 及以上的曲线路段，其照明可按照直线路段处理。

2）半径在 1000m 以下的曲线路段，灯具应沿曲线外侧布置，并应减小灯具的间距，宜为直线路段灯具间距的 50%~70%，半径越小间距也应越小。悬挑的长度也应相应缩短。在反向曲线路段上，宜固定在一侧设置灯具，产生视线障碍时可在曲线外侧增设附加灯具。

3）当曲线路段的路面较宽需采取双侧布置灯具时，宜采用对称布置。

4）转弯处的灯具不得安装在直线路段灯具的延长线上。

5）急转弯处安装的灯具应为车辆、路缘石、护栏以及邻近区域提供充足的照明。

（3）如果道路为坡形路面时，应该使所安装的灯具在平行于路轴方向上的配光对称面垂直于路面。在凸形竖曲线坡道范围内，应缩小灯具的安装间距，并应采用截光型灯具。

（4）城市立交上的道路由于在空间上互相穿插，而且，道路的路型又比较复杂，因此，对进行照明设计时，应该对诸多相关问题予以针对性处理。

一种简单的立体交叉是由上跨道路和下穿道路组成，采用常规照明时应使下穿道路上设置的灯具在下穿道路上产生的亮度（或照度）和上跨道路两侧的灯具在下穿道路上产生的亮度（或照度）能有效地衔接，该区域的平均亮度（或照度）及均匀度应符合道路照明标准规定值。下穿道路上的灯具不应在上跨道路上产生眩光。下穿道路上安装的灯具应为上跨道路的支撑结构提供垂直照度；而一些大型上跨道路与下穿道路还可采用高杆照明方式。

普通立交道路的照明在进行设计时应该考虑如下的要求：

1）照明设施或照明效果应该为驾驶员提供良好的诱导性；

2）应提供无干扰眩光的环境照明；

3）交叉口、出入口、并线区等区域的照明应按照道路交会区的要求来进行设计。曲线路段、坡道等交通复杂路段的照明应适当加强。

（5）桥梁的照明设计应该考虑如下的要求：

1）中小型桥梁的照明可以与连接道路的照明一致。当桥面的宽度小于与其连接的路面宽度时，桥梁的栏杆、缘石应有足够的垂直照度，在桥梁的入口处应设灯具。

2）大型桥梁和具有艺术、历史价值的中小型桥梁的照明应进行专门设计，应满足功能要求，并应与桥梁的风格相协调。

3）桥梁照明应限制眩光，必要时应采用安装挡光板或格栅的灯具。

4）有多条机动车道的桥梁不宜将灯具直接安装在栏杆上。

二、人行道路照明的设计原则和方法

考虑人行道路的照明时，主要考虑的对象是城市机动车交通道路两侧的人行道和居住区内的道路，对于前者，需要注意的是应该做好兼顾机动车道和人行道两者的照明要求，或者是在满足机动车道照明要求的前提下，尽量使人行道的照明也能满足标准的要求。就人行道路的照明来说，需要予以特别关注应该是位于城市居住区中道路的照明。

由于居住区是人们生活的地方，因此，居住区的环境对人的生活质量会产生重要的影响，道路照明设施及其照明效果与环境密切相关，因此，搞好居住区的道路照明，既有利于人们的出行便利，又能营造一个良好宜人的环境氛围。

居住区的照明设施应该兼顾其日间和夜间的外观外貌，包括灯杆外形、高度、色彩、与建筑的距离，灯具外形、灯具配光、光源亮度、光线性质、光源色表和显色性等都应该仔细斟酌。

设置照明时，一定要避免过量的光线射入路边建筑居室的窗户中，为此，在设计时，应该有针对性地选择灯具的安装位置和高度、灯具的配光、灯具的照射角度等。必要时，可以在灯具上安装挡光板以控制射向居室的光线。

居住区内的道路分为两类，一为区域内道路，另一为连接区域内道路和区域外的城市机动车交通道路的集散路，两类道路的交通量不同，使用者构成情况不同，因此，它们的照明要求也不同。集散路会有大量的机动车通行，同时又有很多非机动车和行人，所以，在进行照明设计时，需要兼顾这几种道路使用者的需要。区域内道路上主要的使用者是行人和非机动车，有些道路甚至完全禁止机动车通行，因此，区域内道路的照明主要应考虑行人以及非机动车的要求。

集散路的照明应同时考虑机动车道和人行道的照明要求，所以，要求照明灯具应该兼具功能性和装饰性，灯具最好应该排列在道路的两侧。如果道路比较宽，应该考虑采取在一根灯杆上设置两个灯具的方式，两个灯具分别照明机动车道和人行道，并且，人行道上的平均水平照度不应低于与其相邻的机动车道上平均水平照度的1/2。

区域内道路主要采用装饰性灯具（当然，灯具必须具备满足照明要求的功能），此处的灯具通常有以下几种安装方式。

（1）灯具安装在4~8m的灯杆顶端，具体的安装高度应该根据灯具的配光和所要照明的范围来定。

（2）装在建筑物的墙面上，这主要是针对比较狭窄的街道情况，此时，应该让灯具尽量贴近墙面。

（3）近地高度安装，比如草坪灯一类的灯具。此类照明方式利于营造宜人的环境气氛，也能形成良好的视觉诱导性。

第六节 照 明 计 算

道路照明计算通常包括路面上任意点的水平照度、路面平均照度、照度均匀度、路面上任意点的亮度、亮度均匀度（包括总均匀度和纵向均匀度）、不舒适眩光和失能眩光的计算等。

进行照明计算时应该预先知道所选用灯具的光度数据、灯具的实际安装条件（安装高度、安装间距、悬挑长度、灯具仰角和灯具布置方式等）、道路的几何条件（道路横断面及各部分的宽度、路面材料特性等）以及所采用光源的类型和功率等。

一、照度计算

1. 路面上任意点照度的计算

根据等光强曲线图进行计算，其计算公式为

$$E_p = I_{\gamma c} \times \cos^2 \gamma / h^2 \tag{18-4}$$

式中　$I_{\gamma c}$——灯具指向 γ 角和 c 角所确定的 P 点的光强；

γ——高度角，见图 18-8；

c——方位角，见图 18-8；

h——灯具安装高度；

E_p——灯具在 P 点产生的照度。

所以，N 个灯具在 P 点产生的总照度为各个灯具在在该点照度的和。

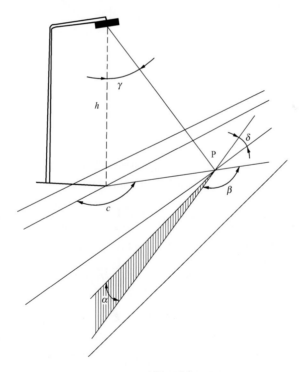

图 18-8　道路照明逐点法计算

P—路面上的被观察点；α—道路使用者的观察角度（由水平线算起）；

β—光的入射平面与观察平面之间的夹角；δ—观察平面与道路轴线之间的夹角

2. 路面平均照度的计算

计算一条直线路段上的平均照度最简便的方法是采用利用系数曲线图的方法。其计算公式为

$$E_{av} = \Phi UKN/SW \tag{18-5}$$

式中　U——利用系数，根据灯具的安装高度、悬臂长度和仰角以及道路的宽度，从灯具利用系数曲线图中查得；

Φ——一个灯具内的光源的总光通量，lm；

K——维护系数；

N——与按图18-3排列方式有关的数值，单侧布置时为1，双侧对称和双侧交错布置时为2；

W——道路宽度，m；

S——灯杆间距，m。

3. 各种场所利用系数 U 的确定

路灯的利用系数曲线是以灯垂直于路面的垂线为界，一侧为车道侧，另一侧为人行道侧条件绘制的。利用系数的变化按照路宽 W 与灯的安装高度 h 之比（W/h）给出相关曲线值，路面的总利用系数 U 应分别按照图18-9和图18-10求出。

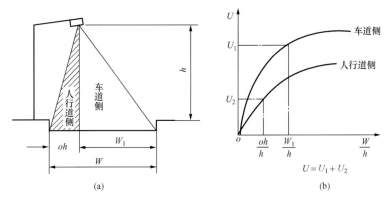

图18-9　路灯在道路一侧照明利用系数计算

（a）灯具布置；（b）利用系数曲线

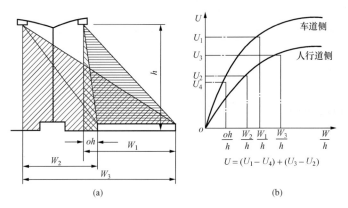

图18-10　有中央隔离带的车道上利用系数计算

（a）灯具布置；（b）利用系数曲线

4. 道路照明计算举例

例18-1　某道路宽15m，为城市支路，混凝土路面，计算路面照明。

解： 1）选用150W高压钠灯，设计照度为10lx，对称布置灯具，仰角15°，见图18-11。

2）按图 18－12 查出利用系数，灯杆高度取 10m。

$W/h = 1.5/10$ $U_2 = 0.05$（依据人行道侧曲线）

$W/h = 13.5/10$ $U_1 = 0.52$（依据车道侧曲线）

$U = U_1 + U_2 = 0.57$

3）求平均照度 E_{av}。光源光通量 16000lm，维护系数 0.65，灯具间距 40m，所以，$E_{av} = \Phi UKN/SW = 16000 \times 0.57 \times 0.65 \times 2/40 \times 15 = 19.76(\text{lx})$

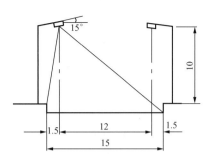

图 18－11　道路照明计算布灯

二、亮度计算

一台灯具在路面上一点 P 所产生的亮度按照式（18－6）进行计算。

$$Lp = I(c,\gamma) \times \cos^3\gamma \times q(\beta,\gamma)/h^2$$
$$= \gamma(\beta,\gamma) \times I(c,\gamma)/h^2 \qquad (18-6)$$

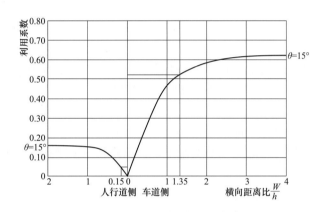

图 18－12　灯具利用系数曲线

式中　c，γ——计算点相对于灯具的坐标；

$I(c,\gamma)$——灯具指向 P 点的光强值，可由灯具的等光强曲线图查得；

$\gamma(\beta,\gamma)$——简化亮度系数，可从实际路面测量获得或从实际路面相对应的标准路面的 γ 表中查得；

h——灯具安装高度。

然后，再对多个灯具在路面上 P 点产生的亮度求和即可获得该点的亮度。

路面平均亮度计算中最简单和迅捷的方法是使用灯具光度测试报告中所提供的亮度产生曲线图，其计算公式为

$$L_{av} = \eta_L Q_0 \Phi M/WS \qquad (18-7)$$

式中　η_L——亮度产生系数，可根据已知条件在亮度产生曲线图中查得；

Q_0——路面的平均亮度系数；

Φ——灯具中的光源光通量；

M——维护系数；

W——道路宽度；

S——灯具安装间距。

第七节 照明供电和控制

城市道路照明宜采用路灯专用变压器供电，对城市中的重要道路、交通枢纽及人流集中的广场等区段的照明应采用双电源供电。其每个电源均应能承受100%的负荷，正常运行情况下，照明灯具端电压应维持在额定电压的90%~105%，道路照明供配电系统的设计应符合下列要求：

1) 供电网络设计应符合规划的要求。配电变压器的负荷率不宜大于70%。宜采用地下电缆线路供电；当采用架空线路时，宜采用架空绝缘配电线路。

2) 变压器应选用结线组别为Dyn11的三相配电变压器，并应正确选择变压比和电压分接头；

3) 应采取补偿无功功率措施；

4) 应使三相负荷平衡。

配电系统中性线的截面不应小于相线的导线截面，而且应满足不平衡电流及谐波电流的要求。道路照明配电回路应设保护装置，每个灯具应设有单独保护装置。道路照明供电线路的人孔井盖及手孔井盖、照明灯杆的检修门及路灯户外配电箱，均应设置需使用专用工具开启的闭锁防盗装置。道路照明配电系统的接地型式宜采用TT系统或TN-S系统，采用TT系统时，应装设漏电保护；采用TN-S接地方式时，其保护电器应符合（GB 50054）《低压配电设计规范》的要求。金属灯杆及构件、灯具外壳、配电及控制箱屏等的外露可导电部分，应进行保护接地，并应符合国家现行相关标准的要求。

道路照明开灯和关灯时的天然光照度水平，快速路和主干路宜为30lx，次干路和支路宜为20lx。

道路照明应根据所在地区的地理位置和季节变化合理确定开关灯时间，并应根据天空亮度变化进行必要修正。开关灯的控制可以采用光控和时控相结合的智能控制方式，当道路照明采用集中遥控系统时，远动终端宜具有在通信中断的情况下自动开关路灯的控制功能和手动控制功能。

应该根据照明系统的实际情况、城市不同区域的气象变化、道路交通流量变化、照明设计和管理的需求，选择片区控制、回路控制或单灯控制方式。

实现城市照明管理的现代化，照明控制系统作为节能产品的核心环节，具有极其重要的作用。随着网络技术的发展和成熟，新的道路照明控制系统能够实现道路巡查、故障预警、定点维护和照明功能无人值守的新型数字化控制系统，以降低维护成本，提高城市照明数字化管理能力，会成为道路照明控制的趋势。图18-13为路灯网络控制系统构架。

系统主要组件包括远程/本地操作终端、控制中心、路由/交换机、移动通讯平台、集中控制器等。

远程/本地操作终端是任意一台可联网的计算机，经授权使用浏览器登录到系统应用程序，即可进行设备控制、查询。

控制中心提供打印服务、短信发送服务、外部设备接入管理服务、web访问服务及用于存储系统基础化数据、系统日志数据。

路由/交换机提供对外网访问及防火墙功能。

移动通信平台可选移动服务商2G/3G/4G网络。

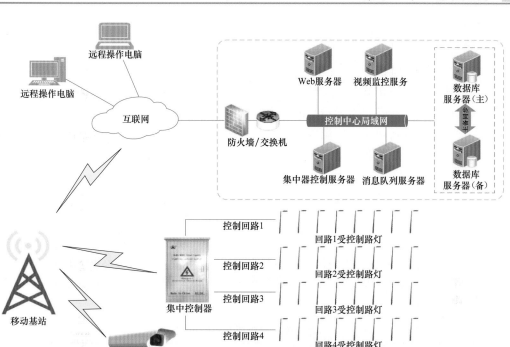

图 18-13 路灯网络控制系统构架图（本图由长沙星联电力自动化技术有限公司提供）

集中控制器是远程控制数据传输的关键设备，可对各回路的路灯进行控制及状态监视，并可采集回路电量信息。

路灯网络控制系统的主要功能特点如下。

1）远程控制，通过任何一台授权后的联网电脑或智能手机对辖区内的路灯进行操作，在无网络信号时，各路段集中控制器仍可根据存储的参数准确控制每盏路灯。

2）控制方式灵活多样，既可根据不同季节、不同区域分时、分组进行控制，又可根据光照度值来进行开关灯控制，在特殊时段，还可进入紧急模式，进行精细化控制。如果配合本公司镇流器，还可对单灯进行分时调光、开关灯控制以及灯的状态监测。

3）支持短信命令，特殊情况下，可通过短信对监控终端进行查询、开关灯等操作。

4）故障自动侦测，集中控制器对区域内各路灯进行实时监控和巡查，如果发现异常情况，致路灯无法正常工作或其他设备故障或者集中控制器本身故障，即将对应故障信息反馈给控制中心，控制中心以文字、声、光报警等方式提示用户。

5）门限报警与电缆防盗报警，控制中心可准确锁定异常点，及时短信通知维护人员进行处理。

6）过载/空载保护，当线路电流大于或小于门限值时，可向系统发出异常报警提示。

7）远程数据采集，集中控制器能实时采集各线路电流、电压、功率、功率因数及用电量等数据，并上送到控制中心存储，数据采集精度优于 1%。

8）统计、查询和打印，系统可对采集的实时数据和信息进行存储、统计和分类，并能以表格、曲线等方式展示出来，也可分时段进行数据统计查询，并可选择将查询结果打印出来，可作为节能评估参考。

9）系统预留丰富的接入功能模块接口，如视频图像监控子系统，远程调压接口，单灯监控接口，远程抄表接口等。

10）可通过系统查询与统计各数据流量卡每月实际使用的数据通信流量情况。

11）集中控制器具有停电运行功能，停电后自动向中心报警。

12）集中控制器可显示箱内温度、网络信号强度、当前 IP 地址、APN 名称、当天开关灯时间、累计电量、总路及各支路的实时电压、电流、有功、无功、功率因数等。

第八节 照 明 节 能

道路照明中的节能十分重要，为此。国家以标准中的强制性条文形式进行了节能规定。要求在机动车道路的单位路面面积上所使用的照明功率不得超过规定的数值，即以照明功率密度（*LPD*）作为照明节能的评价指标，要求机动车道的照明功率密度限值应符合表 18–19 的规定。

表 18–19　　机动车道的照明功率密度限值

道路级别	车道数（条）	照明功率密度（*LPD*）限值（W/m²）	对应的照度值（lx）
快速路主干路	≥6	1.00	30
	<6	1.20	
	≥6	0.70	20
	<6	0.85	
次干路	≥4	0.80	20
	<4	0.90	
	≥4	0.60	15
	<4	0.70	
支路	≥2	0.50	10
	<2	0.60	
	≥2	0.40	8
	<2	0.45	

注　1. 本表适用于所有光源。

2. 本表仅适用于设置连续照明的常规路段。

3. 设计计算照度高于标准值时，*LPD* 值不得相应增加。

4. 当不能准确确定灯具的电器附件功耗时，其功耗按照 HID 灯具以光源功率的 15% 计算，LED 灯具以光源功率的 10% 计算。

为了满足节能的要求，就应该在照明设计以及此后的运行维护中采取相应的措施，基本措施包括以下几方面。

（1）照明设计应根据道路的具体情况，合理选定照明标准值；进行照明设计时，应提出多种符合照明标准要求的设计方案，进行技术经济综合分析比较，从中选择技术先进、经

济合理又节约能源的最佳方案。

（2）路灯专用配电变压器应选用符合现行国家标准 GB 20052《三相配电变压器能效限定值及能效等级》规定的节能评价值的产品。光源及镇流器的能效指标应符合国家现行有关能效标准规定的节能评价值要求；选择灯具时，在满足灯具相关标准以及光强分布和眩光限制要求的前提下，采用传统光源的常规道路照明灯具效率不得低于70%；泛光灯效率不得低于65%。

（3）气体放电灯应在灯具内设置补偿电容器，或在配电箱（屏）内采取集中补偿，补偿后系统的功率因数不应小于0.85。

（4）在道路照明系统运行中。应该根据所在道路的照明等级、夜间路面实时照明水平以及不同时间段的交通流量、车速、环境亮度的变化等因素，确定相应时段需要达到的照明水平，通过智能控制方式，调节路面照度或亮度。但经过调节后的快速路、主干路、次干路的平均照度不得低于10lx，支路的平均照度不得低于8lx。

（5）对于那些采用双光源灯具照明的道路，可通过在深夜关闭一只光源的方法降低路面照明水平。中小城市中的道路可采用关闭不超过半数灯具的方法来降低路面照明水平，但应注意不得同时关闭沿道路纵向相邻的两盏灯具。

（6）对于道路照明系统而言，应制订维护计划，定期进行灯具清扫、光源更换及其他设施的维护。

第十九章
夜景照明

编者：郗树奎　孙桂林　杨博　　校审者：徐华　李铁楠

第一节　概　　述

夜景照明泛指除体育场的、建筑工地、道路照明和室外安全等功能性照明以外，所有室外活动空间或景物夜间的照明，亦称景观照明。

夜景照明能够丰富人们的夜生活，营造人们夜间和重大活动的气氛。夜景照明是一项系统工程，涵盖了工程技术、环境艺术、人文历史、经济、文化、管理等多种学科，是技术、艺术和人文的有机结合。

夜景照明设计的相关标准、法规和技术参数是进行夜景照明工程设计的依据。

一、夜景照明标准

JGJ/T163《城市夜景照明设计规范》适用于城市新建、改建和扩建的建筑物、构筑物、街区、广场、桥梁、园林、绿地、河湖、名胜古迹、树木、雕塑等景观元素的夜景照明设计。该规范对室外照明标准要求主要有：

（1）不同城市规模及环境区域建筑物泛光照明的照度和亮度标准值见表 19－1。

表 19－1　　　不同城市规模及环境区域建筑物泛光照明的照度和亮度标准值

建筑物饰面材料		城市规模	平均亮度（cd/m²）				平均照度（lx）			
名称	反射比（ρ）		E1 区	E2 区	E3 区	E4 区	E1 区	E2 区	E3 区	E4 区
白色外墙涂料、乳白色外墙釉面砖、浅冷、暖色外墙涂料、白色大理石等	0.6～0.8	大	—	5	10	25	—	30	50	150
		中	—	4	8	20	—	20	30	100
		小	—	3	6	15	—	15	20	75
银色或灰绿色铝塑板、浅色大理石、白色石材、浅色瓷砖、灰色或土褐色釉面砖、中等浅色涂料、铝塑板等	0.3～0.6	大	—	5	10	25	—	50	75	200
		中	—	4	8	20	—	30	50	150
		小	—	3	6	15	—	20	30	100
深色天然花岗石、大理石、瓷砖、混凝土、褐色、暗红色釉面砖、人造花岗石、普通砖等	0.2～0.3	大	—	5	10	25	—	75	150	300
		中	—	4	8	20	—	50	100	250
		小	—	3	6	15	—	30	75	200

E1~E4 区为国际照明委员会（CIE）对不同环境下照明区域与光环境的划分，见表 19-2。

表 19-2　　　　　　　　　　　　　　环境照明区域分类

区域	周围环境	光环境	举例
E1	乡村	天然黑夜	自然公园、保护区
E2	郊区	低区域亮度	工业或居住性的乡村
E3	城市普通区	中区域亮度	工业或居住性的郊区
E4	城市中心区	高区域亮度	城市中心、商业区

（2）广场绿地、人行道、公共活动区和主要出入口的照度标准值见表 19-3。

表 19-3　　　　广场绿地、人行道、公共活动区和主要出入口的照度标准值

照明场所	绿地	人行道	公共活动的区				主要出入口
			市政广场	交通广场	商业广场	其他广场	
水平照度(lx)	≤3	5~10	15~25	10~20	10~20	5~10	20~30

注　人行道的最小水平照度为 2~5lx；人行道的最小半柱面照度为 2lx。

（3）公园公共活动区域的照度标准值见表 19-4。

表 19-4　　　　　　　　　公园公共活动区域的照度标准值

区域	最小平均水平照度 E_{minh}（lx）	最小半柱面照度 E_{scmin}（lx）
人行道、非机动车道	2	2
庭园、平台	5	3
儿童游戏场地	10	4

（4）不同环境区域不同面积的广告标识照明平均亮度最大允许值见表 19-5。

表 19-5　　　不同环境区域不同面积的广告标识照明平均亮度最大允许值　　　cd/m²

广告与标示照明面积（m²）	环境区域			
	E1 区	E2 区	E3 区	E4 区
$S≤0.5$	50	400	800	1000
$0.5<S≤2$	40	300	600	800
$2<S≤10$	30	250	450	600
$S>10$	—	150	300	400

（5）居住建筑窗户外表面的垂直照度最大允许值见表 19-6。

表 19-6　　　　　居住建筑窗户外表面的垂直照度最大允许值

照明技术参数	应用条件	环境区域			
		E1 区	E2 区	E3 区	E4 区
垂直面照度 (E_v)（lx）	熄灯时段前	2	5	10	25
	熄灯时段	0*	1	2	5

注　*对公共（道路）照明灯具产生的影响，此值可提高到 1lx。

（6）夜景照明灯具朝居室方向的发光强度最大允许值见表 19 - 7。

表 19 - 7　　　　　　**夜景照明灯具朝居室方向的发光强度最大允许值**

照明技术参数	应用条件	环境区域			
		E1 区	E2 区	E3 区	E4 区
灯具发光强度	熄灯时段前	2500	7500	10000	25000
$I(\mathrm{cd})$	熄灯时段	0 *	500	1000	2500

注　1. 要限制每个能持续看到的灯具，但对于瞬时或短时间看到的灯具不在此例。

　　2. 如果看到光源是闪动的，其发光强度应降低一半。

*　如果是公共（道路）照明灯具，此值可提高到 500cd。

此外，随着景观照明的发展，不少地区根据所在地区特点，还编制了一些地方标准，在夜景照明设计时应注意执行。

二、夜景照明方式

夜景照明的方式一般采用如下几种。

（1）泛光照明（flood lighting），通常用投光灯使场景或物体的亮度明显高于周围环境亮度的照明方式。

（2）轮廓照明（contour lighting，outline lighting），利用灯光直接勾画建筑物和构筑物等被照对象的轮廓的照明方式。

（3）内透光照明（lighting from interior lights，interior floodinghting），利用室内光线向外透射的照明方式。

（4）重点照明（accent lighting），利用窄光束灯具照射局部表面，使之和周围形成强烈的亮度对比，并通过有韵律地明暗变化，形成独特的视觉效果的照明方式。

（5）建筑化夜景照明（architectural nightscape lighting），将夜景照明光源或灯具和建筑立面的墙、柱、檐、窗、墙角或屋顶部分的建筑结构连为一体，并和主体建筑同步设计和施工的照明方式。

第二节　总　体　规　划

夜景照明的规划是城市总体规划的一部分，照明的景点、景区的分布，照明的原则与要求应纳入城市总体规划，与城市总体规划同步进行，分步实施。

夜景照明是利用灯光重塑城市的夜间景观形象，将城市的规划区域特征、景观元素用灯光表现出来，突出城市的内涵和特征，服务于人们夜间活动的需要。规划的基本原则是：

（1）根据城市规划区域功能的特点制定用灯、用光照明规划方案，体现点、线、面的规划特点，体现城市的特点；

（2）首先应满足功能性照明的需要，即道路照明、广场照明等功能的要求，保障市民生活、交通、夜晚活动的安全和方便；

（3）突出区域特征，如办公区、商业区、文化娱乐区、休闲区、居住区、自然风景区及文物古迹等；

（4）在特定的区域内突出景观元素，重点表现塑造有个性的照明对象，做出塑造地标性或精品性的景观照明设计，切忌主次不分，一般化；

（5）重点表现的照明对象切忌照搬、照抄，千篇一律，没有创新，应做到高雅、舒适、安全，突出城市文化特色背景和内涵；

（6）照明规划设计中要强调节能原则，进行照明节能规划设计，控制大功率投光灯、大型和超大型组合光源灯饰的应用；

（7）控制光污染。特别应注意控制影响行人、机动车、居民生活的干扰光，控制灯光对动、植物生存和生长的影响；

（8）照明设计中要具有较高的科技含量，用现代科技的照明手法和控制手段演绎夜景照明的艺术效果；

（9）不宜用灯光去创造景观，人造景观的设置应该慎重有节制，因为人造景观缺少备品、备件，维护较困难，应特别注意其在白天的形象和艺术效果；

（10）进行节能控制，灯光场景应实现灵活的场景控制，节点控制，分级控制，区域控制，城市总体集中监测控制。

第三节　规划方案案例

1. 北京中轴线照明规划背景

北京中轴线为北京市总规两轴中重要的一轴，本规划以城市照明建设行政主管部门提供的专项规划等相关规划资料为基础，并对现状进行了大量的调研分析，提出北京城区中轴线照明总体思路和定位，以及重要节点、街区的照明概念设计，实施规划。规划范围：南到木樨园，北至熊猫环岛的北京城区中轴线。以沿线的建筑、街道、广场和公共绿地等可见景观的照明为主，兼顾中轴线周边及相关地区，并与该范围北端的奥运公园、南中轴线延伸段相衔接。

2. 规划原则

（1）体现城市功能定位，表现中轴线文化内，与总体规划相调；

（2）注重以人为本，突出重点，兼顾一般，创造舒适和谐的夜景照明环境，兼顾白天和夜间的视觉效果；

（3）有效保护历史文化遗产和古建园林；

（4）注重节约资源，实施绿色照明。

3. 中轴线区域照明目标

（1）配合古都风貌的保护和传承，明确中轴核心元素的照明。

（2）配合城市功能的整合和拓展，完善中轴街道空间的照明。

（3）配合城市文化的发展和丰富，兼顾中轴沿线区域的照明。将中轴线建设成以天安门广场为中心，体现古都风貌，历史文化以及现代发展的城市景观照明的核心轴线。

4. 中轴线照明结构体系

（1）标志——核心元素。

永定门、前门箭楼、正阳门、毛主席纪念堂、人民英雄纪念碑、天安门、午门、故宫、景山、鼓楼、钟楼等核心元素构成了北京中轴线的基本空间形态，是北京中轴线个性特征的集中体现也是北京城市特色轴线的核心体现。

（2）道路——街道空间。

北京中轴线的主要道路有钟楼外大街、地安门大街、景山后街、景山东西侧路、广场东西侧路、前门大街、天桥南大街、永定门内大街和永定门外大街等。

（3）区域——轴线区域。

由于历史、社会发展以及城市建设等原因，在北京中轴线及其周边形成了具有不同时期的文化氛围，不同形态的区域特征。从北到南主要包括以下区域：四环以北的奥运功能区，二环与四环之间的城市现代生活区，二环至景山之间的地安门休闲商业区，景山至故宫的皇城历史文化区，天安门政治中心区，前门传统商业区，天坛、先农坛文化区及永定门外现代商业区等。

（4）节点——重要节点。

中轴线区域的节点众多，大致可以分为以下几种类型：第一种就是前面列出的核心元素，由于它们的重要性单独列出。第二种就是和街道结合的一些节点，包括燕墩、后门桥、前门牌楼、火神庙、人民大会堂、国家博物馆、正阳门火车站、南北中轴路两侧一些主要的建筑物，主要道路的交叉口，立交桥等。第三种就是沿线区域内的一些重要节点元素，如构成轴线对称性的天坛、先农坛、德胜门及安定门等。

（5）规划效果图。

中轴线区域亮度控制鸟瞰、中轴线区域整体鸟瞰、天安门核心区域效果图见图19-1～图19-3。

此案例由清华大学建筑设计研究院有限公司提供。

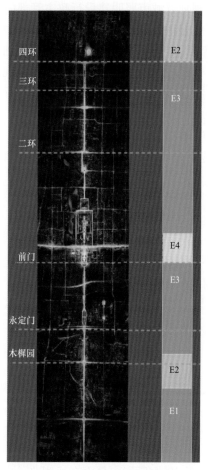

图19-1　中轴线区域亮度控制鸟瞰

图19-2　中轴线区域整体鸟瞰

图 19 – 3　天安门核心区效果图

第四节　光　源　的　选　择

夜景照明实际上基本上是室外照明，照明光源的选择应适合室外环境的特点，其基本要求应满足以下几点：

（1）光源的寿命。夜景照明的灯具基本上是在室外安装，一年四季气温变化较大，影响光源的使用寿命。另外，室外灯具安装场所的地理环境较复杂，更换光源维护比较困难，所以，选择长寿命光源是非常重要的。

（2）光源的发光效率。高光效光源有利于照明节能，一般情况下，进行照明设计时应避免采用大功率投光灯和气体放电灯，在满足照明效果的前提下尽量采用 LED 光源。

（3）光源的色温与显色性。光源的光色针对不同的地区，不同的被照物有不同的运用手法。一般热带地区光源宜采用偏高色温，给人们创造一种凉爽的感觉，寒冷地区宜采用偏低色温，给人们创造一种温暖的感觉。对于光源的显色性，在夜景照明中一般不做要求，只是在商铺的橱窗和被照物体需要逼真显示某些部位时，才对光源的显色性有较高要求。

（4）由于 LED 光源具有色彩丰富，灯具体量小，功率任意组合，寿命长，节能环保，控制灵活等诸多优点，应优选 LED 光源。

夜景照明常用光源及应用范围，见表 19 – 8。

表 19 – 8　　　　　　　　　　　　常用光源技术指标

光源类型	光效（lm/W）	显色指数 Ra	色温（K）	平均寿命（h）	应用场合
发光二极管（LED）	白光 >100	60 ~ 80	2700 ~ 6500 或彩色	>25000	应用范围广泛
三基色荧光灯	>100	80 ~ 98	2700 ~ 6500	>9000	内透照明、路桥、广告灯箱等，一般不推荐采用
金属卤化物灯	>100	65 ~ 92	3000 ~ 5600	9000 ~ 15000	泛光照明、广场照明等，一般不推荐采用
钠灯	>100	23 ~ 80	1700 ~ 2500	>20000	泛光照明、广场照明等，一般不推荐采用

第五节　灯具的选择

室外照明灯具的选择应遵守以下基本原则：

（1）除特殊要求外，一般应尽量采用定型产品，便于维护更换。

（2）应采用效率高、品质好、使用寿命长、维护量小，有利于节能的产品。

（3）灯具应根据使用场所的要求达到相应的防护等级，夜景照明的室外灯具不得采用 0 类灯具，水下灯具应使用Ⅲ类灯具，室外安装的灯具其防护等级应不低于 IP55，埋地灯其防护等级应不低于 IP67，水下灯具其防护等级应不低于 IP68，防护等级见本书第三章。

（4）应慎用埋地灯，因埋地灯防护等级要求较高，价格较贵，维护较困难，灯具表面容易积尘及其他赃物，行人附近易产生眩光。大功率埋地灯由于灯具表面温度较高，容易烫伤人，需采取防护措施。

（5）灯具应具有良好的防腐性能，特别是沿海和污染较严重的地区。

（6）为了保障人身安全，灯具所有带电部位必须采用绝缘材料加以隔离，做好防触电保护。灯具按防触电保护形式共分为四类，即：0 类灯具、Ⅰ类灯具、Ⅱ类灯具、Ⅲ类灯具，各类灯具的防触电保护要求防护等级见本书第三章。

（7）根据照明目标的特点和照明设计要求来选择相适应的光束角，表 19 – 9 是灯具光束角的基本分类和应用范围。

（8）桥梁照明使用的灯具应具备适当的防震功能。

（9）安装在高处的灯具应配置防坠落措施。

表 19 – 9　　　　　　　　　　　　灯具光束角的分类

灯具类型	光束角（°）	应用场所
窄光束灯具	<30	投射面宽窄的或长距离投射的建筑物
中光束灯具	30 ~ 70	投射面宽中等的或中等距离投射的建筑物
宽光束灯具	>70	投射面宽较宽的或短距离投射的建筑物

夜景照明常用灯具及应用范围见表 19 – 10。

表 19 – 10　　　　　　　　　　　　常　用　灯　具

灯具名称	灯具图片	光源	功率（W）	颜色/色温（K）	角度	应用场所
LED 瓦灯		LED	5 ~ 15	3000 ~ 5000	10° ~ 20°	建筑屋顶、瓦面
轮廓灯		LED	0.5 ~ 1	3000 ~ 5000	—	建筑轮廓
条形洗墙灯		LED	12 ~ 30	3000 ~ 5000	10° ~ 30°	建筑立面照明
投光灯		LED	12 ~ 30	RGB + W	10° ~ 30°	建筑立面照明
投光灯		LED	30 ~ 120	RGB	10° ~ 30°	建筑立面照明
双向投光壁灯		LED	6 ~ 10	3000 ~ 5000	1° ~ 15°	建筑立面照明
投光灯		LED	20 ~ 100	3000 ~ 5000	10° ~ 30°	建筑立面照明
草坪灯		LED	6 ~ 10	3000 ~ 5000	2° ~ 5°	草坪照明

续表

灯具名称	灯具图片	光源	功率（W）	颜色/色温（K）	角度	应用场所
投光灯		LED	1~3 单颗	3000~5000	2°~5°	桥体斜拉杆照明
投光灯		LED	6~12	3000~5000	10°~45°	建筑立面照明
投光灯		LED	5~15	RGB	10°~30°	树木等

第六节　夜景照明配电及控制

一、照明配电

夜景照明的配电设计时应注意以下几点：

（1）夜景照明装置的供电电压宜为 0.4/0.23kV，供电半径不宜超过 0.3km。照明灯具端电压的偏差不宜高于其额定电压值的 105%，低于其额定电压值的 90%。

（2）线路敷设和照明器具的安装应执行有关规范、规定、标准的要求。

（3）规模较大的照明工程，照明变压器及配电箱的位置宜设在照明负荷中心。因此，变压器应采用 DYn11 联结方式。

（4）由于夜景照明重大节日时灯光全部开启，照明负荷计算时需用系数取 1。

（5）三相配电系统，各相负荷分配宜平衡。中性线截面积不应小于相线截面积。单相分支回路的电流值不宜超过 32A。

（6）断路器的整定与线路负载应匹配。整定值应准确合理，不宜过大或过小，过大起不到相应的保护作用，过小不能保证照明设备正常工作。导线截面积应根据线路负载、线路压降、机械强度等因素来确定。

（7）超过 250W 以上的大功率气体放电灯光源，每个灯具宜单独加保护，避免过载或短。

（8）室外配电箱、灯具等配电设备，应采取防雨、防腐及安全防护措施见本书第四章。

（9）高层及超高层建筑物顶部的照明配电设备、灯具和线路应采取防雷保护措施，防雷接地应与建筑防雷接地可靠连接。

（10）戏水池的照明灯具应采用 50V 以下的特低电压（SELV）供电，电源设备或隔离变压器应设在 2 区以外，并做局部等电位联结。

（11）喷水池在 0 区内的照明灯具只允许采用 12V 以下的隔离特低电压供电，隔离变压器应设在 2 区以外，并做局部等电位联结。并应采用剩余电流保护器做接地故障保护，剩余动作电流不宜大于 30mA。做法请参见图 19 - 4。

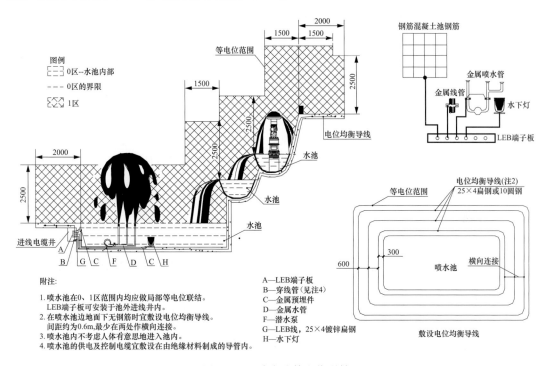

图 19 - 4 喷水池等电位联结

（12）室外照明灯具均应设接地故障保护，配电系统的接地应采用 TT 接地系统，接地电阻值不应大于 500Ω。采用剩余电流保护器作接地故障保护，剩余动作电流不宜大于 100mA，动作时间不大于 0.2s。当采用 TN - S 接地系统时，应与建筑物共用接地装置并采用剩余电流保护器保护。当采用 TT 接地系统时，应采用剩余电流保护器作接地故障保护，动作电流不宜小于正常运行时最大泄漏电流的 2.0 ~ 2.5 倍。为了防止雷电击毁配电设备，室外配电箱应加装电涌保护器（SPD）。

二、照明控制

照明控制技术是夜景照明工程中的重要组成部分，良好的控制系统，不仅创意照明工程的艺术表现力，还可提高了管理水平，降低了管理人员的劳动强度，有效地节约能源。控制方式应灵活、可靠，并具有手动、自动操作控制方式，大型照明工程还应具有智能操作控制方式，满足平日、节日、重大节日灯光变化的要求和管理部门的控制要求。

照明工程中常用的控制方式归纳起来主要有如下三种。

（1）手动控制方式。靠配电回路的开关元件来实现，主要应用在小型非重要的照明工程。其特点是投资少，线路简单，开关照明灯均需人工操作，灯光变化单调，不利节电。

（2）自动控制方式。主要应用在大中型照明工程及要求有灯光按程序控制变化的照明工程。其特点是开关灯无需人工操作、值守，一次可完成自动控制程序所设定的灯光场景，可实现灯光定时开启和关闭控制，灯光变化控制，节能控制，通常采用光控，时间控制，简单的程序控制等方式。

（3）智能控制方式。代表着计算机控制技术和通信网络控制技术，一次投资较大，主要应用在大中型和重要的照明工程。目前，产品和控制方式较多，传输方式有线，无线，有线和无线混合三种基本方式，无论采用哪种控制技术，均可达到智能控制的目的，设计时应根据工程的实际情况选择。夜景照明中的智能控制系统作为独立的系统，应采用国际标准的通信接口和协议文本，以便纳入区域网，城市网的系统或楼控网系统中，实现主系统和子系统之间的监控，智能照明控制应具有如下特点：

1）实现灯光组合场景变化和照度变化的调节控制；

2）实现节电控制，可根据环境亮度变化和活动安排设定开灯方式和时间；

3）具备标准的通信接口和协议，可实现局域网，城市网的联网控制；

4）监测在线工作的各种参数，如灯光的演绎变化、电流、电压、有功、无功、零序电流等基本供电系统参数；

5）监测故障状态，分析故障原因；

6）系统结构灵活，修改，扩展方便；

7）提高管理水平，减轻劳动强度，减少管理人员。

图 19-5 是常用简易控制方式系统示意图。图 19-6 是智能网络控制方式系统示意图。

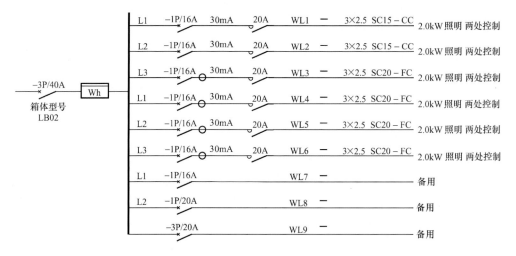

序号	回路编号	总功率	需用系数	功率因数	额定电压	设备相数	视在功率	有功功率	无功功率	计算电流
1	WL1	2.00	1.00	0.85	220	A相	2.35	2.00	1.24	10.70
2	WL2	2.00	1.00	0.85	220	B相	2.35	2.00	1.24	10.70
3	WL3	2.00	1.00	0.85	220	C相	2.35	2.00	1.24	10.70
4	WL4	2.00	1.00	0.85	220	A相	2.35	2.00	1.24	10.70
5	WL5	2.00	1.00	0.85	220	B相	2.35	2.00	1.24	10.70
6	WL6	2.00	1.00	0.85	220	B相	2.35	2.00	1.24	10.70
总负荷	同时系数:1.00	12.00	总功率因数:0.85		进线相序:三相	12.00	10.00	6.00	18.40	
无功补偿		补偿前:0.85			补偿后:0.9			补偿量:1.40		

简易控制系统图

LB02箱面布置图

图 19-5　简易控制系统图

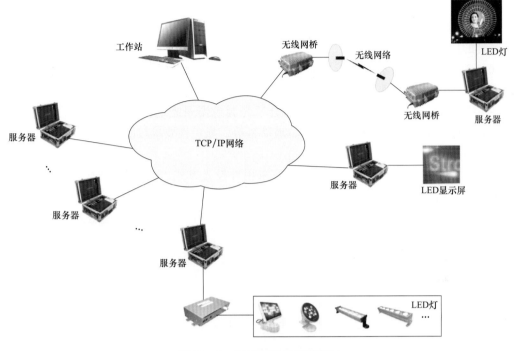

图 19 - 6　智能网络控制系统图

第七节　照　明　设　计

夜景照明设计，是用灯光来塑造景物的夜间形象或空间的光环境，营造特定场所在平日、节日和重大活动的夜间环境气氛，照明设计时应根据照明工程的实际情况，选择相适应的设计手法，达到最佳的设计效果。

一、建筑物景观照明设计

城市中重要的建筑物和具有特点的建筑物是城市的地标性识别物，用灯光表现建筑风格和艺术魅力是夜景照明的出发点和归宿点。

建筑物的照明重点是建筑立面、顶部、特殊部位和建筑标志等部分，建筑物的立面造型及构造比较复杂，灯位隐蔽设置比较困难，照明设计的难度较大。设计时应根据建筑物的性质、特点，表面材质，周围环境及所要表现的艺术特性来确定照明方案，基本设计方法是：

（1）首先应充分了解建筑物的特性、功能、外装修材料、业主对设计的要求、当地的人文风貌及周围环境等，结合自己的设计理念构思一个较完整的设计方案及设计效果图。

（2）应重点突出建筑物立面和顶部具有表现特点的部位，通过巧妙地运用灯光再塑被照明对象的艺术魅力。

（3）建筑外观照明的灯光投射方向和采用的灯具应防止产生眩光，尽量减少外溢光和杂散光。要根据需要选择合适的灯具配光特性曲线，投射需要表现的部位，投射角过小达不到照明效果，投射角过大造成很多溢散光，带来光污染和电能的浪费。

（4）医院、居民楼等建筑的主体部分不应采用立面泛光照明；宾馆、酒店等建筑物的主体部分不提倡采用立面泛光照明。可在其立面和顶部采用其他不影响居住者休息的照明方式、方法。

（5）灯具应隐蔽安装，努力做到见光不见灯，不能影响白天的景观效果并安装在人不易接触到的位置。

（6）对于主体部分不易进行立面照明的高层建筑，如果作为一个地区的标志性建筑，其顶部应做重点照明处理。

（7）根据建筑物被照面的材质，选择合适光源色温及光色，建筑物常用的外饰材料有大理石、花岗岩、面砖、涂料、金属板、玻璃幕等。显色性要求较高的场所应选用显色指数大于80的光源。

（8）对于玻璃幕材质的建筑外墙，不宜采用外投光方式，可考虑采取内透光照明方式，也可采用小型点光源的方式嵌入外墙体，通过点光源矩阵，设计外立面夜景照明图案的方式做外立面照明。照明设计时应与建筑专业和幕墙制造商配合，在玻璃的搭接处预留安装位置。采用线光源的照明方式做外立面的内透光照明时，有条件的场合应设置电动窗帘，开灯时窗帘自动落下，效果更好些。玻璃幕照明光源和灯具可采用长寿命、低能耗、控制灵活的LED光源，玻璃幕照明灯具的常用的安装做法如图19-7所示。

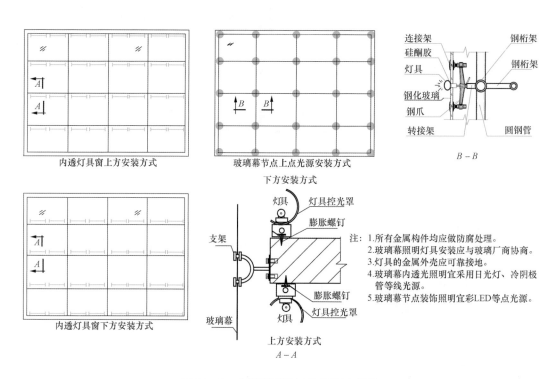

图19-7　玻璃幕照明灯具安装示意图

（9）工程设计中未做夜景照明设计的，应在土建设计时，在室内外和建筑立面适当的位置，如屋顶、玻璃幕的内侧、建筑标志等处预留电源管线。在建筑内适当的位置预留配电箱位置，为后期夜景照明的设计创造方便条件。

（10）照度标准。应遵守行业标准和地方的相关标准。

（11）建筑物立面照明设计应注意节约能源，实施绿色照明。在保障照明效果的前提下，应采用高效光源和高效灯具，特别是 LED 光源。采用节能控制方式，实现多场景的控制。夜景照明单位面积安装功率密度值（*LPD*），应遵守行业标准和地方的相关标准。

（12）图 19 - 8 ~ 图 19 - 12 为建筑物立面照明的参考实例。

图 19 - 8　月亮酒店夜景照明（媒体立面照明方式）　　　　图 19 - 9　湖北荆州古城墙
　　　（由上海光联照明有限公司提供）　　　　　　［由乐雷光电技术（上海）有限公司提供］

图 19 - 10　鸟巢夜景照明（泛光、剪影照明方式）（由北京良业照明工程有限公司提供）

图 19 - 11　厦门海峡交流中心夜景照明　　　图 19 - 12　保利国际广场夜景照明
　［由乐雷光电技术（上海）有限公司提供］　　　［由乐雷光电技术（上海）有限公司、
　　　　　　　　　　　　　　　　　　　　　　　北京豪尔赛照明技术有限公司提供］

二、桥梁照明设计

城市桥梁，一种是人行过街天桥及立交桥，另一种是跨越江河的桥梁。跨越江河的桥梁照明设计时应注意以下几个问题。

（1）应了解道路的种类，熟悉道路的交通状况，首先是保障功能性照明，其次是景观照明。夜景照明的灯光不应对行人和驾驶者产生视觉干扰，带来不安全的隐患，严格控制眩光和动态效果的照明光，避免夜景照明的光色影响或混淆交通信号的光色。

（2）调查了解周围环境状况，应与周围环境相协调，亮度适宜，不要对环境产生不良影响。

（3）对于大型桥梁，如桁构桥、拱桥、悬索桥或斜拉桥，可以采用泛光照明的方式渲染其上部结构，体现桥体夜景照明的整体感。

（4）应控制投光照明的方向、角度及被照面的亮度，避免给桥体周围的行人、交通及居住建筑等造成眩光。

（5）小型桥梁的照明应重点突出桥体的两侧和桥体的腹部，桥体的腹部安装的灯具应考虑水位变化对灯具的影响。

（6）灯具和光源的选择。灯具应选择定型产品，并具有良好的安全防护、防腐、防震性能，便于维护和更换。光源应选择长寿命、节能光源。

（7）安全防护。灯具、配件及金属管线接地应可靠，较高的桥梁还应该做防雷电保护措施，灯具安装应牢固可靠，防止脱落伤人。

（8）河堤上的照明设备应能防止人为的损坏，并应具有相应的防护等级。有季节性水位变化的河流，河堤上的照明设备必须考虑水位变化的影响。

（9）配电与控制。大型立交桥供电导线传输距离较远，应计算末端灯具的电压降，保证照明灯具的正常工作。控制应有选择性，满足场景变化的要求，并保证桥体照明效果的一致性和连续性。

（10）城区立交桥道路照明具有功能性、艺术性和桥梁照明的特点。立交桥照明设计在满足功能性要求的前提下，可以结合城市道路的特点，选择合适的灯具形式，灯具和光源的选型上应注意日间和夜间的效果。

（11）应体现城市立交桥道路的特点和特性。多层立交桥不宜采用高杆灯照明，底层桥的路面有暗区，可采用护栏灯投射路面，与桥体护栏有机结合，维护也方便。

（12）立交桥体上安装的灯具不应损害桥体结构。

（13）照明的灯光不应对行人和驾驶者产生视觉干扰，带来不安全的隐患，严格控制眩光和动态效果的照明光，避免照明的光色影响或混淆交通信号的光色。

（14）照明应重点突出桥体的两侧和桥面两侧及桥体的腹部，桥面两侧的照明不应过亮，更不能产生眩光，影响驾驶员的视觉。

（15）灯具应选择定型产品，并具有良好的安全防护、防腐、防震性能，便于维护和更换。光源应选择长寿命、节能型光源，因为更换灯具和光源会影响交通，特别是立交桥，上桥维护要经过交管部门批准，这会给维护带来很大的不便，所以在设计时对这些问题应予以充分地考虑。

（16）灯具、配件及金属管线接地应可靠。

（17）路标处及路标应有足够的照度，便于识别路标。

（18）应采用节能型电器附件，提高线路功率因数，降低线路无功损耗。

（19）景观性照明应采用节能控制方式，具有多种控制模式。

图 19-13～图 19-16 所示为桥梁夜景照明案例。

图 19-13 卢沟桥夜景照明照片

（由北京海兰齐力照明设备安装工程有限公司提供）

图 19-14 玉带河桥夜景照明

（由北京市市政工程设计研究总院有限公司提供）

图 19-15 天津永乐桥夜景照明

（由天津市华彩电子科技工程有限公司提供）

图 19-16 桂林解放桥夜景照明

（由桂林海威科技股份有限公司提供）

三、园林照明设计

园林是人们休闲放松、亲近自然的场所，而且园林还具有浓厚的地域和文化内涵。园林照明的景观元素包括园林建筑、道路、山石、水景、雕塑小品、树木、灌木、花卉等，照明设计应遵守以下几个基本原则。

（1）首先应满足功能性照明的要求，对路标、图标、园路、活动广场、交通障碍物等应提供针对性的照明。

（2）要体现园林中的人文、历史、环境特色，弘扬园林创意设计理念，用灯光创意反映出园林的设计思想和文化内涵。

（3）应注意控制整体环境的照明亮度，避免眩光，塑造幽静的自然景观环境，园内不同功能的分区采取不同的照明方式。

（4）园林的入口、水景、山石、标志性的建筑和建筑小品等应重点用照明来表现，灯具尽量隐蔽安装，或与建筑装饰结合在一起，保证景观的日间效果不被破坏。

（5）水景照明在园林景观照明中起到非常重要的作用，水面倒影会给人们带来很多遐想。做好水景照明，应了解光在水中的特性，利用水对光线的折射、反射、散射效果来营造水体夜景。应根据喷泉、河流、湖泊、叠水等水景，选择与之相适的照明方式。

（6）安全照明与照明安全。包括三个方面：一是电气安全，二是社会治安的安全，三是避免障碍物造成的安全。电气安全，应保障电器设备有效防护，可靠接地，防止游人触及。社会治安的安全，应保障游人行走路线及休息场所有适当的照明，保障游人行走路线障碍物的可视性，不能有暗区，障碍物应有适当的照明。

（7）对植物照明时应考虑对植物生长的影响，不宜对树木和草坪进行大功率，长时间的投光照明。不宜对古树和珍稀树种进行照明。

（8）花卉照明需用显色性良好的光源，其显色指数 Ra 一般应大于80。

（9）园林景观照明具有照明灯具较分散、供电距离长的特点。因此，远离供电中心，配电线路传输距离较远的照明灯具可考虑采用太阳能供电的照明灯具，灯具安装应采取防盗措施。

（10）雕塑小品的照明宜采用窄光束的投光灯或反射型灯泡，其位置可在现场试验后确定，并避免产生眩光。

（11）对于深色表面或表面有光泽的雕塑小品，用直接照明的方式有时不一定有很好的效果，此时可考虑采用照亮背景反衬托轮廓的照明方式或采用其他针对性的照明手法。

（12）静止水面照明时应注意灯光的反射效应所产生的眩光。小型水面及水池可采用光纤或 LED 光带做景观照明。

（13）涌动的水面，如喷泉、水幕、瀑布等的照明灯具可安装在喷泉的底部或水柱的升落处，使水成为载光的导体。

（14）照树灯应采取防护措施，避免树的落叶和雨水泥沙覆盖灯具的出光口，影响光效。

图 19-17～图 19-21 所示为园林照明案例。

图 19-17　西湖小瀛洲夜景照明（由银河兰晶照明电器有限公司提供）

图 19-18　北京营城建都浜水绿道夜景照明（由深圳市高力特实业有限公司提供）

图 19 – 19 克拉玛依之歌

（北京良业照明技术有限公司提供）

图 19 – 20 长安塔夜景照明

（由 BPI 提供）

图 19 – 21 西安曲江池夜景照明（银河兰晶照明电器有限公司提供）

四、古建筑照明设计

中国几千年文化保留了许多古代建筑，中国的古代建筑在世界建筑中是自成体系，独具特点。古代建筑的夜景照明原则是保护古建筑第一，其余次之。

照明设计应遵守以下几个基本原则。

（1）古建筑的夜景照明设计应以保护古建筑为前提，灯具的安装、管线的敷设不应损害古建筑的结构。

（2）应选用低紫外线，低红外线辐射的照明光源，防止照明光源的紫外线损坏古建筑及彩绘。

（3）古建筑照明光源的色温不宜过高，应以暖色调为主，色彩不宜过多，严格控制溢散光，以体现古建筑都古朴的历史感。

（4）照明光源应采用低功耗、长寿命的光源，如配置 LED 的普通灯具或 LED 光纤灯等。

（5）照明灯具应采用体积小，防护、防腐、防火性能好的免维护灯具。

（6）电气设备及配电管线应符合建筑防火要求。

（7）电气设备、灯具及配电管线应有安全和防雷保护措施，接地应可靠。

（8）照明灯具应采用标准型灯具，便于维护管理。

（9）特别重要的古建筑，由于不允许电气管线敷设和灯具安装，可采取远距离外投光的方式进行照明。为了不影响周围建筑环境，亦可采用移动式照明车，夜晚将照明车移动至照明位置，条件允许的建筑环境，可采用固定式照明升降装置，白天将照明灯收回到固定装置内，夜间将灯具生至照明位置。

图 19-22～图 9-24 所示为古建筑照明案例。

图 19-22　天安门夜景照明
（由北京市市政市容管理委员会照明处提供）

图 19-23　宝鸡金台观夜景照明
（由银河兰晶照明电器有限公司提供）

图 19-24　滕王阁夜景照明
（由北京新时空科技股份有限公司提供）

五、广场照明设计

广场照明设计主要包括休闲广场、集会活动广场、商业广场。

（1）休闲广场。主要是为人们提供休息、社交和举行小型文化娱乐活动的地方，由于人们活动方式不同，有些区域和时段人员比较集中，照明设计时应注意以下几点：

1）广场是当地人文显现的重要场所，照明设计应体现当地人文特点。

2）应突出重点，特别是广场标志性的建筑应重点加以表现，使之成为广场整体环境的亮点。

3）照明应做到明暗适度，不能有眩光，特别是休闲区的灯光不宜过亮。

4）广场内不宜灯杆林立影响日间效果，灯具、灯杆不应妨碍行人活动和交通。

5）由于人员较集中，灯具应做好安全防护，避免行人触电和烫伤。

6）慎用地埋灯，地埋灯造价较高，易产生眩光，维护较困难。

（2）集会活动广场。主要是为人们提供大型集会活动、文艺演出的场所，人员活动比较集中，人员流动较大，照明设计时应注意以下几点：

1）照明设计应以高杆照明为主，其余照明方式为辅，周围可适当布置一些庭院灯或草坪灯，尽量减少妨碍人员活动的灯杆。

2）由于光源的功率较大，应注意控制光污染。

3）大型广场还应设置应急照明，保障突发事件发生时人员的安全疏散。

4）控制方式应灵活，采取分级和分场景控制方式，满足大型集会、文化活动、休闲活动等多种活动需要的照明方式。

5）灯杆应采取防雷接地保护措施。

6）应预留备用照明电源，满足大型集会活动临时照明的供电要求。

（3）商业广场一般与商业街连接在一起，供人们休息、行人通行之用。此类广场一般面积较小，人员流动较大，照明设计时应注意以下几点：

1）照明设计应体现商业广场的特点，与商业街相协调，统一考虑照明效果。

2）应重点突出商业广场周围商店的店标、商业建筑的橱窗及屋顶，便于导引购物。

3）商业广场的照明应该与周围商业建筑以及店面的照明效果相协调，既保障足够的亮度，又不能过于刺激。

4）不应设置频闪频率高的光源，给行人的视觉带来不适感。

5）灯具应做好安全防护，避免行人触电和烫伤。

6）应预留备用照明电源，满足大型商业临时照明的供电要求。

图 19-25 所示为休闲广场照明案例。

六、商业街照明设计

商业街具有人员流动大，人员较集中的特点，商业街照明除满足人们交通和识别目标的照明外，还应起到购物导向作用，创造一个安全舒适的购物环境，照明设计时应注意以下几点：

（1）商业街照明设计应体现建筑特点和街区特性，如古商业街、现代商业街、购物街、文化街、餐饮街等。

（2）商业街的地面照明应保障有足够的亮度和照明均匀度，不能有暗区、盲区，防止不安全事故发生。

图 19-25　青岛五四广场夜景照明
（由北京良业照明工程有限公司提供）

（3）应有标识性照明，便于导引行人购物和导引行路方向。

（4）重点突出店标、广告和橱窗，但应注意控制眩光。

（5）灯具种类和型号选用不宜过多过杂，避免造成视觉混乱以及维护管理不便。

（6）商业街照明设计应体现建筑特点和街区特性。

（7）尽量不采用频繁变换图案的动态模式照明效果。

（8）可适当选择显色性良好的光源。

图 19-26～图 19-29 为商业街照明案例。

图 19-26　北京东华门大街沿街建筑店面夜景照明
〔由央美光成（北京）建筑设计有限公司提供〕

图 19 - 27 成都宽窄巷子商业街夜景照明
（由深圳市凯铭电气照明有限公司提供）

图 19 - 28 贵州茅台镇
（由银河兰晶照明电器有限公司提供）

图 19 - 29 南京老门东夜景照明
（由浙江城建园林设计院有限公司提供）

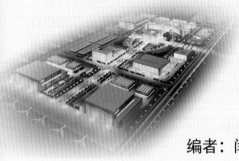

第二十章
工厂照明

编者：闫惠军　　校审者：任元会

第一节 设 计 要 点

一、工厂照明设计范围及其种类

工厂是生产既定产品的场所。一般由生产厂房、研发、办公、后勤及其他附属用房、各类户外装置、站、场、道路等组成。

工厂照明设计范围包括室内照明、户外装置照明、站场照明、地下照明、道路照明、警卫照明、障碍照明等。

（1）室内照明：生产厂房内部照明及研发、办公等附属用房内部照明。

（2）户外装置照明：为户外各种装置而设置的照明。如造船工业的露天作业场，石油化工企业的釜、罐、反应塔，建材企业的回转窑、皮带通廊，冶金企业的高炉炉体、走梯、平台，动力站的煤气柜，总降压变电站的户外变、配电装置，户外式水泵站冷却架（塔）和户外式通风除尘设备等的照明。

（3）站场照明：车站、铁道编组站、停车场、露天堆场、室外测试场坪等设置的照明。

（4）地下照明：地下室、电缆隧道、综合管廊及坑道内的照明。

（5）疏散照明：厂区建筑物内疏散通道设置的被有效辨认和使用的照明。

（6）警卫照明：沿厂区周边及重点场所周边警卫区设置的照明。

（7）障碍照明：厂区内设有特高的建、构筑物，如烟囱等，根据地区航空条件，按有关规定需要装设的标志照明。

本章重点在生产厂房内部照明，其他照明参见本手册相关章节。

二、工业厂房的特点及其分类

1. 工业厂房特点

工业厂房按其建筑结构型式可分为单层和多层工业建筑。多层工业建筑绝大多数见于轻工、电子、仪表、通信、医药等行业，此类厂房楼层一般不是很高，其照明设计与常见的科研实验楼等相似，多采用荧光灯照明方案。机械加工、汽车、冶金、纺织等行业的生产厂房一般为单层工业建筑，并且根据生产的需要，更多的是多跨度单层工业厂房。

单层厂房在满足一定建筑模数要求的基础上视工艺需要确定其建筑宽度（跨度）、长度和高度。厂房的跨度（B）一般为：6、9、12、15、18、21、24、27、30、36m⋯⋯，厂房的长度（L）：少则几十米，多则数百米。厂房的高度（H）：低的5~6m，高的可达30~40m，甚至更高。厂房的跨度和高度是厂房照明设计中考虑的主要因素。另外，根据工业生产连续性及工段间产品运输的需要，多数工业厂房内设有吊车，其起重量小的可为 3~5t，大的可达数百吨（目前机械行业单台吊车起重量最大达 800t）。因此，工厂照明的灯具一般安装在厂房顶部，高大空间厂房通常固定安装在屋架上，金属屋面的厂房灯可以固定安装在檩条上，网架结构的厂房灯具可以固定安装在网架上，按需要，部分灯具可安装在墙上或柱上。

2. 工业厂房的分类

根据产品生产特点，工业厂房大致可分为以下几种类型：

（1）一般性生产厂房：正常环境下生产的厂房。

（2）洁净厂房：有洁净作业环境要求的生产厂房。

（3）爆炸危险环境：生产或储存有爆炸危险物的环境。

（4）火灾危险场所：生产或储存可燃物质的场所。

（5）处在恶劣环境下的生产厂房：多尘、潮湿、高温或有蒸汽、振动、烟雾、酸碱腐蚀性气体或物质、有辐射性物质的生产厂房。

（6）火炸药危险环境生产厂房：正常生产或储存火炸药危险物的厂房。

根据上述的分类，应严格遵照生产条件的不同遵守相关规范进行照明设计。

三、工厂照明设计的一般要求

工厂照明应遵循下列一般原则进行设计。

1. 照明方式的选择

（1）照度要求较高，工作位置密度不大，单独采用一般照明不合理的场所宜采用混合照明。

（2）对作业的照度要求不高，或当受生产技术条件限制，不适合装设局部照明，或采用混合照明不合理时，宜单独采用一般照明。

（3）同一空间不同区段要求不同时可采用分区一般照明。

（4）一般照明不能满足照度要求的作业面应增设局部照明。

（5）在工作区内不应只装设局部照明。

2. 照明质量

照明质量是衡量工厂照明设计优劣的标志。主要有以下要求：

（1）长时作业场所的眩光限制应符合下列要求：

1）采用荧光灯具时遮光角不应小于 15°；采用高强气体放电灯时遮光角不应小于 30°；采用 LED 灯时宜有漫射罩，否则遮光角不应小于 30°。

2）不舒适眩光应用统一眩光值（URG）评价，各场所的 URG 值不宜超过一般工业场所照明标准值（见表 20-11）的规定。

（2）选用色温适宜的照明光源，见表 20-1。

表 20-1 光源色表特征及适用场所

相关色温（K）	色表特征	适用场所
<3000	暖	职工宿舍、职工食堂、休息室、咖啡间等
3300~5300	中间	办公室、教室、阅览室、检验室、试验室、控制室、机加工车间、仪表装配、电子、制药、纺织、食品加工等
>5300	冷	热加工场所、高照度场所

（3）工业场所照明光源的显色性应符合下列要求：

1）显色指数（Ra）不小于80；

2）灯具安装高度大于8m的场所、无人连续作业的场所（如无人值班的机房、库房等）可以低于80；

3）使用 LED 光源时，Ra 不小于80，且要求 $R_9 > 0$，R_9 为饱和红色。

（4）达到规定的照度均匀度：作业区域内一般照明照度均匀度（U_0）按 GB 50034—2013《建筑照明设计标准》之规定，具体要求详见表20－11。

（5）在可视觉到机器旋转的工业场所，应降低照明系统的频闪效应。

（6）采取措施减小电压波动、电压闪变对照明的影响。

3. 照度计算

厂房照明设计常用利用系数法进行照度计算。对某些特殊地点或特殊设备（如变配电所、空调机房、锻工车间等）的水平面、垂直面或倾斜面上的某点，可采用逐点法进行计算。

4. 工厂照明线路的敷设方式

厂房照明干线一般可沿电缆槽盒敷设，也可套保护管敷设。套保护管敷设的线路既可以暗敷，也可以明敷。

在机械加工、冶金、纺织等行业的高大空间内，照明支线可采用绝缘导线沿屋架或跨屋架采用瓷瓶或瓷柱明敷的方式，当大跨度厂房屋顶采用网架结构形式时，还可沿屋顶网架敷设。照明支线也可以采用沿电缆槽盒敷设和套保护管敷设的方式。

在电子、制药、食品加工等洁净生产场所，照明线路可在技术夹层内沿电缆槽盒敷设或套保护管敷设，当需要在洁净室内明敷时，应采用不锈钢管作为保护管。

有吊顶的生产场所，照明线路可在技术夹层内沿电缆槽盒敷设或套保护管敷设。

多层无吊顶的生产场所，照明线路宜采用绝缘导线穿钢管暗敷。

爆炸危险性厂房的照明线路一般采用铜芯绝缘导线穿水煤气钢管明敷。在受化学性（酸、碱、盐雾）腐蚀物质影响的地方可采用穿硬塑料管敷设。

较高工业厂房内的辅助用房可采用钢索布线方式。

根据具体情况，在有些场所也可采用线槽或专用照明母线吊装敷设的方式。

第二节 光 源 选 择

照明光源应根据生产工艺的特点和要求来选择，应满足生产工艺及环境对显色性、启动时间等的要求，并应根据光源效能、寿命等在进行综合技术经济分析比较后确定。

控制室、实验室、检验室、仪表、电子元器件、数控加工、制药、纺织、食品、饮料、卷烟等生产，以及高度在 7~8m 及以下的生产场所宜选用细管直管形三基色荧光灯；高度较高的厂房可选用金属卤化物灯，无显色要求的可选用高压钠灯。

除对防止电磁干扰有严格要求，用其他光源无法满足的特殊场所外，工厂不应采用普通白炽灯。

随着 LED 光源的发展，LED 灯进入工厂照明领域是必然趋势。该光源具有起点快、调光方便、光效高、寿命长等诸多优点，可广泛应用于工厂照明场所，一般照明用 LED 灯的一般显色指数应符合以下规定：

（1）长期工作或停留的场所，Ra 不应低于80，安装高度大于8m 的大空间场所时 Ra 不宜低于60；

（2）用于对分辨颜色有要求的场所时 Ra 不宜低于80；

（3）用于颜色检验的局部照明时 Ra 不宜低于90。

特殊显色指数 R_9 应大于0。

第三节　按环境条件选择灯具

首先根据灯具在厂房内的安装高度，按室形指数 RI 选取不同配光的灯具，见表20－2。

表 20－2　　　　　　　　　　　　灯具配光曲线选择表

室形指数（RI）	灯具配光选择	最大允许距高比（L/H）
0.5～0.8	窄配光	$0.5 \leqslant L/H < 0.8$
0.8～1.65	中配光	$0.8 \leqslant L/H < 1.2$
1.65～5	宽配光	$1.2 \leqslant L/H \leqslant 1.6$

然后需按照环境条件，包括温度、湿度、震动、污秽、尘埃、腐蚀、有爆炸危险环境、洁净生产环境等情况来选择灯具。

一、一般性工业厂房的灯具选择

（1）正常环境（采暖或非采暖场所）一般采用开启式灯具。

（2）含有大量尘埃，但无爆炸危险的场所，选用与灰尘量值相适应的灯具。

多尘环境中灰尘的量值用在空气中的浓度（mg/m^3）或沉降量［$mg/(m^2 \cdot d)$］来衡量。灰尘沉降量分级见表20－3。

表 20－3　　　　　　　　　　　**灰尘沉降量分级**　　　　　　　　　$mg/(m^2 \cdot d)$

级别	灰尘沉降量（月平均值）	说明
Ⅰ	10～100	清洁环境
Ⅱ	300～550	一般多尘环境
Ⅲ	≥550	多尘环境

对于一般多尘环境，宜采用防尘型（IP5X 级）灯具。对于多尘环境或存在导电性灰尘的一般多尘环境，宜采用尘密型（IP6X 级）灯具。对导电纤维（如碳素纤维）环境应采用 IP65 级灯具。对于经常需用水冲洗的灯具应选用不低于 IP65 级灯具，灯具的外壳防护等级（IP 代码）见本手册第三章。

（3）在装有锻锤、大型桥式吊车等震动较大的场所宜选用防震型灯具，当采用普通灯具时应采取防震措施。对摆动较大场所使用的灯具尚应有防光源脱落措施。

（4）在有可能受到机械撞伤的场所或灯具的安装高度较低时，灯具应有安全保护措施。

二、潮湿和有腐蚀性工业厂房的灯具选择

（1）潮湿和特别潮湿的场所，应采用相应防护等级的防水型灯具（如 IP34 或 IP44），对虽属潮湿但不很严重的场所，可采用带防水灯头的开启式灯具。

（2）在有化学腐蚀性物质的场所，应根据腐蚀环境类别，选择相应的防腐灯具。

腐蚀环境类别的划分根据化学腐蚀性物质的释放严酷度、地区最湿月平均最高相对湿度等条件而定。

化学腐蚀性物质的释放严酷度分级见表 20 - 4，腐蚀环境分类见表 20 - 5，户内外腐蚀环境灯具的选择见表 20 - 6。

表 20 - 4　　　　　　　　　　　化学腐蚀性物质释放严酷度分级

化学腐蚀性物质名称		级别		
		1 级	2 级	3 级
气体及其释放浓度（mg/m³）	氯气（Cl_2）	0.1 ~ 0.3	0.3 ~ 1	1 ~ 3
	氯化氢（HCl）	0.1 ~ 0.5	0.5 ~ 1	1 ~ 5
	二氧化硫（SO_2）	0.1 ~ 1	1 ~ 10	10 ~ 40
	氮氧化肥（折算成 NO_2）	0.1 ~ 1	1 ~ 10	10 ~ 20
	硫化氢（H_2S）	0.01 ~ 0.5	0.5 ~ 10	10 ~ 70
	氟化物（折算成 HF）	0.003 ~ 0.03	0.03 ~ 0.3	0.3 ~ 2
	氨气（NH_3）	0.3 ~ 3	3 ~ 35	35 ~ 175
雾	酸雾（硫酸、盐酸、硝酸）碱雾（氢氧化钠）	—	有时存在	经常存在
液体	硫酸、盐酸、硝酸、氢氧化钠、食盐水、氨水	—	有时滴漏	经常滴漏
粉尘	腐蚀性悬浮粉尘	微量	少量	大量
土壤	pH 值	6.5 < pH ≤ 8.5	4.5 ~ 6.5	< 4.5 及 > 8.5
	有机质（%）	< 1	1 ~ 1.5	> 1.5
	硝酸根离子（%）	$< 1 \times 10^{-4}$	$1 \times 10^{-4} \sim 1 \times 10^{-3}$	$> 1 \times 10^{-3}$
	电阻率（$\Omega \cdot m$）	50 ~ 100	23 ~ 50	< 23

注　化学腐蚀性气体浓度系历年最湿月在电气装置安装现场所实测到的平均最高浓度值。实测处距化学腐蚀性气体释放口一般要求在 1m 外，不应紧靠释放源。

表 20 - 5　　　　　　　　　　　腐 蚀 环 境 分 类

环境特征	类　别		
	0 类	1 类	2 类
	轻腐蚀环境	中等腐蚀环境	强腐蚀环境
化学腐蚀性物质的释放状况	一般无泄漏现象，任一种腐蚀性物质的释放严酷度经常为 1 级，有时（如事故或不正常操作时）可能达 2 级	有泄漏现象，任一种腐蚀性物质的释放严酷度经常为 2 级，有时（如事故或不正常操作时）可能达 3 级	泄漏现象较严重，任一种腐蚀性物质的释放严酷度经常为 3 级，有时（如事故或不正常操作时）偶然超过 3 级
地区最湿月平均最高相对湿度（25℃，%）	65 及以上	75 及以上	85 及以上
操作条件	由于风向关系，有时可闻到化学物质气味	经常能感到化学物质的刺激，但不需佩戴防护器具进行正常的工艺操作	对眼睛或外呼吸道有强烈刺激，有时需佩戴防护器具才能进行正常的工艺操作
表观现象	建筑物和工艺、电气设施只有一般锈蚀现象，工艺和电气设施只需常规维修；一般树木生长正常	建筑物和工艺、电气设施腐蚀现象明显，工艺和电气设施一般需年度大修；一般树木生长不好	建筑物和工艺、电气设施腐蚀现象严重，设备大修间隔期较短；一般树木成活率低
通风情况	通风条件正常	自然通风良好	通风条件不好

注　如果地区最湿月平均最低温度低于 25℃时，其同月平均最高相对湿度必须换算到 25℃时的相对湿度。

表 20 - 6 　　　　　　　　　　　　户内外腐蚀环境灯具的选择

电气设备名称	户内环境类别			户外环境类别		
	0 类	1 类	2 类	0 类	1 类	2 类
灯具	防水防尘型（不低于 IP54）	防腐密闭型		防水防尘型（不低于 IP55）	户外防腐密闭型	

三、爆炸危险性工业厂房的灯具选择

爆炸危险环境的灯具选择应按其危险环境分区选择。

（1）爆炸性气体环境危险区域依据 GB 50058—2014《爆炸危险环境电力装置设计规范》划分详见表 20 - 7。

表 20 - 7 　　　　　　　　　　　　爆炸性气体环境危险区域划分

分区	气体或蒸气爆炸性混合物环境特征
0	连续出现或长期出现爆炸性气体混合物的环境
1	在正常运行可能出现爆炸性气体混合物的环境
2	在正常运行时不太可能出现爆炸性气体混合物的环境，或即使出现也仅是短时存在的爆炸性气体混合物的环境

注　1. 正常运行是指正常的开车、运转、停车，可燃物质产品的装卸，密闭容器盖的开闭，安全阀、排放阀以及所有工厂设备都在其设计参数范围内工作的状态。

　　2. 少量释放可看作是正常运行，如靠泵输送液体时从密封口释放可看作是少量释放。

　　3. 故障例如泵密封件、法兰密封垫的损坏或偶然产生的泄漏等，包括紧急维修或停机都不能看作是正常运行。

　　4. 在生产中 0 区是极个别的，大多数情况属于 2 区。在设计时应采取合理措施尽量减少 1 区。

（2）爆炸性粉尘环境危险区域划分见表 20 - 8。

表 20 - 8 　　　　　　　　　　　　爆炸性粉尘环境危险区域划分

分区	GB 50058—2014《爆炸危险环境电力装置设计规范》
20	空气中的可燃性粉尘云持续地或长期地或频繁地出现于爆炸性环境中的区域
21	在正常运行时，空气中的可燃性粉尘云很可能偶尔出现于爆炸性环境中的区域
22	在正常运行时，空气中的可燃性粉尘云一般不可能出现于爆炸性环境中的区域，即使出现也是短暂的

（3）爆炸危险环境的灯具保护级别应按爆炸性环境内电气设备保护级别选择，见表 20 - 9。

表 20 - 9 　　　　　　　　　　　　爆炸性环境内电气设备保护级别的选择

危险区域	设备保护级别（EPL）	危险区域	设备保护级别（EPL）
0 区	Ga	20 区	Da
1 区	Ga 或 Gb	21 区	Da 或 Db
2 区	Ga、Gb 或 Gc	22 区	Da、Db 或 Dc

（4）照明的设置还应符合以下要求。

1）照明设备应尽量布置在爆炸性环境以外；当必须布置在爆炸性环境内时，应布置在危险性较小的部位。

2）爆炸危险环境内，不宜采用移动式、手提式照明灯，应尽量减少局部照明灯和插

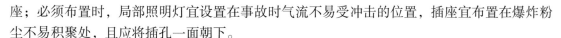

座；必须布置时，局部照明灯宜设置在事故时气流不易受冲击的位置，插座宜布置在爆炸粉尘不易积聚处，且应将插孔一面朝下。

（5）照明配电线路设计应符合以下要求。

1）在爆炸环境内，照明线路采用的导线和电缆的额定电压应高于或等于工作电压，且 U_0/U 不应低于工作电压。中性线的额定电压应与相线电压相等，并在同一护套或保护管内敷设。

2）在 1 区内应采用铜芯电缆；除本质安全电路外，在 2 区内宜采用铜芯电缆，当采用铝芯电缆时，其截面不得小于 $16mm^2$，且与电气设备的连接应采用铜 – 铝过渡接头。敷设在爆炸粉尘环境 20、21 区以及在 22 区内有剧烈振动区域的回路，均应采用铜芯绝缘电缆或电线。

3）爆炸性环境配线的技术要求应符合表 20 – 10 的规定。

表 20 – 10 爆炸性环境钢管配线的技术要求

区域	钢管配线用绝缘导线的最小截面积（mm^2）			管子连接要求
	电力	照明	控制	
1、20、21 区	铜芯 2.5	铜芯 2.5	铜芯 2.5	钢管螺纹旋合不应少于 5 扣
2、22 区	铜芯 2.5	铜芯 1.5	铜芯 1.5	

四、火灾危险环境

（1）生产、加工、处理或储存过程中出现下列可燃物质之一者，应按火灾危险环境选择灯具和电器：

1）闪点高于环境温度的可燃液体；

2）不可能形成爆炸性粉尘混合物的悬浮状或堆积状的可燃粉尘或可燃纤维；

3）固体状可燃物质。

（2）火灾危险环境的照明灯具选择。

1）火灾危险环境灯具的防护等级不应低于 IP4X；在有可燃粉尘或可燃纤维环境不低于 IP5X；有导电粉尘或导电纤维的环境不低于 IP6X。

2）火灾危险环境的灯具应有防机械应力的措施，灯具应装有外力损害光源和防止光源坠落的安全护罩，该防护罩应使用专用工具方可拆卸。

3）可燃材料库（如粮库、棉花库、纸品库、纺织品库、润滑油库等）不应采用白炽灯、卤钨灯等高温照明灯；库内灯具的发热部件应有隔热措施；灯具开关、配电箱等宜装设在库房外。

4）功率 60W 及以上的灯具及其电器附件不应直接安装在可燃物体上，应有必要的防火隔离措施。

5）卤钨灯及 100W 以上的白炽灯，不宜装设在火灾危险环境内；必须装设时，其引入线应采用隔热材料（如瓷管、矿棉等）保护。

6）聚光（射）灯和投光灯具（投影仪）等与可燃物的最小距离为：

功率≤100W，0.5m；

100W＜功率≤300W，0.8m；

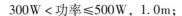

300W < 功率≤500W，1.0m；

500W < 功率，应适当加大距离。

五、洁净生产厂房的灯具选择

有洁净要求的工业生产厂房一般灯具为吸顶明装，当采用嵌入顶棚暗装时，安装缝应有可靠的密封措施。

洁净室应采用不易积尘、便于擦拭的专用灯具。还应该按相关行业对洁净厂房的有要求正确选择灯具。

第四节 照 明 标 准

1. 照明标准值

工厂照明的照度标准值、统一眩光值（UGR）、照度均匀度（U_0）、显色指数（Ra）等应符合 GB 50034—2013 的规定，摘录见表 20 – 11。

表 20 – 11　　　　　　　　工业建筑一般照明标准值

房间或场所		参考平面及其高度	照度标准值（lx）	URG	U_0	Ra	备注
1　机、电工业							
机械加工	粗加工	0.75m 水平面	200	22	0.40	60	可另加局部照明
	一般加工公差≥0.01mm	0.75m 水平面	300	22	0.60	60	可另加局部照明
	精密加工公差＜0.1mm	0.75m 水平面	500	19	0.70	60	可另加局部照明
机电仪表装配	大件	0.75m 水平面	200	25	0.60	80	可另加局部照明
	一般件	0.75m 水平面	300	25	0.60	80	可另加局部照明
	精密	0.75m 水平面	500	22	0.70	80	可另加局部照明
	特精密	0.75m 水平面	750	19	0.70	80	可另加局部照明
电线、电缆制造		0.75m 水平面	300	25	0.60	60	—
线圈绕制	大线圈	0.75m 水平面	300	25	0.60	60	—
	中等线圈	0.75m 水平面	500	22	0.70	60	可另加局部照明
	精细线圈	0.75m 水平面	750	19	0.70	60	可另加局部照明
线圈浇注		0.75m 水平面	300	25	0.60	80	—
焊接	一般	0.75m 水平面	200	—	0.60	60	—
	精密	0.75m 水平面	300	—	0.70	60	—
钣金		0.75m 水平面	300	—	0.60	60	—
冲压、剪切		0.75m 水平面	300	—	0.60	60	—
热处理		地面至0.5m 水平面	200	—	0.60	20	—
铸造	融化、浇铸	地面至0.5m 水平面	200	—	0.60	60	—
	造型	地面至0.5m 水平面	300	25	0.60	60	—

续表

房间或场所		参考平面及其高度	照度标准值（lx）	URG	U_0	Ra	备注
精密铸造的制模、脱壳		地面至0.5m水平面	500	25	0.60	60	—
锻工		地面至0.5m水平面	200	—	0.60	20	—
电镀		0.75m水平面	300	—	0.60	80	—
喷漆	一般	0.75m水平面	300	—	0.60	80	—
	精细	0.75m水平面	500	22	0.70	80	—
酸洗、腐蚀、清洗		0.75m水平面	300	—	0.60	80	—
抛光	一般装饰性	0.75m水平面	300	22	0.60	80	应防频闪
	精细	0.75m水平面	500	22	0.70	80	应防频闪
复合材料加工、铺叠、装饰		0.75m水平面	500	22	0.60	80	—
机电修理	一般	0.75m水平面	200	—	0.60	60	可另加局部照明
	精密	0.75m水平面	300	22	0.70	60	可另加局部照明
2 电子工业							
整机类	整机厂	0.75m水平面	300	22	0.60	80	—
	装配厂房	0.75m水平面	300	22	0.60	80	可另加局部照明
元器件类	微电子产品及集成电路	0.75m水平面	500	19	0.70	80	—
	显示器件	0.75m水平面	500	19	0.70	80	可根据工艺要求降低照度值
	印制线路板	0.75m水平面	500	19	0.70	80	—
	光伏组件	0.75m水平面	300	19	0.60	80	—
	电真空器件、机电组件等	0.75m水平面	500	19	0.60	80	—
电子材料类	半导体材料	0.75m水平面	300	22	0.60	80	—
	光纤、光缆	0.75m水平面	300	22	0.60	80	—
酸、碱、药液及粉配置		0.75m水平面	300	—	0.60	80	—
3 纺织、化纤工业							
纺织	选毛	0.75m水平面	300	22	0.70	80	可另加局部照明
	清棉、和毛、梳毛	0.75m水平面	150	22	0.60	80	—
	前纺：梳棉、并条、粗纺	0.75m水平面	200	22	0.60	80	—
	纺纱	0.75m水平面	300	22	0.60	80	—
	织布	0.75m水平面	300	22	0.60	80	—
织袜	穿综箱、缝纫、量呢、检验	0.75m水平面	300	22	0.70	80	可另加局部照明
	修补、剪毛、染色、印花、裁剪、熨烫	0.75m水平面	300	22	0.70	80	可另加局部照明

续表

房间或场所		参考平面及其高度	照度标准值（lx）	URG	U_0	Ra	备注
化纤	投料	0.75m 水平面	100	—	0.60	80	—
	纺丝	0.75m 水平面	150	22	0.60	80	—
	卷绕	0.75m 水平面	200	22	0.60	80	—
	平衡间、中间储存、干燥间、废丝间、油剂高位槽间	0.75m 水平面	75	—	0.60	60	—
	集束间、后加工间、打包间、油剂调配间	0.75m 水平面	100	25	0.60	60	—
	组件清洗间	0.75m 水平面	150	25	0.60	60	—
	拉伸、变形、分级包装	0.75m 水平面	150	25	0.70	80	操作面可另加局部照明
	化验、检验	0.75m 水平面	200	22	0.70	80	可另加局部照明
	聚合车间、原液车间	0.75m 水平面	100	22	0.60	60	—
4 制药工业							
制药生产：配制、清洗灭菌、超滤、制粒、压片、混匀、烘干、灌装、轧盖等		0.75m 水平面	300	22	0.60	80	—
制药生产流转通道		地面	200	—	0.40	80	—
更衣室		地面	200	—	0.40	80	—
技术夹层		地面	100	—	0.40	40	—
5 橡胶工业							
炼胶车间		0.75m 水平面	300	—	0.60	80	—
压延压出工艺		0.75m 水平面	300	—	0.60	80	—
成型裁断工段		0.75m 水平面	300	22	0.60	80	—
硫化工段		0.75m 水平面	300	—	0.60	80	—
6 电力工业							
火电厂锅炉房		地面	100	—	0.60	60	—
发电机房		地面	200	—	0.60	60	—
主控室		0.75m 水平面	500	19	0.60	80	—
7 钢铁工业							
炼钢	高炉炉顶平台、各层平台	平台面	30	—	0.60	60	—
	出铁场、出铁机室	地面	100	—	0.60	60	—
	卷扬机室、碾泥机室、煤气清洗配水室	地面	50	—	0.60	60	—
炼钢及连铸	炼钢主厂房和平台	地面、平台面	150	—	0.60	60	需另加局部照明
	连铸浇注平台、切割区、出坯区	地面	150	—	0.60	60	需另加局部照明
	精整清理线	地面	200	25	0.60	60	—

续表

房间或场所		参考平面及其高度	照度标准值（lx）	URG	U_0	Ra	备注
轧钢	棒线材主厂房	地面	150	—	0.60	60	—
	钢管主厂房	地面	150	—	0.60	60	—
	冷轧主厂房	地面	150	—	0.60	60	需另加局部照明
	热轧主厂房、钢坯台	地面	150	—	0.60	60	—
	加热炉周围	地面	50	—	0.60	20	—
	垂绕、横剪及纵剪机组	0.75m 水平面	150	25	0.60	80	—
	打印、检查、精密分类、验收	0.75m 水平面	200	22	0.70	80	—
8 制浆造纸工业							
	备料	0.75m 水平面	150	—	0.60	60	—
	蒸煮、选洗、漂白	0.75m 水平面	200	—	0.60	60	—
	打浆、纸机底部	0.75m 水平面	200	—	0.60	60	—
	纸机网部、压榨部、烘缸、压光、卷取、涂布	0.75m 水平面	300	—	0.60	60	—
	复卷、切纸	0.75m 水平面	300	25	0.60	60	—
	选纸	0.75m 水平面	500	22	0.60	60	—
	碱回收	0.75m 水平面	200	—	0.60	60	—
9 食品及饮料工业							
食品	糕点、糖果	0.75m 水平面	200	22	0.60	80	—
	肉制品、乳制品	0.75m 水平面	300	22	0.60	80	—
	饮料	0.75m 水平面	300	22	0.60	80	—
啤酒	糖化	0.75m 水平面	200	—	0.60	80	—
	发酵	0.75m 水平面	150	—	0.60	80	—
	包装	0.75m 水平面	150	25	0.60	80	—
10 玻璃工业							
	备料、退火、熔制	0.75m 水平面	150	—	0.60	60	—
	窑炉	地面	100	—	0.60	20	—
11 水泥工业							
	主要生产车间（破碎、原料粉磨、烧成、水泥粉磨、包装）	地面	100	—	0.60	20	—
	储存	地面	75	—	0.60	60	—
	输送走廊	地面	30	—	0.40	20	—
	粗坯成型	0.75m 水平面	300	—	0.60	60	—
12 皮革工业							
	原皮、水浴	0.75m 水平面	200	—	0.60	60	—
	传载、整理、成品	0.75m 水平面	200	22	0.60	60	可另加局部照明
	干燥	地面	100	—	0.60	20	—

房间或场所		参考平面及其高度	照度标准值（lx）	URG	U_0	Ra	备注
13　卷烟工业							
制丝车间	一般	0.75m 水平面	200	—	0.60	80	—
	较高	0.75m 水平面	300	—	0.70	80	—
卷烟、接过滤嘴、包装、滤棒成型车间	一般	0.75m 水平面	300	22	0.60	80	—
	较高	0.75m 水平面	500	22	0.70	80	—
膨胀烟丝车间		0.75m 水平面	200	—	0.60	60	—
储叶间		1.0m 水平面	100	—	0.60	60	—
储丝间		1.0m 水平面	100	—	0.60	60	—
14　化学、石油工业							
厂区内经常操作的区域，如泵、压缩机、阀门、电操作柱等		操作位高度	100	—	0.60	20	—
装置区现场控制和检测点，如指示仪表、液位计等		测控点高度	75	—	0.70	60	—
人行通道、平台、设备顶部		地面或台面	30	—	0.60	20	—
装卸站	装卸设备顶部和底部操作平台	操作位高度	75	—	0.70	20	—
	平台	平台	30	—	0.60	20	—
电缆夹层		0.75m 水平面	100	—	0.40	60	—
避难间		0.75m 水平面	150	—	0.40	60	—
压缩机厂房		0.75m 水平面	150	—	0.60	60	—
15　木业和家具制造							
一般机器加工		0.75m 水平面	200	22	0.60	60	应防频闪
精密机器加工		0.75m 水平面	500	19	0.70	80	应防频闪
锯木区		0.75m 水平面	300	25	0.60	60	应防频闪
模型区	一般	0.75m 水平面	300	22	0.60	60	—
	精细	0.75m 水平面	750	22	0.70	60	—
胶合、组装		0.75m 水平面	300	25	0.60	60	—
磨光、异形细木工		0.75m 水平面	750	22	0.70	80	—
16　通用房间或场所							
门厅		地面	100	—	0.4	60	—
走廊、流动区域、楼梯间		地面	50	25	0.4	60	—
自动扶梯		地面	150	—	0.6	60	—
厕所、盥洗室、浴室		地面	75	—	0.4	60	—
电梯前厅		地面	100	22	0.4	60	—
休息室		地面	100	22	0.4	80	—
更衣室		地面	150	22	0.4	80	—
餐厅		地面	200	22	0.6	80	—
公共车库		地面	50	—	0.6	60	—
公共车库检修间		地面	200	25	0.6	80	可另加局部照明
实验室	一般	0.75m 水平面	300	22	0.6	80	可另加局部照明
	精细	0.75m 水平面	500	19	0.6	80	可另加局部照明

房间或场所		参考平面及其高度	照度标准值（lx）	URG	U_0	Ra	备注
检验	一般	0.75m 水平面	300	22	0.6	80	可另加局部照明
	精细，有颜色要求	0.75m 水平面	750	19	0.6	80	可另加局部照明
计量室、测量室		0.75m 水平面	500	19	0.7	80	可另加局部照明
电话站、网络中心		0.75m 水平面	500	19	0.6	80	—
计算机站		0.75m 水平面	500	19	0.6	80	防光幕反射
配变电站	配电装置室	0.75m 水平面	200	—	0.6	80	—
	变压器室	地面	100	—	0.6	60	—
电源设备室、发电机室		地面	200	25	0.6	60	—
电梯机房		地面	200	25	0.6	60	—
控制室	一般控制室	0.75m 水平面	300	22	0.6	80	—
	主控制室	0.75m 水平面	500	19	0.6	80	—
动力站	风机房、空调机房	地面	100	—	0.6	60	—
	泵房	地面	100	—	0.6	60	—
	冷冻站	地面	150	—	0.6	60	—
	压缩空气	地面	150	—	0.6	60	—
	锅炉房、煤气站的操作层	地面	100	—	0.6	60	锅炉水位表照度不小于50lx
仓库	大件库	1.0m 水平面	50	—	0.4	20	—
	一般件库	1.0m 水平面	100	—	0.6	60	—
	半成品库	1.0m 水平面	150	—	0.6	80	—
	精细件库	1.0m 水平面	200	—	0.6	60	货架垂直照度不小于50lx
车辆加油站		地面	100	—	0.6	60	油表表面照度不小于50lx

注　1. 表中的 Ra 和 U_0 为最低值，UGR 为最大值。

2. 需增加局部照明的作业面，增加的局部照明照度值宜按该场所一般照明照度值的 1.0~3.0 倍选取。

3. 表中未列出的生产和工作场所的照明标准还应按相关行业标准的规定执行。

2. 照度标准的有关规定

（1）表 20 – 11 所列照度标准为作业面或参考平面的维持平均照度值。

（2）作业面邻近周围照度可比作业面照度降低一级，当作业面为 200lx 及以下时，则不应再降低。

（3）背景区域一般照明的照度不宜低于邻近周围照度的 1/3。

（4）设计照度与照度标准值的偏差不应超过 ±10%，此偏差适用于装 10 个灯具以上的照明场所；当小于或等于 10 个灯具时，允许适当超过此偏差。

（5）照明设计的维护系数见第五章。

第五节　工业厂房的布灯方案

一、典型布灯方案

在总结工业厂房照明设计经验的基础上，编制了 7 种有代表性的布灯方案，列于图 20 – 1。

图 20 – 1 中，B 为跨度，方案选择单层工业厂房常见的跨度，即 9、12、15、18、21、

24、27、30m，共8种。

单层工业厂房常见的柱距为6、8、9、12m，图20-1所示方案选择的柱距为6m（只在方案1中标注）。布灯方案4、6也可用于柱距12m的厂房。图中各布灯方案，灯具离柱轴线距离是按单跨度厂房一般要求确定的，对于多跨度厂房，灯具离柱轴线距离应做调整变更，即将方案2、4、5中的$\frac{1}{5}B$改为$\frac{1}{4}B$，$\frac{3}{5}B$改为$\frac{1}{2}B$，其余方案不变，以求灯具之间的距离均等。设计中灯位还应根据工艺布置情况做适当变化。

灯具的悬挂高度，按灯具离规定作业面高度选取6、9、12、15、18、21m，共6种。

布灯方案的选择：不是每一种布灯方案都适用于各种跨度和高度的厂房；应根据 RI 值选择合适光分布类别的灯具（见本章第一节）；按跨度及要求的照度标准值选取一个布灯方案，计算出布灯的距高比，再校验此距高比不大于所选用的灯具的最大允许距高比（见表20-2），如果超过，应另选布灯方案或更换另一种灯具。

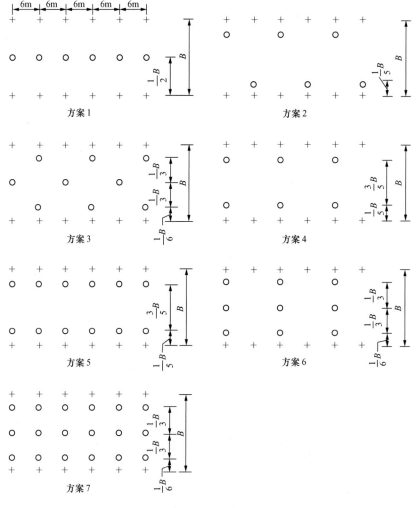

图20-1　工业厂房的布灯方案

二、应用实例

以金属卤化物灯和高压钠灯为例，依据 8 种厂房跨度，分别按几种常见的高度和两种照度标准（200lx 和 300lx）选择图 20 - 1 中合适的布灯方案并按多跨度厂房，以及机械加工厂房为例，计算几种常用的设计方案。

1. 计算条件

（1）室形指数选取直接型不同配光（宽配光、中配光及窄配光）灯具。

（2）设定金属卤化物灯的光通量：250W 按 20500lm 计；400W 按 36000lm 计。设定高压钠灯的光通量：250W 按 27000lm 计；400W 按 48000lm 计。

（3）配节能电感镇流器的功耗均按灯功率 10% 计算。

（4）顶棚、墙面、地面的反射比分别按 0.5、0.3、0.2 计。

（5）维护系数按 0.7 计。

（6）厂房长度按 5 个柱距（30m）计算；宽度按 1 个跨距计算。

2. 金属卤化物灯方案

对应 3 种不同跨度，多种不同高度以及不同的布灯方案及相对应的照度计算值，列于表 20 - 12 ~ 表 20 - 14。

表 20 - 12　　　　　　　　　建筑物跨度（*B*）12m，照度标准 300lx

计算高度（m）	布灯方案	灯具配光形式	金卤灯 功率/光通量（W/lm）	照度（lx） 平均值	均匀度（最小/平均）	均匀度（最小/最大）	照明功率密度限值 现行值（W/m²）	目标值（W/m²）
6	5	宽	250/20500	297	0.842	0.673	11	10
9	5	中	250/20500	280	0.754	0.675	11	10
9	3	宽	400/36000	346	0.634	0.485	11	10
12	3	宽	400/36000	295	0.785	0.660	11	10
15	3	中	400/36000	286	0.833	0.762	11	10

表 20 - 13　　　　　　　　　建筑物跨度（*B*）18m，照度标准 300lx

计算高度（m）	布灯方案	灯具配光形式	金卤灯 功率/光通量（W/lm）	照度（lx） 平均值	均匀度（最小/平均）	均匀度（最小/最大）	照明功率密度限值 现行值（W/m²）	目标值（W/m²）
6	7	宽	250/20500	330	0.619	0.515	11	10
9	7	宽	250/20500	296	0.642	0.518	11	10
9	3	中	400/36000	284	0.585	0.462	11	10
12	7	中	250/20500	293	0.691	0.576	11	10
15	5	中	400/36000	299	0.736	0.655	11	10
18	5	窄	400/36000	295	0.752	0.670	11	10
21	5	窄	400/36000	279	0.763	0.692	11	10

447

表 20 - 14　　　　　　　　建筑物跨度（B）24m，照度标准 300lx

计算高度（m）	布灯方案	灯具配光形式	金卤灯 功率/光通量（W/lm）	照度（lx） 平均值	照度（lx） 均匀度（最小/平均）	照度（lx） 均匀度（最小/最大）	照明功率密度限值 现行值（W/m²）	照明功率密度限值 目标值（W/m²）
12	7	宽	400/36000	343	0.646	0.521	11	10
15	7	宽	400/36000	314	0.656	0.521	11	10
18	7	中	400/36000	314	0.685	0.570	11	10
21	7	窄	400/36000	316	0.663	0.551	11	10

3. 高压钠灯方案

对应 3 种不同跨度，多种不同高度以及不同的布灯方案及相对应的照度计算值，列于表 20 - 15 ～ 表 20 - 17。

表 20 - 15　　　　　　　　建筑物跨度（B）12m，照度标准 300lx

计算高度（m）	布灯方案	灯具配光形式	钠灯 功率/光通量（W/lm）	照度（lx） 平均值	照度（lx） 均匀度（最小/平均）	照度（lx） 均匀度（最小/最大）	照明功率密度限值 现行值（W/m²）	照明功率密度限值 目标值（W/m²）
6	5	宽	250/27000	338	0.781	0.630	11	10
9	5	宽	250/27000	274	0.802	0.716	11	10
9	3	宽	400/48000	334	0.783	0.655	11	10
12	5	中	250/27000	320	0.807	0.738	11	10
12	3	宽	400/48000	278	0.851	0.769	11	10
15	5	中	250/27000	274	0.826	0.766	11	10
15	3	中	400/48000	333	0.810	0.733	11	10

表 20 - 16　　　　　　　　建筑物跨度（B）18m，照度标准 300lx

计算高度（m）	布灯方案	灯具配光形式	钠灯 功率/光通量（W/lm）	照度（lx） 平均值	照度（lx） 均匀度（最小/平均）	照度（lx） 均匀度（最小/最大）	照明功率密度限值 现行值（W/m²）	照明功率密度限值 目标值（W/m²）
6	7	宽	250/27000	337	0.640	0.509	11	10
9	7	宽	250/27000	290	0.713	0.578	11	10
9	3	宽	400/48000	296	0.630	0.508	11	10
12	7	宽	250/27000	280	0.766	0.665	11	10
12	3	中	400/48000	344	0.672	0.541	11	10
12	6	中	400/48000	343	0.666	0.544	11	10
15	7	中	250/27000	328	0.727	0.623	11	10
15	3	中	400/48000	307	0.717	0.599	11	10
18	7	中	250/27000	290	0.759	0.661	11	10
18	3	中	400/48000	271	0.751	0.650	11	10
21	7	窄	250/27000	282	0.766	0.672	11	10

表 20 – 17　　　　　　　　　建筑物跨度(B)24m，照度标准 300lx

计算高度（m）	布灯方案	灯具配光形式	钠灯 功率/光通量（W/lm）	照度（lx） 平均值	均匀度（最小/平均）	均匀度（最小/最大）	照明功率密度限值 现行值（W/m²）	目标值（W/m²）
6	7	宽	250/27000	308	0.659	0.543	11	10
9	7	中	250/27000	339	0.613	0.513	11	10
9	5	宽	400/48000	312	0.824	0.735	11	10
12	7	中	250/27000	314	0.639	0.528	11	10
12	5	宽	400/48000	272	0.722	0.593	11	10
15	7	中	250/27000	288	0.653	0.533	11	10
15	5	中	400/48000	330	0.712	0.635	11	10
18	5	中	400/48000	301	0.705	0.615	11	10
21	5	窄	400/48000	275	0.712	0.592	11	10

4. LED 应用实例

近年，随着 LED 光源的发展，LED 灯进入工厂照明领域已是必然趋势。现介绍以下为几个案例。

（1）石家庄四药新建厂房 LED 照明案例。

石家庄四药新建自动生产线车间，采用 LED 为厂房照明灯具。该厂房总面积 8700m²，厂房高度为 10m，灯具安装高度 8m，设计照度为 500lx。项目实施共安装了 500 套 RT405HB 100W 型 LED 灯，施工完毕实测平均照度达到设计要求，节能效果明显。图 20 – 2 为照明现场效果、表 20 – 18 为照明技术指标、图 20 – 3 为等照度曲线。

图 20 – 2　照明现场效果
（本案例图片由北京信能阳光新能源科技有限公司提供）

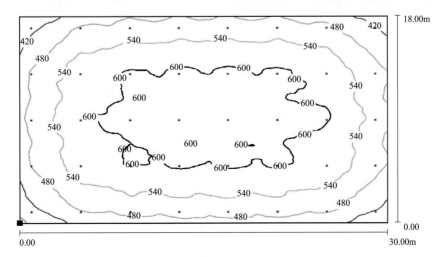

图 20 – 3　等照度曲线

表 20 - 18   照 明 技 术 指 标

计算高度（m）	灯具配光形式	LED 功率/光通量（W/lm）	照度（lx）		照明功率密度限值		实际功率密度值（W/m²）
			平均值	均匀度（最小/平均）	均匀度（最小/最大）	现行值（W/m²）	目标值（W/m²）	

计算高度（m）	灯具配光形式	功率/光通量（W/lm）	平均值	均匀度（最小/平均）	均匀度（最小/最大）	现行值（W/m²）	目标值（W/m²）	实际功率密度值（W/m²）
8	中配光	100/13000	510	0.72	0.65	≤18	≤16	6.6

注 RT405HB 100W LED 灯具：大功率集成 COB 光源（模拟灯具数量 40 盏），显色指数 $Ra > 75$，色温 5000 ~ 5500K、布灯间距 4m×4m。

（2）北京铁科轨道工厂车间 LED 照明案例。

该厂房总面积 6930m²，厂房高度为 11m，灯具安装高度 10m，设计照度为 300lx。项目共安装了 186 套 RT400HB 120W 型 LED 灯，施工完毕实测平均照度达到设计要求，节能效果明显。图 20 - 4 为照明现场效果、表 20 - 19 为照明技术指标、图 20 - 5 为等照度曲线。

图 20 - 4   照明现场效果

（本案例图片由北京信能阳光新能源科技有限公司提供）

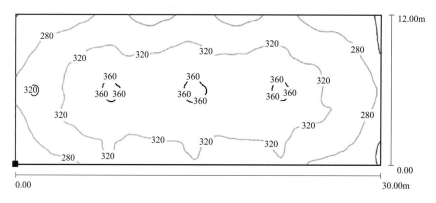

图 20 - 5   等照度曲线

表 20 - 19   照 明 技 术 指 标

计算高度（m）	灯具配光形式	LED 功率/光通量（W/lm）	照度（lx）		照明功率密度限值		实际功率密度值（W/m²）
		平均值	均匀度（最小/平均）	均匀度（最小/最大）	现行值（W/m²）	目标值（W/m²）	

计算高度（m）	灯具配光形式	功率/光通量（W/lm）	平均值	均匀度（最小/平均）	均匀度（最小/最大）	现行值（W/m²）	目标值（W/m²）	实际功率密度值（W/m²）
9	中配光	120/15600	343	0.69	0.63	≤11	≤10	5.1

注 RT400HB120W 灯具：大功率集成 COB 光源（模拟灯具数量 8 盏），显色指数 $Ra > 75$，色温 4000 ~4500K，布灯间距 6m×7m。

（3）沈阳特变电工工厂 LED 照明改造案例。

该厂房总面积 6930m²，厂房高度为 20m，灯具安装高度 20m，设计照度为 300lx。共安装了 280 套 HB－4M 200W 型 LED 灯，施工完毕实测平均照度达到设计要求，节能效果明显。图 20－6 为照明现场效果、表 20－20 为技术指标、图 20－7 为等照度曲线。

图 20－6 照明现场效果

（本案例图片由北京信能阳光新能源科技有限公司提供）

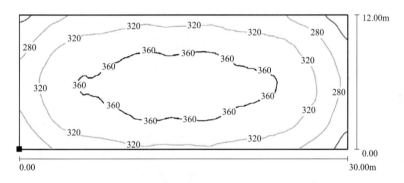

图 20－7 等照度曲线

表 20－20 照明技术指标（三）

计算高度 (m)	灯具配光形式	LED 功率/光通量 (W/lm)	照度（lx）			照明功率密度限值		实际功率密度值 (W/m²)
			平均值	均匀度 (最小/平均)	均匀度 (最小/最大)	现行值 (W/m²)	目标值 (W/m²)	
20	窄配光	200/26000	317	0.86	0.78	≤11	≤10	5.5

　　注 LED HB－4M 200W 灯具：大功率集成 COB 光源（模拟灯具数量 8 盏）、显色指数 $Ra > 75$、色温 5500－6000K、布灯间距 8m×7m。

（4）老板电器集团工厂 LED 照明案例。

厂房总建筑面积 200000m²，厂房高度为 10m，灯具安装高度 9m，设计照度为 200lx。共安装了 3862 套 DLD－GC－M1/4 型 LED 灯，施工完毕实测平均照度达到设计要求，节能效果明显。图 20－8 为照明现场效果、表 20－21 为照明技术指标、图 20－9 为等照度曲线。

图 20 - 8　照明现场效果（本案例图片由杭州戴利德稻照明科技有限公司提供）

表 20 - 21　　　　　　　　　　　　　照 明 技 术 指 标

计算高度（m）	灯具配光形式	LED功率/光通量（W/lm）	照度（lx）			照明功率密度限值		实际功率密度值（W/m²）
			平均值	均匀度（最小/平均）	均匀度（最小/最大）	现行值（W/m²）	目标值（W/m²）	
9	中配光	120/16800	178	0.61	0.52	≤9.0	≤8.0	2.2

注　DLD - GC - M1/4 灯具：中功率集成 COB 光源（模拟灯具数量 12 盏），显色指数 Ra > 75，色温 5000 ~ 5500K，布灯间距 8m × 7m。

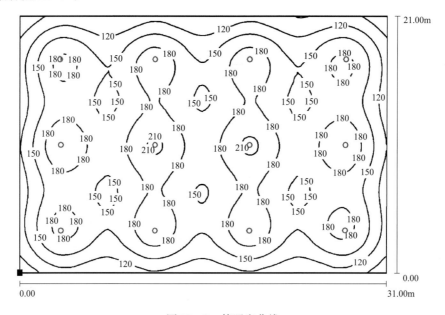

图 20 - 9　等照度曲线

（5）上海精工（大众汽车轮毂厂）LED 照明案例。

厂房总建筑面积 8000m²，厂房高度为 15m，灯具安装高度 14m，设计照度为 300lx。共安装了 190 套 DLD - GC - M1/6 型 LED 灯，施工完毕实测平均照度达到设计要求，节能效果明显。图 20 - 10 为照明现场效果、表 20 - 22 为照明技术指标、图 20 - 11 为等照度曲线。

图 20 – 10 照明现场效果

（本案例图片由杭州戴利德稻照明科技有限公司提供）

表 20 – 22　　　　　　　　　　　照 明 技 术 指 标

计算高度（m）	灯具配光形式	LED 功率/光通量（W/lm）	照度（lx）			照明功率密度限值		实际功率密度值（W/m²）
			平均值	均匀度（最小/平均）	均匀度（最小/最大）	现行值（W/m²）	目标值（W/m²）	
14	中配光	180/18000	305	0.66	0.57	≤9.0	≤8.0	4.2

注　DLD – GC – M1/60 灯具、中功率集成 COB 光源（模拟灯具数量 60 盏）、显色指数 $Ra > 75$、色温 5000 ~ 5500K、布灯间距 6m × 7m。

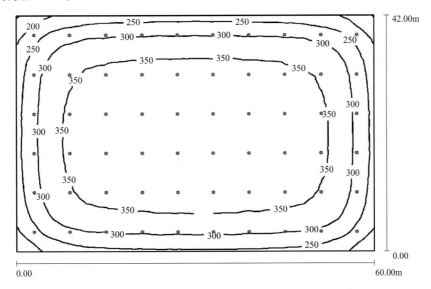

图 20 – 11　等照度曲线

以上五个 LED 灯应用实例，说明了 LED 灯的良好节能效果，不足之处是色温偏高，Ra 偏低（宜 $Ra \geqslant 80$），未提供 R_9 数据（宜 $R_9 > 0$）。

第二十一章
应急照明

编者：徐 华　　　校审者：任元会

第一节　概　　述

　　应急照明是因正常照明的电源失效而启用的照明。应急照明作为工业及民用建筑照明设施的一个部分，同人身安全和建筑物、设备安全密切相关。当电源中断，特别是建筑物内发生火灾或其他灾害而电源中断时，应急照明对人员疏散、保证人身安全，保证工作的继续进行、生产或运行中进行必需的操作或处置，以防止导致再生事故，都占有特殊地位。目前，国家和行业规范对应急照明都作了规定，随着技术的发展，对应急照明提出了更高要求。

　　涉及应急照明的规范众多，在国家和行业规范中对应急照明的分类和要求也不尽统一，GB 50034—2013《建筑照明设计标准》把应急照明分为疏散照明、安全照明、备用照明。疏散照明是用于确保疏散通道被有效地辨认和使用的应急照明；安全照明是用于确保处于潜在危险之中的人员安全的应急照明；备用照明是用于确保正常活动继续或暂时继续进行的应急照明。

　　GB 50016—2014《建筑设计防火规范》把应急照明限定在防火方面，分为消防应急照明和疏散指示标志。消防应急照明包括疏散照明和备用照明，表示了对照明的要求。疏散指示标志表示对安全出口、疏散方向的标志、标识的要求。备用照明表示对消防值班室、消防风机房等火灾时仍需要工作的场所的照明要求。

　　国际照明委员会（CIE）关于应急照明的技术文件把应急照明分为疏散照明和备用照明，其中，疏散照明包括逃生路线照明、开放区域照明（有些国家称为防恐慌照明）、高危作业区域照明。

　　应急照明分类见图 21-1。

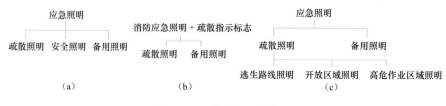

图 21-1　应急照明分类图
(a) GB 50034 分类；(b) GB 50016 分类；(c) CIE 分类

现行的其他规范，如 JGJ 242—2011《住宅建筑电气设计规范》、JGJ 243—2011《交通建筑电气设计规范》、JGJ 284—2012《金融建筑电气设计规范》、JGJ 310—2013《教育建筑电气设计规范》、JGJ 312—2013《医疗建筑电气设计规范》、JGJ 333—2014《会展建筑电气设计规范》、JGJ 354—2014《体育建筑电气设计规范》等，均包含应急照明部分，均以 GB 50034 和 GB 50016 两个规范作为基础进行细化和引申。在做应急照明设计时，除参照上述两个规范外，尚应参考相关行业规范，并按较严格的标准执行。

除设计规范外，建筑内设置的消防疏散指示标志和消防应急照明灯具，还应符合 GB 13495.1《消防安全标志　第 1 部分：标志》和 GB 17945《消防应急照明和疏散指示系统》的有关规定。

第二节　照　明　标　准

一、应急照明照度

1. GB 50034—2013《建筑照明设计标准》的规定

（1）备用照明的照度标准值应符合下列规定：

1）供消防作业及救援人员在火灾时继续工作场所，应符合 GB 50016《建筑设计防火规范》的有关规定。

2）医院手术室、急诊抢救室、重症监护室等应维持正常照明的照度。

3）其他场所的照度值除另有规定外，不应低于该场所一般照明照度标准值的 10%。

（2）安全照明的照度标准值应符合下列规定：

1）医院手术室应维持正常照明照度的 30%。

2）其他场所不应低于该场所一般照明照度标准值的 10%，且不应低于 15lx。

（3）疏散照明的地面平均水平照度值应符合下列规定：

1）水平疏散通道不应低于 1lx，人员密集场所、避难层（间）不应低于 2lx。

2）垂直疏散区域不应低于 5lx。

3）疏散通道中心线的最大值与最小值之比不应大于 40∶1。

4）寄宿制幼儿园和小学的寝室、老年公寓、医院等需要救援人员协助疏散的场所不应低于 5lx。

对于大型体育建筑，应急照明除上述应急照明种类外，还应保证应急电视转播的需要，需要根据电视转播机构要求，如要求应急电视转播照明的垂直照度不应低于 700lx，并能同时满足固定摄像机和移动摄像机对照明的要求。

2. GB 50016—2014《建筑设计防火规范》的规定

（1）疏散照明的地面最低水平照度应符合下列规定：

1）对于疏散走道，不应低于 1lx。

2）对于人员密集场所、避难层（间），不应低于 3lx；对于病房楼或手术部的避难间，不应低于 10lx。

3）对于楼梯间、前室或合用前室、避难走道，不应低于 5lx。

（2）备用照明的照度标准值应符合下列规定：消防控制室、消防水泵房、自备发电机房、配电室、防排烟机房以及发生火灾时仍需正常工作的消防设备房，应设置备用照明，其作业面的最低照度不应低于正常照明的照度。

二、设置场所和部位

1. 备用照明

下列场所应设置备用照明：

（1）消防控制室、消防水泵房、自备发电机房、配电室、防排烟机房以及发生火灾时仍需正常工作的消防设备房。

（2）金融建筑中的营业厅、交易厅、理财室、离行式自助银行、保管库等金融服务场所；数据中心、银行客服中心的主机房；消防控制室、安防监控中心（室）、电话总机房、配变电所、发电机房、气体灭火设备房等重要辅助设备机房。

（3）二级至四级生物安全实验室及实验工艺有要求的场所。

（4）医疗建筑中的重症监护室、急诊通道、化验室、药房、产房、血库、病理实验与检验室等需确保医疗工作正常进行的场所。

2. 疏散照明

除建筑高度小于27m的住宅建筑外，民用建筑、厂房和丙类仓库的下列部位应设置疏散照明：

（1）封闭楼梯间、防烟楼梯间及其前室、消防电梯间的前室或合用前室和避难层（间）。

（2）观众厅、展览厅、多功能厅和建筑面积大于200m² 的营业厅、餐厅、演播室等人员密集场所。

（3）建筑面积大于100m² 的地下或半地下公共活动场所。

（4）公共建筑内的疏散走道。

（5）人员密集的厂房内的生产场所及疏散走道。

疏散照明灯具应设置在出口的顶部、墙面的上部或顶棚上，备用照明灯具应设置在墙面的上部或顶棚上。

3. 疏散指示标志

公共建筑、高度大于54m的住宅建筑、高层厂房（库房）和甲、乙、丙类单、多层厂房，应设置灯光疏散指示标志，并应符合下列规定：

（1）应设置在安全出口和人员密集场所的疏散门的正上方。

（2）应设置在疏散走道及其转角处距地面高度1m以下的墙面或地面上。灯光疏散指示标志间距不应大于20m；对于袋形走道，不应大于10m；在走道转角区，不应大于1m。

（3）对于空间较大、人员密集的场所，要增设辅助的疏散指示标志以利疏散，要求下列建筑或场所应在其疏散走道和主要疏散路径的地面上增设能保持视觉连续的灯光疏散指示标志或蓄光疏散指示标志：

1）总建筑面积大于8000m² 的展览建筑。

2）总建筑面积大于5000m² 的地上商店。

3）总建筑面积大于500m² 的地下或半地下商店。

4）歌舞娱乐放映游艺场所。

5）座位数超过1500个的电影院、剧场，座位数超过3000个的体育馆、会堂或礼堂。

6）车站、码头建筑和民用机场航站楼中建筑面积大于3000m² 的候车、候船厅和航站楼的公共区。

还需说明的是，对于大型建筑或人员密集场所，有些地方标准规定疏散指示标志间距不大于 10m，在具体应急照明设计时，尚应参考项目所在地的地方标准。

4. 安全照明

（1）手术室、抢救室应设置安全照明。

（2）生化实验、核物理等特殊实验室应根据工艺要求确定是否设置安全照明。

（3）高危作业区域，为处于潜在危险过程或情形中人员的安全，并为工作人员和其他场所使用者能恰当地终止程序应设置安全照明。

（4）观众席和运动场地安全照明的平均水平照度值不应低于 20lx。

三、备用电源连续供电时间及转换时间

1. 备用电源连续供电时间

应急照明在正常照明电源故障时使用，因此除正常照明电源外，尚应由与正常照明电源独立的电源供电，除主供电源外，应设置备用电源。

（1）备用电源可以选用以下几种方式的电源：

1）来自电力网有效的独立于正常电源的馈电线路。如分别接自两个区域变电站，或接自有两回路独立高压线路供电的变电站的不同变压器引出的馈电线。

2）专用的应急发电机组。

3）带有蓄电池组的应急电源（交流/直流），包括集中或分区集中设置的，或灯具自带的蓄电池组。

4）备用照明、安全照明由上述三种方式中两种至三种电源的组合，疏散照明和疏散指示标志应由第三种方式供电。

（2）备用电源的连续供电时间应符合下列规定：

1）建筑高度大于 100m 的民用建筑，不应小于 1.5h。

2）医疗建筑、老年人建筑、总建筑面积大于 100000m^2 的公共建筑和总建筑面积大于 20000m^2 的地下、半地下建筑，不应少于 1h。

3）其他建筑，不应少于 0.5h。

4）人防战时应急照明的连续工作时间不应小于该防控地下室的隔绝防护时间，即医疗救护工程、专业队队员掩蔽部、一等人员掩蔽所、食品站、生产车间、区域供水站不应小于 6h；二等人员掩蔽所、电站控制室不应小于 3h；物资库等其他配套工程不应小于 2h。

2. 备用电源转换时间

当正常电源故障停电后，应自动转换到备用电源，其转换时间应满足下列规定：

（1）应急照明配电箱在应急转换时，应保证灯具在 5s 内转入应急工作状态，高危险区域的应急转换时间不大于 0.25s。

（2）现金交易柜台、保管库、自动柜员机等处的备用照明电源转换时间不应大于 0.1s，其他应急照明的电源转换时间不应大于 1.5s。

四、各种供电电源的特点

（1）独立的馈电线路，特点是容量大、转换快、持续工作时间长，但重大灾害时，有可能同时遭受损害。这种方式通常是由该建筑物的电力负荷或消防的需要而决定的。

（2）应急发电机组，特点是容量比较大、持续工作时间较长，但转换慢，而且由于燃

油的安全性对于发电机组而言需要特殊设计与维护。一般是根据电力负荷、消防及应急照明三者的需要综合考虑。单独为应急照明而设置往往是不经济的。对于难以从电网取得第二电源又需要备用电源的建筑，通常采用这种方式。

（3）带有蓄电池组的应急电源，特点是可靠性高，灵活、方便，目前有自带蓄电池组的应急灯具和集中蓄电池电源形式。

五、供电设计原则

（1）平面疏散区域供电应符合下列要求：

1）应急照明总配电柜的主供电源以树干式或放射式供电，并按防火分区设置应急照明配电箱、应急照明集中电源或应急照明分配电装置；非人员密集场所可在多个防火分区设置一个共用应急照明配电箱，但每个防火分区宜采用单独的应急照明供电回路。

2）大于2000m²的防火分区应单独设置应急照明配电箱或应急照明分配电装置；小于2000m²的防火分区可采用专用应急照明回路。

3）应急照明回路沿电缆管井垂直敷设时，公共建筑应急照明配电箱供电范围不宜超过8层，住宅建筑不宜超过18层。

4）一个应急照明配电箱或应急照明分配电装置所带灯具覆盖的防火分区总面积不宜超过4000m²，地铁隧道内不应超过一个区段的1/2，道路交通隧道内不宜超过500m。

5）应急照明集中电源、应急照明分配电装置的设置应符合下列要求：

a. 二者在同一平面层时，应急照明电源应采用放射式供电方式。

b. 二者不在同一平面层，且配电分支干线沿同一电缆管井敷设时，应急照明集中电源可采用放射式或树干式供电方式。

6）商住楼的商业部分与居住部分应分开，并单独设置应急照明配电箱或应急照明集中电源。

（2）垂直疏散区域及其扩展区域的供电应符合下列要求：

1）每个垂直疏散通道及其扩展区可按一个独立的防火分区考虑，并应采用垂直配灯方式。

2）建筑高度超过50m的每个垂直疏散通道及扩展区宜单独设置应急照明配电箱或应急照明分配电装置。

（3）避难层及航空疏散场所的消防应急照明应由变配电所放射式供电。

（4）消防工作区域及其疏散走道的供电应符合下列要求：

1）消防控制室、高低压配电房、发电机房及蓄电池类自备电源室、消防水泵房、防烟及排烟机房、消防电梯机房、BAS控制中心机房、电话机房、通信机房、大型计算机房、安全防范控制中心机房等在发生火灾时有人值班的场所，应同时设置备用照明和疏散照明；楼层配电间（室）及其他火灾时无人值班的场所可不设备用照明和疏散照明。

2）备用照明可采用普通灯具，并由双电源供电。

（5）灯具配电回路应符合下列要求：

1）疏散走道、楼梯间和建筑空间高度不大于8m的场所，应选择应急供电电压为安全电压的消防应急灯具；采用非安全电压时，外露接线盒和消防应急灯具的防护等级应达到IP54的要求。

2）AC 220V或DC 216V灯具的供电回路工作电流不宜大于10A；安全电压灯具的供电回路工作电流不宜大于5A（高大空间的应急照明除外）。

3）每个应急供电回路所配接的灯具数量不宜超过64个。

4）应急照明集中电源应经应急照明分配电装置配接消防应急灯具。

5）应急照明集中电源、应急照明分配电装置及应急照明配电箱的输入及输出配电回路中不应装设剩余电流动作脱扣保护装置。

（6）应急照明配电箱及应急照明分配电装置的输出应符合下列要求：

1）输出回路不应超过8路。

2）采用安全电压时的每个回路输出电流不应大于5A。

3）采用非安全电压时的每个回路输出电流不应大于16A。

第三节　照明光源、灯具及系统

一、光源

应急照明光源应使用能够瞬时启动的光源，一般使用荧光灯、场致发光光源、LED等，LED已成为应急照明光源的主流，不应使用高强气体放电灯，白炽灯、卤钨灯属于淘汰的不节能光源，尽管能瞬时启动，但不应采用。

对于大型体育场馆等高大空间场所，可采用荧光灯、卤钨灯，也可采用带热触发装置的金属卤化物光源，但目前大功率LED技术已经成熟，采用LED已是趋势。

二、灯具

GB 17945—2010《消防应急照明和疏散指示系统》详细规定了消防应急照明和疏散指示系统的术语、分类、防护等级、一般要求、试验、检验、使用说明等，尤其对灯具和系统规定十分详细，其主要内容有以下几方面。

（1）消防应急灯具分类见表21-1。

表21-1　　　　　　　　　　　消防应急灯具分类

分类方式	按供电形式	按用途	按工作方式	按应急控制方式
种类	自带电源型	标志灯具	持续型	非集中控制型
	集中电源型	照明灯具	非持续型	集中控制型
	子母型	照明标志灯具		

（2）消防应急照明系统可分为如下4类：

1）自带电源集中控制型系统，见图21-2。

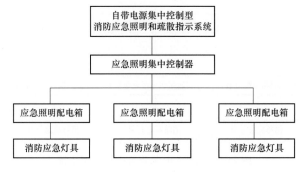

图21-2　自带电源集中控制型系统

2) 自带电源非集中控制型系统，见图21-3。

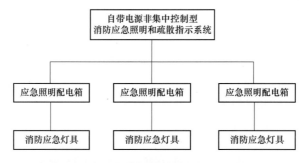

图21-3 自带电源非集中控制型系统

3) 集中电源集中控制型系统，见图21-4。

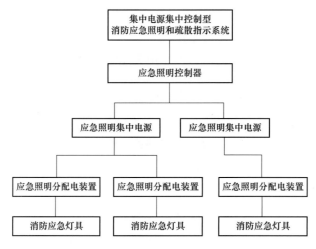

图21-4 集中电源集中控制型系统

4) 集中电源非集中控制型系统，见图21-5。

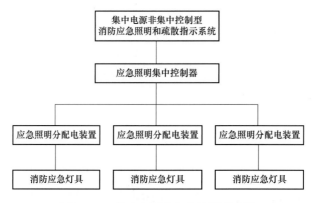

图21-5 集中电源非集中控制型系统

其中，应急照明配电箱是专指为自带电源型消防应急灯具供电的供配电装置，应急照明分配电装置是指为应急照明集中电源应急输出进行分配电的供配电装置。

（3）外壳防护等级：系统的各组成部分不应低于 IP30；室内地面安装的消防应急灯具不应低于 IP54，室外地面安装的消防应急灯具不应低于 IP67。地面安装的灯具表面应耐机械冲击和研磨，安装在地面的灯具应采用安全电压。

（4）消防标志灯具表面亮度应满足如下要求：

1）仅用绿色或红色图形构成标志的标志灯，其标志表面最小亮度不应小于 $50cd/m^2$，最大亮度不应大于 $300cd/m^2$。

2）用白色与绿色组合或白色与红色组合构成的图形作为标志灯的标志面，其标志表面最小亮度不应小于 $5cd/m^2$，最大亮度不应大于 $300cd/m^2$；白色、绿色或红色本身最大亮度与最小亮度比值不应大于 10。白色与相邻绿色或红色交界两边对应点的亮度比不应小于 5 且不大于 15。

（5）消防应急照明灯具应急状态光通量不应小于标称光通量，且不小于 50lm。

三、应急照明配电箱及应急照明分配电装置

1. 应急照明配电箱性能

（1）双路输入型应急照明配电箱在正常供电电源发生故障时应能自动投入到备用供电电源，并在正常供电电源恢复后自动恢复到正常电源供电；正常电源与备用电源不能同时输出，并应设置手动试验转换装置，手动试验转换完毕后应能自动恢复到正常供电电源供电。

（2）应急照明配电箱应能接收应急转换联动控制信号，切断供电电源，使连接的灯具转入应急状态，并发出反馈信号。

（3）应急照明配电箱每路输出应设有保护电器。

（4）应急照明配电箱正常供电电源和备用供电电源均应设置绿色状态指示灯，显示电源供电状态。

（5）应急照明配电箱在应急转换时，应能保证灯具在 5s 内转入应急工作状态，高危险区域的应急转换时间不大于 0.25s。

2. 应急照明分配电装置性能

（1）应能完成主电工作状态到应急工作状态的转换。

（2）应急工作状态在额定负载条件下，输出电压不应低于额定工作电压的 85%。

（3）应急工作状态在空载条件下，输出电压不应高于额定工作电压的 110%。

四、集中型应急电源（简称 EPS）

集中型应急电源 EPS 目前应用十分广泛，EPS 分为直流制式应急照明电源 EPS - DC 和交流制式应急照明电源 EPS - AC。由 EPS 供电的灯内不带蓄电池组。

EPS - DC：正常状态时交流电网电源旁路输出，应急状态时输出为直流电。

EPS - AC：正常状态时交流电网电源旁路输出，应急状态时输出为交流正弦波。

EPS 容量选择：EPS 容量按下式选择

$$S_e > K\Sigma P/\cos\varphi \tag{21-1}$$

式中　S_e——EPS 容量，kVA；

　　ΣP——EPS 所带全部负荷之和，kW；

$\cos\varphi$——功率因数；

K——可靠系数，EPS – DC 一般取 $K = 1.1 \sim 1.15$，EPS – AC 一般取 $K = 1.1 \sim 1.3$。

EPS 与自带电源型应急灯具的比较见表 21 – 2，EPS – DC 与 EPS – AC 的比较见表 21 – 3。

表 21 – 2　　　　　　　　　　　　EPS 与自带电源型应急灯具的比较

比较项目	EPS	自带电源型应急灯具
构成特点	电源集中设置，灯具不带蓄电池组	灯具自带蓄电池组
转换时间	安全级：≤0.25s；一般级：≤5s	安全级：≤0.25s；一般级：≤5s
寿命	较长	较短
电源故障率	低（集中）	高（分散）
电源故障影响	故障影响面大	单灯故障影响面小
检测与管理	容易	不易
适用场所	功能复杂、大型建筑物	较小建筑物
与消防系统联动	容易	不易

表 21 – 3　　　　　　　　　　　　EPS – DC 与 EPS – AC 的比较

	比较项目	EPS – DC	EPS – AC
相同点	转换时间	安全级：≤0.25s；一般级：≤5s	
	启动时过负荷	1.5 ~ 2.0 倍额定电流	
	后备电源	蓄电池组	
	输入电源	AC 220/380V，50Hz	
	正常状态灯具支路输出	交流电网电源旁路，AC 220V，50Hz	
不同点	效率	较高	较低
	应急输出	DC 216V	AC 220/380V，50Hz
	适用负荷	白炽灯、电子镇流器荧光灯、LED、电致发光灯	白炽灯、电子或电感镇流器荧光灯、LED、电致发光灯
	不适用负荷	电感镇流器荧光灯、HID 灯	HID 灯
	过载能力	200% ~300% 报警但不关断	长期过载 120%

五、蓄光型疏散标志

蓄光型疏散标志不能单独使用，只能作为电光源型标志的辅助标志，其特点和要求如下：

（1）蓄光型疏散标志具有蓄光—发光功能，即亮处吸收日光、灯光、环境杂散光等各种可见光，黑暗处即可自动持续发光。

（2）蓄光型疏散标志是利用稀土元素激活的碱土铝酸盐、硅酸盐材料加工而成的，无须电源，该产品无毒、无放射、化学性能稳定。

（3）设置蓄光型疏散标志的场所，其照射光源在标志表面的照度：当光源为荧光灯等冷光源时，不应低于 25lx。

（4）蓄光部分的发光亮度应满足表 21 – 4 的要求。

表 21 - 4		蓄光部分的发光亮度				
时间（min）	5	10	20	30	60	90
亮度（不小于，mcd/m²）	810	400	180	100	55	30

（5）在疏散走道和主要疏散路线的地面或墙上设置的蓄光型疏散导流标志，其方向指示标志图形应指向最近的疏散出口，在地面上设置时，宜沿疏散走道或主要疏散路线的中心线设置；在墙面上设置时，标志中心线距地面高度不应大于 0.5m；疏散导流标志宜连续设置，标志宽度不宜小于 8cm；当间断设置时，蓄光型疏散导流标志长度不宜小于 30cm，间距不应大于 1m。

（6）疏散走道上的蓄光型疏散指示标志宜设置在疏散走道及其转角处距地面高度不大于 1m 的墙面上或地面上，设置在墙面上时，其间距不应大于 10m；设置在地面上时，其间距不应大于 5m。

（7）疏散楼梯台阶标志的宽度宜为 20~50mm。

（8）安全出口轮廓标志，其宽度不应小于 80mm。

（9）在电梯、自动扶梯入口附近设置的警示标志，其位置距地面宜为 1.0~1.5m。

（10）疏散指示示意图标志中所包含的图形、符号及文字应使用深颜色制作，图表文字等信息符号规格不应小于 40mm × 40mm。

六、集中控制型消防应急系统

集中控制型应急照明代表应急照明向系统化方向发展，集中控制型应急照明分为自带电源型和集中电源型，自带电源集中控制型应急照明典型示例见图 21 - 6。特别是随着 LED 和

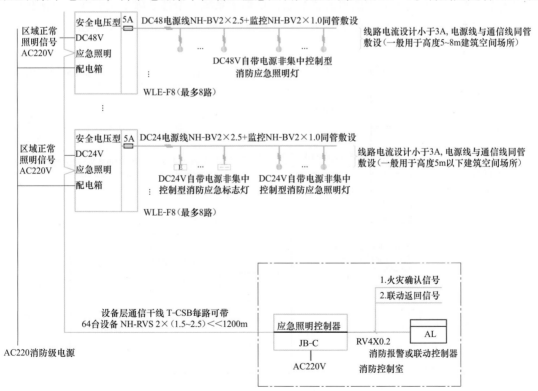

图 21 - 6　自带电源集中控制型应急照明典型示例

信息技术的发展，消防应急照明和疏散指示系统集保护、监测、控制、通信等多种功能于一体，另外，LED采用低压直流供电，提高了安全性。北京市崇正华盛应急设备系统有限公司为代表的不少厂商，开发的集中电源集中控制型消防应急照明和疏散指示系统已经得到广泛应用，特别适用于功能复杂、大型建筑物。系统主要功能有：

（1）日常维护巡检功能。集中控制型消防应急灯具对底层灯具、上层主机以及集中控制型消防应急灯具各个环节的通信设备工作状态进行严格监控，实时主报工作状态。较容易出现产品致命问题的环节具备监测措施。具有通信自检功能，监测集中控制型消防应急灯具内部每一回路的通信线路。此外，一个回路中的通信故障不会影响其他回路正常通信。

（2）灯具定期自检。集中控制型消防应急灯具还必须定期进行灯具自检，自主设定灯具自检的周期，人员较少的情况下主机自动将灯具和其他设备切换到应急状态，检测设备的应急转换功能、应急时间等，将不符合规范标准的灯具筛选出来，声光报警提醒维护人员及时更换设备。

（3）换向功能。疏散指示标志灯具具备换向功能，语言标志灯具具备语音功能，保持视觉连续的导向疏散标志具备换向功能。在火灾发生时，能根据联动信息调整疏散标志灯具指示方向。

（4）其他功能。中央主机应具有日志记录功能、查询功能、打印功能、声光报警功能、实时显示现场设备工作状态的功能等。

由于采用LED灯具，系统功率小，集中电池供电易于实现，LED采用直流24V或48V电源供电，控制回路与电源回路可共管敷设，增加了系统安全性及施工便利性。分区集中电源集中控制型典型系统示例见图21-7。集中电源集中控制型典型系统示例见图21-8。

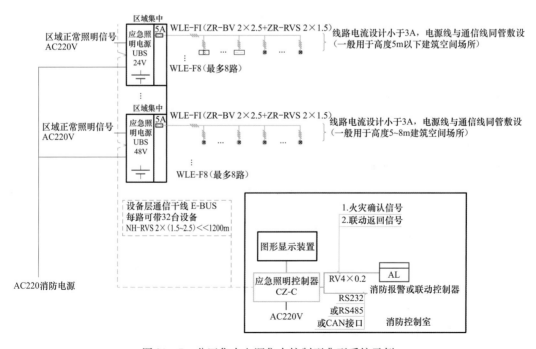

图21-7　分区集中电源集中控制型典型系统示例

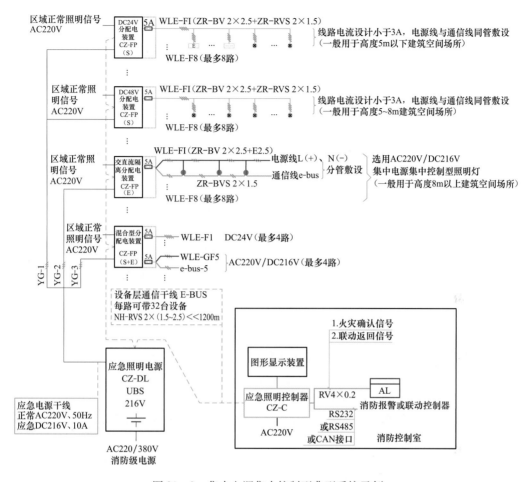

图 21-8　集中电源集中控制型典型系统示例

第四节　照　明　设　计

一、疏散照明设计

1. 疏散照明的功能

（1）明确、清晰地标示疏散路线及出口或应急出口的位置。

（2）为疏散通道提供必要的照明，保证人员能安全向出口或应急出口行进。

（3）能容易看到沿疏散通道设置的火警呼叫设备和消防设施。

疏散照明包括疏散照明灯和疏散指示标志灯，疏散照明灯应满足疏散照度的要求，疏散指示标志灯要标清楚安全出口和疏散方向。

2. 疏散照明灯的布置

（1）设置的场所：疏散走道交叉处、拐弯处、台阶处；连廊的连接处；自动扶梯上方或侧上方；安全出口外面及附近区域。

（2）疏散照明灯的装设位置应满足容易找寻在疏散路线上的所有手动报警器、呼叫通信装置和灭火设备等设施。

（3）疏散通道的疏散照明灯通常安装在顶棚下，需要时也可以安装在墙上，并保持楼梯各部位的最小照度。

（4）灯距地安装高度不宜小于2.5m，但也不应太高。

（5）应与通道的正常照明相协调，使得通道顶部美观一致。

3. 疏散标志灯的布置

（1）安全出口标志灯的布置应符合下列要求：

1）首层消防应急标志灯具应设置在出口门的内侧，在出口门的上方居中位置，底边离门框距离不大于200mm。

2）各楼层应设置在通向疏散楼梯间或防烟楼梯间前室的门口；宜设置在顶棚0.5m以下；顶棚高度低于2m时，应设置在门的两侧，但不能被门遮挡，侧边离门框距离不大于200mm。

3）室内最远点至房间疏散门距离超过15m的房间门。

4）在疏散走道内的安全出口，应在安全出口标志面的垂直疏散走道的顶部设双面消防疏散指示标志灯具。

5）可调光型出口标志灯，宜用于影剧院、歌舞娱乐游艺场所的观众厅，在正常情况下减光使用，应急使用时，应自动接通至全亮状态。

（2）疏散指示标志灯的布置应符合下列要求：

1）设置的场所：疏散走道拐弯处；地下室疏散楼梯间；超过20m的直行走道、超过10m的袋形走道；人防工程；避难间、避难层及其他安全场所。

2）当设置在疏散走道的顶部时，两个标志灯具间距离不应大于20m，其底边距地面高度宜为2.2~2.5m。

3）设置在疏散走道的侧面墙上时，设置高度宜底边距地1m以下，标志灯具设置间距不应大于10m，灯具突出墙面部分的尺寸不宜超过20mm，且表面平滑。

4）指示疏散方向的消防应急标志灯具在地面设置时，灯具表面高于地面距离不应大于3mm，灯具边缘与地面垂直距离高度不应大于1mm，标志灯具设置间距不应大于3m。

5）地面设置的消防应急标志灯具防护等级应符合IP65要求，室外地面设置的消防应急标志灯具防护等级应符合IP67要求。

疏散照明照度计算是不考虑墙面、地面等反射影响的，疏散照明灯应满足疏散照度的要求；全出口标志灯、疏散指示标志灯只考虑亮度，不考虑照度。疏散照明灯、安全出口标志灯、疏散指示标志灯的设置部位示例见图21-9、图21-10。

指示楼层的消防应急标志灯具应设置在楼梯间内朝向楼梯的正面墙上；地面层应同时设置指示地面层和指示安全出口方向的消防应急标志灯具；地下室至地面层的楼梯间，指示出口的消防应急标志灯具应设置在地面层出口内侧。

二、备用照明设计

（1）可以利用正常照明的一部分以至全部作为备用照明，尽量减少另外装设过多的灯具。

（2）对于消防机房等重要机房，备用照明与正常照明照度相同，利用正常照明灯具，在正常电源故障时，备用电源自动转换到备用电源供电。

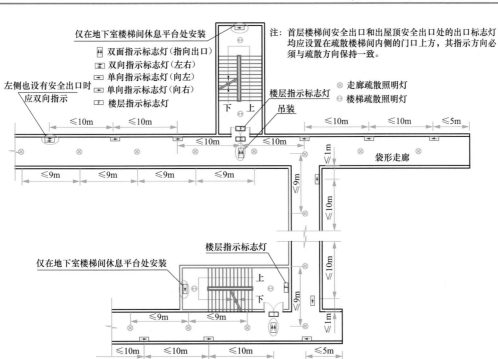

图 21-9 疏散照明灯、安全出口标志灯、疏散指示标志灯的设置部位示例（一）

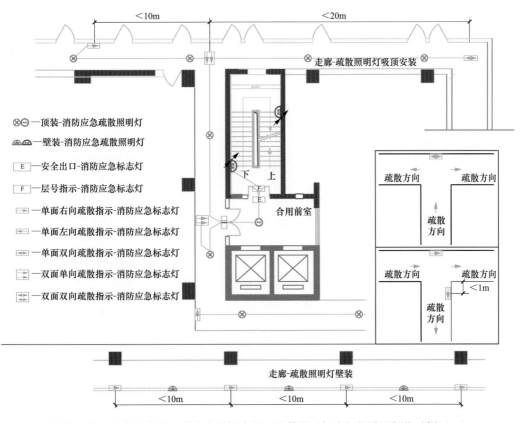

图 21-10 疏散照明灯、安全出口标志灯、疏散指示标志灯的设置部位示例（二）

（3）对于特别重要的场所，如大会堂、国宾馆、国际会议中心、国际体育比赛场馆、高级饭店，备用照明要求较高照度，可利用一部分正常照明灯具作备用照明，正常电源故障时能自动转换到备用电源供电。

（4）对于某些重要部位、某个生产或操作地点需要备用照明的，如操纵台、控制屏、接线台、收款处、生产设备等，常常不要求全室均匀照明，只要求照亮这些需要备用照明的部位，则宜从正常照明中分出一部分灯具，该部分灯具采用集中蓄电池或灯具自带蓄电池供电。

三、安全照明设计

安全照明往往是为满足某个工作区域某个设备需要而设置的，一般不要求整个房间或场所具有均匀照明，而是重点照亮某个或几个设备，或工作区域。根据情况，可利用正常照明的一部分或专为某个设备单独装设。

第二十二章
照明测量

编者：张耀根　　　校审者：姚家祎

第一节　概　　述

照明测量是辐射测量中的一个特殊分支，也是照明工程实施过程中最基本的环节之一，是照明工程的基础。

一、照明测量的目的

使用测得的数据考核所实施的照明工程在照明数量和质量上是否符合相关标准的规定和要求。

（1）为照明工程设计提供包括照明装置在内的各种参数，使照明设计更为科学、合理。

（2）为照明工程设计方案进行比较、优化和确定提供数据。

（3）为所实施的照明工程质量评定、分级提供数据。

（4）为实施的照明工程所选用照明装置，如光源、灯具等筛选、维护提供依据。

（5）成为照明学科的研究、探索和发展必不可少的工具。

二、照明测量的范围

几乎覆盖所有的照明场所。尤其各类建筑—人类活动最频繁的场所，为保障照明工程的照明质量和数量符合要求，照明测量与照明设计一样，成为实施照明工程不可缺少的组成部分。照明测量应由人工照明和天然采光两部分测量组成，这里主要限于人工照明。

三、照明测量的依据

某种意义上讲，照明测量也是一种执法行为，应有法可依、有据可查。各类相关的照明标准是照明测量的主要依据。

（1）国家相关的通用照明标准：如建筑照明设计标准、道路照明设计标准、体育场照明设计标准等。

（2）相关的国际照明设计参考标准：如 CIE 照明标准、IEC 有关照明的标准。

（3）各国和地区性的相关照明设计标准：如北美照明学会标准、英国体育照明标准等。

（4）各类专项照明参考标准：由于有些项目非常专业，需要专用的照明设计标准，如世界足联、世界田联等相关照明标准等。

现代照明工程的照明设备随着大众传媒发展而越来越先进，管理和控制日趋复杂；信息化、智能化已成主流，照明数量和质量指标自然增多加大，除了可测量的指标，有些照明指标还需通过大量的相关计算获得，测量与计算已密不可分，或从某种意义上看，照明测量为照明计算服务。

第二节　照明基本量测量

由于照明工程涉及不同领域、不同的专业，面临众多的照明技术要求，需要测定的照明量值烦琐而复杂。经分析，这些烦琐而复杂量值均是以基本量值为基础导引而出的，因此有些量值是在测量基础上计算的结果。

一、光照度

照明测量中光照度（简称照度）的测量是最基本的测量。照度基本上可以分为平面照度和非平面照度。常用的是平面照度，可以直接测得。

1. 平面照度

经常接触的平面照度可以分为三种：水平面照度、垂直面照度和任意面上照度（包括曲面上的照度），如果照度用矢量大小表示，其方向始终垂直于被照面，见图 22 - 1。

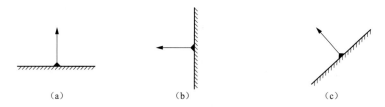

（a）　　　　　　　　（b）　　　　　　　　（c）

图 22 - 1　三种被照面上照度示意图
（a）水平面照度；（b）垂直面照度；（c）任意面上照度

任意面上的照度在作业场所、夜景照明和体育照明中已大量使用，尤其对需要测量电视转播主摄像机方向的垂直照度时广泛使用。

实际上，照明设计中最常用的是设定平面上计算点或测点上的三种照度，即水平照度、垂直照度和任意方向上照度，也是经常需要测量的量。测点的水平照度方向垂直于水平面或设定的水平地面，垂直照度方向平行于通过该点的垂直面，余下的就是任意方向上照度。比如，比赛场地测点在摄像机机位方向的照度，其测点不断变位，照度方向也随之而变。

2. 半柱面照度

半柱面照度已列入景观照明设计标准。实际上在体育照明和道路照明中也涉及半柱面照度，作为观察者识别人或物体的一项重要指标，图 22 - 2 中可以清楚地看到半柱面照度的形成和计算。

（1）半柱面照度

$$E_{sc} = \frac{I(C,\gamma)(1 + \cos\alpha_{sc})\sin\varepsilon}{\pi d^2} \qquad (22 - 1)$$

（2）半柱面平面的垂直照度

$$E_{v} = \frac{I(C,\gamma)\cos\alpha_{sc}\sin\varepsilon}{d^2} \qquad (22 - 2)$$

两式中　$I(C,\gamma)$——灯具或光源射向半柱面的光强，cd；

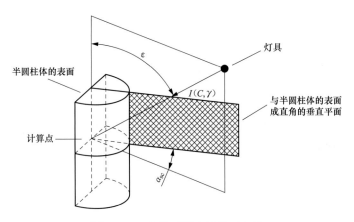

图 22-2　半柱面照度计算示意图

d——灯具或光源与半柱面之间的距离，m；

ε——灯具或光源与半柱面轴线之间的夹角；

α_{sc}——灯具或光源与半柱面轴线构成的平面与半柱面轴线正向垂直面之间的夹角；

E_v——半柱面平面上垂直照度，实际上就是半柱面平面正对观察者眼睛的照度。

比较式（22-1）和式（22-2）可以看出，只要测量半柱面平面上（图 22-2 中半柱面阴影区）正对观察者眼睛的垂直照度就可以算出半柱面照度。

3. 平均照度

无论水平面、垂直面或其他平面上照度，测得的照度加以平均即可算得平均照度，这是衡量照明工程整体水平的一项重要指标。目前，大面积照明测量中有两种测法：中心法和四点法。中心法即将照度计置于测量网格中心点；四点法的测点为测量网格四角处，见图 22-3。

（1）测量点。图 22-3（a）、（b）所示分别为中心法、四点法示意图，主要差别是测量点的位置不同，一个是网格中心点的位置（小圆），另一个是网格节点的位置（黑点）。

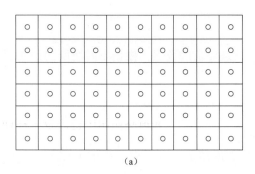

（a）

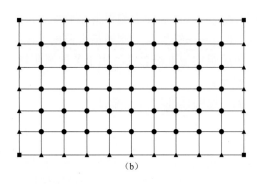

（b）

图 22-3　测点布置示意图
（a）中心法；（b）四点法

（2）平均照度的计算。

1）中心法

$$E_{av} = \frac{\sum E_i}{N} \tag{22-3}$$

式中　$\sum E_i$ ——各网格中心点照度之和，lx；

　　　　N——中心测点数；

　　　　E_{av}——平均照度，lx。

2）四点法

$$E_{av} = \frac{1}{4MN}\left(\sum E_a + 2\sum E_n + 4\sum E_s\right) \tag{22-4}$$

式中　E_{av}——平均照度，lx；

　　M，N——整个被测平面长边与宽边上的测点数（一般，被测面积布置成正方形或矩形）；

　　$\sum E_a$ ——整个测量区的四角处测点照度；

　4 $\sum E_s$ ——整个测量区四边上测点照度（除了四个角点）；

　2 $\sum E_n$ ——整个测量区余下的测点照度。

以上的算法适用于各种平面照度。

4. 照明均匀度

照明均匀度可以细分为照度均匀度或亮度均匀度，它也是评价照明工程的照明质量重要指标之一。

均匀度可用 U_1 和 U_2 表示，计算公式如下：

（1）
$$U_2 = \frac{E_{min}}{E_{av}}$$

式中　E_{min}——被照面上测得的最小照度，lx；

　　　E_{av}——被照面上算得的平均照度，lx。

（2）
$$U_1 = \frac{E_{min}}{E_{max}}$$

式中　E_{min}——被照面上测得最小照度，lx；

　　　E_{max}——被照面上测得最大照度，lx。

该照明均匀度概念广泛用于各种照明场所，只是要求的数值，根据不同场所的照明要求存在差异。

美国照明标准均匀度规定为

$$U = \frac{E_{max}}{E_{min}}$$

与上式比较，它只是 U_1 的倒数，但概念上没有本质的差别，仅在数值上要等于或大于 1，而 U_1 的数值则从 0 变到 1，不能超过 1。

5. 统计均匀度

统计均匀度，即用统计学中的均方根误差表示照明均匀度。

均方根误差表达式为

$$\sigma = \frac{\sqrt{\sum_{i=1}^{n}(x_i - x_{av})^2}}{n}$$

式中　x_i——测点照度；

x_{av}——算得的照度平均值；

n——测点数。

统计均匀度，或称为偏差系数 CV，即

$$CV = \frac{\sigma}{x_{av}} \tag{22-5}$$

这是美国体育照明设计中一项重要的照明质量指标。

6. 均匀度梯度

由于现代体育赛事需要电视转播，为保证电视转播质量，对体育照明提出了大大高于人对体育赛事的照明要求。均匀度梯度就是电视摄像和传输对照明质量要求提供的一项照明质量指标，其定义是网格中一个测点照度与其所在网格周边 8 个点的加权平均值之比，见图 22-4。

其中 E_c 表示网格上某一测点照度，1~8 为周围 8 个测点标号。

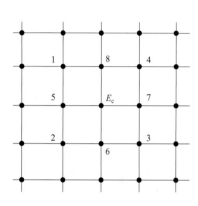

图 22-4　均匀度梯度计算点

照度总和为

$$E = E_1 \sin 45° + E_2 \sin 45° + E_3 \sin 45° + E_4 \sin 45°$$
$$+ E_5 + E_6 + E_7 + E_8$$

8 个点的平均照度为

$$E_{av} = \frac{E}{8}$$

其中 E_1、E_2、E_3、E_4 表示网格四个角上的照度，$\sin 45°$ 为权系数；E_5、E_6、E_7、E_8 表示网格四边中点的照度。网格点上的照度值均可计算和在现场测量得到。某测点的均匀度梯度是

$$U_G = E_C / E_{av}$$

式中　U_G——均匀度梯度；

E_C——某测点的照度；

E_{av}——周围 8 个测点的照度加权平均值。

均匀度梯度的技术指标由相关体育照明设计标准确定。

7. 照明功率密度 LPD

近年来，LPD 已成为照明节能中经常出现的名词，似乎与照度测量无关。其实，现场的 LPD 也是从现场照明测量测得的照度值经计算所得，而不是简单地把现场照明所安装的照明装置功率除以被照面积所得。

$$LPD = \frac{E_{av}}{UF \cdot L} \tag{22-6}$$

式中　E_{av}——现场测得的平均照度，lx；

L——光源发光效能（包括镇流器等消耗功率），lm/W；

UF——利用系数，现场实际测得的照明能量与所采用的所有照明光源光通量总和之比。

其中

$$UF = \frac{E_{av} \cdot S}{L \cdot W \cdot N} \tag{22-7}$$

式中　$E_{av} \cdot S$——照明场地上接收到所有安装光源的实际总流明数；

　　　S——被照面积，m^2；

　　　W——每个光源的电功率，包括镇流器等点灯附件消耗功率；

　　　N——光源总数。

以上经过测量和计算的照明功率密度 LPD 值是照明系统运行的初始值，与相关照明标准中制定的 LPD 值有所差别，后者表示照明场地运行一段时间间隔后的 LPD 值。

二、光亮度

通常称作亮度。尽管亮度值最能表达人眼对光的明暗感受程度，目前，除了道路照明设计标准和夜景照明设计标准采用亮度和照度并存外，其他的建筑照明设计标准几乎没有采用亮度作为照明设计标准值。这是因为照明发光体的亮度（包括二次光源）随观察方向不同而变化，除非发光体为朗伯体。如果不规定观察者视看方向，没有设定亮度测量仪器具体瞄准方位，这就增加了照明测量的难度。这是由于发光体表面的光学特性呈各向异性造成的。

有时测量亮度是为了考核照明设施产生的眩光是否控制在规定的范围内，即眩光控制程度。

1. 建筑室内照明中的眩光控制值

室内照明中我国和 CIE 均采用 UGR（统一眩光值），CIE 计算公式为

$$UGR = 8\lg \frac{0.25}{L_b} \sum \frac{L_a^2 \cdot \omega}{P^2} \tag{22-8}$$

式中　L_b——背景亮度，cd/m^2；

　　　ω——每个灯具发光部分对观察者眼睛所形成的立体角；

　　　L_a——每个灯具在观察者眼睛方向的亮度，cd/m^2；

　　　P——每个灯具位置指数，根据观察者位置查表确定。

该量就是我们需要在照明现场测量的量。

其中

$$\omega = \frac{A_P}{d^2}$$

式中　A_P——灯具发光部分对观察者眼睛方向的投影面积；

　　　d——该投影面积与观察者眼睛之间的距离。

$$L_a = \frac{I_a}{A_P}$$

式中　I_a——灯具在观察者眼睛方向上的发光强度，cd，需要用特种照度计在观察位置上测量。

以上通过测量和计算，即可得到 UGR 值。再与相关照明设计标准中制定的参考值进行比较，是否符合相关照明设计标准的要求。因此，观察者的位置设定是眩光测量的关键。

2. 体育场馆中的眩光控制值

体育照明中眩光控制程度用最大眩光指数 GR 表示，其公式为

$$GR = 27 + 24\lg \frac{L_{vl}}{L_{ve}^{0.9}} \tag{22-9}$$

其中

$$L_{vl} = 10 \sum_{i=1}^{n} \frac{E_i}{\theta_i^2}$$

式中　L_{vl}——每个灯具在观察者眼睛方向产生的光幕亮度，cd/m^2；

　　　E_i——每个灯具在观察者眼睛方向产生的照度，这是现场照明测量中需要测量的量，方能计算眩光指数 GR；

　　　θ_i——每个灯具与观察者视看方向之间夹角；

　　　L_{ve}——由照明环境在观察者眼睛上产生的光幕亮度，cd/m^2，$L_{ve} = 0.035 L_{av}$；$L_{av} = E_{av} \times \dfrac{\rho}{\pi \Omega_0}$，$E_{av}$ 为通过测量或计算取得的场地照明平均照度；

　　　ρ——场地漫射反射比，经验数值为 0.2；

　　　Ω_0——1 个单位立体角。

体育照明设计标准已规定不同赛场、不同比赛等级的 GR 眩光限制值，室外 GR 值不得超过 50，室内不得超过 30。

3. 道路照明的眩光控制值

道路照明中的眩光主要由光源或灯具产生的不舒适眩光和失能眩光组成。研究表明，眩光控制是道路照明重要的质量指标之一，只要控制失能眩光，就能控制不舒适眩光和对照明质量的影响。

失能眩光由阈值增量表述，其近似表达式为

$$TI(\%) = 65 \frac{L_v}{L_{av}^{0.8}} \% \qquad (22-10)$$

其中

$$L_v = 10 \sum \frac{E_v}{\theta^2}$$

式中　$TI（\%）$——阈值增量，用百分数表示；

　　　L_v——每个光源或灯具在观察者眼睛方向上产生的等效光幕亮度之和；

　　　E_v——光源或灯具射向观察者眼睛方向的光线在眼睛上产生的垂直照度，该值可以测量和计算；

　　　θ——观察者眼睛视看方向与光源或灯具射向眼睛方向光线之间夹角。

事实上，上述的各项眩光控制值均与光源在观察者眼睛上产生的亮度值大小有关，而亮度值大小又与观察位置上观察者眼睛在视看方向产生的照度有关，只要测得有关联的照度，就可算得亮度和相关的眩光控制值。在测量与亮度有关联的照度时测量用的照度计需要进行改造。

三、光源相关色温

光源的相关色温（以下简称色温）T_c 是光源一项重要的选用指标，不同的照明场所对光源的色温有着不同的要求，如商场、体育场、道路等各类照明场所对光源的色温有着不同的要求，有的要求暖色调，有的需要冷色调，这取决于人在该照明场所的视觉舒适感。光源的相关色温可以在测量条件得到严格控制的实验室中测得，也可以用携带式光谱辐射仪在照明现场测量。由于现场测量条件可控性不如在实验室，因此测量可能不够精确，但有很高的参考价值。

四、光源显色指数

光源显色指数同样是光源的一项重要指标，与光源的色温一样，不同照明场所有着不同的要求，特别在现代体育照明中，由于电视直播的要求，光源的显色指数至少在 65 或以上，否则不能保证电视转播质量。当然显色指数越高越好，表明光源的颜色还原能力很强，但还得兼顾光源的色温和效能。如卤钨灯显色指数很高，但发光性能很低，在现代体育照明中不大可能用卤钨灯产生高照度照明，这是因为受到照明节能的限制。携带式光谱辐射仪同样可以在照明现场测量光源的显色指数，实测表明，现场测得结果比实验室测得结果偏低，可能与现场测量环境影响和测量条件不同有关。

五、照明器件的电气参数

（1）照明器件工作电流。

（2）照明器件工作电压。

（3）照明器件电功率及能耗指标。

（4）照明器件的电气特性对场地电磁环境和供电网络的污染影响程度。

第三节　测量仪器和设备

一、照明测量常用仪器和设备

常用仪器和设备有光谱辐射仪、照度计、普通点亮度计和图像亮度计、分布测角光度仪（配光曲线仪）、反射比仪、积分球等。光谱辐射仪、分布测角光度仪和积分球主要在实验室使用；便携式照度计、普通亮度计和图像亮度计、反射比仪、便携式电工仪表等经常用于照明现场测量。尽管仪器种类很多，但所用的探测器并不很多，主要有光电倍增管和固态器件（包括硅光电二极管和光电二极管）两类。光电倍增管灵敏度很高，可以测量很小的电流但很精贵；硅光电二极管有很宽的光谱响应，从紫外一直到红外谱段，无论用于测色或测量光度量，其光谱响应必须加以修正，目前已大量用于实验室和商业场所的测光仪器和设备。

二、使用的仪器和设备应具备以下条件

1. 光谱修正

由于测光仪器探测器的光谱灵敏度响应与人眼不同，为达到与人眼感光、感色程度一致，必须加以修正，即明视觉 $V(\lambda)$ 修正。$V(\lambda)$ 是人眼光谱发光效率函数。确切地讲，在不同的测量亮度范围内对应的视觉光谱修正并不只有明视觉 $V(\lambda)$ 修正，还有暗视觉$V'(\lambda)$ 和中间视觉$V_S(\lambda)$ 修正。因暗视觉$V'(\lambda)$ 修正对应的测量亮度 （0.003cd/m² 以下）太低，一般照明不考虑这项修正；而测量亮度在 0.003～3cd/m² 范围内所对应的应是中间视觉$V_S(\lambda)$ 修正，如道路照明、大面积照明、航海与航空照明等。在道路照明中，LED 光源用中间视觉$V_S(\lambda)$ 修正后的照明效能可能提高 20%～30%，但超过亮度测量范围，即大于3cd/m² 时已无这样的优势。在小于3cd/m² 测量范围时，如果用明视觉 $V(\lambda)$ 修正的仪器测量势必产生不实的照明效果。由于中间视觉$V_S(\lambda)$ 是变化的函数，由许多曲线组成，不像其他视觉修正函数一样只是一条固定的曲线。直接用中间视觉$V_S(\lambda)$ 修正的光度仪器进行测量十分困难。目前，只能用明视觉 $V(\lambda)$ 修正的仪器测得光度值，再通过计算修正到中间视觉$V_S(\lambda)$ 条件下的数值。

2. 非线性度

非线性度主要指仪器各测量量程的非线性程度，因各量程的非线性程度不一样，取其最大的作为仪器的非线性度。计算公式为

$$N = \frac{Y_0 \cdot X_{XZ}}{Y_{XZ} \cdot X} - 1, \quad NL = N/100$$

式中　NL——仪表某量程的非线性度；

　　　Y_0——读数 X 时的仪表输出值；

Y_{XZ} 和 X_{XZ}——分别为输出和输入最大值。

3. 显示误差

现在许多光度测量已数字化，通常数字仪器显示的不确定性为 ±1 个字。考虑到最大显示值和模数转换误差，显示误差定位为

$$D = |F| + \frac{|K \cdot d|}{|P_{max}|}, \quad DP = D/100$$

式中　F——模数转换误差，由厂商提供；

　　　K——显示换挡系数，如十进位换挡，K 为 10；

　　　d——显示不确定性；

　　　P_{max}——显示的最大值。

4. 疲劳度

在较长时间高强度光照射下探测器的光谱灵敏度会发生变化、探头会受温度影响而疲劳，疲劳程度的简单检测方法是把仪器置于黑室 24h，再在光轨上用 A 光源相隔一定距离照射探头，分别在 10s 记录一次读数和 30min 记录一次读数，再计算疲劳度。计算公式为

$$S = \frac{C_{30}}{C_{10}} - 1, \quad F = S/100$$

式中　C_{30}——30min 读数；

　　　C_{10}——10s 读数。

5. 余弦修正

一般情况下光度测量仪器传感器的受光面上安置余弦修正头，使其在光线大角度斜入射时符合余弦定理；或者通过测得的数据进行修正，以期符合余弦定理。

6. 环境影响

环境影响包括环境温度、电磁环境、脉冲和闪光等影响。

由于影响测量仪器的精确性因素很多，对于使用者来说，首先熟读仪器使用说明书及其操作要求，才能准确使用仪器设备，这是保证测量准确无误的最重要一步。

三、光照度计

光照度计（简称照度计）是照明测量中最常用的仪器。几乎所有的照明设计标准中离不开照度这项指标，而测量其值必须用照度计。照度计主要由光敏器件和电子线路等组成，并赋予 $V(\lambda)$ 修正、余弦修正和若干误差修正，标定后才能使用。目前，照度计已数字化和信息化，在大面积照明测量中测量数据可实时无线传输，并由计算机处理，大大减轻劳动强度和人为误差。

测量用照度计应符合下列要求：

（1）相对示值误差绝对值：$\leqslant \pm 4\%$。

（2）$V(\lambda)$ 匹配误差绝对值：$\leqslant 6\%$。

（3）余弦特性（方向性响应）误差绝对值：≤4%。

（4）换挡误差绝对值：≤±1%。

（5）非线性误差绝对值：≤±1%。

（6）偏振误差：≤2%。

照明测量时应采用精确度不低于一级的照度计。道路照明和大面积照明测量时应采用分辨率≤±1%的照度计。

常用的照度计见图22-5。

图22-5（a）所示为国产SPIC—200手持式光谱照度计，可测量光参数包括照度（E），相对光谱功率分布（P），显色指数（CRI），相关色温（CCT），色容差（CCT），CIE1931、1960及1976色坐标，IES等效照度，S/P值，光谱辐照度；图22-5（b）所示为美国生产的手持式数字照度计。目前在照明现场测量用的照度计、亮度计或其他测量仪器已完全数字化，指针式光度测量仪器在现场测量中几乎销声匿迹。

图22-6所示是可同时测量几个面上照度，主要用于体育场照明现场测量的照度计。在国内或国际重大体育比赛时，比赛场地每个测点上至少需测量5个不同面上的照度值，一次完成就是该照度计的特点。这是我国自主研发的照度计，共装备5个光学传感器，可同时测量面向场地四边的垂直照度和场地水平照度，并进行实时数据无线传输。

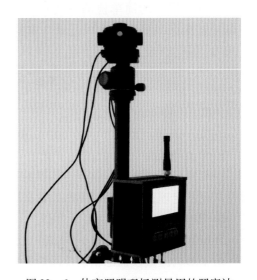

（a）　　　　　　　（b）

图22-5　一般用途手持式照度计　　　　图22-6　体育照明现场测量用的照度计

（a）国产SPIC—200光谱照度计；（b）美国生产照度计

四、光亮度计

其实，光亮度计（简称亮度计）与照度计没有太大差别，只是在照度计上增加了光学系统，把待测发光物体聚焦在照度计的探测器上，调节物镜的焦距可以测量远近发光物体的亮度，这就是亮度计的原理。亮度计有时称为望远镜光度仪。亮度计可以分为点亮度计和图像亮度计。点亮度计和图像亮度计见图22-7，图中亮度计均为外国生产。

测量用亮度计应符合下列要求：

（1）相对示值误差绝对值：≤±5%（0.02）。

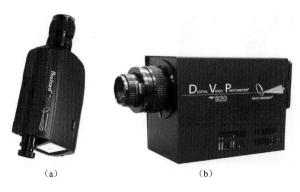

（a） （b）

图 22 - 7 点亮度计和图像亮度计

（a）点亮度计；（b）图像亮度计

（2）$V(\lambda)$ 匹配误差绝对值：≤5.5%。

（3）稳定度绝对值：≤1.5%。

（4）换挡误差绝对值：≤±1%。

（5）非线性误差绝对值：≤±1%。

（6）紫外响应：0.2%。

（7）红外响应：0.2%。

（8）方向响应：2%。

（9）周围视场效应：1%。

（10）偏振误差：0.1%。

（11）聚焦误差：0.4%。

五、光谱彩色亮度计和光谱辐射仪

光谱彩色亮度计和光谱辐射仪主要用于照明现场测量光源（包括二次源）的光色参数，如显色指数和色度坐标等。

图 22 - 8（a）所示为国产 SRC - 600 光谱彩色亮度计，测量的参数包括辐亮度、亮度、相对光谱功率分布、色品坐标、相关色温、显色指数等，具有较高的精度；图 22 - 8（b）所示为美国生产的 PR670 光谱辐射仪，与国产的同类产品功能基本相同。

（a） （b）

图 22 - 8 光谱彩色亮度计和光谱辐射仪

（a）SRC - 600 光谱彩色亮度计；（b）PR670 光谱辐射仪

六、反射比仪

反射比仪主要测量材料的反射比，见图 22 - 9。一般材料的反射特性有三种：漫反射、

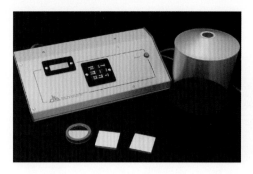

图 22 - 9　反射比仪

镜面反射和混合反射（两种反射均有）。因此反射比仪也有三种标准反射板（其中有一块为标准白板）。现在很少在现场测量材料反射比。

七、分布测角光度计

由于尺寸较大，分布测角光度计主要在光度实验室中使用，俗称配光曲线仪或分布光度计，它是为照明光源和灯具提供照明设计参数的主要工具之一。按照 CIE 的分类，其基本原理可以分为 A、B、C 三种，见图 22 - 10（a）～（c）。

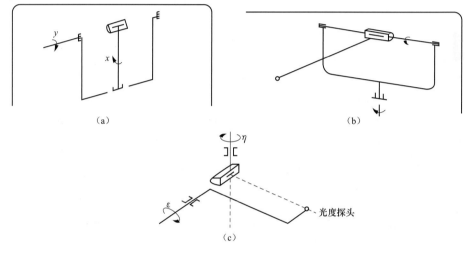

（a）

（b）

光度探头

（c）

图 22 - 10　分布测角光度计

（a）A 型；（b）B 型；（c）C 型

常用的是 B 型和 C 型，它也是照明实验室标配的仪器设备之一。CIE 不推荐 A 型。

该仪器主要提供光源和灯具常用的设计参数，如流明、配光、利用系数表格等，这里不再赘述。

八、电工仪表

在实验室中主要使用高精度的电压表、电流表、功率表等。在照明现场测量中只要经过标定的普通电工仪表即可。

第四节　照明测量基本要点

一、照明测量基本步骤

这里指的测量主要是现场测量。

1. 照明测量项目确定

照明现场测量项目确定的依据就是相关的国家和国际照明设计标准。由于不同的照明场所有不同的照明标准和要求，测量项目也就有所不同。此外，用户的要求和意见也是确定测量项目的依据之一。

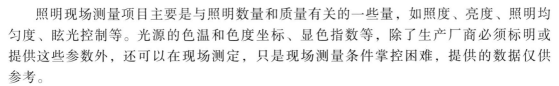

照明现场测量项目主要是与照明数量和质量有关的一些量，如照度、亮度、照明均匀度、眩光控制等。光源的色温和色度坐标、显色指数等，除了生产厂商必须标明或提供这些参数外，还可以在现场测定，只是现场测量条件掌控困难，提供的数据仅供参考。

2. 准备必要的仪器设备

根据预定的测量项目确定。一般情况下，应准备照度计、亮度计、携带式光谱辐射仪、常用的数字万用表等，还需携带随时使用的工具，如记录用具、计算器、丈量工具，甚至包括装卸工具、手电筒等。

所有现场照明测量用的仪器仪表，因需要测量照明绝对值，如照度、亮度等必须经相关计量部门近期标定；测量人员需有专业知识和测量技能培训，否则不得上岗测量。

3. 测量现场要求

（1）了解和熟悉现场照明测量条件。

（2）光源和灯具安装调试完毕。

（3）如果是新安装的光源，应先点燃100h，否则也需点燃1h，即开灯1h待光源工作稳定后进行测量。

（4）协调和排除可能影响待测照明场地的各种因素，如场地周围的办公建筑照明，路灯照明，或产生挡光和干扰光的源头等；在现场，经过测量培训的人员上岗时着装最好为深颜色，以免产生不必要的干扰光。

（5）随时了解照明供电状况，发现供电不稳定时应及时与用户沟通，特别在深夜工作电压升高时尤为重要。

（6）根据照明场地的照明目的和相关的技术要求布置照明测量点，包括照度和亮度测点、眩光测量的观察点等。

（7）现场照明测量时，随时观察和记录照明场地的照明变化状况，包括电流和电压变化情况，以备照明设备再次调试时作为参考依据。

4. 测量数据处理

所有现场照明测量的原始数据和整理后提交的正式现场照明测量报告必须经专人签字和加盖公章后才能成为有效的法律文件。

二、照明测量方法

由于不同的照明场所有不同的照明标准和要求，测量方法也随之而变。小面积照明测量时布置若干测点测量，布点可以不规则但测点位置具有特殊性或代表性。在照明面积较大时通常采用布置网格的办法。科学、合理布置测量点是现场照明测量最常规的做法，这与照明计算类同。由于照明场所和照明要求不同，方法也就各异，有些照明场所需要随机布点测量，有些照明场所则需要全场布点，或部分布点（在照明装置依场地对称布置时通常取1/4或1/2测点）进行测量。

布点数量，即网格数量满足测量精度即可，不是越多越好，这会增加现场测量工作量，原则上取决于场地照明要求，保证测得的数据不会遗漏最小值和最大值，以及能保证照度平均值有合理的精度。现场照明测量的网格数量可以与照明计算的网格数量不同，但照明计算的网格数量一定要大于照明测量网格数。

下面对若干照明测量场所进行分析。

（一）建筑室内照明测量

1. 测量点高度

GB 50034—2013《建筑照明设计标准》明确规定各种室内照明场所工作面高度，该高度也就是安置照度计的测点高度。大多数场所的工作高度为 0.75m，有些为地面高度，具体测量高度由相关标准条款确定，如 GB/T 5700—2008《照明测量方法》中均有详细规定。

2. 照明测量的网格数量

对于室内一般照明，取决于被照面大小和悬挂灯具数量，通常测量点的间距在 0.5 ~ 10m 之间，详见 GB/T 5700—2008《照明测量方法》。表 22 - 1 和表 22 - 2 所示为居住建筑和办公建筑照明测量要求。

表 22 - 1　　　　　　　　　　　居住建筑照明测量要求

房间或场民		照度测点高度	照度测点间距
起居室	一般活动	地面水平面	1.0m × 1.0m
	书写、阅读	0.75m 水平面	
卧室	一般活动	地面水平面	1.0m × 1.0m
	床头、阅读	0.75m 水平面	
餐厅		0.75m 水平面	1.0m × 1.0m
厨房	一般活动	地面水平面	1.0m × 1.0m
	操作台	台面	0.5m × 0.5m
卫生间		0.75m 水平面	1.0m × 1.0m

表 22 - 2　　　　　　　　　　　办公建筑照明测量要求

房间或场所	照度测点高度	照度测点间距
办公室	0.75m 水平面	2.0m × 2.0m 4.0m × 4.0m
会议室	0.75m 水平面	2.0m × 2.0m
接待室、前台	0.75m 水平面	2.0m × 2.0m 4.0m × 4.0m
营业厅	0.75m 水平面	2.0m × 2.0m
设计室	0.75m 水平面	2.0m × 2.0m
文件整理复印发行	0.75m 水平面	2.0m × 2.0m
资料档案	0.75m 水平面	2.0m × 2.0m

照明测量的网格最好为正方形或矩形，并与计算网格形状类同。

3. 室内照明 UGR—统一眩光值测量

前述式（22 - 8）的描述中已经提到，确定 UGR—统一眩光值时需要测量的相关量，即灯具射向观察者眼睛方向的光强值和与眼睛形成的立体角。由于 UGR 计算公式是经验公式，不能适用于室内照明中的各种照明布置和各类灯具，为此，建筑照明设计标准中规定了适用范围（同样适用于现场测量）：

（1）UGR 适用于简单的立方体形房间和一般照明设计。

（2）灯具最好具有中心对称配光。

（3）设定的观察者眼睛高度：坐时为 1.2m，站立时为 1.5m。

（4）设定的观察者位置分别在立方体形房间的纵向和横向两边中点，见图 22 - 11。

图 22 - 11 中两处箭头方向为观察者的视看方向，高度如上述。由于眩光评价公式是在限定条件下实验所得，为经验公式，使用和测量时受限较大，不同照明场所，如体育照明或道路照明等，眩光评价方法也就互不通用。

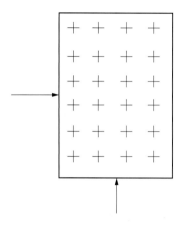

图 22 - 11　室内眩光评价时观察者位置示意图

（二）体育场地照明测量

照明测量时，应遵循 JGJ 153—2007《体育场馆照明设计及检测标准》，以及相关的国际参考标准。

1. 照度测量点高度

测量水平照度时，照度计的光电接收器（探头）应直接置于场地水平面上，即光电接收器口面的法线应垂直场地水平面。

测量垂直照度时，无正对某摄像机要求情况下，可把照度计的光电接收器置于网格上方离地 1m 处，光电接收器法线垂直于场地四边，测量面向四边的垂直照度；如有正对某摄像机要求，光电接收器必须法向某摄像机的光轴（摄像机支点位置），其测量高度为网格上方离地 1.5 处，见图 22 - 12。

图 22 - 13 表示摄像机在某高处，照度计面向摄像机固定点，测量点位置与图 22 - 12 所示相同，每点上的照度方向均不相同。

这也就是前述的任意方向上的照度。现代体育赛事在照明场地上设置的电视摄像机有固定的和移动的，多达十几部或几十部，对场地照明的测量提出更多的要求。

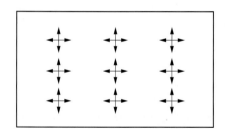

图 22 - 12　每个测点面向场地四边的垂直照度方向示意图

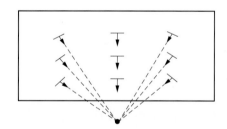

图 22 - 13　面向某摄像机机位（如赛场设置的主摄像机）方向的照度示意图

2. 测量网格数确定

在大面积照明时，为获得合理的、精确的场地平均照度，如足球场等，可参考图 22 - 14 来确定网格数。

图 22 - 14 中，横坐标表示被照面积，m^2；纵坐标表示总的网格数 $M \times N$，M 和 N 分别为被照面两边上的网格点数。此种方法不够精确但很实用。

举例说明：一个足球场的标准面积为 105m × 68m，考虑到网格总面积应覆盖整个足球场面积，宁大勿小，最小也应在 7700m^2。

图 22 - 14 中可查得网格数为 75 ~ 85，再根据足球场的两边实际长度分配两边的网格数，目前通用为 11 × 7 个测点。网格的形状最好是正方形或矩形，这也方便于照明测量人员在测量时有序进行，不会不断改变测量线路，甚至遗漏测点。

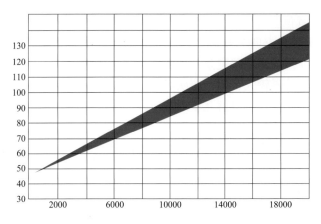

图 22 - 14　确定测量网格数

图 22 - 15 所示为网格布置基本参数的关系图。

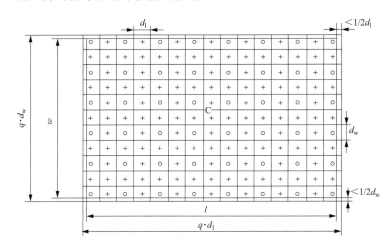

图 22 - 15　网格布置基本参数的关系图

图 22 - 15 中，l 和 w 分别为被测场地的长度和宽度，d_1 和 d_w 分别为长度方向的网格间距和宽度方向的网格间距，p 和 q 分别为两边网格点数，它们均为奇整数，并要满足 $(p-1) \cdot d_w \leqslant w \leqslant p \cdot d_w$，$(q-1) \cdot d_1 \leqslant l \leqslant q \cdot d_1$。图 22 - 15 中的 + 符号表示待测点，加上图中圆点后，即所有的点表示计算点。

不难看出，测量点的数量要比计算点数量少很多。在确保平均照度测量精度的前提下，这也体现了人工测量与计算机计算的差别；但网格总数的面积必须比待测照明面积大，为的是准确反映边缘被照区域的照明状况，如最小照度值的分布、影响照明均匀度的程度等，保持合理的测量精度。照明场地平均照度计算值应与照明测量值的相对误差不应超过 10%。

图 22 - 16 和图 22 - 17 所示为场地网格布置示意图，均引自 JGJ 153—2007《体育场馆照明设计及检验标准》，仅供参考。

图 22 - 16 中仅有 1/2 场地布置测量点，这是考虑照明装置布置的对称性。

以上的图示仅表示计算和测量照度时所用的网格图。

3. 照明场地眩光控制的观察位置

眩光与照明场地的亮度分布有关，而亮度与观察者的观察位置和观察方法（人眼视看

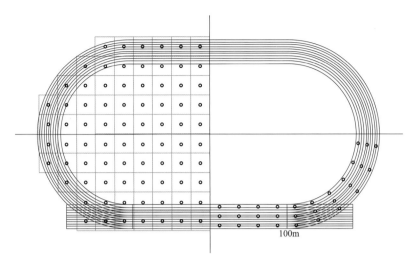

图 22－16　综合性体育场地网格布置示意图

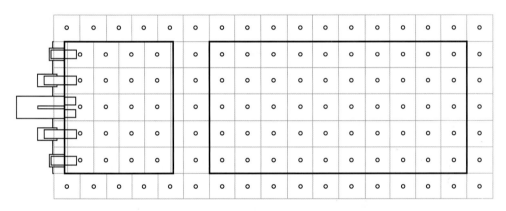

图 22－17　游泳池网格布置示意图

方法）有关。目前我国和国际上相关的体育照明设计标准均已规定在照明赛场上的眩光观察点位置。这些位置是经过不断地实践和总结经验确定，充分体现体育运动员最易发挥竞技水平、最为活跃出彩和容易创造成绩的位置。因此，这些典型的位置上因照明产生的眩光影响必须控制到最低程度，这也是照明场地的重要照明质量要求之一。在照明赛场上眩光影响必须全场控制，直到边缘的观众席。

由于不同比赛项目有着不同的赛场，或多功能的体育赛场包含不同的体育赛事，无论何种情况，均需要有适用各种赛事的不同的眩光观察点位置。

图 22－18 ~ 图 22－21 所示为不同赛场的眩光观察点的位置。

图 22－18 中有 11 个观察点，由于照明场地对称布置，眩光观察点被设置一半。从观察点位置来看，这些点的位置均是体现比赛有着精彩看点的位置，也就最需要严加关注的眩光控制点。

图 22－19 中有 5 个观察点，需要时观察点可以增加到 9 个或 11 个。

图 22－20 中有 4 个观察点，考虑场地照明对称布置，只设置半场。

图 22－21 中有 3 个观察点。

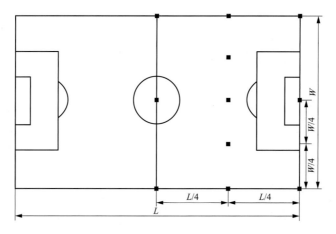

图 22 - 18　足球场地眩光观察点位置

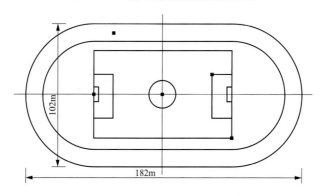

图 22 - 19　田径场地眩光观察点位置

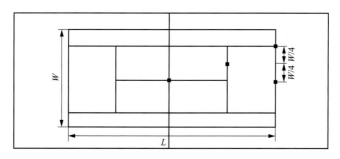

图 22 - 20　网球场地眩光观察点位置

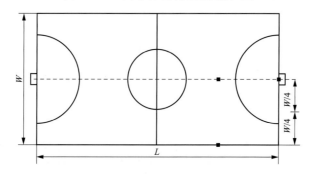

图 22 - 21　室内体育场地眩光观察点位置

4. 观察方法

上述列举的只是眩光观察点的位置，还不能计算和测量眩光影响程度，需要确定在每个观察位置上的观察方法，其中包括观察人员的视看方向，通过测量才能计算和评价照明产生眩光的程度。这与体育照明眩光指数计算公式中涉及的照度计算有关。正如前述，眩光是通过测量公式中的照度值来计算的。如何测量照度，见图 22-22。

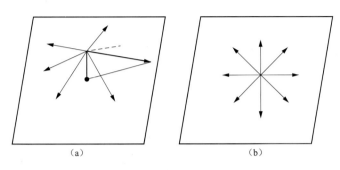

图 22-22　眩光观察者位置和观察方向
(a) 观察位置；(b) 观察方向

图 22-22 中的黑点为上述测量眩光的观察点，图 22-22 (a) 为观察点上方人眼观察高度 1.5m 处，下视 2°的正前方为观察者的视看方向。图 22-22 (b) 为众多的观察者视看方向，这是因为运动员即使站在眩光的观察点上，他也可以原地 360°范围内改变视看方向。如果选定 8 个视看方向，两处视看方向正好相隔 45°；如果选定 12 个视看方向，则相隔 30°，以此类推。原则上确定观察员视看方向取决于测量精度和工作强度，而要测量的就是每处视看方向与面对场地所有的光源在视看方向产生的垂直照度，并可算出 GR 值，而每观察点有众多的视看方向，也就计算很多相应的 GR 值；所有的观察点就有更多 GR 值，从中取出最大值与相应的设计标准比较，决定眩光控制程度。

5. 现场测量光源的显色指数和色温

不同的观察点位置会测得不同结果，因此也需要确定测点的位置，见图 22-23。

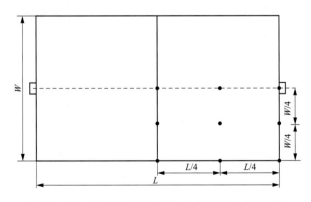

图 22-23　现场光源显色指数和色温测量点示意图

图 22-23 中有 9 个测量点，即 1/4 场地的测点，如果场地是非对称时，可在全场均匀布置测量点。

（三）道路照明测量

道路照明测量的主要依据 GB/T 5700—2008《照明测量方法》，该标准中详细提供了道路照明的水平照度测量和亮度测量方法。除此以外，CIE 相关的方法和美国的方法均代表国际上不同地区做法，下面逐一介绍相关的方法，以供参考。

1. CIE 方法

（1）照度测量。

1）测量点定位，见图 22 - 24。

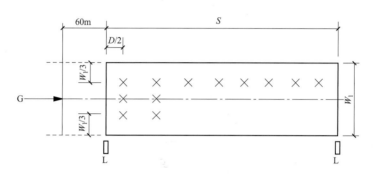

图 22 - 24　道路照明测点分布图

S—道路同侧两灯具之间的距离，m；L—灯具；W_1—车道宽度，m；D—测量点的纵向间距，m

从图 22 - 24 中得知，测量点设定为 3 排，与车道边缘相邻两排测量点的横向间距为车道宽度的 1/3，即 $W_1/3$；第一列测量点离测量起始线的间距为测量点纵向间距的 1/2，即 $D/2$。

纵向测量点数 N 选择：如果 $S \leqslant 30m$，$N = 10$；$S > 30m$ 时，N 取最小整数，并且 $D \leqslant 3m$。

以上仅为一个车道的测量点分布状况。其他车道的测量点分布，则依此类推。

2）照度测量高度：至车道路面高度。

（2）亮度测量。亮度测量与照度测量有所不同，除了确定测量点外，尚需观察者的位置和观察方向。

1）观察者位置。仍以图 22 - 24 为例，从图中可以看到 G 的箭头所指点为观察者位置，处在车道的中心线上，离测量起始线的间距为 60m；在每条车道均有相同的观察者位置，也就是说，在照明测量的标准路段内有多少车道数就有多少个观察者位置。测得的数值处理也不同，如每个车道均可测得纵向亮度均匀度，对所有测得值取其最小值作为整个标准路段的纵向亮度均匀度值。

2）观察方向（视看方向）。根据 CIE 规定，在观察者位置上方 1.5m 为观察高度，向前并向下倾斜 1°的视线为观察方向。图 22 - 25 所示为不同道路和不同照明布置时的观察者位置示意图。

图 22 - 25 中可以清晰地看到各种道路车道亮度测量的位置和观察者位置几乎完全相同，所不同的是测点的间距和测点的数量，而照明测量用的标准路段长度则取决道路照明设计方案，如车道宽度、灯具安装高度、照明方式等。

（3）眩光控制

国际照明委员会（CIE）一直认为，控制阈值增量 TI 达到或低于照明设计要求是关键。TI 的计算公式有些变化，如下

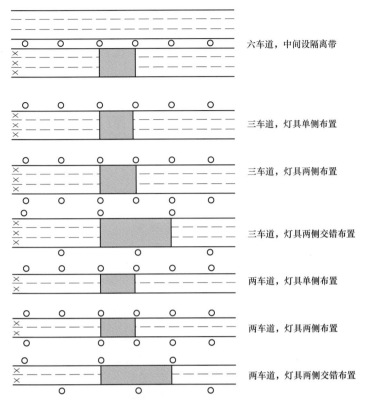

图 22 – 25　七种不同照明布置的观察者位置示意图

×—观察者位置；　■—计算区域

$$TI = \frac{K \cdot E_e}{L_{av}^{0.8} \cdot \theta^2} \qquad (22 - 11)$$

式中　TI——阈值增量；

E_e——光源或灯具在观察者眼睛（1.5m 高度）视看方向产生的垂直照度总和；

θ——光源或灯具射向观察者眼睛方向的光强与视看方向的夹角，在路面 0.05 < L_{av} < 5cd/m^2 时，有 1.5° < θ < 60°。

E_e 和 θ 就是需要现场测量的值。

式（22 – 11）中的 K 是考虑年龄因素而设置的一个常数

$$K = 641 \left[1 + \left(\frac{A}{66.4} \right)^4 \right] \qquad (22 - 12)$$

一般情况下取 $K = 650$（年龄为 23 岁），其他年龄段按公式计算。

观察者横向位置位于双向车道一侧的 1/4 路宽处；纵向位置离测量起始线前方有一设定距离 J，其值为 $J = 2.75$（$H - 1.5$），H 为灯具的安装高度。如果安装高度为 13m，则观察者纵向位置离测量起始线约为 31.7m，而视线的高度仍为 1.5m，视线方向为水平向下 1°的正前方。特殊的照度计就安置在该位置上测量照度。离观察者的前方测量距离由 θ 角决定，其实 θ 角超过 60°后影响很小。

2. 北美道路照明测量方法

在北美地区，道路照明测量与 CIE 以及我国均有所不同。

（1）照度测量。照度测量点与亮度测量点属同一位置。

1）测量点高度。测量高度以车道路面为准。

2）测量点位置。北美的道路照明测量方法是道路一侧两灯具之间定为照明测量面积或标准路段。在测量的标准路段中，每条车道内设置两排测点，每排测点离车道边缘的 1/4 车道宽度处，见图 22-26。图中的黑点为测点，第一列测点在标准路段照明测量的起始线上，每排纵向测点之间的距离由测量者确定，原则是在标准路段中每排测点至少 10 个，纵向测点之间的距离不大于 5m。

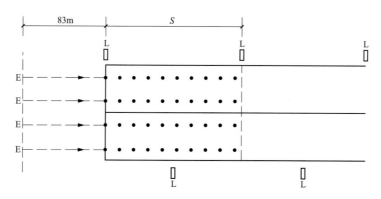

图 22-26 道路照明测量测点布置示意图

S—道路同侧两灯具之间的距离（或为杆距）；L—照明灯具；

E—观察者位置，箭头所指为观察方向（视看方向）

（2）亮度测量。亮度测量点的位置与照度测量点相同，与亮度、照度计算点位置也一样，所不同的是亮度测量时需要观察者高度与视看方向。图 22-26 中，E 为观察者位置，观察高度为 1.45m，其正前方向下 1°为观察者的观察方向，可以算得观察者离道路测量起始线为 83m。

通过亮度测量，可以算得各车道的纵向亮度均匀度、平均亮度均匀度。

整个标准路段的纵向亮度均匀度取自各车道的纵向亮度均匀度中的最小值。

（3）道路照明眩光控制。

1）控制光幕亮度。在控制道路照明眩光方面与 CIE 或与我国均不一样。他们主要计算光幕亮度，并用灯具产生的光幕亮度与平均亮度之比的数值表示照明眩光控制程度。计算光幕亮度的公式为

$$L_v = \frac{10E_v}{\theta^2 + 1.5\theta} \qquad (22-13)$$

式中　L_v——单个灯具对观察者观察高度上产生的光幕亮度；

E_v——单个灯具在观察者视看方向产生的垂直照度；

θ——单个灯具与观察者视看方向之间的夹角。

总的光幕亮度为

$$L_v = \sum_{i=1}^{n} \frac{10E_v}{\theta^2 + 1.5\theta} \qquad (22-14)$$

公式各项参数同上，只是加了总和符号。n 表示观察者视看前方的灯具数。测量时，直

到 $\theta > 60°$ 之前的灯具数为 n。

2）观察者位置。观察者的视线高度为1.45m。观察者的视线与道路边缘线平行。观察者横向位置位于离道路边缘的1/4车道宽度处；观察者纵向位置位于离照明测量起始线83m。

3）评价指标。由北美地区道路照明设计标准确定。因道路等级不同，光幕亮度 L_v 与平均亮度 L_{avg} 之比的数值也不同，但其最大值不超过0.3∶1；交汇处和地方道路为0.4∶1。

（四）景观照明测量

一般情况下，人们在欣赏一幅画时，如油画、水彩画等，始终与画保持一定的距离和不同的视点欣赏画的内涵和传神效果。在景观照明测量时与欣赏画的做法一样，需要有设定的观察位置，或称作在视点上进行测量，主要测量景观表面亮度。因此需要注意：

（1）了解景观照明设计者的意图，确定视点位置测量景观表面的某点亮度，或平均亮度；视点的高度为1.5m。

（2）点亮度计或图像亮度计是经常使用的仪器，有时测色时用辐射亮度计。

（3）在测量景观照明产生光污染效果需要测量照度时，可用一般数字式照度计，并在JGJ/T 163—2008《城市夜景照明设计规范》设定的位置上进行。

（4）景观照明的感观效果因人而异，不是测量仪器能判断的，特别是色彩效果和立体感效果需人的主观评价，照明测量者只能提供数据。

（5）景观照明的测量依据是JGJ/T 163—2008《城市夜景照明设计规范》。

三、照明测量基本要求

1. 对技术文件要求

（1）照明测量可以看作为是一种执法行为，在照明测量前，对照明测量项目、测量细则、相关标准等与测量有关的文献资料进行充分准备，做到有据可查、依法测量。

（2）现场照明测量结束后，应对测量数据进行分析、整理，形成完整的技术文件，建档备案。

2. 对测量人员要求

（1）参与测量人员必须经过照明专业的测量培训，并持有相应的资质和上岗证件。

（2）测量时，参与测量人员应具备专业化技术，但最好不要一专多能，不应出现既是测量员又是记录员的现象，应分工明确、各尽其能、各负其责。

（3）参与测量人员着装应有明显标志，便于辨认；着装应深色无光泽，不能对测光产生干扰。

（4）测量时，测量人员除了保障数据无线传输畅通需要进行通话外，应不与任何场地上非测量人员通话联系，避免影响测量工作。

（5）测量人员对测量结果的表述应以正式提交的技术文件为准，对测量结果进行评论或提供建设性意见时最好协商一致。

（6）测量人员与电气设备监督人员（属用户方非照明测量人员）应有有效的联系渠道，随时了解照明测量场地供电情况，如电压波动情况，以备测量人员随时记录，供修正数据时参考。

3. 测量仪器准备

（1）针对相关测量用的仪器设备进行测前检验，主要包括测量仪器的标定书，仪器的量程、复现性、疲劳度等检验，以确保现场照明测量的精度、可靠性和合法程序。

（2）所有非直接用于现场测量照明量值又影响测量精度的工具、仪表等，如钢尺，均有质量合格证书和标定证书。

4. 数字记录

（1）在照明测量时，除了数据无线传输、人工无法干预情况外，有些照明测量场所仍需人工记录，记录数字难免有误时应保留原有记录，在进行数字处理时不能涂、可以改，以便再次核实。

（2）所有照明测量的数字记录原始文件应有测量负责人逐级签字后归类、归档，不能随便翻拍、调用或借用。

5. 现场要求

（1）开启照明设计中设定的全数灯具，关闭与照明测量无关的照明器件或灯具。必须待测光源工作稳定后进行照明测量。

（2）照明测量时应清场，不应让与照明测量无关人员在场，以免对照明测量产生干扰。

（3）在现场测量过程中发生个别照明器件工作不正常、不稳定或停止工作时应终止测量，并记录在案。

（4）照明测量现场遭遇环境意外突变情况，如骤然起风、大雾弥漫等影响测量人员情绪或影响照明测量工作时，应停止测量。

（5）安排测量的有关人员对现场照明测量的安全应特别关注，如道路照明测量应在封闭环境下进行；室内照明测量时任何照明装置不能发生散落或坠落等，以免造成人身事故。

第五节　记录内容与格式

一、记录内容

因照明场所要求不同、照明功能不同而记录内容有所不同。

1. 记录测量任务（用户提供）内容

（1）测量任务委托人、测量名称、合同编号和合同要求，包括照明设计标准以外的照明测量相关任务。

（2）测量地点和场所，所属关系，及其负责人或联系人。

（3）用户提供现场照明测量协调人员名单及其职责。

2. 记录现场测量内容

（1）具体的测量现场名称、规模、用途和场地等级。

（2）记录照明测量场地配置的照明光源和灯具数量、型号、功率、防护等级和外形尺寸以及布灯方式（如对称、非对称、单侧等）、安装模式等（如低杆或高杆、高塔、檐口布置方式），还要记录灯具和光源的点燃时数和清洗程度。

（3）根据提供的照明计算书及照明设计布灯图，按缩尺比例绘制照明测量图，包括照明测量网格图（可以与照明计算网格尺寸不一致）、眩光观察位置示意图、主摄像机位置图等。

（4）在按缩尺比例绘制照明测量图上，按任务书要求记录测得的水平照度、垂直照度和任意面上照度，以及测点的高度。在此基础上并附以照明均匀度、均匀度梯度、眩光控制程度等的计算结果。

（5）记录照明测量时供电电压的波动情况，每半小时记录一次。对测量有严重影响时要对测量结果进行修正。

（6）记录照明测量的日期、时间段、测量仪器仪表以及标定的日期和修正系数。

（7）记录照明测量时的气候状况，特别是有雾的天气严重影响照明测量结果时考虑继续或停止测量。

（8）对道路照明测量，我国采用照度和亮度并用制，因道路照明亮度测量特殊性，如需要，还要提供亮度测量的结果。

3. 参与测量人员

（1）照明测量人员名单、职称和承担的测量项目。

（2）现场照明测量时数据记录人员应不参与测量数据处理和计算工作。

（3）在照明测量数据获取、处理和运算各环节中参与人员各负其责、各签其名。

二、记录表格

记录表格不存在固定格式，这是因为照明科学不断更新和发展，新的研究成果随时充实，各个测量单位惯用方式差异，记录表格的内容和形式也就不断变化。

表 22－3 所示为室外照明现场测量的通用记录表格，说明如下：

（1）表格中的类目可以根据实际照明场所类别和所需的测量项目进行删减或增补。

（2）表中实测值为现场测得值，而修正值为测量仪器经标定后所得的修正系数与实测值相乘的结果。

（3）表中横向有编号，而纵向也可编号，只是实测值和修正值同占一个编号。

（4）该表为照度记录表，名称变成亮度后成为亮度记录表。

表 22 – 3　　室外照明现场测量通用记录表格

检验编号					检验日期				检验项目			照度、照度均匀度			
场地名称					环境温度（℃）										
检验设备名称、编号		照度计			电压（V）		测前		检验前设备状况						
							测后		检验后设备状况						
测量点	1	2	3	4	5	6	7	8	9	10	11	12	13	14	15	16
实测值																
修正值																
实测值																
修正值																
实测值																
修正值																
实测值																
修正值																
实测值																
修正值																
照度最大值			照度最小值			照度平均值				照度均匀			$U_1 =$			
												$U_2 =$			

校核：　　　　　　　记录：　　　　　　　检验：

现场测量发光体色度坐标见表 22 – 4。

表 22 – 4 　　　　　　　　　　现场测量发光体色度坐标

检验编号 　　　　　　　　　　　　　　　　　　　　　　　　　　　共 　页第 　页

场所名称		仪器名称			电压（V）		测前		环境温度		检验时间	
		规格型号					测后		（℃）			
	测量点	1	2	3	4	5	6	7	8	9	10	
	亮度值											
色度值	x											
	y											
	数据号											
	亮度值											
色坐标	x											
	y											
	数据号											
	亮度值											
色坐标	x											
	y											
	数据号											

三、测量报告

测量报告的内容不仅可作为正式的存档文件，也是交付用户的正式文件，与测量报告表达形式有所不同。各个承担照明测量任务的单位根据自己特点可以有自己的表述，但主要内容包括以下方面：

（1）委托照明测量单位的全称、正式委托书和提交确切日期，并说明任务的性质，是新建的、改建的还是扩建的。

（2）委托单位提出的详细照明测量任务和承担照明测量任务单位拟定的相关测量任务，且有双方签字认可，并有承担单位的全称。

（3）照明设计计算书。

（4）照明系统平面布置图，并列入照明装置（光源、灯具等）的数量、新旧程度、型号、功率大小以及安装方式等。

（5）照明测点平面布置图，并列入测量数据。

（6）照明系统的质量和数量检测结果汇总，应包括眩光控制程度的检测图表和数据。

第二十三章
照 明 节 能

编者：张 琪 任元会 　　校审者：徐 华

第一节 绿 色 照 明

一、概述

人口、资源和环境是当今世界各国普遍关注的重大问题，它关系到人类社会经济的可持续发展，资源和环境与照明关系最为密切。1973 年的世界能源危机引起国际上和一些发达国家对照明节能特别重视，一些国家相继提出一些照明节能的原则和措施。而绿色照明新理念就是在这样的背景下，首先于 1991 年底由美国环保署提出，它从环保出发，通过节约照明能源，达到保护环境的目的。尔后各个国家积极推进绿色照明工程的实施，已取得越来越大的社会、经济和环境效益。实施绿色照明的前景广阔，有巨大的发展潜力。

我国从 1993 年开始准备启动绿色照明，并于 1996 年正式制定了《中国绿色照明工程实施方案》，又于 2001 年由联合国计划开发署和联合国的环境基金（GEF），协同中国制订了"十五"期间绿色照明的实施计划，推动中国绿色照明事业的发展，并取得了显著成效。在"十一五"期间，绿色照明工程发展重点是推动高效照明产品的发展，逐步淘汰白炽灯，全方位推进绿色照明的发展。"十二五"时期住房和城乡建设部城建司下达了《"十二五"城市绿色照明规划纲要》，把推进绿色照明、促进照明节能、提升照明品质作为工作的核心，并且编制完善了绿色照明标准体系。

目前已制定了常用照明光源及镇流器等产品能效标准、各类建筑照明标准，完善了实施绿色照明工程的措施和管理机制，继续大力全方位推进绿色照明的发展。

二、实施绿色照明的宗旨

绿色照明是节约能源，保护环境，有益于提高人们生产、工作、学习效率和生活质量，保护身心健康的照明。

1. 节约能源

人工照明源于由电能转换为光能，而电能又大多数来自于化石燃料的燃烧。地球上的石油、天然气和煤炭的可采年限有限，世界能源不容乐观。节约能源对于地球资源的保存，实现人类社会可持续发展具有重大意义。

据国际照明委员会（CIE）估测，16 个发达国家 2000 年的照明用电量约占总用电量的 11%，年人均照明用电量约为 1200kWh。我国的照明用电量约为总发电量的 10%～12%，随着经济发展和人们居住条件、生活环境的改善，照明用电需求增长较快，照明节约能源潜力很大。

2. 保护环境

由于化石燃料燃烧产生二氧化碳（CO_2）、二氧化硫（SO_2）、氮氧化合物（NO_x）等有害气体，造成地球的臭氧层破坏、地球变暖、酸雨等问题。地球变暖的因素中，50%是由二氧化碳形成的，而大约80%的二氧化碳来自化石燃料的燃烧。据美国的资料，每节约1kWh的电能，可减少大量大气污染物，见表23-1。由此可见，节约电能，对于环境保护的意义重大。

表23-1　　　　　　　　每节约1kWh的电能可减少的空气污染物的传播量

燃料种类	空气污染物		
	SO_2（g）	CO_2（g）	NO_x（g）
燃煤	9.0	1100	4.4
燃油	3.7	860	1.5
燃气	—	640	2.4

3. 提高照明品质

提高照明品质，应以人为本，有利于生产、工作、学习、生活和保护身心健康。在节约能源和保护环境的同时，还应力图照明品质的提高。照明的照度应符合该场所视觉工作的需要，而且有良好的照明质量，如照度均匀度、眩光限制和良好的光源显色性以及相宜的色表等。节约能源和保护环境必须以保证数量和质量为前提，创造有益于提高人们生产、工作、学习效率和生活质量，保护身心健康的照明，为达此目的，采用高光效的光源、灯具和电器附件以及科学合理的照明设计是至关重要的。

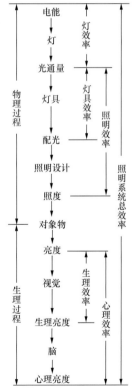

图23-1　照明过程与效率

三、照明节能原则

照明节能所遵循的原则是在保证照明质量、为生产、工作、学习和生活创建良好的光环境前提下，尽可能节约照明用电。为节约照明用电，国际照明委员会（CIE）提出了如下9条原则：

（1）根据视觉工作需要定照度水平。

（2）得到所需照度的节能照明设计。

（3）在满足显色性和相宜色调的基础上采用高光效光源。

（4）采用不产生眩光的高效率灯具。

（5）室内表面采用高反射比的装饰材料。

（6）照明和空调系统的散热的合理结合。

（7）设置按需要能关灯或调光的可变照明装置。

（8）人工照明同天然采光的综合利用。

（9）定期清洁照明器具和室内表面，建立换灯和维修制度。

从上述原则可以看出，照明节能是一项系统工程，要从提高整个照明系统的能效来考虑。照明光源的光线进入人的眼睛，最后引起光的感觉，这是复杂的物理、生理和心理过程，该照明过程与效率见图23-1。欲达到节能的目的，必须从各个因素加以分析考虑，以提出节能的技术措施。

四、绿色照明经济效益

在照度相同条件下，用紧凑型荧光灯取代白炽灯的效益见表23-2（含镇流器功耗）。

表23-2　　　　　　　　　　　紧凑型荧光灯取代白炽灯的效益

普通照明白炽灯（W）	紧凑型荧光灯（W）	节电效果（W）	节电率（%）
100	21	79	79
60	13	47	78.3
40	10	30	75

直管形荧光灯升级换代的效益见表23-3（未计镇流器功耗）。

表23-3　　　　　　　　　　　直管形荧光灯升级换代的效益

灯种	镇流器形式	功率（W）	光通量（lm）	光效（lm/W）	替换方式	节电率（%）
T12（38mm）	电感式	40	2850	71	—	—
T8（26mm）	电感式	36	3350	93	T12→T8	23.6
T8（26mm）	电子式	32	3200	100	T12→T8	29
T5（16mm）	电子式	28	2800	100	T12→T5	29

高强度气体放电灯的相互替换的效益见表23-4（未计算镇流器功耗）。

表23-4　　　　　　　　　　　高强度气体放电灯的相互替换的效益

灯种	功率（W）	光通量（lm）	光效（lm/W）	寿命（h）	显色指数 Ra	替换方式	节电率（%）
荧光高压汞灯	400	22000	55	15000	40	—	—
高压钠灯	250	28000	112	24000	25	1→2	50.9
金属卤化物灯	250	19000	76	20000	69	1→3	27.6
金属卤化物灯	400	35000	87.5	20000	69	1→4	37.1
陶瓷金卤灯	250	21000	84	20000	85	1→5	34.5

LED灯相对于紧凑型荧光灯，按筒灯计，平均节能达40%～50%。

第二节　实施照明节能的技术措施

一、照明节能过程中应处理的关系

照明节能是一项系统工程，涉及系统中的各个环节的效率。在实施照明节能的过程中应合理处理好以下几个关系：

（1）照明节能与照度水平的关系。照度水平应根据工作、生产的特点和作业对视觉的实际要求来确定，不应盲目追求高照度，要遵循设计标准。本着节能、环保、适用、经济、美观的原则，确定照度水平。

（2）照明节能与照明质量的关系。照明质量包括良好的显色性能、相宜的色温、较小的眩光、比较好的照度均匀度、舒适的亮度比等。但是照明质量和能效是一对矛盾，如限制眩光过高要求、显色性过高要求，都将降低照明效率。

当前的主要问题是：有些设计没有规定光源的色温和显色指数，由承包商随意选购，达不到最佳效果；另外，应用冷色温荧光灯管和 LED 灯过多，有的存在色温越高越亮的误解，造成和场所不适应，也影响光效的提高。在半导体发光二极管（LED）灯开始广泛应用的今天，单纯追求高效、低价，使用过高色温和低显色指数的 LED 灯都是不恰当的。应在保证良好的照明质量的前提下，合理地选用高效光源、灯具和电器附件。

（3）照明节能与装饰美观的关系。在公共建筑中，应根据具体条件处理美观要求，既要和建筑整体装饰相协调，又要正确处理与节能的关系，以寻求良好的光环境和较高的照明能效。当前，在某些建筑照明设计中，存在忽视照明功能、不注重节能、片面追求美观的倾向。在高档的公共建筑，如高级宾馆、博物馆、剧场等的厅堂，较多地考虑照明装饰效果是必要的；但也应重视照明的视觉功能（照度、照明质量），符合节能的原则。

（4）照明节能与建筑投资的关系。做照明经济分析时，简单地比较器材的价格不能全面反映设计方案的经济性能，也不利于节能，而应按同样输出光通量值和使用时限来比较光源价格，或按全寿命期进行经济分析。做照明系统的比较时，计入照明初建投资费用和全寿命期内消耗电能的费用，就使高效光源和高效灯具、电器附件等具有明显的综合经济优势，而使用节能产品，不仅节能，而且经济也合理。

照明节能的主要技术措施分述如下。

二、合理确定照度标准

1. 按相关标准确定照度

照明设计标准有：

（1）GB 50034—2013《建筑照明设计标准》，规定了工业与民用建筑的照度标准值。

（2）GB 50582—2010《室外作业场地照明设计标准》，规定了机场、铁路站场、港口码头、船厂、石油化工厂、加油站、建筑工地、停车场等室外作业场地的照度标准值。

（3）CJJ 45—2015《城市道路照明设计标准》，规定了城市道路的亮度和照度标准值。

（4）JGJ/T 163—2008《城市夜景照明设计规范》，规定了城市建筑物、构筑物、特殊景观元素、步行街、广场、公园等景物的夜景照明标准值。

设计中应按照相关标准确定照度水平。

2. 控制设计照度与照度标准值的偏差

设计照度值与照度标准值相比较允许有不超过 ±10% 的偏差（灯具数量小于 10 个的房间允许有较大的偏差），避免设计时过高的照度计算值。

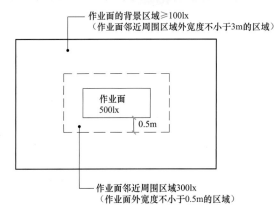

3. 作业面临近区、非作业面、通道的照度要求

作业面邻近区为作业面外 0.5m 的范围内，其照度可低于作业面的照度，一般允许降低一级（但不低于 200lx）。

通道和非作业区的照度可以降低到作业面临近周围照度的 1/3，这个规定符合实际需要，对降低实际功率密度值（LPD）有很明显作用。

作业面及邻近区域的关系、照度值示例见图 23 - 2。

图 23 - 2　作业面及邻近区域的关系、照度值示例

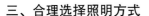

三、合理选择照明方式

为了满足作业的视觉要求，应分情况采用一般照明、分区一般照明或混合照明的方式。对照度要求较高的场所，单纯使用一般照明的方式，不利于节能。

1. 混合照明的应用

在照度要求高，但作业面密度又不大的场所，若只装设一般照明，会大大增加照明安装功率，应采用混合照明方式，以局部照明来提高作业面的照度，以节约能源。一般在照度标准要求超过750lx的场所设置混合照明，在技术经济方面是合理的。

2. 分区一般照明的应用

在同一场所不同区域有不同照度要求时，为贯彻该高则高和该低则低的原则，应采用分区一般照明方式。

四、选择优质、高效的照明器材

1. 选择高效光源，淘汰和限制低效光源的应用

（1）选用的照明光源需符合国家现行相关标准，并应符合以下原则：

1）光效高，宜符合标准规定的节能评价值的光源。

2）颜色质量良好，显色指数高，色温宜人。

3）使用寿命长。

4）启动快捷可靠，调光性能好。

5）性价比高。

常用光源的主要技术指标见表23－5。

表23－5　　　　　　　　　　常用光源的主要技术指标

光源种类	光效 （lm/W）	显色指数 Ra	平均寿命 （h）	启动时间	性价比
白炽灯	8～12	99	1000	快	低
三基色直管荧光灯	65～105	80～85	12000～15000	0.5～1.5s	高
紧凑型荧光灯	40～75	80～85	8000～10000	1～3s	不高
金属卤化物灯	52～100	65～80	10000～20000	2～3min	较低
陶瓷金卤灯	60～120	82～85	15000～20000	2～3min	较高
无极灯	55～82	80～85	40000～60000	较快	较高
LED灯	60～120*	60～80	25000～50000	特快	较低
高压钠灯	80～140	23～25	24000～32000	2～3min	高
高压汞灯	25～55	～35	10000～15000	2～3min	低

＊整灯效能。

（2）严格限制低光效的普通白炽灯应用，除抗电磁干扰有特殊要求的场所使用其他光源无法满足要求者外不得选用。

（3）除商场重点照明可选用卤素灯外，其他场所均不得选用低光效卤素灯。

（4）在民用建筑、工业厂房和道路照明中，不应使用荧光高压汞灯，特别不应使用自镇流荧光高压汞灯。

（5）对于高度较低的功能性照明场所（如办公室、教室、高度在8m以下公共建筑和工业生产房间等）应采用细管径直管荧光灯，而不应采用紧凑型荧光灯，后者主要用于有装饰要求的场所。

（6）高度较高的场所，宜选用陶瓷金属卤化物灯；无显色要求的场所和道路照明宜选用高压钠灯；更换光源很困难的场所，宜选用无极荧光灯。

（7）扩大 LED 的应用。

1）近几年来 LED 照明快速发展，白光 LED 灯的研制成功为进入照明领域创造了条件，其特点是光效高、寿命长、启动性能好、可调光、光利用率高、耐低温、耐振动等，已经越来越广泛地应用于装饰照明、交通信号等场所。但对于多数室内场所，目前普通 LED 灯色温偏高，光线不够柔和，使人感觉不舒服，应注意选用符合照明质量要求的产品。

2）室内的下列场所和条件可优先采用 LED 灯：

a. 需要设置节能自熄和亮暗调节的场所，如楼梯间、走廊、电梯内、地下车库。

b. 需要调光的无人经常工作、操作的场所，如机房、库房和只进行巡检的生产场所。

c. 更换光源困难的场所。

d. 建筑标志灯和疏散指示标志灯。

e. 震动大的场所（如锻造、空压机房等）。

f. 低温场所。

2. 选择高效灯具的要求

灯具效率的高低以及灯具配光的合理配置，对提高照明能效同样有不可忽视的影响。但是提高灯具效率和光的利用系数，涉及问题比较复杂，和控制眩光、灯具的防护（防水、防固体异物等级）装饰美观要求等有矛盾，必须合理协调，兼顾各方面要求。

（1）选用高效率的灯具。在满足限制眩光要求条件下，应选用效率高的直接型灯具，如以视觉功能为主的办公室、教室和工业场所等；对于要求空间亮度较高或装饰要求高的公共场所（如酒店大堂、候机厅），可采用半间接型或均匀漫射型灯具。

在满足眩光限制和配光要求条件下，荧光灯灯具效率不应低于：开敞式的为 75%，带透明保护罩的为 70%，带磨砂或棱镜保护罩的为 55%，带格栅的为 65%；出光口为格栅形式的 LED 筒灯灯具的效能：2700K 为 55lm/W，3000K 为 60lm/W，4000K 为 65lm/W；出光口为保护罩形式的 LED 筒灯灯具的效能：2700K 为 60lm/W，3000K 为 65lm/W，4000K 为 70lm/W；高强气体放电灯灯具效率不应低于：开敞式的为 75%，格栅或透光罩的为 60%；常规道路照明灯具不应低于 70%，泛光灯具不应低于 65%。上述数值均为最低允许值，设计中宜选择效率（或效能）更高的灯具。

（2）选用光通维持率高的灯具，以避免使用过程中灯具输出光通过度下降。

（3）选用配光合理的灯具。照明设计中，应根据房间的室形指数（RI）值选取不同配光的灯具，可参照下列原则选择：

1）当 $RI = 0.5 \sim 0.8$ 时，选用窄配光灯具。

2）当 $RI = 0.8 \sim 1.65$ 时，选用中配光灯具。

3）当 $RI = 1.65 \sim 5$ 时，选用宽配光灯具。

（4）采取其他措施提高灯具利用系数。

1）合理降低灯具安装高度。

2）合理提高房间各表面反射比。

3. 选择镇流器的要求

镇流器是气体放电灯不可少的附件，但自身功耗比较大，降低了照明系统能效。镇流器之优劣对照明质量和照明能效都有很大影响。

（1）荧光灯用镇流器的选用。直管荧光灯应配用电子镇流器或节能型电感镇流器；两者各有优缺点，但电子镇流器以更高的能效、频闪小、无噪声、可调光等优势而获得越来越广泛的应用。

对于 T5 直管荧光灯由于电感镇流器不能可靠启动，应选用电子镇流器。

（2）HID 灯用镇流器的选用。高压钠灯、金卤灯等 HID 灯应配节能型电感镇流器，不应采用传统的功耗大的普通电感镇流器。当采用功率较小的 HID 灯或质量有保证时，也可选用电子镇流器。

（3）选用能效等级高的镇流器。管形荧光灯应按国家标准规定的能效等级选择。GB 17896—2012《管形荧光灯镇流器能效限定值及能效等级》中规定，管形荧光灯用非调光电子镇流器的能效等级见表 23－6，非调光电感镇流器能效限定值见表 23－7。

表 23－6　　　　　　　　　　管形荧光灯用非调光电子镇流器的能效等级

与镇流器配套灯的类型、规格等信息			镇流器效率（%）		
类别	标称功率（W）	额定功率（W）	1 级	2 级	3 级
T8	15	13.5	87.8	84.4	75.0
	18	16	87.7	84.2	76.2
	30	24	82.1	77.4	72.7
	36	32	91.4	88.9	84.2
	58	50	93.0	90.9	84.7
T5	14	13.7	84.7	80.6	72.1
	21	20.7	89.3	86.3	79.6
	28	27.8	89.8	86.9	81.8
	35	34.7	91.5	89.0	82.6
	39	38	91.0	88.4	82.6
	49	49.3	91.6	89.2	84.6
	54	53.8	92.0	89.7	85.4

表 23－7　　　　　　　　　　非调光电感镇流器能效限定值

与镇流器配套灯的类型、规格等信息			镇流器效率（%）
类别	标称功率（W）	额定功率（W）	
T8	15	15	62
	18	18	65.8
	30	30	75.0
	36	36	79.5
	58	58	82.2
T5	4	4.5	37.2
	6	6	43.8
	8	7.1	42.7
	13	13	65.0

表 23－6、表 23－7 中镇流器效率是评价镇流器能效的指标，既表明灯系统的输入电功率，也考虑了灯系统的光输出，因此该参数评定的是在相同光输出条件下镇流器的电能效率。

（4）镇流器的谐波电流限值。照明设备的谐波限值应符合 GB 17625.1—2012《电磁兼容 限值 谐波电流发射限值（设备每相输入电流≤16A)》的要求。该标准的 C 类（照明设备）的谐波电流限值列于表 23 – 8。

表 23 – 8   C 类设备（照明）的谐波电流限值（照明设备有功输入功率大于 25W）

谐波次数	基波频率下输入电流百分数表示的最大允许谐波电流（%）
2	2
3	30λ①
5	10
7	7
9	5
11 ~ 39（仅有奇次谐波）	3

① λ 为电路功率因数。

有功输入功率不大于 25W 的照明设备，应符合下列两项要求之一：

1）每瓦允许的最大谐波电流限值为 1.9mA/W。

2）3 次谐波不应超过 86%，5 次谐波不应超过 61%。

从表 23 – 8 可以看出，25W 以上的灯管配电子镇流器时谐波比较大，但还可接受；而 25W 及以下的，其 3 次谐波限值高达 86%，3 次谐波在中性线呈 3 倍叠加，使中性导体电流达到相导体基波电流的 258%，则是难以承受的，必须引起高度重视。建议照明设计时应采取以下措施之一：

a. 一座建筑内不要大量选用小于等于 25W 的灯管配电子镇流器（包括 T5 – 14W 和 T8 – 18W）。

b. 如必须选用，设计中应注明镇流器特殊订货要求，规定其较低的谐波限值。

c. 采取滤波措施。

d. 按可能出现的 3 次谐波值设计照明配电线及中性导体截面。

（5）镇流器的功率因数。电感镇流器的缺点之一是功率因数低，需要设计无功补偿；而 25W 以上的灯配电子镇流器，其功率因数很高，可达 0.95 以上；但设计时应注意小于等于 25W 的灯配电子镇流器，由于谐波大，而导致功率因数下降，约降低到 0.5 ~ 0.6，故不能采用电容补偿，只能用降低谐波的办法解决。

应指出的是，LED 灯目前仍处于初始阶段，产品良莠不齐，有些灯的谐波很大，大大超过标准的规定，目前也导致功率因数更低，设计中应提出具体要求。

五、合理利用天然光

天然光取之不尽，用之不竭。在可能条件下，应尽可能积极利用天然光，以节约电能，其主要措施如下：

（1）房间的采光系数或采光窗的面积比应符合 GB 50033—2013《建筑采光设计标准》的规定。

（2）有条件时，宜随室外天然光的变化自动调节人工照明照度。

（3）有条件时，宜利用太阳能作为照明光源。

（4）有条件时，宜利用各种导光和反光装置将天然光引入无天然采光或采光很弱的室内进行照明。导光管应用已经越来越普遍，如体育馆应用见图 23 – 3、图 23 – 4，厂房应用见图 23 – 5、图 23 – 6。（案例图片由东方风光新能源技术有限公司提供）

图 23 - 3 南京青奥体育馆室外

图 23 - 4 南京青奥体育馆室内

图 23 - 5 卷烟厂房室外

图 23 - 6 卷烟厂房室内

六、照明控制与节能

（1）照明控制方式对节能的影响。合理的照明控制有助于使用者按需要及时开关灯，避免无人管理的"长明灯"，无人工作时开灯，局部区域工作时点亮全部灯，天然采光良好时点亮人工照明等。照明控制可以提高管理水平，节省运行管理人力，节约电能。

照明控制主要分为自动控制和手动控制，自动控制包括时钟控制、光控、红外线控制、微波雷达控制、声控、智能照明控制等。各种控制的主要目的之一就是通过合理控制照明灯具的启闭以节约能源。

（2）公共建筑应采用智能控制。体育馆、影剧院、候机厅、博物馆、美术馆等公共建筑宜采用智能照明控制，并按需要采取调光或降低照度的控制措施。

智能照明控制系统是根据预先设定的程序通过控制模块、控制面板等实现场景控制、定时控制、恒照度控制、红外线控制、就地控制、集中控制、群组组合控制等多种控制模式。

（3）住宅及其他建筑的公共场所应采用感应自动控制。居住建筑有天然采光的楼梯间、走道的照明，除应急照明外应采用节能自熄开关。此类场所在夜间走过的人员不多，但又需要有灯光，采用红外感应或雷达控制等类似的控制方式，有利于节电。

如采用 LED 灯时还可以设置自动亮暗调节，对酒店走廊、电梯厅、地下车库等场所比节能自熄开关更有利，满足使用要求。

（4）地下车库、无人连续在岗工作而只进行检查、巡视或短时操作的场所应采用感应自动光暗调节（延时）控制。

（5）一般场所照明分区、分组开关灯。在白天自然光较强，或在深夜人员很少时，可以方便地用手动或自动方式关闭一部分或大部分照明，有利于节电。分组控制的目的，是为了将天然采光充足或不充足的场所分别开关。

公共建筑和工业建筑的走廊、楼梯间、门厅等公共场所的照明，应按建筑使用条件和天然采光状况采取分区、分组控制措施。

（6）宾馆的每套或每间客房应装设独立的总开关，控制全部照明和客房用电（但不宜包括进门走廊灯和冰箱插座），并采用钥匙或门卡锁匙连锁节能开关。

（7）道路照明（含工厂区、居住区道路、园林）应按所在地区的地理位置（经纬度）和季节变化自动调节每天的开关灯时间（按黄昏时天然光照度 15lx 时开灯，清晨天然光照度 20~30lx 时关灯），并根据天空亮度变化进行必要修正。

道路照明采用集中遥控系统时，远动终端宜具有在通信中断的情况下自动开关路灯的控制功能和手动控制功能。

道路照明每个灯杆装设双光源时，在"后半夜"应能关闭一个光源；装设单光源高压钠灯时，宜采用双功率镇流器，在后半夜能转换至半光通输出运行。当用 LED 灯时，宜采用自动调光控制。有条件时可按车流或人流状况自动调节路面亮（照）度。

（8）夜景照明定时（分季节天气变化及假日、节日）自动开关灯。夜景照明应具备平常日、一般节日、重大节日开灯控制模式。

第三节　实施照明功率密度值指标

一、严格执行标准规定的照明功率密度限值（LPD）

（1）工业和民用建筑的场所应执行 GB 50034—2013《建筑照明设计标准》规定的 LPD 值，对于绿色建筑，节能建筑和有条件的应执行该标准规定的 LPD 目标值。

（2）城市道路照明应执行 CJJ 45—2015《城市道路照明设计标准》规定的 *LPD* 值。

（3）夜景照明应执行 JGJ/T 163—2008《城市夜景照明设计规范》规定的 *LPD* 值。

设计中应注意，上述规定的 *LPD* 值为最高限值，而不是节能优化值，实际设计中计算的 *LPD* 值应尽可能小于此值。因此不应利用标准规定的 *LPD* 限制值作为计算照度的依据。

例如某车间长 18m、宽 6m，工作面 0.75m，灯具距工作面高 3.25m，顶棚及墙面反射比分别为 0.7 和 0.5，地面反射比为 0.2，维护系数值为 0.7。拟采用控照式双管荧光灯吸顶安装，光源为光通量 3350lm 的 36W、T8 直管荧光灯，配电子镇流器。设计照度为 300lx。经计算安装 11 盏灯照度可以达到 302lx。如用标准中规定的 *LPD* 值反推需安装的灯具数为 15 盏，按上述条件计算此时照度可达 411lx，大大超出标准值 300lx，显然是不符合标准的原则，不利于节能。

二、各场所照明功率密度值指标

在 GB 50034—2013《建筑照明设计标准》中规定了住宅、办公、商店、旅馆、医疗建筑、教育建筑、美术馆建筑、博物馆建筑、会展建筑、交通建筑和工业建筑的照明功率密度限值，其值见表 23 –9 ~ 表 23 –23。除住宅、图书馆和美术馆、科技馆、博物馆建筑外，其他建筑的照明功率密度限值均为强制性的。此外设装饰性灯具场所，可将实际采用的装饰性灯具总功率的 50% 计入照明功率密度值计算。设有重点照明的商店营业厅，该营业厅的照明功率密度限制应增加 5W/m²。另外，CJJ 45—2015《城市道路照明设计标准》中规定了机动车道的照明功率密度限值为强制性条文，其值见表 23 –24。

表 23 –9 住宅建筑每户照明功率密度限值

房间或场所	照度标准值（lx）	照明功率密度限值（W/m²）	
		现行值	目标值
起居室	100	≤6.0	≤5.0
卧室	75		
餐厅	150		
厨房	100		
卫生间	100		
职工宿舍	100	≤4.0	≤3.5
车库	30	≤2.0	≤1.8

表 23 –10 图书馆建筑照明功率密度限值

房间或场所	照度标准值（lx）	照明功率密度限值（W/m²）	
		现行值	目标值
一般阅览室、开放式阅览室	300	≤9.0	≤8.0
目录厅（室）、出纳室	300	≤11.0	≤10.0
多媒体阅览室	300	≤9.0	≤8.0
老年阅览室	500	≤15.0	≤13.5

表 23 – 11   办公建筑和其他类型建筑中具有办公用途场所的照明功率密度限值

房间或场所	照度标准值（lx）	照明功率密度限值（W/m²）	
		现行值	目标值
普通办公室	300	≤9.0	≤8.0
高档办公室、设计室	500	≤15.0	≤13.5
会议室	300	≤9.0	≤8.0
服务大厅	300	≤11.0	≤10.0

表 23 – 12   商店建筑照明功率密度限值

房间或场所	照度标准值（lx）	照明功率密度限值（W/m²）	
		现行值	目标值
一般商店营业厅	300	≤10.0	≤9.0
高档商店营业厅	500	≤16.0	≤14.5
一般超市营业厅	300	≤11.0	≤10.0
高档超市营业厅	500	≤17.0	≤15.5
专卖店营业厅	300	≤11.0	≤10.0
仓储超市	300	≤11.0	≤10.0

表 23 – 13   旅馆建筑照明功率密度限值

房间或场所	照度标准值（lx）	照明功率密度限值（W/m²）	
		现行值	目标值
客房	—	≤7.0	≤6.0
中餐厅	200	≤9.0	≤8.0
西餐厅	150	≤6.5	≤5.5
多功能厅	300	≤13.5	≤12.0
客房层走廊	50	≤4.0	≤3.5
大堂	200	≤9.0	≤8.0
会议室	300	≤9.0	≤8.0

表 23 – 14   医疗建筑照明功率密度限值

房间或场所	照度标准值（lx）	照明功率密度限值（W/m²）	
		现行值	目标值
治疗室、诊室	300	≤9.0	≤8.0
化验室	500	≤15.0	≤13.5
候诊室、挂号厅	200	≤6.5	≤5.5
病房	100	≤5.0	≤4.5
护士站	300	≤9.0	≤8.0
药房	500	≤15.0	≤13.5
走廊	100	≤4.5	≤4.0

表 23 – 15　　　　　　　　　　　　　　教育建筑照明功率密度限值

房间或场所	照度标准值（lx）	照明功率密度限值（W/m²）	
		现行值	目标值
教室、阅览室	300	≤9.0	≤8.0
实验室	300	≤9.0	≤8.0
美术教室	500	≤15.0	≤13.5
多媒体教室	300	≤9.0	≤8.0
计算机教室、电子阅览室	500	≤15.0	≤13.5
学生宿舍	150	≤5.0	≤4.5

表 23 – 16　　　　　　　　　　　　　　美术馆建筑照明功率密度限值

房间或场所	照度标准值（lx）	照明功率密度限值（W/m²）	
		现行值	目标值
会议报告厅	300	≤9.0	≤8.0
美术品售卖厅	300	≤9.0	≤8.0
公共大厅	200	≤9.0	≤8.0
绘画展厅	100	≤5.0	≤4.5
雕塑展厅	150	≤6.5	≤5.5

表 23 – 17　　　　　　　　　　　　　　科技馆建筑照明功率密度限值

房间或场所	照度标准值（lx）	照明功率密度限值（W/m²）	
		现行值	目标值
科普教室	300	≤9.0	≤8.0
会议报告厅	300	≤9.0	≤8.0
纪念品售卖区	300	≤9.0	≤8.0
儿童乐园	300	≤10.0	≤8.0
公共大厅	200	≤9.0	≤8.0
常设展厅	200	≤9.0	≤8.0

表 23 – 18　　　　　　　　　　　　　博物馆建筑其他场所照明功率密度限值

房间或场所	照度标准值（lx）	照明功率密度限值（W/m²）	
		现行值	目标值
会议报告厅	300	≤9.0	≤8.0
美术制作室	500	≤15.0	≤13.5
编目室	300	≤9.0	≤8.0
藏品库房	75	≤4.0	≤3.5
藏品提看室	150	≤5.0	≤4.5

表 23-19　　　　　　　　　　　会展建筑照明功率密度限值

房间或场所	照度标准值（lx）	照明功率密度限值（W/m²）	
		现行值	目标值
会议室、洽谈室	300	≤9.0	≤8.0
宴会厅、多功能厅	300	≤13.5	≤12.0
一般展厅	200	≤9.0	≤8.0
高档展厅	300	≤13.5	≤12.0

表 23-20　　　　　　　　　　　交通建筑照明功率密度限值

房间或场所		照度标准值（lx）	照明功率密度限值（W/m²）	
			现行值	目标值
候车（机、船）室	普通	150	≤7.0	≤6.0
	高档	200	≤9.0	≤8.0
中央大厅、售票大厅		200	≤9.0	≤8.0
行李认领、到达大厅、出发大厅		200	≤9.0	≤8.0
地铁站厅	普通	100	≤5.0	≤4.5
	高档	200	≤9.0	≤8.0
地铁进出站门厅	普通	150	≤6.5	≤5.5
	高档	200	≤9.0	≤8.0

表 23-21　　　　　　　　　　　金融建筑照明功率密度限值

房间或场所	照度标准值（lx）	照明功率密度限值（W/m²）	
		现行值	目标值
营业大厅	200	≤9.0	≤8.0
交易大厅	300	≤13.5	≤12.0

表 23-22　　　　　　　工业建筑非爆炸危险场所照明功率密度限值

房间或场所		照度标准值（lx）	照明功率密度限值（W/m²）	
			现行值	目标值
1. 机、电工业				
机械加工	粗加工	200	≤7.5	≤6.5
	一般加工公差≥0.1mm	300	≤11.0	≤10.0
	精密加工公差<0.1mm	500	≤17.0	≤15.0
机电、仪表装配	大件	200	≤7.5	≤6.5
	一般件	300	≤11.0	≤10.0
	精密	500	≤17.0	≤15.0
	特精密	750	≤24.0	≤22.0
电线、电缆制造		300	≤11.0	≤10.0
线圈绕制	大线圈	300	≤11.0	≤10.0
	中等线圈	500	≤17.0	≤15.0
	精细线圈	750	≤24.0	≤22.0
线圈浇注		300	≤11.0	≤10.0

续表

房间或场所		照度标准值 (lx)	照明功率密度限值 (W/m²)	
			现行值	目标值
焊接	一般	200	≤7.5	≤6.5
	精密	300	≤11.0	≤10.0
钣金		300	≤11.0	≤10.0
冲压、剪切		300	≤11.0	≤10.0
热处理		200	≤7.5	≤6.5
铸造	溶化、浇铸	200	≤9.0	≤8.0
	造型	300	≤13.0	≤12.0
精密铸造的制模、脱壳		500	≤17.0	≤15.0
锻工		200	≤8.0	≤7.0
电镀		300	≤13.0	≤12.0
酸洗、腐蚀、清洗		300	≤15.0	≤14.0
抛光	一般装饰性	300	≤12.0	≤11.0
	精细	500	≤18.0	≤16.0
复合材料加工、铺叠、装饰		500	≤17.0	≤15.0
机电修理	一般	200	≤7.5	≤6.5
	精密	300	≤11.0	≤10.0

2. 电子工业

房间或场所		照度标准值 (lx)	照明功率密度限值 (W/m²)	
整机类	整机厂	300	≤11.0	≤10.0
	装配厂房	300	≤11.0	≤10.0
元器件类	微电子产品及集成电路	500	≤18.0	≤16.0
	显示器件	500	≤18.0	≤16.0
	印刷线路板	500	≤18.0	≤16.0
	光伏组件	300	≤11.0	≤10.0
	电真空器件、机电组件等	500	≤18.0	≤16.0
电子材料类	半导体材料	300	≤11.0	≤10.0
	光纤、光缆	300	≤11.0	≤10.0
酸、碱、药液及粉配制		300	≤13.0	≤12.0

表 23 - 23　公共和工业建筑非爆炸危险场所通用房间或场所照明功率密度限值

房间或场所		照度标准值 (lx)	照明功率密度限值 (W/m²)	
			现行值	目标值
走廊	一般	50	≤2.5	≤2.0
	高档	100	≤4.0	≤3.5
厕所	一般	75	≤3.5	≤3.0
	高档	150	≤6.0	≤5.0
试验室	一般	300	≤9.0	≤8.0
	精细	500	≤15.0	≤13.5
检验	一般	300	≤9.0	≤8.0
	精细，有颜色要求	750	≤23.0	≤21.0
计量室、测量室		500	≤15.0	≤13.5

续表

房间或场所		照度标准值（lx）	照明功率密度限值（W/m²）	
			现行值	目标值
控制室	一般控制室	300	≤9.0	≤8.0
	主控制室	500	≤15.0	≤13.5
电话站、网络中心、计算机站		500	≤15.0	≤13.5
动力站	风机房、空调机房	100	≤4.0	≤3.5
	泵房	100	≤4.0	≤3.5
	冷冻站	150	≤6.0	≤5.0
	压缩空气站	150	≤6.0	≤5.0
	锅炉房、煤气站的操作层	100	≤5.0	≤4.5
仓库	大件库	50	≤2.5	≤2.0
	一般件库	100	≤4.0	≤3.5
	半成品库	150	≤6.0	≤5.0
	精细件库	200	≤7.0	≤6.0
公共车库		50	≤2.5	≤2.0
车辆加油站		100	≤5.0	≤4.5

表 23-24　　机动车道的照明功率密度限值

道路级别	车道数（条）	照明功率密度限值（W/m²）	对应的照度值（lx）
快速路、主干路	≥6	≤1.00	30
	<6	≤1.20	
	≥6	≤0.70	20
	<6	≤0.85	
次干路	≥4	≤0.80	20
	<4	≤0.90	
	≥4	≤0.60	15
	<4	≤0.70	
支路	≥2	≤0.50	10
	<2	≤0.60	
	≥2	≤0.40	8
	<2	≤0.45	

第二十四章
照明设计软件

编者：徐 华　李 明　　校审者：林 飞

在照明设计中，照明计算是一项很重要的内容，是照明方案合理性的主要依据，目前，光源、灯具不断更新和发展，项目复杂程度也越来越高，使得查表、手工计算越来越困难，而计算机技术的发展给我们的照明计算提供了有效的手段。

一、照明设计软件的发展与现状

根据用途划分，照明软件可以分为专业照明计算软件与照明工程设计软件两类。

1. 专业照明计算软件

现在国际上照明计算软件已经发展到非常高的技术水平，广泛应用于专业照明设计。技术上具有以下特点：

（1）理论成熟、照度计算准确。

（2）能够建立照明场景的模型，提供大量的三维家具库和材质库，方便照明设计师布置接近真实现场情况的场景。

（3）可以生成三维效果图，并对于场景进行渲染，生成接近真实效果的效果图。

（4）能够生成种类齐全的计算图表。

（5）具有外挂照明设备数据库的插件，可以由用户扩充照明器具的技术数据。

国外照明软件开发商分为两类，一类是以 DIALux、Relux、AGI 等为代表的通用软件，具有外挂灯具数据库插件，能够适用于著名照明灯具厂家的产品；另一类是以飞利浦等公司为代表的专业照明灯具厂家，他们提供的软件专门用于本企业产品的工程设计，这类软件不能适用于其他企业产品的工程设计。

目前，在国内应用广泛的 DIALux 设计软件，对最终用户是免费供应的，用户可以在网站上自由下载软件的完整版本，软件的开发、升级费用全部来自灯具厂家的支持。在 DIALux 中，各灯具厂家的产品资料、光度数据分别集成在一个叫作"外挂程序"（Plugin）的数据库里面，飞利浦、索恩、ERCO、OSRAM 等国际大公司早已加入了外挂程序，我国欧普照明等照明厂商也加入了这个行列。DIALux 为各厂家编写各自的外挂数据库，并向厂家收取一定的软件使用费。灯具厂家支付了软件使用费之后，就可以无限量地制作 DIALux 软件和外挂程序的复制，免费发放给自己的用户使用，对设计师们有极大的利益保护，不像一些专业软件动辄上万元的版权费。DIALux 软件尚有如下优点：

（1）易学易用。对已会使用 CAD 的人而言，使用 DIALux 是很容易的。用 DWG 文件导入 DIALux 后，可以进行建模和照明计算，或直接使用 DIALux 进行设计。DIALux 有许多功能向导来设计室内、外和街道的空间，并引导初学者一步步将设计完成。许多的功能使得计算更容易。

（2）引入数据简便。在 DIALux 中引用一个灯具数据十分简单，如果所使用的灯具加入了 Plugin 的话，只要在外挂程序里面查找型号或图片，用鼠标把他拖进设计空间即可。不像其他一些软件，需要一个个光度数据文件去寻找、核对。

（3）系统开放性强。如果您准备使用的灯具品牌并没有加入外挂程序，查找灯具的光度数据文件，并把它引入软件中，而灯具生产厂家提供的专用软件就不具有这种开放性，他们只能使用自己的灯具数据。

（4）结果准确。由于使用了精确的光度数据库和先进、专业的算法，DIALux 所产生的计算结果将会十分接近今后真正使用这个灯具所形成的效果。这样，设计师可以在电脑中对自己的设计进行事前的"预演"，以此来评估设计的准确度，增强设计师的信心。

（5）输出直观、真实。DIALux 不仅仅提供枯燥的数据结果，还能够提供照明模拟图片。当然，这样的效果图只能作为一种效果示意，不如 3D MAX 等专用效果图软件漂亮，但是，DIALux 的效果图十分接近实施效果。

2. 照明工程设计软件

照明工程设计是一个完整的系统工程，包括照度计算、照明设备布置、电气接线、设备与线路标注、材料统计、配电系统设计等一系列流程，设计成果采用施工图的方式表达。照明工程设计软件应该以照明工程设计流程为依据，围绕施工图进行。目前，国内已经具有比较成熟的照明工程设计软件，这类软件往往包含在电气工程设计软件之中，作为电气工程设计软件的一个组成部分。北京博超时代软件有限公司、北京天正软件公司等都具有这类软件。

二、现代照明工程设计软件的技术特点

照明工程设计软件在设计单位应用已经比较普遍，日趋成熟，其技术特点主要有：

1. 完整的系统功能

软件是围绕照明设计施工图的内容与深度进行。可以采用利用系数法估算需要布置的灯具数量；采用动态布置照明设备的方式，在布置设备的同时看到并调整布置结果，从而显著提高设计速度；采用模糊接线功能，在提高线路敷设效率的同时大大减轻工作强度；所布置的照明设备都自动具有工程参数，因而能够自动进行设备标注与准确的材料统计；针对设计好的房间，软件自动进行逐点法照度计算，计算出水平与垂直照度、照度均匀度、功率密度、显色指数等，并可以用多种形式表达计算结果与效果，生成计算书。根据照明平面的灯具布置与线路敷设的信息，软件可以自动生成照明系统图，能够在平面图上模拟回路开关控制灯具的实际效果，并根据规范对设计成果进行回路最大连接灯具数量、相序平衡等校验。这样，在显著提高设计效率的同时，确保设计质量。

2. 具有完善的产品数据库支持

软件之所以能够提供有效的自动设计功能，是因为具有完善的产品数据库支持。软件带有的照明设备数据库记录着大量的灯具型号及其配光曲线、光源及其光通量。设计者可以按照产品分类或厂家检索与应用设备。数据库是开放的，可以容易地增删、备份与共享。

3. 智能化同步赋值

为了达到自动化设计的目的，对于图纸上的照明设备我们需要知道它的灯具名称、灯具型号、配光曲线、光源名称、光源型号、光通量、安装高度、安装方式等各项参数。如果我

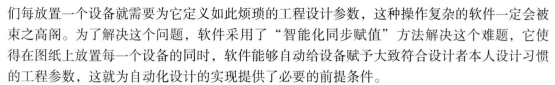

们每放置一个设备就需要为它定义如此烦琐的工程设计参数，这种操作复杂的软件一定会被束之高阁。为了解决这个问题，软件采用了"智能化同步赋值"方法解决这个难题，它使得在图纸上放置每一个设备的同时，软件能够自动给设备赋予大致符合设计者本人设计习惯的工程参数，这就为自动化设计的实现提供了必要的前提条件。

4. 面对对象的设计方法

由于实现了智能化同步赋值，加上完善的产品数据库的支持，软件实现了"面向对象"的设计概念。所谓面向对象的设计概念就是放置在图纸上的任何设计对象（如灯具）都包含设计所需的全部工程参数，当你要做某一项设计工作时，相关的工程参数就主动激活，配合你自动化地完成作业。这样，我们面对一张图纸，就如同面对现场，体验身临其境的效果。

例如，通常我们用普通 CAD 在图纸上绘制一个圆，代表是一盏灯，仅此而已。我们要为它选型，然后手工进行灯具标注，逐一清点设备才能生成统计材料并手工绘制设备表，要查出灯具的配光曲线和光源的光通量，测量出相关灯具的几何位置，手工进行照度计算。

采用面向对象技术后就完全不一样了，任何一个照明设备放置在图纸上，就如同实物放置在现场，它会产生它应该产生的一切效果。它会发光，在空间各点产生照度，能够自动完成灯具标注与设备统计。

5. 计算绘图一体化与设计信息流程

对于布置好灯具的房间，只要用光标将房间框选一下，软件就能够自动完成逐点法照度计算。因为在框选的范围里，软件可以提取出所有的灯具，进而提取出每个灯具的型号，从数据库中找到其对应的配光曲线，同时进行光源匹配，再从数据库中找出对应光通量，而灯具的几何位置已经在图面上清楚地记录着，软件当然就能自动完成照度计算了。这就是计算绘图一体化。

设计是一个对于工程信息进行处理的过程。软件让设计者在尽量不人为输入什么信息的情况下，自动准备工程设计所需基础信息（如灯具型号），从而派生出附属信息（如配光曲线、光源、光通量等），工程信息随着设计进程的进展自然流动。这样，把数据输入减到最少，不但极大地提高了设计效率，并且从根本上杜绝人为重复输入导致的数据误差。

6. 丰富实用的设计结果表达方式

对于照度计算，软件可以根据设计者的选择采用逐点的颜色模拟显示照度分布，可以采用等照度曲线表达照度分布，也可以用颜色渲染显示照度分布，还可以选择是否将照度值标注在每一个采样点，并能够生成计算书。

7. 动态设计

设计本身就是一个不断调整的过程，修改与调整功能对于设计效率的提高是非常重要的。

由于以上技术的成功应用，使软件实行了动态设计过程，设计的每次调整都能够同步地看到设计的结果。

8. 标准化的设计成果

设计的标准化对于提高设计效率和质量是非常重要的，也体现了一个单位的技术水准与管理水平。

软件的编制严格遵循国家现行有关规程规范，同时提供了全面的个性化定制功能。这就使得软件在符合国家设计标准的前提下，充分满足各个行业的行标与各个设计单位的院标。

软件的应用能够帮助设计单位做到图层标准的统一，图例、线型、线宽等制图标准的统一，标注形式的统一，设备材料统计规则的统一，计算方法的统一，从而提高设计单位的设计标准化水平。

三、照明工程设计软件在工程设计中的应用

下面用一个实例说明照明工程设计软件在工程设计中的应用。图 24 – 1 所示是一个非常有代表性的建筑，它包含圆形、弧形、倾斜等我们通常不容易布置的异形房间。大致按照设备布置、线路敷设、设备标注、线路标注、材料统计、配电系统图、照度计算 7 步完成此设计。

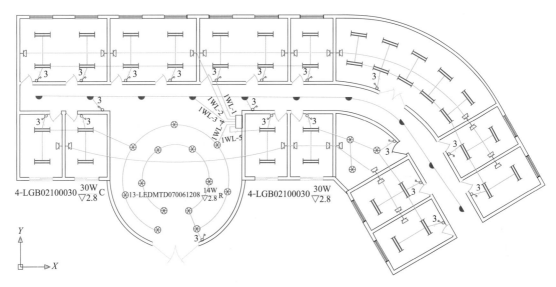

图 24 – 1　照明平面例图

1. 设备布置

图 24 – 2 所示是"设备布置"界面。按照灯具、开关、插座、箱子进行图例符号检索，同时提供了开关、插座的靠墙放置，矩形或倾斜矩形房间灯具的多行多列放置，圆形或弧形房间灯具的多圈圆弧放置，走廊灯具的等距放置，灯槽内的沿线放置等 12 个布置功能。设备布置效果动态可见，使所有场所的灯具布置一步到位。

设备布置

2. 线路敷设

图 24 – 3 所示是"线路敷设"界面。设备布置时自动进行了设备间导线的连接，此处提供了开关灯具自动接线、配电箱出线、导线拉拐角、交叉断线等 12 个线路敷设功能。线路敷设采用模糊操作方式，不需要精准定位，软件自动根据导线走向调整接线端点。

导线布置

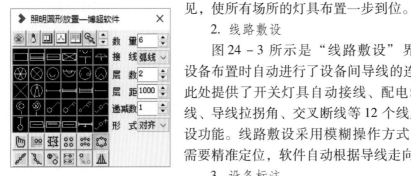

图 24 – 2　"设备布置"界面

3. 设备标注

框选图纸上的设备，软件能够取出设备的数量、型号、安装高度、安装方式、光源数量、光源功率，自动完成设备标注。设备布置时记忆一套工程参数，如果设备参数不符合设计要求，通过图 24 – 4 所示的"设备赋值"界面可以完成设备参数的修改。

4. 线路标注

图 24-5 所示是"线路标注"界面。能够实现配电箱出线编号标注、导线根数标注、详细参数标注。按照设计者的思路标注回路，并将相应线路全部工程参数赋予被标注的线路。

设备导线
赋值标准

图 24-3　"线路敷设"界面　　图 24-4　"设备赋值"界面　　图 24-5　"线路标注"界面

5. 材料统计

图纸上所有设备、线路都已经具备了工程设计所需全部参数，设备材料统计自然是水到渠成。软件可以生成一张图纸的设备材料，也可以将多张图纸的材料输出到一个材料表中，同时考虑标准层材料的自动累加。生成的材料表可以是 AutoCAD 格式，也可以是 Excel 格式。设备材料统计界面及结果见图 24-6。

材料统计

设备材料表

序号	符号	名称	型号	数量	单位	备注
1		浅扁圆吸顶灯	JC10-1-60W	10	盏	
2		双联开关	250V,10A	20	个	
3		照明配电箱	DCXR-X2614	1	台	
4		LED悬挂式灯具	LGB02100030-30W	40	盏	
5		单相接地防水插座	250V,10A	23	个	
8		LED嵌入式筒灯	LEDMTD070061208-14W	16	盏	
		导线	BLV-450,2.5	1229	米	
		钢管	SC15	299	米	
		钢管	SC20	61	米	

图 24-6　设备材料统计界面及结果

6. 配电系统

利用软件提供的回路分配功能，设计者可以便捷地设定灯具与回路的从属关系。通过系统分析与生成，从图上提取生成系统图所需全部信息，

照明系统绘制

信息列在界面上供设计者参考，并自动进行校验。在界面上我们看到 2AL 配电箱的分析结果出现警告（？）和错误（×）提示，出错原因显示在菜单下部的警告信息显示栏。分析结果表明，2AL 配电箱的 L1 和 L2 分相负荷不平衡，设计者可以通过重新进行回路分配的方法调整相间负荷。配电系统分析及配电系统图见图 24 - 7。

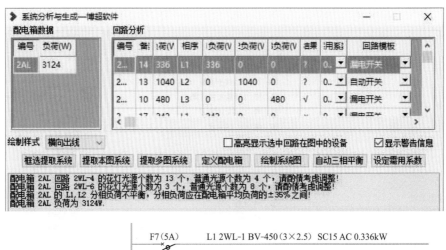

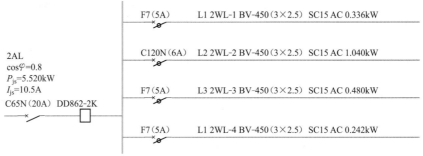

图 24 - 7　配电系统分析及配电系统图

7. 照度计算

　　根据房间类型确定满足规范的照度标准，根据房间参数计算室形系数，设计人员确定灯具、光源参数后，软件自动推荐灯具数量，并计算出此时的实际照度及功率密度。可以输出详细的计算书，也可以输出照度计算汇总表，见表 24 - 1。

利用系数法
照度计算

表 24 - 1　　　　　　　　　　照 度 计 算 汇 总 表

主要房间或场所	楼层	房间或轴线号	光源类型	房间净面积 (m²)	灯具安装高度 (m)	参考平面高度 (m)	灯具类型		单套灯具光源参数			灯具数量	总安装容量 (W)	照度 (lx)		室形指数 RI		照明功率密度 LPD (W/m²)			
							灯型	效率	光源含镇流器功耗 (W)	光通量 (lm)			计算值	标准值	计算值	计算值	标准值	修正系数	折算值
普通办公室		1号办公室	LED	32	2.8	0.8	LED格栅灯	0.75	22	2500	6	132	325	300	1.85	4.1	8	1	8

续表

主要房间或场所	楼层	房间或轴线号	光源类型	房间净面积（m²）	灯具安装高度（m）	参考平面高度（m）	灯具类型		单套灯具光源参数		灯具数量	总安装容量（W）	照度（lx）		室形指数 RI	照明功率密度 LPD（W/m²）			
							灯型	效率	光源含镇流器功耗（W）	光通量（lm）			计算值	标准值	计算值	计算值	标准值	修正系数	折算值
高档办公室	2号公室	LED		32	2.8	0.8	LED格栅灯	0.8	31	3500	6	186	510	500	1.67	5.8	13.5	1	13.5
会议室	1号会议室	LED		22	2.8	0.8	LED格栅灯	0.75	22	2500	4	88	307	300	1.29	4	8	1	8

　　本手册编写组联合北京博超时代软件有限公司，在原博超电气软件基础上，编制了照明工程设计软件，完善了原来的电气设计软件中的照明部分，并单独发行，供大家参考使用，具体使用说明和6种单机版试用软件下载信息如下：

LDS3.0 使用说明书
——提取码：kjr8

LDS3.0 软件包 32 位
CAD2010【单机版】
——提取码：8ikm

LDS3.0 软件包 32 位
CAD2012【单机版】
——提取码：wdwi

LDS3.0 软件包 32 位
CAD2014【单机版】
——提取码：fmqb

LDS3.0 软件包 64 位
CAD2010【单机版】
——提取码：dm99

LDS3.0 软件包 64 位
CAD2012【单机版】
——提取码：4fw3

LDS3.0 软件包 64 位
CAD2014【单机版】
——提取码：r1rh

　　设计软件是不断发展的，本手册配套软件为3.0版，希望用户使用后提出宝贵意见，以便进一步的完善，完善的版本将通过北京博超时代软件有限公司网站下载，网址：www. bochao. com. cn。

第二十五章
灯具光度参数

编者：王　磊　杨　莉　刘力红　　校审者：任元会　徐　华

一、概述

本章提供了室内外多种灯具的参数和图表，以便照明设计师进行灯具的选型与照明计算。

二、内容说明

1. 参数用途说明

（1）光强分布曲线（配光曲线）和发光强度值，用于水平面和垂直面、倾斜面的点照度计算。

（2）利用系数表，用于平均照度计算。

（3）灯具效率或灯具效能，用以衡量灯具的能效水平。

（4）最大允许距离比（L/H），用以考核照度的均匀度。

（5）漫射罩和遮光角，用于考核限制眩光的水平。

（6）防触电类别及防护等级，用于评价灯具的安全防护水平。

（7）统一眩光值（UGR）计算表，用于考核不舒适眩光。

（8）概算图表，用于在方案设计时估算灯具数量。

2. 符号说明

（1）配光曲线：

1）完全对称的灯具，用一个面表示。

2）直管型荧光灯和类似灯具用两个面表示，即：$A-A$ 面$/B-B$ 面。

（2）利用系数表中：用室形指数 RI 表示，$RI = \dfrac{2 \times 地面积}{墙面积}$；也可用室空间比 RCR 表示，

$RCR = \dfrac{2.5 \times 墙面积}{地面积}$。

（3）UGR 计算表：适用于采用双对称配光灯具的矩形房间的一般照明，不适用于采用间接照明的发光天棚的房间。计算点（观测点）为纵向和横向两面的中点高 1.5m（站姿）或 1.2m（坐姿）处。

（4）概算图表按设定的平均照度值、维护系数、光源光通量、灯具离工作面高度（标明在表中）编制，当这些数据有差异时，应作相应折算。

（5）在道路照明灯具的利用系数曲线中，标注"屋边"或"房边"意同"人行道侧"，标注"道边"或"路边"意同"车道侧"。

三、照明灯具

本章共收集灯具 115 款，具体分类和索引如下：

灯具	荧光灯具	HID 灯具	LED 灯
室内灯具（72 款）	（表 25 - 1 ~ 表 25 - 15）	（表 25 - 16 ~ 表 25 - 21）	（表 25 - 22 ~ 表 25 - 72）
广场、景观、体育场馆灯具（27 款）	—	（表 25 - 73 ~ 表 25 - 81）	（表 25 - 82 ~ 表 25 - 99）
道路照明灯具（16 款）	—	（表 25 - 100 ~ 表 25 - 102）	（表 25 - 103 ~ 表 25 - 115）

表 25 - 1　　FAC22620PH 嵌入式方型（白色钢板格栅）光度参数

灯具外形图　　　　　配光曲线cd/klm

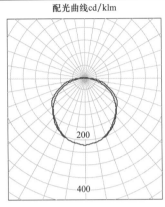

型号		FAC22620PH
生产厂家		松下
外形尺寸（mm）	长 L	597
	宽 W	597
	高 H	90
光源		T8 高频 - 2 × 23W/2 × 1920lm
灯具效率		72.5%
上射光通比		0
下射光通比		72.5%
防触电类别		Ⅰ 类
防护等级		IP20
漫射罩		无
遮光角		36°
最大允许距高比 L/H		A - A: 1.35；B - B: 1.15

灯具特性：

方型系统天花灯具；直接照明与两侧的柔和的间接照明相结合。中间多功能设备板可以集成风口等其他专业设备。

发 光 强 度 值

θ(°)		0	5	10	15	20	25	30	35	40	45
I_θ(cd)	A - A	298	295	293	288	284	273	264	254	240	215
	B - B	298	293	286	274	261	242	224	204	183	159

θ(°)		50	55	60	65	70	75	80	85	90
I_θ(cd)	A - A	176	131	89	62	43	27	16	6.88	0.94
	B - B	134	108	84	61	44	30	19	8.32	0.78

利 用 系 数 表

有效顶棚反射比（%）	80				70				50				30				0
墙反射比（%）	70	50	30	10	70	50	30	10	70	50	30	10	70	50	30	10	0
地面反射比（%）	10				10				10				10				0
室形指数 RI	利用系数（%）																
0.6	43	35	30	26	43	35	30	26	41	34	29	26	39	33	29	26	25
0.8	51	43	38	34	50	43	38	34	48	42	37	34	46	41	37	34	32
1.0	56	49	44	40	55	48	44	40	53	47	43	40	51	46	42	39	38
1.25	60	54	49	46	59	53	49	45	57	52	48	45	55	51	47	45	43
1.5	63	57	53	49	62	57	53	49	60	55	52	49	58	54	51	48	47
2.0	67	62	58	55	66	61	58	55	64	60	57	54	62	59	56	54	52
2.5	69	65	62	59	68	64	61	59	66	63	60	58	64	61	59	57	55
3.0	70	67	64	62	69	66	64	61	67	65	62	60	66	63	61	60	58
4.0	72	70	67	65	71	69	67	65	70	67	66	64	68	66	64	63	61
5.0	74	71	69	68	73	71	69	67	71	69	67	66	69	68	66	65	63
7.0	75	73	72	70	74	73	71	70	72	71	70	69	70	69	68	67	66
10.0	76	75	74	73	75	74	73	72	73	72	72	71	72	71	70	69	67

表 25 – 2　　　**FAC41630PH 嵌入间接照明（白色钢板格栅）光度参数**

灯具外形图

配光曲线cd/klm

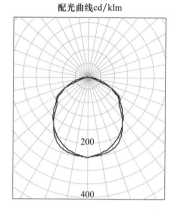

200

400

B　　A
A　　B

—— A—A
—— B—B

灯具特性：

　　单管宽配光间接照明格栅灯具，灯具效率高，可1：1替换传统双管T5格栅灯具。

型号		FAC41630PH
生产厂家		松下
外形尺寸 （mm）	长 L	1197
	宽 W	297
	高 H	85
光源		T8 高频 – 1×45W/1×4700lm
灯具效率		78.8%
上射光通比		0
下射光通比		78.8%
防触电类别		I 类
防护等级		IP20
漫射罩		无
遮光角		40°
最大允许距高比 L/H		A – A：1.26；B – B：1.27

发 光 强 度 值

$\theta(°)$		0	5	10	15	20	25	30	35	40	45
I_θ（cd）	A – A	299	296	293	288	281	268	250	224	197	166
	B – B	299	295	288	281	271	258	244	224	206	186

$\theta(°)$		50	55	60	65	70	75	80	85	90	
I_θ（cd）	A – A	146	140	123	85	34	20	11	4.57	0.15	
	B – B	167	144	121	97	73	48	27	11	0	

利 用 系 数 表

有效顶棚反射比（%）	80				70				50				30				0
墙反射比（%）	70	50	30	10	70	50	30	10	70	50	30	10	70	50	30	10	0
地面反射比（%）	10				10				10				10				0
室形指数 RI	利用系数（%）																
0.6	46	37	31	27	45	37	31	27	44	36	30	27	42	35	30	26	25
0.8	55	46	40	35	53	45	39	35	51	44	39	35	49	43	38	35	33
1.0	60	52	46	41	59	51	45	41	56	50	45	41	54	49	44	41	39
1.25	65	57	52	48	63	57	51	47	61	55	51	47	59	54	50	47	45
1.5	68	61	56	52	67	61	56	52	64	59	55	51	62	58	54	51	49
2.0	72	67	62	59	71	66	62	58	69	64	61	58	67	63	60	57	55
2.5	75	70	66	63	74	70	66	63	71	68	65	62	69	66	64	61	59
3.0	77	73	69	66	76	72	69	66	73	70	68	65	71	69	66	64	62
4.0	79	76	73	71	78	75	73	70	76	73	71	69	74	72	70	68	66
5.0	81	78	76	74	79	77	75	73	77	75	73	72	75	74	72	71	69
7.0	82	80	79	77	81	79	78	76	79	78	76	75	77	76	75	74	71
10.0	83	82	81	79	82	81	80	79	80	79	78	77	78	78	77	76	74

表 25 – 3　　　　FAC41631PH 嵌入式间接照明（乳白面板）光度参数

灯具外形图

配光曲线cd/klm

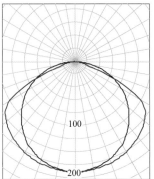

型号		FAC41631PH
生产厂家		松下
外形尺寸（mm）	长 L	1197
	宽 W	297
	高 H	85
光源		T8 高频 – 1 ×45W/1 ×4700lm
灯具效率		71.3%
上射光通比		0
下射光通比		71.3%
防触电类别		I 类
防护等级		IP20
漫射罩		有
最大允许距高比 L/H		A – A：1.34；B – B：1.26

B ↖　↗ A
A ↙　↘ B

—— A—A
—— B—B

灯具特性：

单管宽配光乳白面板灯具，灯具效率高，可 1：1 替换传统双管乳白面板灯具。

发 光 强 度 值

$\theta(°)$		0	5	10	15	20	25	30	35	40	45
I_θ(cd)	$A – A$	214	211	210	208	207	204	201	196	191	185
	$B – B$	214	210	208	204	199	192	185	174	162	150
$\theta(°)$		50	55	60	65	70	75	80	85	90	
I_θ(cd)	$A – A$	177	168	150	104	45	24	12	4.96	0.53	
	$B – B$	137	122	107	89	71	53	32	13	0.53	

利 用 系 数 表

有效顶棚反射比（%）	80				70				50				30				0
墙反射比（%）	70	50	30	10	70	50	30	10	70	50	30	10	70	50	30	10	0
地面反射比（%）	10				10				10				10				0
室形指数 RI	利用系数（%）																
0.6	42	33	28	24	41	33	28	24	40	32	27	24	38	32	27	24	22
0.8	50	42	36	32	49	41	36	32	47	40	36	32	45	39	35	32	30
1.0	55	48	42	38	54	47	42	38	52	46	41	38	50	45	41	38	36
1.25	59	53	48	44	58	52	48	44	56	51	47	44	54	50	46	43	42
1.5	63	57	52	49	61	56	52	48	59	55	51	48	57	53	50	47	46
2.0	67	62	58	55	65	61	57	54	63	60	56	54	61	58	56	53	52
2.5	69	65	62	59	68	64	61	58	66	63	60	58	64	61	59	57	55
3.0	71	67	64	62	70	66	64	61	68	65	63	60	66	63	61	60	58
4.0	73	70	68	65	72	69	67	65	70	68	66	64	68	66	65	63	61
5.0	74	72	70	68	73	71	69	67	71	69	68	66	69	68	67	65	63
7.0	75	74	72	71	74	73	71	70	73	71	70	69	71	70	69	68	66
10.0	76	75	74	73	75	74	73	72	74	73	72	71	72	71	70	70	68

表 25 – 4　　　　　　　　　FAC44210PH 高空间专用控照灯具光度参数

灯具外形图

配光曲线cd/klm

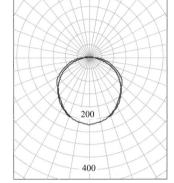

型号		FAC44210PH
生产厂家		松下
外形尺寸 （mm）	长 L	1237
	宽 W	300
	高 H	95
光源		T8 高频 – 4×45W/4×4700lm
灯具效率		84%
上射光通比		0.8%
下射光通比		83.2%
防触电类别		I 类
防护等级		IP20
漫射罩		无
遮光角		16°
最大允许距高比 L/H		A – A：1.25；B – B：1.31

灯具特性：

推荐使用于 6 ~ 15m 空间（如高大厂房、仓库等），可安装应急电池。

发 光 强 度 值

$\theta(°)$		0	5	10	15	20	25	30	35	40	45
I_θ（cd）	A – A	267	263	259	254	246	233	220	207	193	180
	B – B	267	263	259	254	247	237	226	213	199	182

$\theta(°)$		50	55	60	65	70	75	80	85	90
I_θ（cd）	A – A	172	162	144	123	103	83	62	40	17
	B – B	165	146	126	106	83	60	37	14	1.40

利 用 系 数 表

有效顶棚反射比（%）	80				70				50				30				0
墙反射比（%）	70	50	30	10	70	50	30	10	70	50	30	10	70	50	30	10	0
地面反射比（%）	10				10				10				10				0
室形指数 RI	利用系数（%）																
0.6	46	36	29	25	45	35	29	24	43	34	29	24	41	33	28	24	22
0.8	55	45	38	33	53	44	38	33	51	43	37	32	49	42	36	32	30
1.0	60	51	44	39	59	50	44	39	56	49	43	38	54	47	42	38	36
1.25	65	57	50	45	64	56	50	45	61	54	49	44	58	53	48	44	42
1.5	69	61	55	50	67	60	54	50	64	58	53	49	62	56	52	48	46
2.0	74	67	62	57	72	66	61	57	69	64	60	56	67	62	58	55	53
2.5	77	71	66	62	75	70	65	61	72	68	64	61	70	66	63	60	57
3.0	79	74	69	66	77	73	69	65	75	71	67	64	72	69	66	63	61
4.0	82	78	74	71	80	76	73	70	78	74	72	69	75	72	70	68	65
5.0	83	80	77	74	82	79	76	73	79	77	74	72	77	75	73	71	68
7.0	85	83	80	78	84	82	80	77	82	80	78	76	79	78	76	74	72
10.0	87	85	83	82	86	84	82	81	83	82	80	79	81	80	79	77	75

表 25-5   **TBS569 M2 嵌入式高效 T5 格栅灯具光度参数**

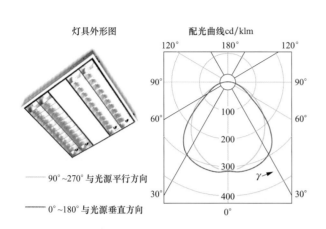

灯具外形图

配光曲线cd/klm

—— 90°~270° 与光源平行方向

—— 0°~180° 与光源垂直方向

型号		TBS569/314 M2
生产厂家		飞利浦
外形尺寸（mm）	长 L	597
	宽 W	597
	高 H	55
光源		T5 - 3×14W
光通量		3×1200lm
灯具效率		79%
上射光通比		0
下射光通比		79.0%
防触电类别		I 类
防护等级		IP20
漫射罩		无

发 光 强 度 值

θ(°)		0	2.5	7.5	12.5	17.5	22.5	27.5	32.5	37.5	42.5
I_θ(cd)	90°~270°	313	312	307	298	286	272	255	237	217	195
	0°~180°	313	315	318	318	314	308	300	286	261	224
θ(°)		47.5	52.5	57.5	62.5	67.5	72.5	77.5	82.5	87.5	90
I_θ(cd)	90°~207°	172	147	121	94	68	46	29	16	5	0
	0°~180°	177	129	95	75	59	44	30	17	5	0

利 用 系 数 表

有效顶棚反射比（%）	80		70				50		30		0
墙面反射比（%）	50	50	50	50	50	30	30	10	30	10	0
墙面反射比（%）	30	10	30	20	10	10	10	10	10	10	0
室形指数 RI	利用系数（%）										
0.60	41	39	40	39	38	33	33	29	32	29	27
0.80	49	46	49	47	46	40	40	36	39	36	34
1.00	57	52	55	54	52	46	46	42	45	42	40
1.25	63	58	62	60	57	52	52	48	51	48	46
1.50	68	62	67	64	61	57	56	52	55	52	50
2.00	76	68	74	70	67	63	62	59	61	59	57
2.50	81	71	79	74	71	67	66	64	55	63	61
3.00	84	74	82	77	73	70	69	67	68	66	64
4.00	89	77	86	81	76	74	72	70	71	69	67
5.00	91	79	89	83	78	76	74	73	73	72	70

表 25－6　　　　　　　　TBS869 D8H 嵌入式高效 T5 格栅灯具光度参数

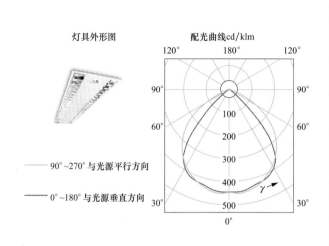

灯具外形图　　　　配光曲线cd/klm

—— 90°~270° 与光源平行方向

—— 0°~180° 与光源垂直方向

型号		TBS869/228 D8H
生产厂家		飞利浦
外形尺寸（mm）	长 L	1195
	宽 W	295
	高 H	47
光源		T5－2×28W
光通量		2×2625lm
灯具效率		86%
上射光通比		0
下射光通比		86.0%
防触电类别		I 类
防护等级		IP20
漫射罩		无

发 光 强 度 值

$\theta(°)$		0	2.5	7.5	12.5	17.5	22.5	27.5	32.5	37.5	42.5
I_θ(cd)	90°~270°	443	447	450	443	431	414	393	396	340	306
	0°~180°	443	445	444	435	426	419	404	375	317	215
$\theta(°)$		47.5	52.5	57.5	62.5	67.5	72.5	77.5	82.5	87.5	90
I_θ(cd)	90°~270°	266	216	152	79	24	4	1	0	0	0
	0°~180°	97	24	4	2	1	0	0	0	0	0

利 用 系 数 表

有效顶棚反射比（%）	80		70				50		30		0
墙面反射比（%）	50	50	50	50	50	30	30	10	30	10	0
墙面反射比（%）	30	10	30	20	10	10	10	10	10	10	0
室形指数 RI	利用系数（%）										
0.60	54	51	53	52	51	46	45	42	45	42	40
0.80	63	59	62	60	59	54	53	50	53	50	48
1.00	70	65	69	67	65	60	60	56	59	56	55
1.25	77	71	76	73	70	66	65	62	65	62	60
1.50	82	75	81	77	74	70	69	67	68	66	65
2.00	89	80	87	83	79	76	75	73	74	72	71
2.50	94	83	92	87	82	80	79	77	77	76	74
3.00	97	85	95	89	84	82	81	79	80	78	77
4.00	101	87	98	92	86	85	83	82	82	81	79
5.00	103	88	100	93	87	86	85	84	83	82	80

表 25 – 7　　　　**FBS280 C 嵌入式高效紧凑型荧光灯筒灯光度参数**

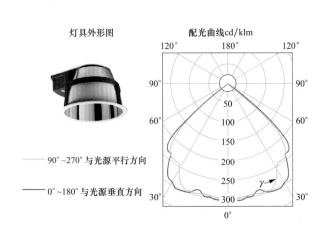

灯具外形图

配光曲线cd/klm

—— 90°~270° 与光源平行方向

—— 0°~180° 与光源垂直方向

型号		FBS280/840
生产厂家		飞利浦
外形尺寸（mm）	直径 φ	294
	高 H	203
光源		PLC – 3 × 26W
光通量		3 × 1800lm
光束角（°）		2 × 50
灯具效率		59%
上射光通比		0
下射光通比		59%
防触电类别		I 类
防护等级		IP20
漫射罩		无

发 光 强 度 值

$\theta(°)$		0	2.5	7.5	12.5	17.5	22.5	27.5	32.5	37.5	42.5
$I_\theta(cd)$	90°~270°	299	298	296	293	298	299	280	243	244	225
	0°~180°	299	302	303	300	287	303	306	294	259	237
$\theta(°)$		47.5	52.5	57.5	62.5	67.5	72.5	77.5	82.5	87.5	90
$I_\theta(cd)$	90°~270°	177	41	7	0	0	0	0	0	0	0
	0°~180°	207	74	15	0	0	0	0	0	0	0

利 用 系 数 表

有效顶棚反射比（%）	80		70				50		30		0
墙面反射比（%）	50	50	50	50	50	30	30	10	30	10	0
墙面反射比（%）	30	10	30	20	10	10	10	10	10	10	0
室形指数 RI	利用系数（%）										
0.60	38	36	37	36	36	32	32	30	32	30	29
0.80	44	42	44	42	41	38	38	35	37	35	34
1.00	49	46	49	47	45	43	42	40	42	40	39
1.25	54	50	53	51	49	46	46	44	45	44	43
1.50	57	52	56	54	52	49	49	47	48	47	45
2.00	62	56	61	58	55	53	52	51	52	51	49
2.50	65	58	64	60	57	55	55	54	54	53	52
3.00	67	59	65	62	58	57	56	55	55	54	53
4.00	69	60	67	63	60	58	58	57	57	56	55
5.00	71	61	69	64	60	59	58	58	57	57	55

表 25 - 8　　　　　　　**Cinqueline 嵌入式高效格栅灯具光度参数**

灯具外形图

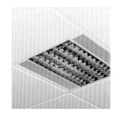

配光曲线cd/klm

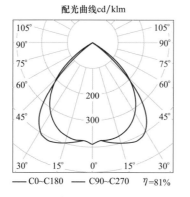

—— C0~C180　—— C90~C270　η=81%

型号		FRMT5Z314
生产厂家		索恩
外形尺寸 （mm）	长 L	596
	宽 W	596
	高 H	60
光源		T5 - 3×14W
灯具效率		81%
上射光通比		0
下射光通比		81%
防触电类别		I 类
防护等级		IP20
漫射罩		无
遮光角		30°

灯具特性：

超薄（60mm）灯体高度。有镜面和哑光格栅反射器可供选择，满足 Cat2 配光标准，有中置或边置冲孔隔板和丝印隔板可供选择。

发 光 强 度 值

$\theta(°)$		0	5	10	15	20	25	30	35	40	45
I_θ（cd）	B - B	389	376	386	398	408	415	406	372	308	208
	A - A	389	376	379	374	365	347	325	295	257	209
$\theta(°)$		50	55	60	65	70	75	80	85	90	
I_θ（cd）	B - B	100	35	18	10	6	2	2	0	0	
	A - A	150	79	26	9	3	2	1	0	0	

利 用 系 数 表

有效顶棚反射比（%）	70			50			30			0
墙反射比（%）	50	30	10	50	30	10	50	30	10	0
地面反射比（%）	20	20	20	20	20	20	20	20	20	0
室形指数 RI	利用系数（%）									
0.75	63	58	55	62	58	55	61	57	55	53
1.00	69	65	62	68	64	61	66	63	61	59
1.25	74	70	67	72	69	66	70	67	65	63
1.50	77	73	70	75	72	69	73	70	68	66
2.00	81	77	75	78	76	74	76	74	72	70
2.50	83	80	78	80	78	76	78	76	75	72
3.00	85	82	80	82	80	78	79	78	76	73
4.00	87	85	83	84	82	81	81	80	79	75
5.00	88	87	85	85	84	82	82	81	80	76

表 25 – 9　　　　　　　　**Evenline 悬吊式高效格栅灯具光度参数**

灯具外形图

配光曲线cd/klm

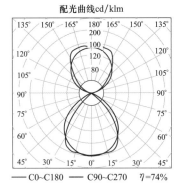

—— C0~C180　——— C90~C270　$\eta=74\%$

型号	Evenline DI 2/2 ×28W	
	HF DSB	
生产厂家	索恩	
外形尺寸 （mm）	长 L	2375
	宽 W	72
	高 H	126
光源	T5 – 2/2 ×28W	
灯具效率	85%	
上射光通比	43.3%	
下射光通比	41.7%	
防触电类别	Ⅰ 类	
防护等级	IP20	
漫射罩	无	
遮光角	47°	

灯具特性：

灯具有嵌装、吊装及表面安装等多种安装方式，可单独安装灯具或连续安装灯带。

发 光 强 度 值

$\theta(°)$		0	5	10	15	20	25	30	35	40	45
I_θ (cd)	B – B	226	225	222	222	224	215	195	165	120	71
	A – A	226	226	224	219	211	201	189	172	156	136
$\theta(°)$		50	55	60	65	70	75	80	85	90	95
I_θ (cd)	B – B	30	10	3.6	1.4	0.7	0.4	0.1	0	0	1.5
	A – A	109	70	32	8.2	2.9	1.2	0.5	0.1	0	1.6
$\theta(°)$		100	105	110	115	120	125	130	135	140	145
I_θ (cd)	B – B	3	6.6	17	30	45	59	73	91	117	139
	A – A	9	21	36	51	66	80	94	107	119	129
$\theta(°)$		150	155	160	165	170	175	180			
I_θ (cd)	B – B	157	168	169	171	173	169	165			
	A – A	138	146	152	158	162	164	165			

利 用 系 数 表

有效顶棚反射比（%）	70			50			30			0
墙反射比（%）	50	30	10	50	30	10	50	30	10	0
地面反射比（%）	20	20	20	20	20	20	20	20	20	0
室形指数 RI	利用系数（%）									
0.75	49	44	40	43	40	37	38	36	34	29
1.00	55	50	47	48	45	42	42	40	38	32
1.25	59	55	51	52	49	46	45	43	41	34
1.50	62	58	55	54	52	49	47	45	43	35
2.00	67	63	60	58	55	53	50	48	46	37
2.50	70	67	64	60	58	56	51	50	48	38
3.00	72	69	66	62	60	58	53	51	50	38
4.00	74	72	70	64	62	61	54	53	52	39
5.00	76	74	72	65	64	62	55	54	53	40

表 25 – 10 **HHJY1136 固定式荧光灯灯具光度参数**

灯具外形图   配光曲线cd/klm

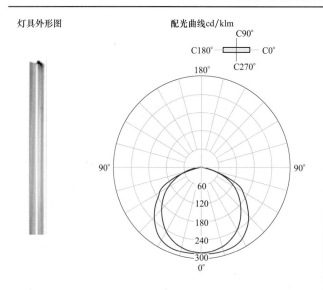

型号		HHJY1136
生产厂家		蝠翼
外形尺寸 （mm）	长 L	1242
	宽 W	158
	高 H	97
光源		T8 – 1×36W
灯具效率		92.5%
上射光通比		0.3%
下射光通比		92.2%
防触电类别		I 类
防护等级		IP20
漫射罩		有
最大允许距高比 L/H		1.4

发 光 强 度 值

$\theta(°)$		0	6	12	18	24	30	36	42	48	54
$I_\theta(\mathrm{cd})$	$B-B$	282.5	283.7	284.2	283.4	280.2	272.4	257.2	237.9	215.9	188.9
	$A-A$	279.4	277.8	273	264.9	253.7	239.4	222.4	202.6	180.6	156.2
$\theta(°)$		60	66	72	78	84	90	96	102		
$I_\theta(\mathrm{cd})$	$B-B$	163.6	130.7	82.8	34.5	10.6	0.9	0.3	0		
	$A-A$	130.6	130.2	75	46.6	19.7	2.2	0.9	0		

利 用 系 数 表

有效顶棚反射比（%）	80			70			50			30	
墙反射比（%）	70	50	30	70	50	30	50	30	10	50	30
地面反射比（%）	20			20			20			20	
室形指数 RI	利用系数（%）										
0.60	57	53	43	56	52	41	49	40	35	47	39
0.80	62	59	49	61	57	49	55	45	41	53	44
1.00	69	66	53	67	64	52	62	51	47	61	49
1.25	75	72	60	72	68	61	67	59	56	65	57
1.50	80	77	69	75	74	68	73	65	63	71	63
2.00	84	82	75	81	80	76	78	73	71	75	70
2.50	88	87	80	85	84	79	82	77	74	80	75
3.00	93	90	86	91	88	84	87	82	79	83	81
4.00	96	93	90	94	91	87	89	86	81	85	82
5.00	98	95	92	97	93	91	90	87	83	86	83

表 25 - 11 　　　　　　　**HHJY1136 固定式（箱体）荧光灯灯具光度参数**

灯具外形图

配光曲线cd/klm

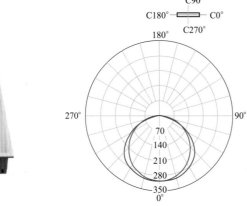

型号		HHJY1136（箱体）
生产厂家		蝠翼
外形尺寸 （mm）	长 L	1244
	宽 W	123
	高 H	80
光源		T8 - 1×36W
灯具效率		93.2%
上射光通比		0
下射光通比		93.2%
防触电类别		I 类
防护等级		IP20
漫射罩		有
最大允许距高比 L/H		1.34

发 光 强 度 值

θ(°)		0	6	12	18	24	30	36	42	48	54
I_θ (cd)	B - B	303.4	303.3	301.3	297.4	290.6	280	267.2	250.3	225	190.5
	A - A	303.4	300.9	295.5	286.7	274.4	259	240.6	219.3	195.6	169.1
θ(°)		60	66	72	78	84	90	96	102		
I_θ (cd)	B - B	146.6	100.6	58.1	26.3	10.5	0.4	0	0		
	A - A	140.6	110.4	78.8	46.8	16	0.2	0	0		

利 用 系 数 表

有效顶棚反射比（%）	80			70			50			30	
墙反射比（%）	70	50	30	70	50	30	50	30	10	50	30
地面反射比（%）	20			20			20			20	
室形指数 RI	利用系数（%）										
0.60	64	52	44	63	51	43	50	42	37	48	41
0.80	71	60	55	69	59	52	57	51	48	55	49
1.00	76	68	63	75	67	61	65	60	57	63	58
1.25	82	76	70	81	74	69	72	67	64	69	66
1.50	86	82	78	85	81	76	78	75	72	75	73
2.00	89	87	84	87	85	81	82	79	78	80	76
2.50	92	91	88	91	90	85	87	82	80	83	80
3.00	95	94	90	94	92	88	89	85	82	84	82
4.00	97	95	92	96	93	89	90	86	84	85	84
5.00	98	96	93	97	95	91	91	88	85	87	85

表 25 – 12　　　　　**HHJY2136 嵌入式荧光格栅灯具光度参数**

灯具外形图

配光曲线cd/klm

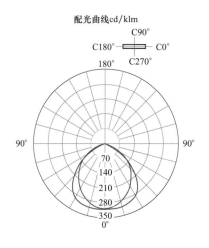

型号		HHJY2136
生产厂家		蝠翼
外形尺寸 （mm）	长 L	1200
	宽 W	300
	高 H	80
光源		T8 – 1×36W
灯具效率		74.7%
上射光通比		0
下射光通比		74.7%
防触电类别		I 类
防护等级		IP20
漫射罩		有
最大允许距高比 L/H		1.34
显色指数 Ra		>80

发 光 强 度 值

$\theta(°)$		0	6	12	18	24	30	36	42	48	54
$I_\theta(cd)$	B – B	301.8	303.4	303.1	301.9	294.8	280.4	259.5	227	181.1	125.6
	A – A	301.8	295.7	285.9	272.6	256.1	236.1	213.5	187.9	160.5	130.9

$\theta(°)$		60	66	72	78	84	90	96	102		
$I_\theta(cd)$	B – B	79.2	53.5	20.6	11.4	4.4	0.3	0	0		
	A – A	100	69.2	39.4	18.7	7.4	0.5	0	0		

利 用 系 数 表

有效顶棚反射比（%）	80			70			50			30	
墙反射比（%）	70	50	30	70	50	30	50	30	10	50	30
地面反射比（%）	20			20			20			20	
室形指数 RI	利用系数（%）										
0.60	55	45	39	53	44	39	43	38	34	43	37
0.80	61	53	44	58	50	43	48	42	40	47	41
1.00	66	59	50	62	54	48	52	47	45	51	46
1.25	69	63	56	67	60	54	58	53	52	57	52
1.50	71	66	63	70	65	61	64	60	59	63	59
2.00	73	69	68	72	68	66	67	64	63	66	63
2.50	76	72	71	75	70	69	69	68	67	67	65
3.00	79	75	75	78	73	72	72	71	69	69	68
4.00	81	77	76	80	76	73	73	72	71	70	69
5.00	82	79	77	81	78	75	75	73	72	72	70

表 25 – 13　　　　　　　　　HHJY2236 嵌入式荧光格栅灯具光度参数

灯具外形图

配光曲线cd/klm

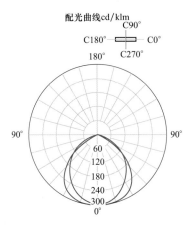

型号		HHJY2236
生产厂家		蝠翼
外形尺寸 （mm）	长 L	1200
	宽 W	600
	高 H	80
光源		T8 – 2×36W
灯具效率		72.1%
上射光通比		0
下射光通比		72.1%
防触电类别		I 类
防护等级		IP20
漫射罩		有
最大允许距高比 L/H		1.32

发 光 强 度 值

$\theta(°)$		0	6	12	18	24	30	36	42	48	54
$I_\theta(\text{cd})$	B – B	297.1	298.8	298.7	295	287.4	272.9	251.2	220.8	173.9	116.9
	A – A	297.1	292.6	282.6	269	252.1	231.8	208.6	182.9	155.5	126.2

$\theta(°)$		60	66	72	78	84	90	96	102
$I_\theta(\text{cd})$	B – B	77.4	49.4	21.4	12.2	4.7	0.2	0.2	0
	A – A	95.8	65.5	36.5	17	6.6	0.2	0.2	0

利 用 系 数 表

有效顶棚反射比（%）	80			70			50			30	
墙反射比（%）	70	50	30	70	50	30	50	30	10	50	30
地面反射比（%）	20			20			20			20	
室形指数 RI	利用系数（%）										
0.60	53	44	38	52	43	37	42	37	33	41	36
0.80	57	51	44	56	49	43	47	42	49	46	41
1.00	62	57	51	61	55	50	53	48	44	51	47
1.25	65	62	56	64	60	55	59	54	51	56	53
1.50	69	67	62	68	66	61	64	60	55	59	59
2.00	72	71	65	71	69	64	67	62	60	61	61
2.50	76	74	69	73	70	68	68	66	63	64	63
3.00	77	75	71	76	72	70	70	67	65	67	65
4.00	79	78	72	77	73	71	71	68	66	68	66
5.00	80	77	74	78	75	73	72	70	68	69	68

表 25 – 14　　　　　　　　**Aquaproof 防水防尘灯具光度参数**

灯具外形图

配光曲线cd/klm

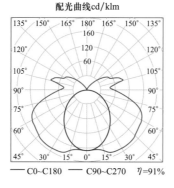

—— C0~C180　　—— C90~C270　　η=91%

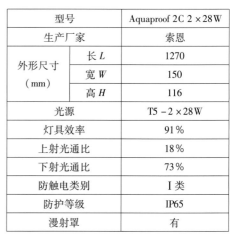

型号		Aquaproof 2C 2×28W
生产厂家		索恩
外形尺寸 （mm）	长 L	1270
	宽 W	150
	高 H	116
光源		T5 – 2×28W
灯具效率		91%
上射光通比		18%
下射光通比		73%
防触电类别		I 类
防护等级		IP65
漫射罩		有

灯具特性：

高性能 IP65 三防荧光灯具，抗紫外线抗老化透明棱纹 PC 散射器。防脱落装置，适合 T5 和 T8 直管荧光灯管光源。可应用于环境恶劣的室内或室外场所。

发 光 强 度 值

θ(°)		0	5	10	15	20	25	30	35	40	45
I_θ(cd)	B – B	168	167	167	172	184	188	189	190	190	189
	A – A	168	167	163	157	149	138	125	112	100	88
θ(°)		50	55	60	65	70	75	80	85	90	95
I_θ(cd)	B – B	184	180	179	174	162	143	118	93	74	66
	A – A	77	66	57	46	34	22	11	4.5	2.1	1.9
θ(°)		100	105	110	115	120	125	130	135	140	145
I_θ(cd)	B – B	77	107	98	74	70	60	46	31	20	13
	A – A	1.8	2.0	1.9	1.8	1.5	1.1	0.8	0.6	0.4	0.3
θ(°)		150	155	160	165	170	175	180			
I_θ(cd)	B – B	7.4	2.8	0.4	0.2	0.2	0.1	0.1			
	A – A	0.2	0.2	0.2	0.2	0.1	0.1	0.1			

利 用 系 数 表

有效顶棚反射比（%）		70			50			30		0
墙反射比（%）	50	30	10	50	30	10	50	30	10	0
地面反射比（%）	20	20	20	20	20	20	20	20	20	0
室形指数 RI				利用系数（%）						
0.75	65	60	57	63	59	57	62	59	56	55
1.00	71	67	64	70	66	63	68	65	63	61
1.25	76	72	69	74	71	68	72	70	67	65
1.50	79	75	72	77	74	71	75	72	70	68
2.00	83	80	77	81	78	76	78	76	74	72
2.50	85	83	80	83	80	79	80	78	77	74
3.00	87	85	83	84	82	80	82	80	79	75
4.00	89	87	86	86	85	83	83	82	81	77
5.00	91	89	88	87	86	85	84	83	82	78

表 25 – 15   **TCW097 PC 高效经济 T8 防水防尘灯具光度参数**

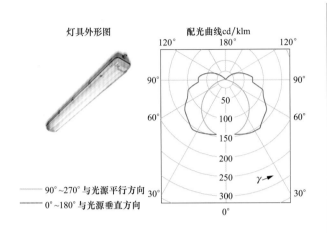

灯具外形图

配光曲线cd/klm

—— 90°~270° 与光源平行方向
—— 0°~180° 与光源垂直方向

型号		TCW097PC
生产厂家		飞利浦
外形尺寸（mm）	长 L	1270
	宽 W	150
	高 H	110
光源		T8 – 2×36W
灯具效率		69%
上射光通比		10%
下射光通比		59%
防触电类别		I 类
防护等级		IP66
漫射罩		有

发 光 强 度 值

$\theta(°)$		0	5	15	25	35	45	55	65	75	85
$I_\theta(cd)$	90°~270°	146	146	140	128	111	89	65	40	14	4
	0°~180°	146	140	146	152	156	142	134	112	103	73
$\theta(°)$		95	105	115	125	135	145	155	165	175	180
$I_\theta(cd)$	90°~270°	2	2	1	1	1	1	1	1	1	0
	0°~180°	73	56	42	23	5	3	2	1	1	0

利 用 系 数 表

有效顶栅反射比（%）	80		70				50		30		0
墙面反射比（%）	50	50	50	50	50	30	30	10	30	10	0
地面反射比（%）	30	10	30	20	10	10	10	10	10	10	0
室形指数 RI	利用系数（%）										
0.60	28	27	28	27	26	21	20	17	19	16	14
0.80	35	33	34	33	32	27	25	22	24	21	18
1.00	41	38	39	38	37	31	30	26	28	25	22
1.25	47	43	45	43	41	36	34	30	32	29	26
1.50	51	46	49	47	45	40	38	34	36	32	29
2.00	58	51	55	52	50	45	43	40	41	38	34
2.50	62	55	59	56	53	49	47	44	44	42	38
3.00	65	57	62	59	56	52	49	47	47	44	40
4.00	70	61	67	62	59	56	53	50	50	48	44
5.00	73	63	69	65	61	58	55	53	52	50	46

表 25－16　　　　　　　　　　**Concavia 悬挂式高天井灯具光度参数**

灯具外形图

配光曲线cd/klm

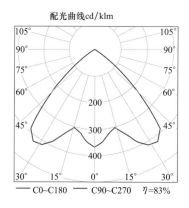

—— C0~C180　　—— C90~C270　　η=83%

型号		Concavia L MH250W
生产厂家		索恩
外形尺寸（mm）	直径 ϕ	503
	高 H	733
光源		金卤灯 $-1\times250W$
灯具效率		83%
上射光通比		0
下射光通比		83%
防触电类别		I 类
防护等级		IP65
漫射罩		无
遮光角		35°

灯具特性：

高天井反射器灯具，安装无需工具，铝制外罩为银色阳极化表面处理，磨砂铝，棱纹聚碳酸酯或玻璃反射器，不锈钢安装支架。

应用场合：工厂、仓库。

发 光 强 度 值

$\theta(°)$		0	5	10	15	20	25	30	35	40	45
$I_\theta(cd)$	$A-A/B-B$	367	349	319	304	334	381	413	421	390	265
$\theta(°)$		50	55	60	65	70	75	80	85	90	
$I_\theta(cd)$	$A-A/B-B$	144	66	16	4	2	2	1	1	0	

利 用 系 数 表

有效顶棚反射比（%）	70			50			30			0
墙反射比（%）	50	30	10	50	30	10	50	30	10	0
地面反射比（%）	20	20	20	20	20	20	20	20	20	0
室形指数 RI	利 用 系 数（%）									
0.75	65	60	57	63	59	57	62	59	56	55
1.00	71	67	64	70	66	63	68	65	63	61
1.25	76	72	69	74	71	68	72	70	67	65
1.50	79	75	72	77	74	71	75	72	70	68
2.00	83	80	77	81	78	76	78	76	74	72
2.50	85	83	80	83	80	79	80	78	77	74
3.00	87	85	83	84	82	80	82	80	79	75
4.00	89	87	86	86	85	83	83	82	81	77
5.00	91	89	88	87	86	85	84	83	82	78

表 25 – 17　　　　　　　　**MRS532 导轨式高效陶瓷金属卤化物射灯光度参数**

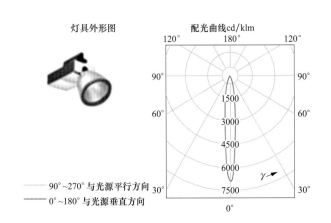

灯具外形图

配光曲线 cd/klm

—— 90°~270° 与光源平行方向
—— 0°~180° 与光源垂直方向

型号		MRS532 12D
生产厂家		飞利浦
外形尺寸	直径 φ	110
（mm）	高 H	178
光源		CDM – TC – 1×70W
光通量		6500lm
光束角（°）		2×6
灯具效率		74%
上射光通比		0
下射光通比		74.0%
防触电类别		I 类
防护等级		IP20
漫射罩		无

发 光 强 度 值

$\theta(°)$		0	2.5	7.5	12.5	17.5	22.5	27.5	32.5	37.5	42.5
$I_\theta(\text{cd})$	90°~270°	6914	5756	2555	1296	597	250	134	84	75	63
	0°~180°	6914	5756	2555	1296	597	250	134	84	75	63
$\theta(°)$		47.5	52.5	57.5	62.5	67.5	72.5	77.5	82.5	87.5	90
$I_\theta(\text{cd})$	90°~270°	30	9	4	3	2	2	2	1	1	1
	0°~180°	30	9	4	3	2	2	2	1	1	1

利 用 系 数 表

有效顶棚反射比（%）	80		70				50		30		0
墙面反射比（%）	50	50	50	50	50	30	30	10	30	10	0
地面反射比（%）	30	10	30	20	10	10	10	10	10	10	0
室形指数 RI	利用系数（%）										
0.60	61	58	60	59	57	55	54	53	54	53	52
0.80	66	62	65	63	61	59	58	56	58	56	55
1.00	70	65	69	67	65	62	62	60	61	60	59
1.25	74	68	73	70	68	65	65	63	64	63	62
1.50	77	70	76	73	70	68	67	65	66	65	64
2.00	82	73	80	76	73	71	70	69	70	69	67
2.50	85	75	83	79	75	74	73	72	72	71	70
3.00	88	77	85	81	76	75	74	74	73	73	71
4.00	90	78	88	82	77	77	76	75	75	74	73
5.00	92	79	89	83	78	78	76	76	75	75	73

表 25 – 18　　　　**MDK900 WB 高效陶瓷金卤灯高天棚灯具光度参数**

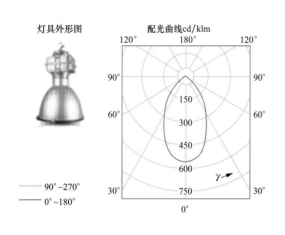

灯具外形图　　　　配光曲线cd/klm

—— 90°~270°
—— 0°~180°

型号		MDK900 WB
生产厂家		飞利浦
外形尺寸 （mm）	直径 φ	424
	高 H	600
光源		CDM – T – 1 ×210W
光通量		23000lm
灯具效率		62%
上射光通比		0
下射光通比		62%
防触电类别		I 类
防护等级		IP54
漫射罩		无

发 光 强 度 值

θ(°)		0	2.5	7.5	12.5	17.5	22.5	27.5	32.5	37.5	42.5
I_θ(cd)	90°~270°	567	563	545	509	450	377	307	253	197	138
	0°~180°	567	563	545	509	450	377	307	253	197	138
θ(°)		47.5	52.5	57.5	62.5	67.5	72.5	77.5	82.5	87.5	90
I_θ(cd)	92°~270°	85	50	28	15	9	5	2	1	0	0
	0°~180°	85	50	28	15	9	5	2	1	0	0

利 用 系 数 表

有效顶棚反射比（%）	80		70				50		30		0
墙面反射比（%）	50	50	50	50	50	30	30	10	30	10	0
地面反射比（%）	30	10	30	20	10	10	10	10	10	10	0
室形指数 RI	利用系数（%）										
0.60	44	41	43	42	41	38	38	36	38	36	35
0.80	49	46	49	47	46	43	43	40	42	40	39
1.00	54	50	53	51	50	47	46	45	46	44	43
1.25	58	53	57	55	53	50	50	48	49	48	47
1.50	61	56	60	58	55	53	52	51	52	50	49
2.00	66	59	65	61	59	57	56	55	55	54	53
2.50	69	61	67	64	61	59	58	57	57	57	55
3.00	71	62	69	65	62	61	60	59	59	58	57
4.00	74	64	72	67	63	62	61	61	60	60	58
5.00	75	65	73	68	64	63	62	62	61	61	59

表 25 – 19　　　　　　　　　　　MBS145 嵌入式高效陶瓷金卤灯筒灯

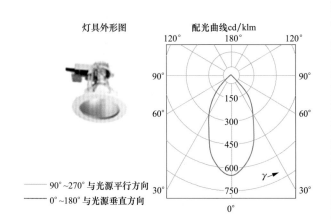

灯具外形图　　　　　配光曲线cd/klm

—— 90°~270° 与光源平行方向
—— 0°~180° 与光源垂直方向

型号		MBS145/830
生产厂家		飞利浦
外形尺寸（mm）	直径 ϕ	200
	高 H	218
光源		CDM – T – 1 × 70W
光通量		6600lm
光束角（°）		2 × 28
灯具效率		67%
上射光通比		0
下射光通比		67%
防触电类别		I 类
防护等级		IP20
漫射罩		无

发 光 强 度 值

$\theta(°)$		0	2.5	7.5	12.5	17.5	22.5	27.5	32.5	37.5	42.5
$I_\theta(\text{cd})$	90°~270°	655	646	611	560	488	405	331	269	216	147
	0°~180°	655	646	611	560	488	405	331	269	216	147
$\theta(°)$		47.5	52.5	57.5	62.5	67.5	72.5	77.5	82.5	87.5	90
$I_\theta(\text{cd})$	90°~270°	77	47	30	20	13	8	5	2	1	0
	0°~180°	77	47	30	20	13	8	5	2	1	0

利 用 系 数 表

有效顶棚反射比（%）	80		70				50		30		0
墙面反射比（%）	50	50	50	50	50	30	30	10	30	10	0
地面反射比（%）	30	10	30	20	10	10	10	10	10	10	0
室形指数 RI	利用系数（%）										
0.60	48	45	47	46	45	42	42	40	41	39	39
0.80	54	50	53	51	50	47	46	44	46	44	43
1.00	59	54	58	56	54	51	50	48	50	48	47
1.25	63	58	62	59	57	55	54	52	53	52	51
1.50	66	60	65	62	60	57	56	55	56	54	53
2.00	71	64	70	66	63	61	60	59	60	58	57
2.50	75	66	73	69	65	64	63	62	62	61	60
3.00	77	67	75	71	67	65	64	63	63	63	61
4.00	80	69	77	72	68	67	66	65	65	65	63
5.00	81	70	79	74	69	68	67	66	66	65	64

表 25 - 20　　　　　　　　　YL - PL - 25 - 20/250W 智能升降灯具光度参数

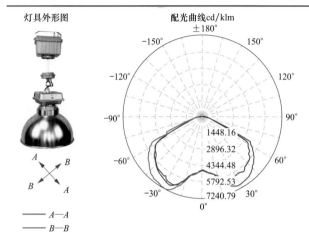

灯具外形图

配光曲线cd/klm

| | A—A |
| | B—B |

型号	YL - PL - 25 - 20/250W
生产厂家	帕尔菱科
外形尺寸（mm） 长 L	410
宽 W	410
高 H	720
光源	HID 250W
灯具效率	76.78%
上射光通比	0
下射光通比	76.78%
防触电类别	I 类
防护等级	IP20
最大允许距高比 L/H	1.84

灯具特性：

升级灯具，电源：220V，50Hz；升降电机功率：35W；最大升降高度：25m；最大吊重：15kg；升降速度：1.2m/min；钢丝绳直径：1.8mm；钢丝绳安全荷载：230kg；有线控、遥控两种控制方式；遥控距离：0～35m；遥控器频率：315Hz；遥控灯具数量：1～999 个。

发 光 强 度 值

$\theta(°)$		0	5	10	15	20	25	30	35	40	45
I_θ（cd）	B - B	346.3	344.8	338.7	329.4	321.8	306.9	278.6	242.6	227.1	209.6
	A - A	346.3	344.8	338.7	329.4	321.8	306.9	283.6	261.3	239.6	219.6
$\theta(°)$		50	55	60	65	70	75	80	85	90	
I_θ（cd）	B - B	183.1	160.5	101.0	51.8	34.8	22.2	13.3	6.6	0	
	A - A	197.0	170.8	108.8	54.2	34.8	22.2	13.3	6.6	0	

利 用 系 数 表

有效顶棚反射比（%）	80		70			50		30		0
墙反射比（%）	50	30	10	50	30	10	50	30	10	10	0
地面反射比（%）	20	20	20	20	20	20	20	20	20	20	20
室形指数 RI	利用系数（%）									
0.00	91	91	89	89	89	89	85	85	82	82	77
1.00	80	77	73	78	75	73	75	73	68	68	65
2.00	69	64	59	68	63	59	65	61	56	56	53
3.00	60	54	49	59	53	49	57	52	47	47	44
4.00	53	46	41	52	46	41	50	44	39	39	37
5.00	47	40	34	46	39	34	44	38	34	34	31
6.00	42	35	29	41	34	29	40	34	29	29	27
7.00	38	31	26	37	30	26	36	30	25	25	23
8.00	34	27	22	33	27	22	32	26	22	22	20
9.00	31	24	20	30	24	20	30	24	20	20	18

表 25 – 21 　　　　　　　**YL – PL – 25 – 20/400W 智能升降灯具光度参数**

灯具外形图

配光曲线cd/klm

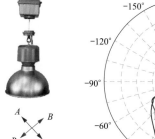
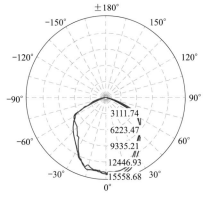

型号		YL – PL – 25 – 20/400W
生产厂家		帕尔菱科
外形尺寸 （mm）	长 L	470
	宽 W	470
	高 H	820
光源		HID 400W
灯具效率		84.27%
上射光通比		0
下射光通比		84.27%
防触电类别		I 类
防护等级		IP20
最大允许距高比 L/H		1.84

灯具特性:

可解决高空悬挂灯具的安全、快捷、低成本的维修问题;

电源:220V,50Hz;升降电机功率:35W;最大升降高度:25m;最大吊重:15kg;升降速度:1.2m/min;钢丝绳直径:1.8mm;钢丝绳安全荷载:230kg;有线控、遥控两种控制方式;遥控距离:0~35m;遥控器频率:315Hz;遥控灯具数量:1~999 个。

发 光 强 度 值

$\theta(°)$		0	5	10	15	20	25	30	35	40	45
$I_\theta(\text{cd})$	B – B	150.9	151.7	153.5	151.1	154.9	156.6	156.6	158.0	153.1	152.6
	A – A	150.9	151.7	155.2	155.7	158.1	158.6	156.6	157.4	157.0	156.1

$\theta(°)$		50	55	60	65	70	75	80	85	90
$I_\theta(\text{cd})$	B – B	150.5	142.3	140.1	99.7	63.2	38.5	19.9	10.2	0
	A – A	152.5	145.2	128.7	101.0	68.1	40.1	19.9	10.2	0

利 用 系 数 表

有效顶棚反射比（%）	80			70			50			30	0
墙反射比（%）	50	30	10	50	30	10	50	30	10	10	0
地面反射比（%）	20	20	20	20	20	20	20	20	20	20	20
室形指数 RI	利用系数（%）										
0.00	100	100	98	98	98	98	94	94	9	9	84
1.00	88	85	80	86	83	80	83	80	76	76	72
2.00	77	72	66	76	70	66	73	68	63	63	60
3.00	68	61	55	66	60	55	64	59	53	53	50
4.00	60	53	47	59	52	47	57	51	45	45	43
5.00	54	46	40	53	45	40	51	45	39	39	37
6.00	48	41	35	47	40	35	46	39	34	34	32
7.00	44	36	31	43	36	31	42	35	30	30	29
8.00	40	33	28	39	32	28	38	32	27	27	25
9.00	36	30	25	36	29	25	35	29	25	25	23

表 25－22   **BCS680C 悬挂高效 LED 灯具光度参数**

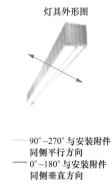

灯具外形图

—— 90°~270° 与安装附件
同侧平行方向
—— 0°~180° 与安装附件
同侧垂直方向

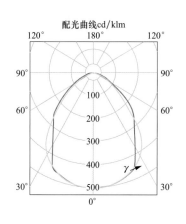

配光曲线 cd/klm

型号		BCS680C LIN－PC
生产厂家		飞利浦
外形尺寸（mm）	长 L	1220
	宽 W	71
	高 H	76
光源		LED－30/52 W
光通量		1800/4200lm
灯具效能（lm/W）		60/81
上射光通比		0
下射光通比		100%
防触电类别		I 类
防护等级		IP20
漫射罩		有
显色指数 Ra		＞80

发 光 强 度 值

$\theta(°)$		0	2.5	7.5	12.5	17.5	22.5	27.5	32.5	37.5	42.5
$I_\theta(\text{cd})$	90°~270°	502	502	497	488	475	458	434	399	347	266
	0°~180°	502	501	496	489	475	461	410	342	300	269
$\theta(°)$		47.5	52.5	57.5	62.5	67.5	72.5	77.5	82.5	87.5	90
$I_\theta(\text{cd})$	90°~270°	200	152	104	76	63	48	29	12	2	0
	0°~180°	231	181	126	85	55	33	18	7	2	0

利 用 系 数 表

有效顶棚反射比（%）	80		70				50		30		0
墙面反射比（%）	50	50	50	50	50	30	30	10	30	10	0
地面反射比（%）	30	10	30	20	10	10	10	10	10	10	0
室形指数 RI	利用系数（%）										
0.60	58	55	58	56	55	49	48	44	48	44	42
0.80	69	65	68	66	64	58	57	53	57	53	51
1.00	77	72	76	74	71	65	64	60	64	60	58
1.25	85	78	84	80	77	72	71	67	70	67	65
1.50	91	83	89	86	82	77	76	72	75	72	70
2.00	00	89	98	93	89	84	83	80	82	79	77
2.50	06	94	03	98	93	89	88	85	86	84	82
3.00	110	96	107	101	95	92	91	88	89	87	85
4.00	115	99	111	104	98	96	94	92	93	91	89
5.00	118	101	114	107	100	98	96	95	95	93	91

表 25 – 23　　　　　　**BY688P 超高效 LED 高天棚灯具光度参数**

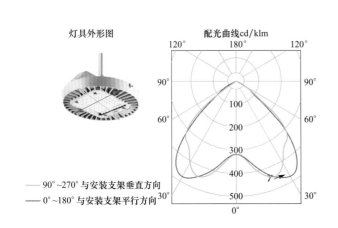

灯具外形图

配光曲线cd/klm

—— 90°~270°与安装支架垂直方向
—— 0°~180°与安装支架平行方向

型号		BY688P WB
生产厂家		飞利浦
外形尺寸（mm）	直径 φ	466
	高 H	158
光源		LED – 140/160W
光通量		14000/16000lm
灯具效能（lm/W）		100
上射光通比		0
下射光通比		100%
防触电类别		I 类
防护等级		IP65
漫射罩		无
显色指数 Ra		>85

发 光 强 度 值

θ(°)		0	2.5	7.5	12.5	17.5	22.5	27.5	32.5	37.5	42.5
I_θ(cd)	90°~270°	315	319	350	394	431	447	429	387	350	332
	0°~180°	315	319	340	377	416	448	471	475	436	368
θ(°)		47.5	52.5	57.5	62.5	67.5	72.5	77.5	82.5	87.5	90
I_θ(cd)	90°~270°	282	159	76	33	12	8	5	2	3	0
	0°~180°	256	120	73	38	11	7	4	2	3	1

利 用 系 数 表

有效顶棚反射比（%）	80		70				50		30		0
墙面反射比（%）	50	50	50	50	50	30	30	10	30	10	0
地面反射比（%）	30	10	30	20	10	10	10	10	10	10	0
室形指数 RI	利用系数（%）										
0.60	59	56	59	57	56	50	49	45	49	45	44
0.80	71	66	70	68	66	60	59	55	59	55	53
1.00	80	74	78	76	73	68	67	63	66	63	61
1.25	88	81	86	83	80	75	74	70	73	70	68
1.50	94	85	92	88	84	80	79	76	78	75	73
2.00	103	92	100	95	91	87	86	83	85	82	80
2.50	108	96	105	100	95	92	90	88	89	87	85
3.00	112	98	109	103	97	94	93	91	92	90	88
4.00	116	101	113	106	100	98	96	94	94	93	91
5.00	119	102	115	108	101	99	98	96	96	95	92

表 25 – 24　　　　　　　　　**WT160C 高效 LED 一体化三防灯光度参数**

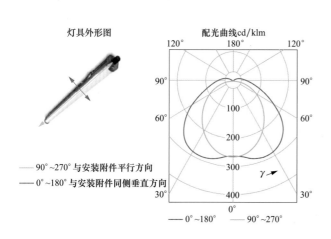

灯具外形图

配光曲线cd/klm

—— 90°~270° 与安装附件平行方向
—— 0°~180° 与安装附件同侧垂直方向

—— 0°~180°　—— 90°~270°

型号		WT160C
生产厂家		飞利浦
外形尺寸（mm）	长 L	1197
	宽 W	74
	高 H	58
光源		LED – 1 × 40W
光通量		3800lm
灯具效能（lm/W）		95
上射光通比		5%
下射光通比		95%
防触电类别		I 类
防护等级		IP65
漫射罩		有
显色指数 Ra		>80

发 光 强 度 值

$\theta(°)$		0	5	15	25	35	45	55	65	75	85
$I_\theta(\mathrm{cd})$	90°~270°	264	264	252	229	196	158	118	78	39	7
	0°~180°	264	265	283	289	283	256	204	143	96	64
$\theta(°)$		95	105	115	125	135	145	155	165	175	180
$I_\theta(\mathrm{cd})$	90°~270°	0	0	0	0	0	1	1	1	2	2
	0°~180°	43	27	16	8	3	1	1	1	2	2

利 用 系 数 表

有效顶棚反射比（%）	80		70				50		30		0
墙面反射比（%）	50	50	50	50	50	30	30	10	30	10	0
地面反射比（%）	30	10	30	20	10	10	10	10	10	10	0
室形指数 RI	利用系数（%）										
0.60	44	42	43	42	41	34	33	28	32	28	25
0.80	55	52	54	52	51	43	42	37	41	36	33
1.00	64	59	62	60	58	50	49	44	48	43	40
1.25	72	66	70	68	65	58	56	51	55	50	47
1.50	79	72	77	73	70	63	62	57	60	56	52
2.00	89	79	86	82	78	72	70	65	68	64	61
2.50	96	84	92	87	83	78	75	74	73	70	66
3.00	100	88	97	91	86	82	79	76	77	74	70
4.00	107	92	103	96	91	87	84	81	82	79	75
5.00	111	95	106	99	93	90	87	85	85	82	78

表 25 – 25   **Lomen LED 筒灯灯具光度参数**

灯具外形图

配光曲线cd/klm

型号		Lomen LED 8R 2300 4K HFA U19
生产厂家		索恩
外形尺寸（mm）	直径 ϕ	216
	高 H	139
光源		LED – 20W
灯具效能（lm/W）		115
上射光通比		0
下射光通比		100%
防触电类别		I 类
防护等级		IP20
漫射罩		无
遮光角		33°
显色指数 Ra		>80

灯具特性：

传统 2×18W/2×26W CFL 筒灯的智能替代方案。使用 15W/20WLED 模块。

应用场合：办公、商业。

发 光 强 度 值

$\theta(°)$		0	5	10	15	20	25	30	35	40	45
I_θ（cd）	B – B	859	855	842	793	707	600	485	371	272	186
	A – A	859	858	842	788	704	596	486	369	274	185
$\theta(°)$		50	55	60	65	70	75	80	85	90	95
I_θ（cd）	B – B	111	53	20	7.15	6.44	5.57	4.70	3.46	0.05	
	A – A	112	53	21	7.12	6.54	5.64	4.69	3.17	0.01	

利 用 系 数 表

有效顶棚反射比（%）	70				50			30	0
墙反射比（%）	50	50	30	30	50	30	30	30	0
地面反射比（%）	20	10	20	10	20	20	10	10	0
室形指数 RI	利用系数（%）								
0.6	67	66	61	61	66	61	60	60	55
0.8	76	74	70	69	75	70	68	68	63
1.0	82	80	77	75	80	76	74	74	69
1.3	91	87	86	83	88	84	83	82	78
1.5	94	90	90	87	92	88	86	85	81
2.0	99	95	96	92	97	93	91	90	86
2.5	103	98	100	95	100	97	94	93	89
3.0	106	100	103	98	102	100	96	95	92
4.0	108	101	105	100	104	102	98	96	93
5.0	110	103	107	101	105	104	100	98	95

表 25 - 26   **Hipak Pro 悬吊 LED 工厂灯具光度参数**

灯具外形图

配光曲线cd/klm

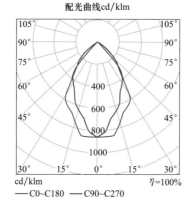

—— C0~C180 —— C90~C270

灯具特性：

高效的 LED 天井灯，挤出铝型材灯体，可提供非调光型，带感应探头调光型和应急照明功能型。

应用场合：工厂、仓库。

型号		Hipak Pro LED IP20 14000 HF WD
生产厂家		索恩
外形尺寸（mm）	长 L	756
	宽 W	271
	高 H	92
光源		LED - 124W
灯具效能（lm/W）		113
上射光通比		0
下射光通比		100%
防触电类别		I 类
防护等级		IP20
漫射罩		无
显色指数 Ra		>70

发 光 强 度 值

$\theta(°)$		0	5	10	15	20	25	30	35	40	45
I_θ (cd)	B - B	858	863	859	770	681	645	598	413	324	76
	A - A	858	817	702	648	589	494	441	398	290	241
$\theta(°)$		50	55	60	65	70	75	80	85	90	
I_θ (cd)	B - B	28	16	9	5	3	1	0	0	0	
	A - A	148	20	13	9	6	5	2	1	0	

利 用 系 数 表

有效顶棚反射比（%）	70			50			30			0
墙反射比（%）	50	30	10	50	30	10	50	30	10	0
地面反射比（%）	20	20	20	20	20	20	20	20	20	0
室形指数 RI	利用系数（%）									
0.75	81	75	71	79	74	71	78	74	71	69
1.00	88	83	80	86	82	79	85	81	78	76
1.25	93	88	85	91	87	84	89	86	83	81
1.50	96	92	89	94	90	88	92	89	86	84
2.00	101	97	94	98	95	92	95	93	91	88
2.50	104	100	98	100	98	96	97	95	93	90
3.00	106	103	100	102	100	98	99	97	96	92
4.00	108	106	104	104	102	101	101	99	98	94
5.00	110	108	106	106	104	103	102	101	99	95

表 25 – 27　　　　　　　　**OMEGA PRO 高效 LED 灯盘光度参数**

灯具外形图

配光曲线cd/klm

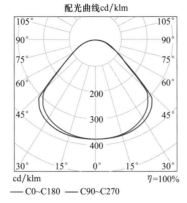

cd/klm　　　　　　　　　　η=100%
—— C0~C180 —— C90~C270

型号		OMEGA PRO 4100 HF
生产厂家		索恩
外形尺寸（mm）	长 L	597
	宽 W	597
	高 H	12
光源		LED – 41W
灯具效能（lm/W）		100
上射光通比		0
下射光通比		100%
防触电类别		I 类
防护等级		IP40
漫射罩		有
最大允许距高比 L/H		1.77
显色指数 Ra		>80

灯具特性：

LED 超薄灯盘，钢质灯体，表面白色静电喷涂，防眩光，抗紫外高效乳白灯罩。

应用场合：办公。

发 光 强 度 值

θ(°)		0	5	10	15	20	25	30	35	40	45
I_θ(cd)	B – B	375	374	373	372	368	360	350	337	317	285
	A – A	375	375	375	375	374	369	362	353	337	310

θ(°)		50	55	60	65	70	75	80	85	90
I_θ(cd)	B – B	190	132	109	76	56	41	33	17	1
	A – A	202	133	103	82	55	47	33	19	1

利 用 系 数 表

有效顶棚反射比（%）	70			50			30			0
墙反射比（%）	50	30	10	50	30	10	50	30	10	0
地面反射比（%）	20	20	20	20	20	20	20	20	20	0
室形指数 RI	利用系数（%）									
1.00	78	72	67	76	71	67	74	70	66	64
1.25	84	78	73	82	76	72	79	75	72	69
1.50	88	82	78	86	81	77	83	79	76	73
2.00	94	89	85	91	87	83	88	85	82	78
2.50	98	93	89	94	91	87	91	88	85	82
3.00	100	96	93	97	93	90	93	91	88	84
4.00	104	100	97	100	97	95	96	94	92	88
5.00	106	103	101	102	99	97	98	96	94	90

表 25 – 28   **T – CO 嵌入式高效窄光束筒灯光度参数**

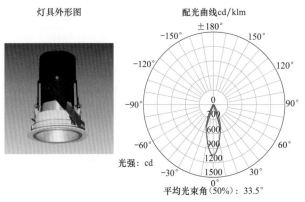

灯具外形图   配光曲线cd/klm

-150°   ±180°   150°

-120°   120°

-90°   90°

-60°   60°

光强：cd

-30°   30°

平均光束角(50%)：33.5°

型号		T – CO LED FIXED 10W WHI 2.7K 30°
生产厂家		索恩
外形尺寸 （mm）	直径 ϕ	88
	高 H	130
光源		LED – 1×10W
灯具效能 （lm/W）		41
上射光通比		0
下射光通比		100%
防触电类别		I 类
防护等级		IP20
漫射罩		无
遮光角		48°
显色指数 Ra		>80

灯具特性：

基于传统50W LV卤素筒灯的LED替代品，配备了10W的LED模组。

应用场合：办公、商业。

发 光 强 度 值

θ(°)		0	5	10	15	20	25	30	35	40	45
I_{θ}(cd)	B – B	2653	2485	2038	1566	1161	509	264	123	56	38
	A – A	2655	2420	1929	1503	1120	508	266	122	66	49
θ(°)		50	55	60	65	70	75	80	85	90	95
I_{θ}(cd)	B – B	27	19	13	9	6	4	2	1	1	
	A – A	36	25	17	11	8	5	3	2	2	

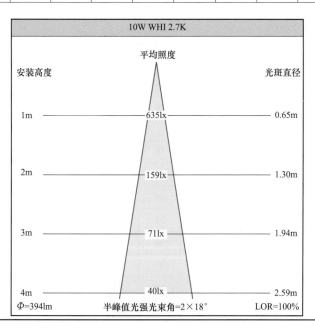

10W WHI 2.7K

平均照度

安装高度   光斑直径

1m   635lx   0.65m

2m   159lx   1.30m

3m   71lx   1.94m

4m   40lx   2.59m

Φ=394lm   半峰值光强光束角=2×18°   LOR=100%

表 25 – 29　　　　　　**MELLOW LIGHT V 嵌入式高效 LED 灯具光度参数**

灯具外形图

配光曲线cd/klm

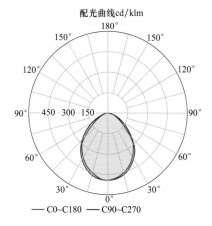

—— C0~C180 —— C90~C270

型号		42182775
生产厂家		奥德堡
外形尺寸（mm）	长 L	1198
	宽 W	298
	高 H	81
光源		LED 1×28W
灯具效能（lm/W）		100
上射光通比		0
下射光通比		100%
防触电类别		I 类
防护等级		IP20
漫射罩		有
最大允许距高比 L/H		1.44
显色指数 Ra		≥80

灯具特性：

MELLOW LIGHT V 的光线非常接近日光，几乎没有直射眩光。

应用场合：办公。

发 光 强 度 值

$\theta(°)$		0	5	10	15	20	25	30	35	40	45
$I_\theta(\text{cd})$	B – B	497	492	479	458	433	405	374	334	303	237
	A – A	497	494	486	470	450	424	393	356	315	263
$\theta(°)$		50	55	60	65	70	75	80	85	90	
$I_\theta(\text{cd})$	B – B	172	130	95	57	42	27	15	4	1	
	A – A	207	166	130	87	64	41	24	10	1	

利 用 系 数 表

有效顶棚反射比（%）	70				50			30	0
墙反射比（%）	50	50	30	30	50	30	30	30	0
地面反射比（%）	20	10	20	10	20	20	10	10	0
室形指数 RI	利用系数（%）								
0.6	53	52	46	45	52	45	45	44	39
0.8	64	62	56	55	62	55	55	54	48
1.0	71	69	64	62	69	63	62	61	55
1.3	80	77	73	71	78	72	70	70	64
1.5	85	82	79	76	82	77	75	74	69
2.0	92	87	86	83	89	84	82	81	76
2.5	97	92	92	88	93	90	87	85	81
3.0	100	95	96	93	97	93	90	89	85
4.0	104	97	100	95	100	97	93	92	87
5.0	106	100	103	97	102	100	96	94	90

表 25 – 30　　　　　　　**TECTON 高效 LED 灯具光度参数**

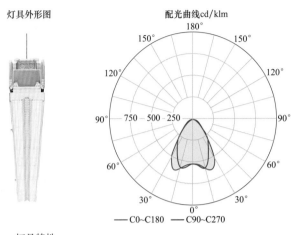

灯具外形图　　　　　　　配光曲线cd/klm

——C0~C180　——C90~C270

型号		42183290
生产厂家		奥德堡
外形尺寸（mm）	长 L	1000
	宽 W	60
	高 H	85
光源		LED 1×28W
灯具效能（lm/W）		131
上射光通比		0
下射光通比		100%
防触电类别		I 类
防护等级		IP20
漫射罩		有
最大允许距高比 L/H		1.49
显色指数 Ra		≥80

灯具特性：

TECTON 是内置 11 个接触点的连续安装线槽灯。

应用场合：商业、工厂、仓库。

发 光 强 度 值

$\theta(°)$		0	5	10	15	20	25	30	35	40	45
I_θ（cd）	B – B	510	515	539	587	618	598	521	391	253	157
	A – A	510	529	565	570	521	443	374	320	265	201
$\theta(°)$		50	55	60	65	70	75	80	85	90	
I_θ（cd）	B – B	105	86	77	64	48	33	18	7	2	
	A – A	143	108	89	69	47	30	18	9	3	

利 用 系 数 表

有效顶棚反射比（%）	70			50			30			0
墙反射比（%）	50	30	10	50	30	10	50	30	10	0
地面反射比（%）	20	20	20	20	20	20	20	20	20	0
室形指数 RI	利用系数（%）									
0.75	73	66	62	71	65	61	69	65	61	59
1.00	80	75	70	79	74	70	77	72	69	67
1.25	86	81	76	84	79	75	82	78	75	72
1.50	90	85	81	88	83	80	85	82	79	76
2.00	96	91	87	93	89	86	90	87	84	81
2.50	99	95	92	96	93	90	93	90	88	84
3.00	102	98	95	98	95	92	95	92	90	86
4.00	105	102	99	101	99	96	98	96	94	89
5.00	107	105	102	103	101	99	99	98	96	91

表 25 – 31 **DISCUSS LED 轨道射灯光度参数**

灯具外形图　　　　　　　配光曲线cd/klm

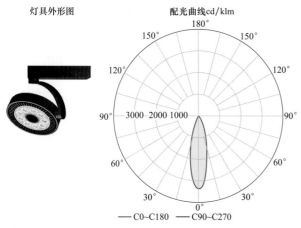

—— C0~C180　—— C90~C270

型号		60712303
生产厂家		奥德堡
外形尺寸 （mm）	直径 ϕ	146
	高 H	218
光源		LED 1×32W
灯具效能 （lm/W）		69
上射光通比		0
下射光通比		100%
防触电类别		I 类
防护等级		IP20
漫射罩		无
显色指数 Ra		≥80

灯具特性：

DISCUS 射灯采用被动散热放射状反光片及可更换镜片。

应用场合：商业、博物馆。

发 光 强 度 值

$\theta(°)$		0	5	10	15	20	25	30	35	40	45
I_θ（cd）	$A-A/B-B$	3384	3031	2255	1440	815	430	223	119	66	40
$\theta(°)$		50	55	60	65	70	75	80	85	90	
I_θ（cd）	$A-A/B-B$	25	17	12	8	5	2	0	0	0	

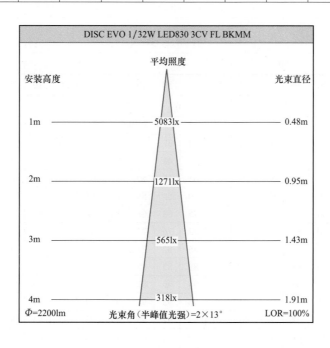

表 25 - 32　　　　　**NNFC70072 集成式方型嵌入式 LED 灯盘灯具光度参数**

灯具外形图

配光曲线cd/klm

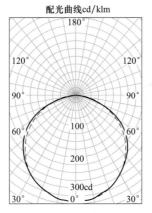

型号		NNFC70072
生产厂家		松下
外形尺寸（mm）	长 L	595
	宽 W	597
	高 H	53
光源		LED 77W/8500lm
灯具效能（lm/W）		110.4
上射光通比		0
下射光通比		100%
防触电类别		I 类
防护等级		IP20
漫射罩		有
最大允许距高比 L/H		A - A：3.8；B - B：3.78
显色指数 Ra		≥80

灯具特性：

　　方型灯盘设计和传统格栅灯具可以1：1替换；77W（8500lm）、59W（6000lm）、30W（3000lm）可选，另外，色温也有4000、5000、6500K 三种选择。

发 光 强 度 值

$\theta(°)$		0	5	10	15	20	25	30	35	40	45
$I_\theta(cd)$	A - A	346.4	341.3	338.6	327.9	320.9	307.9	294.1	278.3	261.3	243.2
	B - B	346.4	341.4	339.0	328.9	322.0	308.4	293.9	276.4	256.4	234.9
$\theta(°)$		50	55	60	65	70	75	80	85	90	
$I_\theta(cd)$	A - A	222.0	196.6	168.8	134.1	95.5	51.5	12.4	5.9	0.0	
	B - B	210.8	184.1	157.3	126.7	95.8	63.9	33.6	10.2	0.0	

利 用 系 数 表

有效顶棚反射比（%）	80				70				50				30				0
墙反射比（%）	70	50	30	10	70	50	30	10	70	50	30	10	70	50	30	10	0
地面反射比（%）	10				10				10				10				0
室形指数 RI	利用系数（%）																
0.6	57	45	37	32	56	44	37	32	53	43	36	31	51	42	36	31	29
0.8	67	56	48	42	66	55	48	42	63	54	47	42	60	52	446	42	40
1.0	74	63	56	50	72	63	55	50	69	61	55	50	67	59	54	49	47
1.25	80	71	63	58	78	70	63	58	75	68	62	57	73	66	61	57	54
1.5	84	76	69	64	83	75	68	63	80	73	67	63	77	71	66	62	60
2.0	90	83	77	72	88	82	76	72	85	80	75	71	82	78	74	70	68
2.5	93	87	82	78	92	86	82	78	89	84	80	77	86	82	79	76	73
3.0	96	91	86	82	94	89	85	82	91	87	84	81	89	85	82	80	77
4.0	99	95	91	88	97	94	90	87	95	91	89	86	92	89	87	85	82
5.0	101	97	94	92	99	96	93	91	97	94	92	89	94	92	90	88	85
7.0	103	100	98	96	101	99	97	95	99	97	95	93	96	95	93	92	89
10.0	104	103	101	99	103	101	100	98	100	99	98	97	98	97	96	95	92

表 25－33   **NNFC70127 集成式大功率 LED 控照型灯具光度参数**

灯具外形图

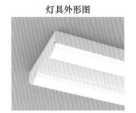

配光曲线cd/klm

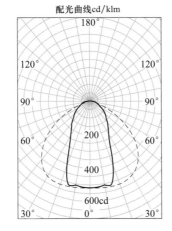

—— A-A
- - - B-B

型号		NNFC70127
生产厂家		松下
外形尺寸 （mm）	长 L	1150
	宽 W	260
	高 H	55
光源		LED 88W/14000lm
灯具效能（lm/W）		159
上射光通比		0
下射光通比		100%
防触电类别		I 类
防护等级		IP20
漫射罩		有
最大允许距高比 L/H		$A-A$：2.56； $B-B$：4.42
显色指数 Ra		≥80

灯具特性：

控照型配光设计，可使用在10m左右工厂、仓库等场所。

发 光 强 度 值

$\theta(°)$		0	5	10	15	20	25	30	35	40	45
I_θ（cd）	$A-A$	516.2	515.7	506.7	513.2	409.1	291.0	232.2	193.1	169.3	140.9
	$B-B$	516.2	518.7	520.2	524.2	526.0	524.6	514.3	494.9	457.8	411.6
$\theta(°)$		50	55	60	65	70	75	80	85	90	
I_θ（cd）	$A-A$	125.1	106.4	87.9	69.4	54.8	45.4	38.6	29.4	15.8	
	$B-B$	353.9	284.8	213.8	146.9	94.0	54.4	27.3	10.3	0.0	

利 用 系 数 表

有效顶棚反射比（%）	80				70				50				30				0
墙反射比（%）	70	50	30	10	70	50	30	10	70	50	30	10	70	50	30	10	0
地面反射比（%）	10				10				10				10				0
室形指数 RI	利用系数（%）																
0.6	64	54	47	42	63	53	47	42	61	52	46	42	59	51	46	42	40
0.8	73	64	57	52	72	63	57	52	69	61	56	52	67	60	55	51	49
1.0	79	70	64	59	78	69	63	59	75	68	62	58	72	66	62	58	56
1.25	84	76	70	66	83	75	70	65	80	74	69	65	77	72	67	64	62
1.5	88	81	75	70	86	79	74	70	83	77	73	69	80	76	72	68	66
2.0	92	86	81	77	91	85	81	77	88	83	79	76	85	81	78	75	72
2.5	95	90	86	82	94	89	85	81	91	87	83	80	88	84	81	79	76
3.0	97	93	89	85	96	91	88	85	93	89	86	83	90	87	84	82	79
4.0	100	96	93	90	98	95	92	89	95	92	90	88	92	90	88	86	83
5.0	101	98	96	93	100	97	94	92	97	94	92	90	94	92	90	89	86
7.0	103	101	99	97	102	99	97	96	99	97	95	94	96	94	93	92	89
10.0	104	103	101	100	103	101	100	99	100	99	98	96	97	96	95	94	91

表 25 − 34　　　　**NNNC00102LELED 美光色轨道射灯光度参数**

灯具外形图

配光曲线cd/klm

2000

4000

灯具特性：
灯具光束角30°。

型号		NNNC00102LE
生产厂家		松下
外形尺寸（mm）	直径 φ	92
	高 H	228
光源		LED/32W/1885lm
灯具效能（lm/W）		58.9
上射光通比		0
下射光通比		100%
防触电类别		II 类
防护等级		IP20
遮光角		55°
最大允许距高比 L/H		0.53
显色指数 Ra		95

发 光 强 度 值

$\theta(°)$		0	5	10	15	20	25	30	35	40	45
$I_\theta(cd)$	$A-A/B-B$	3958.7	3346.1	2411.5	1413.6	571.8	225.4	118.4	73.8	50.9	35.0
$\theta(°)$		50	55	60	65	70	75	80	85	90	
$I_\theta(cd)$	$A-A/B-B$	22.2	15.4	10.3	5.5	3.3	1.2	0.2	0.1	0.0	

垂直面照度

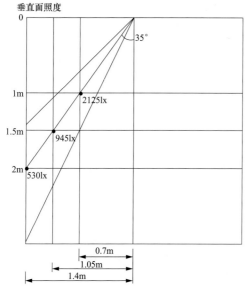

水平面照度

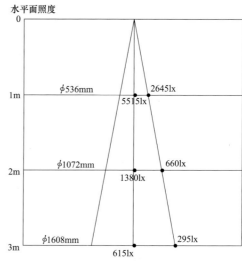

表 25-35　　　　　　**NNNC00411WLELED 轨道射灯光度参数**

灯具外形图

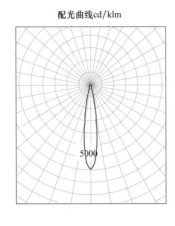

配光曲线cd/klm

型号		NNNC00411WLE
生产厂家		松下
外形尺寸（mm）	直径 ϕ	103
	高 H	228
光源		LED/45W/3140lm
灯具效能（lm/W）		69.8
上射光通比		0
下射光通比		100%
防触电类别		II 类
防护等级		IP20
遮光角		15°
最大允许距高比 L/H		0.29
显色指数 Ra		85

灯具特性：

轨道射灯，光束角17°，使用在商业等对重点照明有高要求的场所，还有23°、32°、63°可选。

发 光 强 度 值

$\theta(°)$		0	5	10	15	20	25	30	35	40	45
$I_\theta(cd)$	$A-A/B-B$	6826.6	5491.8	2521.1	599.0	254.3	198.4	172.6	144.3	114.2	89.3
$\theta(°)$		50	55	60	65	70	75	80	85	90	
$I_\theta(cd)$	$A-A/B-B$	69.8	54.1	42.6	33.7	25.9	17.5	9.5	5.3	2.6	

垂直面照度

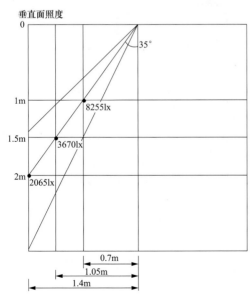

水平面照度

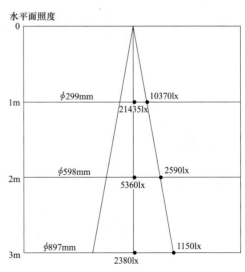

表 25 – 36　　　　**NNNC74409WLELED 嵌入式可调角度射灯光度参数**

灯具外形图

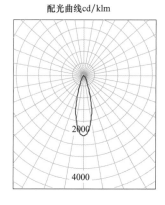

配光曲线 cd/klm

型号		NNNC74409WLE
生产厂家		松下
外形尺寸（mm）	直径 ϕ	137
	高 H	71
光源		LED/21W/1760lm
灯具效能（lm/W）		83.8
上射光通比		0
下射光通比		100%
防触电类别		Ⅱ类
防护等级		IP20
遮光角		10°
最大允许距高比 L/H		0.51
显色指数 Ra		85

灯具特性：

嵌入式可调角度射灯，柔和的光斑效果；该灯具光束角32°，另有 17°、23°、60° 光束角可选。

发 光 强 度 值

$\theta(°)$		0	5	10	15	20	25	30	35	40	45
I_θ（cd）	$A-A/B-B$	2552.8	2351.8	1873.3	1305.7	728.8	360.5	225.0	162.0	118.9	85.4

$\theta(°)$		50	55	60	65	70	75	80	85	90	
I_θ（cd）	$A-A/B-B$	61.8	46.5	36.7	29.0	21.6	14.7	7.9	4.4	2.3	

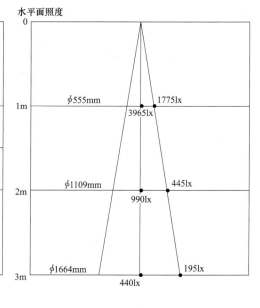

垂直面照度

0

35°

1m　1525lx

1.5m　680lx

2m　380lx

0.7m

1.05m

1.4m

水平面照度

0

1m　ϕ555mm　1775lx
3965lx

2m　ϕ1109mm　445lx
990lx

3m　ϕ1664mm　195lx
440lx

表 25 – 37　　　　　**LDTH Panel 绚亮 LED 面板灯（侧发光）灯具光度参数**

灯具外形图　　　　　　　配光曲线cd/klm

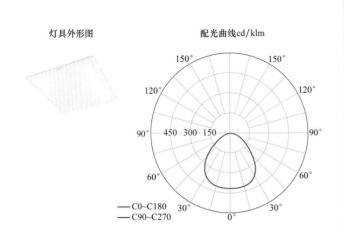

— C0~C180
— C90~C270

型号		LDTH Panel
生产厂家		欧司朗
外形尺寸（mm）	长 L	597/1197
	宽 W	597/297
	高 H	<12
光源		LED – 30W/40W/53W
灯具效能（lm/W）		100
上射光通比		0
下射光通比		100%
防触电类别		Ⅱ类
防护等级		IP20
漫射罩		有
光束角		90°
显色指数 Ra		80

发 光 强 度 值（40W）

$\theta(°)$		0	5	10	15	20	25	30	35	40	45
$I_\theta(cd)$	C0 ~ C180	412	412	410	407	401	390	370	338	295	248
	C90 ~ C270	412	412	410	407	401	390	370	338	295	248
$\theta(°)$		50	55	60	65	70	75	80	85	90	95
$I_\theta(cd)$	C0 ~ C180	198	146	106	79	57	40	26	13	1	0
	C90 ~ C270	198	146	106	79	57	40	26	13	1	0

利 用 系 数 表

有效顶棚反射比（%）	70			50			30		
墙反射比（%）	50	30	10	50	30	10	50	30	10
地面反射比（%）	20			20			20		
室形指数 RI	利用系数（%）								
0.75	64	56	51	62	55	50	60	54	50
1.00	73	66	61	71	65	61	69	64	60
1.25	80	73	68	78	72	68	75	71	67
1.50	85	79	74	82	77	73	80	75	72
2.00	91	86	81	88	84	80	86	82	78
2.50	96	91	87	92	88	85	89	86	83
3.00	99	94	91	95	92	88	92	89	86
4.00	103	99	96	99	96	93	95	93	91
5.00	105	102	99	101	99	96	97	95	93

表 25－38　　　　　　　**LDTH Skywave 绚亮 LED 天空灯盘灯具光度参数**

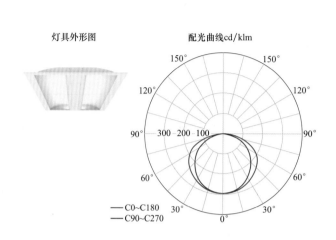

灯具外形图　　　　　配光曲线cd/klm

—— C0~C180
—— C90~C270

型号		LDTH Skywave
生产厂家		欧司朗
外形尺寸（mm）	长 L	597/1197
	宽 W	597
	高 H	60
光源		LED－30W/40W/60W
灯具效能（lm/W）		95
上射光通比		0
下射光通比		100%
防触电类别		I 类
防护等级		IP20
漫射罩		无
遮光角		0°
光束角		110°
显色指数 Ra		80

发 光 强 度 值（40W）

θ(°)		0	5	10	15	20	25	30	35	40	45	50	55	60	65	70	75	80	85	90
I_θ(cd)	C0 ~ C180	293	292	290	287	282	275	267	258	248	237	224	209	192	171	143	101	71	8	1
	C90 ~ C270	293	291	287	281	273	262	250	235	219	200	180	158	134	110	86	62	39	16	1
θ(°)		95	100	105	110	115	120	125	130	135	140	145	150	155	160	165	170	175	180	
I_θ(cd)	C0 ~ C180	1	1	1	1	1	1	2	2	2	2	2	2	2	2	2	2	3	3	
	C90 ~ C270	1	1	2	2	2	2	2	2	2	2	2	2	2	3	3	3	2	3	

利 用 系 数 表

有效顶棚反射比（%）		70			50			30		
墙反射比（%）		50	30	10	50	30	10	50	30	10
地面反射比（%）		20			20			20		
室形指数 RI		利 用 系 数（%）								
0.75		56	48	42	54	47	41	52	46	41
1.00		64	56	50	62	55	49	60	53	49
1.25		72	64	58	69	62	57	67	61	56
1.50		77	70	64	74	68	63	72	66	62
2.00		85	78	73	81	76	71	78	74	70
2.50		90	84	79	86	81	77	83	79	75
3.00		94	88	84	90	85	81	86	83	80
4.00		99	94	90	95	91	87	91	88	85
5.00		102	98	95	97	94	91	93	91	88

表 25 – 39　　　　　　　　　　**绚亮 LED 高天棚灯具光度参数**

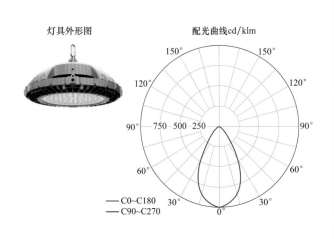

灯具外形图　　　　配光曲线cd/klm

型号		Roblitz Highbay
生产厂家		欧司朗
外形尺寸 （mm）	直径 φ	300/360/410
	高 H	145/157/176
光源		LED – 95W/140W/ 200W/280W
灯具效能（lm/W）		100
上射光通比		0
下射光通比		100%
防触电类别		I 类
防护等级		IP20
漫射罩		无
遮光角		0°
显色指数 Ra		80

发光强度值（95W, 60°）

$\theta(°)$		0	5	10	15	20	25	30	35	40	45
I_θ (cd)	C0 ~ C180	993	964	924	855	758	619	460	303	175	108
	C90 ~ C270	993	964	924	855	758	619	460	303	175	108
$\theta(°)$		50	55	60	65	70	75	80	85	90	
I_θ (cd)	C0 ~ C180	73	55	43	33	25	18	12	3	0	
	C90 ~ C270	73	55	43	33	25	18	12	3	0	

利 用 系 数 表

有效顶棚反射比（%）	70			50			30		
墙反射比（%）	50	30	10	50	30	10	50	30	10
地面反射比（%）	20			20			20		
室形指数 RI	利用系数（%）								
0.75	75	69	65	73	68	64	72	67	64
1.00	82	77	73	81	76	72	79	75	72
1.25	88	83	79	86	81	78	84	80	77
1.50	92	87	83	89	85	82	87	83	81
2.00	97	92	89	94	90	87	91	88	86
2.50	100	96	93	97	94	91	94	91	89
3.00	102	99	96	99	96	94	96	93	92
4.00	105	103	100	102	99	97	98	96	95
5.00	107	105	103	103	101	100	100	98	97

表 25 - 40 **绚亮 LED 支架灯具光度参数**

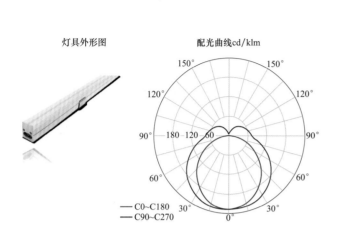

灯具外形图　　　　配光曲线 cd/klm

— C0~C180
— C90~C270

型号		LDTH Batten
生产厂家		欧司朗
外形尺寸（mm）	长 L	600/1200
	宽 W	25
	高 H	45
光源		LED - 20W/40W
灯具效能（lm/W）		100
上射光通比		0
下射光通比		100%
防触电类别		Ⅱ类
防护等级		IP20
漫射罩		无
遮光角		0°
光束角		110°
显色指数 Ra		80

发光强度值（40W，4000K）

$\theta(°)$		0	5	10	15	20	25	30	35	40	45	50	55	60	65	70	75	80	85	90
I_θ（cd）	C0 ~ C180	226	225	221	215	207	197	186	173	159	144	128	111	94	77	59	41	24	10	3
	C90 ~ C270	226	227	227	226	223	218	211	204	195	185	174	162	150	136	121	106	92	79	73
$\theta(°)$		95	100	105	110	115	120	125	130	135	140	145	150	155	160	165	170	175	180	
I_θ（cd）	C0 ~ C180	2	2	2	1	1	1	1	1	2	2	2	2	2	2	2	2	2	2	
	C90 ~ C270	69	66	63	59	56	52	48	44	40	36	31	26	22	15	9	5	3	2	

利 用 系 数 表

有效顶棚反射比（%）		70			50			30		
墙反射比（%）	50	30	10	50	30	10	50	30	10	
地面反射比（%）		20			20			20		
室形指数 RI	利 用 系 数（%）									
0.75	51	43	37	47	40	35	44	38	34	
1.00	58	50	44	54	47	42	50	44	40	
1.25	65	58	52	60	54	49	56	51	46	
1.50	70	63	57	65	59	54	60	55	51	
2.00	77	71	65	71	66	61	66	61	57	
2.50	82	76	71	76	71	66	70	66	62	
3.00	86	80	75	79	74	70	73	69	66	
4.00	90	86	81	83	79	76	76	73	71	
5.00	94	89	86	86	83	80	79	76	74	

表 25－41   绚丽 LED 工业支架灯具光度参数

灯具外形图   配光曲线cd/klm

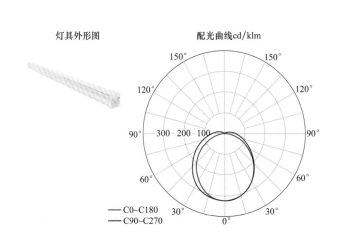

— C0~C180
— C90~C270

型号		Simplitz Batten
生产厂家		欧司朗
外形尺寸（mm）	长 L	585/1170
	宽 W	43
	高 H	52
光源		LED－10W/19W/40W
灯具效率（lm/W）		110
上射光通比		0
下射光通比		100%
防触电类别		I 类
防护等级		IP20
漫射罩		无
遮光角		0°
光束角		110°
显色指数 Ra		80

发光强度值（19W，4000K）

$\theta(°)$		0	5	10	15	20	25	30	35	40	45	50	55	60	65	70	75	80	85	90
I_θ（cd）	C0~C180	323	322	317	309	297	282	265	245	224	201	177	153	128	102	77	52	30	11	1
	C90~C270	323	321	316	307	296	282	266	247	228	207	186	165	145	125	108	91	76	63	51
$\theta(°)$		95	100	105	110	115	120	125	130	135	140	145	150	155	160	165	170	175	180	
I_θ（cd）	C0~C180	0	0	1	1	1	1	1	1	1	1	2	2	2	2	2	2	2	2	
	C90~C270	40	31	23	17	12	8	5	3	2	2	1	2	2	2	2	2	2	2	

利 用 系 数 表

有效顶棚反射比（%）	70		50		30
墙反射比（%）	50	30	50	30	30
地面反射比（%）	20		20		10
室形指数 RI	利用系数（%）				
0.6	44	36	42	35	34
0.8	53	45	51	44	42
1.0	61	52	58	51	48
1.3	69	61	66	59	56
1.5	75	67	71	65	61
2.0	82	75	78	72	68
2.5	88	82	83	78	74
3.0	92	87	87	83	78
4.0	96	92	91	87	82
5.0	100	96	94	91	85

表 25 – 42　　　　　　　　　　　**绚亮 LED 大功率投光灯灯具光度参数**

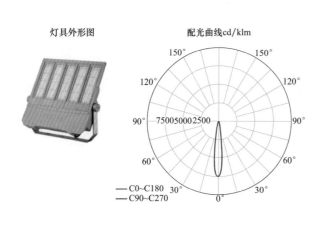

灯具外形图　　　　　　配光曲线cd/klm

— C0~C180
— C90~C270

型号		PursosM/L
生产厂家		欧司朗
外形尺寸（mm）	长 L	585/1170
	宽 W	43
	高 H	52
光源		LED – 130W/220W
灯具效能（lm/W）		105
上射光通比		0
下射光通比		100%
防触电类别		I 类
防护等级		IP20
漫射罩		无
遮光角		0°
显色指数 Ra		70
灯具质量（kg）		7.5/10

发光强度值（220W，5700K）

$\theta(°)$		0	5	10	15	20	25	30	35	40	45
I_θ（cd）	C0 ~ C180	7383	5806	2178	914	631	397	167	71	40	29
	C90 ~ C270	7383	5709	2117	897	597	373	164	73	40	29
$\theta(°)$		50	55	60	65	70	75	80	85	90	95
I_θ（cd）	C0 ~ C180	24	21	18	15	12	8	5	1	0	0
	C90 ~ C270	24	21	19	17	13	9	5	2	1	0

利 用 系 数 表

有效顶棚反射比（%）	70		50		30
墙反射比（%）	50	30	50	30	30
地面反射比（%）	20		20		10
室形指数 RI	利用系数（%）				
0.6	82	78	81	77	76
0.8	85	80	84	80	78
1.0	88	83	86	82	80
1.3	93	89	91	88	85
1.5	95	90	92	89	86
2.0	98	94	96	92	88
2.5	100	97	97	94	90
3.0	102	98	98	95	91
4.0	103	100	99	97	91
5.0	105	101	100	98	92

表 25 - 43　　　　　　　　　　　绚丽 LED 筒灯灯光度参数

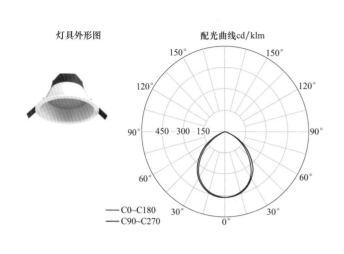

灯具外形图　　　　　配光曲线 cd/klm

型号		OPTV DL
生产厂家		欧司朗
外形尺寸（mm）	直径 φ	102/152/203
	高 H	169
光源		LED - 9W/12W/16W/21W/30W
灯具效能（lm/W）		100
上射光通比		0
下射光通比		100%
防触电类别		I 类
防护等级		IP20
漫射罩		无
遮光角		74°
光束角		28°/40°/55°
显色指数 Ra		83

发光强度值（12W）

$\theta(°)$		0	5	10	15	20	25	30	35	40	45
I_θ（cd）	C0 ~ C180	457	455	448	433	416	397	366	329	285	240
	C90 ~ C270	457	456	450	439	423	401	374	346	305	262
$\theta(°)$		50	55	60	65	70	75	80	85	90	
I_θ（cd）	C0 ~ C180	196	148	104	63	33	20	10	2	0	
	C90 ~ C270	217	172	126	81	44	23	13	5	0	

利 用 系 数 表

有效顶棚反射比（%）	70			50			30		
墙反射比（%）	50	30	10	50	30	10	50	30	10
地面反射比（%）	20			20			20		
室形指数 RI	利用系数（%）								
0.75	65	58	52	63	57	52	62	56	52
1.00	75	68	63	73	67	63	71	66	62
1.25	82	75	71	79	74	70	77	73	69
1.50	86	81	76	84	79	75	81	77	74
2.00	93	88	84	90	86	82	87	84	81
2.50	97	93	89	94	90	87	91	88	85
3.00	100	96	93	97	93	90	93	90	88
4.00	104	101	98	100	97	95	96	94	92
5.00	106	103	101	102	100	98	98	96	95

表 25 – 44　　　　　　　　**SL092701 擎天 – 2 系列 LED 导轨射灯光度参数**

灯具外形图

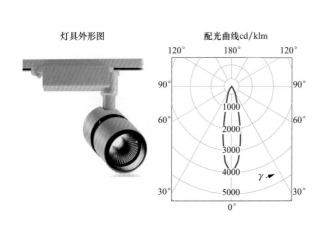

配光曲线cd/klm

型号		SL092701
生产厂家		勤上光电
外形尺寸（mm）	长 L	182
	宽 W	92
	高 H	205
光源		LED – COB 25W
灯具效能（lm/W）		100
上射光通比		0
下射光通比		100%
防触电类别		Ⅱ类
防护等级		IP20
遮光角		60°
显色指数 Ra		>80

发 光 强 度 值

$\theta(°)$		0	5	10	15	20	25
I_θ(cd)	0°~180°/90°~270°	8406.4	7251.5	4896.6	2589.8	1356.9	902.3
$\theta(°)$		30	35	40	45	50	55
I_θ(cd)	0°~180°/90°~270°	542.3	95.9	36.3	27.6	25.5	24.5

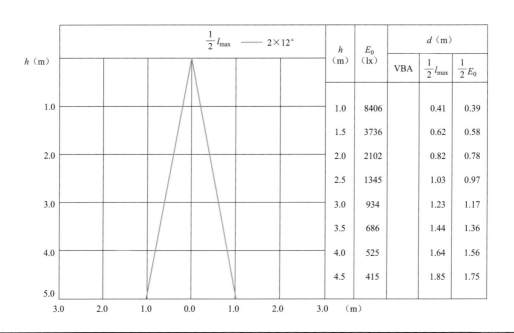

h（m）	E_0（lx）	VBA	$\frac{1}{2}l_{max}$	$\frac{1}{2}E_0$
1.0	8406		0.41	0.39
1.5	3736		0.62	0.58
2.0	2102		0.82	0.78
2.5	1345		1.03	0.97
3.0	934		1.23	1.17
3.5	686		1.44	1.36
4.0	525		1.64	1.56
4.5	415		1.85	1.75

表 25 - 45　　　　　　　SL2C1501擎天 - 3导轨射灯光度参数

灯具外形图

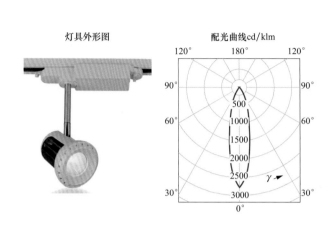

配光曲线cd/klm

型号		SL2C1501
生产厂家		勤上光电
外形尺寸 （mm）	长 L	210
	宽 W	87
	高 H	218
光源		LED – COB 13W
灯具效能（lm/W）		100
上射光通比		0
下射光通比		100%
防触电类别		Ⅱ类
防护等级		IP20
遮光角		60°
显色指数 Ra		>80

发 光 强 度 值

$\theta(°)$		0	5	10	15	20	25
I_θ(cd)	0°~180°/90°~270°	2269.9	1974.7	1356.6	863.5	571.8	425.4
$\theta(°)$		30	35	40	45	50	55
I_θ(cd)	0°~180°/90°~270°	227.5	58.0	30.8	19.8	13.9	10.1

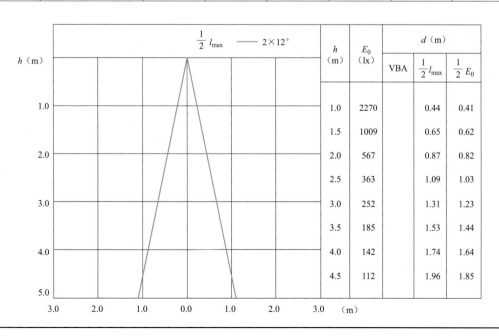

h（m）	E_0（lx）	d（m）		
		VBA	$\frac{1}{2}l_{max}$	$\frac{1}{2}E_0$
1.0	2270		0.44	0.41
1.5	1009		0.65	0.62
2.0	567		0.87	0.82
2.5	363		1.09	1.03
3.0	252		1.31	1.23
3.5	185		1.53	1.44
4.0	142		1.74	1.64
4.5	112		1.96	1.85

表 25 - 46 　　　　　　　　卓越系列 LED 支架灯（BT0542431）光度参数

灯具外形图

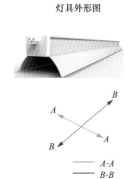

配光曲线cd/klm

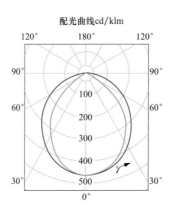

A-A
B-B

型号		BT0542431
生产厂家		勤上光电
外形尺寸 （mm）	长 L	1165
	宽 W	113
	高 H	78
光源		LED – 2835 32W
灯具效能（lm/W）		110
上射光通比		0
下射光通比		100%
防触电类别		I 类
防护等级		IP20
遮光角		41°
最大允许距高比 L/H		1.5
显色指数 Ra		>80

发 光 强 度 值

θ(°)		0	5	10	15	20	25	30	35	40	45
I_θ(cd)	B – B	1484.8	1476.5	1452.7	1414.2	1361.9	1296.9	1221.0	1135.7	1042.8	943.5
	A – A	1484.8	1476.3	1446.5	1396.9	1327.7	1238.9	1134.8	1022.3	915.4	775.7
θ(°)		50	55	60	65	70	75	80	85	90	
I_θ(cd)	B – B	839.2	731.0	620.4	508.5	396.7	286.7	181.0	82.4	6.1	
	A – A	582.7	387.0	203.7	60.0	11.5	9.3	7.3	5.1	1.9	

利 用 系 数 表

有效顶棚反射比（%）	80		70				50		30		0
墙反射比（%）	50	50	50	50	50	30	30	10	30	10	0
地面反射比（%）	30	10	30	20	10	10	10	10	10	10	0
室形指数 RI	利用系数（%）										
0.60	55	52	54	53	51	45	44	40	44	40	38
0.80	66	62	65	63	61	54	54	49	53	49	47
1.00	75	69	73	71	69	62	62	57	61	57	55
1.25	83	76	82	78	75	70	69	65	68	64	62
1.50	90	81	88	84	80	75	74	70	73	70	67
2.00	99	88	97	92	87	83	82	79	81	78	76
2.50	105	93	102	97	92	88	87	84	85	83	81
3.00	109	96	106	100	95	91	90	88	88	86	84
4.00	114	99	111	104	98	95	94	92	92	90	88
5.00	117	101	114	106	100	98	96	94	94	93	90

表 25－47　　　　　　　　　　**DL454068 嵌入式方形筒灯光度参数**

灯具外形图

配光曲线cd/klm

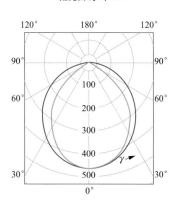

型号		DL454068
生产厂家		勤上光电
外形尺寸（mm）	长 L	175
	宽 W	175
	高 H	66
光源		LED－2835 13W
灯具效能（lm/W）		100
上射光通比		0
下射光通比		100%
防触电类别		Ⅱ类
防护等级		IP20
漫射罩		有
最大允许距高比 L/H		1.5
显色指数 Ra		>80

发 光 强 度 值

$\theta(°)$		0	5	10	15	20	25	30	35	40	45
$I_\theta(cd)$	B－B	409.1	406.3	399.9	389.4	375.1	357.4	336.5	312.9	287.0	259.3
	A－A	409.1	411.2	404.0	392.6	377.3	358.6	336.9	312.4	285.8	257.2

$\theta(°)$		50	55	60	65	70	75	80	85	90	
$I_\theta(cd)$	B－B	230.1	199.3	166.0	131.6	97.5	64.2	32.7	6.3	0.1	
	A－A	227.4	196.4	164.9	133.0	101.7	71.0	42.1	15.8	0.1	

利 用 系 数 表

有效顶棚反射比（%）	80		70				50		30		0
墙反射比（%）	50	50	50	50	50	30	30	10	30	10	0
地面反射比（%）	30	10	30	20	10	10	10	10	10	10	0
室形指数 RI	利用系数（%）										
0.60	49	47	49	47	46	39	39	34	38	34	32
0.80	60	57	59	57	56	48	48	43	47	43	41
1.00	69	64	68	66	63	56	55	51	55	50	48
1.25	78	71	76	73	70	64	63	58	62	58	55
1.50	84	77	82	79	76	69	68	64	67	63	61
2.00	94	84	92	87	83	78	77	73	75	72	70
2.50	101	89	98	93	88	84	82	79	81	78	75
3.00	106	93	103	97	91	88	86	83	85	82	79
4.00	112	97	108	101	95	92	91	88	89	87	84
5.00	115	99	112	104	98	95	93	91	92	90	87

表 25 – 48　　　　　　　T820 – YD02 – 3MW 高博投影灯光度参数

灯具外形图

配光曲线cd/klm

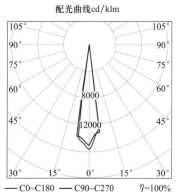

— C0~C180 — C90~C270　　η=100%

型号		T820 – YD02 – 3MW
生产厂家		晶谷科技
外形尺寸（mm）	直径 φ	80
	高 H	198
光源		COB
灯具效率		70%
上射光通比		0
下射光通比		100%
防触电类别		Ⅱ类
防护等级		IP20
漫射罩		有或无
显色指数 Ra		93

发 光 强 度 值

$\theta(°)$		0	2.5	7.5	12.5	17.5	22.5
I_θ(cd)	0°~180°	15600	13500	11200	0	0	0
	90°~270°	15600	13500	11200	0	0	0
$\theta(°)$		27.5	32.5	37.5	42.5	47.5	52.5
I_θ(cd)	0°~180°	0	0	0	0	0	0
	90°~270°	0	0	0	0	0	0

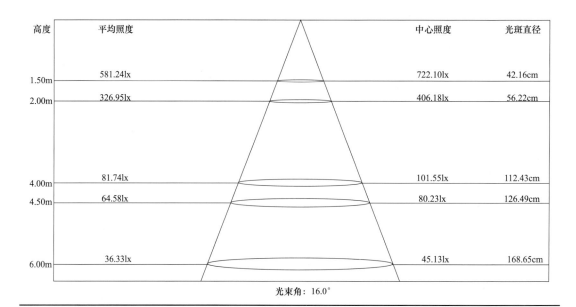

高度	平均照度	中心照度	光斑直径
1.50m	581.24lx	722.10lx	42.16cm
2.00m	326.95lx	406.18lx	56.22cm
4.00m	81.74lx	101.55lx	112.43cm
4.50m	64.58lx	80.23lx	126.49cm
6.00m	36.33lx	45.13lx	168.65cm

光束角：16.0°

表 25 - 49　　　　H820 - CD25 - 3CW 卡斯特 8 系可变光束角投射灯光度参数

灯具外形图

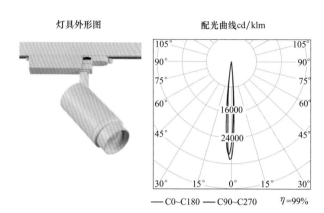

配光曲线cd/klm

—— C0~C180 —— C90~C270　　η=99%

型号		H820 - CD25 - 3CW
生产厂家		晶谷科技
外形尺寸（mm）	直径 ϕ	80
	高 H	232
光源		COB
灯具效率		70%
上射光通比		0
下射光通比		100%
防触电类别		Ⅱ类
防护等级		IP20
漫射罩		有或无
遮光角		30°
显色指数 Ra		93

发 光 强 度 值

$\theta(°)$		0	2.5	7.5	12.5	17.5	22.5
I_θ (cd)	0°~180°	30120	25150	1350	640	310	150
	90°~270°	30120	25150	1350	640	310	150
$\theta(°)$		27.5	32.5	37.5	42.5	47.5	52.5
I_θ (cd)	0°~180°	40	0	0	0	0	0
	90°~270°	40	0	0	0	0	0

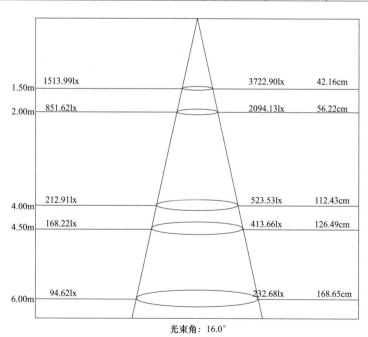

1.50m	1513.99lx	3722.90lx	42.16cm
2.00m	851.62lx	2094.13lx	56.22cm
4.00m	212.91lx	523.53lx	112.43cm
4.50m	168.22lx	413.66lx	126.49cm
6.00m	94.62lx	232.68lx	168.65cm

光束角：16.0°

表 25 - 50　　　　　　**LDP01038003LED 嵌入式平板灯光度参数**

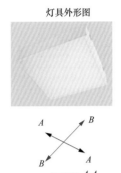

灯具外形图

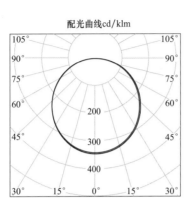

配光曲线cd/klm

A—A
B—B

型号		LDP01038003 - 36W - 朗逸 66 - 4000K - MW
生产厂家		欧普
外形尺寸 （mm）	长 L	598
	宽 W	598
	高 H	60
光源		LED 36W/2952lm
灯具效能（lm/W）		82
上射光通比		0
下射光通比		100%
防触电类别		I 类
防护类别		IP20
漫射罩		有
最大允许距高比 L/H		1.25
显色指数 Ra		80

发 光 强 度 值

$\theta(°)$		0	5	10	15	20	25	30	35	40	45
I_θ (cd)	B - B	343	341	335	328	317	302	287	270	250	226
	A - A	348	346	341	334	324	310	295	277	256	233
$\theta(°)$		50	55	60	65	70	75	80	85	90	
I_θ (cd)	B - B	203	177	149	120	92	62	37	13	0	
	A - A	210	182	155	125	96	66	39	14	0	

利 用 系 数 表

有效顶棚反射比（%）	80			70			50			30			0
墙反射比（%）	50	30	10	50	30	10	50	30	10	50	30	10	0
地面反射比（%）	20	20	20	20	20	20	20	20	20	20	20	20	0
室空间比 RCR	利用系数（%）												
0	119	119	119	116	116	116	111	111	111	106	106	106	1
1	104	99	95	101	97	94	97	94	91	93	90	88	83
2	90	83	77	88	82	76	84	79	74	81	77	73	69
3	79	71	64	77	70	63	74	68	62	71	66	61	58
4	70	61	54	68	60	54	66	59	53	63	57	52	49
5	62	53	46	61	53	46	59	51	46	57	50	45	42
6	56	47	40	55	47	40	53	46	40	51	45	40	37
7	51	42	36	50	42	36	48	41	35	47	40	35	33
8	46	38	32	46	37	32	44	37	31	43	36	31	29
9	42	34	29	42	34	28	41	33	28	40	33	28	26
10	39	31	26	39	31	26	38	31	26	37	30	26	24

表 25 - 51　　　　　　　　　　**LBG01150083LED 悬挂式灯具光度参数**

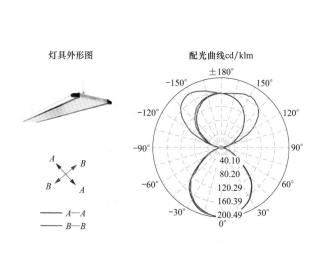

型号		LBG01150083 - 致柔
生产厂家		欧普
外形尺寸 （mm）	长 L	1500
	宽 W	300
	高 H	55
光源		LED 85W/8670lm
灯具效能（lm/W）		102
上射光通比		50%
下射光通比		50%
防触电类别		I 类
防护类别		IP20
漫射罩		有
最大允许距高比 L/H		1.26
显色指数 Ra		80

灯具外形图　　　　　配光曲线cd/klm

A—A
B—B

利 用 系 数 表

有效顶棚反射比（%）	80			70			50			30			0
墙反射比（%）	50	30	10	50	30	10	50	30	10	50	30	10	0
地面反射比（%）	20	20	20	20	20	20	20	20	20	20	20	20	0
室空间比 RCR	利用系数（%）												
0	106	106	106	98	98	98	81	81	81	66	66	66	46
1	93	90	87	86	83	80	72	70	68	59	58	56	40
2	82	76	72	76	71	67	64	60	57	53	50	48	35
3	73	66	60	67	61	56	57	52	49	47	44	41	30
4	65	57	51	60	53	48	51	46	42	42	39	36	26
5	58	50	44	54	47	42	46	40	36	38	34	31	23
6	52	44	39	48	41	36	41	36	32	35	31	27	20
7	47	39	34	44	37	32	37	32	28	32	27	24	18
8	43	35	30	40	33	28	34	29	25	29	25	22	16
9	39	32	27	36	30	25	31	26	23	27	23	20	15
10	36	29	24	33	27	23	29	24	20	25	21	18	13

表 25－52　　　　　　　　　**LEDMTD070061221LED 嵌入式筒灯光度参数**

灯具外形图

配光曲线 cd/klm

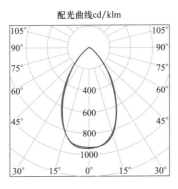

A—A
B—B

型号		LEDMTD070061221 － 皓臻
生产厂家		欧普
外形尺寸（mm）	直径 φ	167
	高 H	91
光源		LED 13W/1066lm
灯具效能（lm/W）		82
上射光通比		0
下射光通比		100％
防触电类别		Ⅱ类
防护类别		IP20
遮光角		20°
最大允许距高比 L/H		1
显色指数 Ra		80

发 光 强 度 值

θ(°)		0	5	10	15	20	25	30	35	40	45
I_θ(cd)	B－B	940	939	914	846	734	596	470	353	240	151
	A－A	947	939	915	853	746	610	489	371	250	151
θ(°)		50	55	60	65	70	75	80	85	90	
I_θ(cd)	B－B	81	43	20	4.96	0.57	0.57	0.00	0.00	0	
	A－A	86	45	22	7.51	1.05	0.57	0.00	0.00	0	

利 用 系 数 表

有效顶棚反射比（％）	80			70			50			30			0
墙反射比（％）	50	30	10	50	30	10	50	30	10	50	30	10	0
地面反射比（％）	20	20	20	20	20	20	20	20	20	20	20	20	0
室空间比 RCR	利 用 系 数（％）												
0	119	119	119	116	116	116	111	111	111	106	106	106	99
1	110	107	105	108	105	103	104	102	100	100	98	97	92
2	101	97	93	100	96	92	96	93	90	93	90	88	84
3	94	88	84	92	87	83	89	85	82	87	83	80	77
4	87	81	76	85	80	76	83	78	75	81	77	74	71
5	80	74	69	79	73	69	77	72	68	76	71	68	65
6	75	68	64	74	68	63	72	67	63	71	66	62	60
7	70	63	59	69	63	58	68	62	58	66	61	58	56
8	65	59	54	65	58	54	63	58	54	62	57	54	52
9	61	55	51	61	55	50	60	54	50	59	54	50	48
10	58	51	47	57	51	47	56	51	47	55	50	47	45

表 25 – 53　　　　　　　**LTP09180002 悬挂式 LED 高天棚灯具光度参数**

灯具外形图

A—A
B—B

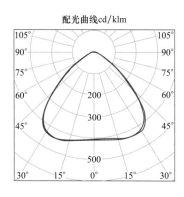

配光曲线cd/klm

型号		LTP09180002 鹏晖
生产厂家		欧普
外形尺寸（mm）	直径 φ	445
	高 H	210
光源		LED 180W
灯具效能（lm/W）		110
上射光通比		0
下射光通比		100%
防触电类别		Ⅰ类
防护类别		IP20
漫射罩		无
最大允许距高比 L/H		1.25
显色指数 Ra		80

发 光 强 度 值

$\theta(°)$		0	5	10	15	20	25	30	35	40	45
I_θ(cd)	B – B	406	405	409	417	427	432	431	417	372	280
	A – A	409	411	416	423	429	431	425	403	354	275
$\theta(°)$		50	55	60	65	70	75	80	85	90	
I_θ(cd)	B – B	197	115	49	29	18	10	4.2	0.69	0	
	A – A	183	117	59	38	24	14	6.53	1.59	0	

利 用 系 数 表

有效顶棚反射比（%）	80			70			50			30			0
墙反射比（%）	50	30	10	50	30	10	50	30	10	50	30	10	0
地面反射比（%）	20	20	20	20	20	20	20	20	20	20	20	20	0
室空间比 RCR	利用系数（%）												
0	119	119	119	116	116	116	111	111	111	106	106	106	100
1	108	104	101	105	102	100	101	99	97	97	95	94	89
2	97	91	87	95	90	86	91	87	84	88	85	82	78
3	87	80	75	86	79	74	83	77	73	80	76	72	69
4	79	71	65	77	70	65	75	69	64	73	67	63	61
5	71	63	58	70	63	57	68	62	57	66	60	56	54
6	65	57	51	64	56	51	62	55	50	60	54	50	48
7	59	51	46	58	51	45	57	50	45	55	49	45	43
8	54	46	41	53	46	41	52	45	41	51	45	40	38
9	50	42	37	49	42	37	48	41	37	47	41	37	35
10	46	39	34	45	38	34	44	38	33	43	37	33	32

表 25 – 54　　　　　　　　LSL042003 LED 轨道射灯光度参数

灯具外形图

—— 90~270°
—— 0~180°

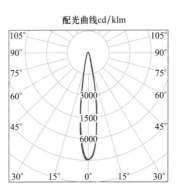

配光曲线cd/klm

型号		LSL042003 - 灵束
生产厂家		欧普
外形尺寸（mm）	直径 φ	90
	高 H	208
光源		LED 42W/3360lm
灯具效能（lm/W）		80
上射光通比		0
下射光通比		100%
防触电类别		I 类
防护类别		IP20
遮光角		35°
显色指数 Ra		80

发 光 强 度 值

$\theta(°)$		0	2.5	7.5	12.5	17.5	22.5
I_θ（cd）	0°～180°	7503	7228	4888	1774	500	281
	90°～270°	7541	7246	4778	1687	520	278
$\theta(°)$		27.5	32.5	37.5	42.5	47.5	52.5
I_θ（cd）	0°～180°	189	129	102	54	0	0
	90°～270°	189	135	105	57	0	0

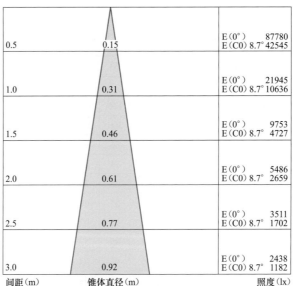

间距(m)	锥体直径(m)	照度(lx)
0.5	0.15	E(0°)　87780　E(C0) 8.7° 42545
1.0	0.31	E(0°)　21945　E(C0) 8.7° 10636
1.5	0.46	E(0°)　9753　E(C0) 8.7° 4727
2.0	0.61	E(0°)　5486　E(C0) 8.7° 2659
2.5	0.77	E(0°)　3511　E(C0) 8.7° 1702
3.0	0.92	E(0°)　2438　E(C0) 8.7° 1182

—— C0~C180（半散角：17.4°）

表 25－55　　D1163B5－9－UN（25－XE2－C－3000－80）光度参数

灯具外形图

配光曲线cd/klm

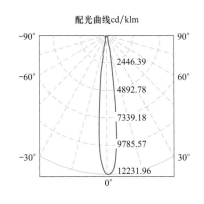

型号		D1163B5－9－UN（25－XE2－C－3000－80）
生产厂家		乐雷光电
外观尺寸（mm）	直径 ϕ	210
	高 H	109
光源		LED 9×2W
灯具效能（lm/W）		66.48
上射光通比		0
下射光通比		88.75%
防护等级		IP66
最大允许距高比 L/H		25°
显色指数 Ra		≥80

发 光 强 度 值

θ(°)		0	5	10	15	20	25	30	35	40	45
I_θ（cd）	$A-A/B-B$	11114	9121	2587	739	320	194	161	134	95	64
θ(°)		50	55	60	65	70	75	80	85	90	－
I_θ（cd）	$A-A/B-B$	42	17	9	6	4	3	2	1	0	－

利 用 系 数 表

顶栅反射比（%）	80			70			50			30			10			0
墙面反射比（%）	50	30	10	50	30	10	50	30	10	50	30	10	50	30	10	0
RCR	地面反身比为20%的利用系数（%）															
0	106	106	106	103	103	103	99	99	99	94	94	94	91	91	91	89
1	100	98	97	98	97	95	95	93	92	91	91	90	88	88	87	86
2	95	93	90	94	91	89	91	89	87	89	87	86	86	85	84	83
3	91	88	85	90	87	85	88	85	83	86	84	82	84	82	81	80
4	88	84	81	87	84	81	85	82	80	83	81	79	82	80	78	77
5	85	81	78	84	81	78	82	80	77	81	79	77	80	78	76	75
6	82	78	76	81	78	75	80	77	75	79	77	75	78	76	74	73
7	80	76	73	79	76	73	78	75	73	77	75	73	76	74	72	71
8	78	74	72	77	74	71	76	73	71	76	73	71	75	72	71	70
9	76	72	70	75	72	70	75	72	70	74	71	69	73	71	69	68
10	74	71	68	74	71	68	73	70	68	73	70	68	72	70	68	67

表 25 - 56　　**W1024C17 - 2 - UN（90R - CI - 2WA - C，P1）光度参数**

灯具外形图

配光曲线cd/klm

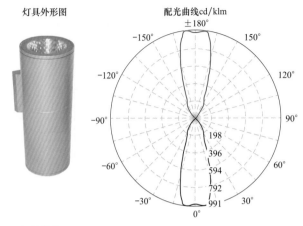

型号	W1024C17 - 2 - UN (90R - CL - 2WA - C，P1)	
生产厂家	乐雷光电	
外观尺寸 （mm）	ϕ	110
	高 H	297
光源	COB LED 2 ×17W	
灯具效能（lm/W）	58.53	
上射光通比	0（仅下照）	
下射光通比	88.24%	
最大允许距高比 L/H	0.61	

灯具特性：

照射方式：上照、下照，上下照可选。发光角度：24°、48°、68°多种角度可选。

发 光 强 度 值 （cd）

$\theta(0°)$	0	5	10	15	20	25	30	35	40	45	50	55
I_{θ} （1000cd）	2.2	2.2	2.1	1.6	0.8	0.5	0.4	0.4	0.1	0	0	0

等光强曲线图/光强光通分布图

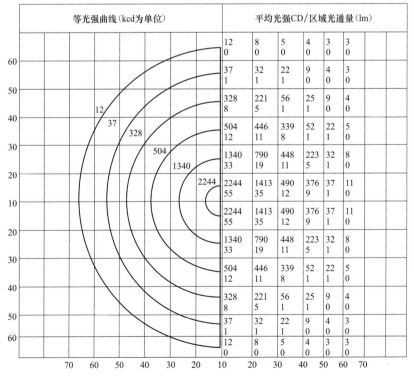

表 25－57　　　　　　　**GY240TDⅡ嵌入式防眩筒灯具光度参数**

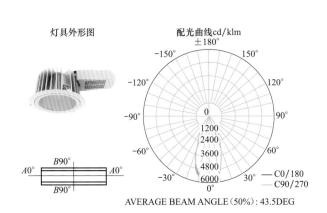

型号		GY240TDⅡ
生产厂家		光宇
外形尺寸 （mm）	长 L	240
	宽 W	240
	高 H	130
光源		LED 70W
上射光通比		0
下射光通比		100%
防触电类别		Ⅱ类
防护等级		IP20
最大允许距高比 L/H		1.32
显色指数 Ra		≥80

AVERAGE BEAM ANGLE（50%）：43.5DEG

—— C0/180
—— C90/270

发 光 强 度 值

θ(°)		0	5	10	15	20	25	30	35	40	45
I_θ(cd)	B－B	5789	5677	5355	4639	3545	2486	1764	1295	859	452
	A－A	5789	5653	5461	4768	3603	2468	1720	1313	856	445

θ(°)		50	55	60	65	70	75	80	85	90
I_θ(cd)	B－B	208	99	63	42	27	16	8	3	0
	A－A	199	104	60	43	25	16	8	4	0

利 用 系 数 表

有效顶棚反射比（%）	80			70			50		30		0
墙反射比（%）	50	30	10	50	30	10	50	30	50	30	0
地面反射比（%）	20			20			20		20		0
室形系数 RI	利用系数（%）										
0.0	119	119	119	116	116	116	111	111	106	106	100
1.0	111	108	106	108	106	104	104	103	101	99	93
2.0	103	99	95	101	97	94	98	95	95	92	87
3.0	96	91	87	94	90	86	92	88	89	86	81
4.0	90	84	80	88	83	79	86	82	84	81	75
5.0	84	78	74	83	78	74	81	77	80	76	70
6.0	79	73	69	78	73	69	77	72	75	71	66
7.0	74	68	64	74	68	64	73	67	71	67	62
8.0	70	64	60	70	64	60	69	64	68	63	58
9.0	67	58	54	63	57	54	62	57	61	57	55

表 25－58   **GY96GDF24－32 轨道射灯灯具光度参数**

灯具外形图

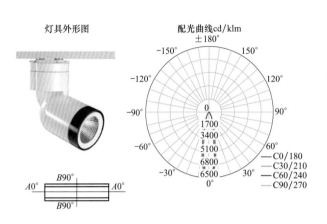

配光曲线cd/klm

型号		GY96GDF24－32
生产厂家		光宇
外形尺寸（mm）	长 L	96
	宽 W	96
	高 H	238
光源		LED 30W
上射光通比		0
下射光通比		100％
防触电类别		Ⅱ类
防护等级		IP20
光束角		24°
显色指数 Ra		≥80

发 光 强 度 值

$\theta(°)$		0	5	10	15	20	25
I_θ（cd）	0°～180°	8143	7692	5230	2763	1540	995
	90°～270°	8143	7563	5228	2873	1511	985
$\theta(°)$		30	35	40	45	50	55
I_θ（cd）	0°～180°	715	329	51	35	28	27
	90°～270°	681	322	50	35	27	26

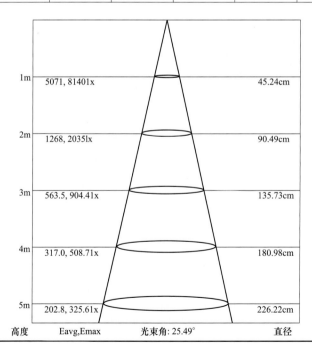

高度	Eavg,Emax	光束角: 25.49°	直径
1m	5071, 8140lx		45.24cm
2m	1268, 2035lx		90.49cm
3m	563.5, 904.41x		135.73cm
4m	317.0, 508.71x		180.98cm
5m	202.8, 325.61x		226.22cm

表 25 – 59　　　　　　　　GY – W – 6060GSA36 嵌入式灯具光度参数

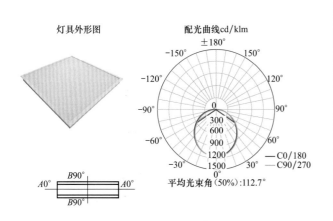

灯具外形图

配光曲线cd/klm

平均光束角(50%):112.7°

—— C0/180
—— C90/270

型号		GY – W – 6060GSA36
生产厂家		光宇
外形尺寸 （mm）	长 L	598
	宽 W	598
	高 H	65
光源		LED 36W
上射光通比		0
下射光通比		100%
防触电类别		Ⅱ类
防护等级		IP20
显色指数 Ra		≥80

发 光 强 度 值

θ(°)		0	5	10	15	20	25	30	35	40	45
I_θ(cd)	A – A	1163	1155	1138	1109	1077	1030	976	911	842	765
	B – B	1163	1158	1144	1119	1087	1042	990	926	863	784
θ(°)		50	55	60	65	70	75	80	85	90	
I_θ(cd)	A – A	682	594	500	405	306	211	122	43.2	0.48	
	B – B	706	614	523	431	340	249	158	85.1	11.8	

利 用 系 数 表

有效顶棚反射比（%）		80			70			50		30		0
墙反射比（%）	50	30	10	50	30	10	50	30	50	30	0
地面反射比（%）		20			20			20		20		0
室形系数 RI		利用系数（%）										
0.0	110	110	110	107	107	107	103	103	98	98	92
1.0	96	92	88	94	90	87	90	87	86	84	77
2.0	83	77	72	82	76	71	78	73	75	71	64
3.0	73	65	59	72	65	59	69	63	66	61	54
4.0	65	56	50	63	56	50	61	54	59	53	46
5.0	58	49	43	57	49	43	55	48	53	47	40
6.0	52	44	38	51	43	37	49	42	48	42	35
7.0	47	39	33	46	39	33	45	38	44	37	30
8.0	43	35	30	42	35	30	41	34	40	34	27
9.0	39	32	27	39	32	27	38	31	37	31	24

表 25 – 60 　　　　　　　　GY – W – 1919DD Ⅱ 嵌入式灯具光度参数

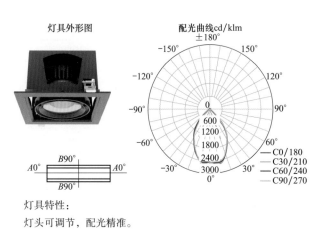

灯具外形图　　　　配光曲线cd/klm

灯具特性：
灯头可调节，配光精准。

型号		GY – W – 1919DD Ⅱ
生产厂家		光宇
外形尺寸（mm）	长 L	185
	宽 W	185
	高 H	148
光源		LED 30W
上射光通比		0
下射光通比		100%
防触电类别		Ⅱ类
防护等级		IP20
显色指数 Ra		≥80

发 光 强 度 值

$\theta(°)$		0	5	10	15	20	25	30	35	40	45
I_θ (cd)	B – B	2614	2504	2461	2312	2043	1769	1554	1335	978	549
	A – A	2614	2578	2553	2342	2037	1780	1557	1209	861	484
$\theta(°)$		50	55	60	65	70	75	80	85	90	
I_θ (cd)	B – B	179	66	30	17	9	4	1	0	0	
	A – A	106	81	56	30	5	4	1	0	0	

利 用 系 数 表

有效顶棚反射比（%）	80			70			50		30		0
墙反射比（%）	50	30	10	50	30	10	50	30	50	30	0
地面反射比（%）	20			20			20		20		0
室形系数 RI	利用系数（%）										
0.0	119	119	119	116	116	116	111	111	106	106	100
1.0	110	107	105	108	105	103	104	102	100	98	92
2.0	101	97	93	99	95	92	96	93	93	90	84
3.0	93	88	83	92	87	83	89	85	87	83	77
4.0	86	80	75	85	79	75	83	78	81	76	70
5.0	80	73	68	79	73	68	77	71	75	70	65
6.0	74	67	62	73	67	62	71	66	70	65	59
7.0	69	62	57	68	62	57	67	61	65	60	55
8.0	64	57	53	63	57	53	62	57	61	56	51
9.0	60	53	49	59	53	49	58	53	57	52	47

表 25－61   **GY402GB180/220AC 防爆式灯具光度参数**

灯具外形图

配光曲线 cd/klm

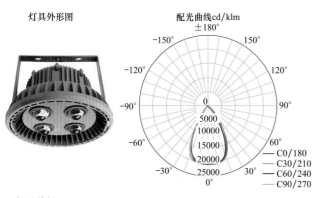

型号		GY402GB180/220AC
生产厂家		光宇
外形尺寸 （mm）	长 L	402
	宽 W	402
	高 H	326
光源		LED 180W
上射光通比		0
下射光通比		100%
防触电类别		Ⅱ类
防护等级		IP20
显色指数 Ra		≥80

灯具特性：

按照 GB 3836 系列标准设计和制造，通过国家防爆电气产品质量监督检验中心检验。

发 光 强 度 值

$\theta(°)$		0	5	10	15	20	25	30	35	40	45
$I_\theta(\text{cd})$	B－B	21002	20890	20880	19670	17700	139400	8652	4224	2217	1357
	A－A	21002	20940	20880	20160	18250	15410	10250	4801	2649	1480

$\theta(°)$		50	55	60	65	70	75	80	85	90
$I_\theta(\text{cd})$	B－B	1038	746	350	103	70	46	29	10	1
	A－A	1090	864	473	129	86	50	32	14	1

利 用 系 数 表

有效顶棚反射比（%）	80			70			50		30		0
墙反射比（%）	50	30	10	50	30	10	50	30	50	30	0
地面反射比（%）	20			20			20		20		0
室形系数 RI	利用系数（%）										
0.0	119	119	119	116	116	116	111	111	106	106	99
1.0	110	108	105	108	106	104	104	102	100	99	92
2.0	102	98	94	100	97	93	97	94	94	91	85
3.0	95	90	86	93	89	85	91	87	88	85	79
4.0	88	83	78	87	82	78	85	80	83	79	73
5.0	83	77	72	82	76	72	85	80	78	74	68
6.0	77	71	67	76	71	66	75	70	73	69	63
7.0	73	66	62	72	66	62	71	65	69	65	59
8.0	68	62	58	68	62	58	67	61	65	61	56
9.0	64	58	54	64	58	54	63	58	62	57	52

表 25 - 62 　　　　　　　　GC410 高天棚工矿灯具光度参数

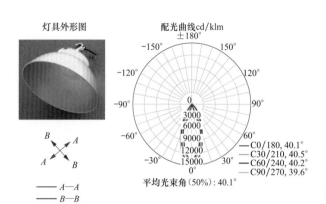

灯具外形图

配光曲线cd/klm
±180°
-150°　　　　150°
-120°　　　　　　120°
-90°　　　　　　　　90°
0
3000
6000
9000
12000
15000
-60°　　　　　　　60°
-30°　　　　　　30°
0°
平均光束角(50%): 40.1°

—— C0/180, 40.1°
—— C30/210, 40.5°
—— C60/240, 40.2°
—— C90/270, 39.6°

—— A—A
—— B—B

型号		GC410 - LED120PT
生产厂家		亚明
外形尺寸（mm）	长 L	330
	宽 W	330
	高 H	357
光源		LED
灯具效率		74.5%
上射光通比		0.1%
下射光通比		99.9%
防触电类别		I 类
防护等级		IP20
遮光角		40°
最大允许距高比 L/H		1.25
显色指数 Ra		>74

发 光 强 度 值

$\theta(°)$		0	5	10	15	20	25	30	35	40	45
$I_\theta(cd)$	B - B	1390	1376	1235	1011	775	601	431	278	141	46.9
	A - A	1390	1235	1032	786	608	481	353	253	143	52.7
$\theta(°)$		50	55	60	65	70	75	80	85	90	
$I_\theta(cd)$	B - B	28.3	16.7	7.88	3.58	2.64	1.86	1.19	0.57	0.00	
	A - A	30.8	17.6	8.06	3.56	2.63	1.86	1.19	0.59	0.00	

利 用 系 数 表

有效顶棚反射比（%）	80		70				50		30		0
墙反射比（%）	50	50	50	50	50	30	30	10	30	10	0
地面反射比（%）	30	10	30	20	10	10	10	10	10	10	0
室形系数 RI	利用系数（%）										
0.60	124	105	120	112	104	103	101	101	00	99	96
0.80	122	104	118	110	103	102	100	99	98	98	95
1.00	120	103	116	109	102	100	99	98	97	96	94
1.25	117	102	114	107	101	99	97	96	96	94	92
1.50	115	100	112	105	99	97	96	94	94	93	0.91
2.00	110	97	108	102	96	94	92	91	91	90	87
2.50	106	95	104	98	94	91	90	87	88	86	85
3.00	102	92	00	95	91	88	87	84	86	83	82
4.00	95	87	93	89	86	82	81	79	81	78	76
5.00	88	82	87	84	81	77	76	73	76	73	72

表 25－63　隔爆照明灯具光度参数

灯具外形图

配光曲线cd/klm

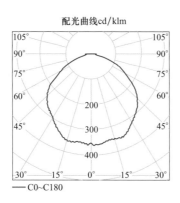

—— C0~C180

型号		RT260EX
生产厂家		北京信能阳光
外形尺寸（mm）	长 L	260
	宽 W	260
	高 H	276
光源		LED80W
灯具效能（lm/W）		120
上射、下射光通比	0	100%
防触电类别		I 类
防护等级		IP65
漫射罩		无
遮光角		11°
显色指数 Ra		>70

发 光 强 度 值

$\theta(°)$	0	2.5	5	7.5	10	12.5	15	17.5	20	22.5	25	27.5	30
I_θ(cd)	351	362	361	355	349	349	351	353	355	350	340	330	320
$\theta(°)$	32.5	35	37.5	40	42.5	45	47.5	50	52.5	55	57.5	60	62.5
I_θ(cd)	312	305	298	288	276	263	252	237	222	205	184	163	149
$\theta(°)$	65	67.5	70	72.5	75	77.5	80	82.5	85	87.5	90		
I_θ(cd)	134	116	100	78	54	27	23	20	19	19	20		

利 用 系 数 表

有效顶棚反射比（%）	80				70				50			30			10			0
墙反射比（%）	70	50	30	0	70	50	30	0	50	30	20	50	30	20	50	30	20	0
地面反射比（%）	20																	
室空间比 RCR	利用系数（%）																	
0	119	119	119	119	116	116	116	100	111	111	111	106	106	106	102	102	102	100
1	109	104	100	96	106	102	98	85	98	95	92	94	91	89	90	88	86	84
2	99	91	85	79	97	89	83	72	86	81	76	83	78	74	80	76	73	71
3	91	80	72	66	88	79	71	61	76	69	64	73	68	63	70	66	62	60
4	83	71	62	56	81	70	62	53	67	60	55	65	60	54	63	58	53	51
5	76	64	55	48	74	62	54	46	60	53	47	58	52	47	57	51	46	44
6	70	57	48	42	69	56	48	40	54	47	41	53	46	41	51	45	41	39
7	65	52	43	37	64	51	43	36	49	42	37	48	41	36	47	41	36	34
8	61	47	39	33	59	47	38	32	45	38	33	44	37	32	43	37	32	30
9	57	43	35	30	55	43	35	29	42	34	29	41	34	29	39	33	29	27
10	53	40	32	27	52	39	32	26	38	31	27	38	31	27	37	31	26	25

表 25 - 64　　　　　　　**DLD - GC - M1/6 模工矿灯光度参数**

灯具外形图

配光曲线cd/klm

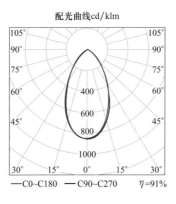

—C0~C180　—C90~C270　η=91%

型号		DLD - GC - M1/6
生产厂家		杭州戴利德稻
外形尺寸（mm）	长 L	420
	宽 W	420
	高 H	200
光源		（3×10W COB）×6 17100lm
系统光效（lm/W）		>95
灯具效率		91%
上射光通比		0.4%
下射光通比		99.6%
防触电类别		I 类
防护等级		IP40/65
最大允许距高比 L/H		1.2
显色指数 Ra		>70

灯具特性：

散热器与电器箱分离设置，涡轮旋转式翅片环绕贯通，增强气体的流动性，模块化独立散热。

发 光 强 度 值

$\theta(°)$		0	5	10	15	20	25	30	35	40	45
I_θ（cd/1000lm）	0°~180°	938.3	924.7	871.7	783.4	672.6	547.6	428.0	321.4	237.8	173.3
	90°~270°	942.4	930.8	879.2	788.8	678.1	553.1	434.2	322.1	241.2	173.9
$\theta(°)$		50	55	60	65	70	75	80	85	90	
I_θ（cd/1000lm）	0°~180°	121.62	81.53	50.55	22.29	11.01	5.61	2.34	0.34	0.03	
	90°~270°	121.62	81.53	50.62	22.49	11.01	5.78	2.44	0.37	0.05	

利 用 系 数 表

顶棚（%）	80			70			50			30			10			0
墙面（%）	50	30	10	50	30	10	50	30	10	50	30	10	50	30	10	0
地板（%）	20			20			20			20			20			0
室空间比	工作面利用系数（%）															
0.0	119	119	119	116	116	116	111	111	111	106	106	106	102	102	102	00
1.0	109	106	104	107	104	102	103	101	99	99	97	96	96	94	93	91
2.0	00	95	91	98	94	90	95	91	88	92	89	86	89	86	84	83
3.0	92	86	81	90	85	81	87	83	79	85	81	78	83	79	77	75
4.0	84	78	73	83	77	73	81	76	72	79	74	71	77	73	70	68
5.0	78	71	66	77	71	66	75	69	65	73	68	65	71	67	64	62
6.0	72	65	60	71	65	60	70	64	60	68	63	59	67	62	59	57
7.0	67	60	56	66	60	55	65	59	55	64	59	55	62	58	54	53
8.0	63	56	51	62	56	51	61	55	51	60	54	51	59	54	50	49
9.0	59	52	48	58	52	47	57	51	47	56	51	47	55	50	47	45
10.0	55	49	44	55	48	44	54	48	44	53	48	44	52	47	44	42

表 25 - 65　　　　　　　　　　索菲窄光束导轨灯光度参数

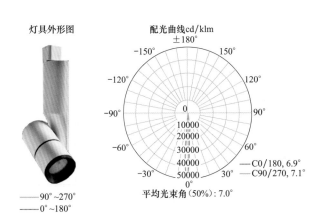

灯具外形图

配光曲线cd/klm

——90°~270°
——0°~180°

——C0/180, 6.9°
——C90/270, 7.1°

平均光束角(50%): 7.0°

型号		210008/3000K
生产厂家		银河兰晶
外形尺寸 （mm）	直径 ϕ	65
	高 H	255
光源		LED/8W
灯具效率		100%
上射光通比		0
下射光通比		100%
防触电类别		I 类
防护等级		IP20
漫射罩		无
遮光角		55°
显色指数 Ra		93

发 光 强 度 值

$\theta(°)$		0	5	10	15	20	25
I_θ(cd)	0°~180°	44585	5703	506	45.2	0	0
	90°~270°	44585	5703	506	45.2	0	0
$\theta(°)$		30	35	40	45	50	55
I_θ(cd)	0°~180°	0	0	0	0	0	0
	90°~270°	0	0	0	0	0	0

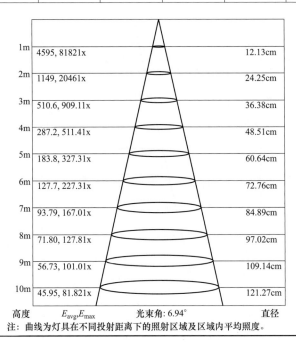

高度		E_{avg}, E_{max}	光束角: 6.94°	直径
1m		4595, 81821x		12.13cm
2m		1149, 20461x		24.25cm
3m		510.6, 909.11x		36.38cm
4m		287.2, 511.41x		48.51cm
5m		183.8, 327.31x		60.64cm
6m		127.7, 227.31x		72.76cm
7m		93.79, 167.01x		84.89cm
8m		71.80, 127.81x		97.02cm
9m		56.73, 101.01x		109.14cm
10m		45.95, 81.821x		121.27cm

注：曲线为灯具在不同投射距离下的照射区域及区域内平均照度。

表 25 - 66 罗宾导轨灯专业版光度参数

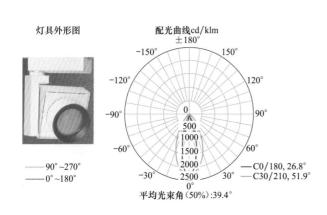

灯具外形图

配光曲线cd/klm

±180°

平均光束角(50%):39.4°

—— 90°~270°
—— 0°~180°

—— C0/180, 26.8°
—— C30/210, 51.9°

型号		231020/3000K
生产厂家		银河兰晶
外形尺寸（mm）	长 L	190
	宽 W	155
	高 H	82
光源		LED/15W
灯具效率		100%
上射光通比		0
下射光通比		100%
防触电类别		I 类
防护等级		IP20
漫射罩		无
遮光角		55°
显色指数 Ra		95

发 光 强 度 值

$\theta(°)$		0	5	10	15	20	25
I_θ (cd)	0°~180°	2288	2055	1527	957	503	225
	90°~270°	2264	2205	2046	1820	1529	1213
$\theta(°)$		30	35	40	45	50	55
I_θ (cd)	0°~180°	83.5	22.6	0.02	3	0	0
	90°~270°	892	601	367	199	89.5	29.2

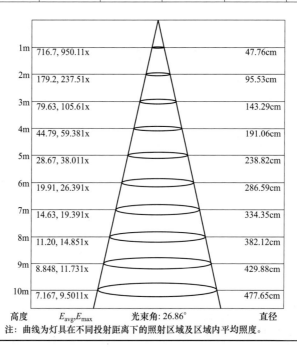

高度	E_{avg}, E_{max}		直径
1m	716.7, 950.11x		47.76cm
2m	179.2, 237.51x		95.53cm
3m	79.63, 105.61x		143.29cm
4m	44.79, 59.381x		191.06cm
5m	28.67, 38.011x		238.82cm
6m	19.91, 26.391x		286.59cm
7m	14.63, 19.391x		334.35cm
8m	11.20, 14.851x		382.12cm
9m	8.848, 11.731x		429.88cm
10m	7.167, 9.5011x		477.65cm

光束角: 26.86°

注：曲线为灯具在不同投射距离下的照射区域及区域内平均照度。

表 25 – 67　　　　　　　　嵌入式筒灯调角度专业版光度参数

灯具外形图

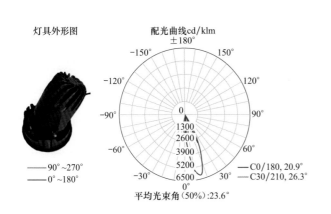

配光曲线cd/klm
±180°

平均光束角(50%):23.6°

型号		178006S/3000K
生产厂家		银河兰晶照明
外形尺寸 （mm）	直径 φ	143
	高 H	110
光源		LED/25W
灯具效率		100%
上射光通比		0
下射光通比		100%
防触电类别		Ⅱ类
防护等级		IP20
漫射罩		无
遮光角		60°
显色指数 Ra		95

发 光 强 度 值

$\theta(°)$		0	5	10	15	20	25
$I_\theta(\mathrm{cd})$	0°～180°	2005	3702	5497	6023	4756	2688
	90°～270°	1983	2013	1617	1091	552	97.1
$\theta(°)$		30	35	40	45	50	55
$I_\theta(\mathrm{cd})$	0°～180°	1007	82.5	18.8	0	0	0
	90°～270°	19	2.74	0	0	0	0

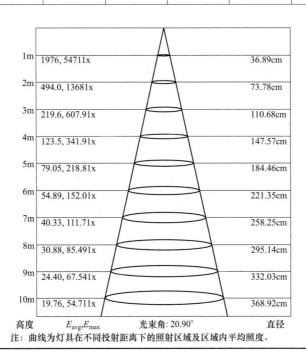

高度			直径
1m	1976, 54711x		36.89cm
2m	494.0, 13681x		73.78cm
3m	219.6, 607.91x		110.68cm
4m	123.5, 341.91x		147.57cm
5m	79.05, 218.81x		184.46cm
6m	54.89, 152.01x		221.35cm
7m	40.33, 111.71x		258.25cm
8m	30.88, 85.491x		295.14cm
9m	24.40, 67.541x		332.03cm
10m	19.76, 54.711x		368.92cm

高度　　E_{avg},E_{max}　　　　光束角: 20.90°　　　　直径
注：曲线为灯具在不同投射距离下的照射区域及区域内平均照度。

表 25 −68   嵌入式筒灯竖装专业版光度参数

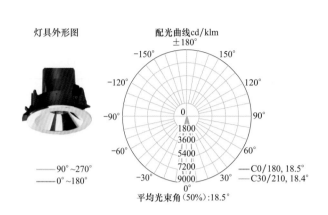

灯具外形图

配光曲线cd/klm
±180°

——— 90°~270°
——— 0°~180°

C0/180, 18.5°
C30/210, 18.4°
平均光束角(50°):18.5°

型号	210115/3000K
生产厂家	银河兰晶
外形尺寸（mm） 直径 φ	116
外形尺寸（mm） 高 H	103
光源	LED/10W
灯具效率	100%
上射光通比	0
下射光通比	100%
防触电类别	Ⅱ类
防护等级	IP44
漫射罩	无
遮光角	60.7°
显色指数 Ra	95

发 光 强 度 值

$\theta(°)$		0	5	10	15	20	25
$I_\theta(cd)$	0°~180°	8741	7111	3823	1432	309	22.2
	90°~270°	8741	7111	3823	1432	309	22.2
$\theta(°)$		30	35	40	45	50	55
$I_\theta(cd)$	0°~180°	0	0	0	0	0	0
	90°~270°	0	0	0	0	0	0

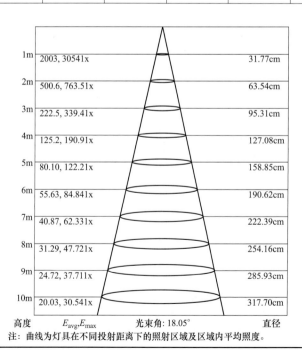

高度			直径
1m	2003, 30541x		31.77cm
2m	500.6, 763.51x		63.54cm
3m	222.5, 339.41x		95.31cm
4m	125.2, 190.91x		127.08cm
5m	80.10, 122.21x		158.85cm
6m	55.63, 84.841x		190.62cm
7m	40.87, 62.331x		222.39cm
8m	31.29, 47.721x		254.16cm
9m	24.72, 37.711x		285.93cm
10m	20.03, 30.541x		317.70cm

高度 E_{avg}, E_{max} 光束角: 18.05°   直径
注: 曲线为灯具在不同投射距离下的照射区域及区域内平均照度。

表 25 – 69 极 光 光 度 参 数

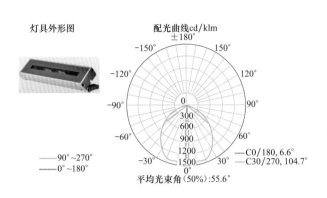

灯具外形图

配光曲线 cd/klm

——90°~270°
——0°~180°

——C0/180, 6.6°
——C30/270, 104.7°

平均光束角(50%):55.6°

型号		178006S/3000K
生产厂家		银河兰晶
外形尺寸 （mm）	长 L	300
	宽 W	65
	高 H	37
光源		LED/9W
灯具效率		100%
上射光通比		0
下射光通比		100%
防触电类别		Ⅲ类
防护等级		IP67
显色指数 Ra		85

发 光 强 度 值

$\theta(°)$		0	5	10	15	20	25
I_θ(cd)	0°~180°	1418	174	30	7.33	0.22	0
	90°~270°	1414	1411	1414	1419	1413	1338
$\theta(°)$		30	35	40	45	50	55
I_θ(cd)	0°~180°	0	0	0	0	0	0
	90°~270°	1236	1114	1002	868	726	597

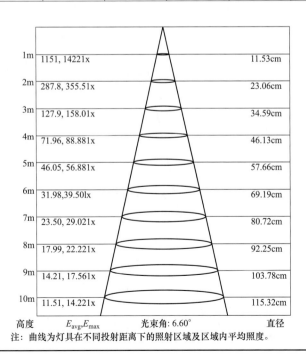

高度			直径
1m	1151, 1422lx		11.53cm
2m	287.8, 355.5lx		23.06cm
3m	127.9, 158.0lx		34.59cm
4m	71.96, 88.88lx		46.13cm
5m	46.05, 56.88lx		57.66cm
6m	31.98, 39.50lx		69.19cm
7m	23.50, 29.02lx		80.72cm
8m	17.99, 22.22lx		92.25cm
9m	14.21, 17.56lx		103.78cm
10m	11.51, 14.22lx		115.32cm

高度　　E_{avg}, E_{max}　　光束角: 6.60°　　直径

注: 曲线为灯具在不同投射距离下的照射区域及区域内平均照度。

表 25 – 70　　　　　　　　　　酷　匣　光　度　参　数

灯具外形图

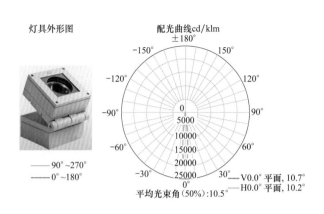

配光曲线cd/klm
±180°

平均光束角(50%):10.5°

—— 90°～270°
—— 0°～180°

—— V0.0° 平面, 10.7°
—— H0.0° 平面, 10.2°

型号	162582S/3000K
生产厂家	银河兰晶
外形尺寸（mm） 长 L	180
外形尺寸（mm） 宽 W	155
外形尺寸（mm） 高 H	116
光源	LED/20W
灯具效率	100%
上射光通比	0
下射光通比	100%
防触电类别	Ⅰ类
防护等级	IP67
显色指数 Ra	85

发 光 强 度 值

$\theta(°)$		0	5	10	15	20	25
$I_\theta(cd)$	0°～180°	20230	10057	2043	574	235	104
$I_\theta(cd)$	90°～270°	20230	10057	2043	574	235	104
$\theta(°)$		30	35	40	45	50	55
$I_\theta(cd)$	0°～180°	53.9	30.6	19.7	0	0	0
$I_\theta(cd)$	90°～270°	53.9	30.6	19.7	0	0	0

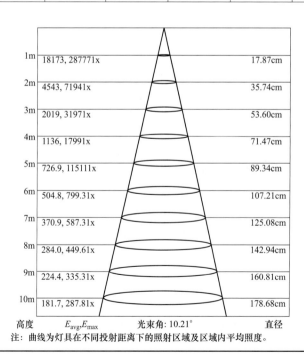

高度	E_{avg}, E_{max}	直径
1m	18173, 287771x	17.87cm
2m	4543, 71941x	35.74cm
3m	2019, 31971x	53.60cm
4m	1136, 17991x	71.47cm
5m	726.9, 115111x	89.34cm
6m	504.8, 799.31x	107.21cm
7m	370.9, 587.31x	125.08cm
8m	284.0, 449.61x	142.94cm
9m	224.4, 335.31x	160.81cm
10m	181.7, 287.81x	178.68cm

光束角: 10.21°

注：曲线为灯具在不同投射距离下的照射区域及区域内平均照度。

表 25 – 71 莲 蓬 光 度 参 数

灯具外形图

配光曲线cd/klm

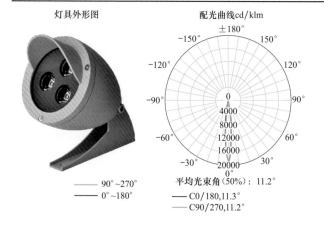

平均光束角(50%)：11.2°

—— 90°~270°
—— 0°~180°

—— C0/180,11.3°
—— C90/270,11.2°

型号		162626S/3000K
生产厂家		银河兰晶
外形尺寸（mm）	直径 φ	95
	高 H	122
光源		LED/20W
灯具效率		100%
上射光通比		0
下射光通比		100%
防触电类别		Ⅲ类
防护等级		IP67
显色指数 Ra		85

发 光 强 度 值

$\theta(°)$		0	5	10	15	20	25
$I_\theta(cd)$	0°~180°	18664	11219	2811	683	249	97.8
	90°~270°	18561	12036	2938	679	254	96.1
$\theta(°)$		30	35	40	45	50	55
$I_\theta(cd)$	0°~180°	40.3	13.5	0	0	0	0
	90°~270°	37.2	10.3	0	0	0	0

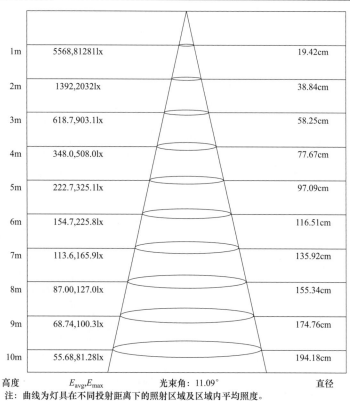

高度		直径
1m	5568,81281lx	19.42cm
2m	1392,2032lx	38.84cm
3m	618.7,903.1lx	58.25cm
4m	348.0,508.0lx	77.67cm
5m	222.7,325.1lx	97.09cm
6m	154.7,225.8lx	116.51cm
7m	113.6,165.9lx	135.92cm
8m	87.00,127.0lx	155.34cm
9m	68.74,100.3lx	174.76cm
10m	55.68,81.28lx	194.18cm

高度　　　E_{avg}, E_{max}　　　光束角：11.09°　　　直径
注：曲线为灯具在不同投射距离下的照射区域及区域内平均照度。

表 25 – 72　　　　　　　　　　　　　星 驰 光 度 参 数

灯具外形图

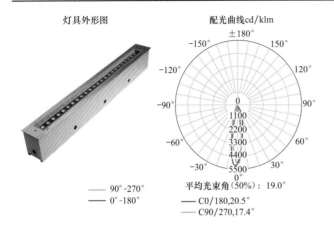

配光曲线cd/klm

平均光束角（50%）：19.0°

—— 90°-270°
—— 0°-180°
—— C0/180,20.5°
—— C90/270,17.4°

型号		163214S/3000K
生产厂家		银河兰晶
外形尺寸（mm）	长 L	1000
	宽 W	108
	高 H	135
光源		LED/60W
灯具效率		100%
上射光通比		0
下射光通比		100%
防触电类别		I 类
防护等级		IP67
显色指数 Ra		85

发 光 强 度 值

θ(°)		0	5	10	15	20	25
I_θ(cd)	0°~180°	4976	3734	2710	1990	1416	969
	90°~270°	4893	4153	2217	959	390	171
θ(°)		30	35	40	45	50	55
I_θ(cd)	0°~180°	633	386	218	114	57.2	29.5
	90°~270°	95.1	66.6	51.6	41.8	34.9	28.9

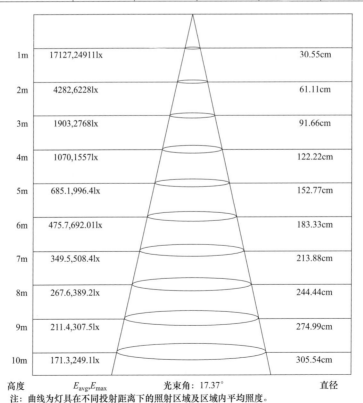

高度	E_{avg},E_{max}		直径
1m	17127,24911lx		30.55cm
2m	4282,6228lx		61.11cm
3m	1903,2768lx		91.66cm
4m	1070,1557lx		122.22cm
5m	685.1,996.4lx		152.77cm
6m	475.7,692.01lx		183.33cm
7m	349.5,508.4lx		213.88cm
8m	267.6,389.2lx		244.44cm
9m	211.4,307.5lx		274.99cm
10m	171.3,249.1lx		305.54cm

光束角：17.37°

注：曲线为灯具在不同投射距离下的照射区域及区域内平均照度。

表 25 – 73   **MUNDIAL 投光灯具光度参数**

灯具外形图

配光曲线cd/klm

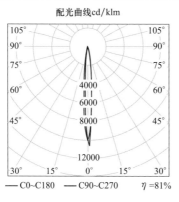

—— C0~C180   —— C90~C270 η =81%

型号		MUNR1
生产厂家		索恩
外形尺寸 （mm）	长 L	640
	宽 W	540
	高 H	625
光源		金卤灯 – 1000W
灯具效率		81%
上射光通比		0
下射光通比		81%
防触电类别		I 类
防护等级		IP65
漫射罩		无
显色指数 Ra		>90
灯具质量（kg）		14.5

灯具特性：

适用1kW/2kW 金卤光源，压铸铝灯体，带挡光板，后盖开启替换光源，打开后盖灯具自动断电。

发 光 强 度 值

θ(°)		0	5	10	15	20	25	30	35	40	45
I_θ(cd)	B – B	10180	4986	2095	961	476	230	138	91	71	54
	A – A	10180	5338	1712	468	237	190	169	162	157	153
θ(°)		50	55	60	65	70	75	80	85	90	95
I_θ(cd)	B – B	36	4	2	1	1	1	1	0	0	
	A – A	125	46	14	3	2	2	0	0	0	

等光强曲线

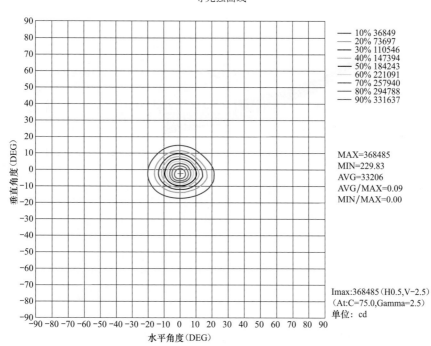

—— 10% 36849
—— 20% 73697
—— 30% 110546
—— 40% 147394
—— 50% 184243
—— 60% 221091
—— 70% 257940
—— 80% 294788
—— 90% 331637

MAX=368485
MIN=229.83
AVG=33206
AVG/MAX=0.09
MIN/MAX=0.00

Imax:368485（H0.5,V-2.5）
(At:C=75.0,Gamma=2.5)
单位：cd

表 25 - 74　　　　　　**Light Structure Green 型体育照明投光灯光度参数**

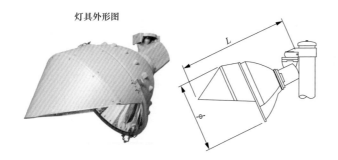

灯具外形图

型号	Light Structure Green
生产商	玛斯柯
外形尺寸 （mm）	φ	677
	宽 L	949
光源	金属卤化物灯 1000W/1500W

（1）光学特性：

1）不对称的垂直配光宽度由窄变宽。

2）2000 种配光曲线，提供最佳的节能及最少的外溢光方案。

（2）恒定的照度。

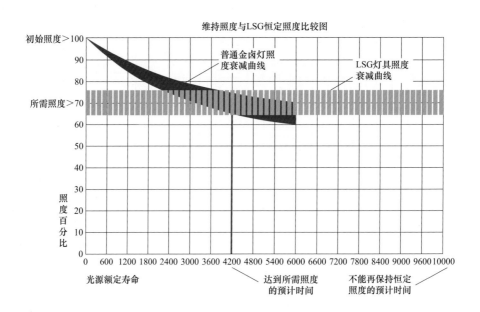

维持照度与LSG恒定照度比较图

表 25 – 75　　　　　　　　**Level – 8/TLC 体育照明投光灯光度参数**

灯具外形图

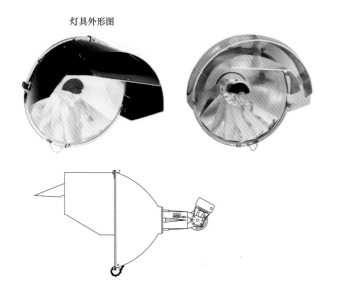

● 眩光控制：在灯具上增加了外置的眩光控制罩，减少了外溢光和眩光。

● 灯具电功率可在 40% ~ 100% 范围内分两挡调节。

● 灯具光输出可在 20% ~ 100% 范围内分两挡调节。

表 25 – 76　　　　　　　　**Stadium 2K 体育照明投光灯光度参数**

灯具外形图

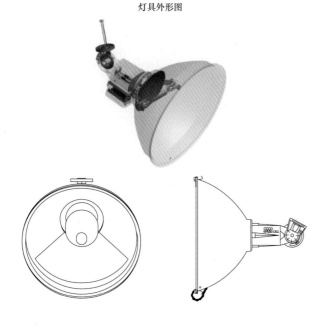

型号		Stadium 2k
生产商		玛斯柯
外形尺寸（mm）	ϕ	576
	宽 L	507
光源		金属卤化物灯 2000W

专为户外大型运动场设计，为运动员、观众和电视转播提供高质量的照明。

表 25 – 77   **Show Light 体育照明投光灯光度参数**

型号		Show Light
生产商		玛斯柯
外形尺寸 （mm）	ϕ	680
	宽 L	909
光源		金属卤化物灯 1000W/1500W

灯具外形图

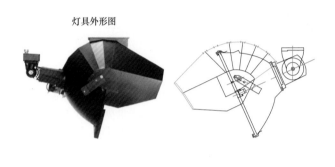

• 为室内体育馆提供具有即时亮/暗的戏剧效果的照明，良好的眩光控制。

• 灯具电功率可在 40％～100％范围内分两挡调节。

• 灯具光输出可在 20％～100％范围内分两挡调节。

表 25 – 78   **Light PAK 体育照明天棚灯光度参数**

型号		Light PAK
生产商		玛斯柯
外形尺寸 （mm）	ϕ	583
	宽 L	363
光源		金属卤化物灯 1000W

灯具外形图

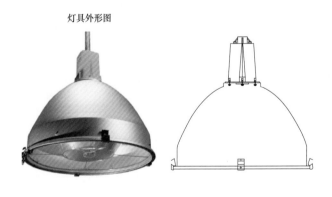

• 灯具电功率可在 40％～100％范围内分两挡调节。

• 灯具光输出可在 20％～100％范围内分两挡调节。

• 安装在 6～18m 高处向下投射灯光。

表 25－79　　　　　　　　　　　　　**MVF403 CAT A3 高功率投光灯具**

灯具外形图

配光曲线 cd/klm

— C0~C180　　— C90~C270

— 90°~270°与光源垂直方向 — 0°~180°与光源平行方向

型号		MVF403A3
生产厂家		飞利浦
外形尺寸（mm）	长 L	556
	宽 W	535
	高 H	250
光源		双端金属卤化物灯－2000W
灯具效率		82%
光束角（°）		9
上射光通比		0
下射光通比		82%
防触电类别		I 类
防护等级		IP65
漫射罩		无
显色指数 Ra		＞90
灯具质量（kg）		13.7

发 光 强 度 值

$\theta(°)$		0	10	20	30	40	50	60	70	80	90
I_θ（cd/klm）	C0	10555	518	60	32	19	19	15	9.4	6.3	0.2
	C180	10555	913	267	198	180	156	18	5.8	4.8	0.7
$\theta(°)$		0	10	20	30	40	50	60	70	80	90
I_θ（cd/klm）	C90	10555	2708	412	140	89	63	9.8	7.1	7.1	1.3
	C270	10555	2708	412	140	89	63	9.8	7.1	7.1	1.3

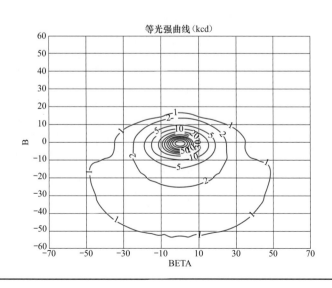

等光强曲线（kcd）

表 25－80   **MVP507/1000W 高杆泛光灯**

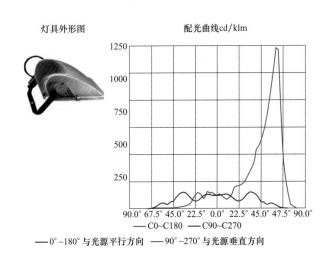

灯具外形图　　　　配光曲线cd/klm

— C0~C180 　— C90~C270

——0°~180°与光源平行方向　——90°~270°与光源垂直方向

型号		MVP507/1000
生产厂家		飞利浦
外形尺寸（mm）	长 L	652
	宽 W	640
	高 H	386
光源		高压钠灯－1000W
灯具效率		78.0%
上射光通比		0
下射光通比		78.0%
防触电类别		I 类
防护等级		IP65
漫射罩		无
遮光角		—
显色指数 Ra		—
灯具质量（kg）		13.9

发 光 强 度 值

θ(°)		0	10	20	30	40	50	60	70	80	90
I_θ(cd/klm)	C0	109	116	67	115	114	39	32	6.2	1.4	0
	C180	109	116	67	115	114	39	32	6.2	1.4	0
θ(°)		0	10	20	30	40	50	60	70	80	90
I_θ(cd/klm)	C90	109	78	178	242	461	684	1238	219	6.6	0
	C270	108	139	130	32	16	11	11	6.2	1.1	0

等光强曲线（kcd）

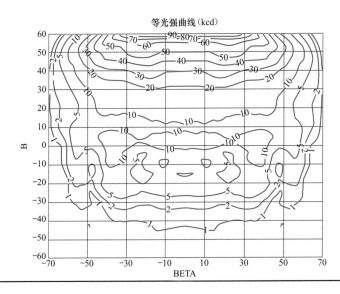

表 25 - 81 　　　　　　　　　　　　　　MMF383 中功率投光灯具

灯具外形图

配光曲线 cd/klm

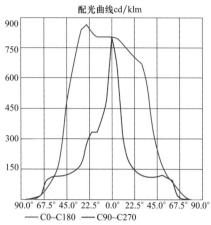

— C0~C180　— C90~C270

—— 90°~270°与光源垂直方向　—— 0°~180°与光源平行方向

型号		MMF383/400 S
生产厂家		飞利浦
外形尺寸（mm）	长 L	470
	宽 W	463
	高 H	195
光源		金属卤化物灯－400W
灯具效率		78.0%
上射光通比		0
下射光通比		78.0%
防触电类别		I 类
防护等级		IP65
漫射罩		无
显色指数 Ra		>70
灯具质量		13.9

发 光 强 度 值

	$\theta(°)$	0	10	20	30	40	50	60	70	80	90
I_θ（cd/klm）	C0	800	775	714	668	365	159	86	20	1.2	0.1
	C180	800	802	826	839	621	253	91	20	2.3	0.1
	$\theta(°)$	0	10	20	30	40	50	60	70	80	90
I_θ（cd/klm）	C90	800	335	157	119	108	118	93	3.4	0.9	0.1
	C270	800	399	334	179	131	114	109	19	3.6	0.2

等光强曲线（kcd）

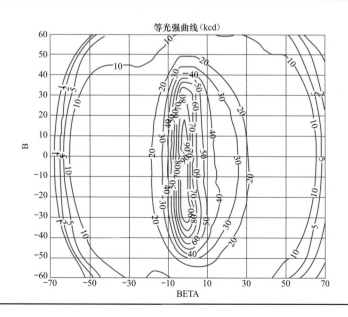

表 25 - 82   体育照明投光灯 24 LED 光度参数

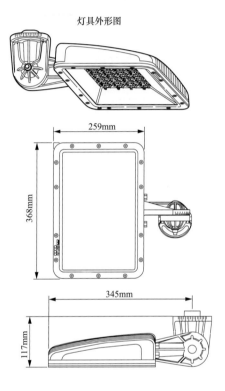

灯具外形图

型号		24 LED
生产商		玛斯柯
外形尺寸（mm）	长	259
	宽	368
	高	17
光源		LED 130W

光学特性：

- 寿命——10000h；
- CIE 相关色温——4000 ~ 4500K；
- 显色指数——70。

MUSCO 各款 LED 灯具具有以下特性：

（1）高压铸铝，阳极电镀，CASTGUARD™ 铸造工艺。

（2）灯具光输出可在 20% ~ 100% 范围内调节。

（3）灯具运行温度范围为 - 35 ~ 55℃。

（4）IP 等级：IP65。

（5）防触电类别：Ⅰ类。

（6）功率因数高达 0.9。

表 25 – 83　　　　　体育照明投光灯 **Line Up 228/216 LED** 光度参数

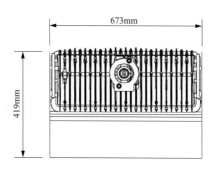

型号		228/216 LED
生产商		玛斯柯
外形尺寸 （mm）	长	673
	宽	419
光源		LED 630W

光学特性：

● 寿命：

　　L90（12K）——33000h；

　　L80（12K）——＞42000h；

　　L70（12K）——＞42000h；

● CIE 相关色温——5700K；

● 显色指数——65～90

表 25 – 84　　　　　　　　　**Dome 228 NB LED** 光度参数

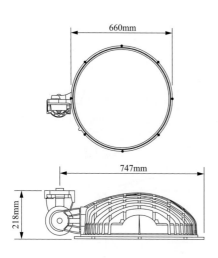

型号		228NB LED
生产商		玛斯柯
外形尺寸 （mm）	直径	660
	高	218
光源		LED 860W

光学特性：

● 寿命：

　　L90（12K）——61000h；

　　L80（12K）——＞72000h；

　　L70（12K）——＞72000h；

● CIE 相关色温——5700K；

● 显色指数——65～90

表 25－85   **BVP283 中功率 LED 投光灯具**

灯具外形图

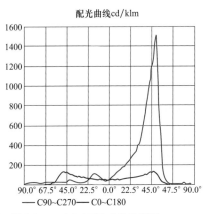

配光曲线cd/klm

—— C90~C270 —— C0~C180

—— 0°~180° 与支架平行方向   —— 90°~270° 与支架垂直方向

型号		BVP283
生产厂家		飞利浦
外形尺寸 （mm）	长 L	655
	宽 W	480
	高 H	59.8
光源		LED－350W
灯具效能（lm/W）		105
上射光通比		0
下射光通比		100.0%
防触电类别		I 类
防护等级		IP65
漫射罩		无
显色指数 Ra		>75
灯具质量		13.2

发 光 强 度 值

$\theta(°)$		0	10	20	30	40	50	60	70	80	90
I_θ（cd/klm）	C0	46	60	67	81	104	123	15	5.2	3.4	0.4
	C180	43	60	67	81	104	123	15	5.2	3.4	0.4
$\theta(°)$		0	10	20	30	40	50	60	70	80	90
I_θ（cd/klm）	C90	46	126	231	362	812	1517	62	16	19	0.2
	C270	43	80	69	25	51	25	28	22	24	2.6

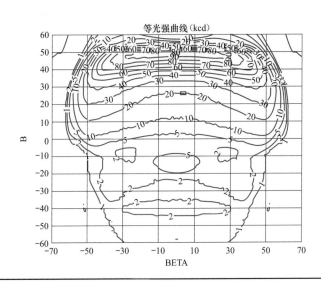

等光强曲线（kcd）

表 25 – 86　　　　　　　　　　**GY2917FG – 70W 泛光灯具光度参数**

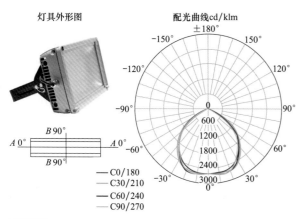

灯具外形图　　　　　　　配光曲线cd/klm

—— C0/180
—— C30/210
—— C60/240
—— C90/270

型号		GY150F2519GK110
生产厂家		光宇
外形尺寸（mm）	长 L	297
	宽 W	172
	高 H	69
光源		LED 70W
上射光通比		0
下射光通比		100%
防触电类别		Ⅱ类
防护等级		IP65
灯具质量（kg）		3.7
显色指数 Ra		≥80

灯具特性：

多种色温，RGB 控制可选。

发 光 强 度 值

θ(°)		0	5	10	15	20	25	30	35	40	45
I_θ（cd）	A – A	2707	2588	2571	2541	2480	2364	2200	2017	1846	1659
	B – B	2707	2613	2639	2661	2607	2424	2177	1960	1773	1549

θ(°)		50	55	60	65	70	75	80	85	90
I_θ（cd）	A – A	1425	1125	784	490	276	139	53	10	1
	B – B	1238	855	501	319	132	81	30	15	1

锥面光通量(90°)：
4134.3lm
%lum=64.9%
%lamp=65.0%

锥面光通量(120°)：
5737.8lm
%lum=90.1%
%lamp=90.2%

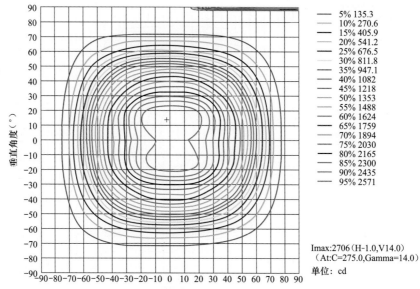

5% 135.3
10% 270.6
15% 405.9
20% 541.2
25% 676.5
30% 811.8
35% 947.1
40% 1082
45% 1218
50% 1353
55% 1488
60% 1624
65% 1759
70% 1894
75% 2030
80% 2165
85% 2300
90% 2435
95% 2571

Imax:2706（H-1.0,V14.0）
（At:C=275.0,Gamma=14.0）
单位：cd

垂直角度（°）

水平角度（°）

表 25-87　　　　　　　　**GY570FG140（2）吊装式灯具光度参数**

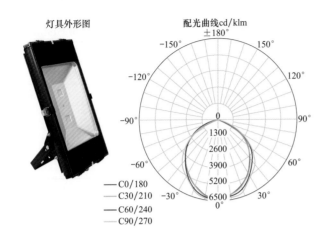

灯具外形图

配光曲线cd/klm

—— C0/180
—— C30/210
—— C60/240
—— C90/270

型号		GY570FG140（2）
生产厂家		光宇
外形尺寸（mm）	长 L	568
	宽 W	285
	高 H	93
光源		LED 140W
上射光通比		0
下射光通比		100%
防触电类别		Ⅱ类
防护等级		IP65
灯具质量（kg）		3.75
显色指数 Ra		≥80

发 光 强 度 值

$\theta(°)$		0	5	10	15	20	25	30	35	40	45
I_θ（cd）	B-B	6345	6265	6135	5895	5563	5262	5004	4546	4116	3746
	A-A	6345	6291	6344	6244	5920	5531	5219	4953	4606	4096

$\theta(°)$		50	55	60	65	70	75	80	85	90	
I_θ（cd）	B-B	3375	2872	2369	1081	56	48	36	12	3	
	A-A	3552	2945	2306	1579	852	437	23	13	3	

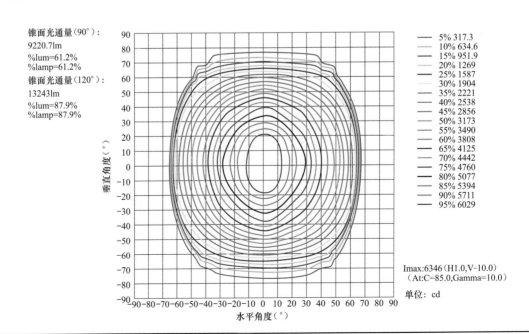

锥面光通量（90°）：
9220.7lm
%lum=61.2%
%lamp=61.2%
锥面光通量（120°）：
13243lm
%lum=87.9%
%lamp=87.9%

—— 5% 317.3
—— 10% 634.6
—— 15% 951.9
—— 20% 1269
—— 25% 1587
—— 30% 1904
—— 35% 2221
—— 40% 2538
—— 45% 2856
—— 50% 3173
—— 55% 3490
—— 60% 3808
—— 65% 4125
—— 70% 4442
—— 75% 4760
—— 80% 5077
—— 85% 5394
—— 90% 5711
—— 95% 6029

Imax:6346（H1.0,V-10.0）
（At:C=85.0,Gamma=10.0）

单位：cd

垂直角度（°）

水平角度（°）

表 25 - 88　　　　　　　　**RT660FL - S 体育照明投光灯光度参数**

灯具外形图

配光曲线cd/klm

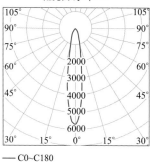

—— C0~C180

型号		RT660FL - S
生产厂家		北京信能阳光
外形尺寸 （mm）	长 L	648
	宽 W	440
	高 H	266
光源		LED 360W
灯具效能（lm/W）		120
上射/下射光通比		0	100%
防触电类别		I 类
防护等级		IP65
漫射罩		有
显色指数 Ra		>70

发 光 强 度 值

$\theta(°)$	0	2.5	5	7.5	10	12.5	15	17.5	20	22.5	25	27.5	30
$I_\theta(cd)$	5752	5275	4234	3000	1994	1339	1001	780	619	516	458	403	342
$\theta(°)$	32.5	35	37.5	40	42.5	45	47.5	50	52.5	55	57.5	60	62.5
$I_\theta(cd)$	274	181	81	18	0.6	0.04	0.31	0.32	0.16	0.36	0.25	0.41	0.25
$\theta(°)$	65	67.5	70	72.5	75	77.5	80	82.5	85	87.5	90		
$I_\theta(cd)$	0.52	0.68	0.32	0.03	0	0	0	0	0	0	0		

等光强曲线

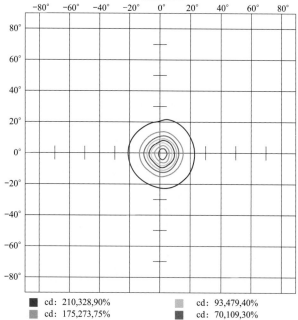

cd: 210,328,90%	cd: 93,479,40%
cd: 175,273,75%	cd: 70,109,30%
cd: 140,218,60%	cd: 46,739,20%
cd: 116,849,50%	cd: 23,370,10%

表 25 – 89 　　　　　　　　　　**RT400HB 工业照明灯具光度参数**

灯具外形图

配光曲线cd/klm

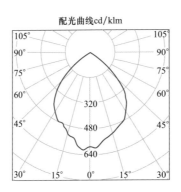

型号		RT400HB
生产厂家		北京信能阳光
外形尺寸（mm）	长 L	395
	宽 W	395
	高 H	424
光源		LED 120W
灯具效能(lm/W)		120
上射/下射光通比	0	100%
防触电类别		I 类
防护等级		IP65
漫射罩		无
遮光角		33°
显色指数 Ra		>70

发 光 强 度 值

$\theta(°)$	0	2.5	5	7.5	10	12.5	15	17.5	20	22.5	25	27.5	30
$I_\theta(\text{cd})$	591	598	594	570	552	542	528	519	505	494	484	476	447

$\theta(°)$	32.5	35	37.5	40	42.5	45	47.5	50	52.5	55	57.5	60	62.5
$I_\theta(\text{cd})$	427	405	380	351	324	277	238	187	139	98	68	45	27

$\theta(°)$	65	67.5	70	72.5	75	77.5	80	82.5	85	87.5	90
$I_\theta(\text{cd})$	20	15	8.73	1.83	0.17	0	0	0	0	0	0

利 用 系 数 表

有效顶棚反射比（%）	80				70				50			30			10			0
墙反射比(%)	70	50	30	0	70	50	30	0	50	30	20	50	30	20	50	30	20	0
地面反射比(%)	20																	
室空间比 RCR	利用系数（%）																	
0	119	119	119	119	116	116	116	100	111	111	111	106	106	106	102	102	102	100
1	112	109	106	103	11	107	104	091	102	100	98	99	97	95	95	94	93	91
2	105	99	94	90	102	97	92	82	94	90	87	90	87	85	88	85	83	81
3	98	90	83	78	95	88	82	73	85	80	76	83	79	75	80	77	74	72
4	91	81	75	69	89	80	74	66	78	72	68	76	71	67	74	70	66	64
5	85	74	67	62	83	73	66	59	71	65	61	69	64	60	68	63	60	58
6	79	68	61	55	77	67	60	54	65	59	55	64	58	54	62	58	54	52
7	74	62	55	50	72	62	55	49	60	54	49	59	53	49	58	53	49	47
8	69	58	50	45	68	57	50	44	56	49	45	54	49	45	53	48	44	43
9	65	53	46	41	64	53	46	40	52	45	41	51	45	41	50	44	41	39
10	61	49	42	38	60	49	42	37	48	42	37	47	41	37	46	41	37	36

表 25 – 90　　　　　　　　　**HB – 4M 照明灯具光度参数**

灯具外形图

配光曲线cd/klm

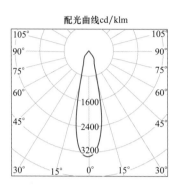

型号	HB – 4M	
生产厂家	北京信能阳光	
外形尺寸（mm）	长 L	320
	宽 W	355
	高 H	343
光源	LED 320W	
灯具效能(lm/W)	120	
上射/下射光通比	0	100%
防触电类别	I 类	
防护等级	IP65	
漫射罩	无	
显色指数 Ra	>70	

发 光 强 度 值

$\theta(°)$	0	2.5	5	7.5	10	12.5	15	17.5	20	22.5	25	27.5	30
$I_\theta(cd)$	3364	3256	3070	2767	2338	1730	1155	791	558	451	395	358	335
$\theta(°)$	32.5	35	37.5	40	42.5	45	47.5	50	52.5	55	57.5	60	62.5
$I_\theta(cd)$	304	253	203	153	98	48	16	3.88	1.24	0.49	0.22	0.02	0.11
$\theta(°)$	65	67.5	70	72.5	75	77.5	80	82.5	85	87.5	90		
$I_\theta(cd)$	0.36	0.14	0	0	0.18	0.73	0.59	0.46	0.18	0.42	0.42		

利 用 系 数 表

有效顶棚反射比（%）	80				70				50			30			10			0
墙反射比(%)	70	50	30	0	70	50	30	0	50	30	20	50	30	20	50	30	20	0
地面反射比(%)	20																	
室空间比 RCR	利 用 系 数（%）																	
0	119	119	119	119	117	117	117	100	111	111	111	107	107	107	102	102	102	100
1	115	112	110	108	112	110	108	96	106	105	103	102	101	100	99	98	97	95
2	110	106	102	99	108	104	101	91	101	98	96	98	96	94	95	94	92	91
3	106	100	96	93	104	99	95	87	96	93	90	94	91	89	92	89	88	86
4	101	95	90	87	100	94	90	83	92	88	85	90	87	84	88	86	83	82
5	97	90	85	82	96	89	85	79	88	84	81	86	83	80	85	82	79	78
6	94	86	81	78	92	85	81	76	84	80	77	83	79	76	82	79	76	75
7	90	82	77	74	89	82	77	72	81	76	73	80	76	73	78	75	73	71
8	87	79	74	71	86	78	74	69	77	73	70	77	73	70	76	72	70	68
9	84	76	71	68	83	75	71	67	75	70	67	74	70	67	73	69	67	66
10	81	73	68	65	80	73	68	64	72	68	65	71	67	65	70	67	64	63

表25-91　　　　F2021C-9-UN（8-LZ-9WN-AJ，CT）照明灯具光度参数

灯具外形图

配光曲线cd/klm

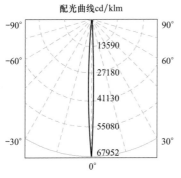

型号	F2021C-9-UN (8-LZ-9WN-AJ，CT)	
生产厂家	乐雷光电	
外形尺寸（mm）	长L	196
	宽W	145
	高H	269.5
光源	LED 9×3.5W	
灯具效能（lm/W）	82.55	
上射光通比	0	
下射光通比	98.73%	

灯具特性：采用超窄光束透镜（全角度8°，半角度4°），95%以上的光聚集于中心；适用于超高层建筑立面、桥梁、体育场馆、集装箱码头的照明设计。

发光强度值

θ(°)	I_θ(cd/klm)
0	133.6
5	13.3
10	0.7
15	0.3
20	0.1
25	0.1
30	0.1
35	0
40	0
45	0
50	0
55	0

等光强曲线图/光强光通分布图

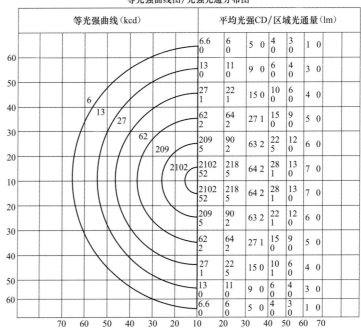

表 25 – 92　　　　　　　　　　**DLD – TG – 008L 形 RGB 投光灯光度参数**

灯具外形图

配光曲线 cd/klm

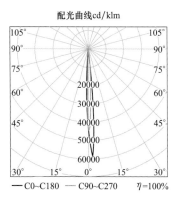

—— C0~C180 —— C90~C270　　η=100%

型号		DLD – TG – 008
生产厂家		杭州戴利德稻
外形尺寸（mm）	长 L	650
	宽 W	430
	高 H	500
光源		（27×3W LED）×4 /11340lm
系统光效（lm/W）		35
灯具效率		91%
上射光通比		0.6%
下射光通比		99.4%
防触电类别		I 类
防护等级		IP65
显色指数 Ra		>60
灯具质量（kg）		21

发 光 强 度 值

$\theta(°)$	I_θ（cd/klm）
–60	0.46
–50	1.2
–40	2.58
–30	4.38
–20	14.8
–10	191
0	5864.2
10	48.6
20	12.5
30	3.48
40	2.61
50	0.89
60	0.39

等光强曲线

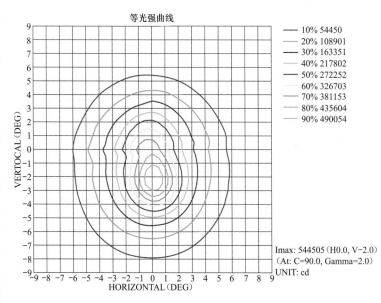

—— 10% 54450
—— 20% 108901
—— 30% 163351
—— 40% 217802
—— 50% 272252
—— 60% 326703
—— 70% 381153
—— 80% 435604
—— 90% 490054

Imax: 544505（H0.0, V-2.0）
（At: C=90.0, Gamma=2.0）
UNIT: cd

表 25 – 93   **DLD – FG – M1/8 Ⅱ 泛光灯光度参数**

灯具外形图

配光曲线cd/klm

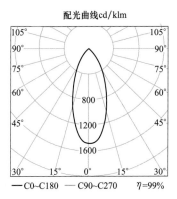

—C0~C180 — C90~C270   η=99%

型号		DLD – FG – M1/8 Ⅱ
生产厂家		杭州戴利德稻
外形尺寸 （mm）	长 L	445
	宽 W	442
	高 H	140
光源		(3 × 10W COB) × 8 22800lm
系统光效（lm/W）		> 95
灯具效率		91%
上射光通比		0.6%
下射光通比		99.4%
防触电类别		Ⅰ类
防护等级		IP65
显色指数 Ra		> 70
灯具质量（kg）		11

发 光 强 度 值

$\theta(°)$	I_θ（cd/klm）
0	1498.3
5	1431.5
10	1242
15	1002
20	780.7
25	578.2
30	406
35	266.7
40	165.4
45	100.2
50	56.4
55	29.3

等光强曲线

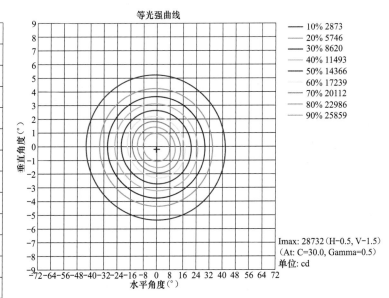

— 10% 2873
— 20% 5746
— 30% 8620
— 40% 11493
— 50% 14366
— 60% 17239
— 70% 20112
— 80% 22986
— 90% 25859

Imax: 28732(H-0.5, V-1.5)
(At: C=30.0, Gamma=0.5)
单位: cd

表 25－94　　　　　　　　**FL1J LED 投光灯灯具光度参数**

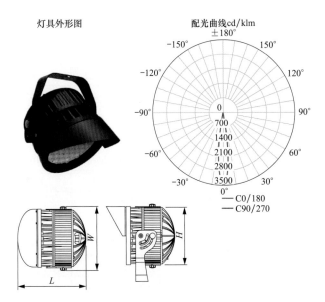

灯具外形图　　　　配光曲线cd/klm

型号		FL1J
生产厂家		勤上
外形尺寸（mm）	长 L	370
	宽 W	289
	高 H	265
光源		LED60×1.5W
灯具效能（lm/W）		100
上射光通比		85%
下射光通比		0
防触电类别		I 类
防护等级		IP65
漫射罩		无
显色指数 Ra		>70
灯具质量（kg）		7.6

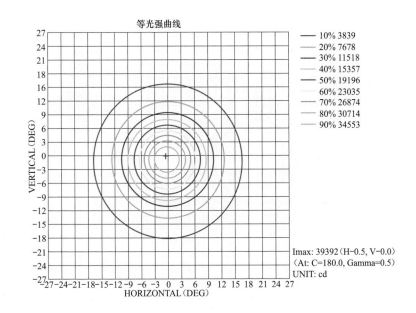

等光强曲线

10%	3839
20%	7678
30%	11518
40%	15357
50%	19196
60%	23035
70%	26874
80%	30714
90%	34553

Imax: 39392（H-0.5, V-0.0）
（At: C=180.0, Gamma=0.5）
UNIT: cd

表 25 - 95　　　　　　　　　　　FL1L LED 投光灯灯具光度参数

灯具外形图

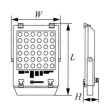

配光曲线 cd/klm

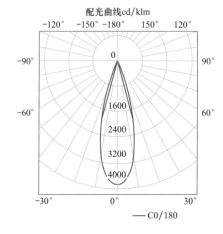

—— C0/180

型号		FL1L
生产厂家		勤上
外形尺寸（mm）	长 L	340
	宽 W	245
	高 H	75
光源		LED36×1W
灯具效能（lm/W）		100
上射光通比		85%
下射光通比		0
防触电类别		I 类
防护等级		IP65
漫射罩		无
显色指数 Ra		>70
灯具质量（kg）		5

等光强曲线

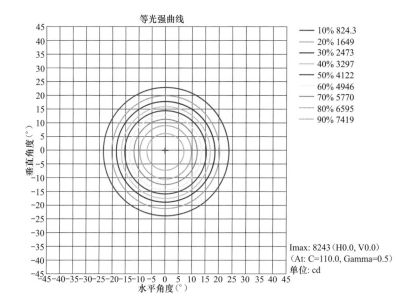

—— 10% 824.3
—— 20% 1649
—— 30% 2473
—— 40% 3297
—— 50% 4122
—— 60% 4946
—— 70% 5770
—— 80% 6595
—— 90% 7419

Imax: 8243（H0.0, V0.0）
(At: C=110.0, Gamma=0.5)
单位: cd

表 25－96	WW1G LED 洗墙灯灯具光度参数

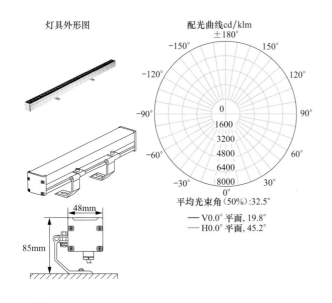

灯具外形图

配光曲线 cd/klm
±180°

平均光束角（50%）:32.5°

—— V0.0° 平面，19.8°
—— H0.0° 平面，45.2°

型号		WW1G
生产厂家		勤上
外形尺寸 （mm）	长 L	1000
	宽 W	48
	高 H	85
光源		LED36×1.3W
灯具效能（lm/W）		100
上射光通比		85%
下射光通比		0
防触电类别		Ⅲ类
防护等级		IP65
漫射罩		无
显色指数 Ra		>70
灯具质量（kg）		2

发 光 强 度 值 （cd）

H（DEG） V（DEG）	−90	−85	−80	−75	−70	−65	−60	−55	−50	−45	−40	−35	−30	−25	−20	−15	−10	−5	0
0	3.85	4.15	5.13	8.01	13.4	21.2	32.5	48.3	68.4	86.9	114	181	323	709	2103	4711	7220	8771	9437
10	3.85	4.11	5.05	7.83	13.1	20.6	31.6	46.7	66.0	85.4	107	162	269	522	1340	3178	5370	6757	7606
20	3.85	4.06	4.85	7.35	12.0	18.9	28.0	40.3	56.1	73.6	89.1	119	171	268	451	855	1502	2255	2820
30	3.85	4.02	4.64	6.58	10.2	15.2	21.9	30.9	43.3	58.3	73.5	85.2	102	137	174	227	289	341	393
40	3.85	3.96	4.44	5.70	7.66	11.0	15.6	22.5	31.0	40.3	50.1	60.8	71.8	79.6	86.1	97.8	108	117	127
50	3.85	3.80	4.17	4.57	5.50	7.08	10.5	15.0	19.4	24.0	30.2	37.5	43.9	48.8	54.9	60.4	63.0	65.9	69.0
60	3.85	3.69	3.86	3.95	3.89	4.65	6.35	8.32	10.0	12.4	15.9	19.3	21.3	23.9	27.6	30.1	31.2	33.7	36.1
70	3.85	3.61	3.63	3.22	2.83	3.36	4.10	4.32	4.41	5.34	6.81	7.46	7.74	8.81	10.5	10.9	10.8	12.0	13.0
80	3.85	3.54	3.42	2.76	2.15	2.60	3.05	2.56	2.08	2.64	3.32	2.86	2.33	3.06	3.84	3.52	3.09	3.74	4.41
90	3.85	3.54	3.22	2.56	1.90	2.17	2.45	1.89	1.34	1.80	2.27	1.64	1.01	1.57	2.13	1.60	1.07	1.52	1.97
100	3.85	3.48	3.21	2.53	1.90	2.08	2.31	1.86	1.42	1.63	1.93	1.54	1.10	1.38	1.71	1.42	1.03	1.42	1.88
110	3.85	3.51	3.23	2.67	2.00	2.01	1.98	0.00	0.00	0.00	0.00	0.00	0.00	0.00	0.00	0.00	0.00	0.00	0.00
120	3.85	3.51	3.26	2.72	2.18	0.00	0.00	0.00	0.00	0.00	0.00	0.00	0.00	0.00	0.00	0.00	0.00	0.00	0.00
130	3.85	3.54	3.29	2.75	0.00	0.00	0.00	0.00	0.00	0.00	0.00	0.00	0.00	0.00	0.00	0.00	0.00	0.00	0.00
140	3.85	3.58	3.34	0.00	0.00	0.00	0.00	0.00	0.00	0.00	0.00	0.00	0.00	0.00	0.00	0.00	0.00	0.00	0.00
150	3.85	3.69	3.38	0.00	0.00	0.00	0.00	0.00	0.00	0.00	0.00	0.00	0.00	0.00	0.00	0.00	0.00	0.00	0.00
160	3.85	3.75	3.54	0.00	0.00	0.00	0.00	0.00	0.00	0.00	0.00	0.00	0.00	0.00	0.00	0.00	0.00	0.00	0.00
170	3.85	3.76	3.72	0.00	0.00	0.00	0.00	0.00	0.00	0.00	0.00	0.00	0.00	0.00	0.00	0.00	0.00	0.00	0.00
180	3.85	3.80	3.88	0.00	0.00	0.00	0.00	0.00	0.00	0.00	0.00	0.00	0.00	0.00	0.00	0.00	0.00	0.00	0.00

表 25 - 97　　**F3313B5 - 27 - UN（25 - RE - 27WH - AA，A，CT）灯具光度参数**

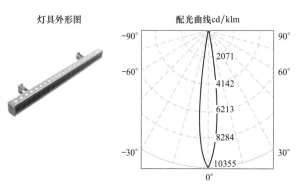

灯具外形图　　配光曲线 cd/klm

型号		F3313B5 - 27 - UN（25 - RE - 27WH - AA，A，CT）
生产厂		乐雷光电
外形尺寸（mm）	长 L	1200
	宽 W	56
	高 H	73
光源		LED27 × 2W
系统效能（lm/W）		80.69
上射光通比		0
下射光通比		94.64%
最大允许距离高比 L/H		A - A：0.25；B - B：0.26
遮光角		25°

灯具特性：

宽范围的输入电压，1670 万种 RGB 合成真彩色，实现同步、追逐、流水等变化。

发 光 强 度 值

θ(°)	I_θ（cd/klm）
0	39.5
5	29.4
10	12.4
15	3.2
20	0.9
25	0.4
30	0.3
35	0.2
40	0.2
45	0.1
50	0.1
55	0.1

等光强曲线图/光强光通分布图

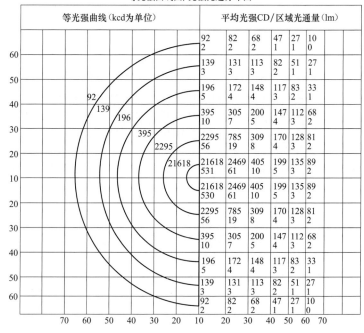

等光强曲线（kcd为单位）　　平均光强CD/区域光通量（lm）

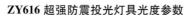

表 25 – 98 　　　　　　　　　　ZY616 超强防震投光灯具光度参数

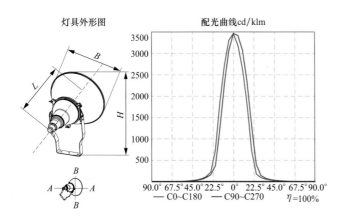

型号		ZY616
生产厂家		上海亚明
外形尺寸（mm）	长 L	405
	宽 W	280
	高 H	150
光源		LED
上射光通比		0
下射光通比		100%
防触电类别		I 类
防护等级		IP65
显色指数 Ra		70
灯具质量（kg）		4.8

发 光 强 度 值

$\theta(°)$	I_θ（cd/klm）
0	3470
5	3188
10	2637
15	1796
20	727
25	182
30	100
35	61
40	42
45	29
50	20
55	12

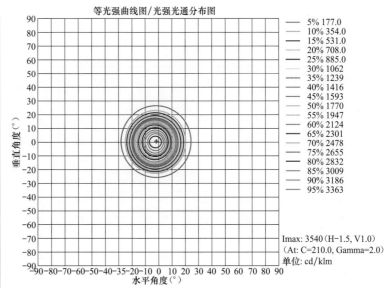

表 25 – 99 **ZY228 泛光灯具光度参数**

灯具外形图

—— A—A
—— B—B

配光曲线 cd/klm

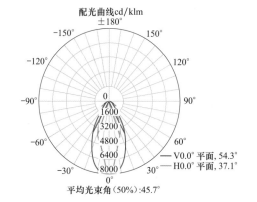

±180°
-150° 150°
-120° 120°
-90° 90°
-60° 60°
-30° 30°

0
1600
3200
4800
6400
8000

—— V0.0° 平面，54.3°
—— H0.0° 平面，37.1°

平均光束角（50%）：45.7°

型号		ZY228 非对称
生产厂家		上海亚明
外形尺寸（mm）	长 L	248
	宽 W	179
	高 H	62
光源		90W
灯具效率		100%
防触电类别		I 类
防护等级		IP65
显色指数 Ra		>70

发 光 强 度 值

$\theta(°)$		0	5	10	15	20	25	30	35	40	45
$I_\theta(cd)$	B – B	278	280	290	306	323	339	344	328	288	214
	A – A	278	277	269	259	248	234	218	200	181	160
$\theta(°)$		50	55	60	65	70	75	80	85	90	
$I_\theta(cd)$	B – B	131	57	23	10	5	2	1	0	0	
	A – A	138	114	90	66	44	28	16	7	1	

利 用 系 数 表

有效顶棚反射比（%）	80			70			50		30		0
墙反射比（%）	50	50	50	50	50	30	30	10	30	10	0
地面反射比（%）	30	10	30	20	10	10	10	10	10	10	0
室形系数 RI	利用系数（%）										
0.60	40	38	39	38	37	32	32	29	32	29	28
0.80	48	45	47	46	44	40	39	36	39	36	34
1.00	54	50	53	52	50	45	45	42	44	42	40
1.25	61	55	59	57	55	51	50	47	49	47	45
1.50	65	59	64	61	58	55	54	51	53	51	49
2.00	72	64	70	67	63	60	59	57	59	57	55
2.50	76	67	74	70	66	64	63	61	62	60	59
3.00	79	69	77	72	68	66	65	63	64	63	61
4.00	82	71	80	75	71	69	68	66	66	65	64
5.00	85	73	82	77	72	70	69	68	68	67	65

表 25 – 100　　　　**SGP268/250W 传统高效道路照明灯具光度参考**

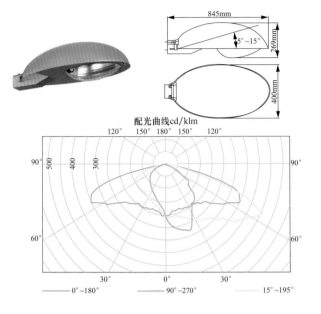

配光曲线 cd/klm

——— 0°～180°　　　——— 90°～270°　　　——— 15°～195°

型号		SGP268/250
生产厂家		飞利浦
外形尺寸（mm）	长 L	845
	宽 W	400
	高 H	269
光源		高压钠灯 – 250W
灯具效率		0.78
上射/下射光通比		0.000 / 0.780
路边/房边光通比		0.489 / 0.290
I_{max70}（$C=10°$）		389.7cd/klm
I_{80}[①]		74.1cd/klm
I_{88}[①]		3.5cd/klm
I_{max90}（$C=0°$）		0.0cd/klm
防触电类别		I 类
防护等级		IP66
漫射罩		无

[①] 任何切面 80°/88°方向上的最大值。

发 光 强 度 值

$\theta(°)$		0	5	10	15	17.5	20	22.5	25	27.5	30
I_θ(cd)	$C=180°$	202.0	199.0	188.0	184.0	183.0	187.0	189.0	189.0	193.0	195.0
	$C_{max}=15°$	202.0	206.0	197.0	203.0	205.0	212.0	218.0	221.0	230.0	236.0
	$C=90°$	202.0	238.0	257.0	270.0	275.0	280.0	280.0	271.0	253.0	228.0
	$C=270°$	202.0	168.0	155.0	145.0	140.0	135.0	130.0	126.0	121.0	118.0
$\theta(°)$		32.5	37.0	42.5	45	47.5	50	52.5	55	57.5	60
I_θ(cd)	$C=180°$	195.0	190.0	206.0	216.0	221.0	232.0	250.0	268.0	293.0	304.0
	$C_{max}=15°$	241.0	245.0	266.0	292.0	297.0	316.0	354.0	365.0	397.0	411.0
	$C=90°$	212.0	198.0	187.0	175.0	157.0	138.0	125.0	123.0	116.0	91.0
	$C=270°$	114.0	105.0	97.0	95.0	91.0	86.0	79.0	73.0	66.0	59.0
$\theta(°)$		62.5	67.5	72.5	75	77.5	80	82.5	85	87.5	90
I_θ(cd)	$C=180°$	325.0	345.0	308.0	243.0	153.0	74.0	24.0	7.8	4.4	0.0
	$C_{max}=15°$	435.0	424.0	306.0	237.0	131.0	53.0	18.0	7.3	4.4	0.0
	$C=90°$	67.0	36.0	16.0	10.0	7.2	4.6	2.8	1.5	0.8	0.0
	$C=270°$	52.0	39.0	24.0	15.0	7.7	2.9	1.9	1.3	1.0	0.0

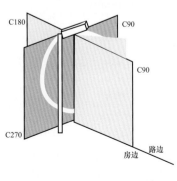

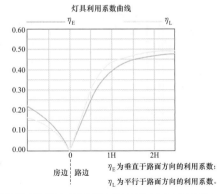

灯具利用系数曲线

——— η_E　　　——— η_L

η_E 为垂直于路面方向的利用系数；
η_L 为平行于路面方向的利用系数。

表 25 – 101　　　　　SGP398/250W 传统高效道路照明灯具光度参考

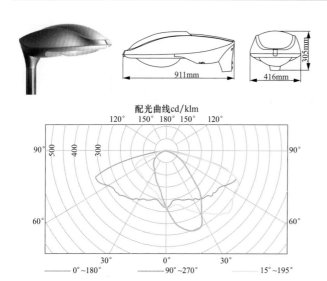

型号		SGP398/250
生产厂家		飞利浦
外形尺寸 （mm）	长 L	911
	宽 W	416
	高 H	305
光源		高压钠灯 – 250W
灯具效率		0.81
上射/下射光通比	0.000	0.810
路边/层边光通比	0.524	0.258
I_{max70}（$C=10°$）		359.7cd/klm
I_{80}①		83.6cd/klm
I_{88}①		4.1cd/klm
I_{max90}（$C=0°$）		0.0cd/klm
防触电类别		I 类
防护等级		IP66
漫射罩		无

① 任何切面 80°/88° 方向上的最大值。

配光曲线 cd/klm

—— 0°~180°　　　—— 90°~270°　　　—— 15°~195°

发 光 强 度 值

$\theta(°)$		0	5	10	15	17.5	20	22.5	25	27.5	30
I_θ（cd）	$C=180°$	236.0	224.0	207.0	208.0	213.0	216.0	220.0	222.0	226.0	235.0
	$C_{max}=15°$	236.0	231.0	219.0	225.0	235.0	244.0	252.0	261.0	266.0	281.0
	$C=90°$	236.0	277.0	316.0	338.0	347.0	353.0	355.0	349.0	336.0	317.0
	$C=270°$	236.0	194.0	158.0	141.0	134.0	128.0	122.0	116.0	110.0	105.0
$\theta(°)$		32.5	37.0	42.5	45	47.5	50	52.5	55	57.5	60
I_θ（cd）	$C=180°$	235.0	251.0	258.0	261.0	274.0	273.0	277.0	276.0	281.0	289.0
	$C_{max}=15°$	283.0	305.0	335.0	346.0	359.0	362.0	362.0	353.0	355.0	347.0
	$C=90°$	292.0	245.0	196.0	167.0	139.0	120.0	104.0	92.0	82.0	71.0
	$C=270°$	100.0	92.0	83.0	80.0	75.0	70.0	66.0	61.0	55.0	49.0
$\theta(°)$		62.5	67.5	72.5	75	77.5	80	82.5	85	87.5	90
I_θ（cd）	$C=180°$	303.0	325.0	297.0	244.0	152.0	84.0	35.0	10.0	5.1	0.0
	$C_{max}=15°$	362.0	368.0	317.0	257.0	157.0	82.0	33.0	9.4	4.2	0.0
	$C=90°$	61.0	42.0	23.0	16.0	12.0	7.9	4.4	2.4	1.5	0.0
	$C=270°$	43.0	30.0	13.0	5.5	3.5	1.7	0.8	0.3	0.1	0.0

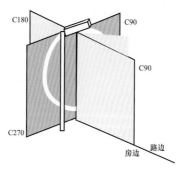

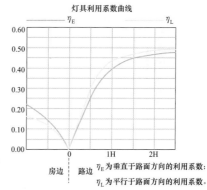

灯具利用系数曲线

η_E 为垂直于路面方向的利用系数；
η_L 为平行于路面方向的利用系数。

表 25 – 102　　　　　**SGP398/400W 传统高效道路照明灯具光度参数**

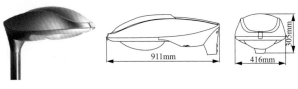

型号		SGP398/400	
生产厂家		飞利浦	
外形尺寸 （mm）	长 L	911	
	宽 W	416	
	高 H	305	
光源		高压钠灯 – 400W	
灯具效率		0.83	
上射/下射光通比		0.000	0.830
路边/层边光通比		0.456	0.378
I_{max70}（C = 5°）		318.6cd/klm	
I_{80}①		96.1cd/klm	
I_{88}①		4.4cd/klm	
I_{max90}（C = 0°）		0.0cd/klm	
防触电类别		I 类	
防护等级		IP66	
漫射罩		无	

① 任何切面 80°/88° 方向上的最大值。

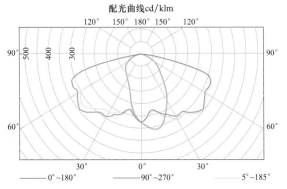

配光曲线cd/klm

—— 0°~180°　　　—— 90°~270°　　　—— 5°~185°

发 光 强 度 值

θ(°)		0	5	10	15	17.5	20	22.5	25	27.5	30
I_θ（cd）	C = 180°	276.0	253.0	220.0	180.0	162.0	148.0	139.0	130.0	123.0	117.0
	C_{max} = 5°	276.0	253.0	217.0	177.0	161.0	148.0	138.0	131.0	125.0	119.0
	C = 90°	276.0	257.0	234.0	236.0	246.0	257.0	264.0	269.0	282.0	287.0
	C = 270°	276.0	257.0	234.0	236.0	246.0	257.0	264.0	269.0	282.0	287.0
θ(°)		32.5	37.0	42.5	45	47.5	50	52.5	55	57.5	60
I_θ（cd）	C = 180°	113.0	104.0	96.0	92.0	87.0	82.0	78.0	72.0	66.0	60.0
	C_{max} = 5°	114.0	107.0	99.0	95.0	91.0	87.0	82.0	77.0	71.0	65.0
	C = 90°	292.0	294.0	316.0	330.0	337.0	345.0	339.0	330.0	322.0	314.0
	C = 270°	292.0	294.0	316.0	330.0	337.0	345.0	339.0	330.0	322.0	314.0
θ(°)		62.5	67.5	72.5	75	77.5	80	82.5	85	87.5	90
I_θ（cd）	C = 180°	53.0	42.0	28.0	15.0	6.1	3.2	1.4	0.7	0.3	0.0
	C_{max} = 5°	60.0	49.0	35.0	18.0	6.3	3.3	1.2	0.7	0.5	0.0
	C = 90°	312.0	319.0	305.0	270.0	188.0	96.0	37.0	11.0	5.0	0.0
	C = 270°	312.0	319.0	305.0	270.0	188.0	96.0	37.0	11.0	5.0	0.0

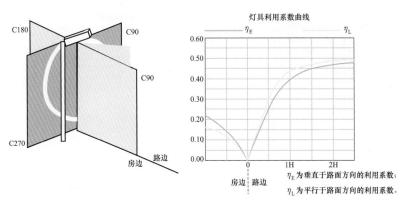

灯具利用系数曲线

—— η_E　　　—— η_L

η_E 为垂直于路面方向的利用系数；

η_L 为平行于路面方向的利用系数。

表 25 – 103   **BRP373 高效 LED 道路照明灯具光度参数**

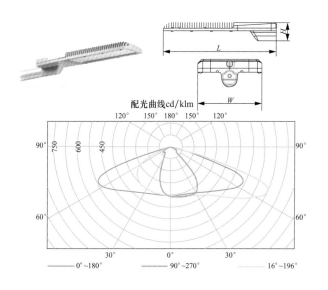

配光曲线cd/klm

型号		BRP373/330 DM
生产厂家		飞利浦
外形尺寸 （mm）	长 L	853
	宽 W	318
	高 H	136
光源		LED – 1 × 330W
灯具效能		110lm/W
上射/下射光通比		0.000 1.000
路边/层边光通比		0.672 0.327
$I_{\max 70}$ （$C = 14°$）		611.9cd/klm
I_{80} [①]		11.7cd/klm
I_{88} [①]		1.5cd/klm
$I_{\max 90}$ （$C = 352°$）		0.0cd/klm
防触电类别		I 类
防护等级		IP66
漫射罩		无
显色指数 Ra		>70

① 任何切面80°/88°方向上的最大值。

发 光 强 度 值

$\theta(°)$		0	5	10	15	17.5	20	22.5	25	27.5	30
I_θ (cd)	$C = 180°$	308.0	300.0	284.0	251.0	227.0	197.0	164.0	133.0	105.0	80.0
	$C_{\max} = 16°$	308.0	301.0	285.0	253.0	229.0	201.0	168.0	137.0	109.0	83.0
	$C = 90°$	308.0	308.0	309.0	311.0	313.0	315.0	319.0	323.0	328.0	335.0
	$C = 270°$	308.0	308.0	309.0	311.0	313.0	315.0	319.0	323.0	328.0	335.0
$\theta(°)$		32.5	37.0	42.5	45	47.5	50	52.5	55	57.5	60
I_θ (cd)	$C = 180°$	72.0	60.0	51.0	48.0	48.0	55.0	59.0	57.0	49.0	43.0
	$C_{\max} = 16°$	73.0	61.0	51.0	48.0	46.0	50.0	54.0	56.0	52.0	50.0
	$C = 90°$	342.0	359.0	381.0	394.0	408.0	424.0	424.0	460.0	480.0	498.0
	$C = 270°$	342.0	359.0	381.0	394.0	408.0	424.0	424.0	460.0	480.0	498.0
$\theta(°)$		62.5	67.5	72.5	75	77.5	80	82.5	85	87.5	90
I_θ (cd)	$C = 180°$	40.0	33.0	22.0	17.0	11.0	6.3	2.9	1.0	0.3	0.1
	$C_{\max} = 16°$	47.0	34.0	22.0	18.0	12.0	6.8	3.5	1.3	0.4	0.1
	$C = 90°$	511.0	493.0	286.0	134.0	45.0	12.0	6.6	3.2	1.7	1.1
	$C = 270°$	511.0	493.0	286.0	134.0	45.0	12.0	6.6	3.2	1.7	1.1

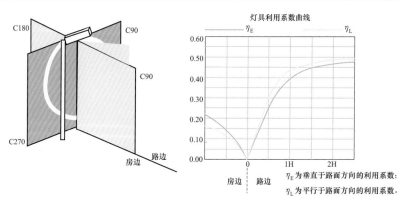

灯具利用系数曲线

η_E 为垂直于路面方向的利用系数；
η_L 为平行于路面方向的利用系数。

表 25 - 104   DL1804/16W 灯具光度参数

灯具外形图

配光曲线cd/klm

子午面配光曲线

A0°   A0°

—— C0/180，126.6°
—— C30/210，49.1°
—— C60/240，20.0°
—— C90/270，15.6°

型号		DL1804/16W	
生产厂家		德洛斯	
外形尺寸 （mm）	长	1200	
	宽	65	
	高	19	
光源		OSRAM/LS – 6M – D 16W	
灯具效率		0.73	
上射/下射光通比		0	1
路边/层边光通比 20°		0.83	0.17
路边/层边光通比 15°		0.8	0.2
路边/层边光通比 10°		0.68	0.32
最大光强[①]		2482cd	
$I_{max}10\%$		248cd/klm	
$I_{max}50\%$		1241cd/klm	
$I_{max}90\%$		2234cd/klm	
防触电类别		Ⅲ类	
防护等级		IP66	
显色指数 Ra		79	

① 表中 90°切面上 76°方向的最大光强值。

发 光 强 度 值 （cd）

$\theta(°)$	0	30	60	90	120	150	180	210	240	270	300	330	360
0.0°	354	354	354	354	354	354	354	354	354	354	354	354	354
10.0°	346	434	537	588	524	418	335	281	254	248	260	291	346
20.0°	325	544	1102	1563	1090	519	311	226	190	184	199	242	325
30.0°	305	647	1314	2202	1373	649	301	195	147	136	159	209	305
40.0°	293	511	53	64	71	537	303	177	118	97	125	188	293
50.0°	281	147	15	19	17	148	283	161	92	77	103	175	281
60.0°	223	17	6.95	11	7.28	15	208	149	71	34	79	158	223
70.0°	77	5.3	3	2.9	3	5.7	79	103	6.5	6	6.6	99	77
80.0°	9.6	2.1	2.4	2.8	2.4	2.2	11	4.3	2.5	2.1	2.7	4.9	9.6
90.0°	0.5	0.7	0.8	0.9	0.8	0.7	0.3	1.5	1.1	2.6	1.2	1.5	0.5

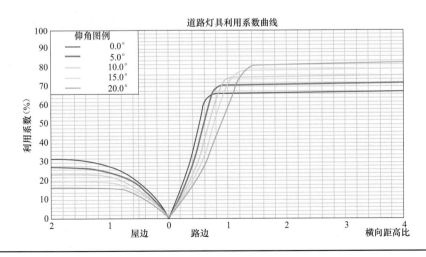

道路灯具利用系数曲线

仰角图例
—— 0.0°
—— 5.0°
—— 10.0°
—— 15.0°
—— 20.0°

利用系数（%）

屋边   路边   横向距高比

表 25 – 105   **GY5023LD55 道路照明灯具光度参数**

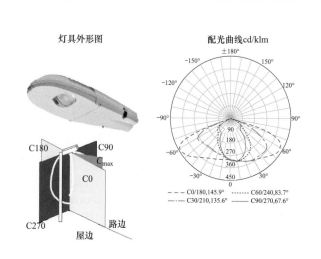

灯具外形图   配光曲线cd/klm

--- C0/180,145.9°   C60/240,83.7°
--- C30/210,135.6°   C90/270,67.6°

型号		GY5023LD55
生产厂家		山西光宇
外形尺寸（mm）	长 L	507.5
	宽 W	230.8
	高 H	106
光源		45W
上射/下射光通比	0	100
路边/屋边光通比	48.7	51.3
I_{max60}（$C=90°$）①		419.1cd/klm
I_{max70}（$C=45°$）		15.50cd/klm
I_{80}②		2.835cd/klm
I_{88}		0.5848cd/klm
I_{max90}（$C=330°$）		0.4693cd/klm
防触电类别		I 类
防护等级		IP65
显色指数 Ra		70

① 表中 90°切面上 60°方向上的最大光强值。
② 表中任何切面上 80°方向的最大光强值。

发 光 强 度 值

$\theta(°)$		0	10	20	30	35	40	45	47.5	50	52.5	55	57.5
I_θ(cd)	$C=180°$	1823	1886	1991	2101	2156	2237	2355	2405	2484	2532	2584	2593
	$C_{max}=170°$	1830	1864	1936	2014	2050	2113	2222	2268	2348	2400	2475	2505
	$C=90°$	1828	1609	1314	947.6	751.0	727.6	710.5	698.2	687.5	671.8	623.6	559.2
	$C=270°$	1828	1882	1727	1415	1145	774.0	632.2	599.7	571.3	557.1	543.7	531.7
$\theta(°)$		60	62.5	65	67.5	70	72.5	75	77.5	80	82.5	85	87.5
I_θ(cd)	$C=180°$	2572	2568	2483	2361	2036	1595	780.8	218.4	57.31	32.15	16.64	11.57
	$C_{max}=170°$	2515	2537	2528	2460	2259	1909	1094	411.2	72.55	34.28	13.82	9.324
	$C=90°$	419.1	348.8	216.2	82.23	17.99	8.084	6.657	5.870	4.440	3.925	1.776	1.209
	$C=270°$	524.8	465.1	415.2	362.0	225.8	36.00	9.004	4.222	3.360	1.972	1.288	0.8227
$\theta(°)$		90	92.5	95	97.5	100	102.5	105	120	135	150	165	180
I_θ(cd)	$C=180°$	6.007	0										
	$C_{max}=170°$	5.174	0										
	$C=90°$	0.7534	0										
	$C=270°$	0.5173	0										

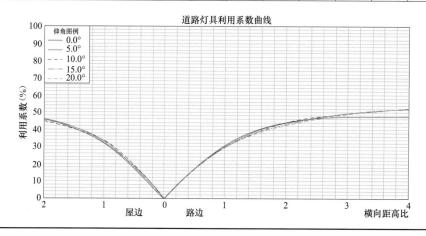

道路灯具利用系数曲线

仰角图例
—— 0.0°
—— 5.0°
--- 10.0°
—·— 15.0°
—··— 20.0°

表 25－106　　　　　　　　　　　**GY500LD45 道路照明灯具光度参数**

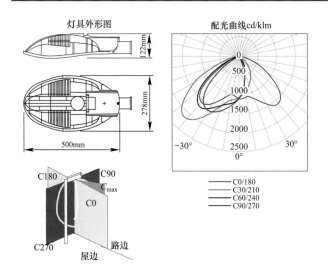

型号		GY500LD45
生产厂家		山西光宇
外形尺寸 （mm）	长 L	500
	宽 W	278
	高 H	122
光源		40W
上射/下射光通比		0 ｜ 84
路边/层边光通比		66.3 ｜ 17.7
I_{max60}（$C=90°$）[1]		310.4cd/klm
I_{max70}（$C=45°$）		125.5cd/klm
I_{80}[2]		41.44cd/klm
I_{88}		6.153cd/klm
I_{max90}（$C=330°$）		0.3882cd/klm
防触电类别		I 类
防护等级		IP65
显色指数 Ra		70

① 表中 90°切面上 60°方向上的最大光强值。

② 表中任何切面上 80°方向上的最大光强值。

发 光 强 度 值

$\theta(°)$		0	10	20	30	35	40	45	47.5	50	52.5	55	57.5
I_θ(cd)	$C=180°$	1113	1092	1190	1458	1578	1618	1552	1491	1370	1268	1101	984.1
	$C_{max}=170°$	1113	1139	1297	1710	1924	2041	2024	1967	1607	1695	1478	1325
	$C=90°$	1113	1345	1520	1651	1614	1487	1209	1130	899.9	742.4	539.8	430.8
	$C=270°$	1113	765.5	338.2	103.8	71.30	60.80	56.55	54.87	52.20	50.25	47.03	44.74
$\theta(°)$		60	62.5	65	67.5	70	72.5	75	77.5	80	82.5	85	87.5
I_θ(cd)	$C=180°$	807.5	694.2	545.0	457.3	341.7	278.4	200.9	158.6	107.2	79.39	45.20	27.27
	$C_{max}=170°$	1094	946.5	738.8	615.2	463.3	376.4	270.6	213.3	142.9	104.4	57.70	33.16
	$C=90°$	310.4	246.6	172.9	134.7	91.45	71.31	50.31	40.50	29.71	23.96	16.79	12.43
	$C=270°$	40.91	38.17	33.77	30.71	25.92	22.76	18.08	15.11	10.97	8.556	5.346	3.581
$\theta(°)$		90	92.5	95	97.5	100	102.5	105	120	135	150	165	180
I_θ(cd)	$C=180°$	8.402	0										
	$C_{max}=170°$	8.113	0										
	$C=90°$	6.018	0										
	$C=270°$	1.572	0										

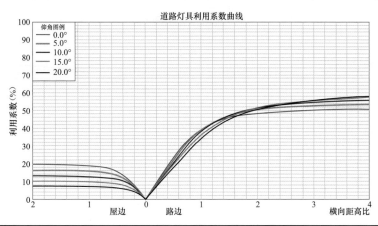

道路灯具利用系数曲线

表 25 – 107　　　　　　**GY9946LD220 道路照明灯具光度参数**

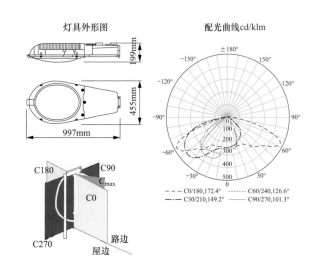

灯具外形图　　　　配光曲线 cd/klm

199mm　455mm　997mm

C180　C90　C_{max}　C0　C270　路边　屋边

--- C0/180,172.4°　······ C60/240,126.6°
-·-· C30/210,149.2°　—— C90/270,101.3°

型号		GY9946LD220
生产厂家		山西光宇
外形尺寸 （mm）	长 L	997
	宽 W	455
	高 H	199
光源		195W
上射/下射光通比		0 · 100
路边/层边光通比		72.9 · 27.1
I_{max60}（$C=90°$）①		1107cd/klm
I_{max70}（$C=45°$）		153.5cd/klm
I_{80}②		135.7cd/klm
I_{88}		28.08cd/klm
I_{max90}（$C=330°$）		2.760cd/klm
防触电类别		I 类
防护等级		IP65
显色指数 Ra		70

① 表中 90°切面上 60°方向上的最大光强值。
② 表中任何切面上 80°方向上的最大光强值。

发 光 强 度 值

$\theta(°)$		0	10	20	30	35	40	45	47.5	50	52.5	55	57.5
I_θ(cd)	$C=180°$	5936	5648	5890	5948	6241	7280	8061	8270	8578	8844	9568	10233
	$C_{max}=170°$	5936	5737	6139	6585	7030	8127	9262	9547	10184	10692	11589	12318
	$C=90°$	5936	7373	8502	8560	8421	8119	6940	6138	4715	3758	2489	1814
	$C=270°$	5936	6247	5498	2444	1309	714.9	483.5	439.0	397.8	379.2	358.4	346.9

$\theta(°)$		60	62.5	65	67.5	70	72.5	75	77.5	80	82.5	85	87.5
I_θ(cd)	$C=180°$	11113	11481	11593	11240	9984	8889	7014	5515	3312	2224	1175	737.0
	$C_{max}=170°$	13470	13998	14275	13992	12896	11825	9817	8164	5465	3851	2133	1380
	$C=90°$	1107	800.9	516.7	402.3	297.8	254.6	211.4	191.0	163.4	143.8	112.1	90.88
	$C=270°$	327.8	310.6	276.0	249.2	207.3	181.2	145.9	124.8	97.6	82.68	62.44	46.55

$\theta(°)$		90	92.5	95	97.5	100	102.5	105	120	135	150	165	180
I_θ(cd)	$C=180°$	358.4	2										
	$C_{max}=170°$	669.6	1.6										
	$C=90°$	63.80	0.4										
	$C=270°$	30.86	0.6										

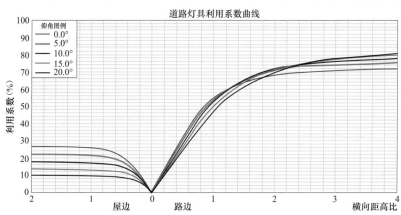

道路灯具利用系数曲线

仰角图例
—— 0.0°
—— 5.0°
—— 10.0°
—— 15.0°
—— 20.0°

利用系数 (%)

屋边　路边　横向距高比

表 25 - 108　　　　　　　　**GY4413SD25 道路照明灯具光度参数**

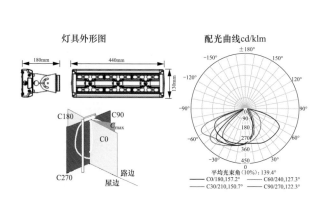

灯具外形图　　　　配光曲线cd/klm

型号		GY4413SD25
生产厂家		山西光宇
外形尺寸（mm）	长 L	440
	宽 W	130
	高 H	180
光源		20W
上射/下射光通比		0	100
路边/屋边光通比		49.9	50.1
I_{max60}（$C=90°$）①		294.1cd/klm
I_{max70}（$C=45°$）		234.8cd/klm
I_{80}②		30.76cd/klm
I_{88}		1.459cd/klm
I_{max90}（$C=330°$）		0.5749cd/klm
防触电类别		I 类
防护等级		IP65
显色指数 Ra		70

① 表中90°切面上60°方向上的最大光强值。

② 表中任何切面上80°方向上的最大光强值。

发 光 强 度 值

$\theta(°)$		0	10	20	30	35	40	45	47.5	50	52.5	55	57.5
I_θ(cd)	$C=180°$	288.2	292.3	304.3	311.5	312.5	312.8	315.1	315.7	315.7	316.1	316.4	315.2
	$C_{max}=170°$	288.2	298.7	316.1	326.1	327.9	329.1	330.5	331.5	333.1	334.3	337.4	339.6
	$C=90°$	288.2	310.7	321.0	331.5	342.4	352.2	346.8	333.8	308.2	264.4	199.5	147.7
	$C=270°$	288.2	293.3	155.6	85.67	65.12	51.44	44.04	41.803	38.86	37.22	34.66	32.22

$\theta(°)$		60	62.5	65	67.5	70	72.5	75	77.5	80	82.5	85	87.5
I_θ(cd)	$C=180°$	312.4	30.79	294.4	278.13	240.0	205.4	132.2	73.66	22.89	9.405	4.685	1.696
	$C_{max}=170°$	339.7	336.5	321.7	300.2	250.2	206.9	126.0	69.31	19.73	9.706	5.303	2.195
	$C=90°$	96.622	81.07	57.75	42.20	18.87	16.10	11.93	9.158	4.995	3.747	2.500	1.252
	$C=270°$	29.68	25.72	19.77	15.81	9.863	8.613	6.738	5.488	3.613	2.755	1.896	1.038

$\theta(°)$		90	92.5	95	97.5	100	102.5	105	120	135	150	165	180
I_θ(cd)	$C=180°$	0.3937	0										
	$C_{max}=170°$	0.5843	0										
	$C=90°$	0.0045	0										
	$C=270°$	0.1796	0										

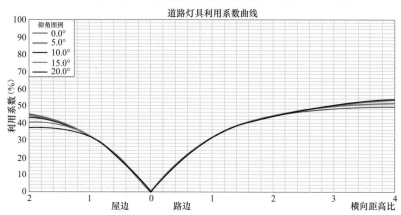

道路灯具利用系数曲线

表 25 – 109　　　　　　　　**GY600SD35 道路照明灯具光度参数**

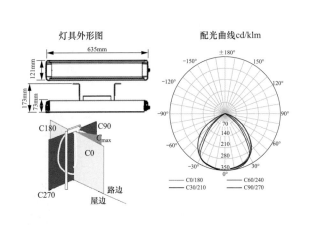

型号		GY600SD35	
生产厂家		山西光宇	
外形尺寸（mm）	长 L	635	
	宽 W	—	
	高 H	173	
光源		—	
上射/下射光通比		0	81.5
路边/层边光通比		40.5	40.9
I_{max60}（$C=90°$）①		199.3cd/klm	
I_{max70}（$C=45°$）		36.84cd/klm	
I_{80}②		20.45cd/klm	
I_{88}		1.710cd/klm	
I_{max90}（$C=330°$）		0.1506cd/klm	
防触电类别		I 类	
防护等级		IP65	
显色指数 Ra		70	

① 表中 90°切面上 60°方向上的最大光强值。

② 表中任何切面上 80°方向上的最大光强值。

发 光 强 度 值

$\theta(°)$		0	10	20	30	35	40	45	47.5	50	52.5	55	57.5
I_θ(cd)	$C=180°$	1229	1209	1170	1089	1021	926.51	811.0	752.7	690.6	631.3	566.0	496.5
	$C_{max}=170°$	1229	1211	1168	1085	1021	926.5	809.2	754.4	695.4	637.2	574.0	504.4
	$C=90°$	1229	1219	1214	1108	954.9	705.6	490.8	413.4	344.5	301.7	261.4	229.1
	$C=270°$	1229	1245	1229	1097	956.1	742.4	530.9	449.4	374.9	328.3	283.3	243.4
$\theta(°)$		60	62.5	65	67.5	70	72.5	75	77.5	80	82.5	85	87.5
I_θ(cd)	$C=180°$	419.7	347.1	281.5	226.6	181.77	143.5	109.3	79.39	53.62	30.69	13.11	2.844
	$C_{max}=170°$	429.4	354.1	288.7	232.1	186.8	147.5	112.4	81.95	55.56	32.02	13.60	2.842
	$C=90°$	199.3	174.6	149.8	125.1	100.3	82.61	64.88	47.15	29.42	22.11	14.80	7.493
	$C=270°$	205.2	177.4	149.64	121.7	93.93	76.37	58.82	41.26	23.71	17.88	12.05	6.223
$\theta(°)$		90	92.5	95	97.5	100	102.5	105	120	135	150	165	180
I_θ(cd)	$C=180°$	0.5541	0										
	$C_{max}=170°$	0.5058	0										
	$C=90°$	0.1846	0										
	$C=270°$	0.3942	0										

工作面利用系数和灯具概算曲线

顶棚（%）		80			70			50			30			10			0
墙面（%）	50	30	10	50	30	10	50	30	10	50	30	10	50	30	10	0
地板（%）		20			20			20			20			20			0
室空间比	工作面利用系数（%）															
0.0	97	97	97	95	95	95	91	91	91	87	87	87	83	83	83	81
1.0	87	84	81	85	82	80	82	79	77	78	77	75	75	74	3	71
2.0	77	72	68	76	71	67	73	69	66	70	67	64	68	65	63	61
3.0	69	63	58	67	62	58	65	60	57	63	59	56	61	58	55	53
4.0	62	55	50	61	55	50	59	53	49	57	52	49	55	51	48	46
5.0	56	49	44	55	48	44	53	47	43	51	47	43	50	46	42	41
6.0	50	44	39	50	43	39	48	43	38	47	42	38	46	41	38	36
7.0	46	39	35	45	39	34	44	36	34	43	38	34	42	37	34	32
8.0	42	36	31	41	35	31	40	35	31	39	34	31	39	34	30	29
9.0	39	32	28	38	32	28	37	32	28	36	31	28	36	31	28	26
10.0	36	30	26	35	29	26	35	29	25	34	29	25	33	29	25	24

表 25 −110　　　　　　　　　**ZQ701 隧道照明灯具光度参数**

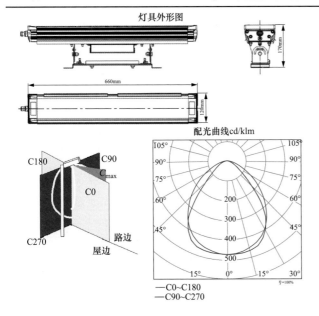

灯具外形图

配光曲线 cd/klm

—C0～C180
—C90～C270

型号		ZQ701	
生产厂家		亚明	
外形尺寸 （mm）	长 L	660	
	宽 W	120	
	高 H	170	
光源		LED	
灯具效率		100%	
上射/下射光通比		0	1
路边/层边光通比		0.498	0.502
$I_{max60}(C=90°)$①		52.2cd/klm	
$I_{max70}(C=45°)$		31.6cd/klm	
I_{80}②		18.4cd/klm	
I_{88}		2.7cd/klm	
$I_{max90}(C=330°)$		0.3cd/klm	
防触电类别		I 类	
防护等级		IP65	
显色指数 Ra		70	

① 表中 90°切面上 60°方向上的最大光强值。
② 表中任何切面上 80°方向上的最大光强值。

发 光 强 度 值

$\theta(°)$		0	10	20	30	35	40	45	47.5	50	52.5	55	57.5
$I_\theta(cd)$	$C=180°$	475.1	464.6	440.5	391.3	356.6	313.1	270.5	247.2	223.8	201.2	178.7	156.7
	$C=170°$	475.1	466.4	441.9	392.2	356.4	313.6	269.3	246.4	223.4	200.3	177.3	155.1
	$C=90°$	475.1	473.7	458.5	394.0	344.4	267.8	176.0	145.3	114.6	95.0	75.5	63.9
	$C=270°$	475.1	473.3	463.0	405.5	352.2	256.3	163.2	136.2	109.2	91.9	74.7	64.6
$\theta(°)$		60	62.5	65	67.5	70	72.5	75	77.5	80	82.5	85	87.5
$I_\theta(cd)$	$C=180°$	134.6	113.7	92.8	77.5	62.2	50.2	38.2	28.8	19.5	12.5	5.6	2.8
	$C=170°$	133.0	112.6	92.3	76.5	60.7	48.8	36.8	27.4	17.9	11.1	4.3	2.2
	$C=90°$	52.2	43.9	35.6	29.2	22.8	17.7	12.5	8.4	4.3	2.4	0.5	0.3
	$C=270°$	54.5	47.4	40.2	34.2	28.1	22.8	17.5	13.3	9.2	5.8	2.4	1.3
$\theta(°)$		90	92.5	95	97.5	100	102.5	105	120	135	150	165	180
$I_\theta(cd)$	$C=180°$	0.1	0	0	0	0	0	0	0	0	0	0	0
	$C=170°$	0.1	0	0	0	0	0	0	0	0	0	0	0
	$C=90°$	0.1	0	0	0	0	0	0	0	0	0	0	0
	$C=270°$	0.2	0	0	0	0	0	0	0	0	0	0	0

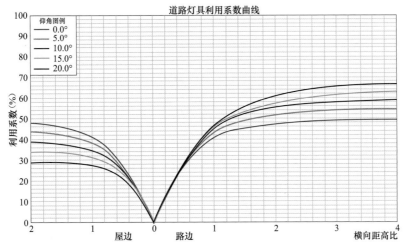

道路灯具利用系数曲线

表 25 – 111   **ZD516 道路照明灯具光度参数**

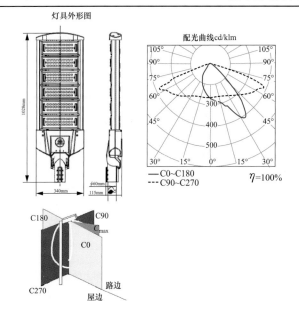

灯具外形图

配光曲线 cd/klm

—— C0~C180
---- C90~C270

η=100%

型号		ZD516	
生产厂家		亚明	
外形尺寸 （mm）	长 L	< 1028	
	宽 W	< 340	
	高 H	< 115	
光源		LED	
灯具效率		1	
上射/下射光通比		0	1
路边/层边光通比		0.669	0.331
I_{max60}（$C=90°$）①		421.4cd/klm	
I_{max70}（$C=45°$）		28.9cd/klm	
I_{80}②		10.9cd/klm	
I_{88}		2.8cd/klm	
I_{max90}（$C=330°$）		0cd/klm	
防触电类别		I 类	
防护等级		IP65	
显色指数 Ra		70	

① 表中 90°切面上 60°方向上的最大光强值。

② 表中任何切面上 80°方向上的最大光强值。

发 光 强 度 值

θ（°）		0	10	20	30	35	40	45	47.5	50	52.5	55	57.5
I_θ（cd）	$C=180°$	273.1	276.4	282.7	304.5	319.6	339.5	364.0	376.1	388.2	397.8	407.3	414.4
	$C=170°$	273.1	277.9	288.1	314.1	332.9	356.9	386.4	402.1	417.9	430.5	443.1	449.9
	$C=90°$	273.1	297.9	377.8	490.9	433.6	312.5	185.5	129.6	73.8	50.1	26.4	23.5
	$C=270°$	273.1	231.4	187.9	133.2	115.9	95.6	55.1	41.1	27.1	24.2	21.3	21.7
θ（°）		60	62.5	65	67.5	70	72.5	75	77.5	80	82.5	85	87.5
I_θ（cd）	$C=180°$	421.4	434.6	447.8	423.7	399.6	258.4	117.1	63.1	9.0	7.2	5.3	2.8
	$C=170°$	456.7	460.6	464.5	434.6	404.6	257.8	111.0	61.0	10.9	7.3	3.6	2.0
	$C=90°$	20.5	18.3	16.1	14.4	12.7	11.5	11.3	9.5	8.5	4.1	1.6	0.8
	$C=270°$	22.1	22.7	23.3	19.4	15.5	13.75	11.9	8.9	6.0	3.4	0.8	0.4
θ（°）		90	92.5	95	97.5	100	102.5	105	120	135	150	165	180
I_θ（cd）	$C=180°$	0.4	0	0	0	0	0	0	0	0	0	0	0
	$C=170°$	0.4	0	0	0	0	0	0	0	0	0	0	0
	$C=90°$	0	0	0	0	0	0	0	0	0	0	0	0
	$C=270°$	0	0	0	0	0	0	0	0	0	0	0	0

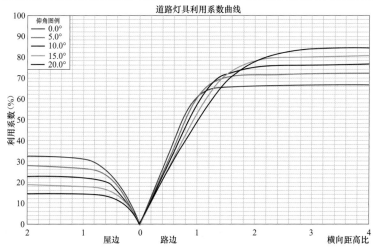

道路灯具利用系数曲线

仰角图例
0.0°
5.0°
10.0°
15.0°
20.0°

利用系数（%）

屋边   路边   横向距高比

表 25 –112　　　　　　　　　**DLD – DZ – M2/5 模路灯光度参数**

灯具外形图

配光曲线cd/klm

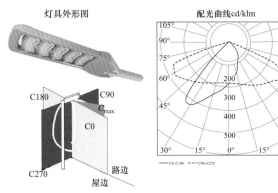

—— C0-C180　- - - - C90-C270

型号		DLD – DZ – M2/5	
生产厂家		杭州戴利德稻照明	
外形尺寸 （mm）	长 L	705	
	宽 W	240	
	高 H	120	
光源		（13×3W LED）×5	
系统光效（lm/W）		100	
灯具效率		0.91	
上射/下射光通比		0.005	0.995
路边/层边光通比		0.807	0.193
I_{max60}（$C=90°$）[1]		26.19cd/klm	
I_{max70}（$C=45°$）		20.64cd/klm	
I_{35}[2]		529.04cd/klm	
I_{55}		528.61cd/klm	
I_{max90}（$C=330°$）		0.06cd/klm	
防触电类别		I 类	
防护等级		IP65	
显色指数 Ra		70	

灯具特性：

（1）采用散热器与电器箱分离式的设计，涡轮旋转式翅片环绕贯通，增强气体的流动性，模块化独立散热，高压铸铝镁合金材料，有效地提高散热效率。

（2）光源处为铝基板与散热器通过高传导介质形成无缝隙接触，有效控制 LED 结温。

（3）光电实行分体独立式散热。

① 表中90°切面上60°方向上的最大光强值。

② 表中任何切面上80°方向上的最大光强值。

发 光 强 度 值

$\theta(°)$		0	5	10	15	20	25	30	35	40	45	50	55
I_θ（cd/klm）	$C=180°$	296.23	301.42	307.54	314.88	324.34	337.51	352.81	370.46	390.46	409.25	433.24	452.53
	$C_{max}=270°$	297.65	325.69	352.60	377.51	413.45	463.20	514.73	529.04	424.77	135.37	37.58	20.78
	$C=90°$	297.65	270.18	244.27	215.23	185.12	157.37	133.10	112.53	94.52	77.30	45.34	32.88
	$C=270°$	297.65	325.69	352.60	377.51	413.45	463.20	514.73	529.04	424.77	135.37	37.58	20.78
$\theta(°)$		60	65	70	75	80	85	90	95	100	105	110	115
I_θ（cd/klm）	$C=180°$	420.28	374.52	67.62	12.31	3.36	0.29	0.06	0.14	0.63	1.07	1.19	1.27
	$C_{max}=270°$	14.31	10.25	6.38	2.82	1.15	0.10	0.03	0.03	0.04	0.08	0.11	0.15
	$C=90°$	26.19	19.43	5.01	3.15	1.78	0.17	0.03	0.02	0.03	0.04	0.06	0.09
	$C=270°$	14.31	10.25	6.38	2.82	1.15	0.10	0.03	0.03	0.04	0.08	0.11	0.15
$\theta(°)$		120	125	130	135	140	145	150	155	160	165	170	180
I_θ（cd/klm）	$C=180°$	1.42	1.49	1.49	1.46	1.30	1.35	1.26	1.08	1.01	0.97	1.29	1.35
	$C_{max}=270°$	0.21	0.26	0.24	0.23	0.21	0.23	0.23	0.25	0.29	0.33	0.64	0.92
	$C=90°$	0.30	0.49	0.78	0.73	1.02	0.90	0.93	1.00	0.95	0.90	0.85	0.70
	$C=270°$	0.21	0.26	0.24	0.23	0.21	0.23	0.23	0.25	0.29	0.33	0.64	0.92

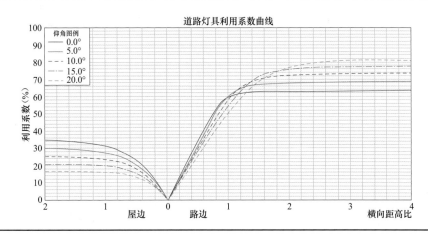

道路灯具利用系数曲线

表 25 – 113　　　　　　　　　　**DLD – SDZ – M2/4 模隧道灯光度参数**

灯具外形图

配光曲线 cd/klm

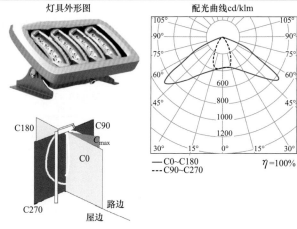

— C0~C180
--- C90~C270

$\eta = 100\%$

型号		DLD – SDZ – M2/4
生产厂家		杭州戴利德稻照明
外形尺寸 （mm）	长 L	440
	宽 W	240
	高 H	175
光源		（13 × 3W LED）× 4
系统光效（lm/W）		100
灯具效率		0.91
上射/下射光通比	0.004	0.996
路边/层边光通比	0.584	0.415
I_{max60}（C = 90°）①		447.51cd/klm
I_{max70}（C = 45°）		12.11cd/klm
I_{50}②		875.01cd/klm
I_{55}		834.29cd/klm
I_{max90}（C = 330°）		0.04cd/klm
防触电类别		I 类
防护等级		IP65
显色指数 Ra		>70

灯具特性：

（1）采用散热器与电器箱分离式的设计，涡轮旋转式翅片环绕贯通，增强气体的流动性，模块化独立散热，高压铸铝镁合金材料，有效地提高散热效率。

（2）光源处为铝基板与散热器通过高传导介质形成无缝隙接触，有效控制 LED 结温。

（3）光电实行分体独立式散热。

① 表中 90° 切面上 60° 方向上的最大光强值。
② 表中任何切面上 80° 方向上的最大光强值。

发 光 强 度 值

$\theta(°)$		0	5	10	15	20	25	30	35	40	45	50	55
I_θ（cd/klm）	C = 180°	368.91	370.37	369.79	349.18	302.41	226.74	137.58	92.76	66.99	50.19	39.35	29.39
	C_{max} = 270°	369.01	375.65	389.02	408.46	432.28	469.00	514.50	581.29	676.59	775.41	875.01	834.29
	C = 90°	369.01	366.18	369.79	381.80	399.18	425.84	463.33	521.63	592.23	693.68	802.46	808.71
	C = 270°	369.01	375.65	389.02	408.46	432.28	469.00	514.50	581.29	676.59	775.41	875.01	834.29
$\theta(°)$		60	65	70	75	80	85	90	95	100	105	110	115
I_θ（cd/klm）	C = 180°	22.46	17.19	12.30	7.16	3.01	0.23	0.03	0.03	0.05	0.07	0.08	0.11
	C_{max} = 270°	505.91	336.78	33.20	9.08	5.68	0.53	0.05	0.07	0.41	1.26	2.28	2.78
	C = 90°	447.51	309.74	40.13	8.47	5.33	1.20	0.06	0.06	0.43	1.00	1.71	2.08
	C = 270°	505.91	336.78	33.20	9.08	5.68	0.53	0.05	0.07	0.41	1.26	2.28	2.78
$\theta(°)$		90	92.5	95	97.5	100	102.5	105	120	135	150	165	180
I_θ（cd/klm）	C = 180°	0.14	0.17	0.23	0.30	0.49	0.77	0.96	1.07	1.11	1.27	1.47	1.58
	C_{max} = 270°	3.00	2.84	2.60	2.41	2.16	1.71	1.50	1.42	1.42	1.80	1.87	1.77
	C = 90°	2.07	2.30	2.13	2.03	1.89	1.23	1.04	0.92	0.91	1.29	1.87	2.03
	C = 270°	3.00	2.84	2.60	2.41	2.16	1.71	1.50	1.42	1.42	1.80	1.87	1.77

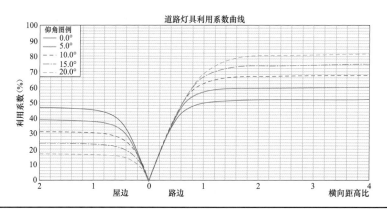

道路灯具利用系数曲线

表 25－114　　　　　　**RT750SL－T LED 道路照明灯具光度参数**

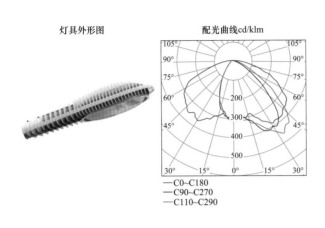

灯具外形图　　　　　　配光曲线 cd/klm

—C0~C180
—C90~C270
—C110~C290

型号		RT750SL－T	
生产厂家		北京信能阳光	
外形尺寸（mm）	长 L	756	
	宽 W	362	
	高 H	116	
光源		LED120W	
灯具效率（lm/W）		120	
上射/下射光通比		0	100%
屋边/路边光通比		27%	73%
防触电类别		I 类	
防护等级		IP65	
显色指数 Ra		>90	

发 光 强 度 值

$\theta(°)$		0	5	10	15	20	25	30	35	40	45
I_θ（cd）	C0 ~ C180	304	307	303	295	305	338	370	380	385	369
	C90 ~ C270	304	304	301	318	356	404	407	410	366	287
	C110 ~ C290	304	300	318	325	349	385	423	464	435	407

$\theta(°)$		50	55	60	65	70	75	80	85	90
I_θ（cd）	C0 ~ C180	362	343	294	243	194	127	65	33	8
	C90 ~ C270	207	132	81	43	25	12	8.4	4.56	1.45
	C110 ~ C290	308	228	148	80	45	18	8.63	4.9	2.15

灯具利用系数曲线

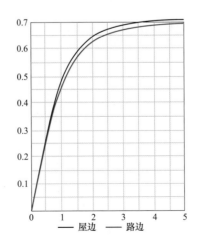

—屋边　—路边

表 25 – 115　　　　　**OPL – LD150 – 01 – 轩霄 LED 道路照明灯具光度参数**

灯具外形图　　　　　配光曲线cd/klm

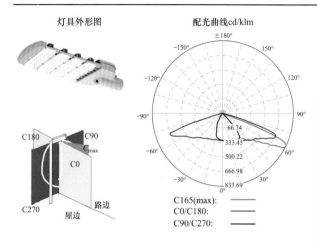

型号		OPL – LD150 – 01 – 轩霄 – 4 – 4000K – 15000 – 银灰	
生产厂家		欧普	
外形尺寸（mm）	长 L	741	
	宽 W	285	
	高 H	110	
光源		LED 150W/15000lm	
灯具效率（lm/W）		100	
上射/下射光通比		0.004	0.996
屋边/路边光通比		0.657	0.338
防触电类别		I 类	
防护等级		IP65	
漫射罩		无	
显色指数 Ra		70	

C165(max):
C0/C180:
C90/C270:

发 光 强 度 值

	$\theta(°)$	0	10	20	30	40	50	60	72.5	80	87.5
I_θ (cd)	$C = 180°$	299.83	305.41	315.71	338.40	366.41	526.19	376.79	376.79	13.04	0.76
	$C_{max} = 165°$	304.11	305.76	317.19	341.10	377.32	743.03	67.04	67.04	8.79	0.82
	$C = 90°$	305.24	305.85	324.61	350.18	293.46	18.96	7.01	7.01	3.33	0.42
	$C = 270°$	305.24	294.16	219.81	58.03	33.6	28.14	22.32	22.32	6.11	0.24

	$\theta(°)$	90	92.5	95	97.5	102.5	105	135	150	165	180
I_θ (cd)	$C = 180°$	0.49	0.45	0.42	0.41	0.44	0.48	0.63	1.12	1.69	1.95
	$C_{max} = 165°$	0.59	0.45	0.38	0.31	0.31	0.32	0.55	1.00	1.65	2.00
	$C = 90°$	0.12	0.06	0.01	0.04	0.05	0.04	0.09	0.80	1.53	1.95
	$C = 270°$	0.09	0.04	0.09	0.04	0.04	0.04	0.54	0.97	1.77	1.95

灯具利用系数曲线

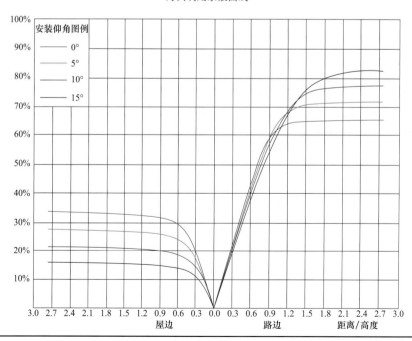

参 考 文 献

编者　徐华

[1] 中国航空规划设计研究院有限公司. 工业与民用配电设计手册（第四版）. 北京：中国电力出版社，2016.

[2] 国家经贸委/UNDP/GEF 中国绿色照明工程项目办公室，中国建筑科学研究院. 绿色照明工程实施手册. 北京：中国建筑工业出版社，2003，159~181.

[3] 北京电光源研究所，北京照明学会. 电光源实用手册. 北京：中国物资出版社，2005.

[4] 总后建筑设计研究院，清华大学建筑设计研究院. 照明装置 09BD6. 北京：中国建筑工业出版社，2009.

[5] 俞丽华. 电气照明（第四版）. 上海：同济大学出版社，2014.

[6] 李铁楠. 景观照明创意和设计. 北京：机械工业出版社，2005.

[7] 邴树奎. 中国照明规程规划与设计案例精选 2014. 北京：中国市场出版社，2014.

[8] 徐华. 建筑电气设计实例图册（体育建筑篇）. 北京：中国建筑工业出版社，2003.

[9] 李炳华，王玉卿. 现代体育场馆照明指南. 北京：中国电力出版社，2004.

[10] 李炳华，董青. 体育照明设计手册. 北京：中国电力出版社，2009.

[11] 杨公侠. 视觉与视觉环境. 上海：同济大学出版社，2002.

[12] 詹庆旋. 建筑光环境. 北京：清华大学出版社，1994.

[13] 郝洛西. 城市照明设计. 沈阳：辽宁科学技术出版社，2005.

[14] 周太明. 电气照明设计. 上海：复旦大学出版社，2001.

[15] 尼曼. 日光与建筑译文集：博物馆中的天然采光. 肖辉乾，等，译. 北京：中国建筑工业出版社，1988.

[16] 中岛龙兴，近田玲子，面出薰. 照明设计入门. 马俊，译. 北京：中国建筑工业出版社，2004.

[17] 詹庆旋. 中国美术馆的采光设计. 建筑学报，1962，（8）：4~6.

[18] 邴树奎. 夜景照明设计中若干问题的探讨. 照明工程学报，2003，3.

[19] 徐华. 《教育建筑电气设计规范》电气照明部分简析. 照明工程学报，2014，25（5）.

[20] 徐华. 《现代建筑电气设计技术》（2005）：照明控制综述. 四川科学技术出版社，2005.

[21] 王京池. 电视灯光技术与应用. 北京：中国广播电视出版社，2010.

[22] 潘连生. 光纤照明在故宫陈列室中的应用. 照明工程学报，2002，13（3）：44~45.

[23] Vittorio Magnago Lampugnani，Angeli Sachs. Museums for a New Millennium Concepts Projects Buildings. Munich：Prestel，1999.

[24] Douglas Davis. The Museum Transformed. New York：Abbeville Press，1990.

[25] Justin Henderson. Museum architecture. Gloucester，Mass：Rockport Publishers，1999.

[26] Janet Turner. Lighting solutions for exhibitions，museums and historic spaces. New York：Distributed in the U. S. by Watson-Guptill Publication，1998.